机械制图与公差

卢章平　主 编

东南大学出版社
·南京·

内 容 简 介

本书是面向农村实验区高等教育自学考试机电工程类专业《机械制图与公差》的教材。

本书共分十章，主要内容是《机械制图》国家标准介绍、投影基础、组合体、剖视与剖面、零件图、技术要求、标准件与常用件、装配图等。

为便于自学，在每章后面都编写了学习指导和练习题。为便于读者复习迎考，书末还附有考试大纲与两份模拟试卷及答案。

本书可作为机电工程类专业高等教育自学考试的教材，也可供机械类各专业的函授学员、普通高校机械类各专业学生及其他有关工程技术人员参考。

图书在版编目(CIP)数据

机械制图与公差/卢章平主编. —南京:东南大学出版社,1999.5(2021.5 重印)
(农村自学考试实验区教材)
ISBN 978-7-81050-480-5

Ⅰ.①机… Ⅱ.①卢… Ⅲ.①机械制图—自学考试—教材 ②机械—公差—自学考试—教材 Ⅳ.TH126

中国版本图书馆 CIP 数据核字(1999)第 17540 号

东南大学出版社出版发行
(南京四牌楼 2 号 邮编 210096)
出版人:江建中
广东虎彩云印刷有限公司印刷
开本:787mm×1092mm 1/16 印张:29.75 字数:724 千
1999 年 5 月第 1 版 2021 年 5 月第 6 次印刷
ISBN 978-7-81050-480-5 定价:50.00 元

出版前言

高等教育自学考试制度在我省实施10多年来，已先后开考了文、理、工、农、医、法、经济、教育等类50多个本、专科专业，全省共计300余万人报名参加考试，已有11.4万人取得毕业证书。这项制度的实施，不仅直接为我省经济建设和社会发展造就和选拔了众多的合格人才，而且对鼓励自学成才、促进社会风气的好转，提高劳动者的科学文化素质具有非常重要的意义。10多年来的实践证明，自学考试既是一种国家考试制度，又是一种基本的教育制度，受到广大自学者和社会各界的欢迎，产生了巨大的社会效益，赢得了良好的社会信誉。

为了贯彻落实党的十五届三中全会精神，深入实施科教兴省战略，探索建立为我国农村经济与社会发展培养人才的新路子，我省经全国高等教育自学考试指导委员会批准，从1999年开始开展农村高等教育自学考试实验区的试点工作。这是一项全方位的试点工作，我们将在专业设置、自学教材和考试形式等方面进行重大改革，使高等教育自学考试制度更加适应农村经济发展和人才培养的要求。

自学考试制度是建立在个人自学基础上的教育形式，而个人自学的基本条件是自学教材。一本好的自学教材不仅可以使自学者“无师自通”，还对保证自学考试质量具有重要作用。对农村自学者来说，由于缺少“名师指点”和自学者之间的相互交流，自学相当困难，除了要有一本高质量的自学教材外，还需要有与之配套的自学指导书，以便帮助自学者系统地掌握教材的内容，达到举一反三、触类旁通、提高自学效率的目的。因此，我们在农村自学考试实验区教材建设中，试图探索一种教材编写的新路子，将教材内容与自学指导有机地融合在一起，使自学者更加容易地理解和掌握教材的内容；同时，打破常规教材编写追求系统性、完整性的界律，针对我省当前农村经济发展的实际状况，把农村经济发展、农民发家致富需要的知识和理论写进教材中去，使之成为农村自学者学习科学文化知识、提高自身素质的教科书，成为指导农业生产和农民致富的科学手册。

农村自学考试实验区的教材建设工作是一项基础建设工作，它是我省农村自学考试实验区试点工作取得成功的必要保证。为此，省高等教育自学考试委员会成立了“江苏省农村自学考试实验区专业指导委员会”，具体负责教材建设的规划和编写审定工作。

随着农村自学考试实验区试点工作的进一步展开，我们将有计划、有步骤地组织有关高等院校、成人高校、高等职业学校、中等农业专科学校以及行业主管部门中业务水平较高、教学经验丰富、了解农村情况、熟悉自学考试特点和规律的专家、学者，编写一批既适合自学特点又适应农村经济建设和社会发展需要的自学教材，以满足农村自学者的需要。我们相信，随着农村自学考试实验区教材的陆续出版，必将对我省农村自学考试事业的发展，为农村培养“留得住、用得上”的应用型、复合型人才，加快农村现代化建设起到积极的促进作用。

编写适应农村经济建设和社会发展需要的自学教材，是一项探索性的工作，需要在实践中不断总结和提高，为使这项有意义的工作能取得事半功倍的效果，希望得到社会各方面更多的关心和支持。

由于作者对自学考试特点和农村实际情况了解的深度有限，书中不当之处在所难免，敬请广大读者惠予指正。

江苏省高等教育自学考试委员会办公室

一九九九年四月

编 写 说 明

本书为面向农村自学考试实验区机电工程类专业《机械制图与公差》的教材。

在教材编写过程中总结了编者多年的教学经验，从体系和内容上充分考虑了自学考试的特点。结合农村特点和自学应试者的具体情况，在内容上由浅入深，由易到难。讲述详细，文字通俗易懂，便于读者自学。

书中除教材内容外，还附有自学指导、习题、考试大纲和模拟试卷。本书也可供机械类各专业的函授学员和普通高校机械类各专业的学生及其他有关技术人员参考。

参加本书编写工作的有：卢章平、石恭敬、刘方萃、陈是煌、王育平、袁浩、李志刚、杨巧绒、周文、薛宏丽、陈树人、顾寄南、姚辉学、汪飞、江洪、庞伟同志，并由卢章平同志担任主编，袁浩同志担任排版整理工作。

参加本书审稿的有：东南大学张蔚如（主审）、南京航天航空大学王荣珏、南京理工大学刘恩元、南京林业大学杨江子、河海大学殷佩生、东南大学姚陈同志，以上同志对本教材提出了很多修改意见，对提高教材质量给予了很大帮助，在此表示衷心的感谢。

由于我们的水平所限，书中难免存在某些缺点和错误，欢迎广大读者提出宝贵意见。

编　　者

1999年4月

目　录

绪　论

一、本课程的研究对象

本课程是一门研究绘制和阅读机械图样的技术基础课，主要内容是以正投影法和《机械制图》国家标准的规定为基础，研究机械图样的绘制和阅读。

在机械制造工业中，机器设备是根据图样来加工制造的，如果要生产某一台机器，首先必须画出表达该机器的装配图和所有零件的零件图，然后根据零件图制造出全部零件，再按装配图装配成机器。

在工程技术中，人们通过图样来表达设计思想。因此，图样不但是指导生产的重要技术文件，而且是进行技术交流的重要工具。所以，图样是每一个工程技术人员必须掌握的“工程界的语言”。

二、 学习本课程的目的和任务

学习本课程的主要目的是培养绘制和阅读机械图样的能力和空间想象能力，主要任务是：

1. 掌握正投影法的基本理论。

2. 能够正确地使用绘图仪器和工具，掌握用仪器和徒手作图的技能，具有查阅常用件、标准件、标准结构、公差与配合、形位公差、表面粗糙度等国家标准的初步能力。

3. 能够绘制和看懂一般的零件图和装配图，所绘制的图样应做到：投影正确，视图选择和配置恰当，尺寸齐全，字体工整，图面整洁，且符合《机械制图》国家标准。

4. 培养空间想象和空间分析的能力。

5. 培养认真细致的工作作风。

三、 本课程的学习方法

本课程是一门实践性较强的课程，学习时应注意下列各点：

1. 扎实掌握基本理论和基本方法。

2. 认真完成每章所附的习题。在完成作业的过程中必须严格遵守国家标准的规定，注意正确使用仪器，采用正确的作图步骤和方法，培养耐心细致、严肃认真的工作作风。作图不但要正确，而且要整齐清洁。

3. 要掌握投影分析和形体分析方法，培养和提高空间思维能力，具备一定的画图与看图能力。

4. 要注意结合生产实际，多画、多看、多思考。

第一章　制图的基本知识

第一节　国家标准《机械制图》的部分规定

图样是生产制造过程中的重要技术资料，也是一种交流技术思想的语言，因此对于图样的画法、尺寸注法等都必须作统一的规定。国家标准《机械制图》是我国颁布的一项重要的技术基础标准，统一规定了生产和设计部门共同遵守的画图规则，工程技术人员必须严格遵守，认真执行国家标准。

本节主要介绍国家标准《机械制图》中的图纸幅面及格式、比例、字体、图线四个基本标准和尺寸注法标准中的部分内容，其余将在以后各章中分别叙述。

一、图纸幅面及格式(GB/T14689-93)

（一）图纸幅面

绘制图样时，应优先采用表 1-1 所规定的基本幅面。

表 1-1

幅面代号	A0	A1	A2	A3	A4
B×L	841×1189	594×841	420×594	297×420	210×297
e	20		10		
c	10			5	
a	25				

必要时，也允许选用规定的加长幅面，这些幅面的尺寸是由基本幅面的短边成整数倍增加后得出，见图 1-1。

（二）图框格式

绘图时，图纸可以横放，也可以竖放，并且必须用粗实线画出图框，其格式分为不留装订边和留有装订边两种，但同一产品的图样只能采用一种格式。不留装订边的图纸，其图框格式如图 1-2，图 1-3，尺寸按表 1-1 规定。留装订边的，其图框格式如图 1-4，图 1-5，尺寸按表 1-1 规定。对于加长幅面的图框尺寸，按所选用的基本幅面大一号的图幅尺寸确定。

（三）标题栏的方位

每张图纸上都必须画出标题栏，其位置按图 1-

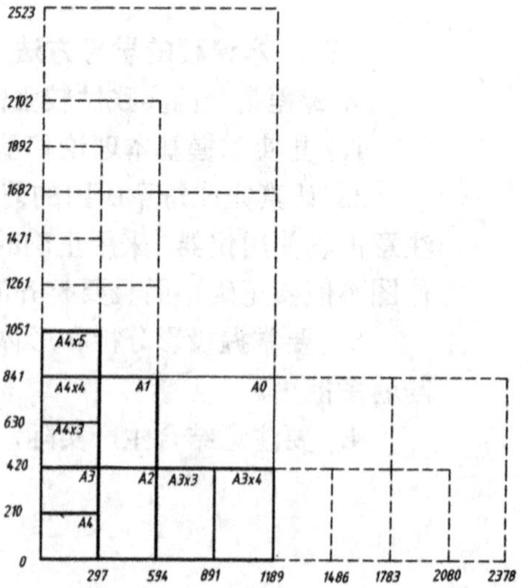

图 1-1

2，图 1-3，图 1-4，图 1-5 所示方式配置，在此情况下，看图的方向与看标题栏的方向一致。必要时，也可按图 1-6, 图 1-7 的方式配置。在制图作业中，对于零件图，建议采用图 1-8 所示格式，对于装配图，建议采用图 1-9 所示格式。

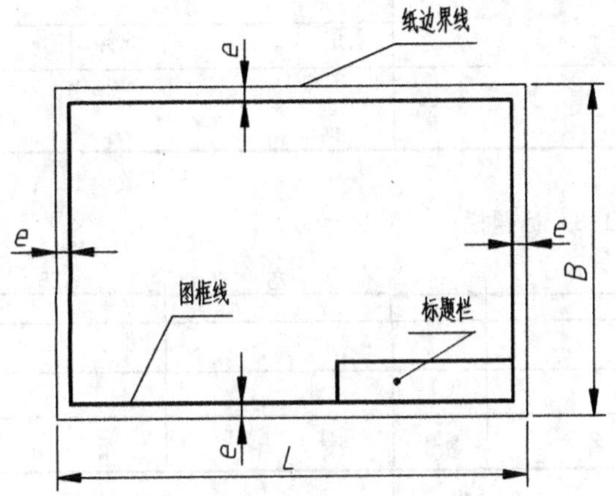

图 1-2

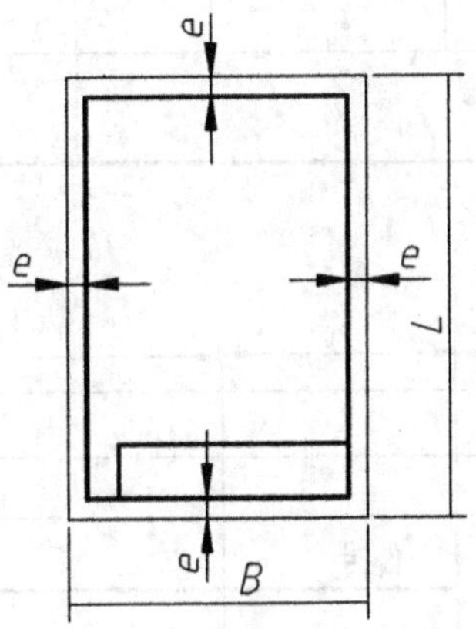

图 1-3

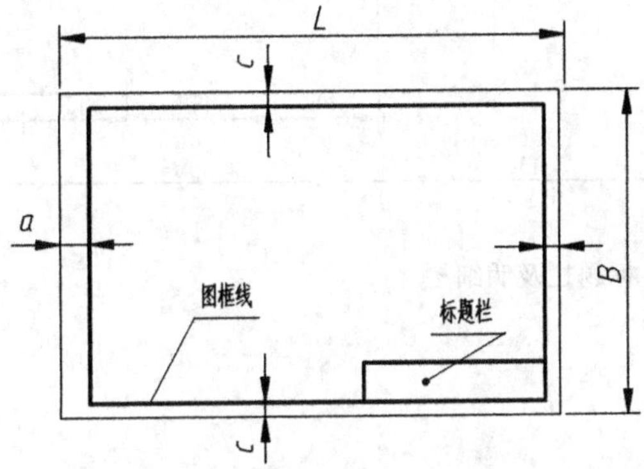

图 1-4

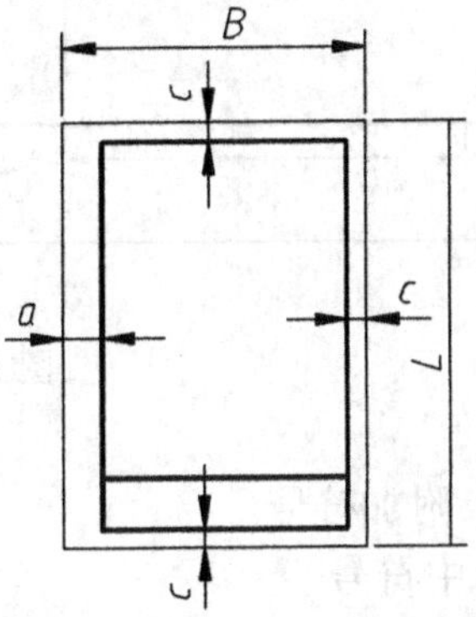

图 1-5

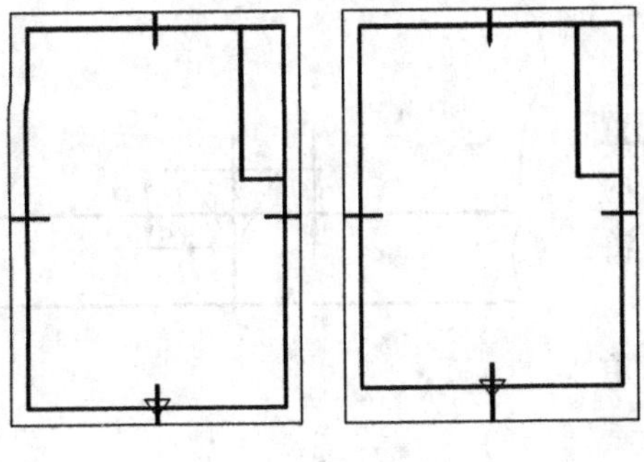

图 1-6

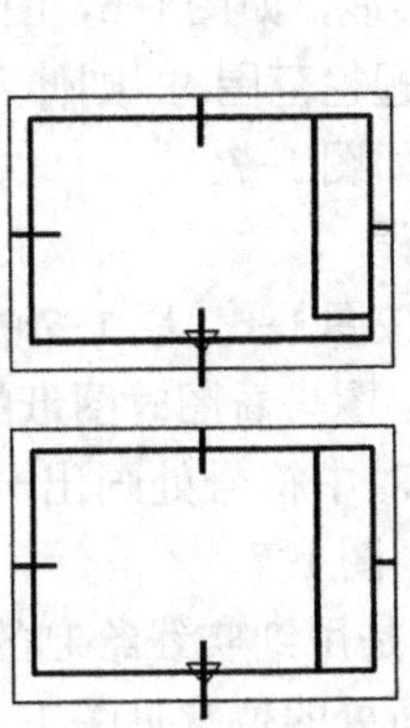

图 1-7

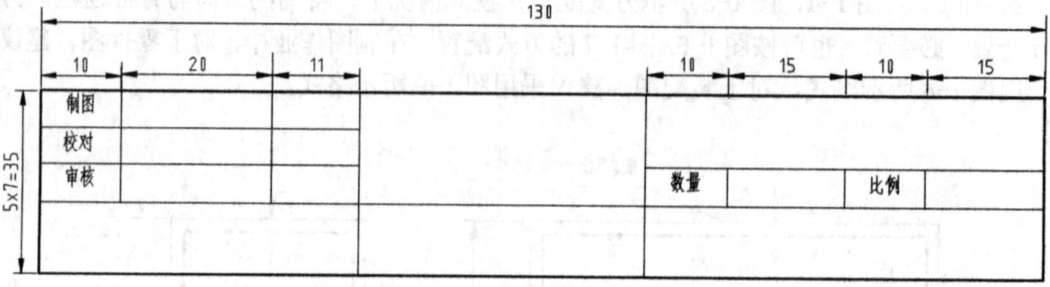

图 1-8　标题栏

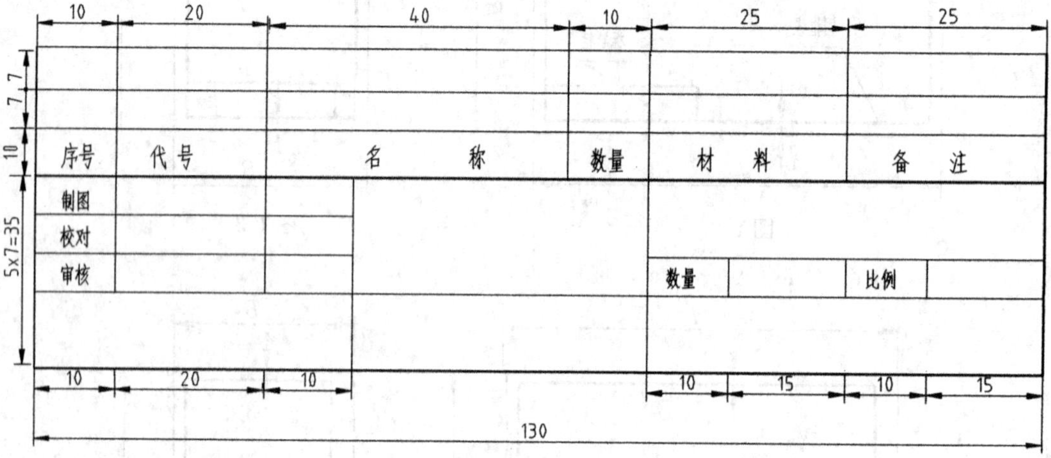

图 1-9　标题栏及明细栏

（四）附加符号

1. 对中符号

为了复制或缩微摄影的方便，可采用对中符号。对中符号是从周边画入图框内约5mm的一段粗实线，如图 1-6，图 1-7。当对中符号处在标题栏范围时，则伸入标题栏部分省略不画，如图 1-7。

2. 方向符号

当标题栏按图 1-6，图 1-7 的方式配置时，为了明确绘图与看图时图纸的方向，应在图纸的下边对中符号处画出一个方向符号，如图 1-6，图 1-7。

方向符号是用细实线绘制的等边三角形，其大小和所处的位置见图 1-10。

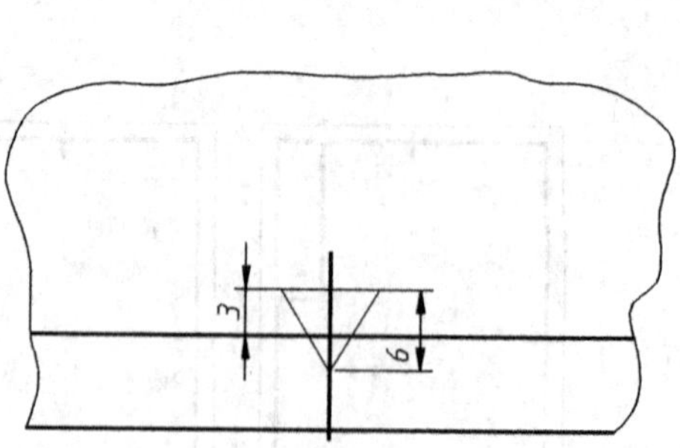

图 1-10　方向符号

3. 剪切符号

为使复制图样时便于自动切剪，可在图纸的四个角上分别绘出剪切符号，如图 1-11，必要时可画成图 1-12。

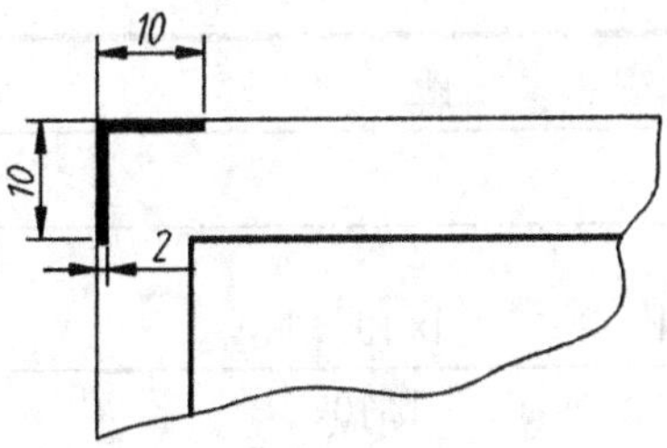

图 1-11

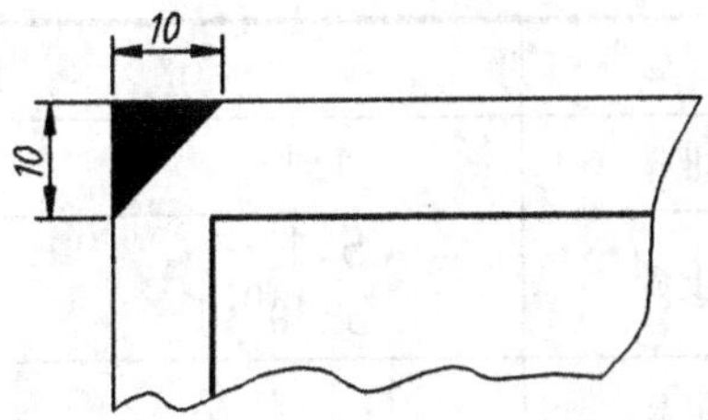

图 1-12

（五）图幅分区

为了便于修改图样，必要时可以用细实线在图纸周边内画出分区，如图1-13，图1-14。图幅分区数目按图样的复杂程度确定，但必须取偶数。每一分区的长度应在25～75㎜之间选择，分区的编号，沿上下方向(按看图方向确定图纸的上下和左右)用大写拉丁字母从上到下顺序编写，沿水平方向用阿拉伯数字从左到右顺序编写。分区代号由字母和数字组合而成，拉丁字母在前，阿拉伯数字在后，如 *B*3，*C*5 等。当分区代号与图形名称同时标注时，则分区代号写在图形名称的后边，中间空出一个字母的宽度，例如：*A* 向 *B*3； *E-E* *A*7等。

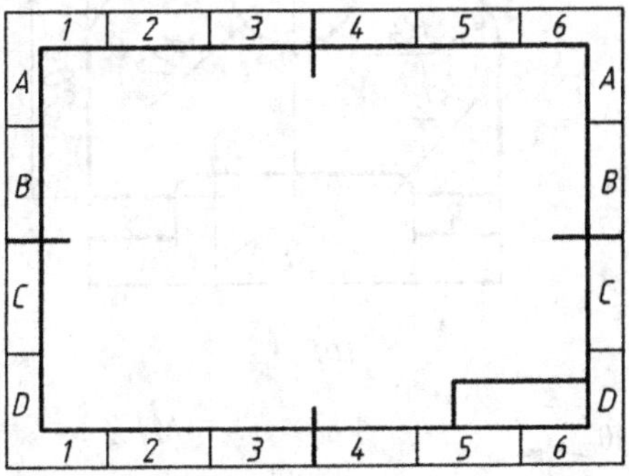

图 1-13

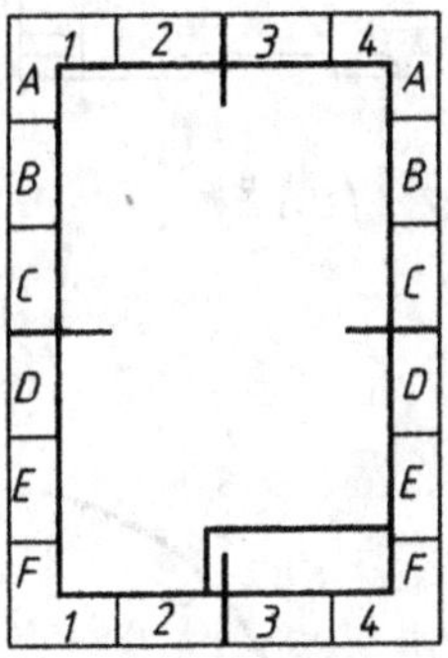

图 1-14

二、比例(GB/T14690-93)

绘制图样时所采用的比例，为图中图形与其机件相应要素的线性尺寸之比。绘制图样时，应尽可能按机件的实际大小画出，以方便看图。如机件太大或太小，一般优先采用表 1-2 规定的系列中选取适当比例。必要时，也允许选取表 1-3 中的比例。图样不论放大或缩小，在标注尺寸数字时，应按机件的实际大小填写，与比例无关，如图 1-15。

绘制同一机件的各个视图应采用相同比例，并在标题栏的比例一栏中填写，如 1∶1 或 1∶2。当某个视图需要采用不同比例时，必须另行标注。

表 1-2

种　类	比　　例		
原值比例	1:1		
放大比例	5:1 $5\times10^{n}:1$	2:1 $2\times10^{n}:1$	$1\times10^{n}:1$
缩小比例	1:2 $1:1.5\times10^{n}$	1:5 $1:5\times10^{n}$	1:10 $1:1\times10^{n}$

表 1-3

种　类	比　　例				
放大比例	4:1 $4\times10^{n}:1$		25:1 $25\times10^{n}:1$		
缩小比例	1:1.5 $1:1.5\times10^{n}$	1:2.5 $1:2.5\times10^{n}$	1:3 $1:3\times10^{n}$	1:4 $1:4\times10^{n}$	1:6 $1:6\times10^{n}$

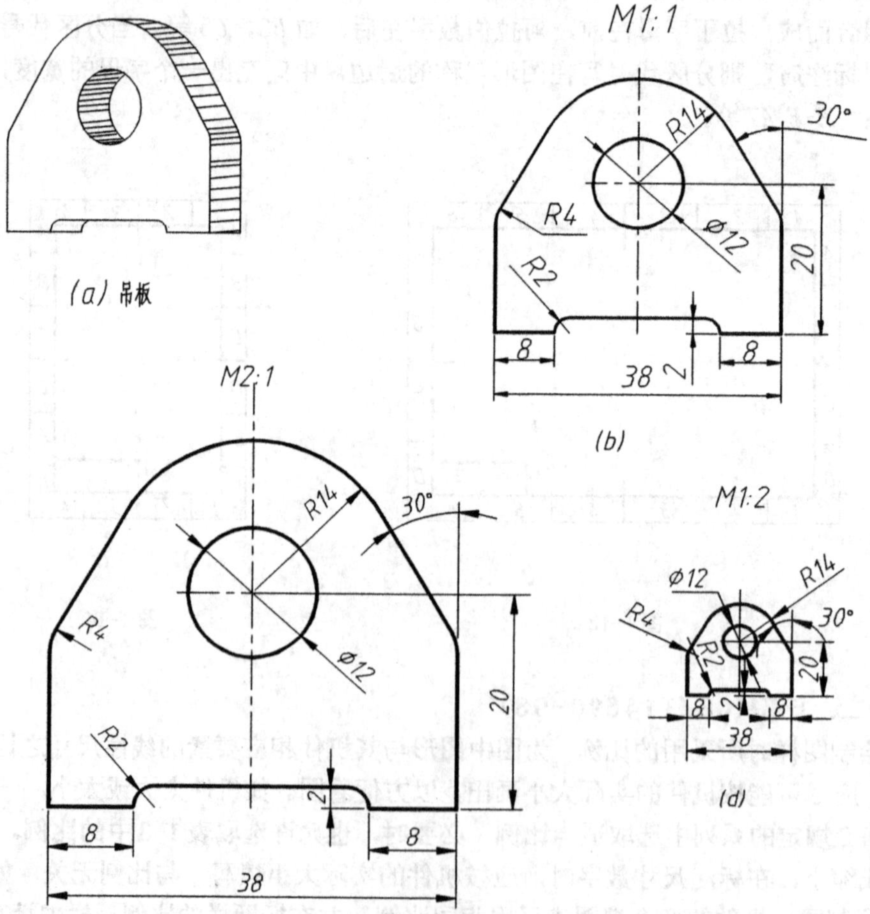

图 1-15 不同比例的图形

三、字体(GB/T14691-93)

1. 图样中书写的汉字、数字、字母必须做到：字体端正、笔画清楚、间隔均匀、排列整齐。

2. 字体的号数，即字体的高度(用h表示)，其公称尺寸系列为1.8，2.5，3.5，5，7，10，14，20mm。

3. 汉字应写成长仿宋体字，并采用国家正式公布推行的简化字。汉字的高度h不应小于3.5mm，其宽度一般为$h/\sqrt{2}$。

4. 字母和数字分A型和B型。A型字体的笔画宽度(d)为字高(h)的十四分之一。B型字体的笔画宽度(d)为字高(h)的十分之一。在同一图样上，只能允许选用一种型式的字体。

5. 字母和数字可写成斜体和直体，斜体字字头向右倾斜，与水平基准线成75°。

6. 用作指数、分数、极限偏差、注脚等的数字及字母，一般采用小一号字体。

7. 字体示例

(1) 长仿宋体汉字示例

10号字

字体工整　笔画清晰　间隔均匀　排列整齐

7号字

横平竖直注意起落结构均匀填满方格

5号字

技术制图机械电子汽车航空船舶土木建筑矿山井坑港口纺织服装

3.5号字

螺纹齿轮端子接线飞行指导驾驶舱位挖填施工引水通风闸阀坝棉麻化纤

(2) 拉丁字母(A型)示例

1) 斜体

大写斜体

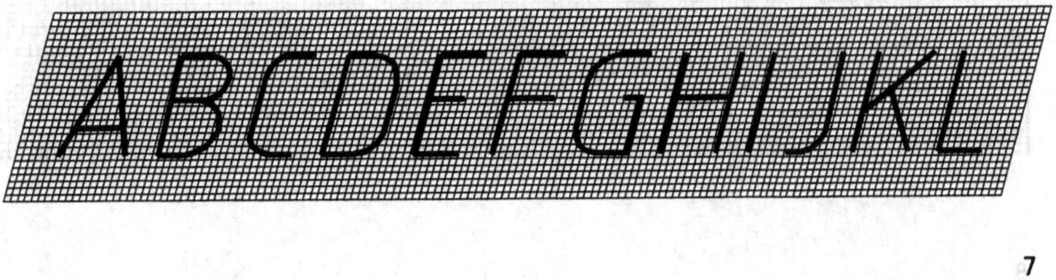

小写斜体

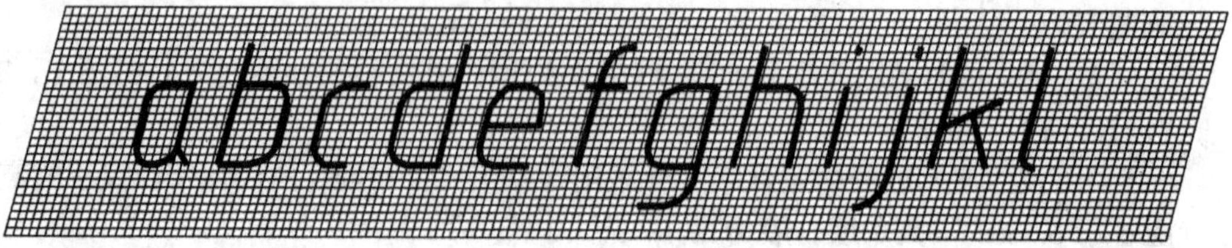

2）直体

大写直体

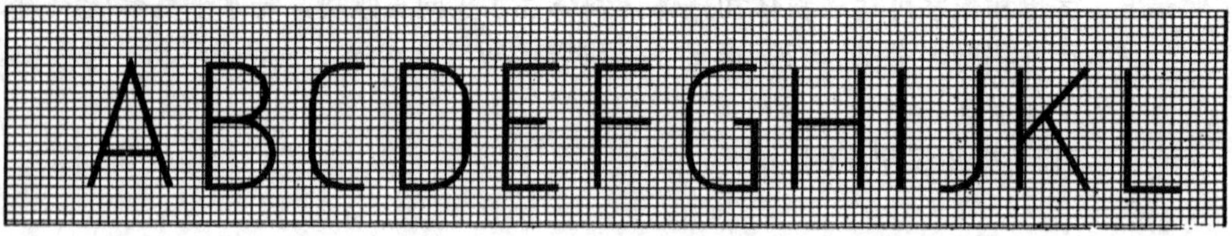

小写直体

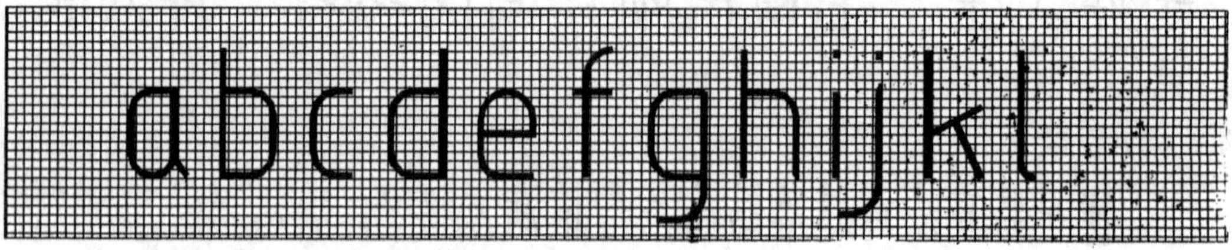

（3）阿拉伯数字示例

1）斜体

2）直体

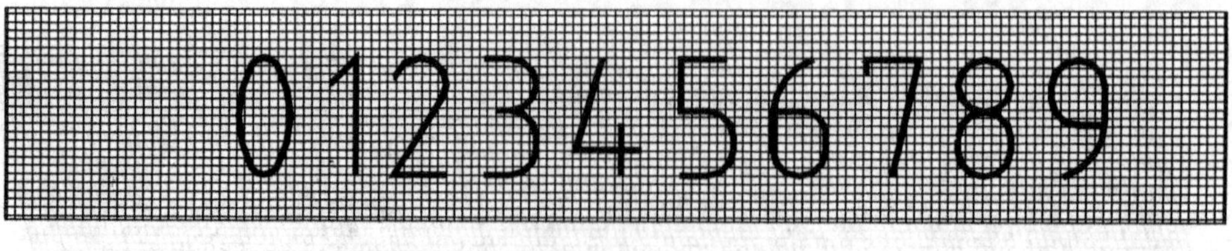

$10Js5(\pm 0.003)$　　$M24-6h$

$\phi 25\frac{H6}{m5}$　　$\frac{\mathrm{II}}{2:1}$　　$\frac{A向旋转}{5:1}$

$\phi 20^{+0.010}_{-0.023}$　　$\frac{3}{5}$

四、图线(GB4457.4-84)

(一)图线型式及应用

各种图线的名称、型式、代号及在图上的一般应用见表1-4。各种图线在图形上的应用如图1-16所示。

表1-4

序号	名称	图线型式及代号	图线宽度	一般应用
1	粗实线		b	A_1可见轮廓线(图1-16(a)) A_2可见过渡线(图1-16(b))
2	细实线		约$b/3$	B_1尺寸界线及尺寸线(图1-16(a)) B_2剖面线(图1-16(a)) B_3重合剖面轮廓线(图1-16(a))
3	波浪线		约$b/3$	C_1断裂处的边界线(图1-16(a)) C_2视图与剖视的分界线(图1-16(a))
4	双折线		约$b/3$	D_1断裂处的边界线(图1-16(a)
5	虚线		约$b/3$	F_1不可见轮廓线(图1-16(a)) F_2不可见过渡线(图1-16(b))
6	细点划线		约$b/3$	G_1轴线(图1-16(a)) G_2对称中心线(图1-16(b)) G_3轨迹线(图1-16(a))
7	粗点划线		B	J_1有特殊要求的线或表面的表示线(图1-1c)
8	双点划线		约$b/3$	K_1相邻辅助零件的轮廓线(图1-16(a)) K_2极限位置的轮廓线(图1-16(a))

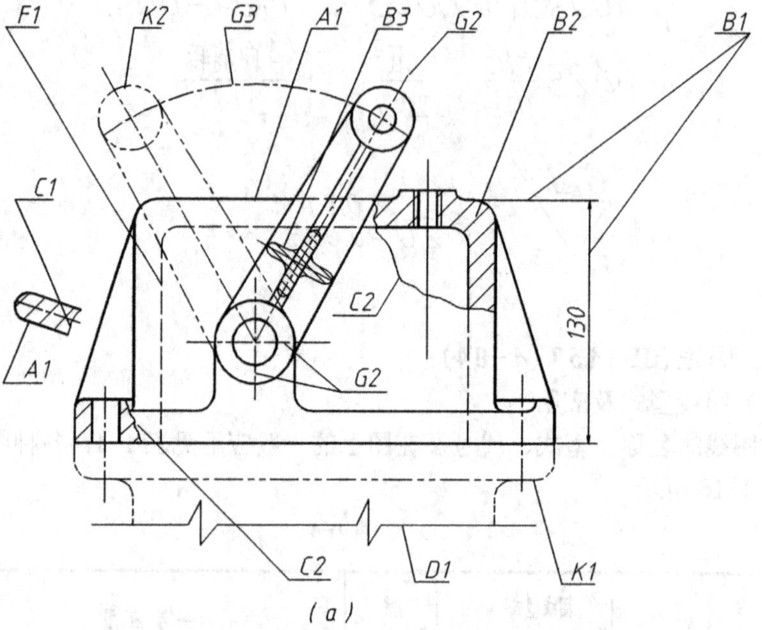

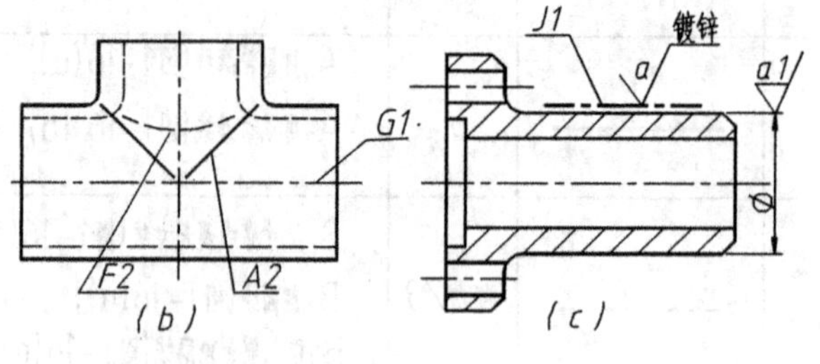

图 1-16　图线应用示例

（二）图线画法

1. 图线宽度分为粗、细两种。粗线的宽度 b 应按图形的大小和复杂程度，在 0.5～2mm 之间选择，细线的宽度为 $b/3$。

2. 同一图样中，同类图线的宽度应基本一致。虚线、点划线及双点划线的线段长短和间隔应大致相等。建议在图 1-17 所示范围内选取。

3. 虚线与其他图线相交时应以短划相交，不留空隙，但当虚线是粗实线的延长线时，其连接处应留空隙，如图 1-18。

4. 绘制圆的对称中心线时，圆心应为线段的交点，且对称中心线两端应超出圆弧 2～5mm，点划线和双点划线的首末两端应是线段而不是短划。在较小的图形上绘制点划线或双点划线有困难时，可用细实线代替，如图 1-19。

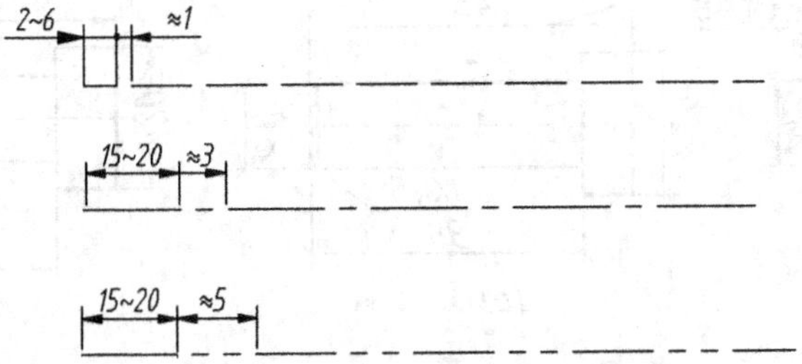

图 1-17　虚线和点划线的规格

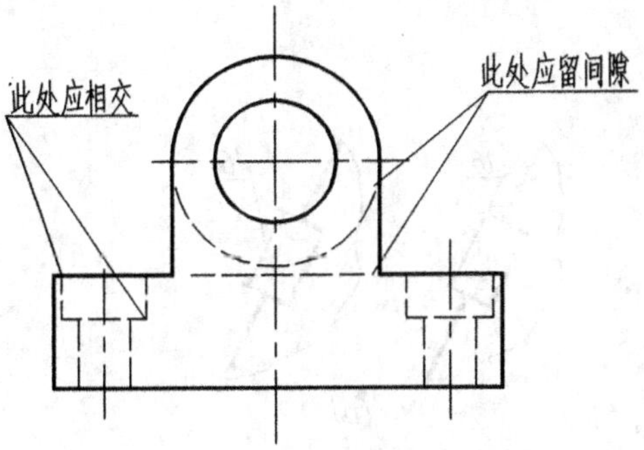

图 1-18　虚线、点划线等相交处画法

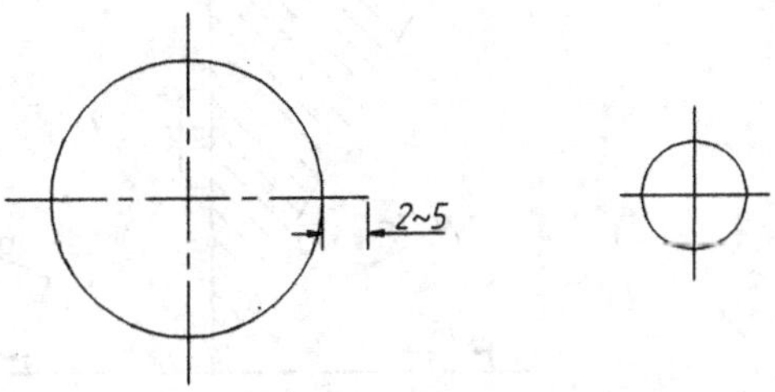

图 1-19　圆的中心线画法

五、尺寸注法（GB4458.4-84）

（一） 基本规则

1. 机件的真实大小应以图样上所注的尺寸数值为依据，与图形的大小及绘图的准确程度无关。

2. 图样中（包括技术要求和其他说明）的尺寸，以毫米为单位时，不需标注计量单位的代号或名称，如采用其他单位，则必须说明相应的计量单位的代号或名称。

3. 图样中所标注的尺寸，为该图样所示机件的最后完工尺寸，否则应另加说明。

4. 机件的每一尺寸，一般只标注一次，并应注在反映该结构最清晰的图形上。

（二） 尺寸的组成

每个完整的尺寸一般应由尺寸数字、尺寸界线、尺寸线及其终端等组成，如图1-20。

1. 尺寸数字

(1) 尺寸数字一般应注写在尺寸线上方，也允许注写在尺寸线的中断处。但在同一张图样上，应尽可能采用同一种形式注写，如图 1-20，图 1-21。

(2) 线性尺寸数字方向，如图 1-22(*a*)所示的方法注写，并尽可能避免在图示 30°范围内标注尺寸，当无法避免时可引出标注，如图 1-22(*b*)。

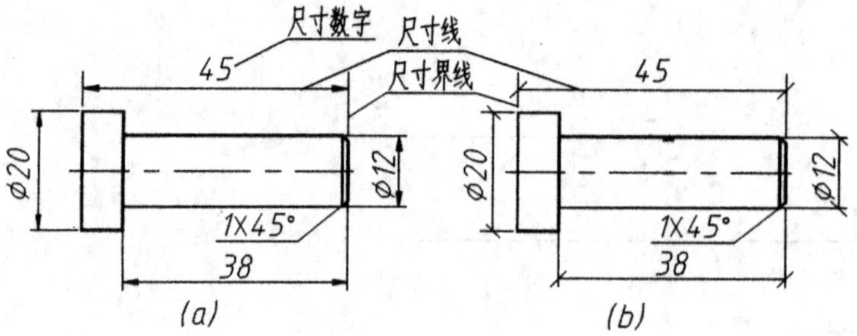

图 1-20　尺寸的组成

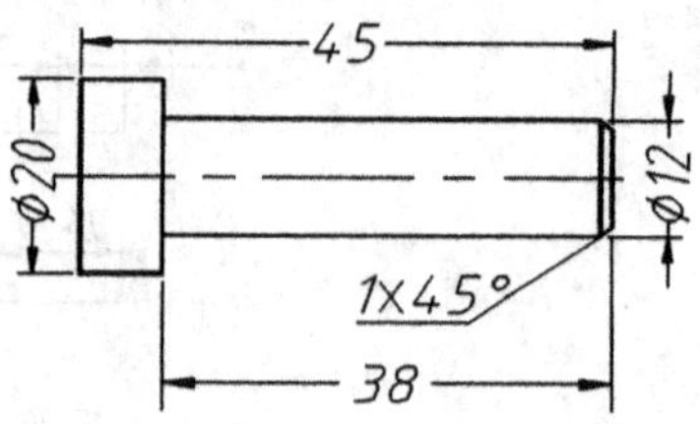

图 1-21　尺寸数字注写示例

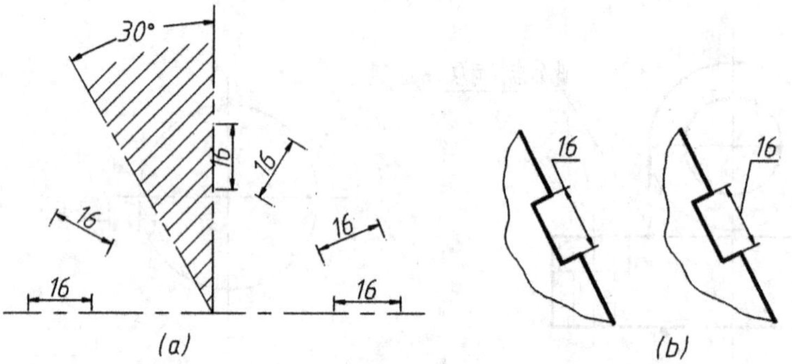

图 1-22　线性尺寸数字的方向

(3) 在不致引起误解时，对非水平方向的尺寸数字，可水平地注写在尺寸线的中断处，如图 1-23(*a*)、(*b*)所示。

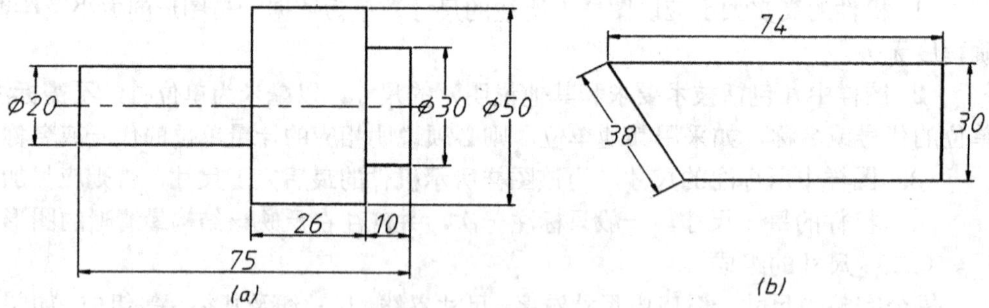

图 1-23　水平注写尺寸数字

(4) 角度的数字一律注写成水平方向，一般注写在尺寸线的中断处，如图 1-24(*a*)所示。必要时也可注写在尺寸线的上方或外面，或引出标注，如图 1-24(*b*)所示。

(5) 尺寸数字不可被任何图线所穿通过，否则必须将该图线断开或将尺寸数字引出标注，如图 1-25 所示。

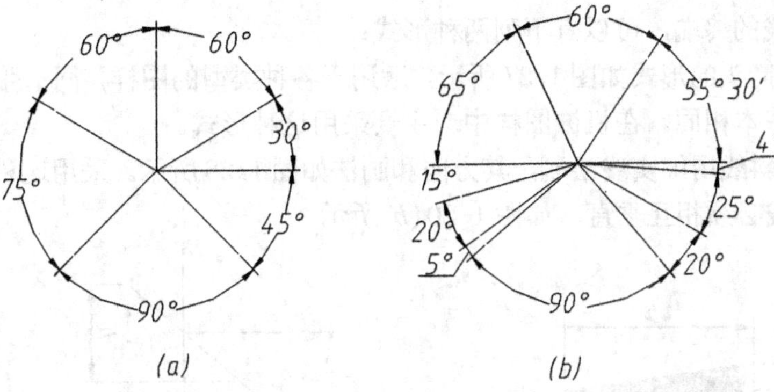

图 1-24　角度数字注写

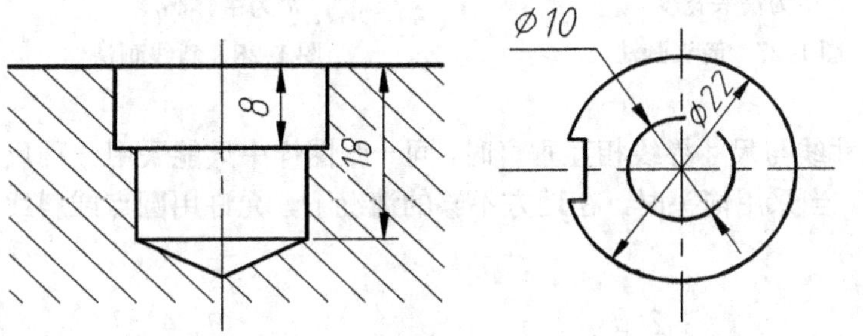

图 1-25　图线断开或引出标注

2. 尺寸线

(1) 尺寸线必须单独用细实线画出，不能用其他图线代替，一般也不得与其他图线重合或画在其延长线上。标注线性尺寸时，尺寸线必须与所标注的线段平行。当一处有几条尺寸线相互平行排列时，大尺寸要注在小尺寸的外面，以避免尺寸线与尺寸界线相交，如图 1-26 所示。

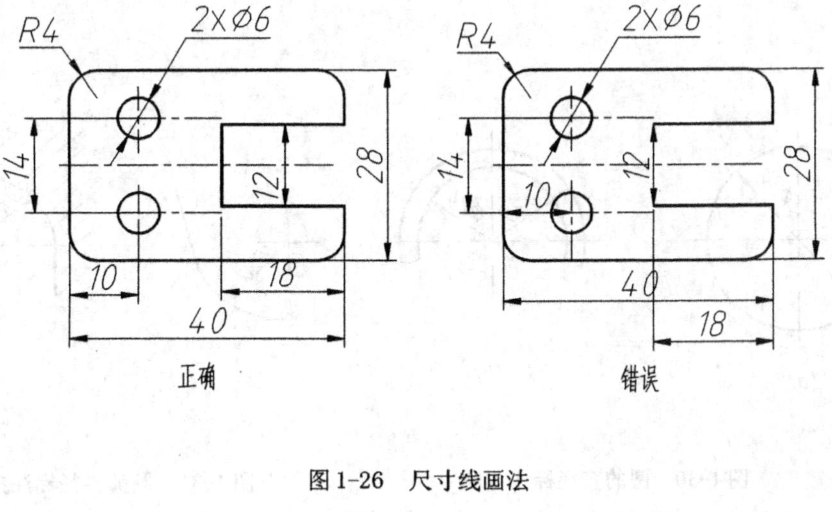

图 1-26　尺寸线画法

(2) 尺寸线的终端，可以有下列两种形式：

a. 箭头　箭头的形式如图 1-27 所示，适用于各种类型的图样，同一张图样中所有箭头的大小应基本相同。在机械图样中，主要采用这种形式。

b. 斜线　斜线用细实线绘制，其方向和画法如图 1-28 所示。采用这种形式时，尺寸线与尺寸界线必须相互垂直，如图 1-20(*b*)所示。

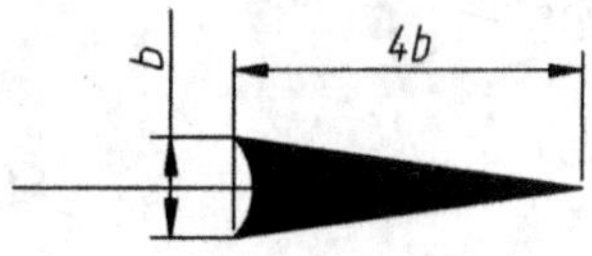

b 为箭头宽度

图 1-27　箭头画法

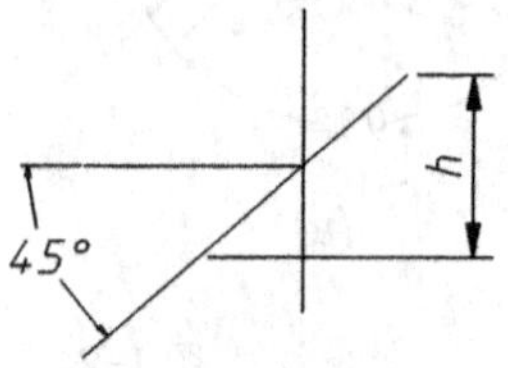

h 为字体高度

图 1-28　斜线画法

(3) 当尺寸线与尺寸界线相互垂直时，同一张图样中只能采用一种尺寸线终端的形式，不得混用。当采用箭头时，在地方不够的情况下，允许用圆点或斜线代替箭头，如图 1-29 所示。

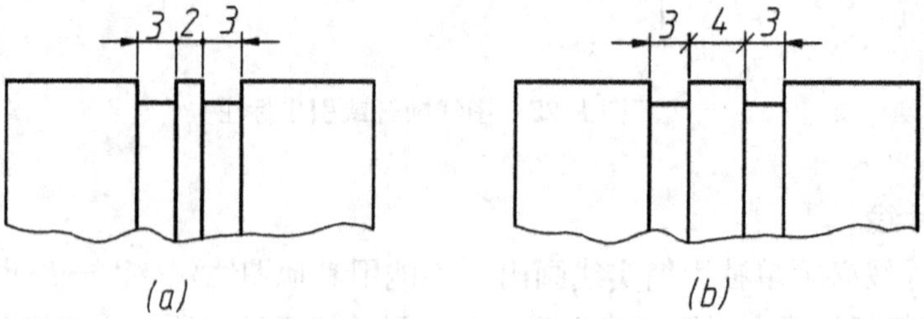

图 1-29　小尺寸注法

(4) 圆的直径和圆弧半径的尺寸线的终端应画成箭头，如图 1-30，图 1-31 所示的方法标注。

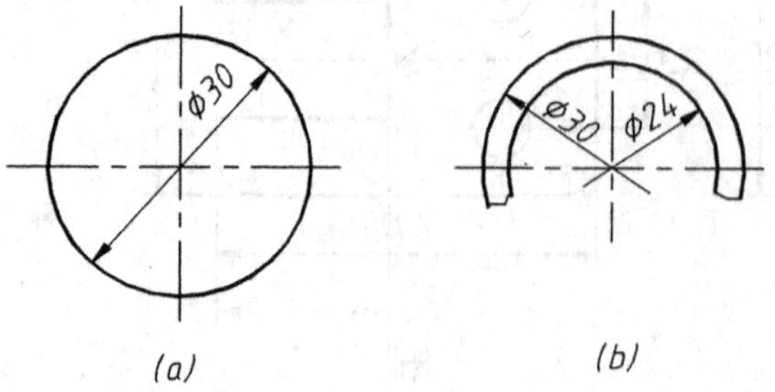

图 1-30　圆的直径标注方法

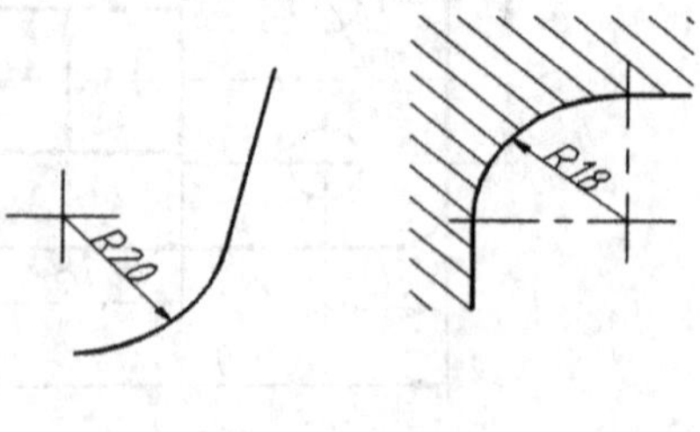

图 1-31　圆弧半径标注方法

当标注直径尺寸时，应在尺寸数字前加注符号“*Φ*”；标注半径时，加注符号“*R*”，其尺寸线应通过圆心。

(5) 当对称机件图形只画出一半或略大于一半时，尺寸线应略超过对称中心线或断裂处的边界线，此时仅在尺寸线的一端画出箭头，如图1-30(*b*)，图1-32所示。

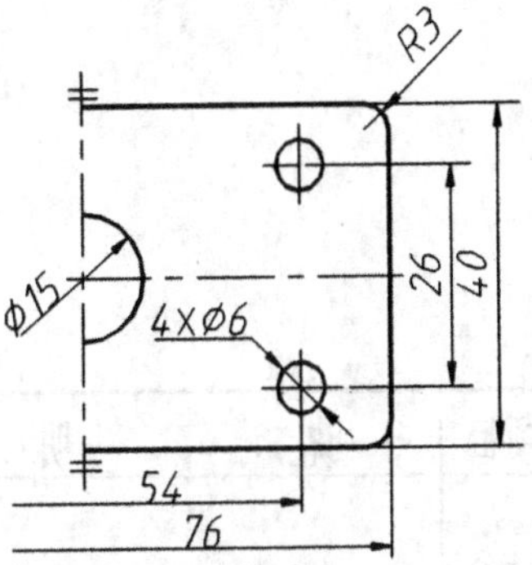

图1-32　对称机件的尺寸注法

3. 尺寸界线

尺寸界线用细实线绘制，并应由图形的轮廓线、轴线或对称中心线处引出，也可利用轮廓线、轴线或对称中心线作尺寸界线。尺寸界线一般应与尺寸线垂直，如图1-33所示，必要时允许倾斜。在光滑过渡处标注尺寸时，必须用细实线将轮廓线延长，并从交点处引出尺寸界线，如图1-34所示。

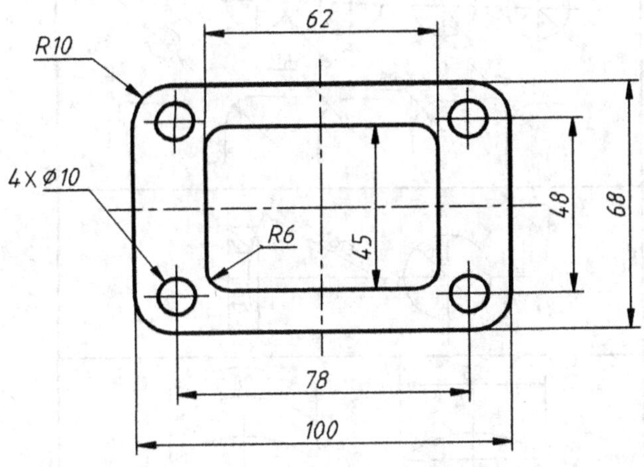

图1-33　尺寸界线画法

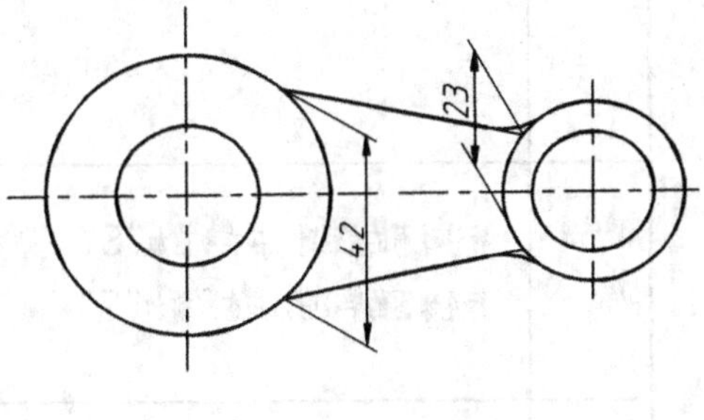

图1-34　尺寸界线画法

4. 尺寸注法示例

表1-5中列出了国家标准所规定的有关直径、半径、球、弦及弧长的一些尺寸注法，供学习使用。

表1-5

项目	说　　明	图　　例
大半径尺寸注法	圆心不在图内时，尺寸线画成折线；若不要求表示圆心时，也可不表示圆心位置	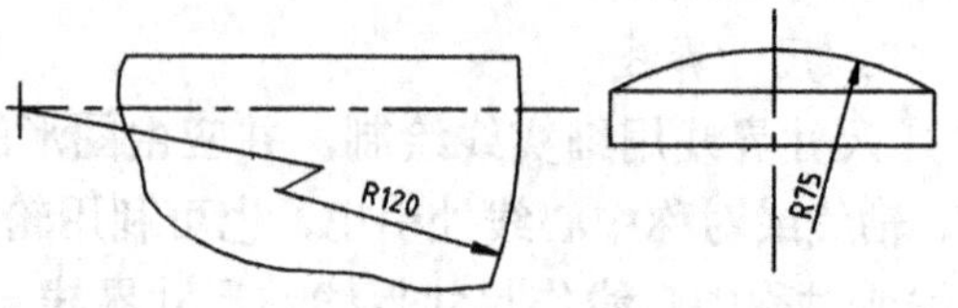
小圆弧和小圆尺寸注法	若圆或圆弧内无足够位置画箭头或注写尺寸数字时，可按右图处理	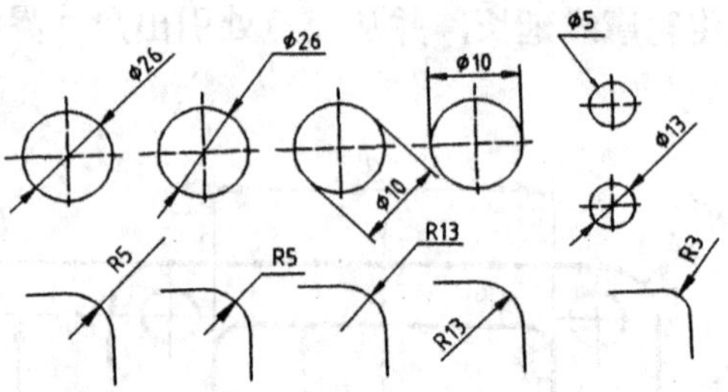
球的注法	标注球面的直径时，应在φ前加"S" 标注球面的半径时，应在R前加"S"	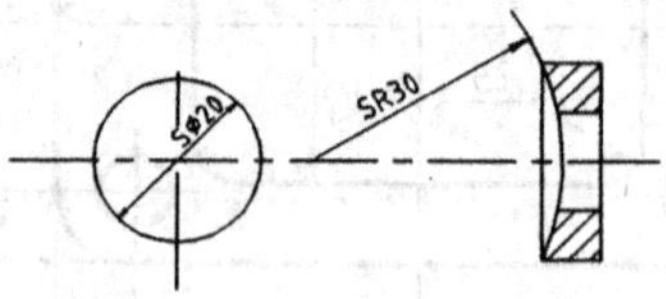
弦和弧长的注法	弦长的尺寸线应垂直于所注弦的垂直平分线 弦长的尺寸线应平行于所注的弧，弧长的尺寸数字上方应加弧长符"⌒"	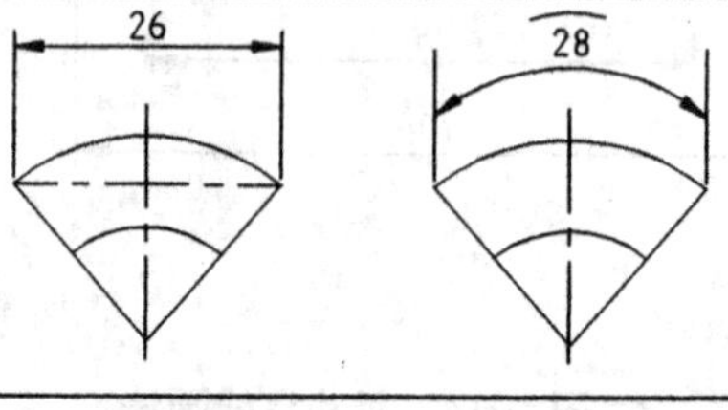

第二节　绘图工具及仪器的使用

正确地使用和维护绘图工具及仪器，既可提高图样质量和绘图速度，又可延长它们的使用寿命。下面简要介绍几种常用的绘图工具及仪器。

一、绘图工具

常用的绘图工具有铅笔、图板、丁字尺、三角板、比例尺、曲线板和擦图片等。

（一）铅笔

铅笔心颜色的深浅，根据标记B(表示软)和H(表示硬)来辨别。常用的绘图铅笔其硬度一般为B～H，通常打底稿时选用H；写字时选用HB；加深时选用HB～B；加深圆弧时，圆规铅心可选用B。

铅笔要从没有标记的一端开始使用，以便保留软硬标记。铅笔心一般削磨成圆锥形，如图1-35(*a*)所示，加深时，铅笔心也可削磨成扁平形，如图1-35(*b*)。

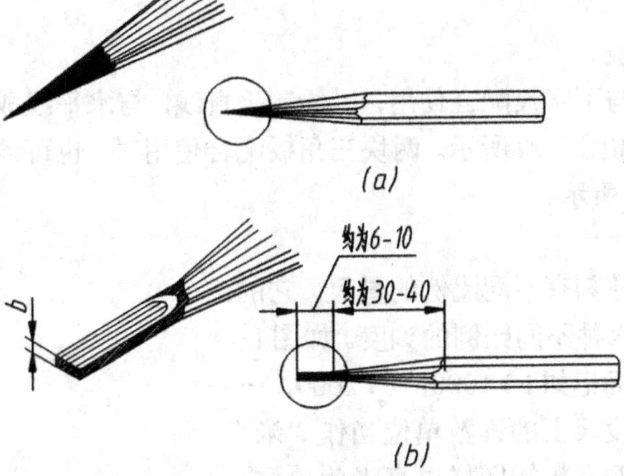

图1-35　铅笔的削磨

（二）图板

图板是用来固定图纸的，所以要求板面和侧边平坦整洁，如图1-36(*a*)所示。

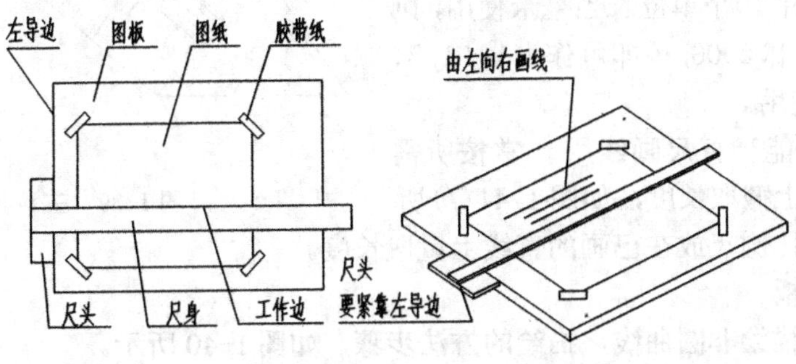

图1-36　图板和丁字尺的使用

(三) 丁字尺

丁字尺由尺身与尺头互相垂直固定在一起，呈“丁”字形，它主要用于画水平线和作三角板移动的导边。使用时，左手扶住尺头，使内侧边紧靠图板的左侧边。画水平线时铅笔沿尺身的工作边向右移动，同时铅笔与前进方向成75° 左右的斜角，如图1-36(*b*)所示。

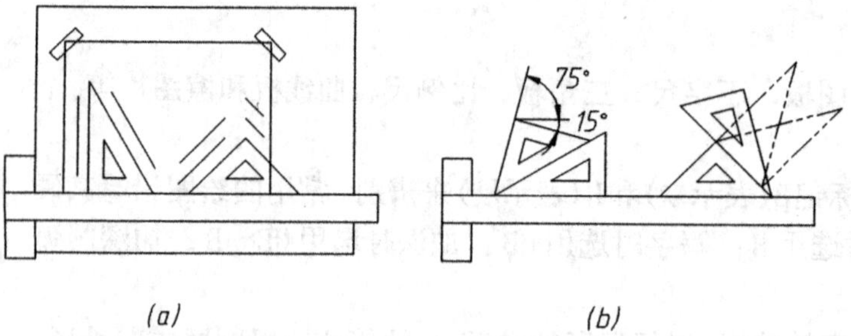

图1-37　三角板的使用

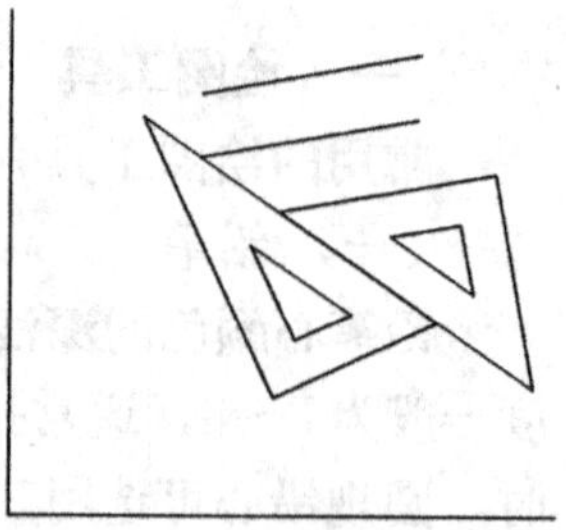

图1-38　画任意倾斜线

(四) 三角板

三角板经常与丁字尺配合使用，以绘制垂直线，与水平线成15° 倍角的斜线，以及它们的平行线，如图1-37所示。两块三角板配合使用时，也可绘制其他角度的垂直或平行线，如图1-38所示。

(五) 比例尺

比例尺是一种刻有不同比例的量尺。它的三个棱角上共有六种不同比例的刻度。如图1-39所示。尺端的标记如1∶1000，1∶2000，…等是指将相应刻度尺上的读数单位当作“米”使用时的缩小比例。机械图样以毫米为单位，因此，只要将尺寸读数的单位长度当作1毫米，则1∶1000，1∶2000，1∶5000，…即可作为1∶1，1∶2，1∶5，…等比例使用。

如果取尺寸中10个单位长当毫米使用，则1∶1000，1∶2000，1∶5000，…即可作为10∶1，5∶1，2∶1，…比例使用。

比例尺寸不能当直尺画线用，常按所需比例用分规在尺上截取长度，如图1-41(*b*)所示。也可直接把比例尺放在已画的直线上量取长度。

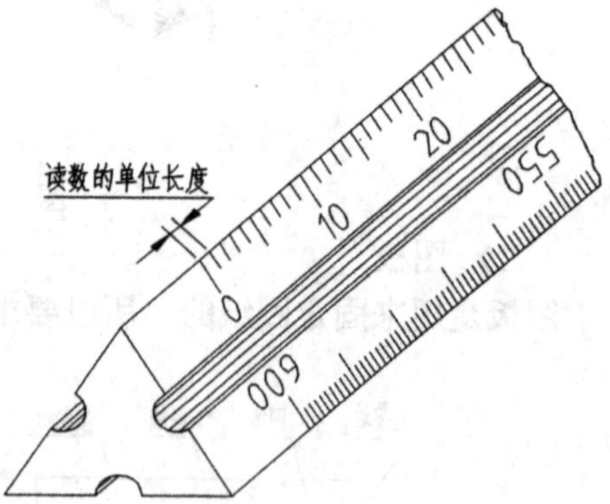

图1-39　三棱尺

(六) 曲线板

曲线板用于描绘非圆曲线，描绘的方法步骤，如图1-40所示。

1. 首先徒手将一系列点依次连成一光滑曲线，如图1-40(*b*)所示。

2. 分段描绘从曲线的一端开始，在曲线板上找出与该曲线吻合的一段，如图1-40

(*c*)中的1、2、3、4、5点，并用铅笔沿曲线板将该段曲线加深，但不一次描完，余留少许，待再次与曲线板吻合后描深，如图1-40(*d*)中的4、5、6点，以保证所连曲线光滑过渡。

除上述工具外，还应具备橡皮和胶带纸等。

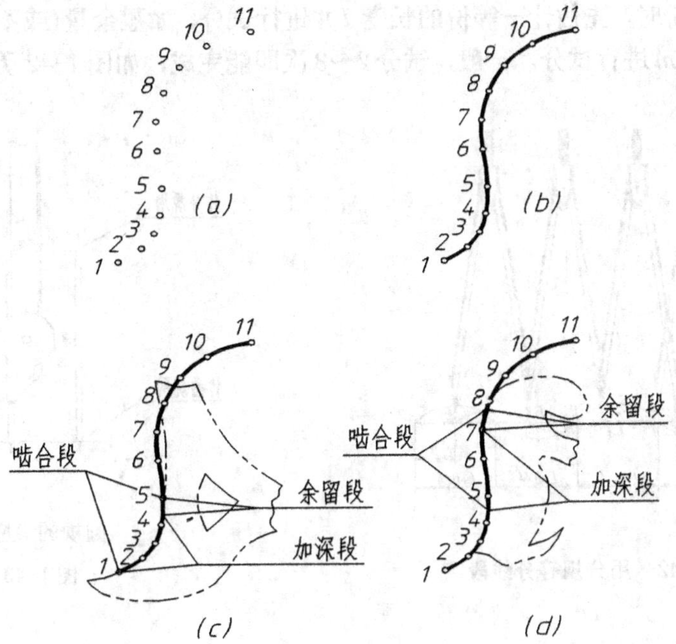

图1-40　曲线板用法

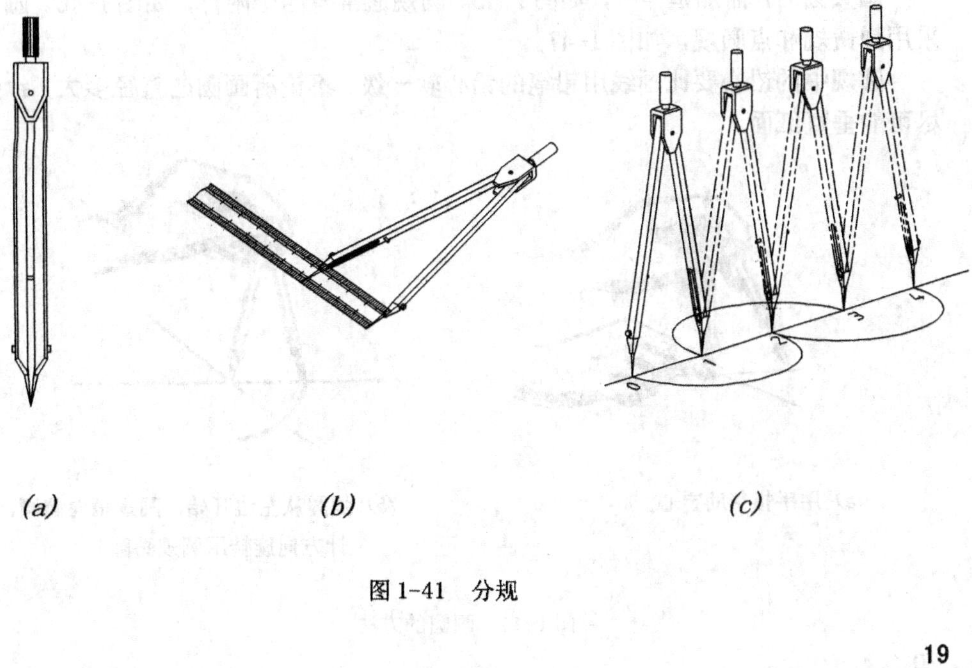

(*a*)　(*b*)　(*c*)

图1-41　分规

二、绘图仪器

常用的绘图仪器有分规、圆规和鸭嘴笔等。

(一) 分规

分规用以截取或等分线段。它的两腿垂拢后，其尖端应对齐，如图1-41(*a*)所示。从比例尺上量取长度时，切忌用针尖刺入尺面，如图1-41(*b*)。当量取若干段相等线段时，可令两个针尖交替地作为旋转中心，使分规沿不同方向旋转前进，如图1-41(*c*)。当分一线段为n等份时，先估计一等份的长度l并进行试分，如盈余量(或不足量)为b，再用$l+b/n$(或$l-b/n$)进行试分。一般，试分2～3次即能完成，如图1-42所示。

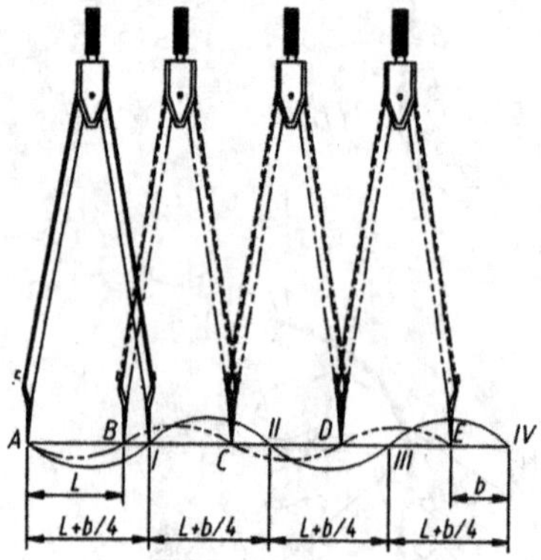

图1-42 用分规等分线段

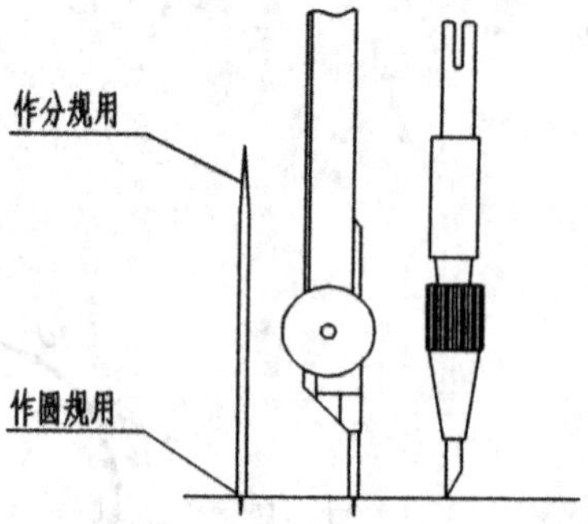

圆规的尖应稍长于铅心

图1-43 圆规

(二) 圆规

圆规用来画圆或圆弧。针尖应比铅心稍长，如图1-43。

画圆的方法和注意点，见图1-44。

画大圆时，需加延伸杆，如图1-45。圆规通常有四个附件，如图1-46。画小圆时宜采用弹簧规和点圆规，如图1-47。

圆规中的铅心要比画线用铅笔的铅心软一级。不论所画圆的直径多大，针尖和杆腿尽可能垂直纸面。

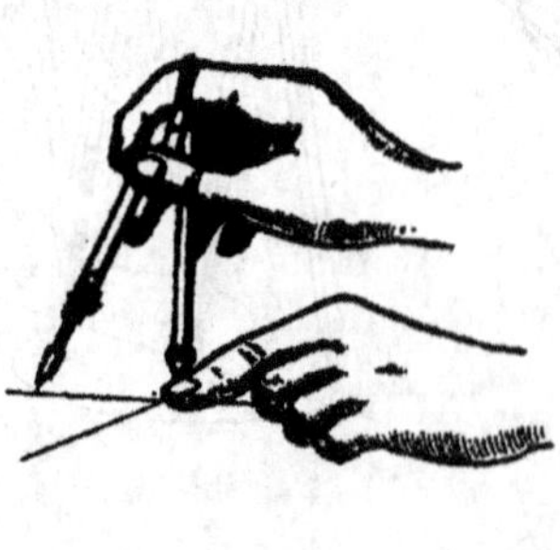

(*a*) 用手指帮助定心

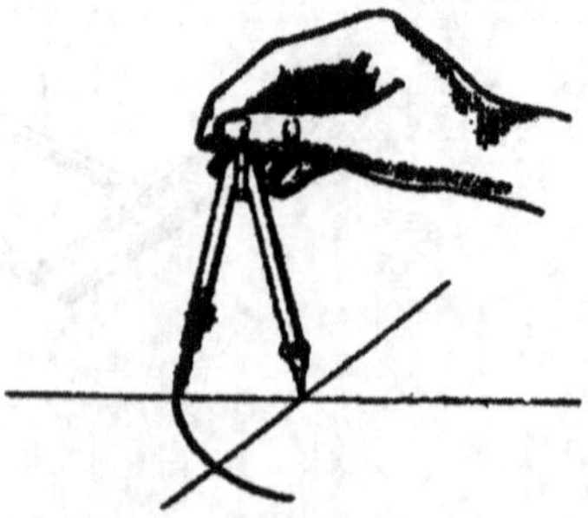

(*b*) 画圆从左边开始，圆规稍向前倾，顺时针方向旋转用圆规画圆

图1-44 画圆的方法

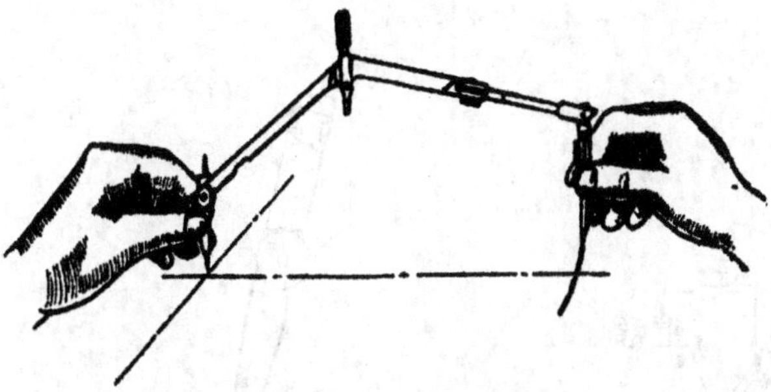

图 1-45　加延伸杆画大圆

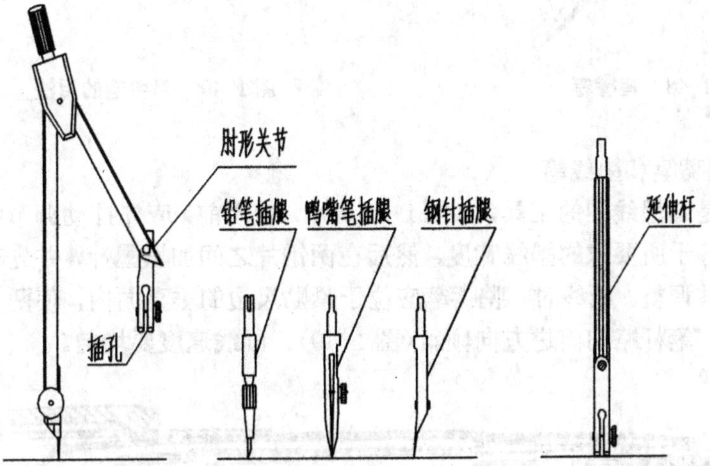

(a)　(b)　(c)

图 1-46　圆规

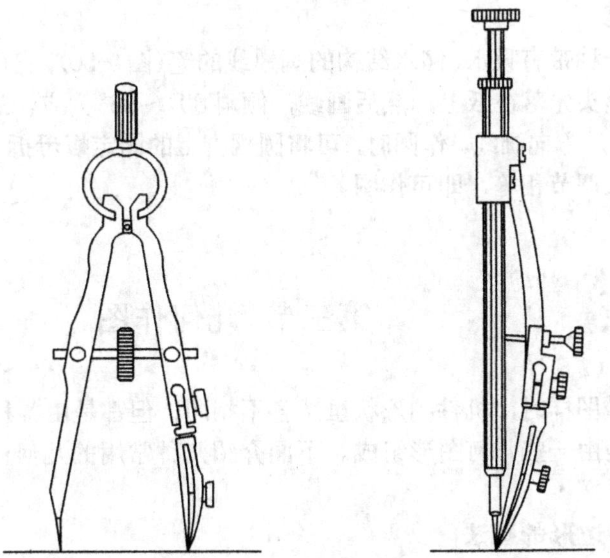

(a) 弹簧规　(b) 点圆规

图 1-47　画小圆的圆规

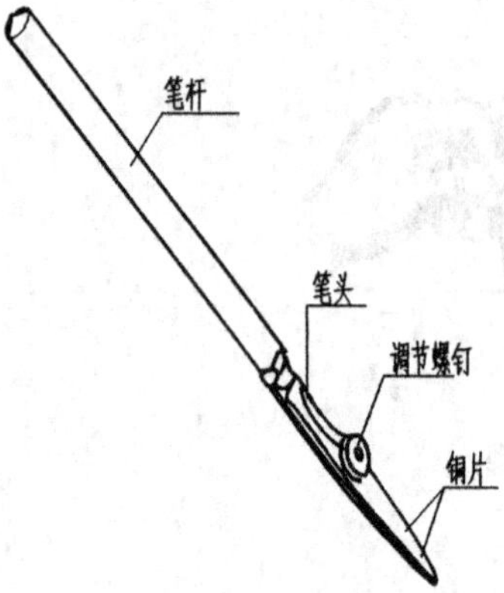

图 1-48　鸭嘴笔

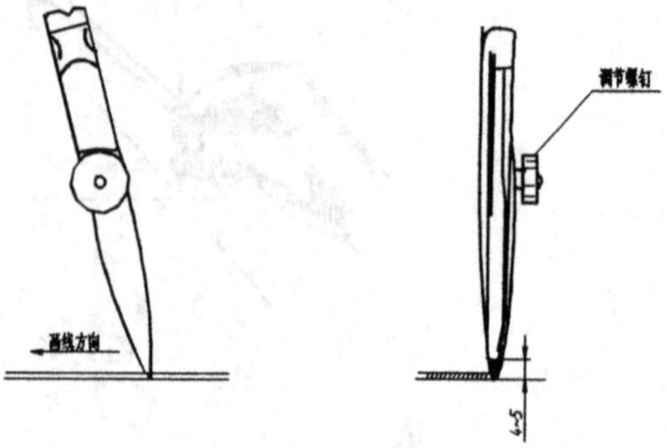

图 1-49　鸭嘴笔的用法

（三）鸭嘴笔和墨线笔

鸭嘴笔是画墨线图的工具，如图 1-48所示。使用前，应先拧动调节螺钉使两钢片尖端的距离约等于所要求的墨线宽度，然后在两钢片之间加填墨汁，并先在相同质量的描图纸上试画并调整。画线时，鸭嘴笔应位于紧贴尺边的垂直面内，使两个钢片的端部同时接触纸面，笔杆略向前进方向倾斜(图 1-49)，画线速度要均匀。

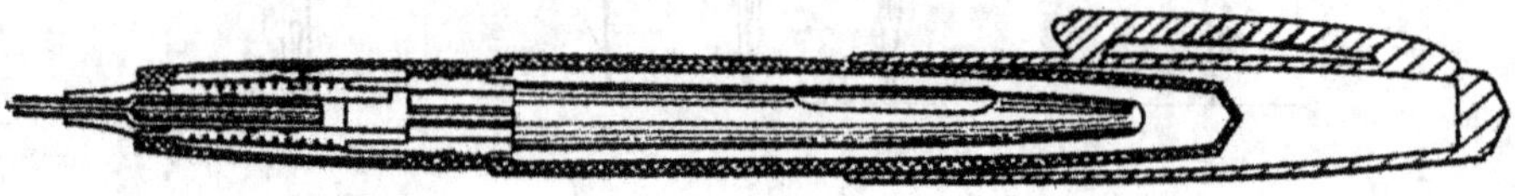

图 1-50　墨线笔

墨线笔是一种带有吸水、储水结构的画墨线的笔(图1-50)，它可以代替鸭嘴笔使用。画线开始时，笔头先落在纸上，然后画线，倾斜 80°～85°为宜，速度每分钟 10m 左右，不宜过快，不能反方向画线。作圆时，可将圆规脚上的固定螺母拆下，反装在圆规脚内，将圆规脚与笔头调节相等，即可作图。

第三节　几何作图

在绘制机械图样时，机件的形状虽然各不相同，但都是由各种几何体组合而成的。其图样也不外是由一些几何图形组成。下面介绍几种常用的几何作图方法。

一、正多边形的画法

（一）　正六边形

若已知正六边形的外接圆直径为 *D*，一顶点为 *A*，其画法如下：

图 1-51(*a*)、(*b*)所示是利用三角板和丁字尺的配合作图。

图 1-51(*c*)所示是利用其外接圆半径作图。

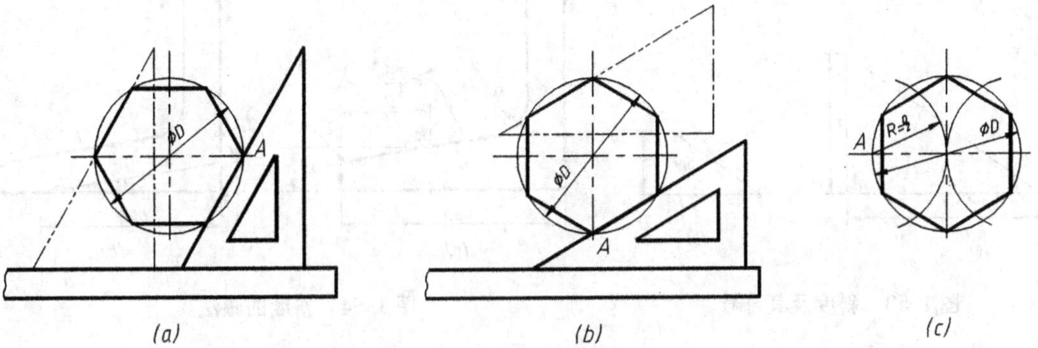

图 1-51　正六边形的画法

（二） 正五边形

若已知正五边形的外接圆半径 *R* 及一顶点 *A*，其作图步骤如图 1-52 所示。

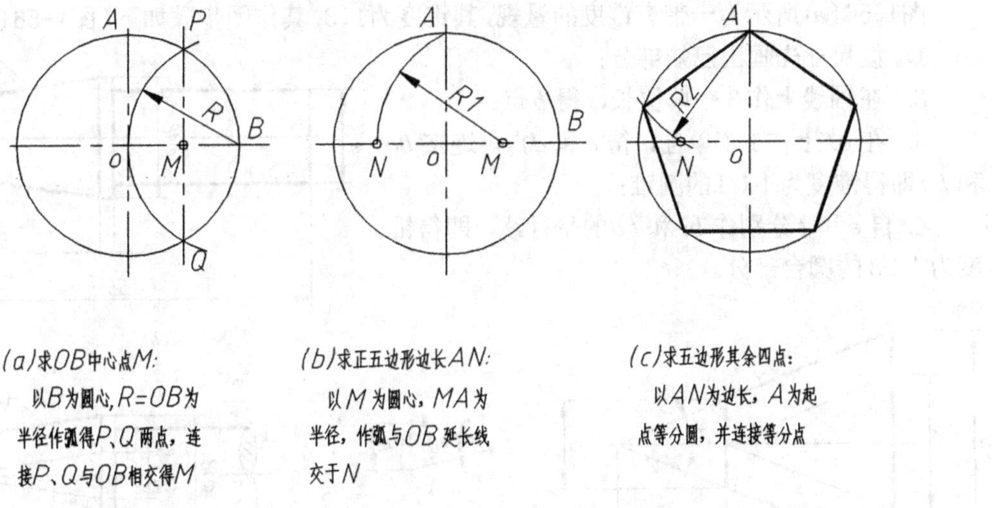

图 1-52　正五边形的作图步骤

二、斜度、锥度的画法

（一） 斜度

一直线(或平面)相对于另一直线(或平面)的倾斜程度称为斜度。其大小用两直线(或两平面)间夹角的正切来表示，见图 1-53(*a*)。并把比值化为“1∶*n*”的形式，即斜度=tg *α*=*H*∶*L*=1∶*n*。

斜度符号按图 1-53(*b*)绘制，符号斜线的方向应与斜度方向一致。

图 1-54(*a*)所示的斜度为 1∶6，其作图方法如图 1-54(*b*)。

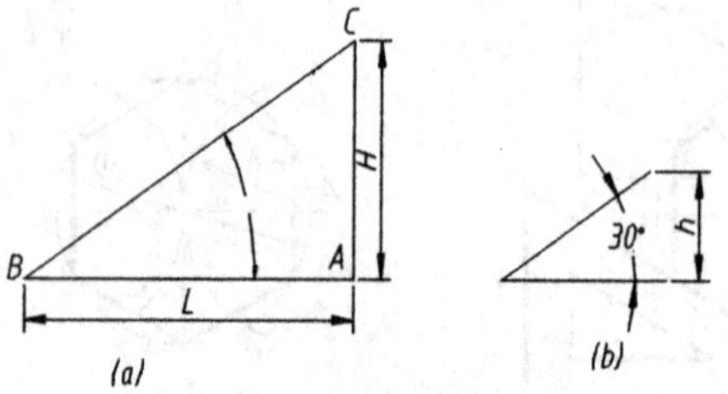

图 1-53　斜度及其符号

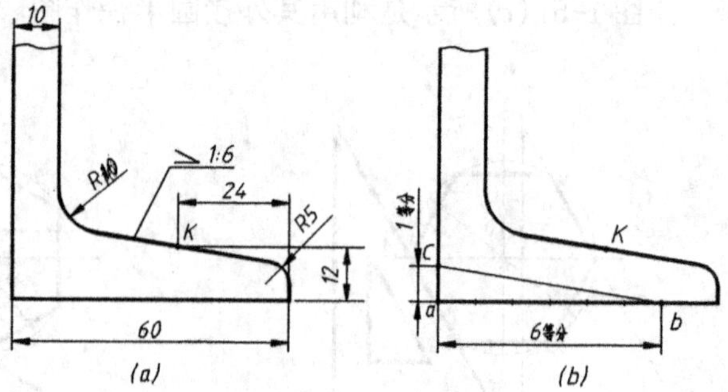

图 1-54　斜度的画法

（二） 锥度

正圆锥的底圆直径 D 与其高度 L 之比称为锥度。对于正圆台来说，其锥度系指两底圆直径之差与圆锥台高度之比。在图1-55(a)中，锥度= $\frac{D}{L}=\frac{D-d}{l}=2\text{tg}\alpha$。锥度也以简化形式 1∶$n$ 表示。

锥度符号按图 1-55(*b*)绘制，符号的方向应与锥度方向一致。

图1-56(*a*)所示为一带有锥度的量规，其锥度为1∶3，其作图步骤如下（图1-56(*b*)）：

1. 按尺寸先画出已知部分；
2. 在轴线上作 3 个单位长，得 b 点；
3. 在 ef 上作 1 个单位，得 c 和 d 点。连接 bc 和 bd 即得锥度为 1∶3 的圆锥；
4. 自 e 和 f 分别作 bc 和 bd 的平行线，即得锥度为 1∶3 的圆台部分。

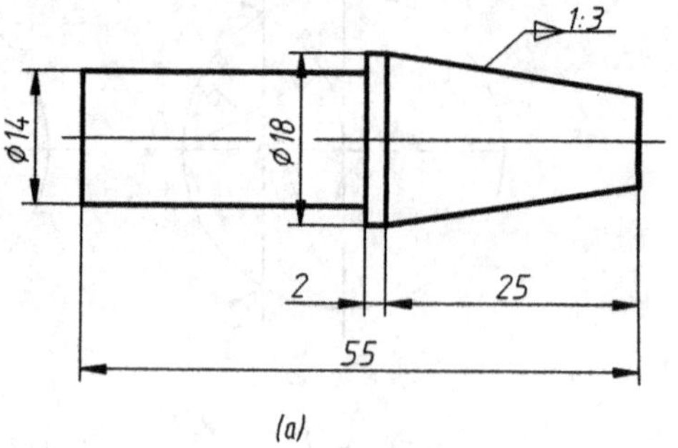

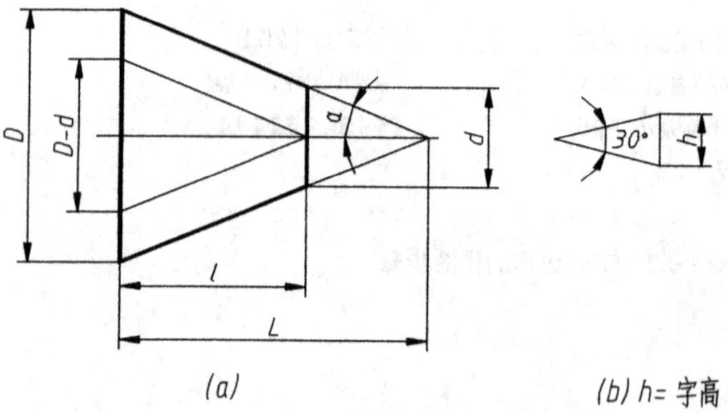

图 1-55　锥度及其符号

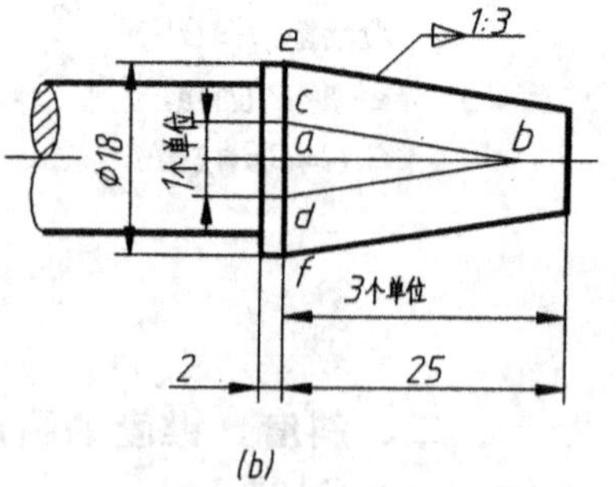

图 1-56　锥度的画法

三、圆弧连接

绘制平面图形时，常遇到从一条线段（直线或圆弧）光滑地过渡到另一条线段的情况（图 1-57）。这种光滑过渡就是平面几何中的相切，在制图中称为连接，其切点称为连接点。当用一圆弧连接两已知线段时，该圆弧称为连接弧，连接弧的半径称为连接半径。画圆弧连接时，必须准确地作出连接圆弧的圆心和切点。

（一）圆弧连接的作图原理

1. 与已知直线相切的圆弧(半径 R)，其圆心的轨迹是一条与已知直线平行的直线，距离为 R，从选定的圆心向已知直线作垂线，垂足就是切点((图 1-58(*a*))。

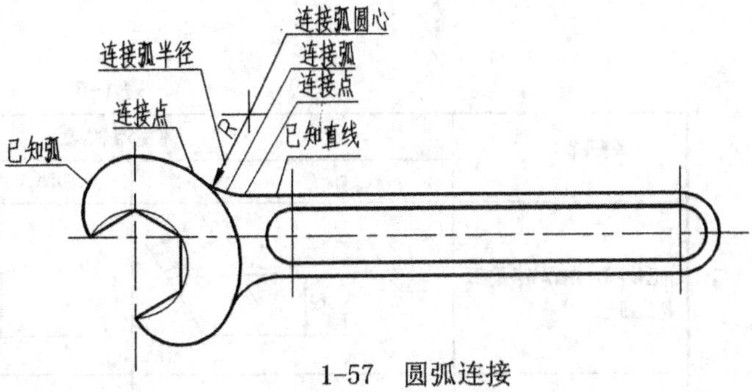

1-57 圆弧连接

2. 与已知圆弧(圆心 O_1，半径 R_1)相切的圆弧(半径 R)，其圆心轨迹为已知圆弧的同心圆，该圆的半径 R_2 要根据相切情况而定：

(1) 两圆弧外切时，$R_2=R_1+R$(图 1-58(*b*))；

(2) 两圆弧内切时，$R_2=R_1-R$(图 1-58(*c*))，两圆弧的切点在连心线或其延长线与已知圆弧的交点处。

（二）圆弧连接的几种画法，如表 1-6 所示。

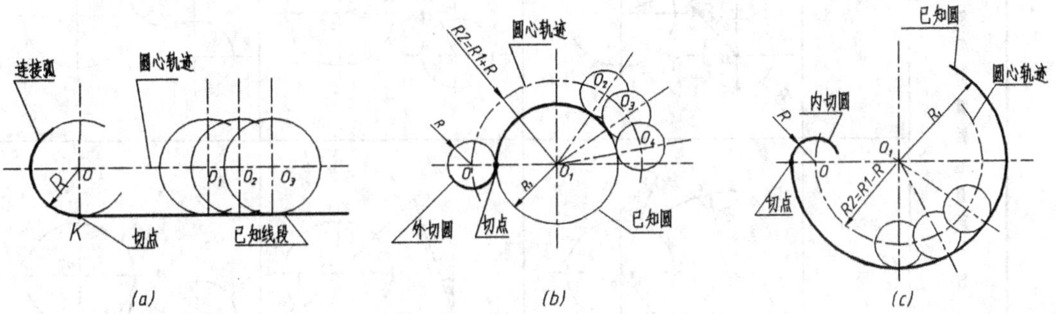

图 1-58 圆弧与直线、圆弧相切

四、椭圆的近似画法

椭圆的画法很多，下面只介绍根据长短轴用圆规画椭圆的近似画法— “四心圆弧法”，具体作图方法如图 1-59 所示。

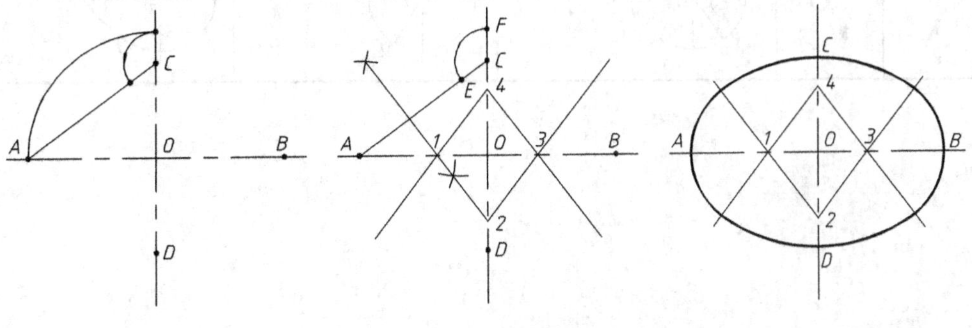

图 1-59 椭圆的近似画法

表1-6

<table>
<tr><th rowspan="2" colspan="2">连接要求</th><th colspan="3">作图方法和步骤</th></tr>
<tr><th>求圆心O</th><th>求切点K_1、K_2</th><th>画连接圆弧</th></tr>
<tr><td colspan="2">用已知半径R的圆弧连接两直线段Ⅰ、Ⅱ</td><td>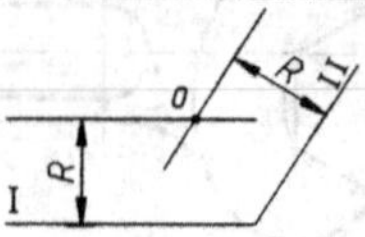</td><td>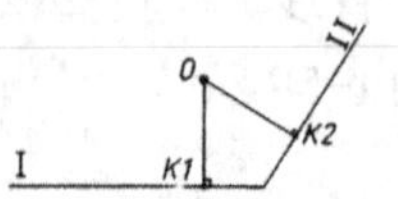</td><td>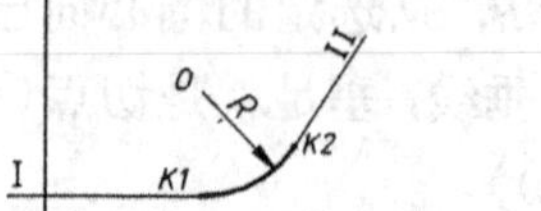</td></tr>
<tr><td colspan="2">用已知半径为R的圆弧连接线段Ⅰ和圆心为O_1、半径为R_1的圆弧</td><td>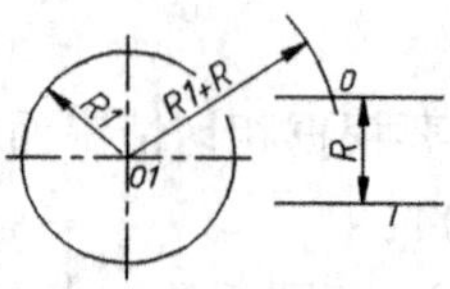</td><td>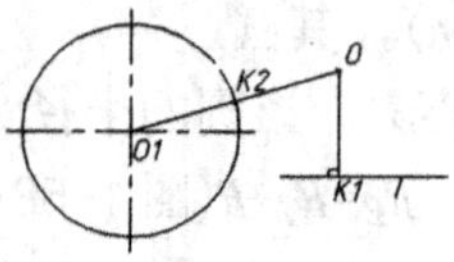</td><td>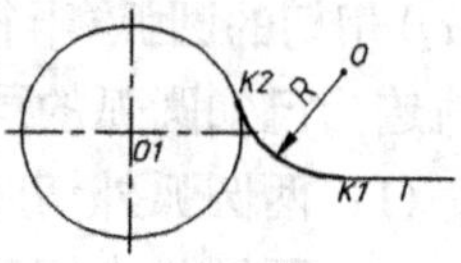</td></tr>
<tr><td rowspan="3">用已知半径R的圆弧连接两个圆心为O_1 O_2半径为R_1 R_2的已知圆弧</td><td>外连接</td><td>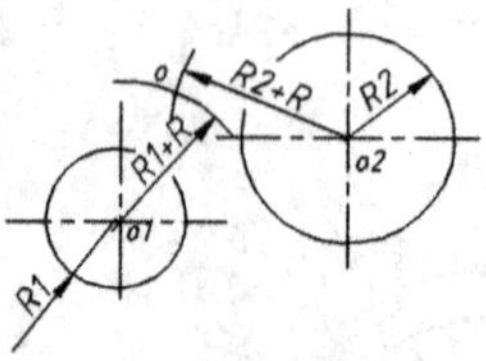</td><td>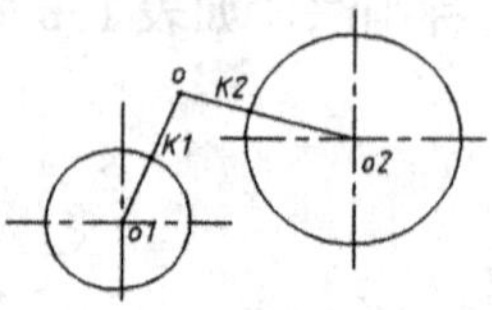</td><td>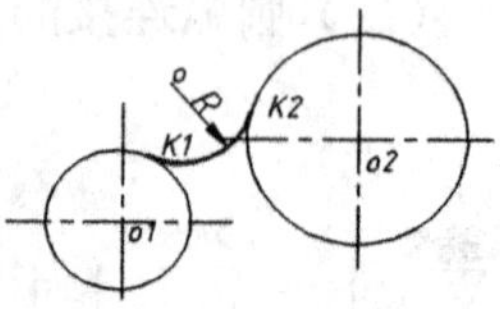</td></tr>
<tr><td>内连接</td><td>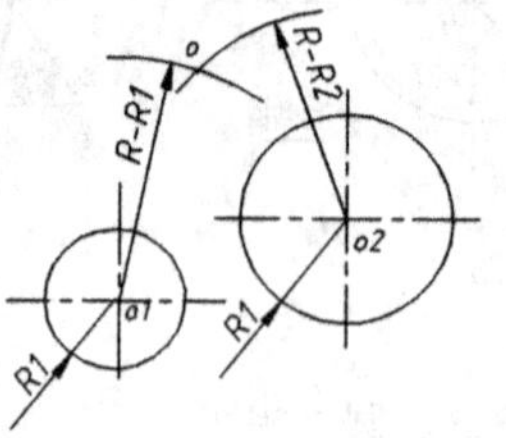</td><td>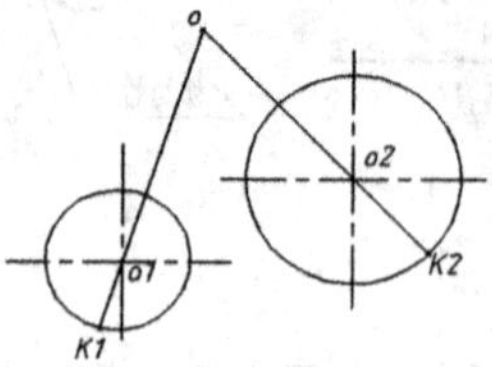</td><td>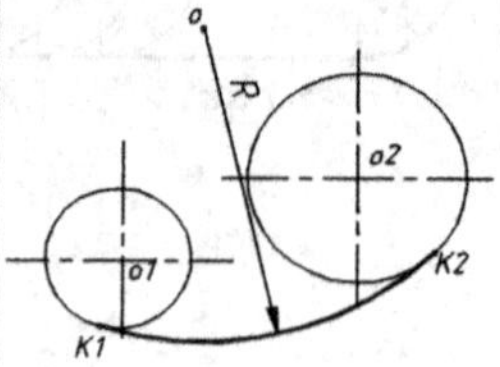</td></tr>
<tr><td>混合连接</td><td>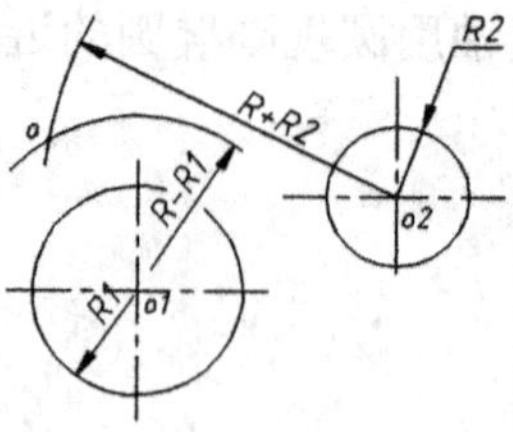</td><td>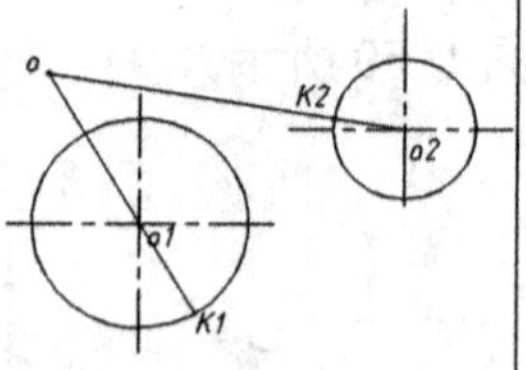</td><td>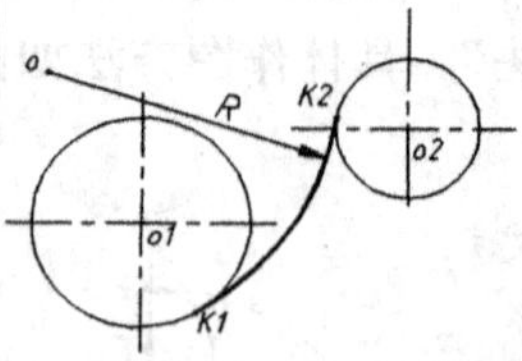</td></tr>
</table>

第四节　平面图形的尺寸分析及画图步骤

一个平面图形常由一个或数个封闭线框构成，而每一个封闭线框，一般由若干线段（直线，圆弧）所组成，其形状、长度及各线段间相对位置要靠所注的尺寸加以确定。所以在画图时，要根据图中尺寸对线段进行分类，以便确定画图步骤。在标注尺寸时（特别是圆弧连接图形），需根据线段之间的关系，分析需要注哪些尺寸。注出的尺寸要齐全，没有多余或自相矛盾之处。所以图形和尺寸关系极其密切。

一、平面图形的尺寸分析

根据尺寸在平面图形中所起的作用，可分为定形尺寸和定位尺寸两大类。

凡用以确定平面图形线段形状大小所需的尺寸 ，称为定形尺寸 。如图 1-60 中的 ϕ10，ϕ5，R5，35，20 等。凡用以确定平面图形中各封闭线框或线段之间相对位置的尺寸称为定位尺寸。如图 1-60 中的 18 和 10 即为圆 ϕ5 的定位尺寸。通常，在平面图形中每一线框或线段需要两个方向的定位尺寸。

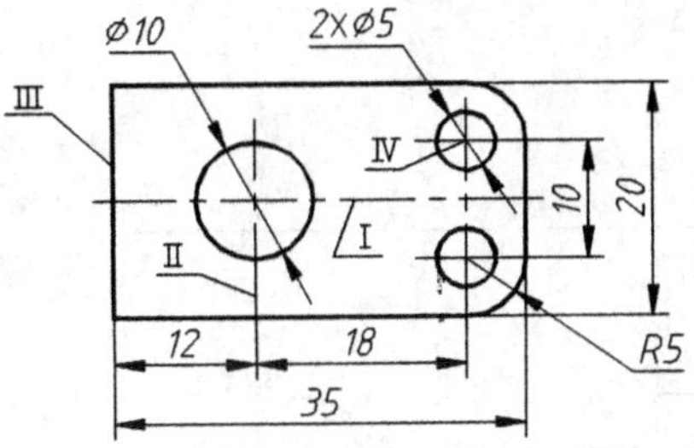

图 1-60　尺寸分析

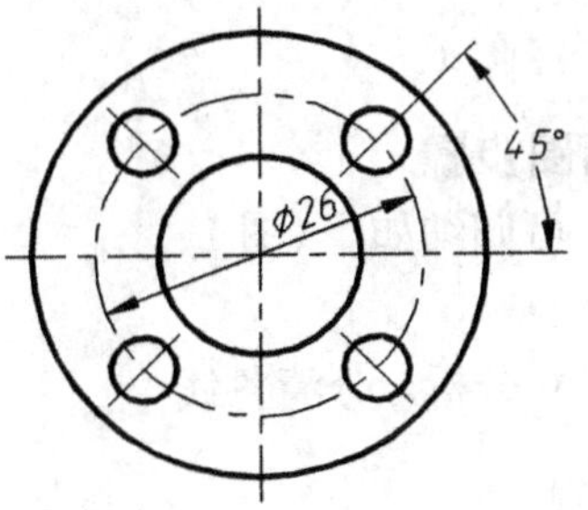

图 1-61　定位尺寸

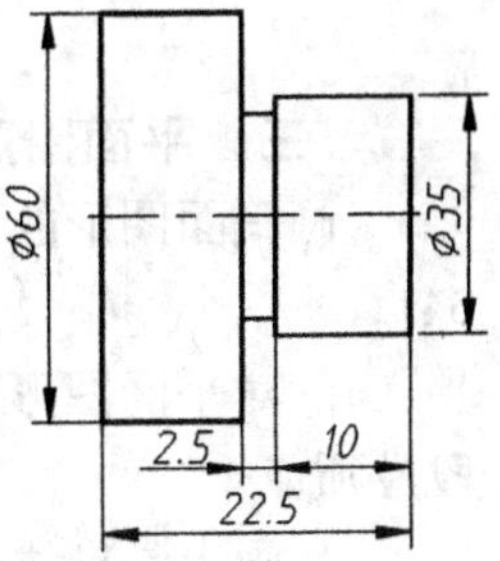

图 1-62　兼有定形、定位作用的尺寸

图样中标注尺寸的起点称为基准。定位尺寸都是从基准出发进行标注的。在平面图形中，一般常选用图形的对称中心线、大圆的中心线、较长的直线或圆弧的圆心等作为尺寸的基准，如图 1-60 中对称中心线Ⅰ、中心线Ⅱ、轮廓线Ⅲ和圆心Ⅳ等。

当然，直径、半径和角度尺寸也可以作为定位尺寸，如图 1-61 中的 ϕ26 和 45°。

必须指出，有时，一个尺寸可以兼有定形和定位两种作用。如图 1-62 中的尺寸 10 既是右边矩形的定形尺寸，又是中间矩形的定位尺寸。

二、平面图形的线段分析

根据图形中所注的尺寸和线段间的连接关系，平面图形中的线段可以分为以下三种：

（一）已知线段

凡定形尺寸和定位尺寸全部注出的线段称为已知线段，如图 1-63 中的圆弧 $R15$、$R10$ 等。

（二） 中间线段

凡注有定形尺寸和不完全的定位尺寸的线段称为中间线段，中间线段的位置可根据已给尺寸和该线段与一相邻线段间的连接关系，通过几何作图确定，如图 1-63 中圆弧 $R50$。

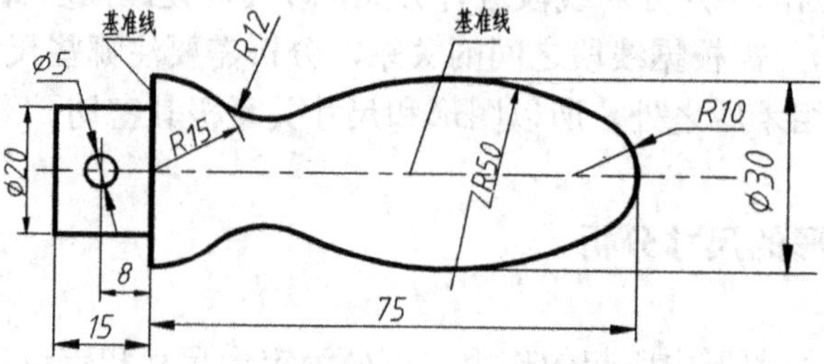

图 1-63　手柄

（三）连接线段

凡只注出定形尺寸而不必注出定位尺寸的线段称为连接线段。连接线段的位置可根据已给尺寸和该线段与两相邻线段的连接关系，通过几何作图确定，如图 1-63 中圆弧 $R12$。

三、平面图形的画图步骤

画平面图形的步骤，可归纳如下（图 1-64）:

1. 对平面图形进行尺寸分析，分清各线段性质；
2. 画出基准线，并根据各封闭图形的定位尺寸画出定位线；
3. 画出已知线段；
4. 画出中间线段；
5. 画出连接线段。

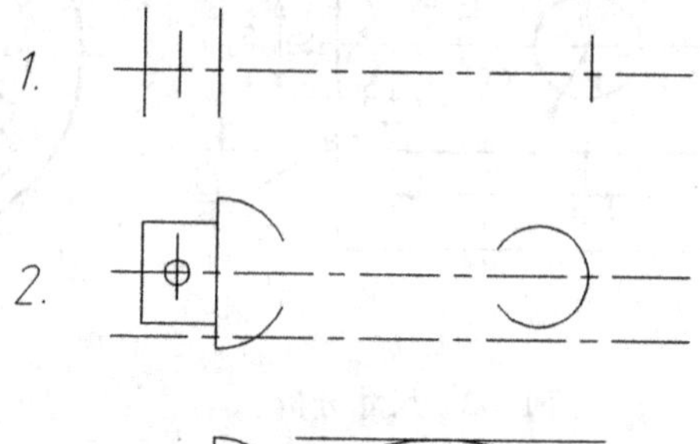

图 1-64　画平面图形的步骤

四、平面图形的尺寸标注

标注平面图形尺寸时，应先对平面图形进行分析，有哪些几何图形（圆、矩形等）以及确定图形中各线段的性质，即哪些是已知线段、中间线段和连接线段，然后选择合适的基准，根据各线段不同的尺寸要求，注出平面图形的全部定形尺寸和定位尺寸，具体步骤如图 1-65 所示。

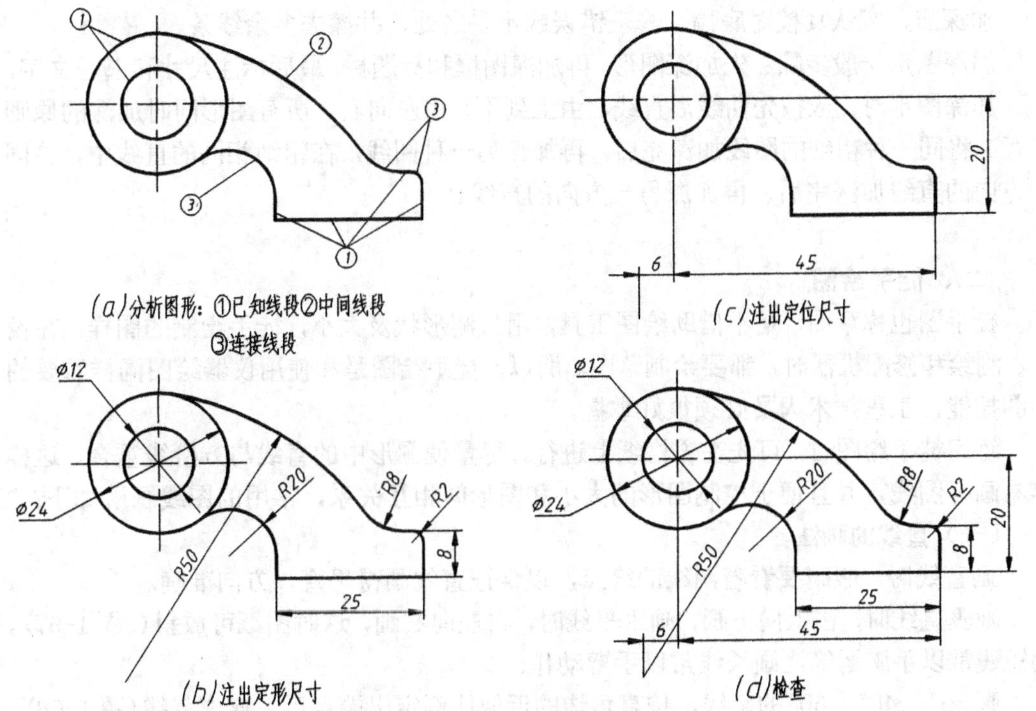

图 1-65　平面图形尺寸标注

第五节　绘图方法

一、仪器绘图

（一）准备工作

画图前应先搞清楚所画图样的内容和要求，准备好必要的绘图工具，并清理好桌面。

（二）选定图幅

根据要绘制的图形大小和复杂程度选定比例，确定图纸幅面。

（三）固定图纸

图纸铺在图板的左下方，下部空出的距离要能放置丁字尺，以便操作。再用胶带纸将它固定(图1-66)。

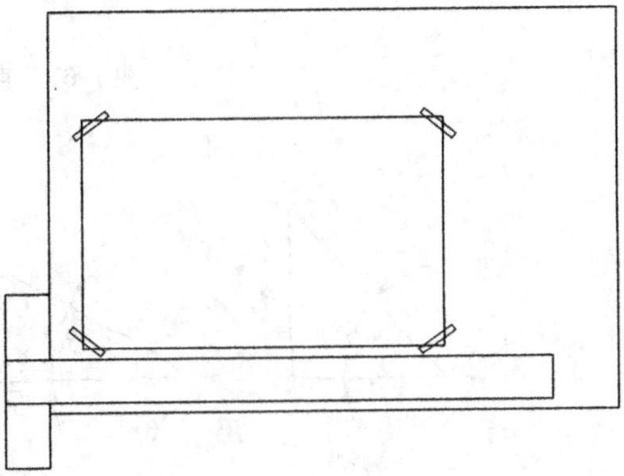

图1-66　图纸的固定

（四）画底稿

画底稿的一般步骤是：先画图框，标题栏，后画图形。画图形时，应先布置图形的位置并画出其中心线或对称中心线，再画主要轮廓线，然后画细节，并画出尺寸线、尺寸界线。底稿线要细，但应清晰。

（五）检查并清理底稿，加深图形和标注尺寸等加深前，应认真校对底稿，修正错误或不妥之处，并擦去多余线条。

加深图形一般步骤：先加深图形，再加深图框和标题栏，最后标注尺寸和书写文字。

加深图形时，应按先曲线后直线、由上到下、由左向右、所有图形同时加深的原则进行。将同一种粗细的图线加深完后，再加深另一种图线，在粗细相同的直线中，将同一方向的直线加深完后，再加深另一方向的直线。

二、徒手绘图

徒手图也称草图，是不借助绘图工具，用目测形状及大小，徒手绘制的图样。在设计、测绘和修配机器时，都要绘制草图。所以，徒手绘图是和使用仪器绘图同样重要的绘图技能，工程技术人员必须很好掌握。

练习徒手绘图时，可先在方格纸上进行，尽量使图形中的直线与方格线重合，这样容易画好图线，并且便于控制图形的大小和图形间相互关系，常用的图线画法如下：

（一）直线的画法

画直线时，眼睛要看着图线的终点，以保证直线画得平直，方向准确。

画垂直线时，由上向下画，画水平线时，自左向右画，这时图纸可放斜（图 1-67)。画短线常以手腕运笔，画长线常以手臂动作。

画 30°、45°、60°的斜线，按直角边的近似比例定出端点后，连成直线(图 1-68)。

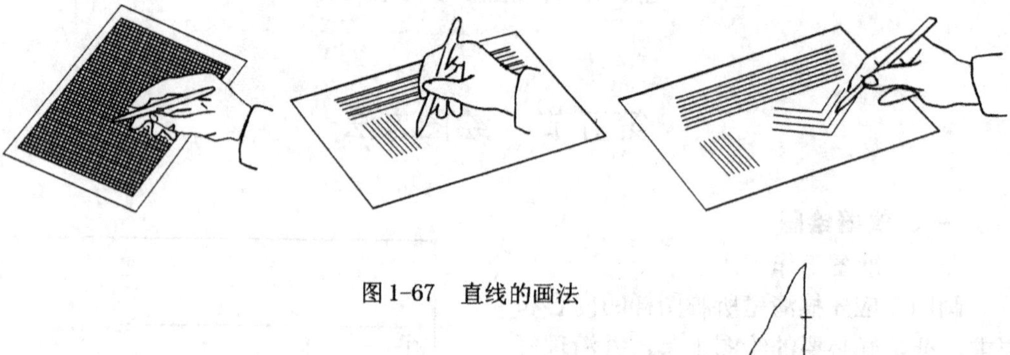

图 1-67　直线的画法

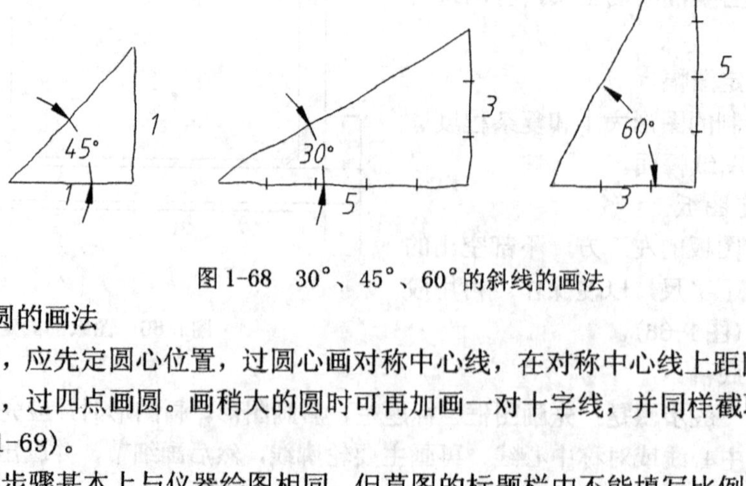

图 1-68　30°、45°、60°的斜线的画法

（二）圆的画法

画圆时，应先定圆心位置，过圆心画对称中心线，在对称中心线上距圆心等于半径处截取四点，过四点画圆。画稍大的圆时可再加画一对十字线，并同样截取四点，过八点画圆(图 1-69)。

画草图步骤基本上与仪器绘图相同。但草图的标题栏中不能填写比例，绘图时，也不应固定图纸。完成的草图仍应基本做到：图形正确，线型分明，比例匀称，字体工整，图面整洁。

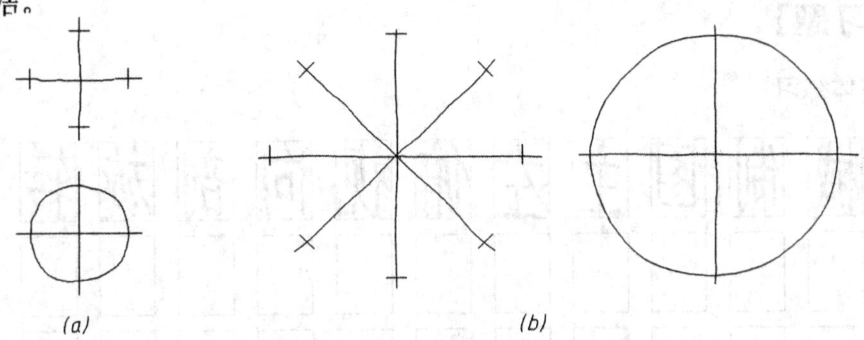

图1-69　圆的画法

[自学指导]

一、学习目的和要求

本章主要介绍国家标准《机械制图》中的部分有关规定；绘图工具、仪器的使用；几何作图及绘图技能和绘图方法。

通过学习应达到如下要求：

1. 掌握国家标准《机械制图》中有关图纸幅面及格式、比例、字体、图线及尺寸注法等标准中有关规定，在绘制图样时要严格遵守。

2. 正确熟练地掌握绘图工具和仪器的使用方法。

3. 熟练掌握常用的一些几何作图方法。在平面图形绘制时，能正确地进行尺寸和线段分析，确定构成图形中的线段性质，从而拟定合理的绘图方法和步骤，力求做到图形位置匀称、作图标准、线型正确、字体端正、图面整洁，各项内容符合国家标准要求。

二、学习方法

1. 对本章所介绍的国家标准《机械制图》中的部分规定，必须正确认识、遵守标准，在绘图实践中反复查找，便可逐步掌握，无需死记硬背。

2. 字体是图样中不可缺少的一部分，必须充分重视，除掌握书写要领外，要坚持练习，才能有所提高。

3. 必须充分认识到，正确熟练地掌握常用的绘图工具和仪器的使用方法是提高绘图质量和速度的重要保证。为此，从一开始画图，就应坚持正确地使用各种绘图工具和仪器。特别是图板、丁字尺和三角板的配合使用，从不习惯到习惯，并注意培养良好的绘图习惯，耐心细致的工作作风，不断总结经验，提高制图基本技能，为绘制机械图样打下良好基础。

4. 对于几何作图和平面图形的分析的学习，要与中学教学中的轨迹问题和几何作图方法联系起来学习。

5. 平面图形尺寸分析中，必须搞清楚已知线段、中间线段和连接线段的概念。并学会从已给的尺寸中将它们分析出来，按已知线段、中间线段和连接线段的顺序完成平面图形的作图。

[练习题]

1-1 字体练习

机械制图主左俯视向剖旋转展开

装配时作均布斜度中心孔深沉两端注技术要求

ABCDEFGHIJKMNPRSTUVWXYZΦ

1234567890

1-2 注写尺寸：在给定尺寸线上画箭头，填写尺寸数字或角度数字（尺寸数值从图中按 1:1 量取，并取整）。

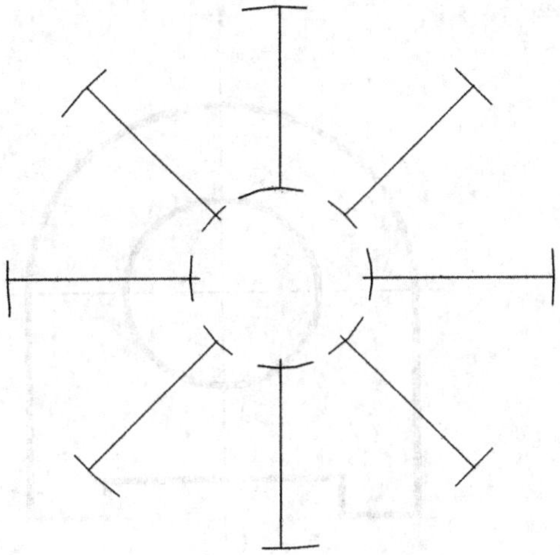

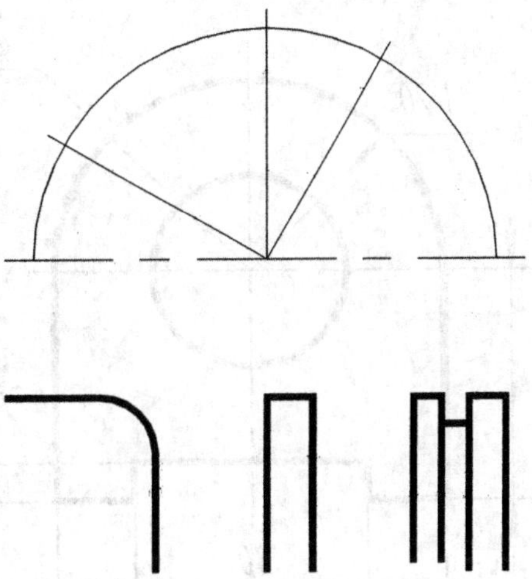

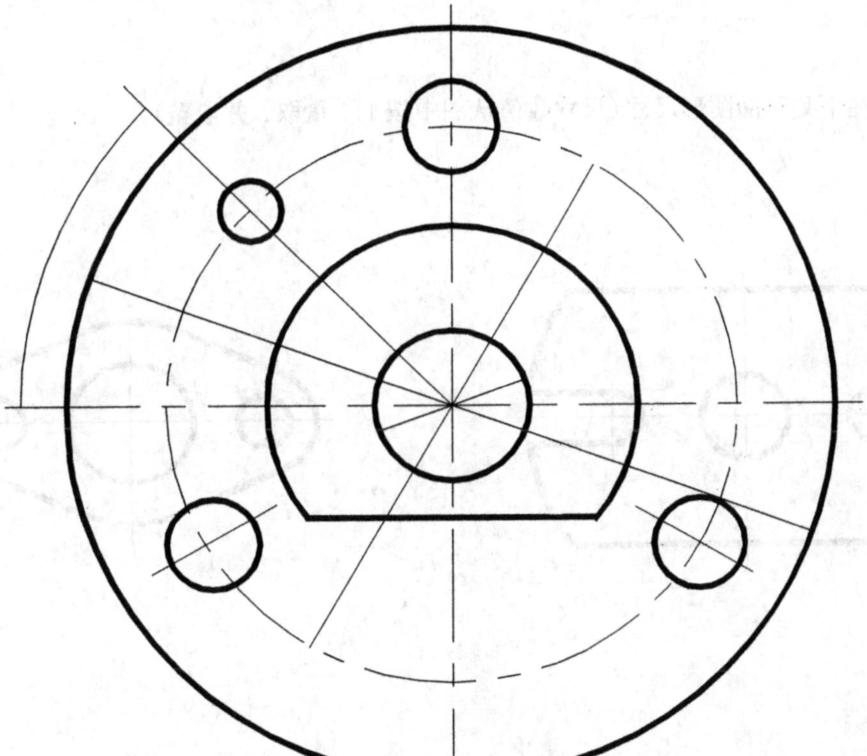

1-3 尺寸注法改错:将改正后的尺寸标注在右边空白图上。

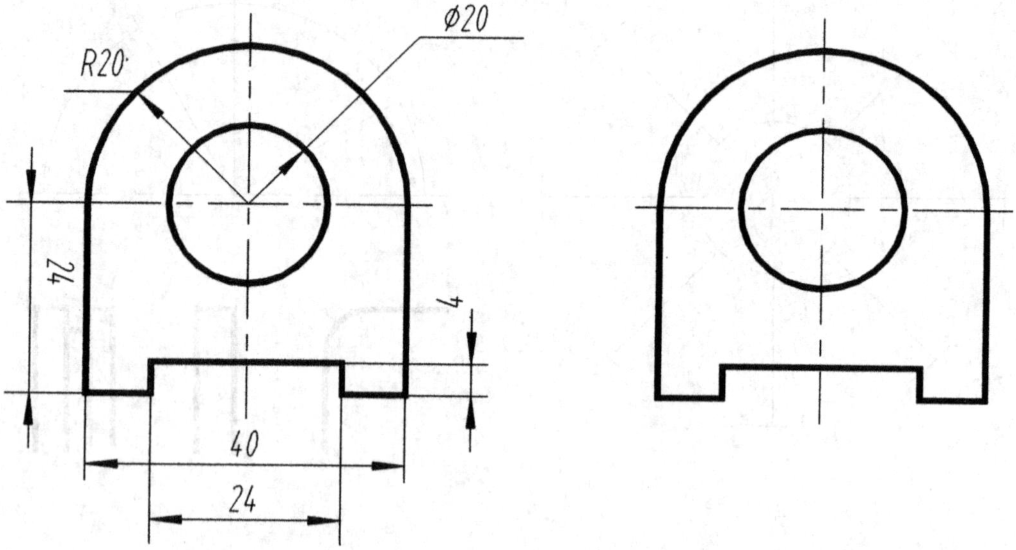

1-4 标注下列平面图形尺寸(尺寸数值从图中按 1:1 量取，并取整)。

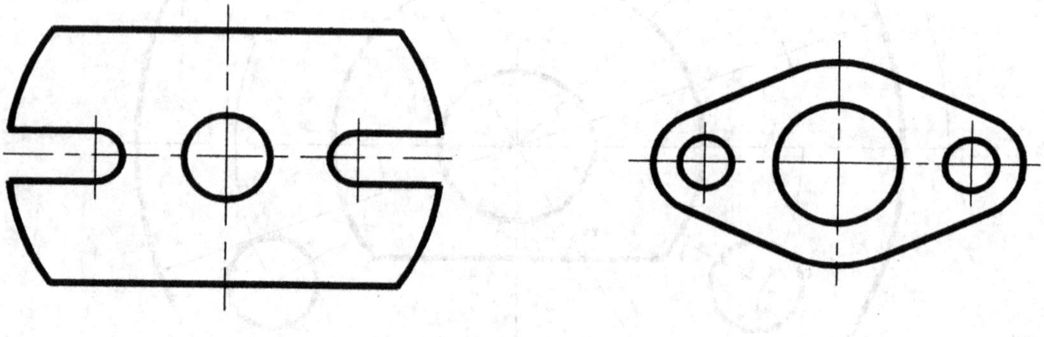

1-5 按图示尺寸及比例，在指定位置分别用 2:1、1:1 画出图形，并标注尺寸。

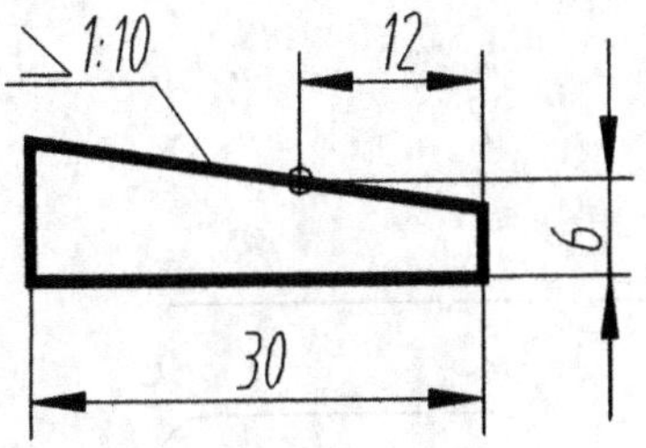

2:1

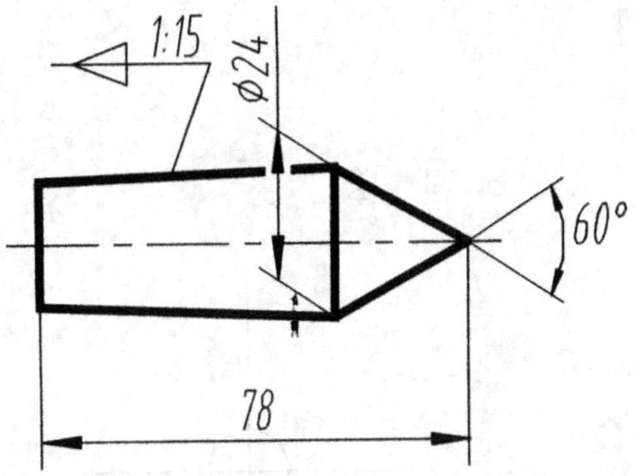

1:1

1-6 用四心法画椭圆(已知椭圆长短轴分别为 40mm、25mm)。

1-7 按平面图形的尺寸，用 2:1 在指定位置画出图形轮廓。

1)

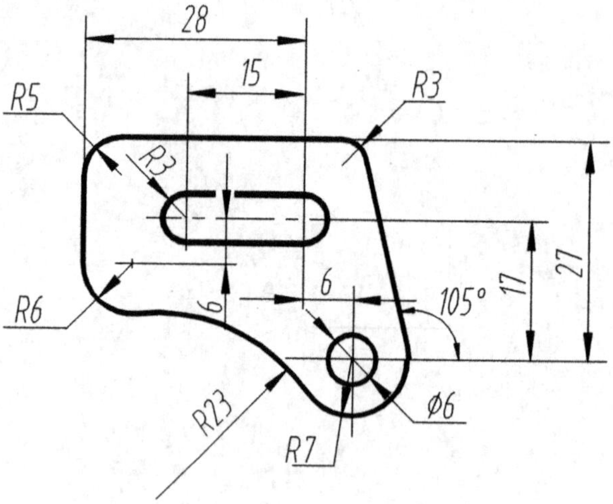

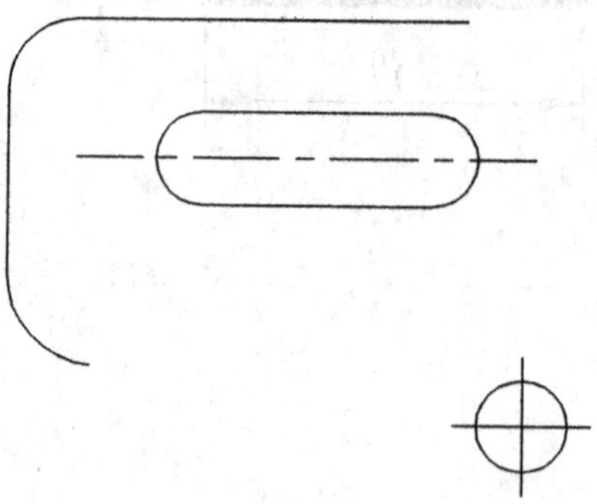

2)

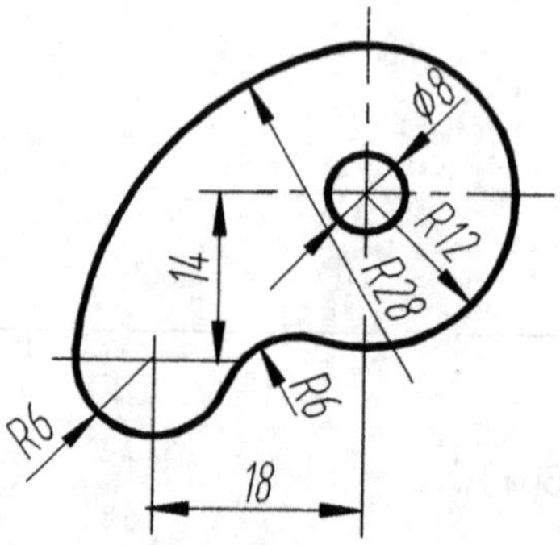

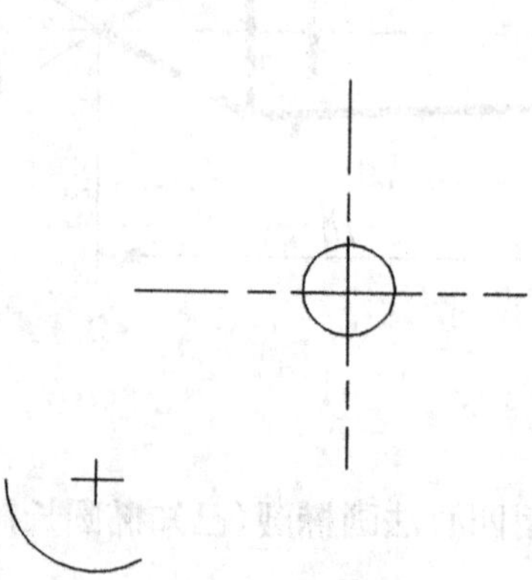

1-8 101作业的左图:作业内容——把下面的图形按1:1画在A3图纸的左面；图名为几何作图;图号为101。

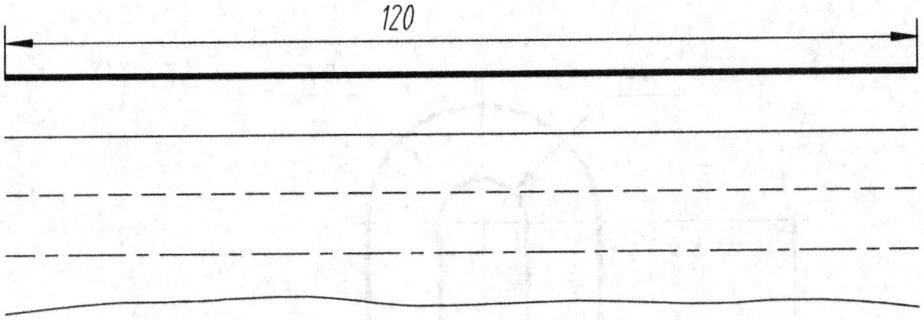

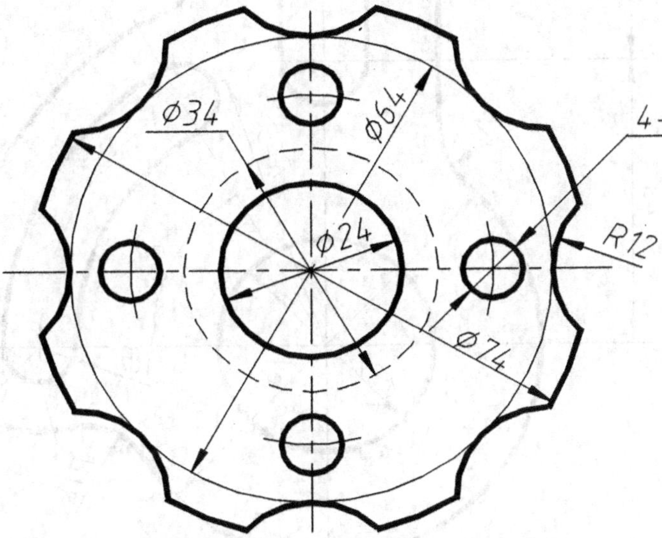

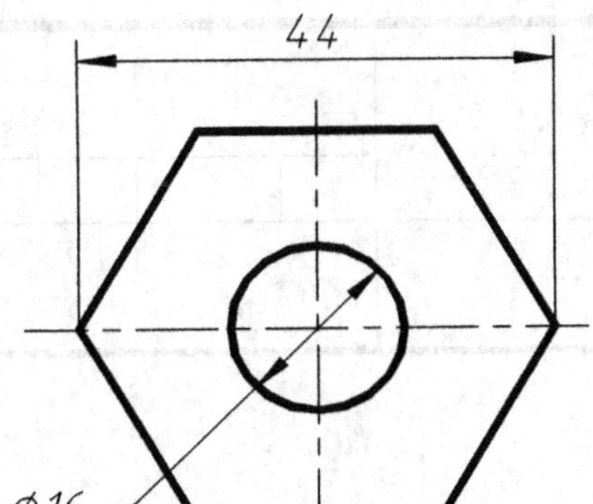

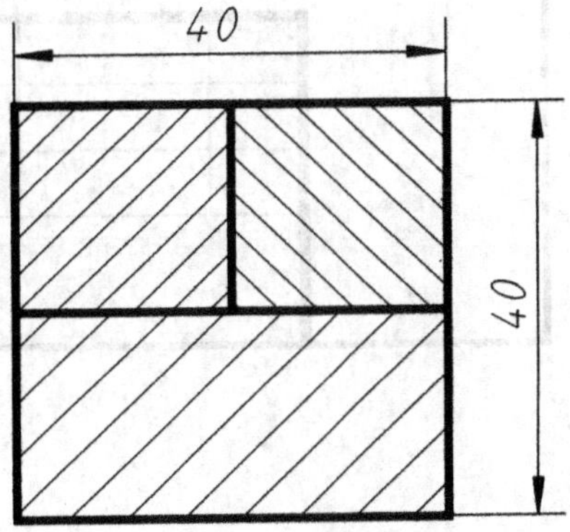

1-9 101 作业的左图。

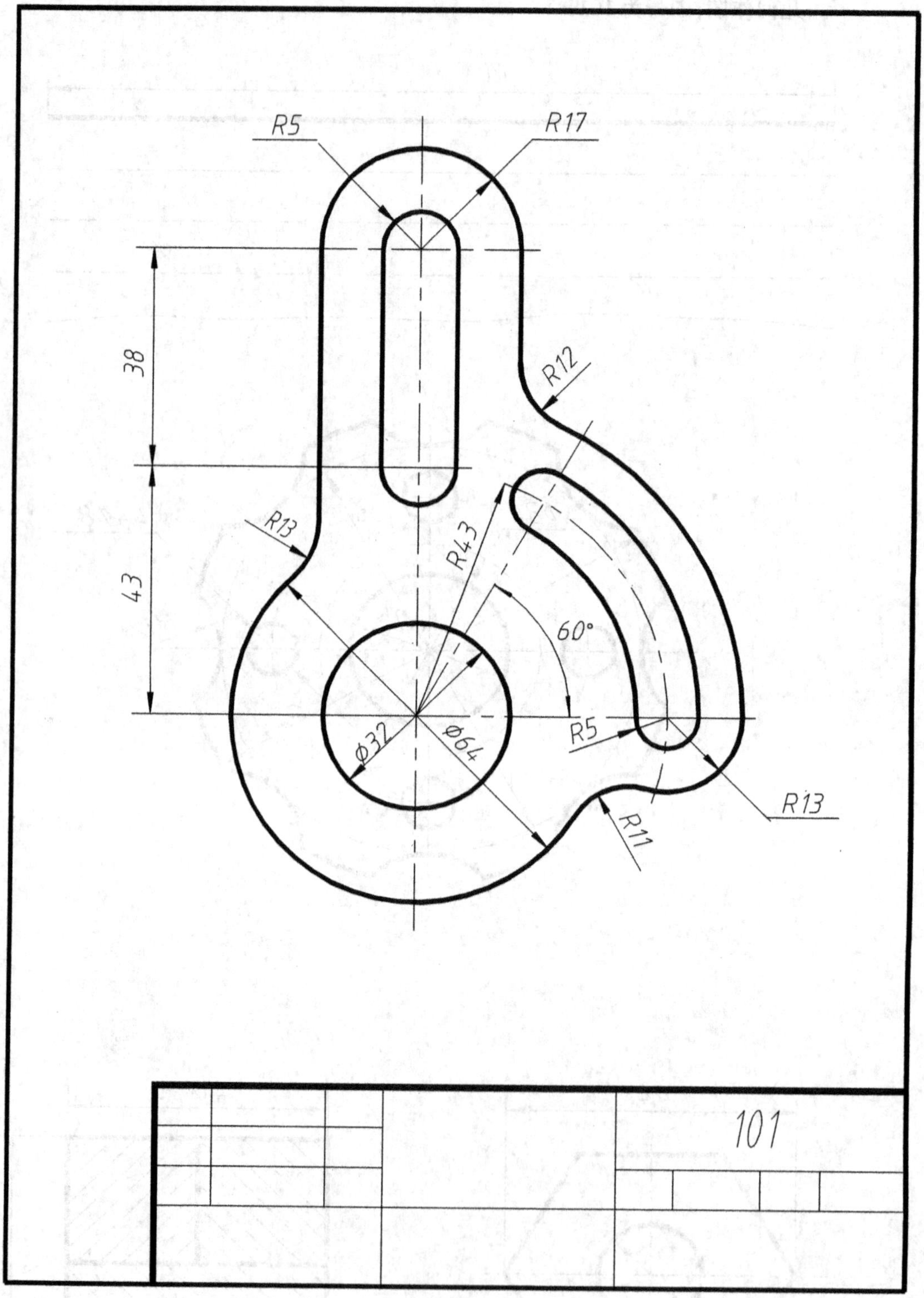

第二章　投影基础

第一节　投影法基本知识

一、投影法基本概念

日常生活中，常能见到日光或灯光照射物体后在地面或墙面上就会产生物体的影像，实际上，这就是一种投影现象。将这种现象加以总结和抽象，可得以下投影法。

现将投影要素抽象如下：

光源——投影中心 S

光线——投影线 SAa

地面——投影面 H

物体——点 A 及 B

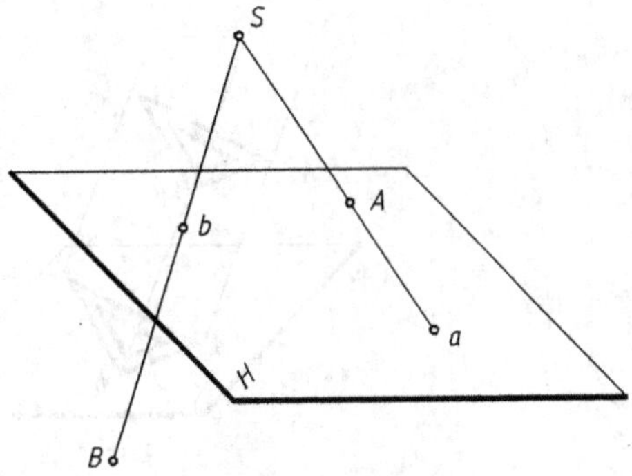

图 2-1　投影法

如图 2-1 所示，过点 A 作 SA 投影线，它与投影面 H 之交点 a 即为空间点 A 在该投影面上的投影。同理可得空间点 B 的投影。

二、投影法分类

根据投影线之间的相对位置，投影法可分为两类：中心投影和平行投影。

(一) 中心投影法

当投影中心 S 距投影面为有限远时，所有投影线即交于一点(投影中心 S)，这样的投影法称为中心投影法。如图 2-2 所示，过投影中心 S 与三角形各顶点分别引投影线，并使它们与投影面相交，即可得到该三角形在该投影面上的中心投影 Δabc 。一般而言，物体的中心投影与物体真实形状不相似 ，更不反映物体的真实大小，但它具有视觉效果。

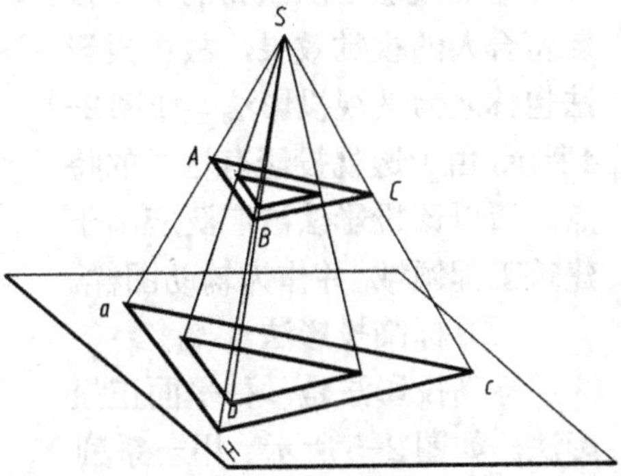

图 2-2　中心投影

(二) 平行投影法

当投影中心距投影面为无限远时，所有投影线则互相平行(交于无穷远处)，如此的投影法就成了平行投影法。如图 2-3 所示，投影线 Aa // Bb // Cc，投影面上所获得的 Δabc 即是 ΔABC 在该投影面上的平行投影。根据投影线与投影面是否垂直，平行投影法又可进一步分为斜投影法和正投影法。

1．斜投影法

当投影线倾斜于投影面时，所获投影即为斜投影(见图 2-3(a))，该投影法即为斜投影法。

2. 正投影法

当投影线垂直于投影面时，所获投影即为正投影，见图2-3(*b*)，该投影法即为正投影法。

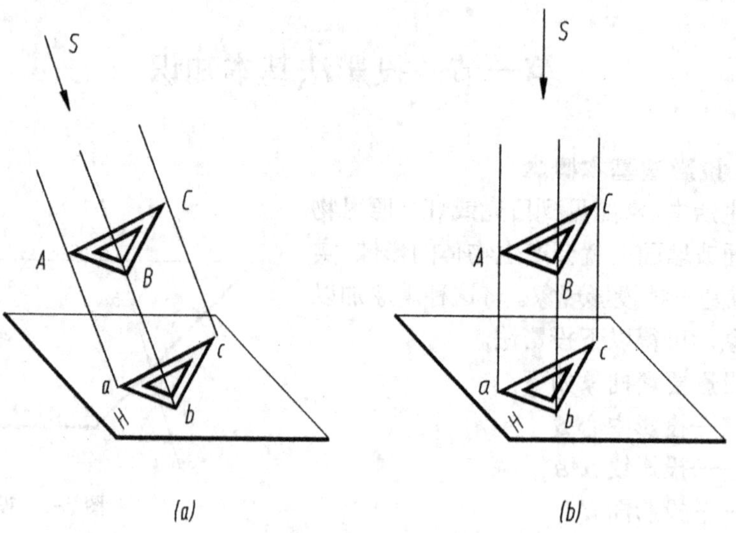

图2-3　平行投影

三、工程上常用图示方法

(一) 中心投影法

中心投影法所获得的中心投影符合人的视觉效果，故该投影法也称之为透视投影法。如图2-4所示，由于透视投影有这样的特点，所以该投影法被广泛应用于建筑工程领域，并作为辅助图样。

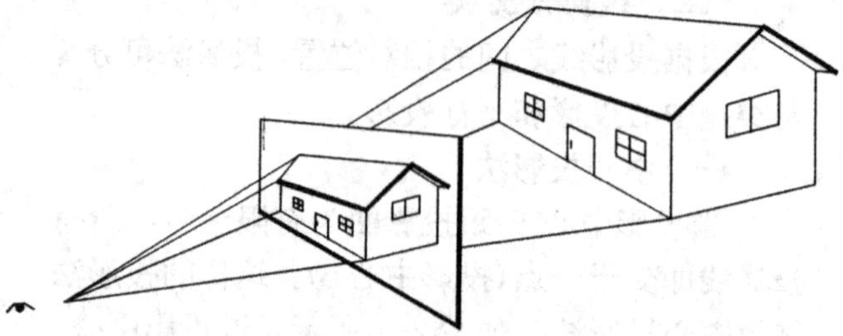

图2-4　透视投影

(二) 标高投影法

标高投影法是一种平面正投影法。如图2-5所示，用一系列平行投影面的截面截切物体，将截切所获得的物体表面交线向该投影面正投影，然后再在这些交线投影上标出该交线对投影面的距离，这样就得到了该物体在该投影面上的标高投影。它能描绘出物体的空间概貌。工程上常用它来表示不规则曲面，如起伏不平的地形、汽车车身曲面等。

(三) 正投影法

工程上常用的正投影法实际上是一种多面正投影。它采用相互垂直的两个或两个以上的投影面，构成一个直角投影体系。如图2-6所示，由相互垂直的投影面*V*、*H*、*W*构成了一个直角三面投影体系。现将物体安放其中，并使其主要平面分别平行于相应的投影面，再将物体向各投影面正投影，得物体的三面投影，最后把它们展开摊平在同一平面上。这就是工程上常用的正投影图，见图2-6。由于正投影在一定条件下能反映物体

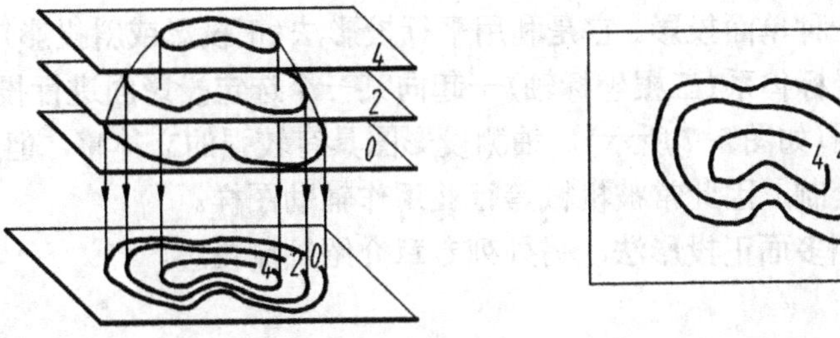

(a) 曲面的标高投影图　　(b) 曲面的标高投影图

图 2-5　标高投影

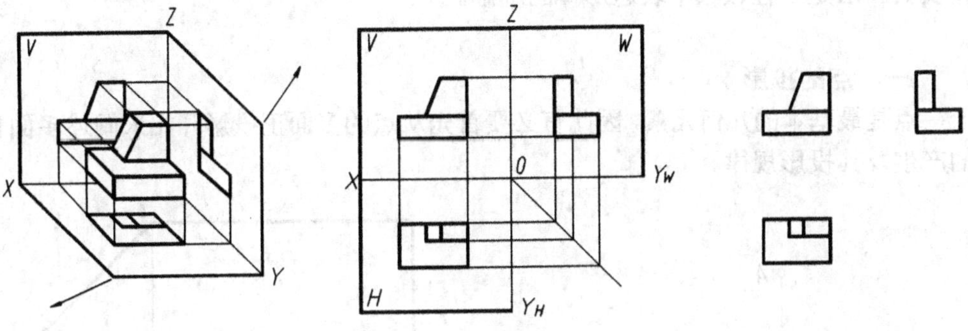

(a)　　(b)　　(c)

图 2-6　撞块的三面投影

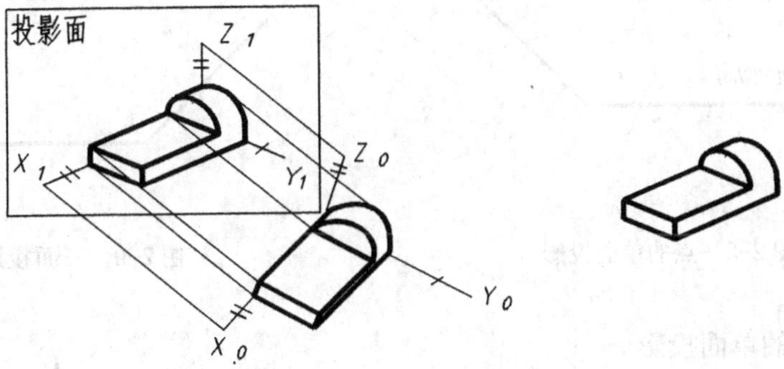

(a) 几何体的轴测投影　　(b) 几何体的轴测投影图

图 2-7　轴测投影

表面的真实形状，因此，它有极好的度量性，作图又方便，所以在机械制造行业和其他工程领域中得到了广泛采用。其缺点是直观性差。

(四)轴测投影法

轴测投影是一种单面投影。它是利用平行投影法(正投影或斜投影)，将物体连同该物体所在的直角坐标体系(三根坐标轴)一起向某一个选定投影面进行投影，所得到的投影即为轴测投影图(如图2-7所示)。轴测投影图具有较强的立体感，但度量性差。因为它较透视图容易绘制，因此常被机械等行业用作辅助图样。

本书着重介绍多面正投影法，另外列专章介绍轴测投影。

第二节　空间几何元素的投影

空间点、线、面以及基本几何体都属于空间几何元素。它们的多面正投影的投影规律及其画法是工程领域中表达形体的基础。

一、点的投影

点是最基本的几何元素，因此有必要首先从点的多面正投影开始来阐述多面正投影的产生及其投影规律。

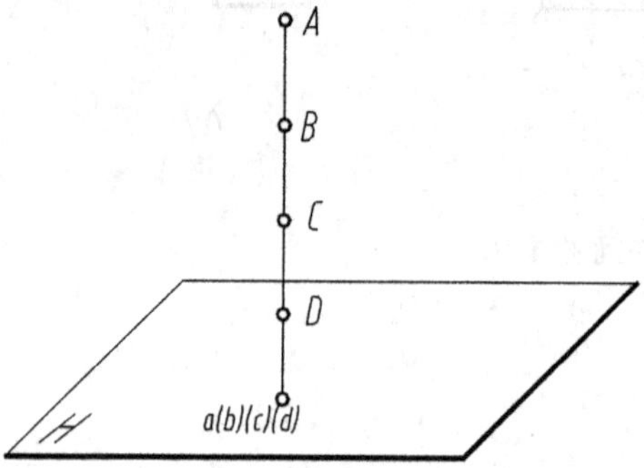

图2-8　点的单面投影

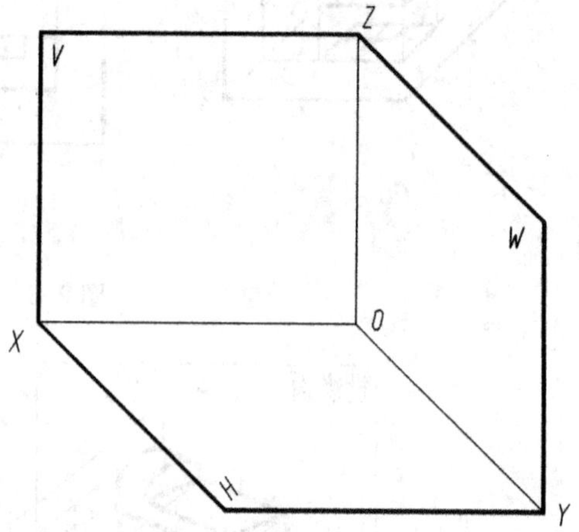

图2-9　三面投影体系

(一) 点的单面投影

如图2-8所示，空间点A向投影面H正投影后可得到投影a。可以断言，该投影a是空间点A在投影面H上的唯一正投影。显然，单面投影同时有如下缺陷：其一，如若仅仅已知空间点A在投影面H上的正投影a，反过来无法确定点A的空间位置；其二，若有多点同处在对投影面H的一条投影线上时，它们在该投影面上的投影就成了同一点，即它们的投影无法区别它们的相对位置。为此，必须建立多面正投影。

(二) 点在三投影面体系中的投影

1. 三投影面体系的建立

如图2-9所示，设想空间有三个互相垂直的投影面，一个是水平放置的水平投影面H，简称H面，另一个是正对观察者直立放置的正立投影面V，简称V面。H面与V面垂

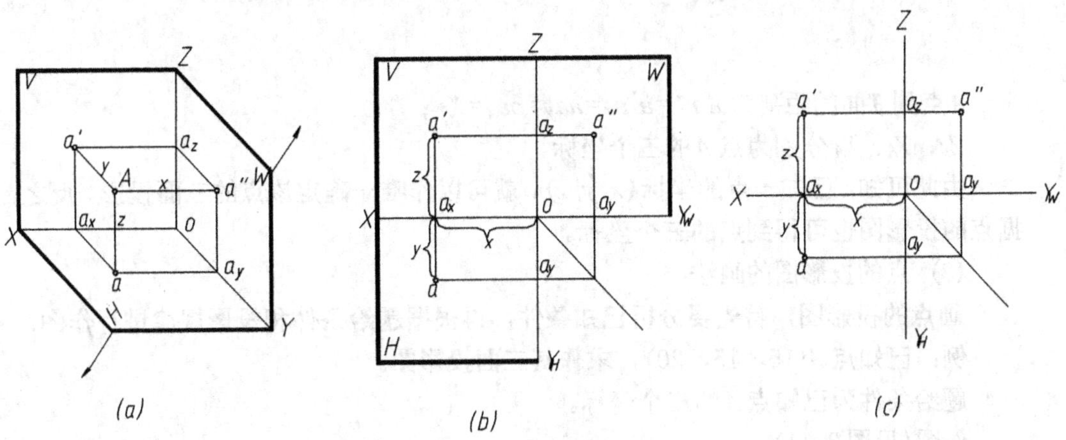

图 2-10　点的三面投影

直。第三个是同时垂直 V 面和 H 面右侧放置的侧立投影面 W，简称 W 面。这样，上述三个互相垂直的投影面就构成了一个三投影面体系。三个投影面相交产生三根投影轴，其中 V 面与 H 面的交线称为 OX 轴；H 面与 W 面的交线称为 OY 轴；而 V 面与 W 面的交线称为 OZ 轴。三投影轴相互垂直并相交于 O 点，称为原点。

图 2-9 所示的三面体系的空间是我国国家标准所规定使用的第一分角。

2. 点的三面投影及其投影规律

(1) 点的三面投影

如图 2-10(*a*) 所示，由点 A 分别向投影面 V、H、W 作垂线，得垂足分别为三个投影 a、a'、a''。现固定 V 面不动，将 Y 轴一分为二(为区别起见，分别标记为 Y_H 及 Y_W)，使 H 面绕 OX 轴向下转 90°，W 面绕 OZ 轴向后转 90°，展开摊平的三投影面，见图 2-10(*b*)，并去除投影面的界线，见图 2-10(*c*)，即得点 A 的三面投影图。

这里约定，空间点的投影名必须用小写字母表示，即点 A 的 V 面投影表示为 a'；H 面投影表示为 a；W 面投影表示为 a''。

(2) 点的三面投影规律

观察图 2-10(*a*)，Aa'、Aa、Aa'' 作为四棱柱的三条棱，我们研究的是正投影，所以该四棱柱的各棱边不是垂直就是平行，因此空间点 A 到 V 面的距离有如下关系：

$Aa'=a''a_X=aa_Z=oa_Y$，即等于点 A 的 y 坐标；点 A 到 H 面的距离有以下关系：$Aa=a''a_Y=aa_X=oa_Z$，即等于点 A 的 z 坐标；点 A 到 W 面的距离则 $Aa'=a''a_Z=aa_Y=oa_X$，即等于点 A 的 x 坐标。通过分析，可知空间点 A 到各投影面的距离等于其相应的坐标，且均反映在相应的投影到投影轴的距离上。同时，由于该四棱柱各边的垂直或平行关系，使各投影面在展开摊平后，除了由于 Y 轴一分为二使 H 面与 W 面的位置关系破坏外，点 A 的 V 面投影和 H 面投影 a 的连线必垂直于 OX 轴，而点 A 的 V 面投影 a' 和 W 面投影 a'' 的连线必垂直于 OZ 轴，见图 2-10(*c*)。于是可得空间点的三面投影规律：

第一，点的两投影连线垂直相应投影轴，即 $a'a \perp OX$；$a''a' \perp OZ$。

第二，点到投影面的距离等于点相应的坐标，且反映了点的相应投影到投影轴的距离，即：A 点到 H 面的距离为 $Aa=a'a_X=a''a_Y=oa_Z=Z_A$；

A 点到 V 面的距离为 $Aa'=a''a_Z=aa_X=oa_Y=Y_A$；

A点到W面的距离为$Aa''=a'a_Z=aa_Y=oa_X=X_A$；

Z_A、Y_A、X_A分别为点A的三个坐标。

由此可知，已知一点的坐标(x, y, z)，就可以作唯一确定该点的三面投影。反之，根据点的投影图也可得到点的三个坐标。

(3) 点的投影图的画法

画点的投影图，首先要分析已知条件，再根据题给条件和投影规律进行作图。

例：已知点A(15，15，20)，求作其三面投影图。

题给条件为已知点A的三个坐标。

作图(见图2-11)：

第一，画出三投影轴X、Y、Z及原点O，取Oa_X=15；

第二，过a_X作线垂直于OX轴，取$a'a_X$=20、aa_X=15；

第三，作$a'a''\perp OZ$，取$a''a_Z=aa_X$=15(同一个y坐标，应相等)。完成作图。

为了方便作图，并保证点A的H面投影a到OX轴的距离和点A的W面投影a''到OZ轴的距离均反映点A的y坐标y_A，可以过原点O作一45°斜线辅助作图。即作出点A的V面和H面投影后，过a作水平线与45°线相交，再过相交的交点作垂直Y_W线与过a'所作的水平线交汇即得点A的W面投影a''，如图2-11所示。

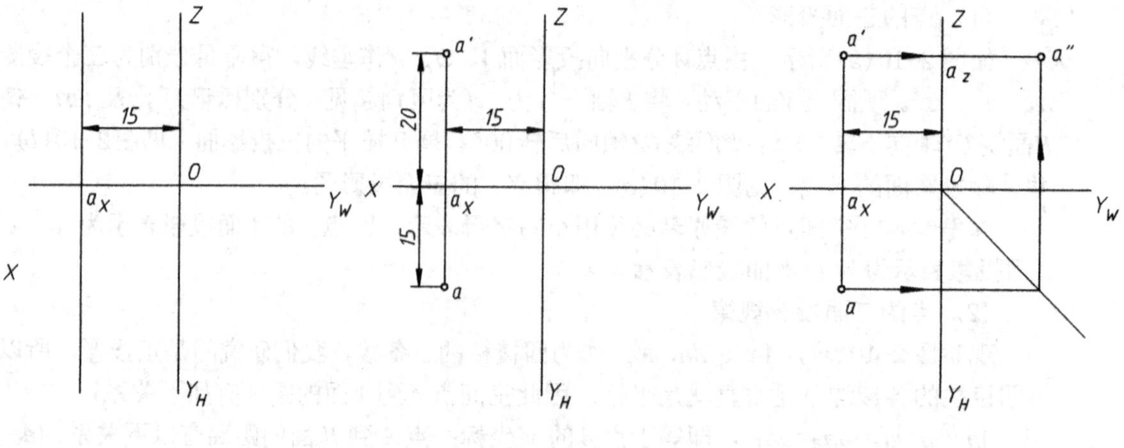

图2-11　作点的三面投影图

3. 点的相对位置

(1)两点的相对位置

当空间存在两点时，就有了两点的相对位置问题。两点的相对位置实质反映在它们的左右、上下、前后位置上，而这些位置又分别由它们的各坐标大小决定的。即

x坐标大者在左；

y坐标大者在前；

z坐标大者在上。

由于点的每一个投影均能反映两个坐标，因此根据两点的三面投影图即可通过比较

坐标的大小判断出两点甚至更多点的相对位置。

如图2-12所示，由V面和W面投影可知$Z_b>Z_a$，由V面和H面投影可知$X_A>X_B$，由H面和W面投影可知$Y_a>Y_b$，因此可得如下结论：空间点A在点B的左、前、下方。至于它们之间在X、Y、Z方向上的距离差，也就是它们的坐标差了。

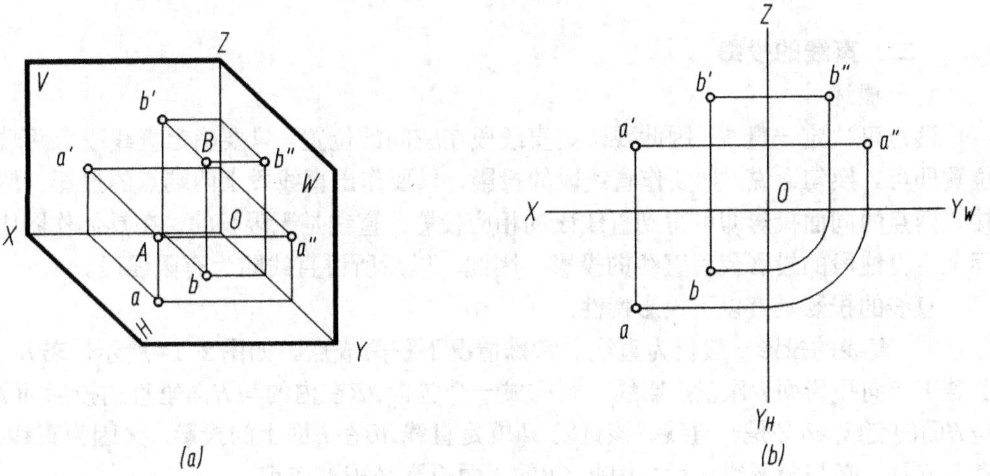

图2-12　两点相对位置

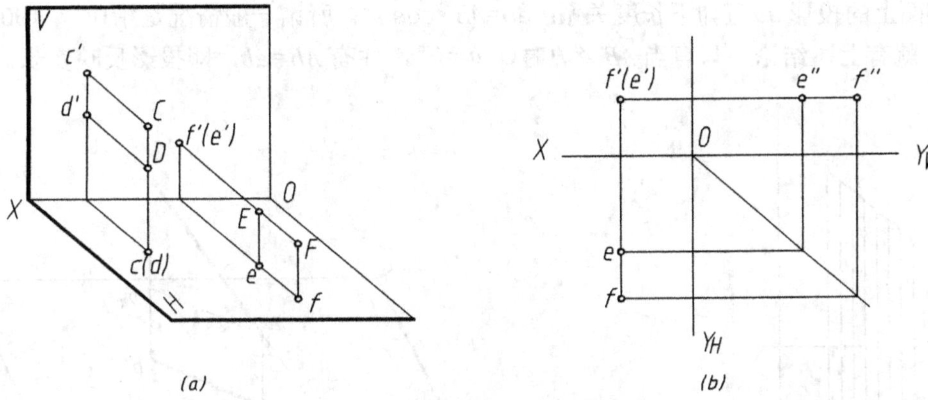

图2-13　重影点及其可见性

(2) 重影点

当空间两点处于某投影面的同一条投影线上时，那么这两点在该投影面上的投影重合为一点，称为重影点。如图2-13所示，空间点C和D就是对H面的重影点，空间点E和F就是V面上的重影点。从图中可见重影点三个坐标中有二个坐标是相同的，显然重影点绝非同一点，它们的三面投影中仅有一个同面投影重影于一个点。据此分析，就可以作出重影点的三面投影。如图2-13(b)就是关于V面重影点E、F三面投影作图过程。点E、F在空间只有前后位置差。

由于重影点有一个投影是重合的，因此在空间某投影方向上一个点必遮住另一点。换句话说就是重影点的重合投影是其中一个点的可见投影，又是另一点的不可见投影。

判断这一可见性问题，仍可采用坐标比较法，即比较重影点中不相等的第三坐标，大者为可见，小者不可见。如图2-13(*b*) $y_F>y_E$，因此*F*点在前，其*V*面投影可见，而*E*点在后，其*V*面投影不可见，为此在*E*的*V*面投影上打上括号，即(e')，以示区别。由图中可见点*E*和*F*的其他投影均可见，因此重影点仅仅是对某一投影面而言的。

二、直线的投影

(一)概述

两点可决定一直线，因此要确定直线段在空间的位置，只要确定直线段上两端点的位置即可。换句话说，如要作直线段的投影，只要作出直线段上两端点的投影，然后连接该两点的同面投影即可得到直线段的相应投影。直线是无限长的。在具体作图中，实际上用直线段的投影代替直线的投影。因此，以后所讲直线即为有限线段。

直线的投影具有以下投影特性：

1. 直线的投影一般仍为直线，特殊情况下积聚成点。如图2-14所示，若从*AB*线上若干点向投影面*H*作正投影线，则构成一个包含*AB*在内的与*H*面垂直的投射面*P*，它与*H*面的交线*ab*必是一直线。该直线*ab*就是直线*AB*在*H*面上的投影。又因为直线*CD*垂直于*H*面，必与投影线平行，因此*CD*的*H*面投影必积聚成点。

2. 直线投影长度，一般情况下总是小于其实长。

如图2-15，直线*AB*倾斜于投影面*H*，它与投影面之间有一个倾角 α，因此直线*AB*在*H*面上的投影*ab*有如下长度关系：$ab=AB\cdot\cos\alpha$。所谓一般情况是指 $0<\alpha<90°$，因此，就有上述结论。只有当 $AB\parallel H$ 时，$\alpha=0°$，才有 $AB=ab$，即投影反映实长。

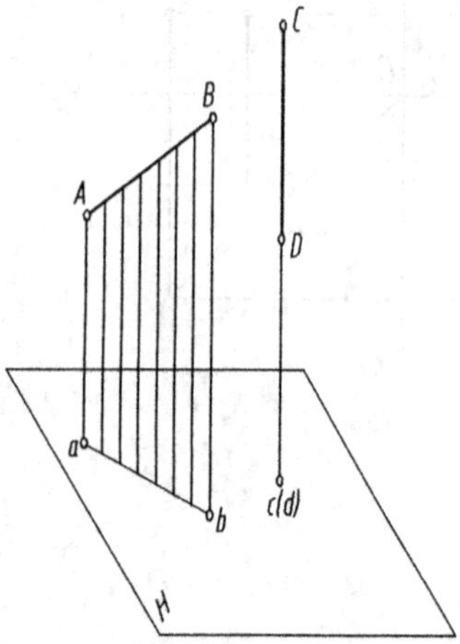

图2-14 直线的投影

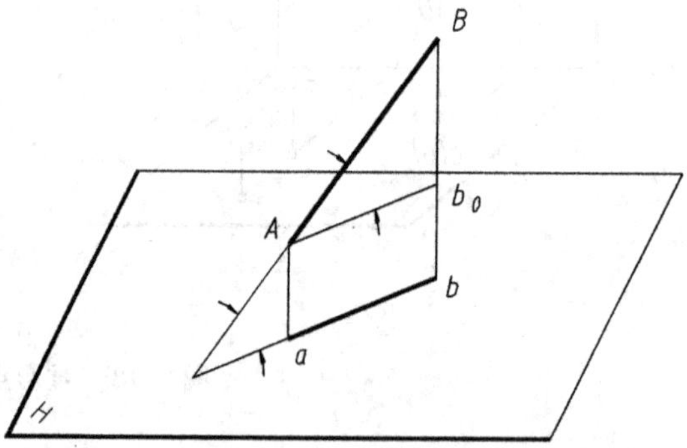

图2-15 直线的投影长度

例2-1 已知*AB*直线两端点为*A*(9，8，21)、*B*(20，18，7)，绘制直线*AB*的三面投影图。

作图步骤如下：

(1) 用*A*、*B*两点坐标分别作出它们的三面投影，见图2-16(*a*)。

(2) 用粗实线连接*A*、*B*两点同面投影即得直线*AB*的三面投影，见图2-16(*b*)。

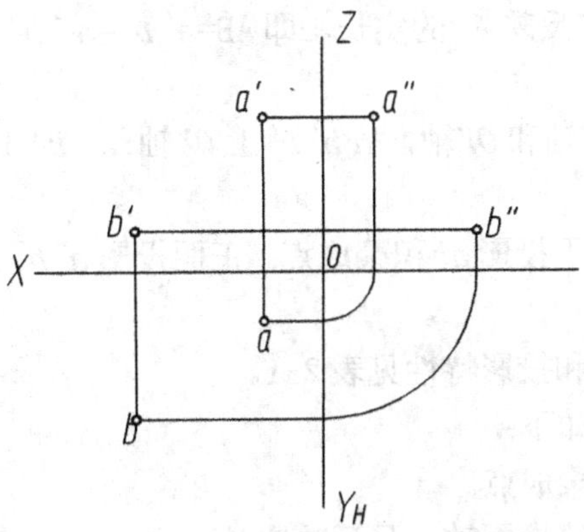

(a) 作A、B两点的投影

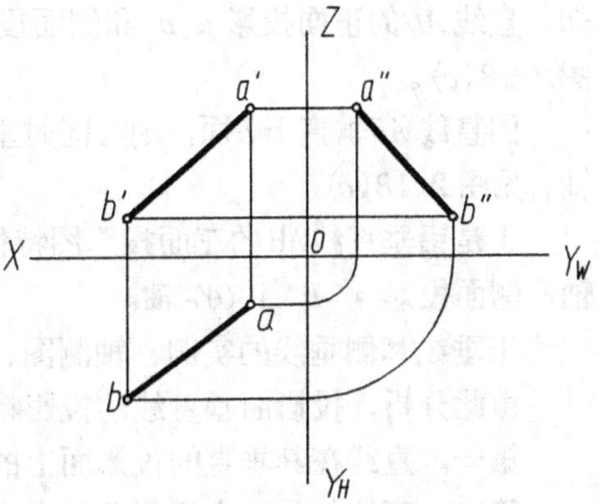

(b) 连接A、B两点的同面投影

图 2-16　直线的投影作图

(二) 直线对投影面的相对位置

直线对投影面相对位置有三种:

直线垂直于某一投影面，这种直线统称为投影面垂直线，如图 2-17 所示的 *BC* 棱边线($BC \perp V$)和 *CD* 棱边线($CD \perp W$);

直线平行于某一投影面，同时倾斜于另二个投影面,这种直线统称为投影面平行线，如图 2-17 所示的 *BD*($BD /\!/ H$)；

直线对三个投影面都倾斜，这种直线称为一般位置直线，如图 2-17 所示的 *AB* 棱边线。

空间直线对三个投影面之间的夹角称为倾角。直线对 *H* 面倾角用 α 表示；与 *V* 面倾角用 β 表示；与 *W* 面倾角用 γ 表示。

由于直线对投影面相对位置的不同，其投影特性也不相同，现分析如下:

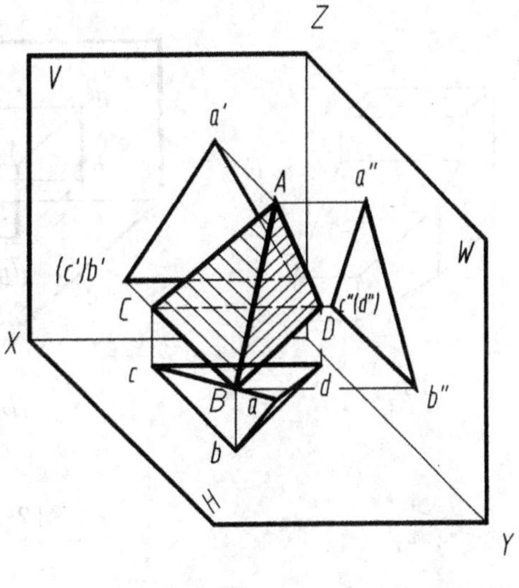

图 2-17　三棱锥及其投影分析

1. 特殊位置线

(1) 投影面垂直线

投影面垂直线可分为三类：垂直于水平投影面 *H* 的直线称为铅垂线；垂直于正立投影面 *V* 的直线称为正垂线；垂直于侧立投影面 *W* 的直线称为侧垂线。见图 2-18(*a*)、(*b*)及表 2-1 所示。

现以图 2-18(*a*)、(*b*)所示物体上的铅垂线 *AB* 为例，分析其投影特性。

直线 *AB* 垂直于 *H* 面，则 *AB* 在 *H* 面上的投影积聚成点，即 *AB* 直线上各点的水平投影均重合于一点，见图 2-18(*c*)。

在三面投影体系中直线 *AB* 垂直于 *H* 面的同时必平行于 *V* 面和 *W* 面，由直线投影特性知，直线*AB*的正面投影 $a'b'$ 和侧面投影 $a''b''$ 反映*AB*的实长，即 $AB=a'b'=a''b''$，见图2-18(*c*)。

因直线*AB*垂直于*H*面，则必同时垂直于*OX*轴和*OY*轴，故 $a'b' \perp OX$轴；$a''b'' \perp OY_W$轴，见图2-18(*c*)。

于是铅垂直线AB的三面投影图特性为：水平投影*ab*积聚成点；正面投影 $a'b' \perp OX$轴；侧面投影 $a''b'' \perp OY_W$轴。

正垂线和侧垂线的实例、轴测图、投影图和投影特性见表2-1。

由此分析，投影面垂直线的投影特性归纳如下：

第一，直线在其垂直的投影面上的投影积聚成点。

第二，直线的另二个投影分别垂直于相应的投影轴，且反映实长。

当铅垂线*AB*的*y*坐标为零，该直线必落在*V*面上，这样的铅垂线除了具有铅垂线的投影特性外，还具有投影面上直线的投影特性，即空间直线*AB*与其正面投影 $a'b'$ 重合，水平投影*ab*的积聚性投影落在*OX*轴上，侧面投影 $a''b''$ 反映实长，并与*OZ*轴重合，见图2-19。位于各投影面上的其他各种投影面垂直线的投影图和投影特性读者可举一反三自行分析。

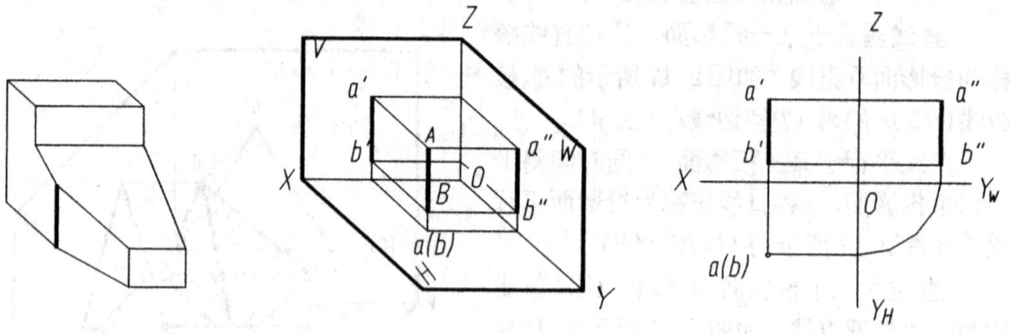

(*a*)　(*b*)　(*c*)

图2-18　铅垂线

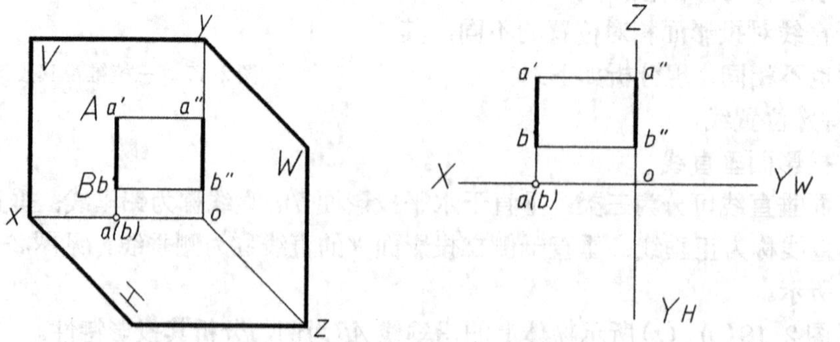

(*a*)　(*b*)

图2-19　*V*面上铅垂线

(2) 投影面平行线

投影面平行线可分为三类：平行于水平投影面H的直线称为水平线；平行于正立投影面V的直线称为正平线；平行于侧立投影面W的直线称为侧平线。见图2-20(*a*)、(*b*)及表2-2所示。

现以图2-20(*a*)、(*b*)所示物体上的水平线AB为例，分析其投影特性。

因水平线平行于水平投影面H，四边形$ABab$为一矩形，因此$ab=AB$，即水平线的水平投影反映直线段的实长，见图2-20(*c*)。

水平线上各点的z坐标均相等，并反映在其正面投影$a'b'$上各点到OX轴的距离和其侧面投影$a''b''$上各点到OY_W轴的距离相等，因此该直线的正面投影$a'b'$平行于OX轴，侧面投影$a''b''$平行于OY_W轴，见图2-20(*c*)。

水平线与H面的倾角$\alpha=0$。由图2-20(*b*)可知，直线对V面的倾角β等于$\angle BAa''$，$\angle BAa''=\angle baa_Y$，而$aa_{Y_W} // OX$轴。因此，水平线的水平投影$ab$与$OX$轴的夹角反映直线$AB$对$V$面的倾角$\beta$；同理，直线$AB$的水平投影$ab$与$OY$轴的夹角反映直线$AB$对$W$面的倾角$\gamma$，见图2-20(*c*)。

正平线和侧平线的实例、轴测图、投影图和投影特性见表2-2。

由此分析，投影面平行线的投影特性可归纳如下：

第一，直线在其平行的投影面上的投影反映实长；该投影对投影轴之夹角反映了直线对相应投影面的倾角。

第二，直线的另二个投影分别平行于相应的投影轴。

当水平线的z坐标为零时，该直线属于H面，是水平线的特例。其投影除具有上述特性外，直线AB与其水平投影ab重合，正面投影$a'b'$与OX轴重合，侧面投影$a''b''$与OY_W轴重合，如图2-21所示。位于V面和W面上的直线的投影图和投影特性，读者可自行分析。

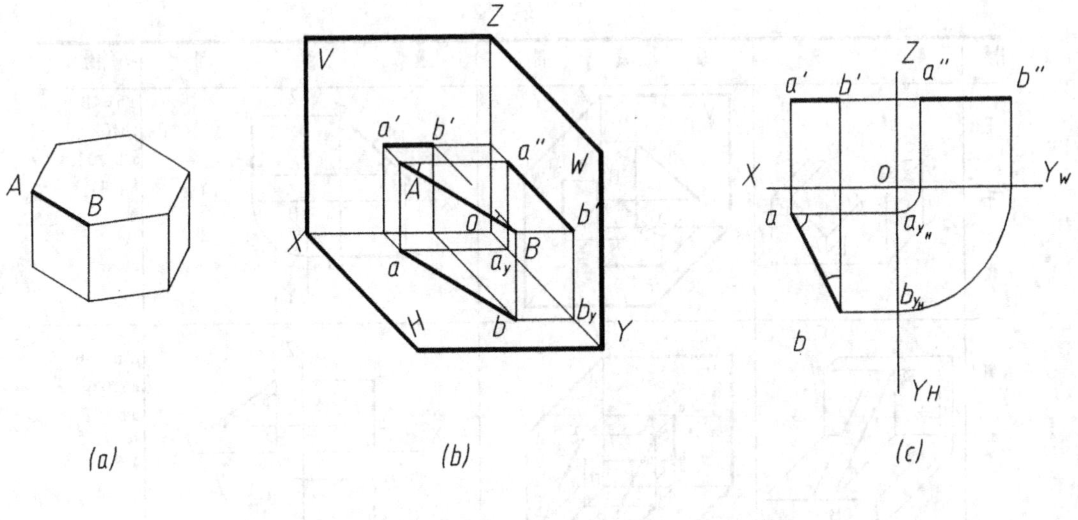

图2-20　水平线

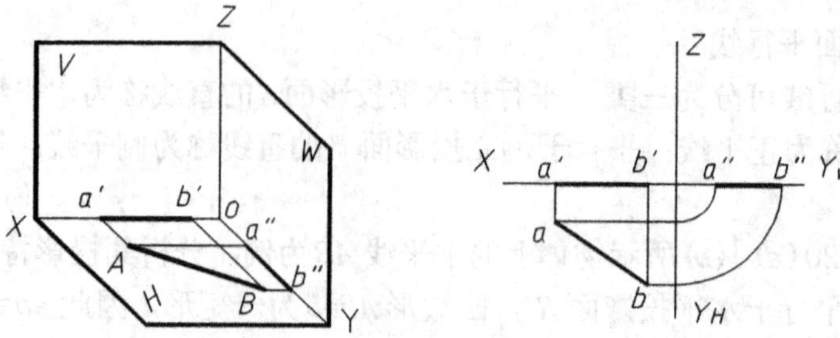

图 2-21　*H* 面上的直线

表 2-1

种类	实例	轴测图	投影图	投影特性
正垂线	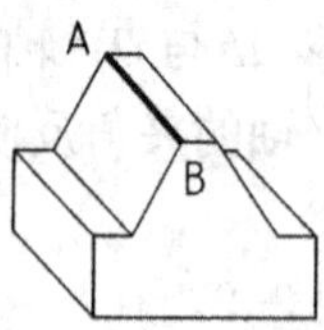	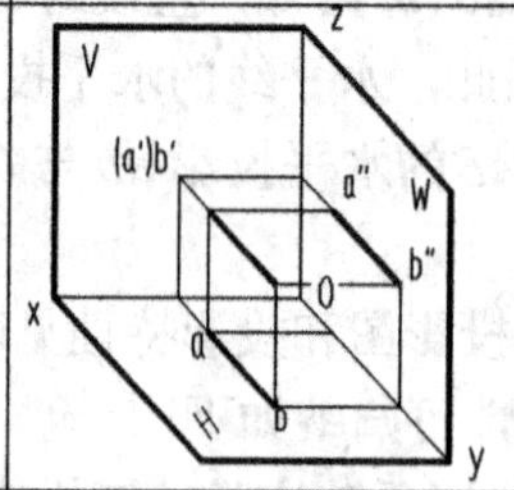	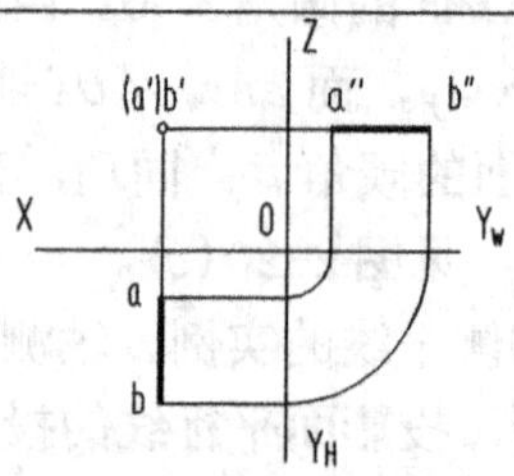	a′b′积聚为一点 ab⊥OX a″b″⊥OZ ab=a″b″ =AB
侧垂线	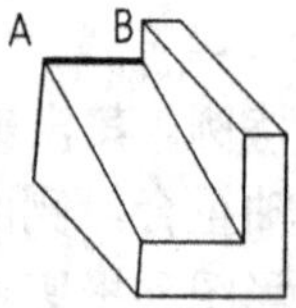	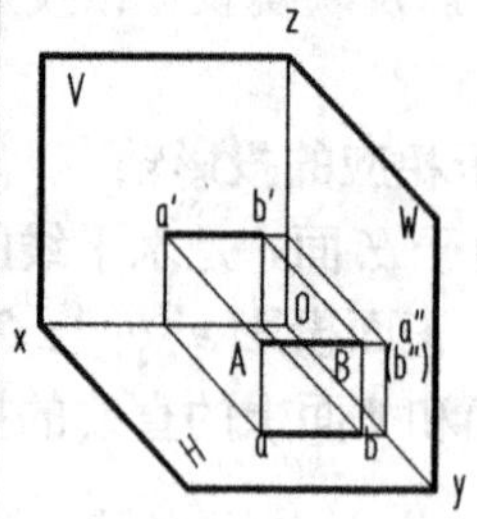	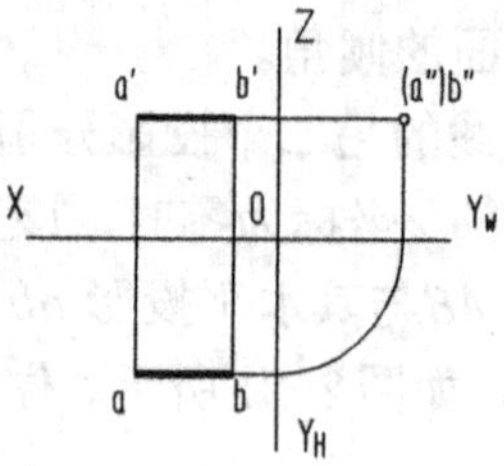	a″b″积聚为一点 ab⊥OY_H a′b′⊥OZ ab=a′b′ =AB

表 2-2

种类	实例	轴测图	投影图	投影特性
正平线	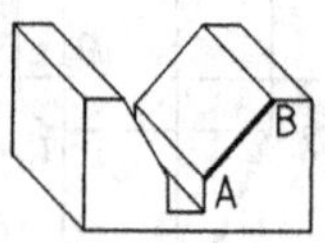	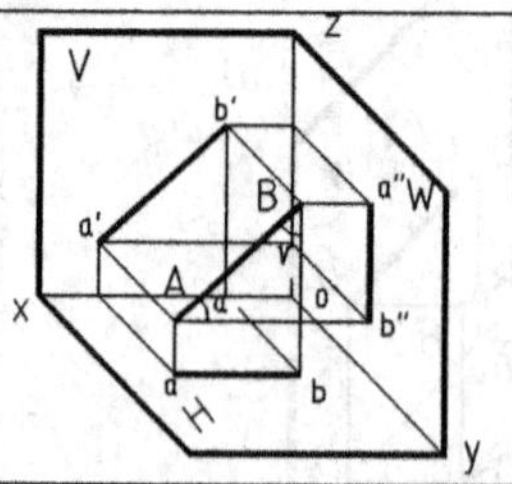	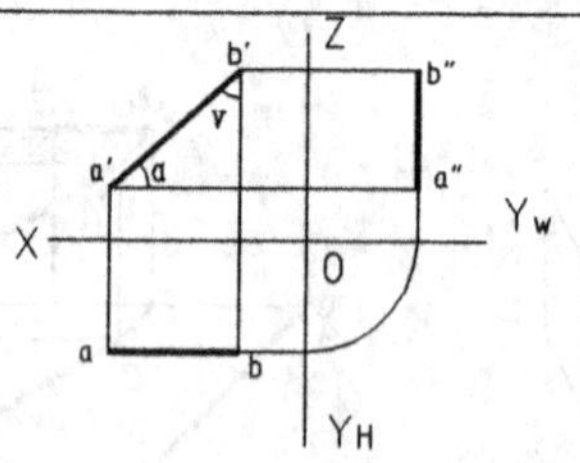	a′b′=AB ab∥OX a″b″∥OZ 反映 α、γ 角
侧平线	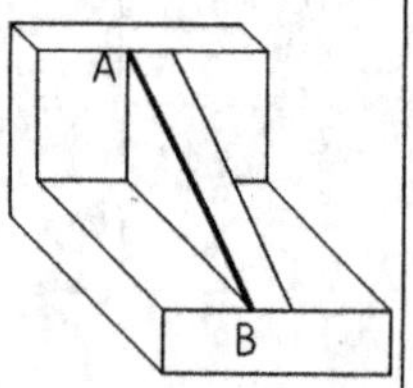	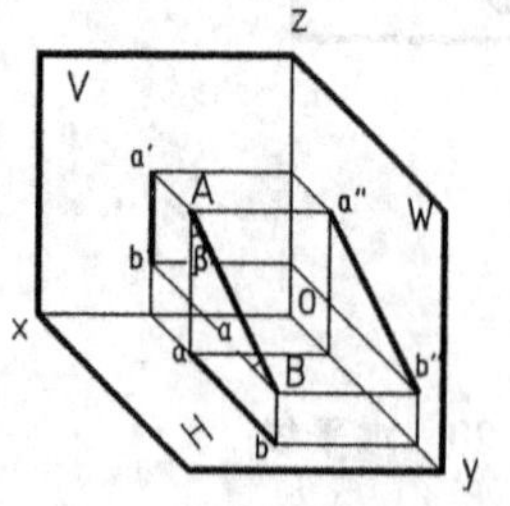	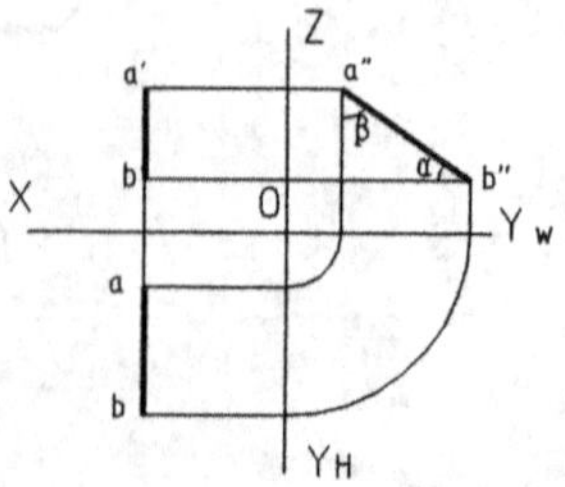	a″b″=AB ab∥OY_H a′b′∥OZ 反映 α、β 角

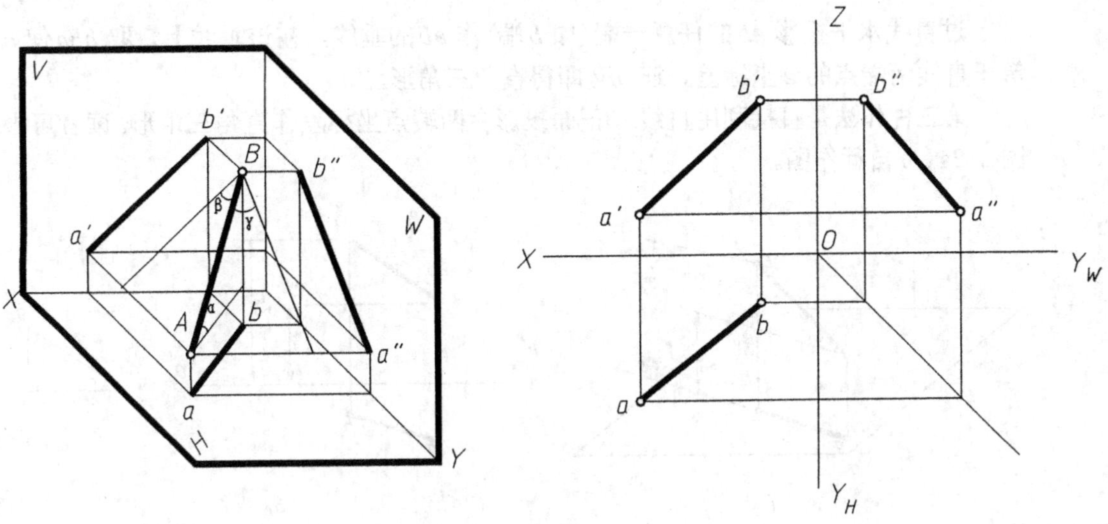

图 2-22　一般位置直线的三面投影

2. 一般位置直线

(1) 一般位置直线的投影特性

一般位置直线是不平行于任一投影面的直线，如图 2-22 所示。现分析其投影特性：

第一，一般位置直线各投影均倾斜于投影轴，且各投影与相应投影轴之夹角不反映直线 AB 对各投影面的真实倾角（α、β、γ）。

第二，一般位置直线的三个投影均不反映其实长。因为一般位置直线（AB）对各投影面倾角 α、β、γ 均不为零，故 $ab=AB\cos\alpha$、$a'b'=AB\cos\beta$、$a''b''=AB\cdot\cos\gamma$ 均小于 AB。

(2) 一般位置直线的实长及其对投影面的倾角

一般位置直线对三个投影面均倾斜，故其投影均不反映实长。为了能在直线的投影图中图解一般位置直线的实长及其对投影面的倾角，现作如下空间分析。

对投影面 H 的倾角 α 反映了该直线对其水平投影 ab 的夹角。如图 2-23 所示，平面 $ABba$ 为水平投影面 H 的投射面。现过 A 点作直线 $AB_0//ab$，则 ΔABB_0 与投射面 $ABba$ 共面，且 $AB_0=ab$。由图中可知，ΔABB_0 为一直角三角形，其一直角边为直线 AB 两端点的 z 坐标差，即 $BB_0=Z_B-Z_A$，另一直角边等于其水平投影 $ab(AB_0)$，斜边正是直线 AB 的实长，而 $\angle BAB_0=\alpha$。由此可见，用直线的水平投影和直线两端点的 z 坐标差分别作为直角边作直角三角形，则该直角三角形的斜边就是直线的实长，斜边与直线的水平投影的夹角就是该直线对 H 面的倾角 α。这种利用直角三角形求解一般位置直线实长和其对投影面的相应倾角的图解方法称为直角三角形法。

该图解法的直角三角形在直线投影图中可有多种作法。

第一种作法（见图 2-23(*b*)）：

量取直线水平投影 ab 和直线两端点的 z 坐标差，在投影图外适当位置独立作出直角三角形图解。

第二种作法（见图 2-24(*a*)）：

过直线水平投影 ab 的任意一端（如 b 端）作 ab 的垂线，在该垂线上量取 bB_0 使 bB_0 等于直线两端点的 z 坐标差。连 aB_0 即得直角三角形。

第三种作法是直接利用直线 AB 正面投影中两端点坐标差作直角三角形。读者可根据图 2-24（b）自行作图。

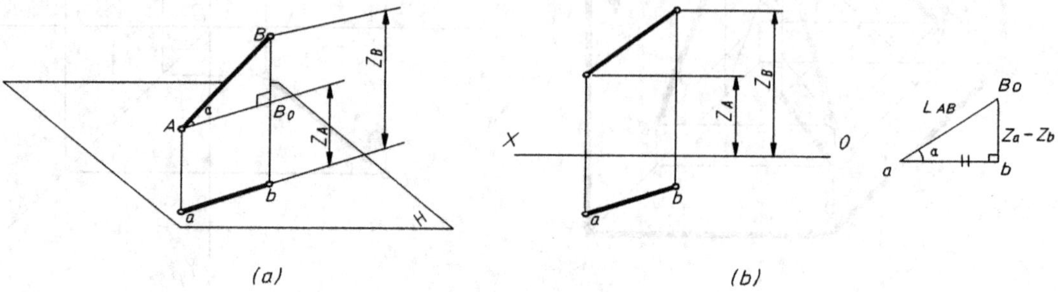

图 2-23　一般位置直线的实长及倾角

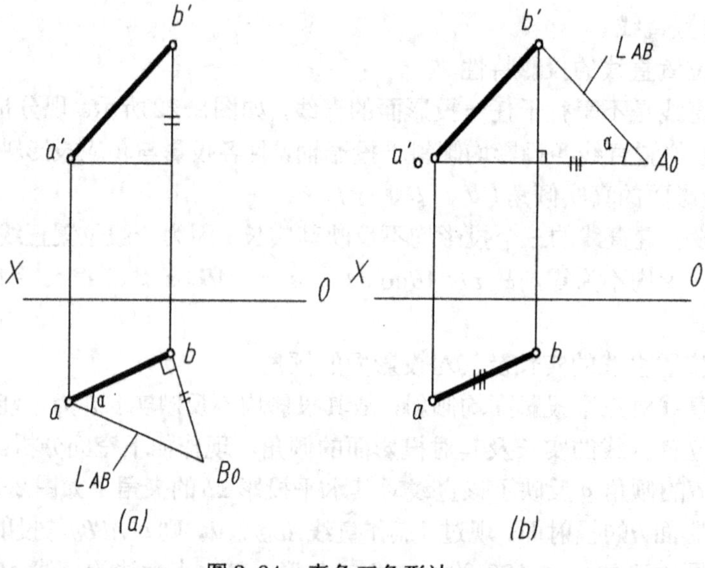

图 2-24　直角三角形法

因为直线对投影面的倾角等于直线与其相应投影之间的夹角，因此同理利用直线的正面投影和直线两端点的 y 坐标差作直角三角形可求实长及 β 角；用直线的侧面投影和直线两端点的 x 坐标差作直角三角形可求实长及 γ 角，如图 2-25 所示。

必须注意的是上述三个直角三角形在空间分别垂直于相应的投影面，见图 2-25。

应用直角三角形法解题，必须学会灵活运用。

例 2-2　已知直线 AB 的正面投影 $a'b'$ 及该直线的实长 l，求直线的水平投影 ab 和直线对 H 面及 V 面的倾角（α、β），如图 2-26。

解：(1) 过 a' 点作 $a'b'$ 的垂线 $a'A_0$。

(2) 以 b' 点为圆心，实长 l 为半径作弧，在 $a'A_0$ 上截得 A_0 点 。所得直角三角形

$\triangle A_0a'b'$的直角边$a'A_0$即为直线AB两端点的y坐标差，而$\angle A_0b'a'$即为β角，如图2-26。

(3) 在水平投影中由a点用以上求得的y坐标差为距离作水平线(如图2-26)，由b'点作铅垂线，该两线交点即为B的水平投影b。

(4) 在水平投影中过b点作垂线bB_0。

(5) 以a点为圆心，实长l为半径作弧，在bB_0线上截取B_0点，则$\angle baB_0$即为α角。

讨论：由a点以y坐标差为距离作水平线有两种作法(一上一下)，因此本题直线AB的水平投影ab有两解。

本题求解中必须应用点的投影规律。

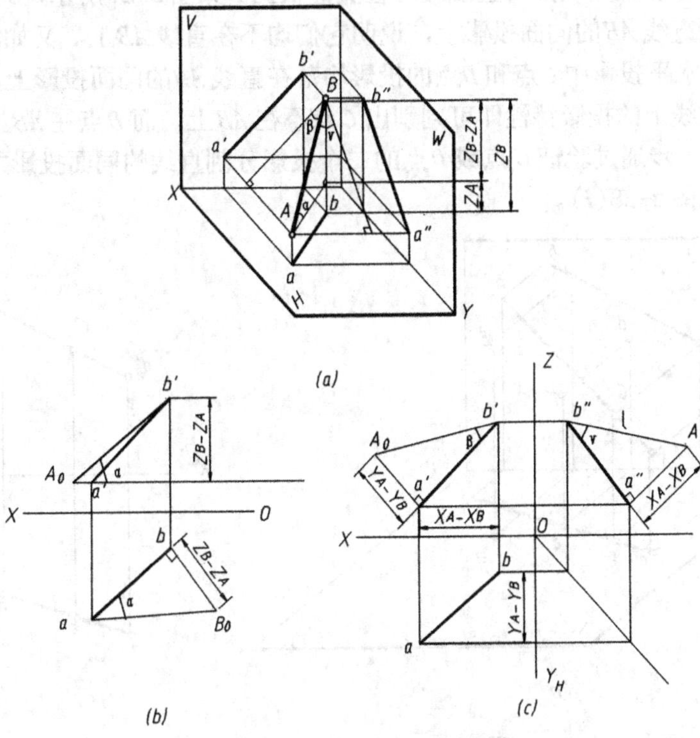

图 2-25　直角三角形法

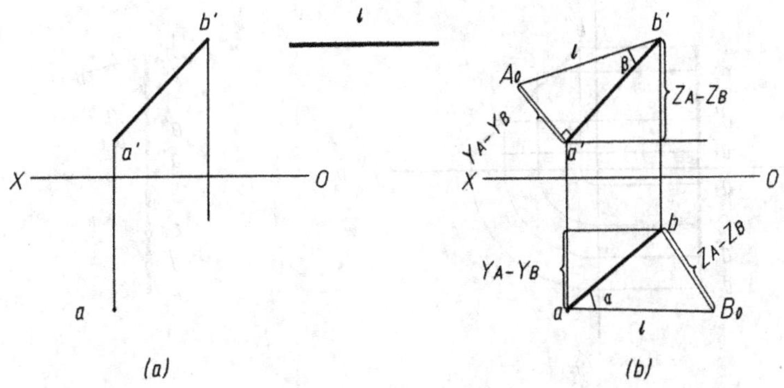

图 2-26　直角三角形法的应用

(三)点与直线相对位置

点与直线的相对位置只有两种情况，即点在直线上和点在直线外，现分析点在直线上的投影特性。

如果点在直线上则点属于直线，那么该点的各投影必在直线的同面投影上，且点分割线段长度之比等于点的投影分割线段同面投影长度之比。如图2-27所示，直线AB上的点C，其水平投影c必在ab上，正面投影c'必在$a'b'$上，侧面投影c''必在$a''b''$上，而且根据初等几何知$AC:CB=ac:cb=a'c':c'b'(a''c'':c''b'')$。

反之，如果点的各投影均在直线的同面投影上，且分割直线(段)各相应投影长度成定比，则该点必在此直线上。

上述投影特性也是判别点与直线相对位置的依据。如图2-27所示，D点和E点分别有一个投影不在直线AB的同面投影上，说明它们均不在直线AB上。又如图2-28(*a*)所示，正面投影和水平投影中C点和D点的投影均落在直线AB的同面投影上，作出第三投影后，利用点在线上的投影特性即可判别出C点不在AB上，而D点在AB上。如不作第三投影，也可进一步通过验证C点或D点的二个投影分割直线的同面投影之比是否相等来最终判别，见图2-28(*b*)。

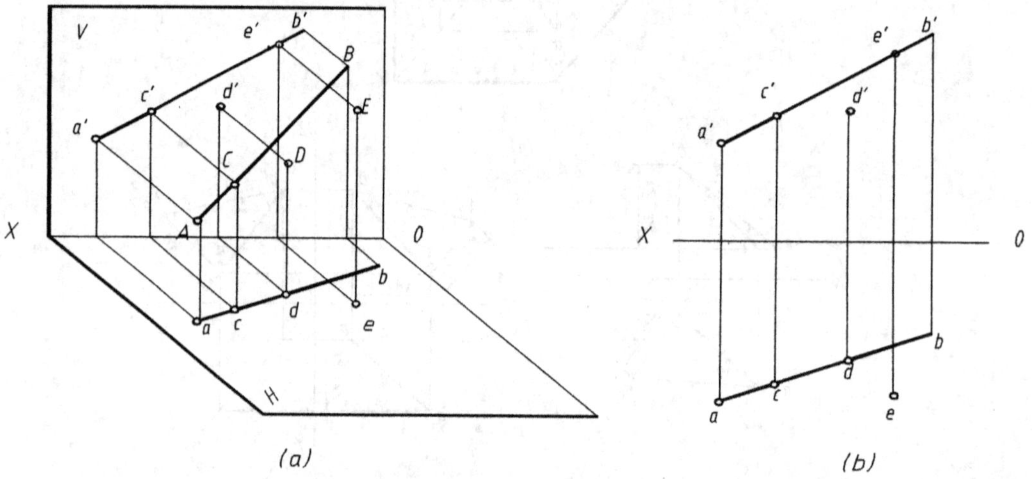

图2-27　点与直线的相对位置

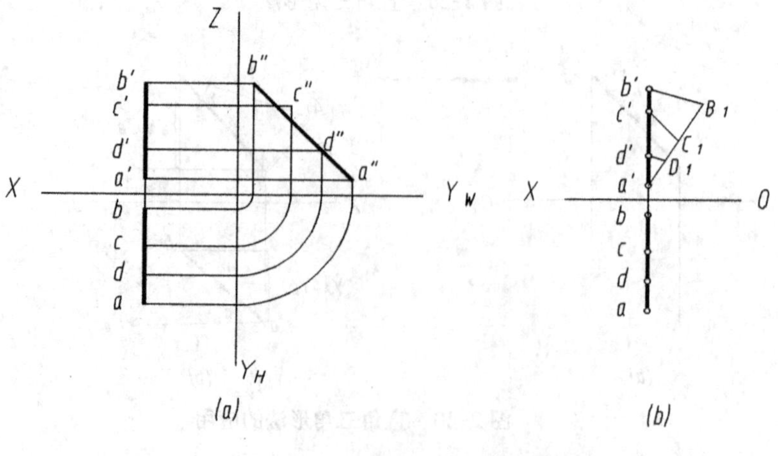

图2-28　点和直线相对位置的判别

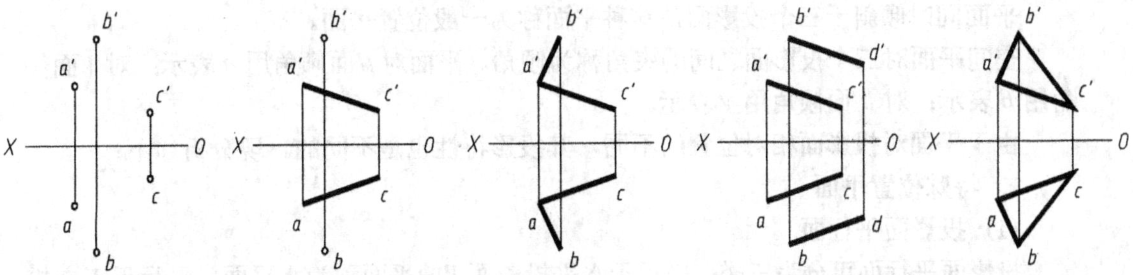

图 2-29　平面的几何元素表示法

三、平面的投影

(一)平面的表示法

在投影图中表示平面的方法有二种，即几何元素表示法(如图 2-29)以及迹线表示法(如图 2-30)。本书重点阐述平面的几何元素表示法。

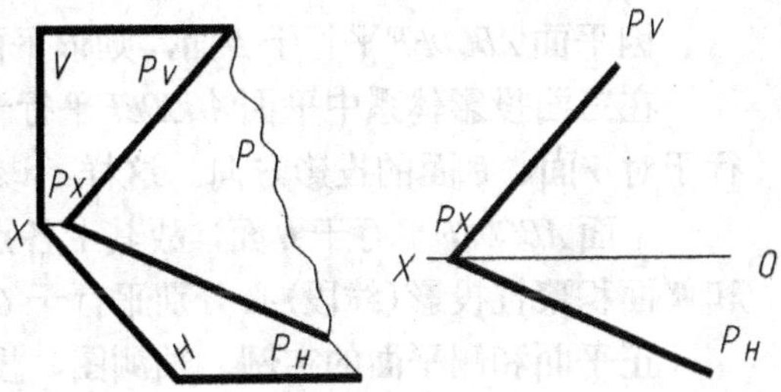

图 2-30　平面的迹线表示法

1. 几何元素表示法

从几何学的角度说，点、线、平面是相互依存的，即平面可由不共线的三点、一直线及直线外一点、相交两直线、平行两直线和平面图形确定。因此平面的投影可由以下 5 种几何元素的投影来表示：

(1) 不共直线的三点

(2) 一直线和直线外一点

(3) 相交两直线

(4) 平行两直线

(5) 平面图形

换句话说，一个平面的投影无论用上述 5 种形式中的哪一个表示，其在三投影面体系中的空间位置是不变的。另外，这 5 种形式之间可以相互转化。

几何元素表示法的优点是较为有形化。

2. 迹线表示法

为了使平面的空间位置比较明显且表示简便，平面的表示也可用平面与投影面的交线表示，该交线就是平面的迹线，如图 2-30 所示，由于迹线仍为平面内的直线且两迹线交于轴，所以迹线表示法仍可归结为相交两直线表示平面。P平面与H面、V面、W面的交线分别为水平迹线、正面迹线和侧面迹线，并用 P_H、P_V 和 P_W 表示。

(二)平面对投影面的相对位置

平面对投影面的相对位置有以下三种：

平面平行于某一投影面，这种平面统称为投影面的平行面。

平面垂直于某一投影面，同时倾斜于另二个投影面，这种平面统称为投影面的垂直面。

平面同时倾斜于三个投影面，这种平面称为一般位置平面。

空间平面对三个投影面之间的夹角称为倾角。平面对 *H* 面倾角用 α 表示；对 *V* 面倾角用 β 表示；对 *W* 面倾角用 γ 表示。

由于平面对投影面相对位置的不同，其投影特性也是不同的。现分析如下：

1. 特殊位置平面

(1) 投影面平行面

投影面平行面可分为三类：平行于水平投影面 *H* 的平面称为水平面；平行于正立投影面 *V* 的平面称为正平面；平行于侧立投影面 *W* 的平面称为侧平面。见图 2-31(*a*)、(*b*)及表 2-3。

现以图 2-31(*a*)、(*b*)所示物体上的水平面 *ABCDEF* 为例，分析其投影特性。

因平面 *ABCDEF* 平行于 *H* 面，则该平面在 *H* 面上的投影反映实形。

在三面投影体系中平面 *ABCDEF* 平行于 *H* 面的同时必垂直于 *V* 面和 *W* 面，即该平面平行于对 *V* 面、*W* 面的投影方向。这样，该平面在 *V* 面和 *W* 面上的投影必积聚成线段。

平面 *ABCDEF* 平行于 *H* 面，故其上各点 *Z* 坐标全相等，所以该平面反映 *Z* 坐标的 *V* 面和 *W* 面积聚性投影(线段)必分别平行于 *OX* 轴和 OY_W 轴。

正平面和侧平面的实例、轴测图、投影图和投影特性见表 2-3。

由此分析，投影面平行于面的投影特性归纳如下：

第一，平面在其平行于的投影面上的投影反映实形。

第二，平面的另二个投影积聚成线，且分别平行于相应的投影轴。

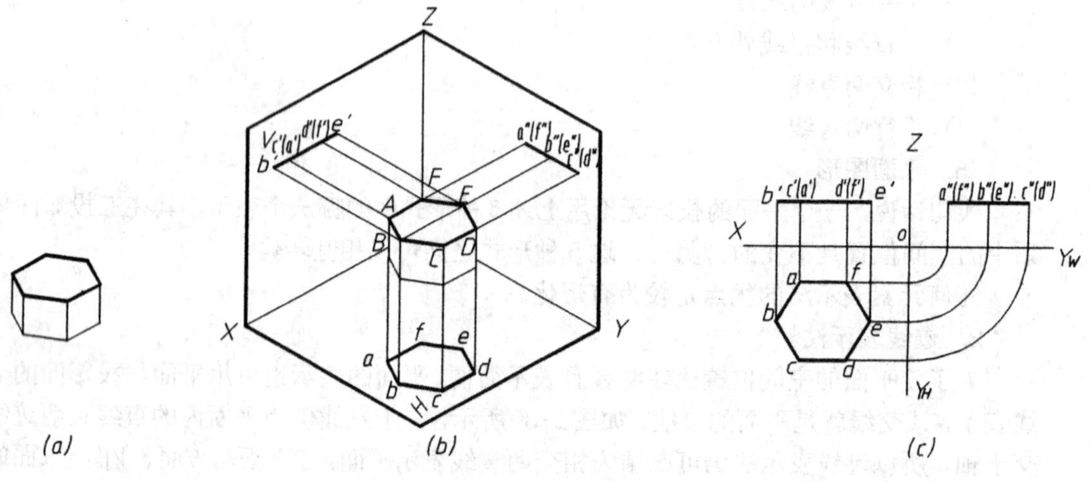

图 2-31　水平面

表 2-3

		实例	轴测图	投影图	投影特性
正平面（//V面）	非迹线平面	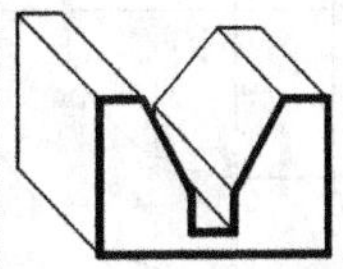	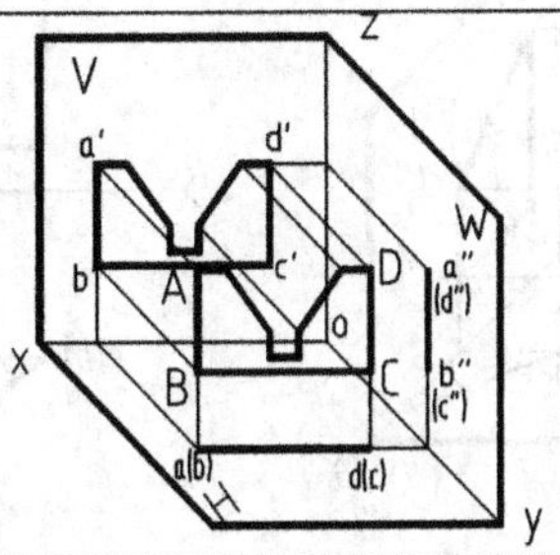	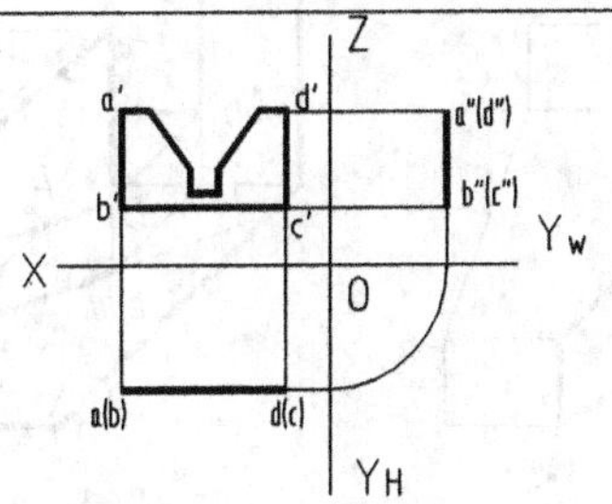	正面投影反映实形，水平投影和侧面投影积聚成一直线，水平投影平行于OX轴侧面投影平行于OZ轴
侧平面（//W面）	非迹线平面	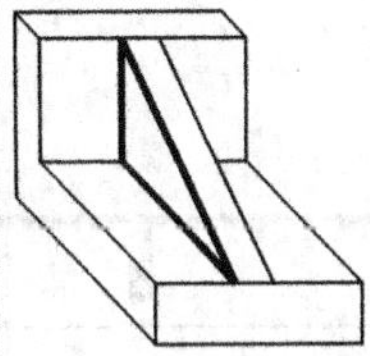	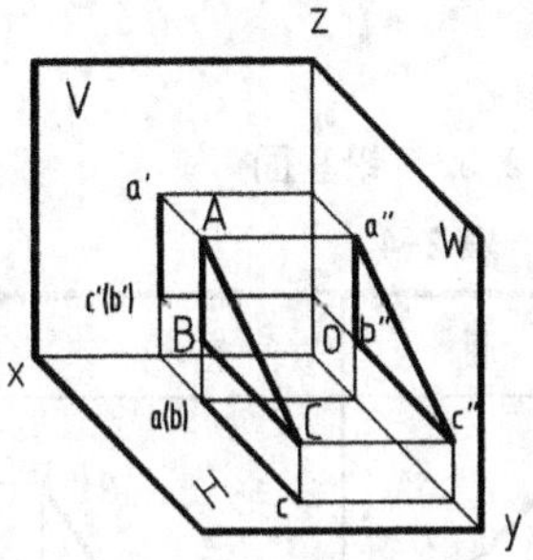	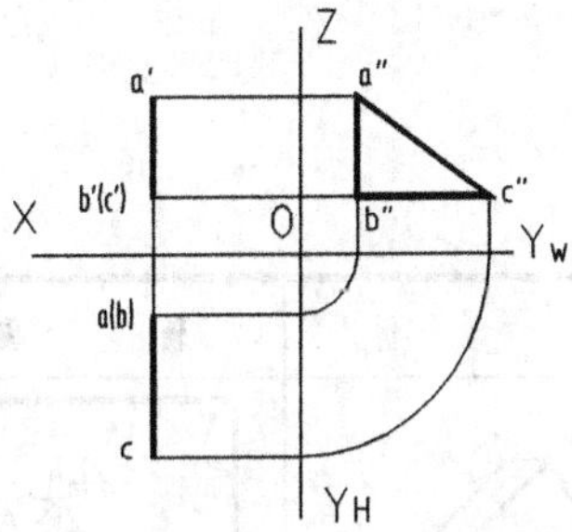	侧面投影反映实形，正面投影和水平投影积聚成一直线，水平投影平行于OY轴，正面投影平行于OZ轴

(2) 投影面垂直面

投影面垂直面可分为三类：倾斜于二个投影面的同时，垂直于水平投影面*H*的平面称为铅垂面；垂直于正立投影面*V*的平面称为正垂面；垂直于侧立投影面的平面称为侧垂面，见图 2-32(*a*)、(*b*)及表 2-4 所示。

现以图 2-32(*a*)、(*b*)所示物体上的铅垂面*ABCD*为例，分析其投影特性。

因铅垂面*ABCD*垂直于水平投影面*H*，所以该平面平行于对*H*面的投影方向，故其在*H*面上的投影必积聚成线。又因该铅垂面和*V*面都与*H*面垂直相交，那么铅垂面*ABCD*与*H*面的交线是其在*H*面上的积聚性投影*abcd*，*V*面与*H*面的交线是*OX*轴，也是*V*面在*H*面上的积聚性投影，则积聚性投影*abcd*和*OX*轴的夹角即为铅垂面*ABCD*与*V*面的二面角。由此可知，铅垂面在水平投影面上的积聚性投影与*OX*轴的夹角等于该平面对V面倾角β。同理，该积聚性投影与OY_H轴的夹角等于该平面对*W*面的倾角γ。

由于铅垂面*ABCD*同时对*V*面和*W*面均倾斜，因此其正面投影$a'b'c'd'$和侧面投影$a''b''c''d''$都不反映实形，而是类似图形(不相似，没有相似比)。

关于正垂面和侧垂面的投影特性与此类似，可参看表 2-4。

据此分析，投影面垂直面的投影特性可归纳如下：

第一，平面在其垂直的投影面上的投影积聚成线，该积聚性投影与投影轴之夹角反映了该平面对相应投影面的倾角。

第二，平面在另二个投影面上的投影均为该平面的类似形。

2. 一般位置平面

一般位置平面对各投影面均倾斜，因此用平面图形表示的平面，其三个投影既不反映实形又没有积聚性，而是三个类似图形，见图 2-33。

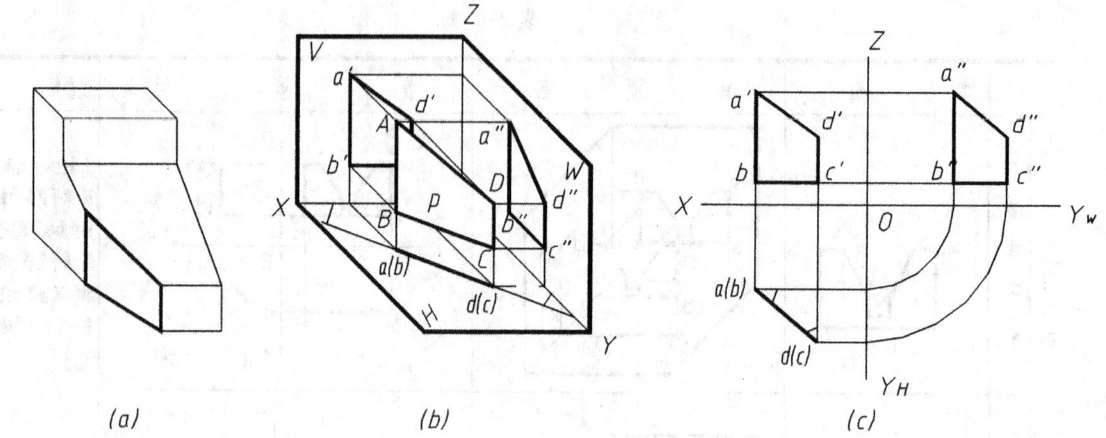

图 2-32 铅垂面

表 2-4

		实例	轴测图	投影图	投影特性
正垂面 ⊥V面	非迹线平面	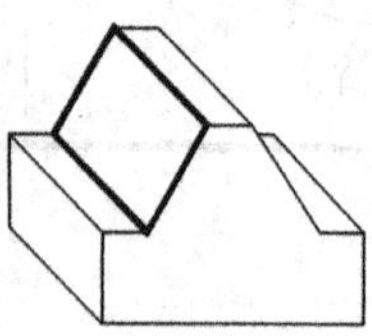	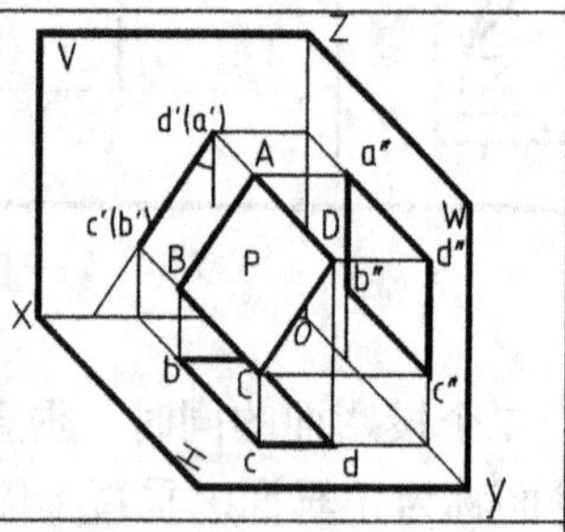	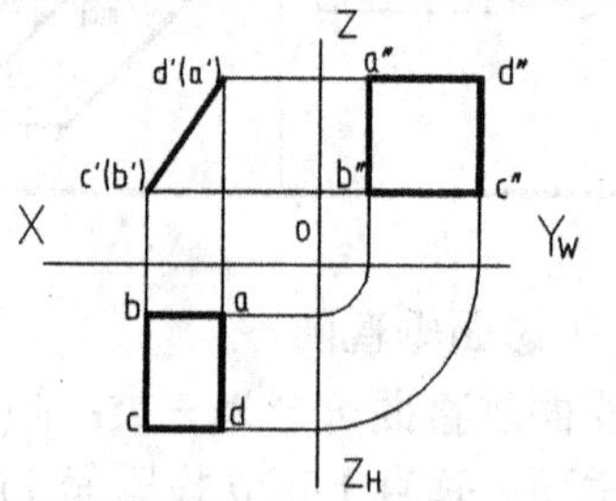	正面投影积聚成一直线水平投影和侧面投影均为平面的类似图形反映α、γ角
侧垂面 ⊥W面	非迹线平面	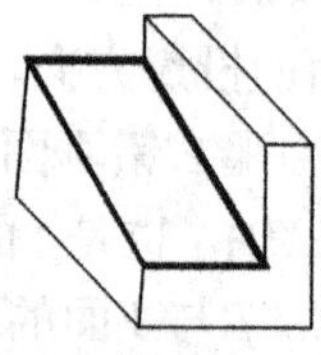	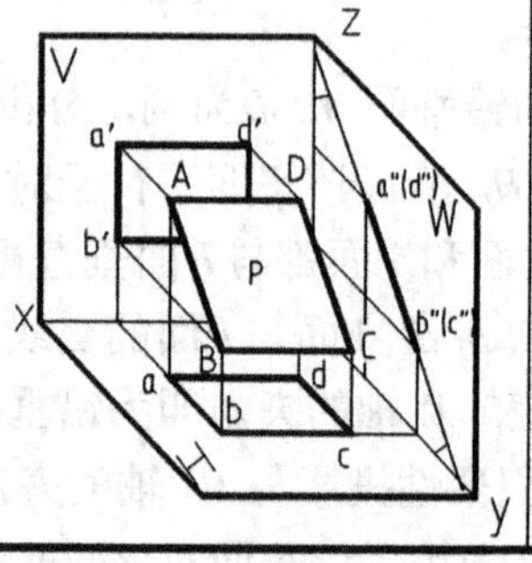	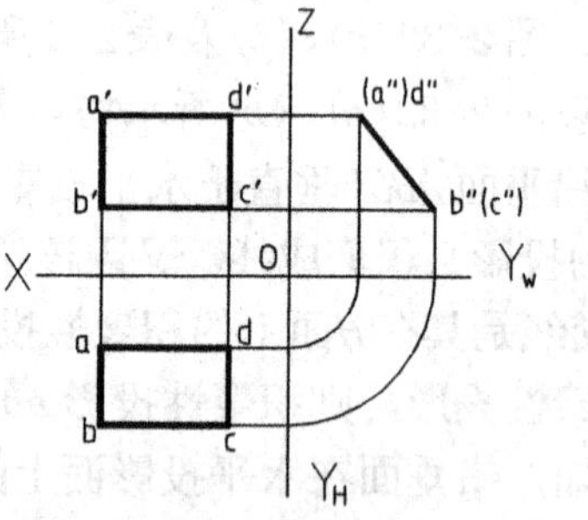	侧面投影积聚成一直线正面投影和水平投影均为平面的类似图形反映α、β角

一般位置平面多边形的实形可通过直角三角形法对其各边图解实长后几何作图求得。

(三)平面上的直线和点

根据初等几何：

1. 如直线通过平面上两个已知点，则该直线必在该平面上。见图 2-34(*a*)，直线 *MN* 过已知点 *M* 和 *N*，该两点是 *P* 面上相交两直线上的点，因此直线 *MN* 在 *P* 面上。

2. 如直线通过平面上一已知点，且平行于该平面上一已知直线，则此直线必在该平面上。见图 2-35(*a*)，直线 *LK* 过一已知点 *M*，且平行于已知直线 *EF*，而已知点 *M* 和直线 *EF* 位于由相交两直线 *AE* 和 *EF* 决定的 *Q* 面上，因此，直线 *LK* 在 *Q* 面上。

3. 如点位于平面上的任一直线，则此点必属于该平面。见图 2-35，G点在Q面上一直线LK上，因此，G点位于平面Q上。

可见，在平面上取直线时，该直线应取自平面上的两个已知点或取自平面上一个已知点且平行于该平面上的一条已知直线。在平面上取点时，该点应取自平面上的一条直线。

具体的投影作图见图 2-34(b)和图 2-35(b)。

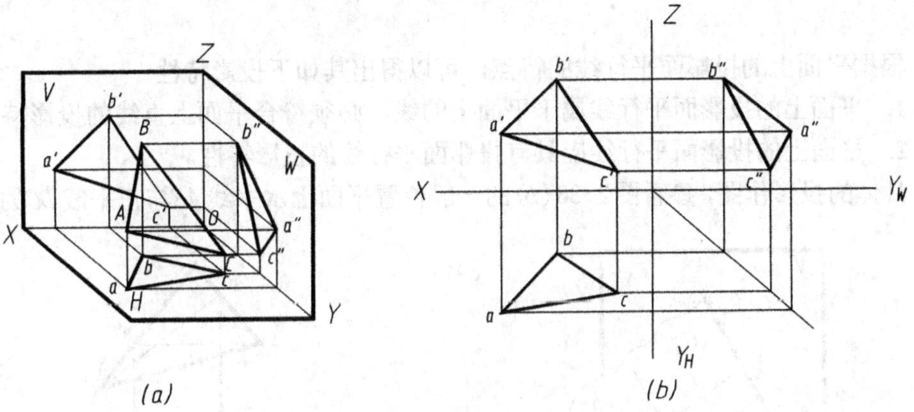

图 2-33　一般位置平面

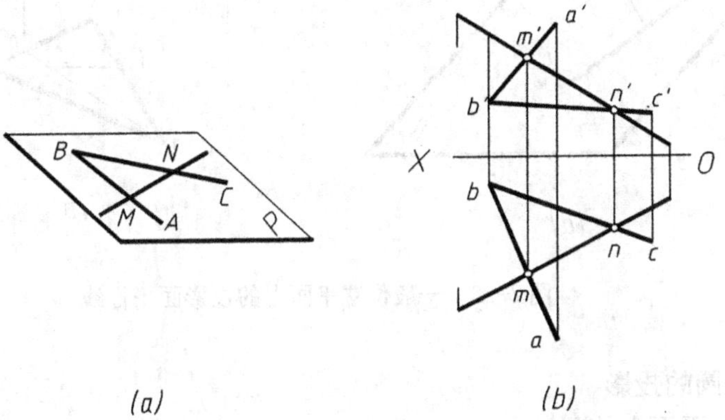

图 2-34　平面上取线(过平面上两已知点)

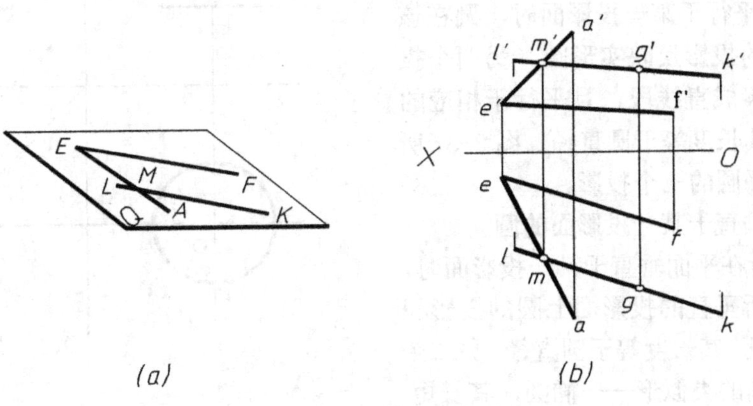

图 2-35　平面上取线（过平面上两已知点）

(四)平面上的投影面平行线

平面上的投影面平行线是平面上的特殊位置线之一。

现在分析一般位置平面上是否存在投影面的平行线。众所周知，水平面上的直线一般为水平线。当水平面与一般位置平面相交时交线即为两平面的公有线，据此可证明一般位置平面上确存在一系列的水平线。同理，一般位置平面上也存在一系列的正平线和侧平线。而且由初等几何可知一般位置平面上的同类投影面平行线相互平行，见图2-36(*a*)。

根据平面上的投影面平行线的特点，可以得出其如下投影特性：

1. 平面上的投影面平行线属于平面上的线，必须符合平面上直线的投影特性。

2. 平面上的投影面平行线应具有投影面平行线的投影特性。

具体的投影作图，参看图2-36(*b*)的一般位置平面上水平线*AE*与正平线*DC*的求作过程。

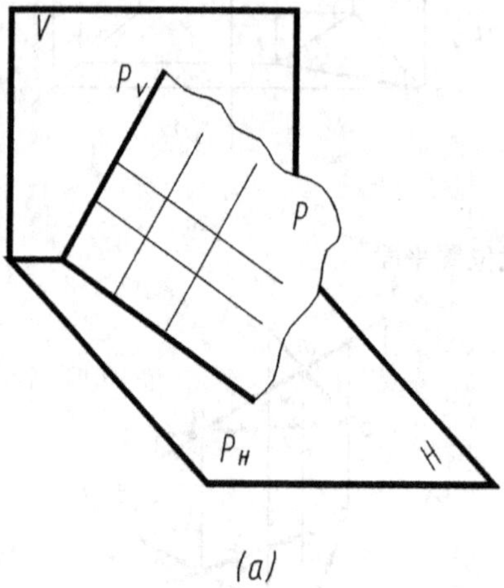

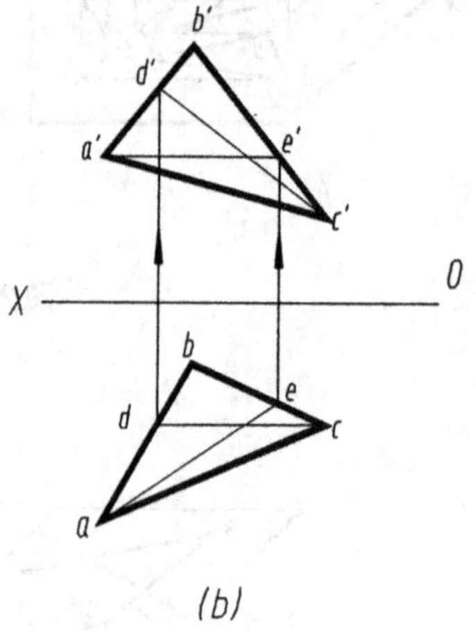

图2-36　一般位置平面上的投影面平行线

(五)平面上圆的投影

1. 特殊位置平面上的圆

(1) 平行于某一投影面的圆

当圆平行于某一投影面时，圆在该投影面上的投影反映实形圆。另两个投影分别积聚成直线段，且平行于相应的投影轴，其长度等于圆直径。图2-37所示为一水平圆的三个投影。

(2) 垂直于某一投影面的圆

当圆所在平面垂直于某一投影面时，在圆平面所垂直的投影面上圆的投影积聚成直线段，其长度等于圆直径。另二个投影均为圆的类似形——椭圆，其长短轴结合具体例子分析如下。

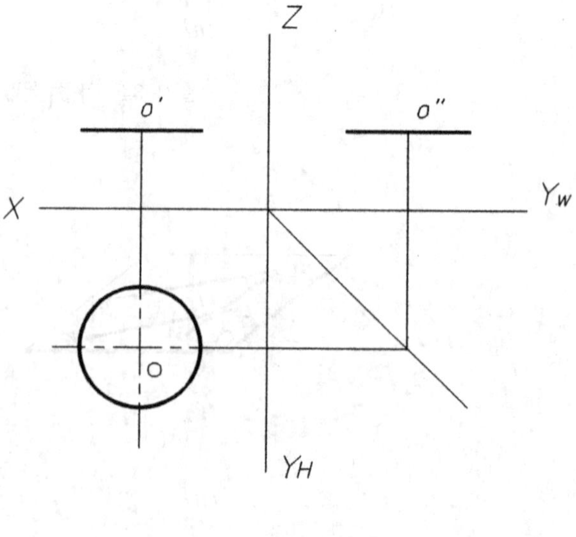

图2-37　水平圆的投影

如图 2-38(*a*)所示，圆 *O*位于正垂面上，其正面投影积聚成直线段，长度就是该圆上正平线直径 *CD*的实长投影 $c'd'$，此时圆 *O*的正面投影与圆上直径 *CD*的正面投影完全重合。该圆的另两个投影(图中只画出水平投影)均为椭圆，水平投影椭圆的长轴为圆上正垂线直径 *AB*的水平投影 *ab*，它反映实长且垂直于 *OX*轴，而其短轴必是圆上正平线直径 *CD*的水平投影 *cd*，它平行于 *OX*轴(*AB*和 *CD*两直径的水平投影垂直)。其他投影面垂直面上圆的投影有类似情况。

(3) 一般位置平面上的圆

一般位置平面对各投影面均倾斜，因此，其上圆的三个投影均为圆的类似形——椭圆。这里不作详细分析。

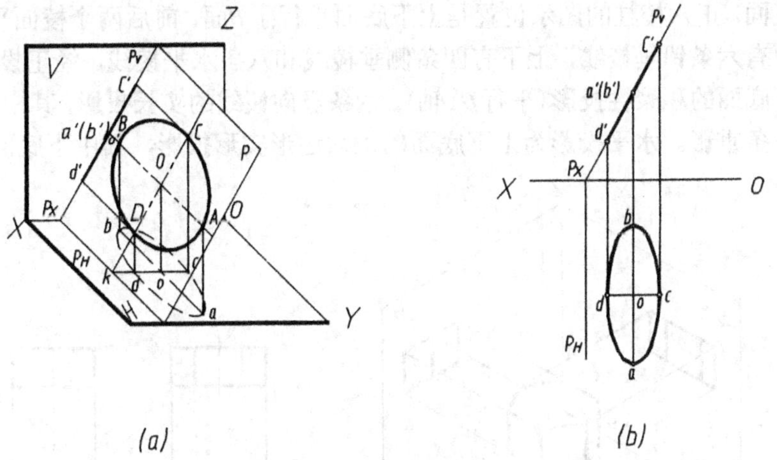

图 2-38　正垂面上的圆

第三节　立体的投影

一、概述

任何立体都具有一定的体积，并由围成该立体的内、外表面所确定。

(一) 立体分类

根据立体表面的几何性质，立体分类如下：

1. 平面立体——由若干平面围成的几何体，如棱柱体、棱锥体等。

2. 曲面立体——由曲面或曲面与平面围成的几何体。本书仅涉及曲面立体中的回转立体。如圆柱体、圆锥体、圆球体、圆环体等。

(二) 立体表面几何元素

立体表面常有以下几何元素：

1. 棱线——立体表面的两平面之间或平面与曲面之间的交线。它属于立体表面轮廓线之一。

2. 顶点——立体表面各线的交点。

(三) 立体的投影

立体投影的表示方法即立体投影的画法，主要是画出立体的棱线、轮廓线、平面或顶点的投影。

二、平面立体

平面立体的表面均为平面图形。因此平面立体的投影，就是画出平面立体各表面平面图形的投影，也就是画出其棱线的顶点的投影。并注意立体的不透明性，区分各表面或各棱线、顶点在投影中的可见性。不可见的投影用虚线表示，可见的投影用粗实线。平面立体表面上取点，实际上就是平面上取点。

（一）棱柱的投影及表面取点

图2-39所示为一正六棱柱，其上下底面均为正六边形，六个棱面(也叫侧面)均垂直于上下底面。正六棱柱的图示位置是上下底面平行于*H*面，前后两个棱面平行于*V*面。因此其竖向有六条铅垂棱线，上下有四条侧垂棱线和八条水平棱线。经正投影后，正面投影为上下底面的积聚性投影(平行*OX*轴)、六条竖向棱线的实长投影，其中后二条不可见且与前二条重影。水平投影为上下底面的正六边形实形投影，其中下底面不可见，

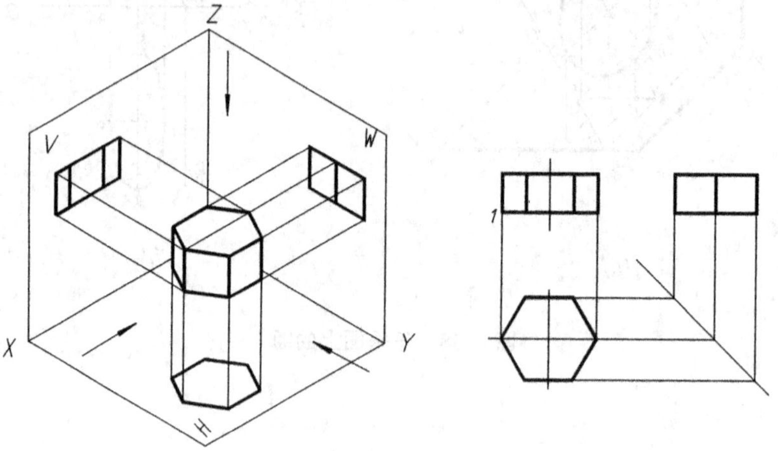

图2-39　正六棱柱的投影

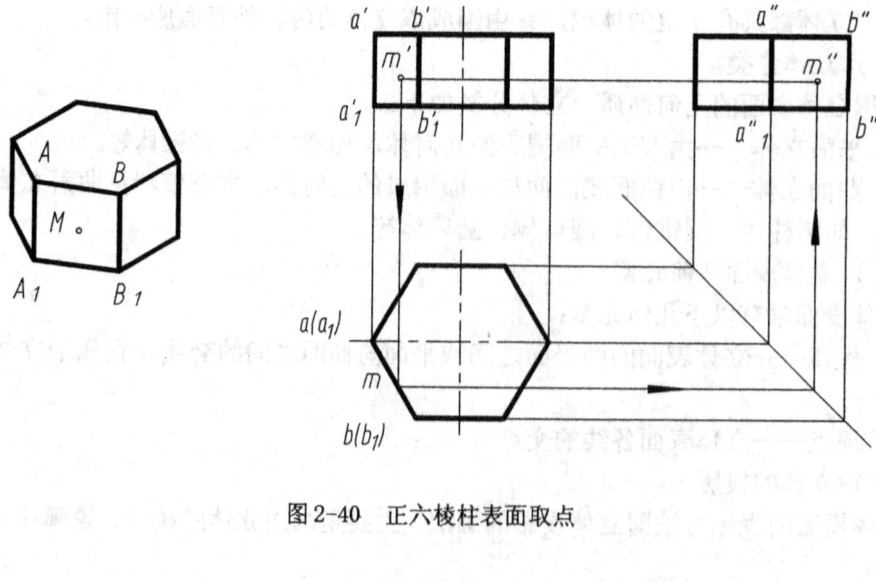

图2-40　正六棱柱表面取点

但与上底面重影。其他棱面均积聚成线。侧面投影为上下底面的积聚性投影(平行于OY_W轴)、前后二棱面的积聚性投影(平行于OZ轴)、左右二条竖向棱线的实长投影。其中右边的竖向棱线不可见，但与左边棱线重影。该正六棱柱的四个铅垂棱面，其正面投影和侧面投影均为类似形。它们的可见性读者自行分析。

由图2-39的轴测图可见，六棱柱对三投影面的距离，在其投影图中反映在各投影到相应投影轴之距离。这些距离的表示对我们用投影来表示立体形状而言没有任何意义。现将投影图中的投影轴取消，并以立体自身关于X、Y、Z三个方向上的某要素为参照，如以正六棱柱的中心轴线绘制立体的三面投影。为了便于联系水平投影和侧面投影Y向的同一个尺寸大小关系，可以在该两投影之间加画一45°线。该线与水平投影及侧面投影的相对位置是唯一的，不可画错。如图2-39中45°线必过水平投影上下底面正六边形中心所作水平线与侧面投影上下底面投影(积聚性投影)中心所作的铅垂线之交点。当然实际作图是反过来的。先作45°线，后有侧面投影或水平投影。这种没有投影轴的投影图称之为无轴投影图。工程上的图样全为无轴投影图。

在平面立体表面上取点，实质上就是平面上取点的应用，但需注意二点:（1） 在众多立体表面投影中必须准确找到需要取点的那个表面的各投影。（2） 必须利用平面的投影特性来识别需要取点的那个表面对投影面的相对位置，即是一般位置平面，还是投影面垂直面或投影面平行面，后二者具有积聚性。

图2-40所示为正六棱柱表面取点的过程。已知正六棱柱的投影及表面ABB_1A_1上M点的正面投影m'，求M点另二个投影。因棱面ABB_1A_1为铅垂面，其水平投影积聚成线，这意味着该面上所有的点(线)水平投影均落在其上。棱面ABB_1A_1的正面和侧面投影均为类似形(矩形)。因此首先过m'点作铅垂线，在棱面ABB_1A_1的水平投影$a'b'b_1'a_1'$上 求得M点的水平投影m，然后再求得M点的侧面投影m''点。因棱面ABB_1A_1的侧面投影可见，所以投影m''点也可见。

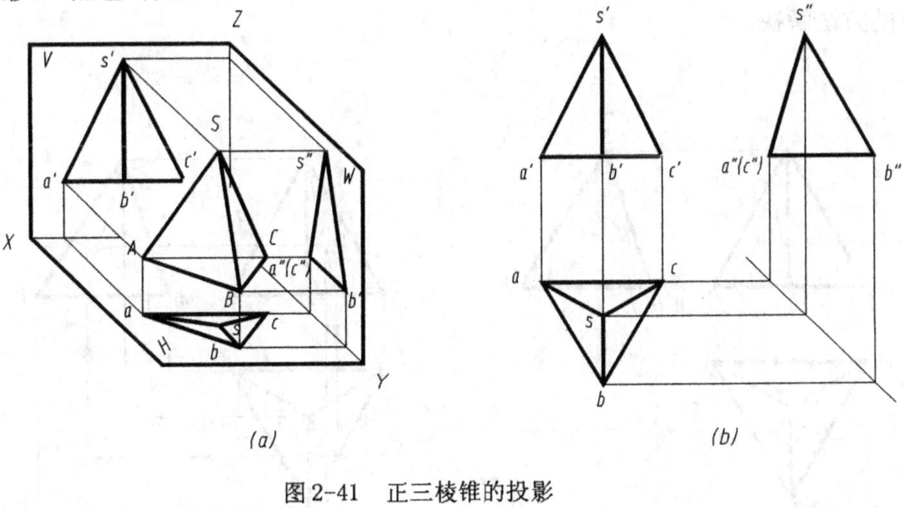

图2-41 正三棱锥的投影

（二） 棱锥的投影及表面取点

图2-41所示为一正三棱锥，它的表面均为正三角形。为区别起见，下表面可称为底面，其余表面称为棱面。底面上的棱线可称为底边。该三棱锥的图示位置是下底面ΔABC

平行于 *H* 面，后棱面 Δ*SAC* 垂直于 *W* 面为侧垂面。前面的棱面 Δ*SAB* 和 Δ*SBC* 为一般位置平面。底边中 *AB* 和 *BC* 为水平线、*AC* 为侧垂线；棱线中 *SA* 和 *SC* 为一般位置线、*SB* 为侧平线。经投影后，正面投影中底面 Δ*ABC* 积聚成线 a′b′c′，三个棱面均为类似形，且后棱面 Δ *SAC* 的正面投影 Δs′a′c′ 不可见。水平投影中，底面投影 Δabc 反映实形，但不可见，三个棱面均为类似形且均可见。侧面投影中，底面积聚成线 a″(c″) b″，后棱面积聚成线 s″b″(c″)，另二个棱面均为类似形，其中右棱面 Δ*SBC* 的侧面投影 Δs″b″(c″) 不可见，与左棱面侧面投影 Δs″a″b″ 重影。

图2-42所示为正三棱锥表面取点的过程。已知正三棱锥的三面投影和棱面 Δ*SAB* 上 *M* 点及棱面 Δ*SAC* 上 *N* 点的正面投影，求 *M* 和 *N* 点的其他投影。

由于棱面 Δ*SAB* 是一般位置，其任何投影均无积聚性，因此必须根据点在面上的几何条件，首先找取 Δ*SAB* 面上 *M* 点所在的线，图中用了 *SD* 线，即过 m′ 点作 s′m′ 与 a′b′ 交于 a′ 点。得 s′d′ 线的正面投影。再求出 *SD* 线的水平投影 sd 和侧面投影 s″d″，因 *M* 点在 *SD* 线上，于是可求出其水平投影 m 点和侧面投影 m″ 点，见图2-42，*N* 点的正面投影(n′)带括号，说明 *N* 点在后棱面 Δ*SAC* 上。该棱面是侧垂面，侧面投影中积聚成线，因此利用积聚性可以首先求出 *N* 点的侧面投影(n″)，最后再求出水平投影 n 点(可见)。如不利用棱面 Δ *SAC* 的积聚性投影，通过作辅助线 *EF* 同样可行。在正面投影中先过(m′)点作 e′f′ 线平行于 a′c′，则 *EF* 线是 Δ*SAC* 面上过 *N* 点的平行底边 *AC* 的辅助线，由 e′ 点在 sa 上得 e 点，此时 ef 必平行 ac。ef 求出后，*N* 点的水平投影 n 就在其上(实际作图中利用 *EF*∥*AC* 只需画出一部分)，见图2-42(d)。用这种辅助线同样可求 *M* 点，见图2-42(c)。

(三)带切口平面立体的投影

带切口的平面立体实际上是被一个或多个平面截切后形成的不完整平面立体。切口上的点和线同样是平面立体表面上的点和线。由于两平面相交为直线，所以带切口平面切口上的线事实上是该立体表面上两点的连线，因此切口的投影可以利用平面立体表面取点的方法解决。

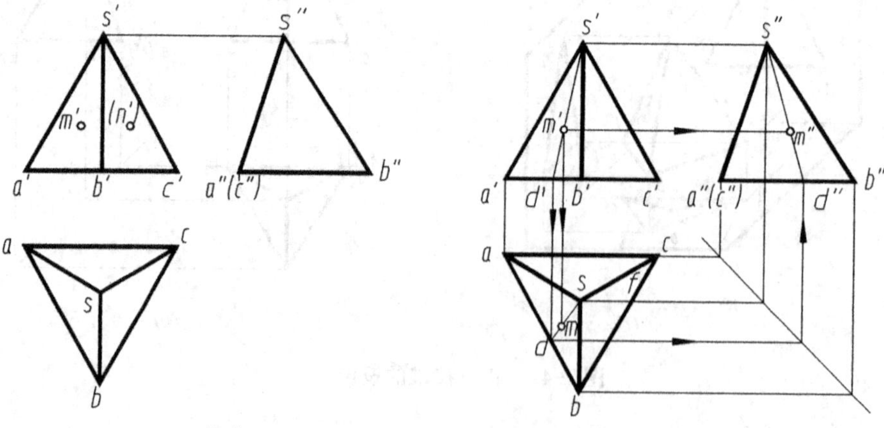

(a) (b)

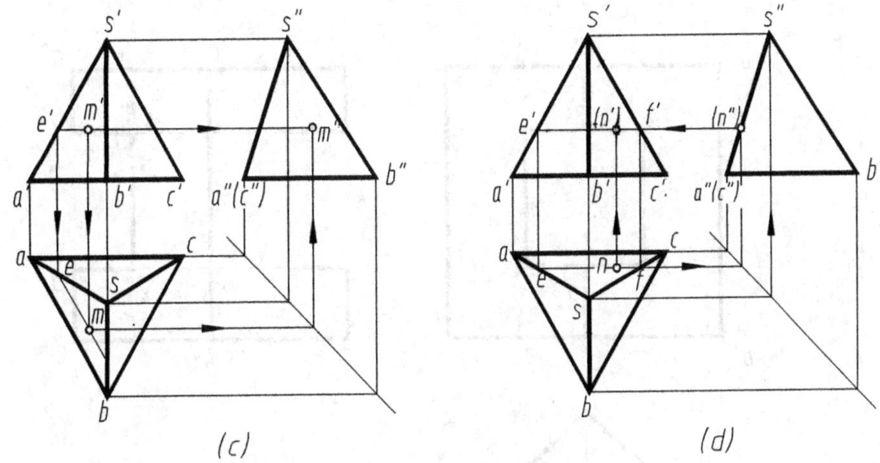

图 2-42　正三棱锥表面取点

例 2-3　如图 2-43 所示，已知切口四棱锥的正面投影，求作切口的水平投影和侧面投影。

分析：由正面投影可知，切口由一个水平面 ΔEFG 和一个正垂面 ΔHGF 形成。这两个面在正面投影均有积聚性。切口的轮廓线 EF、FH、HG、EG 分别是棱面 ΔSAB、ΔSBC、ΔSCD、ΔSAD 上的线，而 FG 是切口上两个截面的交线。切口的顶点 E、F、H、G 分别是棱线 SA、SB、SC、SD 上的点。可见，该切口问题可以通过表面取点的方法求出切口顶点 E、F、H、G，然后有序连线并判别它们在各投影中的可见性得以解决。值得注意的是，由于 ΔEFG 和四棱锥底面 ABCD 同是水平面，故 EF∥AB，EG∥AD（平面上同类型的投影面平行线相互平行），因此 ef∥ab，eg∥ad。作图和可见性判别较为简单，不再详述。注意 HC 这条棱线的侧面投影不可见，并有一部分与棱线 EA 的侧面投影重影。

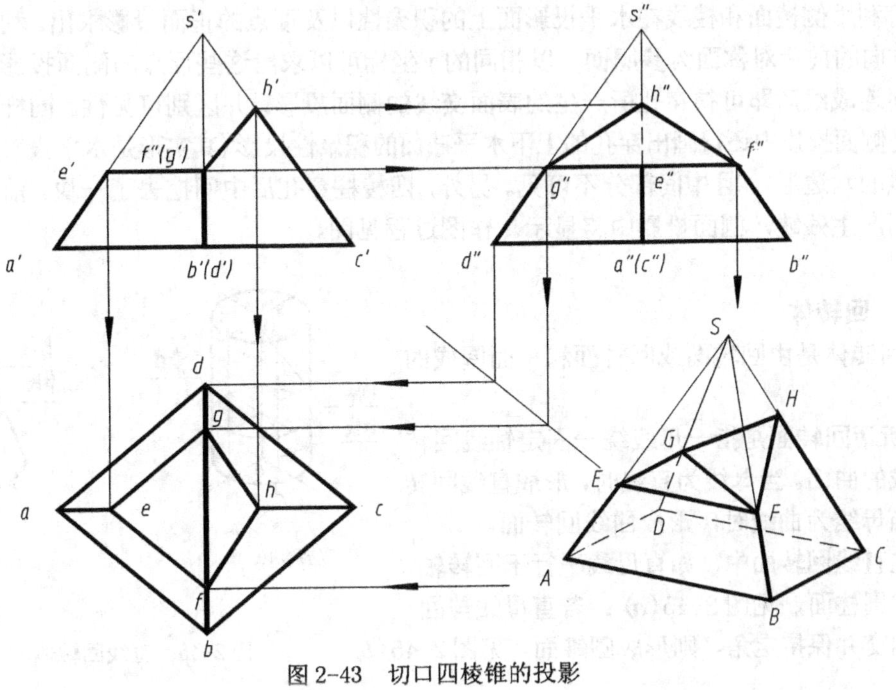

图 2-43　切口四棱锥的投影

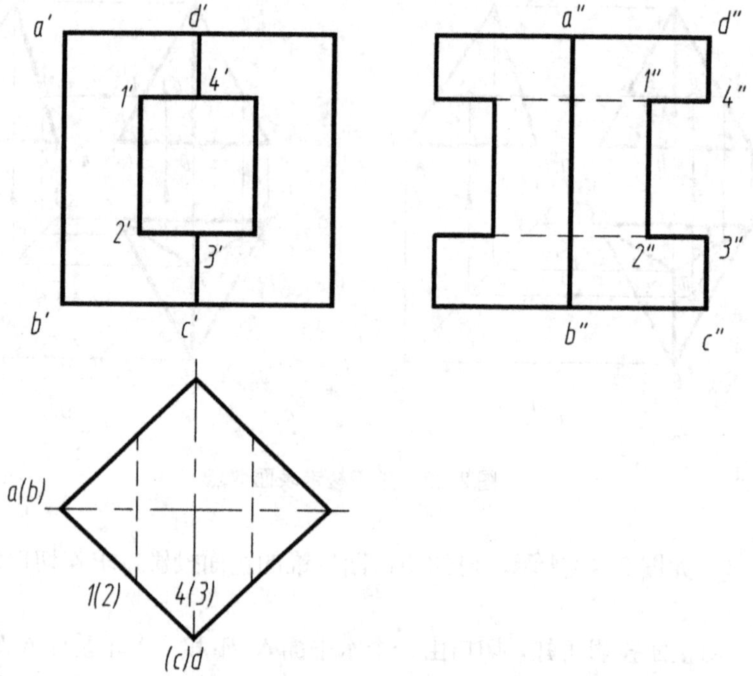

图 2-44　切口四棱柱的投影

例 2-4　如图 2-44 所示，已知穿孔四棱柱的正面和水平投影，求作侧面投影。

分析：题给带穿孔的四棱柱各侧棱面均为铅垂面，其水平投影分别积聚成线。四棱柱上的穿孔由上下水平面和左右侧平面截切而成，穿孔后四棱柱侧棱面上产生上下八条水平线(以ⅠⅣ、ⅡⅢ为代表)、左右四条铅垂线(ⅠⅡ为代表)。它们的顶点的水平投影均可利用侧棱面和棱线在水平投影面上的积聚性以及顶点的正面投影求出。利用四棱柱 *Y* 方向的前后对称面为参照面，以相同的 *y* 坐标可以求出这些顶点的侧面投影，把它们按序连成线后即可得穿孔所产生的表面交线的侧面投影，并区别可见性。同样值得注意的是侧面投影中还得画出穿孔的上下水平截面的积聚性投影(其实形是水平投影上中间带虚线的六边形)，且中间部分不可见。另外，四棱柱穿孔后中间挖去了一块，前后棱线及棱面产生残缺，侧面投影中将显示。作图过程见图。

三、回转体

回转体是由回转面或回转面和平面围成的立体。

所谓回转面是指一母线绕一固定轴线回转所形成的曲面。当母线为直线时，形成直线回转面；当母线为曲线时，形成曲线回转面。

在直线回转面中，如直母线平行于回转轴，则形成圆柱面，见图 2-45(*a*)；若直母线与回转轴相交并保持定角，则形成圆锥面，见图 2-45(*b*)。

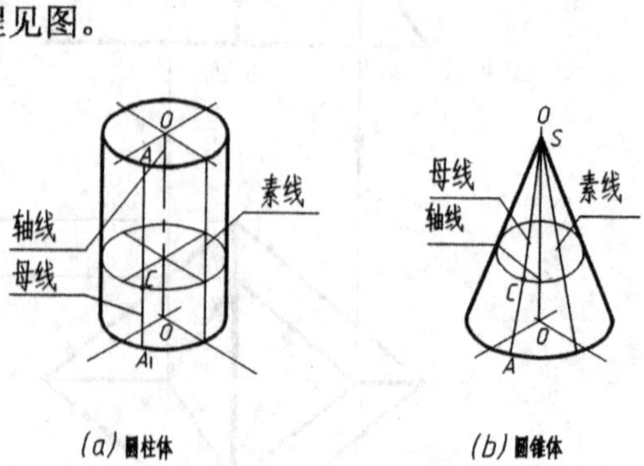

图 2-45　直线回转体

在曲线回转面中，如一母线圆绕通过其圆心的轴线回转时，则形成圆球面，见图2-46(*a*)；如该圆绕与它共面但不过圆心的轴线回转时，则形成圆环面，见图2-46(*b*)。

回转面上存在以下两种有意义的线：

回转面母线上任一点如*C*(图2-45(*a*)、(*b*))随母线运动的轨迹为圆，该圆称为纬圆。纬圆所在平面垂直于轴线，它在轴所垂直的投影面上反映实形。

回转面上母线的任意位置线为素线。圆柱面和圆锥面的素线为直线，如图2-45(*a*)、(*b*)。圆球面和圆环面的素线为圆，如图2-46(*a*)、(*b*)。

工程上常见的回转体有圆柱体、圆锥体、圆球体和圆环体等。

回转体的投影，实质上就是回转面或回转面和平面以及某些轮廓线的投影。回转体表面取点的方法原理实际上与平面上取点完全相同。而回转体表面取线(一般为曲线)，实质上是取表面上该线的一系列点，然后光滑连接。

回转体表面取点时所用的辅助线应是简单易画的圆和直线，且优先考虑纬线圆，其次是直素线或圆素线。用直素线表面取点在回转体表面展开中得到广泛应用。

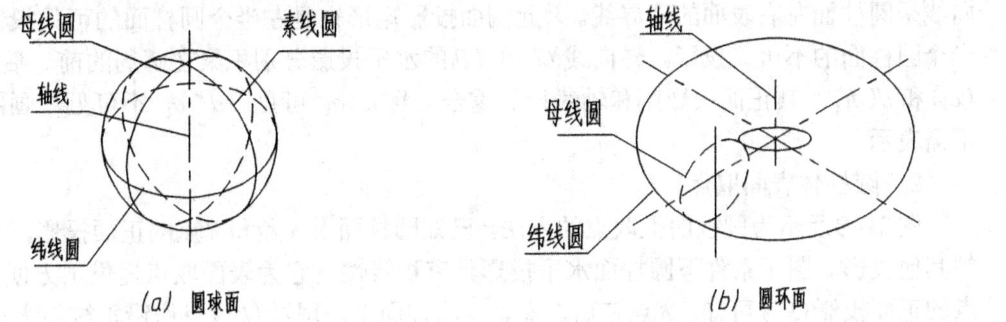

图2-46　曲线回转面

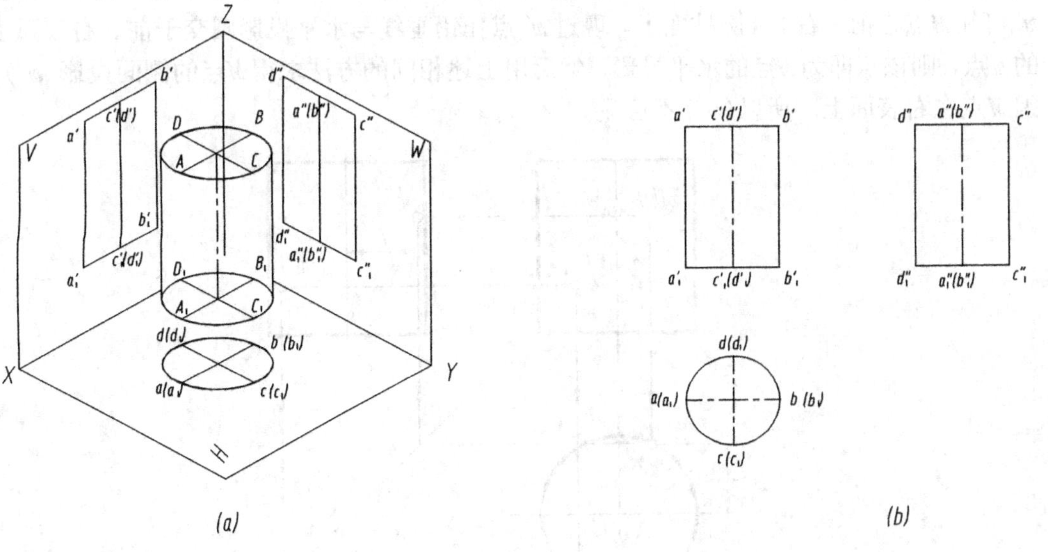

图2-47　圆柱的投影

（一）圆柱体的投影及其表面取点

圆柱是由圆柱面及两底圆平面围成的立体。

1. 圆柱体的投影

图2-47表示了圆柱的三面投影。图中圆柱轴线为铅垂线，因此，圆柱的水平投影为圆。该圆是圆柱面的积聚性投影，也是圆柱上底圆和下底圆反映实形的投影。该投影必须用点划线画出垂直相交的两条中心线，其交点是圆心，也是圆柱轴线的积聚性投影。圆柱的另二个投影为等大的矩形。该矩形上下两边为圆柱上下底面的积聚性投影，其长度等于圆柱直径。点划线表示圆柱轴线投影。正面投影矩形的左右两腰 $a'a_1'$ 和 $b'b_1'$ 为圆柱面正面投影转向线 AA_1 和 BB_1 的投影，这二条转向线是圆柱面前后表面的分界线。因此，正面投影矩形也是前半个圆柱面的可见投影和后半个圆柱面的不可见投影。转向线 AA_1 和 BB_1 的水平投影分别积聚在圆周的左、右两点 $a(a_1)$ 和 $b(b_1)$，其侧面投影则和轴线投影（点划线）重影且 $a''a_1''$ 可见，$b''b_1''$ 不可见，画图时不需表示。侧面投影矩形的前后（图的左右）两腰 $c''c_1''$ 和 $d''d_1''$ 是圆柱面侧面投影转向线 CC_1 和 DD_1 的投影，这二条转向线是圆柱面左右表面的分界线。因此侧面投影矩形也是左半个圆柱面的可见投影和右半个圆柱面的不可见投影。转向线 CC_1 和 DD_1 的水平投影分别积聚在圆周的前、后两点 $c(c_1)$ 和 $d(d_1)$，其正面投影则和轴线投影重合，且 $c''c_1''$ 可见，$d''d_1''$ 不可见。画图时也不需表示。

2. 圆柱体表面取点

图2-48所示为圆柱面上取点的方法。已知圆柱面上 K 点和 M 点的正面投影，求它们的其他投影。图示条件下圆柱面水平投影具有积聚性，它为表面取点提供了方便。由 K 点的正面投影 (k') 可知，K 点在后、左1/4圆柱面上，现过 (k') 点作铅垂线与水平投影圆交于后、左圆弧上的 (k) 点。则该点就是 K 点的水平投影，再利用 K 点对圆柱轴线的 y 坐标差 l，求出 K 点的侧面投影 k''，因为 K 点在左表面上，所以 k'' 点可见。由正面投影 m' 可知 M 点在前、右1/4圆柱面上。现过 m' 点作铅垂线与水平投影圆交于前、右圆弧上的 m 点，则该点即为 M 点的水平投影，然后用上述相同的方法求得 M 点的侧面投影 (m'')。因 M 点在右表面上，所以 (m'') 不可见。

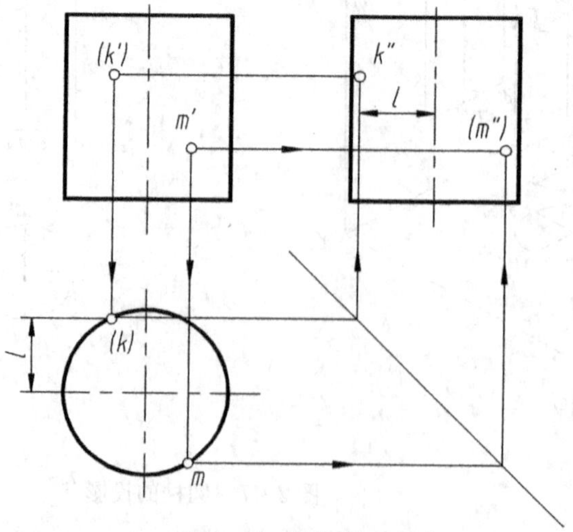

图2-48 圆柱面上取点

(二) 圆锥体的投影及其表面取点

圆锥是由圆锥面及底圆平面围成的立体。

1. 圆锥体的投影

图2-49表示了圆锥的三面投影。图中圆锥轴线为铅垂线，因此其水平投影为圆。该圆既是圆锥面的可见投影，又是底圆平面不可见投影(反映实形)。该投影同样需画上中心线。圆锥的另二个投影为等大的等腰三角形，它们的底边是圆锥底圆平面的积聚性投影，且长度等于底圆直径。点划线是圆锥轴线的投影。正面投影等腰三角形左右两腰 $s'a'$ 和 $s'b'$ 为圆锥面正面投影转向线 SA 和 SB 的投影，这二条转向线是圆锥面前后表面的分界线。因此正面投影等腰三角形也是前半个圆锥面的可见投影和后半个圆锥面的不可见投影。转向线 SA 和 SB 的水平投影分别为 sa 和 sb，其侧面投影则和轴线投影重影，且 $s''a''$ 可见，$s''b''$ 不可见，画图时不需表示。侧面投影等腰三角形前后(图的右左)两腰 $s'c'$ 和 $s'd'$ 为圆锥面侧面投影转向线 SC 和 SD 的投影，这二条转向线是圆锥面左右表面的分界线。因此侧面投影等腰三角形也是左半圆锥面的可见投影和右半圆锥面的不可见投影。转向线 SC 和 SD 的水平投影分别为 sc 和 sd，其正面投影则和轴线投影重合，且 $s'c'$ 可见，$s'd'$ 不可见。画图时不需表示。

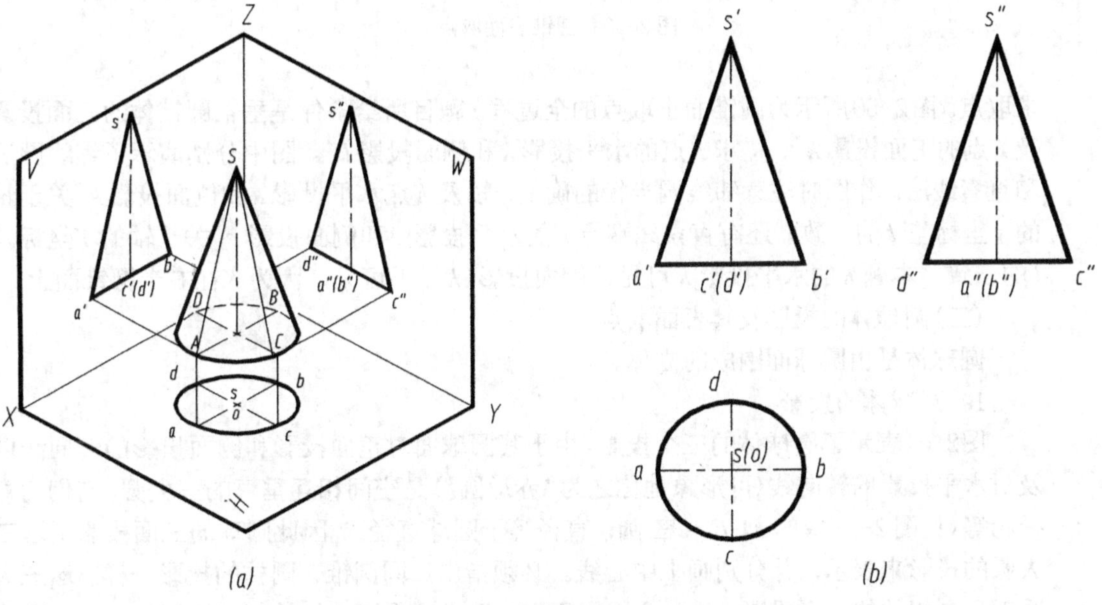

图 2-49　圆锥的投影

2. 圆锥体表面取点

形成圆锥面的母线上任意一点的轨迹都是圆，这些圆就是圆锥体表面的纬线圆，它处于垂直回转轴的位置。当圆锥轴线垂直于某投影面时，其表面的纬线圆在轴线所垂直的投影面上的投影反映实形，而其他二个投影积聚成直线段，并垂直于轴的投影，长度等于纬线圆直径。除了纬线圆外，圆锥面上还有过锥顶的直素线，其另一端点在圆锥体底圆上，因此圆锥体表面取点，可以首先作点所在的纬线圆或直素线为辅助线，然后

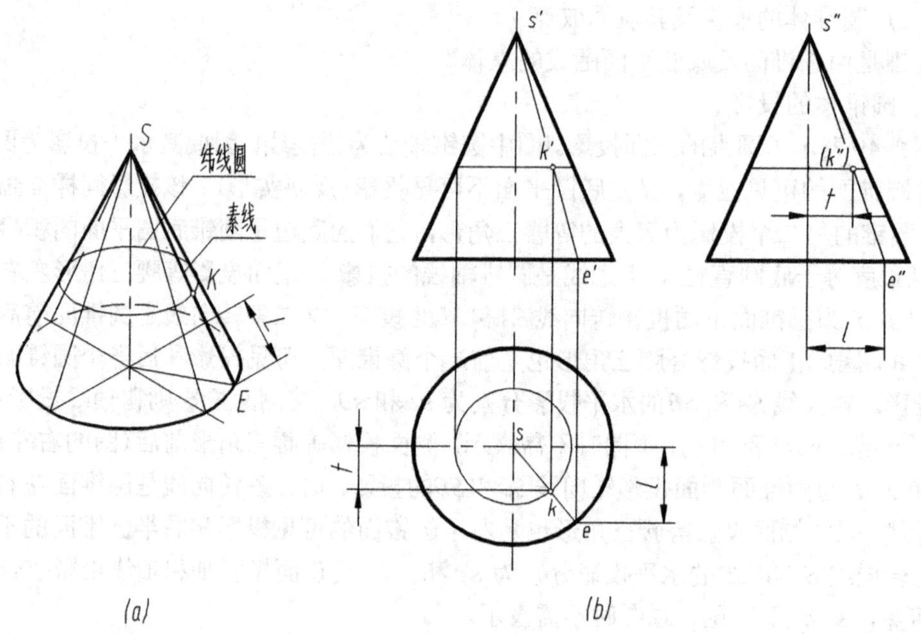

图 2-50　圆锥表面取点

求取点。图2-50所示为圆锥面上取点的全过程。题目所给条件是垂轴圆锥体的三面投影及K点的正面投影k'，需求K点的水平投影k和侧面投影k''。图中分别演示了纬线圆法和直素线法。作图时注意纬线圆半径的确定，以及K点水平投影k和侧面投影k''关于轴的y坐标差 t的一致，还有直素线端点E的水平投影e和侧面投影e''关于轴的Y坐标差l的一致。本题K的水平投影k可见，侧面投影(k'')不可见，因为K在右半圆锥面上。

(三)圆球体的投影及其表面取点

圆球体是由圆球面围成的立体。

1. 圆球体的投影

图2-51表示了圆球体的三个投影。由于其圆球面对正面投影和侧面投影的转向线以及对水平投影的转向线(可形象地称之为“赤道圆”)是空间相互垂直的三大圆，它们的直径相等(见图2-51中的A、B、C三圆，直径等于圆球直径)。因此圆球的三面投影用这三大圆的投影来表示，并分别画上中心线。必须指出，同圆锥、圆柱的投影一样，这三大圆都只画相关的一个投影，另二个投影不画，但必须弄清它们的正确投影位置。正面投影转向线圆A的水平投影位置与a中心线重合，侧面投影位置与a''中心线重合；侧面投影转向线圆C的水平投影位置与c中心线重合，正面投影位置与c'中心线重合；“赤道圆”B的正面投影位置与b'中心线重合，侧面投影位置与b''中心线重合。

圆球的正面投影既是前半球面的可见投影又是后半球面的不可见投影 ；水平投影既是上半球面可见投影又是下半球面不可见投影 ；侧面投影既是左半球面可见投影又是右半球面不可见投影。

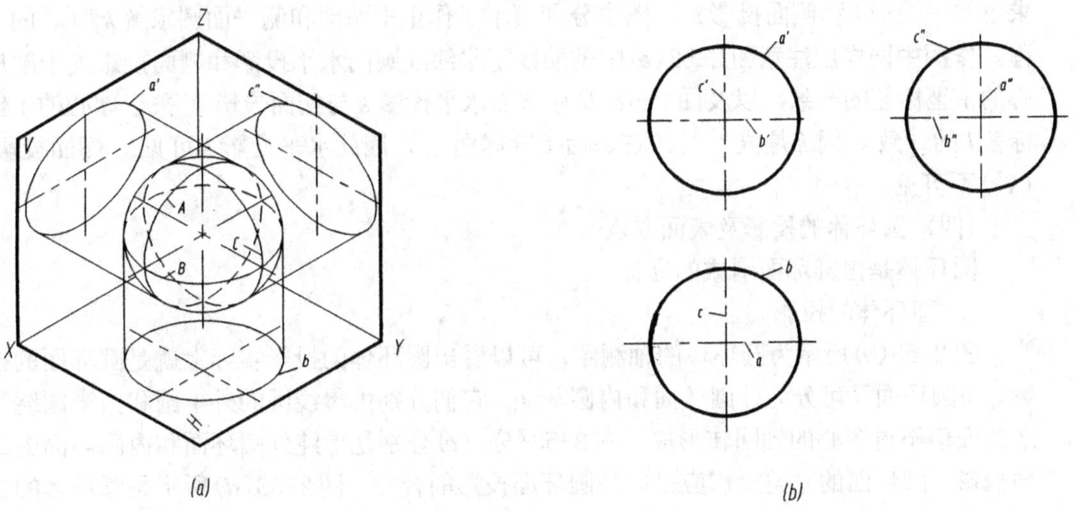

A-对V面的轮廓素线　　B-对H面的轮廓素线　　C-对W面的轮廓素线

图 2-51　圆球体的投影

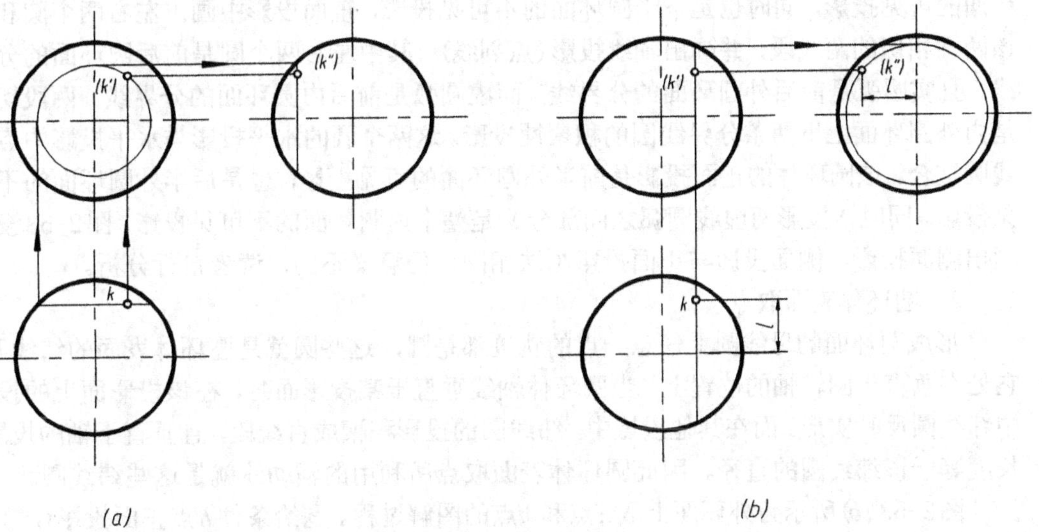

图 2-52　圆球面上取点

2. 圆球体表面取点

圆球体表面是一种特殊回转面，即过球心的任一直径都可以作为回转轴，当然，其中有意义的是正垂轴、铅垂轴、侧垂轴。因此，过表面上一点可以在圆球面上以相互垂直的位置作出三个辅助圆或纬线。这些纬线圆在其所平行的投影面上反映实形，而另二个投影积聚成直线段，并垂直于相应的轴，长度等于纬线圆的直径。因此，用纬线圆在圆球面上取点十分方便。

图 2-52 所示圆球面上 K 点的正面投影 (k') 已知(不可见)，需求 K 的其他投影。图解时可以过 K 点的正面投影 (k') 作正平面圆或水平面圆或侧平面圆，三者取一，最终均能

求出水平投影k和侧面投影k''。图中分别演示了作正平面圆和侧平面圆求解k和k''的过程。作图中同样应注意图2-52(*a*)中辅助线正平纬线圆的水平投影和侧面投影关于圆球心的y坐标差的一致，以及图2-52(*b*)中K点水平投影k与侧面投影k''关于球心的y坐标差l的一致。因K是位于上、右、后1/8球面上，因此水平投影k可见，侧面投影(k'')不可见。

（四）圆环体的投影及表面取点

圆环体是由圆环面围成的立体。

1. 圆环体的投影

图2-53(*a*)所示为圆环体的轴测图，可以看出圆环体的投影实际上就是圆环面的投影。而圆环面又可分为外圆环面和内圆环面，它们分别由母线圆的外半圆和内半圆绕与之共面但不过圆心的轴回转形成，图2-53(*b*)、(*c*)分别是单纯外圆环面和内圆环面的二面投影。圆环面的完整投影应是内外圆环面投影的合成。图2-53(*d*)所示是圆环体的二面投影。图示圆环体的轴是铅垂线，水平投影画出三个圆，最大与最小圆是水平投影方向上圆环面转向线的投影，其中最小圆也可叫"喉圆"。最大圆和喉圆均是圆环面上的特殊纬线圆，因为该两圆是上圆环面和下圆环面的分界线。第三个圆画成点划线，它是母线圆中心轨迹圆的投影。在水平投影中还应画出中心线。该圆环体的水平投影是上半圆环面的可见投影，同时也是下半圆环面的不可见投影，正面投影中画出左右两个圆和与该两圆相切的两线段，并画出轴线投影(点划线)。其中左右两个圆是前后圆环面的分界线，且实圆弧是前后外圆环面的分界线，而虚圆弧是前后内圆环面的分界线。两段切线是内外圆环面上下两条分界线圆的积聚性投影。这两个圆的水平投影与水平投影中点划线圆重合。该圆环体的正面投影是前半外圆环面的可见投影，也是后半外圆环面的不可见投影。同时该投影两虚线圆弧之间部分又是整个内圆环面的不可见投影。图2-53没有画出侧面投影，侧面投影与正面投影画法相同，但意义不同，读者自行分析。

2. 圆环体表面取点

形成圆环面的母线圆上任意一点的轨迹都是圆，这些圆就是圆环体表面的纬线圆，它处在垂直于回转轴的位置上。当圆环体轴线垂直于某投影面时，在该投影面上的投影中纬线圆反映实形。而在其他投影中，纬线圆的投影积聚成直线段，且垂直于轴的投影，长度等于该纬线圆的直径。因此圆环体表面取点所利用的辅助线就是这些纬线圆。

图2-53(*b*)所示为外环面上取K点和M点的图解过程。题给条件K点正面投影(k')不可见，M点正面投影m'可见。说明K点可能在前内圆环面上或后内圆环面上或后外圆环面上，因为它们的正面投影均不可见，属多解，见图2-53(*d*)。而M点必位于前外圆环面上。由(k')和m'的位置又知K点和M点均在上圆环面上，因此K点和M点的水平投影均可见。具体作图过程见图2-53(*b*)、(*c*)。图2-53(*b*)又作出了K点的一个位置，图2-53(*d*)则表示了K点所有的可能位置。

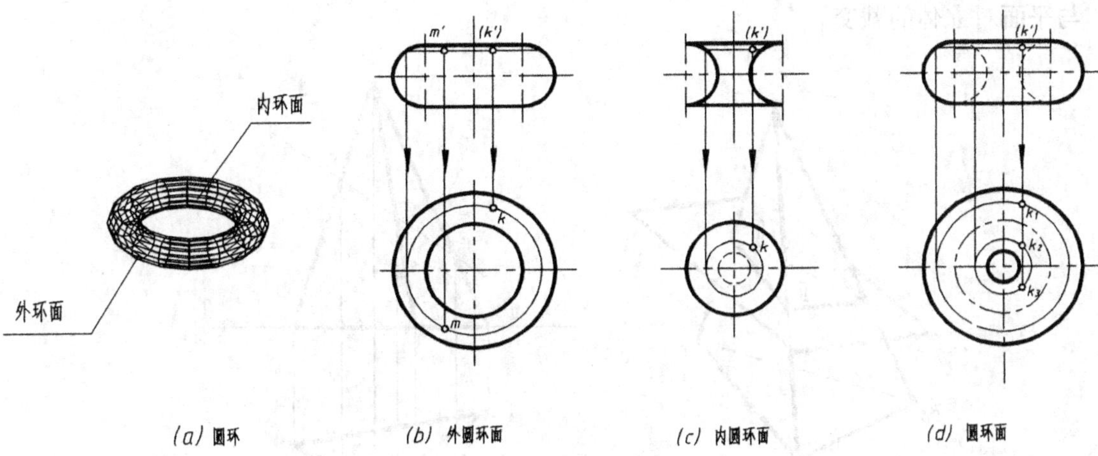

图 2-53　圆环体的投影

第四节　平面与立体相交

一、概述

图 2-54 是一个简化后的连杆零件。其两端侧面被加工成平面，这样就产生了平面与立体的相交——截交问题。

平面与立体相交实际上就是平面截切立体，该平面称为截平面。截平面与立体表面的交线则称为截交线。

截交线是截平面与被截切立体表面的共有线，因此截交线也可看成是截平面与被截切立体表面的共有点的集合。所以截交线的求法可以归纳为求截平面与被截切立体表面共有点。鉴于此，在一定条件下(有积聚性投影)可以用表面取点法直接求出截交线上的一系列点，然后区别可见性并依次光滑连接即可。

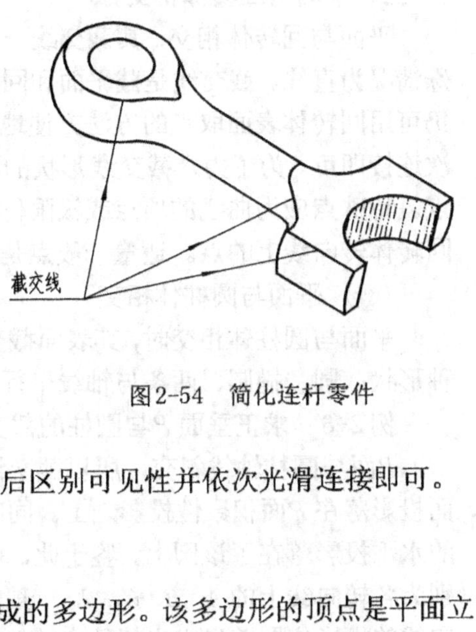

图2-54　简化连杆零件

二、平面与平面立体相交

平面与平面立体相交，其截交线是由直线组成的多边形。该多边形的顶点是平面立体有关棱线与截平面的交点。

例 2-5　一正垂面 *P* 截切三棱锥，求截交线(图 2-55)。

正垂面 *P* 在正面投影中以具有积聚性的 P_V 表示(*P* 面的正面迹线)。利用 *P* 面正面投影的积聚性和截交线的共有性，可以认为该截交线的正面投影是已知的，即为 1′2′、2′3′、3′1′，它们分别在 ΔSAB、ΔSBC、ΔSCA 棱面上。截交线顶点正面投影分别为 1′、2′、3′，因此求出 Ⅰ、Ⅱ、Ⅲ各点的水平投影 1、2、3 即可依次连接求出截交线。具体见图。因图中三棱锥是上小下大，因此，水平投影中截交线可见。本例底面没有参与平面对立体的截交。

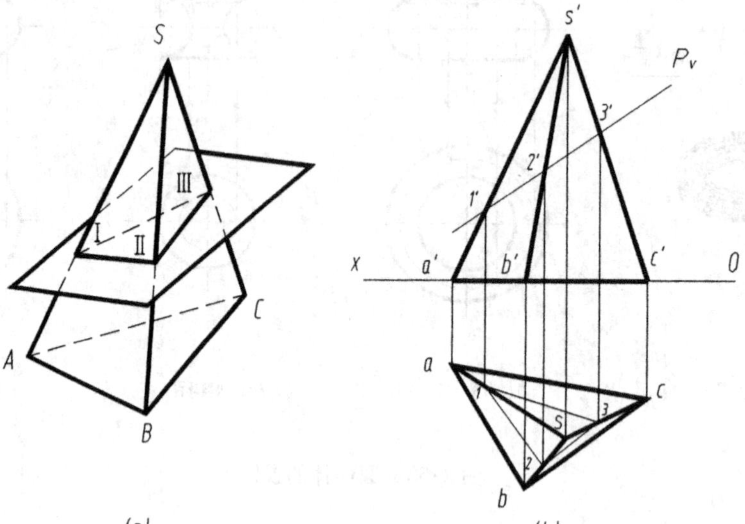

(a)　　(b)

图 2-55　平面与三棱锥相交

三、平面与回转体相交

平面与回转体相交，其截交线一般为封闭的平面曲线或平面曲线与直线的组合。特殊情况为直线。截交线是截平面和回转体表面共有点的集合。因此，当有积聚性投影时仍可用回转体表面取点的方法方便地求出截交线上一系列的点，然后区别可见性，并依次连接即可。为了力求截交线形状的准确，必须求出截交线上的所有特殊点和适量一般点。特殊点应为曲线的顶点或极限位置点(最上、最下、最左、最右、最前、最后点)；回转体转向线上的点。适量一般点是指插入特殊点之间的点(当两特殊点距离过大时)。

(一) 平面与圆柱体相交

平面与圆柱体相交时，其表面截交线根据平面对圆柱体轴线相对位置的不同可有三种形状：圆、椭圆、两条与轴线平行的直线(素线)，见表 2-5。

例 2-6　求正垂面 P 与圆柱的截交线(图 2-56)。

P 面与圆柱轴线斜交，所以截交线为椭圆。由于 P 是正垂面，所以截交线椭圆的正面投影落在 P 面积聚性投影之上。同时，圆柱面的水平投影积聚成圆，所以截交线椭圆的水平投影落在了该圆上。鉴于此，截交线椭圆的二个投影事实上已知。它的特殊点分别为各转向线上的 A、B、C、D，一般点以 M 点及 K 点为例。利用面上取点的方法由各转向线的投影位置首先求出特殊点的侧面投影 a''、b''、c''、d''，然后利用一般点对轴线的 y 坐标差求出一般点的侧面投影 k'' 和 m''。侧面投影中该截交线可见，所以用粗实线光滑连接各点即可。详细作图过程见图。

表 2-5　圆柱的截交线

截平面位置	立体图	截交线形状	投影图
截平面平行于圆柱轴线	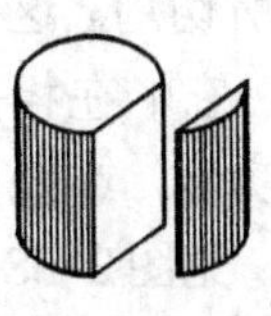	两条互相平行的直线	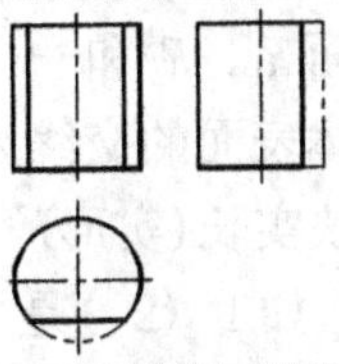
截平面垂直于圆柱轴线	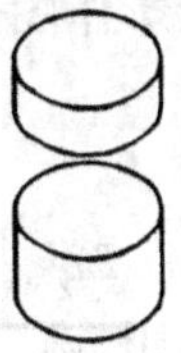	圆	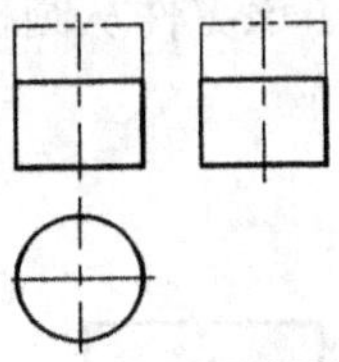
截平面倾斜于圆柱轴线	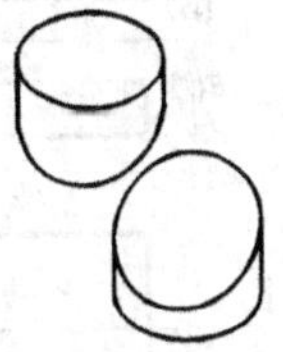	椭圆	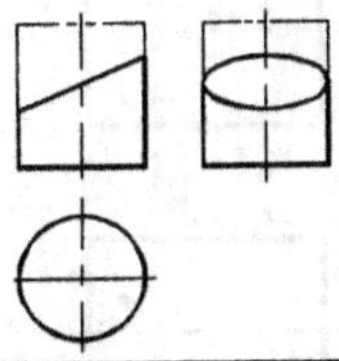

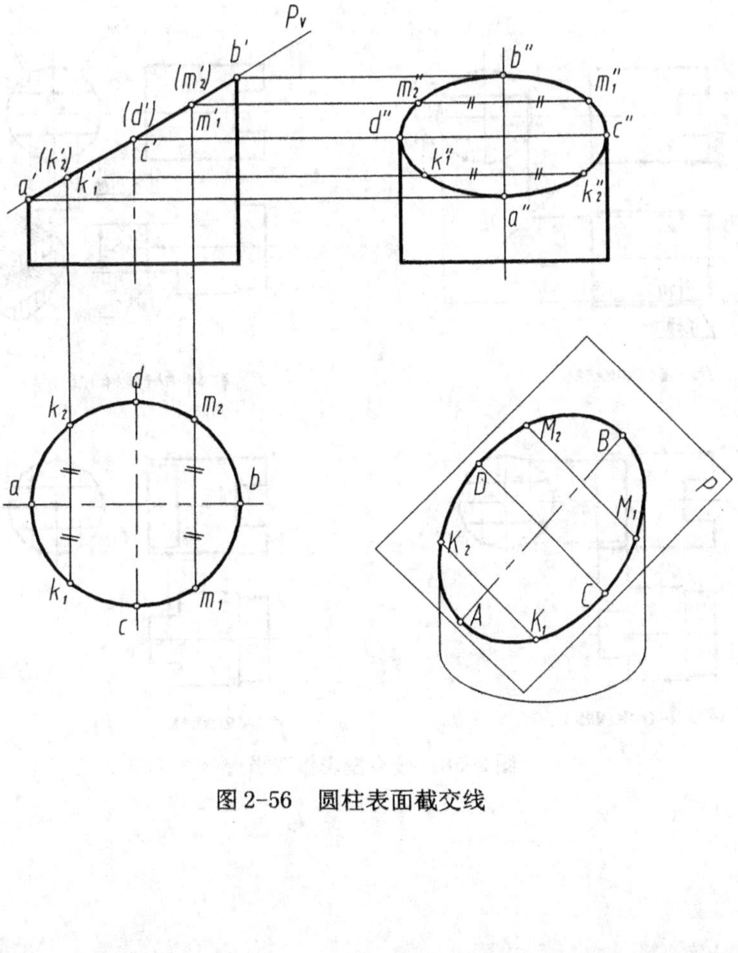

图 2-56　圆柱表面截交线

例 2-7　绘制图 2-57 所示零件的投影图。

从图中可以看出，该零件是一个带切口的圆柱体，圆柱体左端被两个水平面 P_1、P_2 和一个侧平面 Q 所切割，右端被两个正平面 R_1、R_2 和一个侧平面 T(T_1、T_2) 所切割。这些平面与圆柱体表面的交线为直线(素线)和圆，它们在相关投影中或反映实长(实形)，如 1′ 2′ 反映 Ⅰ Ⅱ 实长，或积聚成点(线段)，如 1″(2″) 是 Ⅰ Ⅱ 的积聚性投影，见图 2-58。

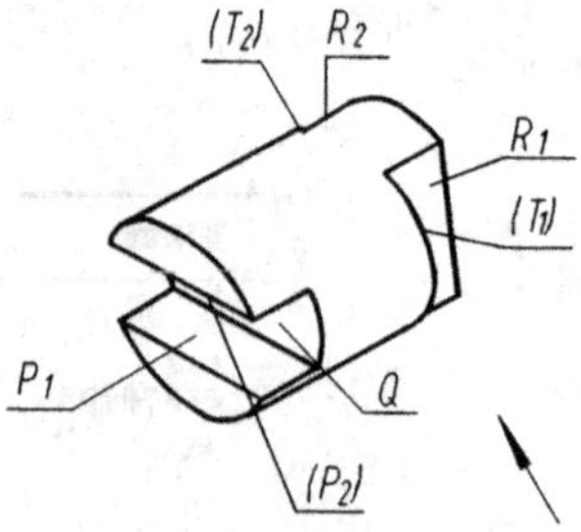

图 2-57　接头

图 2-58 演示了该零件从圆柱到逐步切割成形的投影作图全过程。读者自行详细阅读，并深入理解。

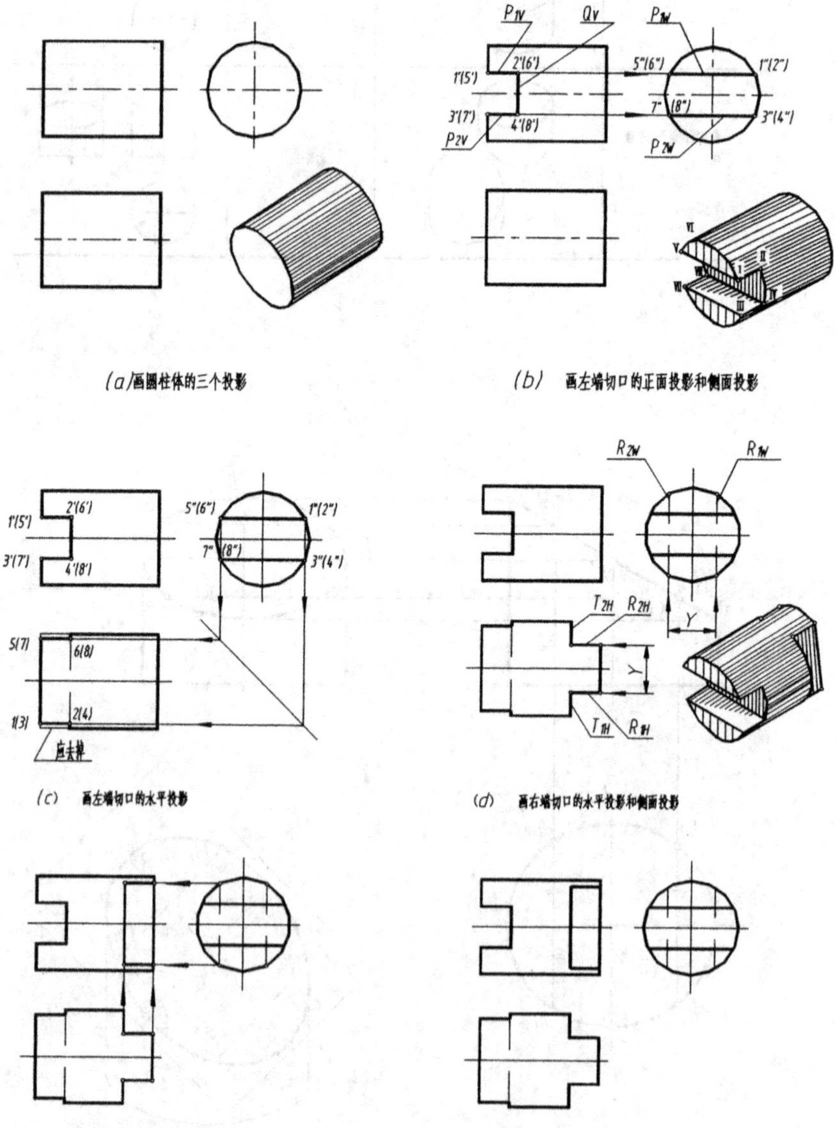

(a) 画圆柱体的三个投影　(b) 画左端切口的正面投影和侧面投影

(c) 画左端切口的水平投影　(d) 画右端切口的水平投影和侧面投影

(e) 画右端切口的正面投影　(f) 完成后的投影

图 2-58　接头投影作图步骤

例 2-8 绘制图 2-59 所示轴套的投影图。

由图中可见轴套是把一个圆柱筒(圆柱中间同轴穿孔而成)用二个水平面和一个侧平面切割一个缺口而成。由于切割，表面产生的截交线与上例相同，只是必须注意的是三个截平面既和圆柱筒的外圆柱面相交又与其内圆柱面相交。因此，必产生内外截交线，需分别求解。另外，还需注意，由于切口的产生，内外圆柱及其表面产生残缺，将影响水平投影中相应内外圆柱面转向线的投影。还应注意画出那些因截切所产生的面的投影及可见性的判别。图 2-60 演示了该轴套从圆柱筒到切割成形的投影作图全过程，读者自行详细阅读并理解。

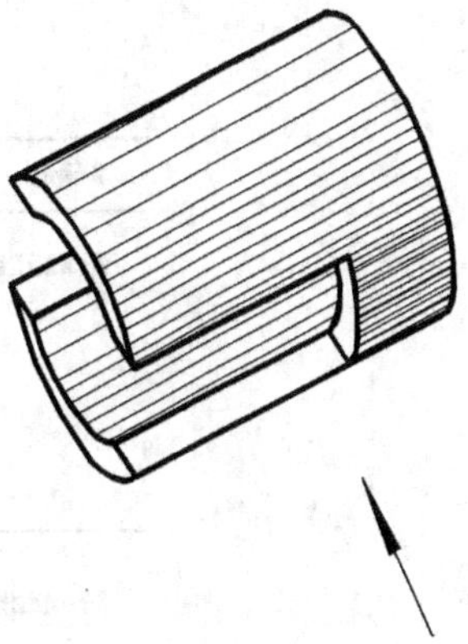

图 2-59 轴套

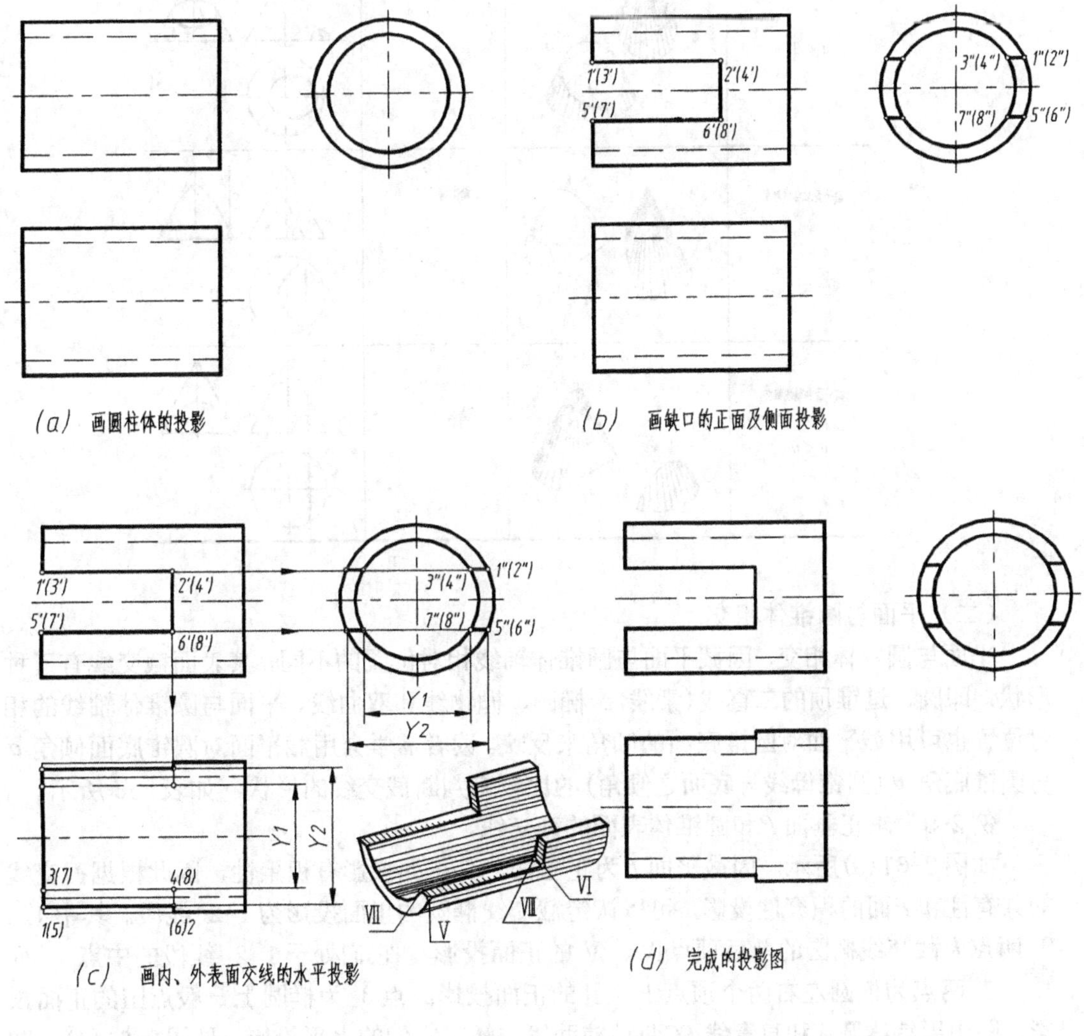

(a) 画圆柱体的投影

(b) 画缺口的正面及侧面投影

(c) 画内、外表面交线的水平投影

(d) 完成的投影图

图 2-60 轴套投影作图过程

表 2-6　圆锥截交线

截平面位置	立体图	截交线形状	投影图
截平面垂直圆锥轴线	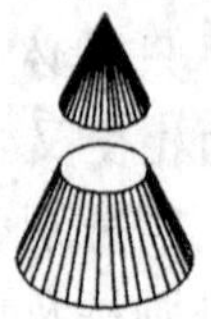	圆	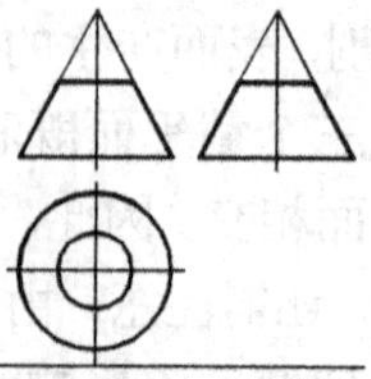
截平面通过圆锥顶点	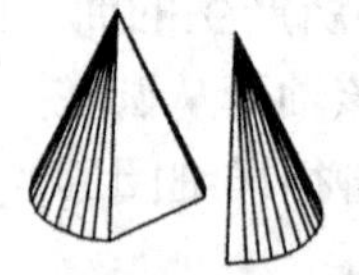	相交二直线	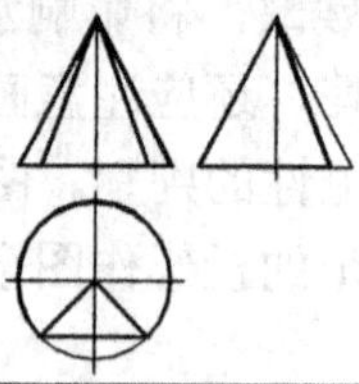
截平面和轴线相交 $\alpha<\theta$	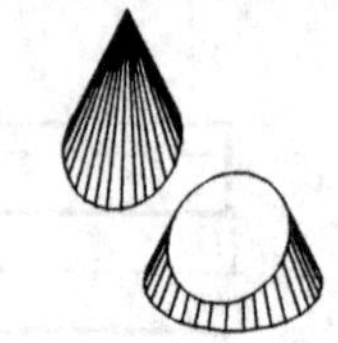	椭圆	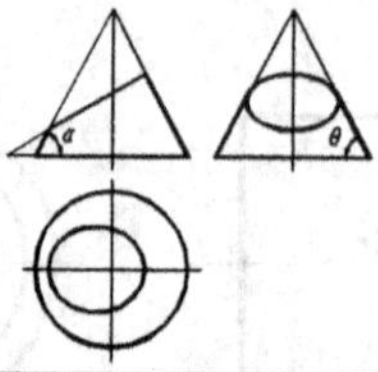
截平面和轴线相交 $\alpha=\theta$	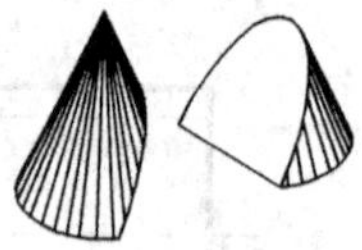	抛物线	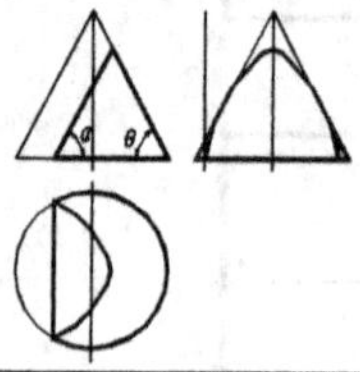
截平面和轴线相交 $\alpha<\theta$	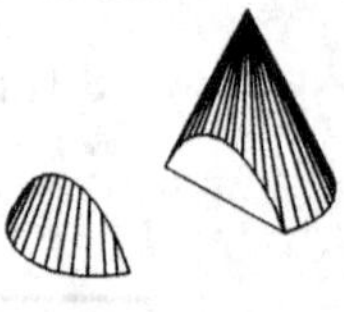	双曲线	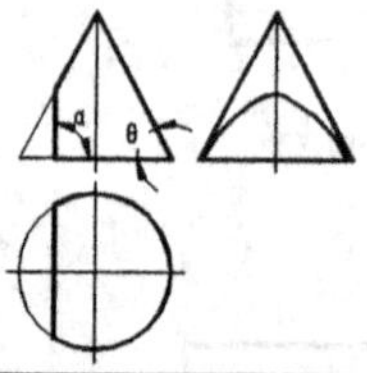

（二）平面与圆锥体相交

平面与圆锥体相交，因截平面与圆锥体轴线相对位置的不同，其表面截交线有五种形状，即圆、过锥顶的二直线(素线)、椭圆、抛物线和双曲线。平面与圆锥体轴线的相对位置也可用截平面对圆锥底面的倾角来反映。读者需学会用截平面对圆锥底面倾角 α 与圆锥底角 θ(圆锥母线与底面之倾角)的比较来判断截交线的形状，如表 2-6 所示。

例 2-9　求正垂面 *P* 和圆锥体表面的截交线。

如图 2-61(*a*)所示。因截平面 *P* 为正垂面，其正面投影有积聚性，因此根据截交线的共有性和 *P* 面的积聚性投影，可以认定截交线椭圆的正面投影为 $1'2'$ 线段。其中 $4'$、$5'$ 两点为截交线椭圆的前后顶点Ⅳ、Ⅴ的正面投影，它们处于 $1'2'$ 线段的中点，而 $1'$、$2'$ 两点为椭圆左右两个顶点Ⅰ、Ⅱ的正面投影。点 $3'$ 为椭圆上一般点Ⅲ的正面投影。图中用纬线圆 *K* 和直素线 *SC* 两种辅助线求解了它们的水平投影，见图 2-61(*b*)。图示圆锥体上小下大，因此，截交线椭圆水平投影可见。读者应掌握图 2-61 所示的作图过程。值得说明的是，当该题有侧面投影时应注意以下几方面。第一是需增加圆锥面侧面投影转向线上特殊点并求取。该二点正面投影在截平面P积聚性投影1′2′与轴线投影交点的位置。它们是截交线椭圆与圆锥侧面投影转向线的切点，故十分重要。另外，在P面没有真正截去圆锥体头部时，这二点也是截交线侧面投影可见性的分界点。第二，在作图过程中必须保证所有点的水平投影和侧面投影关于轴线的y坐标差一致，见图2-61。

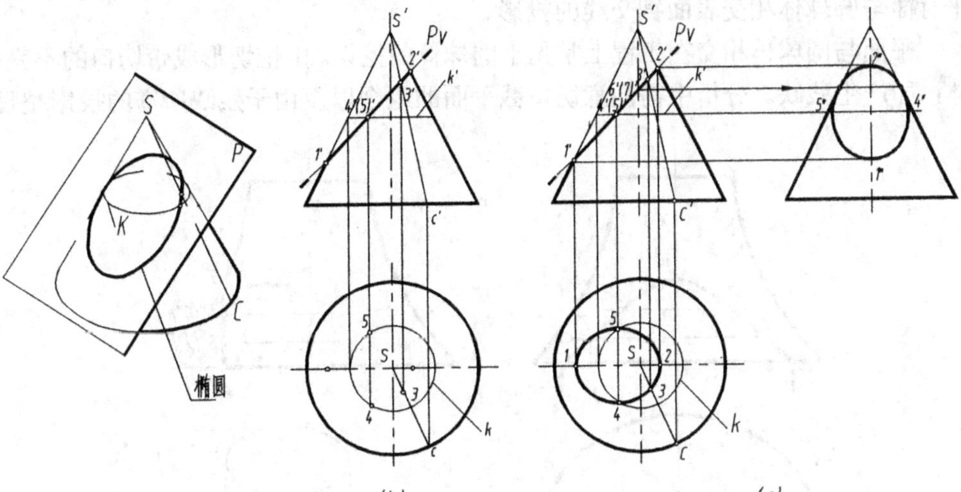

(a) (b) (c)

图2-61　圆锥表面截交线

(三)平面与回转体相交

例2-10　求正平面P截切回转体后的表面截交线，如图2-62。

因截平面为正平面，所以截交线的水平投影和侧面投影均积聚成直线，而正面投影反映截交线的实形——平面曲线。因此本题实际上是求截交线的正面投影。仍用表面取点法求解。用纬线圆为辅助线，该圆在回转体轴线垂直的投影面上的投影反映实形，其他投影则积聚成线段，并垂直于轴，其长度等于纬圆直径。图示回转体表面的纬线圆随着其离底面越高，直径越小。底面圆是最大纬线圆。

作图步骤：

1. 求特殊点　从水平投影来看，作与截平面P相切的纬线圆，切点1为截交线最高点Ⅰ的水平投影，由该纬圆大小按投影关系求出其正面投影(积聚成线，垂直轴)，并求出最高点Ⅰ的正面投影1′。也可利用侧面直接求出。水平投影中点2、3即最低点Ⅱ、Ⅲ的水平投影，同样求出其正面投影2′、3′。

2. 求一般点　在水平投影中介于最高和最低点之间作纬圆，该圆与截平面P交于点4、5即为一般点Ⅳ、Ⅴ的水平投影，其正面投影求法与前相同，如中间一般点太少，则可以用相同方法再求出Ⅵ、Ⅶ。

3. 光滑连接　因截交线正面投影可见，需用粗实线将各点依次光滑连接。

(四)平面与圆球体相交

任何平面与圆球体相交，其表面交线均为圆。只是当截平面平行于投影面时，截交线圆在该投影面上的投影才反映实形(圆)，而其另二个投影积聚成直线段，并垂直于圆球体相应轴，其长度等于截交线圆的直径。

当截平面是投影面垂直面即垂直于一个投影面同时倾斜于其他两个投影面时，截交线圆在截平面垂直的投影面上积聚成线，其长度等于截交线圆的直径。而截交线圆的另二个投影均为圆的类似形——椭圆(参看图2-38平面上圆的投影)。本书详细介绍投影面平行面与圆球体相交表面截交线的投影。

平面与圆球体相交在工程上常见于圆球体的挖切。由挖切形成带切口的不完整圆球体，即产生残缺。分析中需注意切口截平面的组合以及由于残缺所需的投影整理。

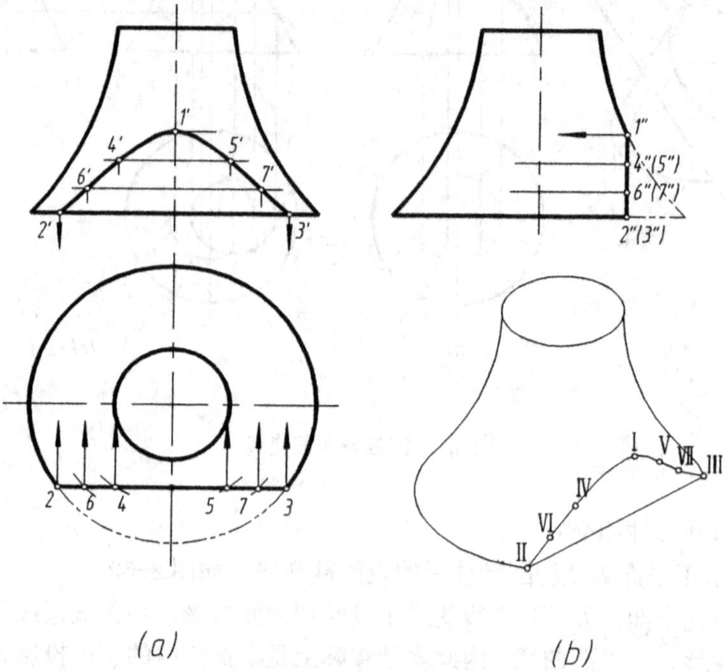

图 2-62　正平面截切回转体

例 2-11　绘制图 2-63 所示螺钉头部的投影。

如图2-63和图2-64(*a*)所示，螺钉头部为一半圆球体，由二个侧平面和一个水平面挖出一槽，截交线均为圆弧，这些截交线圆弧的正面投影均积聚成直线段。其中二个侧平面所得截交线的侧面投影各为一段反映实形的圆弧并且重影，水平投影分别积聚成一直线段，如图 2-64(*b*)。水平面所得截交线的水平投影为同一圆上的前后两段圆弧，侧面投影积聚成两小段直线，如图 2-64(*c*)。画出截交线投影后，还需画出三个截平面的投影。尤其是水平截平面的实形，反映在水平投影的中间线框，它包括了水平截平面与圆球体表面的截交线。因此，其侧面投影积聚成含该截交线在内的直线段，并由于左球部的遮挡，中间部分不可见，见图 2-64(*d*)。作图中注意侧平面截交线圆弧的水平投影和侧面投影 *y* 方向投影大小一致，见图 2-64(*b*)。

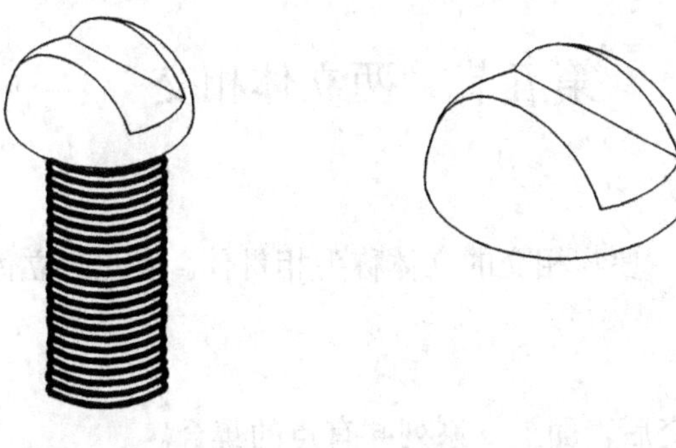

(a)　　　　(b)

图 2-63　螺钉头部

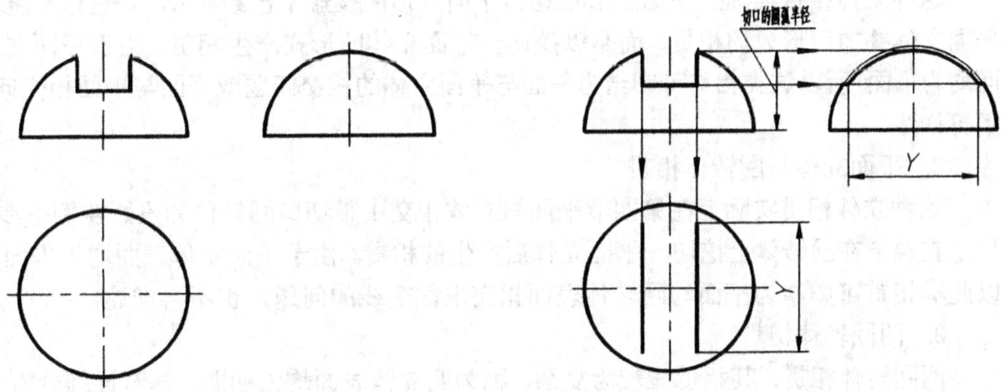

(a) 画半球的投影以及截交线的正面投影

(b) 画两侧平面截切半球所得截交线的侧面投影及水平投影

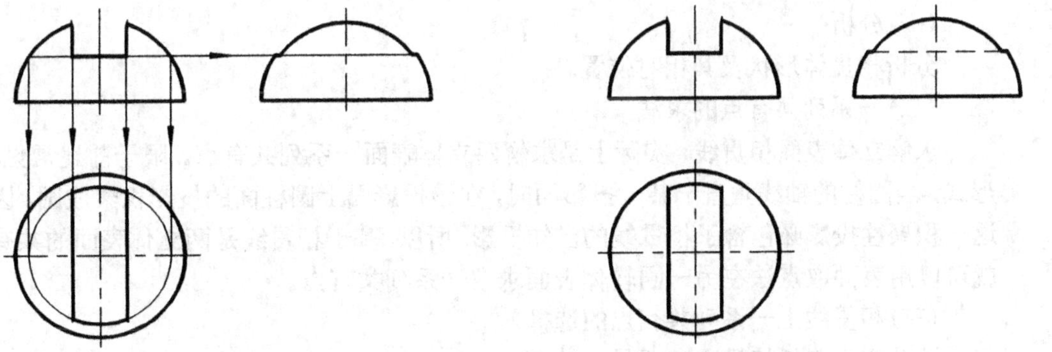

(c) 画水平面截切半球所得截交线的侧面投影及水平投影

(d) 完成螺钉头部的投影

图 2-64　螺钉头部投影作图过程

第五节　两立体相交

一、概述

两个立体相交称为相贯，参与相交的立体称为相贯体。因此两立体相交的表面交线可称为相贯线，见图2-65。

(一)相贯线的基本性质

1. 相贯线是两立体相交后表面上一系列共有点的集合。

2. 由于立体具有一定范围，所以相贯线一般是封闭的空间曲线。

(二)相贯线分类

1. 两平面立体相交

这种立体相贯实际上在第三节带切口平面立体的投影中已经涉及，只是它不属于两平面立体叠加后形成的相贯，而是以挖切一平面立体的形式产生相贯。由于平面立体表面均为平面，所以这类相贯可归结为平面与平面立体的相交问题或平面与平面相交问题，不再详述。

2. 平面立体与回转体相贯

这种立体相贯实际上在第四节平面与立体相交中带切口回转体的投影实例中涉及，只是它属于在回转体上挖切一平面立体后产生的相贯。由于平面立体表面均为平面，所以此类相贯可归结为平面与回转体表面相交求截交线的问题，也不再详述。

3. 两回转体相贯

两回转体相贯，其相贯线较为复杂，因为两立体表面均为曲面。本节详细分析常见形式的回转体相贯问题，这个常见形式即指相贯体之一为圆柱体。

二、相贯线的求法

(一)分析

分析相贯体形状及其相对位置。

(二)一系列共有点的求法

求解立体表面相贯线，实际上是求解两立体表面一系列共有点。限于前述常见相贯形式，当圆柱的轴线垂直于某一投影面时，在该投影面上圆柱面的投影积聚成圆。因此，这一积聚性投影必包含了相贯线的已知投影。所以，基于相贯线是两立体表面的共有线，就可以用表面取点法在另一回转体表面求取一系列共有点。

(三)相贯线上一系列共有点的选择

这些点中包括特殊点和适量一般点。

1. 特殊点

(1) 极限位置点

极限位置点即为相贯线上最高、最低、最左、最右、最前、最后点。一般从相贯体投影中分析确定。

(2) 回转体表面各转向线上的点

这些点是相贯线处于各相贯体表面所有转向线上的点。它们决定了相贯线投影的准确形状和位置及相贯体表面转向线的终点。有时这些点还是相贯线投影的可见性分界点。

2. 一般点

介于两个特殊点之间的插入点。一般，当特殊点的间距较大时插入一般点，以提高相贯线形状的准确性。

(四)区别共有点的可见性，依次光滑连接共有点

可见性判别原则：

投影中同时处于两回转体可见表面上的点为该相贯线投影上的可见点。

相贯线上可见性分界点一定位于某回转体表面的转向线上。

相贯线的投影以可见性分界点为界，可见部分画成粗实线，不可见部分画成虚线。

(五)相贯体各投影中表面转向线投影的整理

各投影中相贯体表面的转向线投影只能画到转向线上的特殊点。当该特殊点为不可见时，转向线投影必有部分不可见。

相贯线求法由以下实例具体说明。

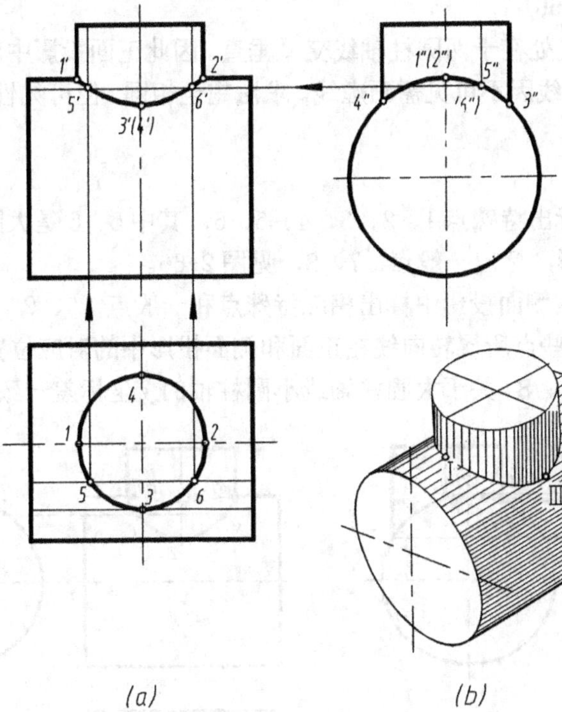

图 2-65　正交圆柱相贯

三、回转体相贯实例

(一) 两圆柱相贯

1. 两圆柱正交相贯

(1) 分析

图 2-65(*b*)为两圆柱正交相贯的轴测图。相贯体之一为铅垂轴的小圆柱，相贯体之二为侧垂轴的大圆柱，它们的轴线正交。

由图2-65(*a*)可见，小圆柱面在水平投影中积聚成圆，基于相贯线的共有性，相贯线的水平投影即是该圆。侧面投影中大圆柱面积聚成圆，同理，该圆上部处于小圆柱投影范围内的一段圆弧(4″1″3″)为相贯线的侧面投影。这样相贯线的二个投影已知，下面即可用大圆柱面(也可以是小圆柱面)上取点的方法求作相贯线。因相贯体正交，所以相贯线前后对称，前面半边可见相贯线与后面半边不可见相贯线重影。

(2) 作图步骤

第一，水平投影中标出特殊点1、2、3、4。标出一般点5、6。

第二，按投影关系，在侧面投影中标出相应特殊点和一般特殊点：1″、2″、3″、4″、5″、6″。注意这些点所属的转向线或表面素线在水平投影和侧面投影中的对应位置或关于前后对称面 *y* 坐标的一致。

第三，由点的二面投影求出第三投影。

第四，依次光滑连接各点。

2. 两圆柱偏交相贯

(1) 分析(见图2-66)

本例和上例不同之处在于两圆柱轴线交叉垂直。因此正面投影中因相贯线前后不对称不重影，有部分相贯线因不可见需画虚线。求法完全相同，但可见性的判别较前复杂。且有转向线投影整理。

(2) 作图步骤

1) 水平投影中标出特殊点1、2、3、4、5、6，其中5、6是大圆柱正面投影转向线上特殊点的水平投影，标出一般点：7、8，见图2-66。

2) 按投影关系在侧面投影中标出相应特殊点和一般点1″、2″、3″、4″、5″、6″、7″、8″。注意这些点所属转向线在正面和侧面投影中的对应位置和一般点水平投影7、8和侧面投影7″、8″关于大圆柱轴或小圆柱轴的 *y* 坐标差一致。

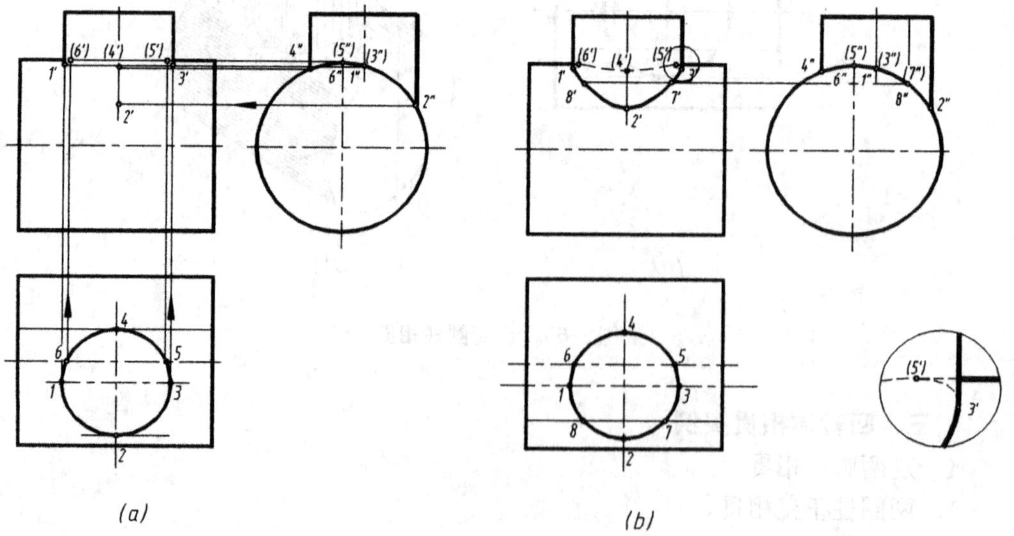

图2-66 偏交圆柱相贯

3） 正面投影相贯线可见性判别。由水平投影或侧面投影可见，共有点Ⅰ、Ⅱ、Ⅲ、Ⅶ、Ⅷ正面投影可见。其中Ⅰ、Ⅲ为可见性分界点。

4） 依次光滑连接各点，并虚实有别。

5） 整理转向线投影。正面投影中小圆柱转向线画到1′、3′，可见，大圆柱上部转向线投影画到（5′）、（6′）不可见。局部放大图见图2-66(*c*)。

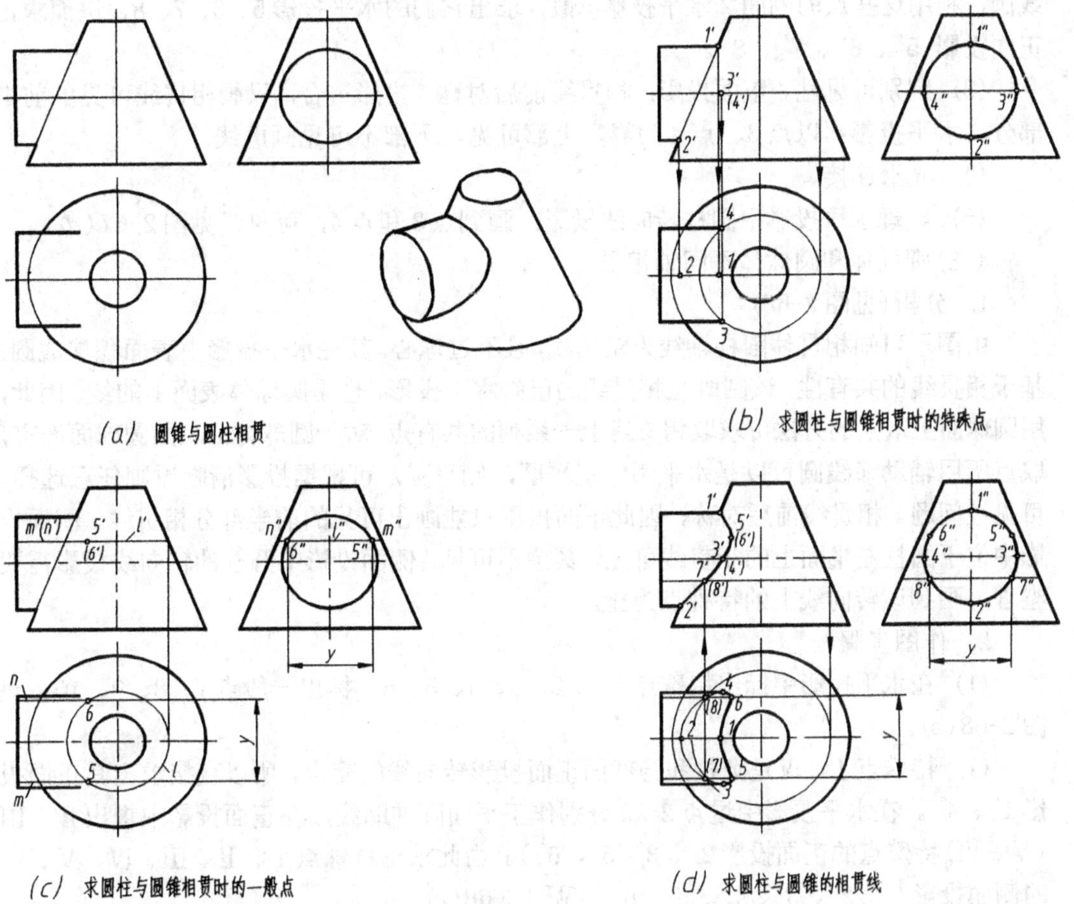

图2-67 圆柱和圆台相贯线作图过程

（二）圆柱和圆台正交相贯

1. 分析(见图2-67(*a*))

圆台就是截头圆锥。图示圆柱轴线为侧垂线，圆台轴线为铅垂线，两轴正交。圆柱面在侧面投影中积聚成圆。基于相贯线为共有线，可以确认相贯线的侧面投影就是该圆，同时又是圆台表面的线。因此可以用圆台表面取点的方法求出相贯线上一系列点的水平投影和正面投影。在求取相贯线上的点时所用的辅助线以纬线圆为宜。并只有先求出共有点的水平投影，才可进一步求出正面投影。由于相贯线前后对称，所以正面投影相贯线只画可见的前半部分。水平投影中位于圆柱面上半部分的相贯线可见。

2. 作图步骤

(1) 侧面投影中标出特殊点：1″、2″、3″、4″，标出一般点5″、6″、7″、8″，并使5″、6″与7″、8″有相同的y值，如图2-67(*b*)、(*c*)、(*d*)所示。

(2)按投影关系及各转向线在各投影中的对应位置求出特殊点Ⅰ、Ⅱ的水平投影1、2和正面投影1″、2″。画特殊点Ⅲ、Ⅳ所在圆台面上的纬线圆，求出其水平投影3、4，进而求出正面投影3″、4″，见图2-67(*b*)。画一般点Ⅴ、Ⅵ和Ⅶ、Ⅷ所在的上下二个纬线圆，利用这些点的侧面和水平投影y值，求出它们的水平投影5、6、7、8，进而求出正面投影 5′、6′、7′、8′。

(3) 判别可见性。正面投影：相贯线前后对称，投影重合，只画相贯线可见的前半部分。水平投影：以点3、点4为界，上部可见，下部不可见画虚线。

(4) 光滑连接。

(5) 整理水平投影中圆柱转向线投影：画到点3和点4，可见，见图2-67(*d*)。

(三)圆柱体和圆球体不同轴相贯

1. 分析(见图2-68)

由图示可知相贯体圆柱轴线为铅垂线，且不过球心。其在水平投影中表面积聚成圆。基于相贯线的共有性，该圆既是相贯线的已知水平投影，也是圆球体表面上的线。因此，用圆球面上取点的方法可求取相贯线上一系列的共有点。对于圆球体的表面圆球面而言，取点所用辅助纬线圆可以是水平圆、正平圆、侧平圆，可根据投影清晰原则任意选择。可见性问题，相贯线前后对称，因此正面投影只能画出可见的前半部分相贯线。侧面投影中位于圆柱左半面上的相贯线可见，其余不可见，侧面投影中圆柱的转向线投影需要整理，画到该转向线上的特殊点为止。

2. 作图步骤

(1) 在水平投影中标出特殊点：1、2、3、4、5、6，标出一般点7、8、9、10，见图2-68(*a*)。

(2) 特殊点Ⅰ、Ⅳ是圆柱和圆球面正面投影转向线的交点，所以直接求出其正面投影1′、4′。在水平投影中过点2、3分别作正平面圆辅助线，在正面投影中求出Ⅱ、Ⅲ(Ⅴ、Ⅵ)特殊点的正面投影2′、3′(5′、6′)。由此求出特殊点Ⅰ、Ⅱ、Ⅲ、Ⅳ、Ⅴ、Ⅵ的侧面投影1″、2″、3″、4″、5″、6″，见图2-68(*b*)。

(3) 在水平投影中过点7、8作正平面圆辅助线，在正面投影中求出Ⅶ、Ⅷ(Ⅸ、Ⅹ)一般点的正面投影7′、8′(9′、10′)，再求出它们的侧面投影7″、8″、9″、10″。这些点的y值在水平投影和侧面投影中必须一致，见图2-68(*c*)。

(4) 判别可见性。正面投影：相贯线前后对称重合，只画相贯线可见的前半部分。侧面投影：以2″、6″为界下部可见，上部不可见。

(5) 光滑连接。

(6) 整理侧面投影中相贯体转向线的投影。第一，圆柱转向线投影画到点2″、6″为止，可见。第二，圆球转向线投影画到点(3″)、(5″)为止，不可见。注意点(3″)、(5″)之间圆球转向线不存在。

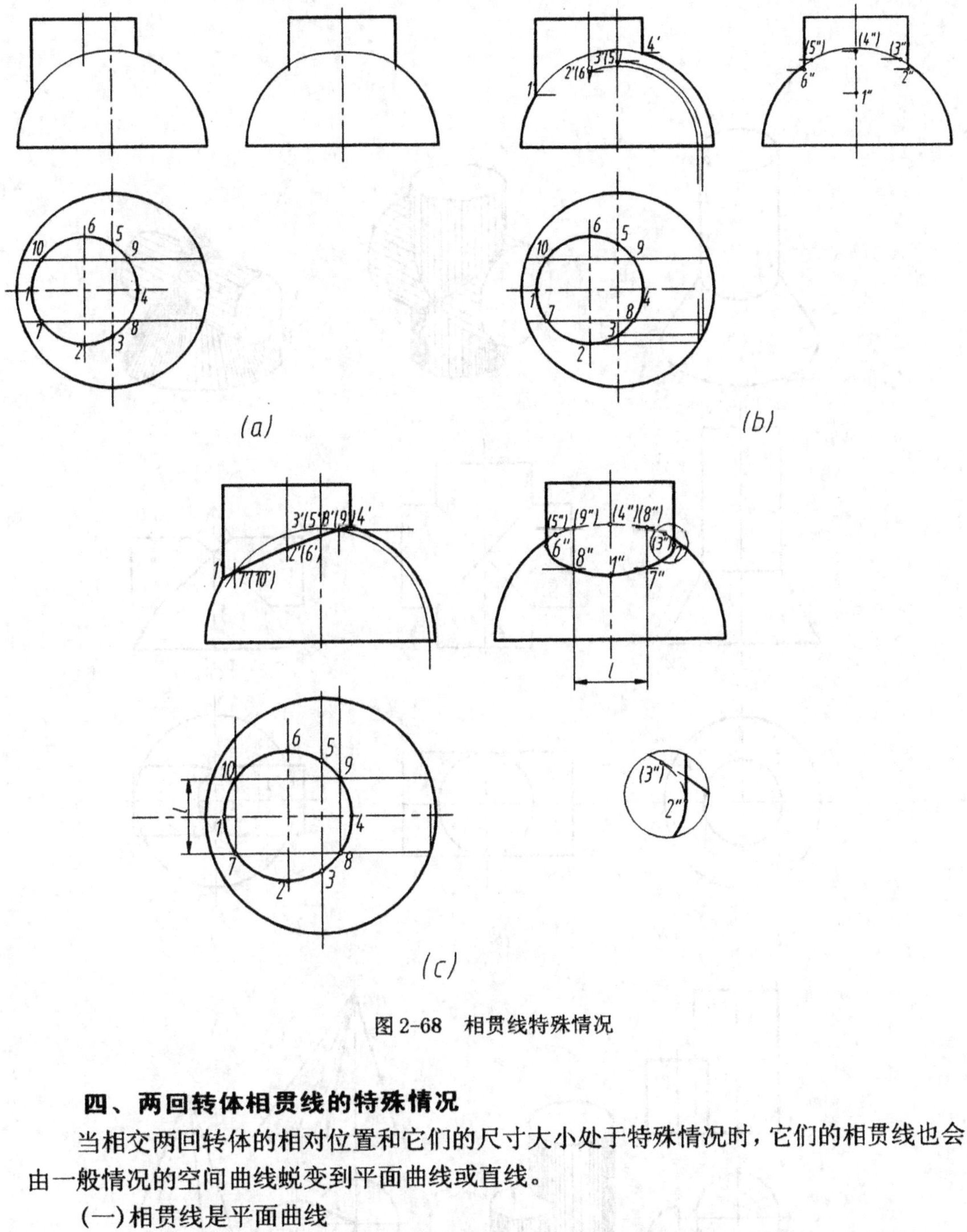

图 2-68　相贯线特殊情况

四、两回转体相贯线的特殊情况

当相交两回转体的相对位置和它们的尺寸大小处于特殊情况时，它们的相贯线也会由一般情况的空间曲线蜕变到平面曲线或直线。

(一)相贯线是平面曲线

1. 当两回转体同轴相交时表面相贯线为垂直于轴线的圆，如图 2-69(*a*)所示。

2. 当两回转体相交，其表面公切于同一圆球面时，相贯线为两个椭圆。该椭圆在两回转体轴线均平行的投影面上的投影积聚为两条相交直线段，如图2-69(*b*)、(*c*)所示。

(二)相贯线是直线

1. 两相交圆柱轴线平行时，表面相贯线为直线，如图 2-69(*d*)所示。

2. 两共顶点圆锥相交时，表面相贯线为直线，如图 2-69(*e*)所示。

回转体的特殊相贯线比较简单，读者重点了解其产生条件并掌握其画法。

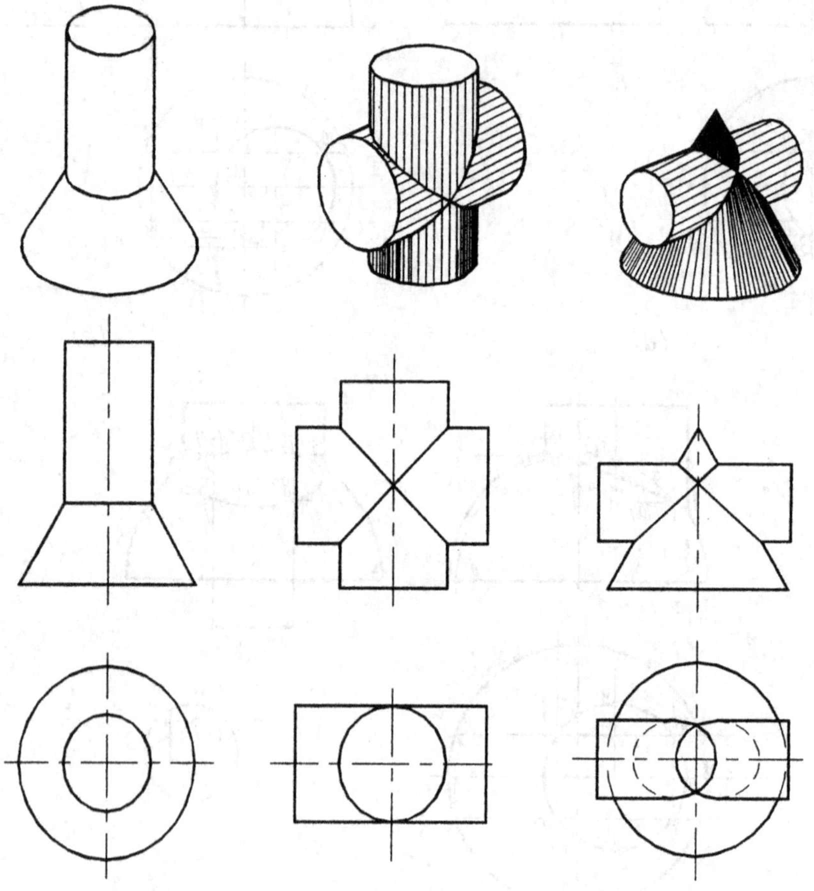

(a)　　(b)　　(c)

(d) 相贯线为直线　　(e) 相贯线为直线

图 2-69　相贯线特殊情况

第六节 工程中常用曲线与曲面

曲线与曲面是构成零件表面的基本几何元素之一。工程中常用的曲线与曲面有圆柱螺旋线和正螺旋面。图2-70所示的是一圆柱螺旋弹簧，如果忽略簧丝直径，则该弹簧就是一条圆柱螺旋线。图2-71所示的是工程上常用的螺旋输送器，其关键部件搅龙上的曲面就是一正螺旋面，见图2-71(*a*)。

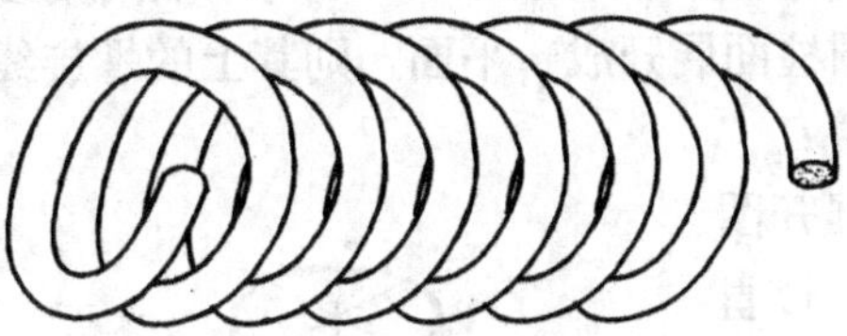

图2-70 弹簧

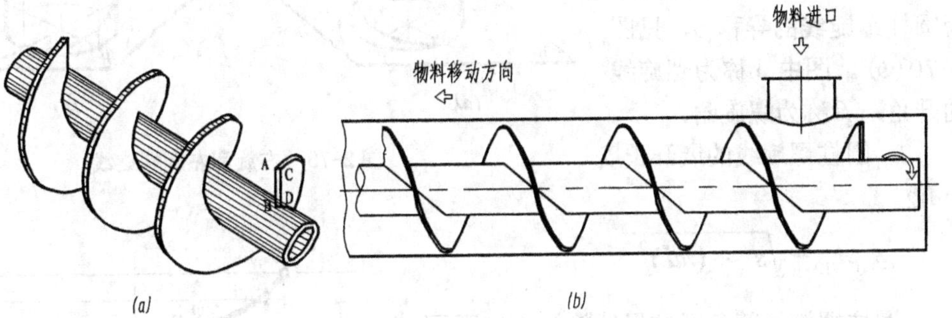

图2-71 搅龙与螺旋输送器

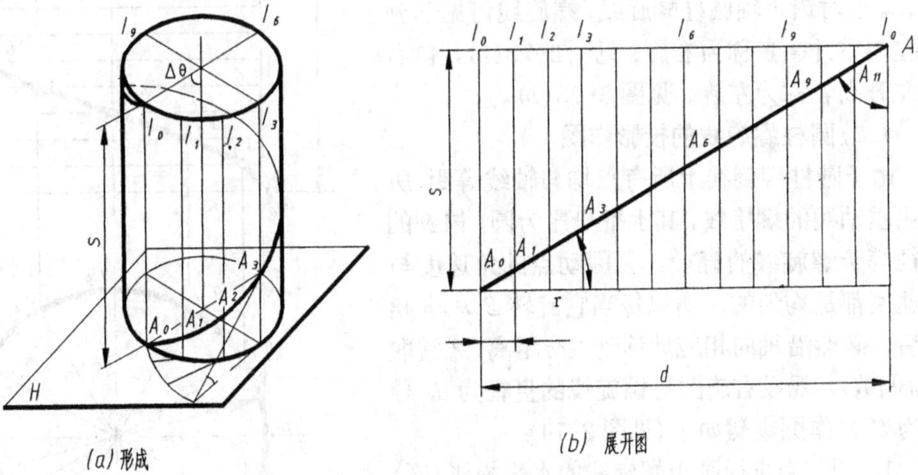

图2-72 圆柱螺旋线的形成与展开

一、圆柱螺旋线

圆柱螺旋线是规则空间曲线。

（一）圆柱螺旋线的形成和展开

一个动点沿着圆柱面的母线作匀速直线运动，同时，该母线又绕圆柱面轴线作匀速圆周运动，则点的这种复合运动的轨迹，称为圆柱螺旋线，见图 2-72(*a*)。

当母线旋转一周时，动点在母线上移动的一段距离，称为导程 *S*。

如图 2-72(*a*)所示，点 A_0 处于母线 I_0 上，当母线 I_0 绕圆柱面轴线旋转 $\Delta\theta$ 的角度，到达素线 I_1 的位置，动点 A_0 沿素线 I_1 上升 ΔS 的距离，到达 A_1 的位置。当素线 I_1 又旋转 $\Delta\theta$ 的角度，到 I_2 的位置，动点 A_1 又沿素线 I_2 上升 ΔS 的距离，到达 A_2 的位置。可见该圆柱面上母线(或素线)旋转的弧长 $\Delta\theta \cdot \gamma$ 与动点沿素线上升的距离 ΔS 之比恒为一常数。于是，若把此圆柱面展开成一平面，则其上的螺旋线将成一直线。由此得圆柱螺旋线的展开特点及计算：

1. 圆柱螺旋线的展开图为一直角三角形的斜边。该直角三角形的直角边之一是圆柱面的圆周长 πd，另一直角边为圆柱螺旋线的导程 *S*，见图 2-70(*b*)。图中 λ 称为螺旋线的升角，β 称为螺旋角。

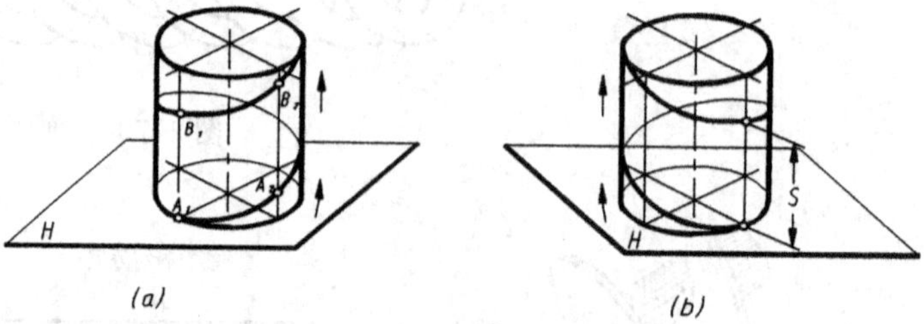

图 2-73　右旋和左旋螺旋线

2. 圆柱螺旋线的展开长度 A_0A_{12}

$$A_0A_{12}=\sqrt{s^2+(\pi d)^2}$$

圆柱螺旋线随着圆柱母线旋转方向不同，可分为右旋螺旋线和左旋螺旋线两种，见图 2-73。正对铅垂轴圆柱螺旋线，螺旋线可见部分自左向右升高者称为右旋，见图 2-73(*a*)，自右向左升高者称为左旋，见图 2-73(*b*)。

(二)圆柱螺旋线的投影作图

由于圆柱螺旋线上所有点均与轴线等距，所以铅垂轴线的螺旋线，其水平投影为圆，该圆的直径等于螺旋线的直径。又因动点的角速度与线速度都是均匀的，所以每当它旋转 $2\pi/n$ 角度后，必然沿轴向相应地移动 S/n 距离(通常取 n 为偶数)。现设右旋圆柱螺旋线的直径为 d，导程为 S，作图步骤如下(见图 2-74)：

1. 以 d 为直径画出螺旋线的水平投影(圆)及轴线的正面投影，并定出导程 S；

2. 将所画圆周和导程 S 均分为 n 等份(图中 $n=12$)；

3. 过圆周上各等分点作铅垂线，过导程 S

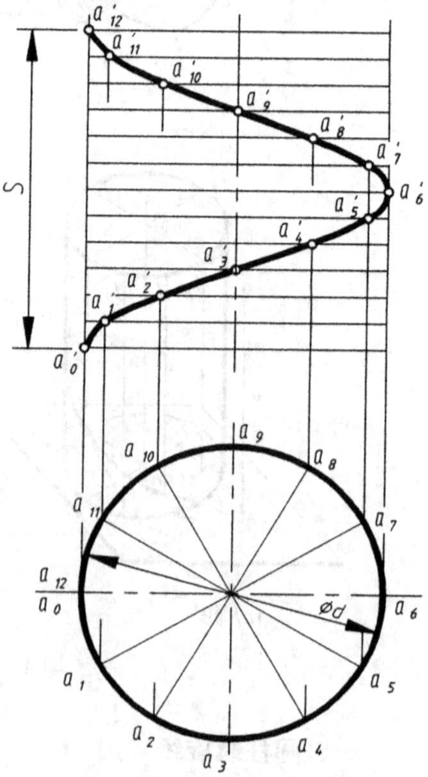

图 2-74　圆柱螺旋线的投影

上各等分点作水平线，这两组线对应相交的交点如 a_0'、a_1'、a_2' …… a_{12}' 即为螺旋线正面投影上的点；

4. 依次光滑连接各点，即得圆柱螺旋线的正面投影。

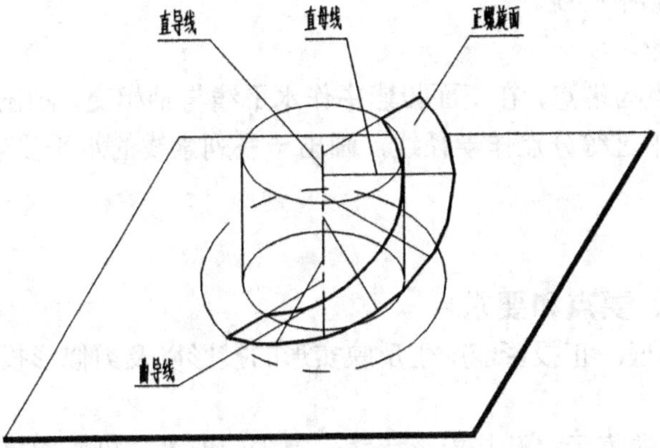

(a) 形成

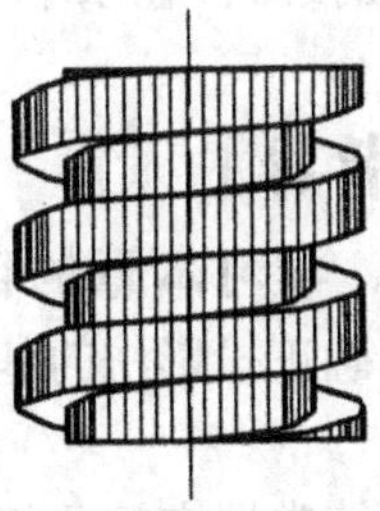

(b) 实例

图2-75 正螺旋面的形成

二、正螺旋面

正螺旋面是一种规则曲面。

(一) 正螺旋面的形成与特点

一直母线始终与轴正交并沿同轴圆柱螺旋线运动形成的轨迹即为正螺旋面，见图2-75(*a*)。工程上常见的方牙螺纹的工作面即为该类螺旋面，见图2-75(*b*)。

正螺旋面有如下特点：

1. 包含轴线的平面与正螺旋面的截交线均为直线(素线)。

2. 垂直于轴线的平面与正螺旋面的截交线均为直线(素线)。

3. 同轴圆柱面与正螺旋面的交线为同导程的圆柱螺旋线。

4. 正螺旋面为不可展曲面(无法精确展开)，只可近似展开。

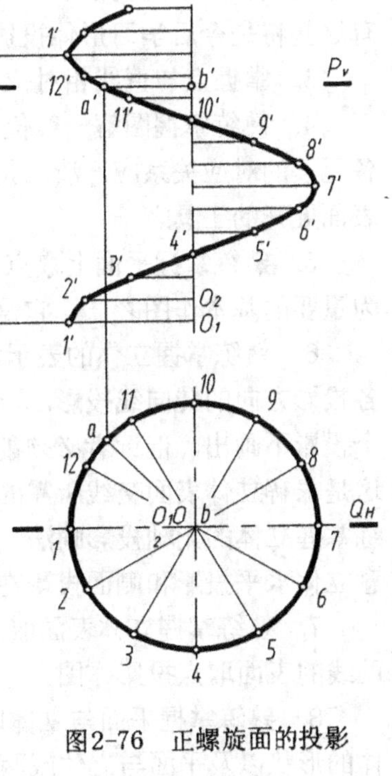

图2-76 正螺旋面的投影

(二) 正螺旋面的投影作图

1. 正螺旋面的投影需画出以下元素的投影：

(1) 正螺旋面的轴线投影；

(2) 同轴圆柱螺旋线的投影；

(3) 一系列素线的投影。

2. 正螺旋面的投影作图(见图2-76)。

以铅垂轴正螺旋面为例，作图步骤如下：

(1) 画出正螺旋面的轴线投影。

(2) 画出正螺旋面水平投影中心线。

(3) 画出圆柱螺旋线的投影。

(4) 以圆柱螺旋线的等分点为端点，在正面投影中作水平线与轴相交，画出一系列素线的正面投影；在水平投影中过等分点作半径线，画出一系列素线的水平投影。

[自学指导]

一、学习本章的目的、要点和要求

1. 明确正投影法的基本原理。正投影能产生反映实形的投影以及类似形投影和积聚性投影。

2. 熟练掌握空间几何元素的表示法及其投影特性。首先应熟悉三投影面体系；重影点的投影规律；掌握点的水平投影和侧面投影在三投影面展开时的位置变化和y坐标的关联；注意投影轴y一分为二以后在水平投影和侧面投影中的正向。点的投影是直线、平面、立体投影的基础。直线和平面的投影特性，取决于它们对投影体系的相对位置，注意直线和平面的类似形、实形、积聚性投影的产生条件。重视积聚性投影的性质。所有这些将是今后学习形体投影的必备知识。

3. 掌握点与直线相对位置的判别。

4. 熟练掌握图解一般位置直线实长的直角三角形法，对该图解法中的直角三角形各元素的对应关系应一清二楚。必须学会直角三角形法的灵活运用。该图解法也是立体表面展开的工具之一。

5. 熟练掌握平面上取点取线的几何条件、基本方法和投影作图。平面上取点是尤为重要的基本作图之一，它是立体表面取点和求解立体表面交线的基础。

6. 熟练掌握立体的表示法，尤其是回转体的投影特性。应特别关注回转体表面对各投影方向的转向线投影。转向线的特点是在回转体三面投影中只画其一个投影，另二个投影不画出，但读者必须能非常熟练地识别和找出它们在这二个投影中的准确位置，这是求解立体表面交线所需的基本功。牢记轴线垂直投影面时的圆柱面具有积聚性。熟练掌握立体的无轴投影画法，牢记立体无轴投影中隐去的三根轴的位置和方向，特别注意立体水平投影和侧面投影在Y方向上的关联。

7. 熟练掌握立体表面取点取线的方法，对于回转体，尤其要熟悉利用纬线圆为辅助线的表面取点投影作图。

8. 熟练掌握平面与立体以及两立体表面交线的投影分析，尤其是必须准确识别立体的形状以及平面与立体或两立体的相对位置。熟练掌握用表面取点法求解常见立体的截交和相贯的投影作图。必须能在投影中识别立体表面交线上的特殊点，并熟知其作用。例如，回转体表面交线处于转向线上的特殊点是该转向线的终止点，并可能是交线投影可见性的分界线。掌握交线投影可见性的判别原则。注意截交相贯投影作图中最后的投影整理，尤其是转向线的终止点和可见性。熟练掌握两回转体表面交线由空间曲线蜕化为平面曲线(圆或椭圆)或直线的条件和投影作图。立体表面交线的分析与作图是今后形体乃至机件投影作图的基础之一。

9. 掌握圆柱螺旋线和正螺旋面的形成规律和投影作图。

[练习题]

2-1 已知$A(20,15,7)$、$B(15,18,30)$两点，画出这两点的三面投影，并画出点的轴测图。

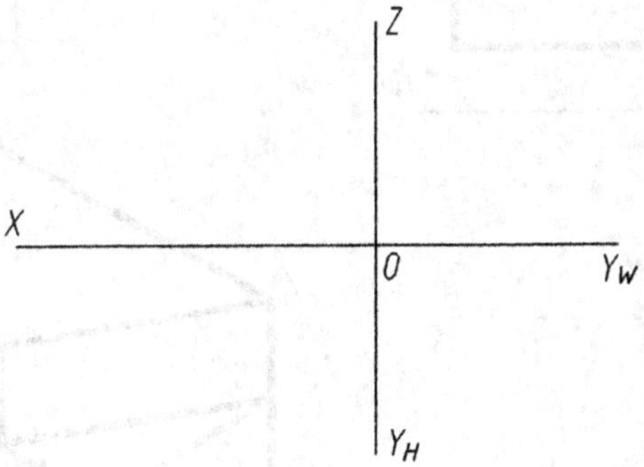

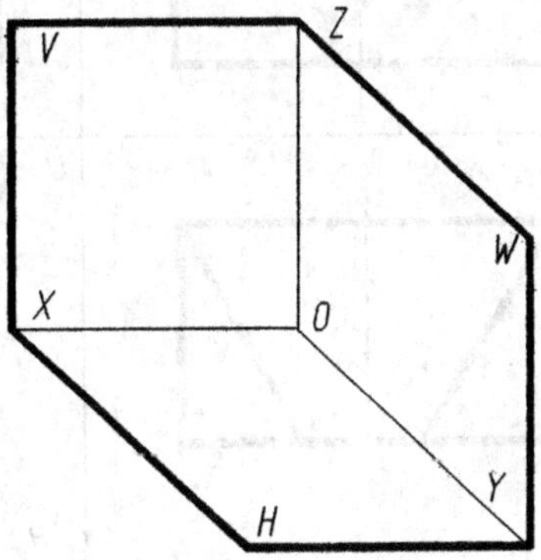

2-2 已知A、B、C的两投影，画出它的第三投影。

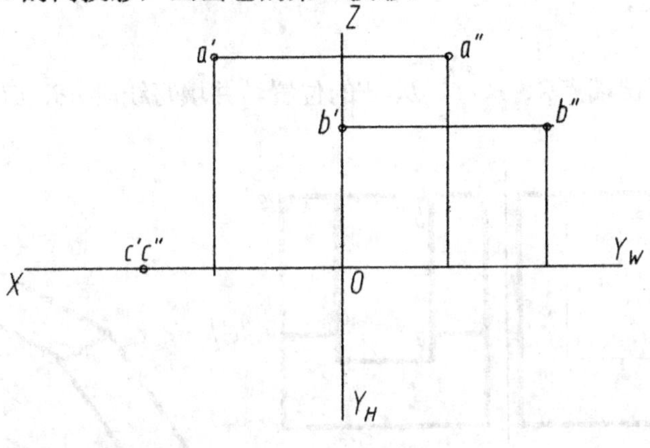

2-3 已知线段两端点的坐标值为$A(10,25,25)$、$B(25,15,10)$，求作直线的三面投影，并在AB上取一点C，使$AC:CB=2:1$。

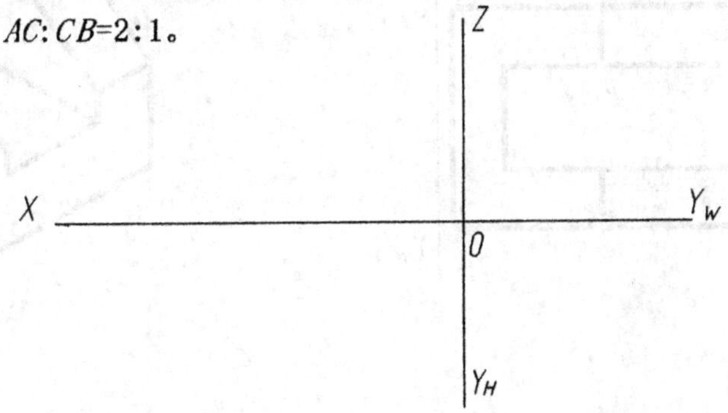

AB是______线，与各坐标面的关系为____V，____H，____W。

2-4 对照轴测图，在三视图中标注出线段 *AB*、*CD* 的三面投影，并填写它们对投影体系的相对位置。

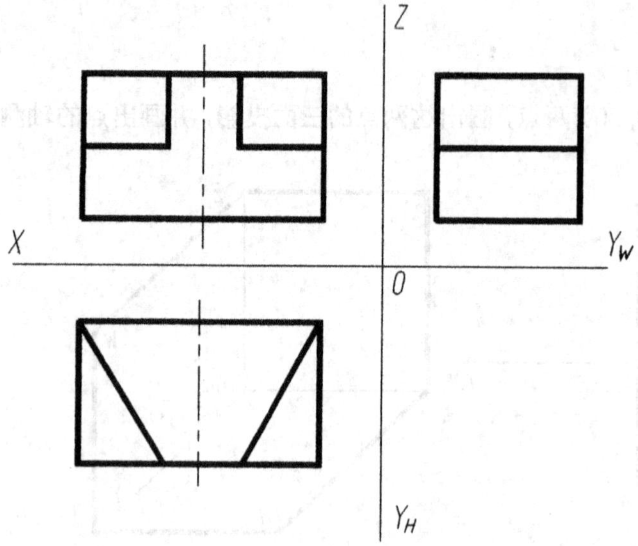

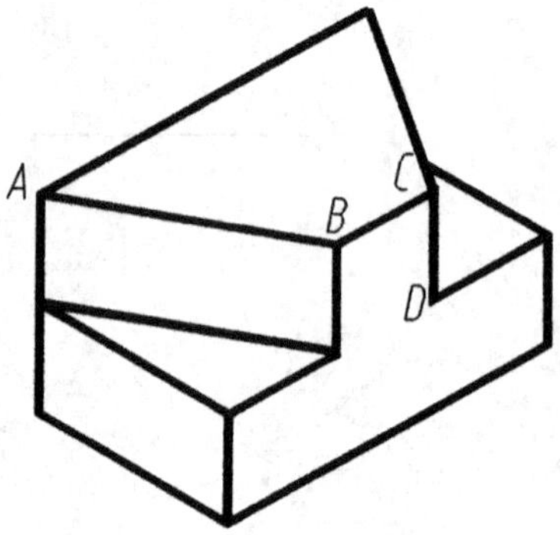

AB 是 ________ 线；

CD 是 ________ 线。

2-5 在轴测图中标出端点 *A*、*B*、*C*、*D*、*E* 的位置，并填写线段 *AB*、*CD*、*EC* 的相对位置。

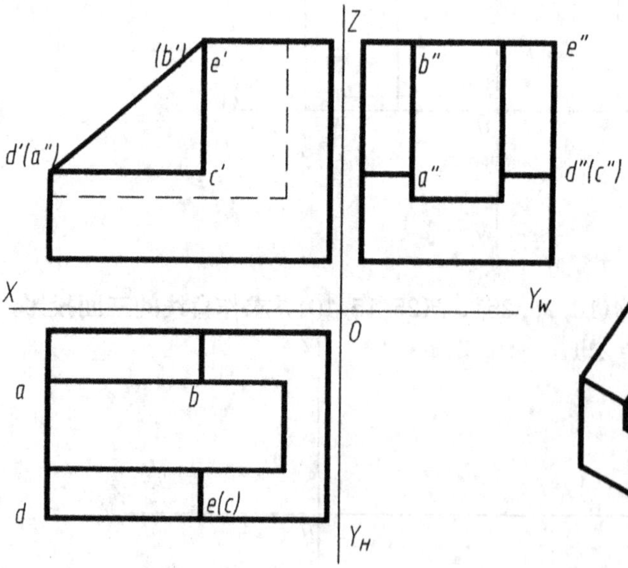

AB 与 *DC* 是 ______ 两直线，*DC* 与 *EC* 是 ______ 两直线。

2-6 在三视图中涂黑或引出 *P*、*Q* 两平面的三面投影，并填写它们是什么位置的平面。

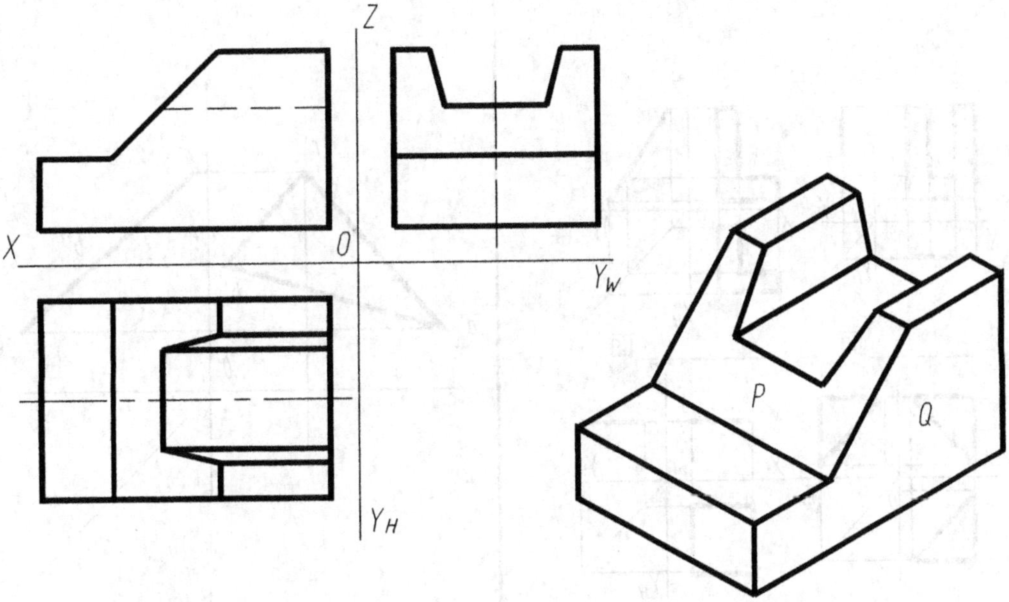

*P*是 ______ 面，*Q*是 _____ 面。

2-7 已知三视图中各平面和线段的投影，判断和填写它们是什么位置平面或直线。

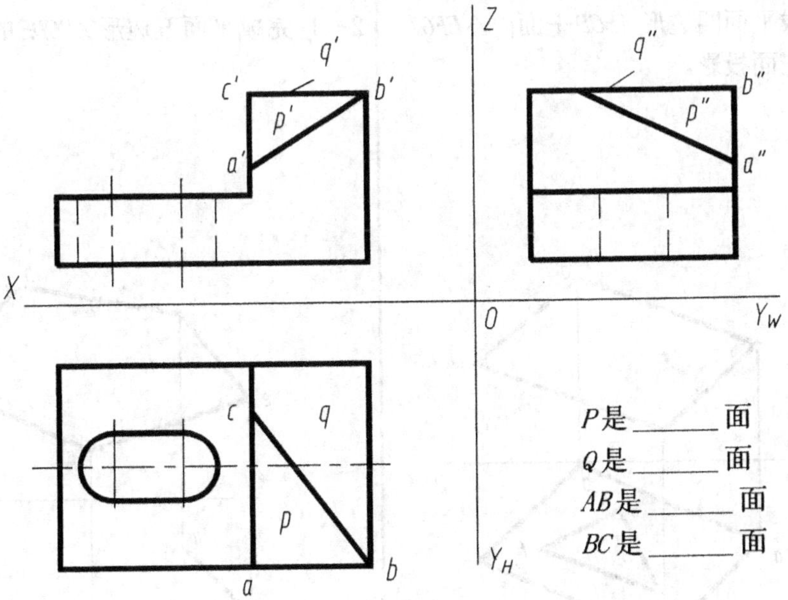

*P*是 ______ 面

*Q*是 ______ 面

*AB*是 ______ 面

*BC*是 ______ 面

2-8 判断下列个平面的空间位置，并填写它们是什么位置平面。

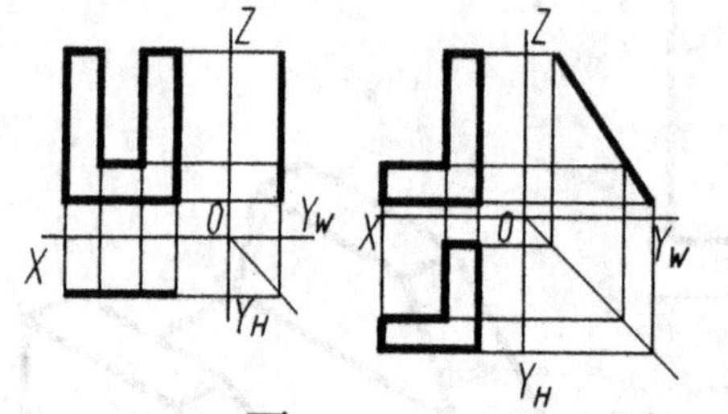

________面　　________面

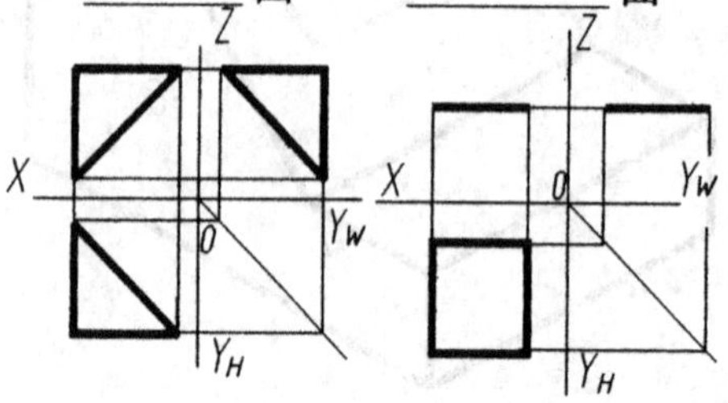

________面　　________面

2-9 完成△*ABC*的水平投影。

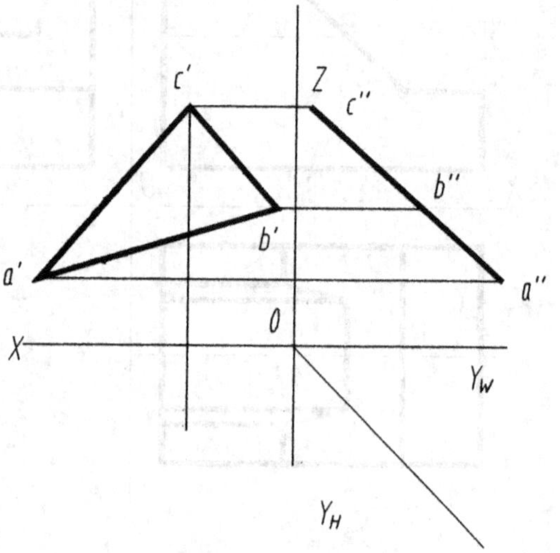

2-10 完成平面四边形*ABCD*平面内△*EFG*的正面投影。

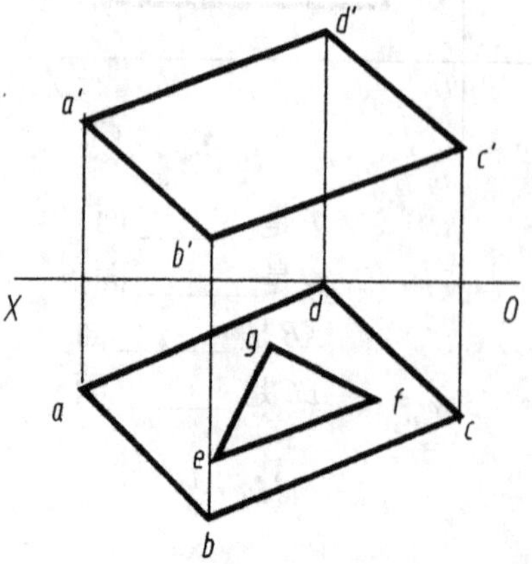

2-11 完成平面五边形*ABCDE*的水平投影。

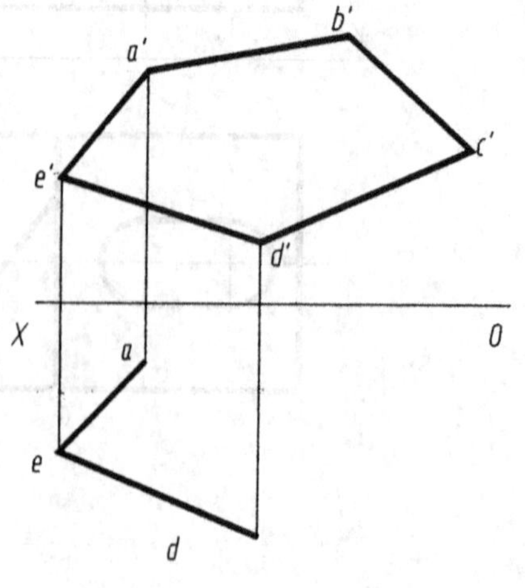

2-12 求直线AB的实长及对投影面H和V的夹角。

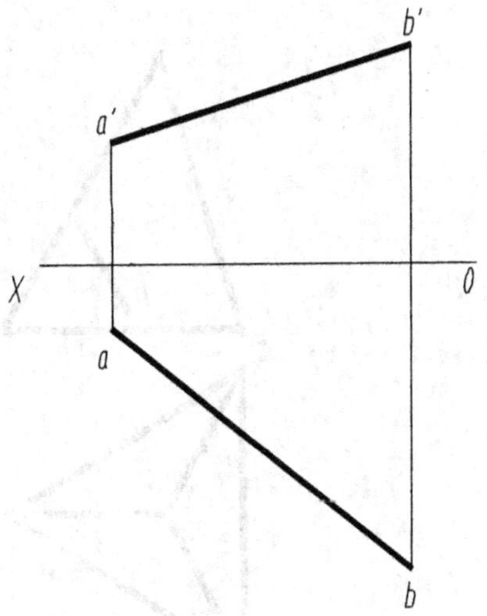

2-13 在直线AB上取一点C，是AC的实长为25mm，作出C点的投影。

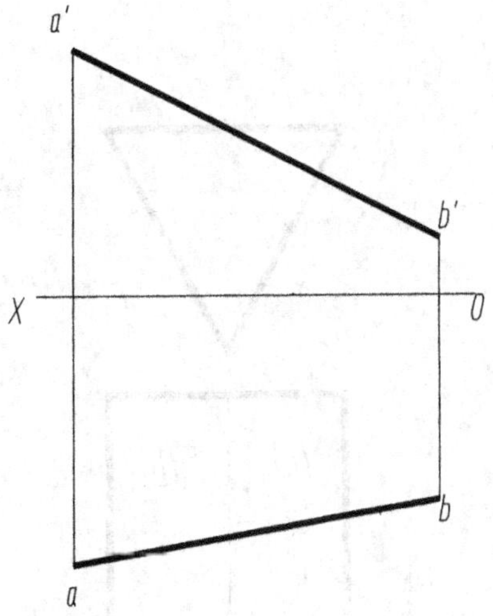

2-14 已知直线AB对V面的夹角为30°，完成该直线的两面投(只作一解)。

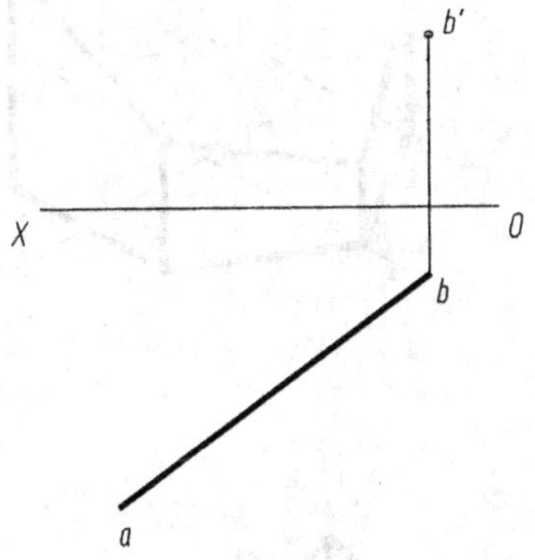

2-15 求△ABC的实形（AC为正平线）

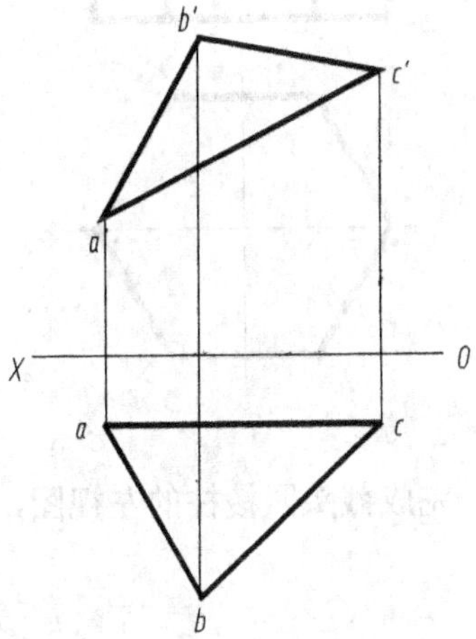

2-16 已知主、俯视图，补画左视图及*A*、*B*点的其余两投影。

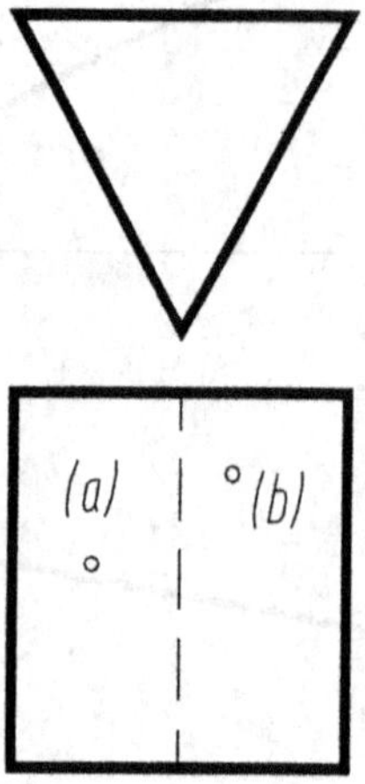

2-17 已知主、俯视图，补画左视图及*AB*直线的其余两面投影。

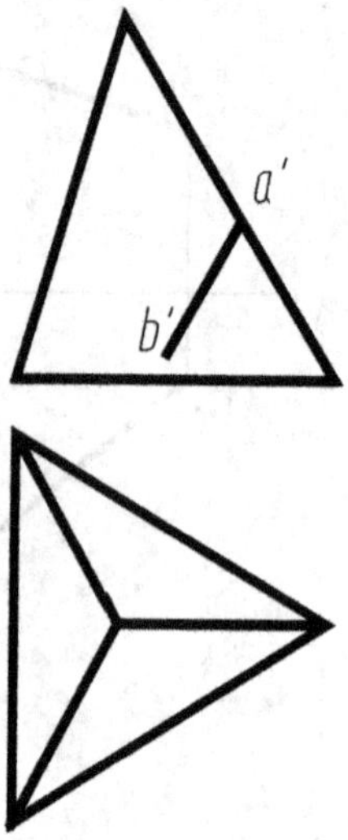

2-18 完成截头六棱柱的俯视图，并画出左视图。

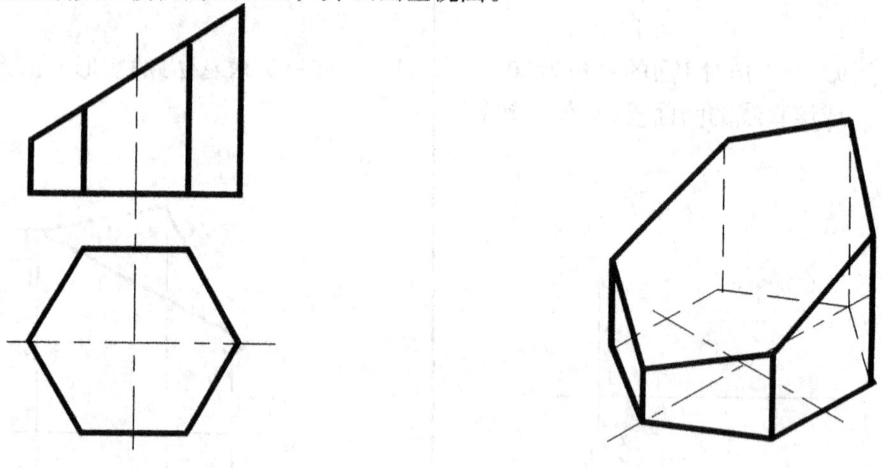

2-19 完成截头四棱柱的左视图，并画出俯视图。

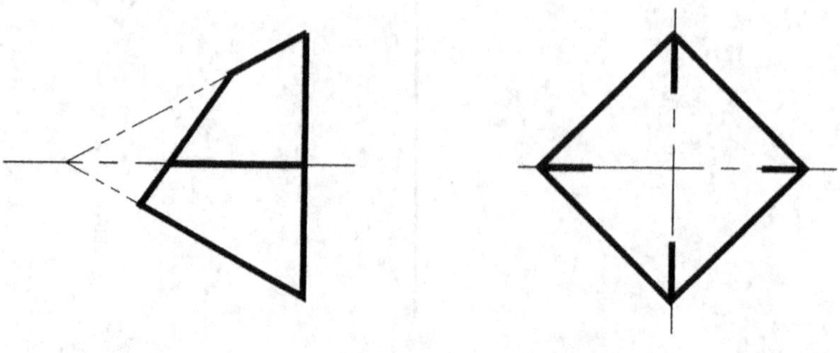

2-20 已知主、俯视图，补画左视图。

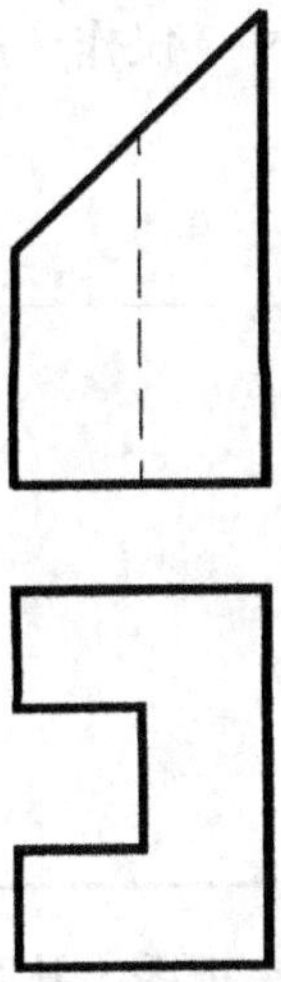

2-21 已知主、俯视图，补画左视图。

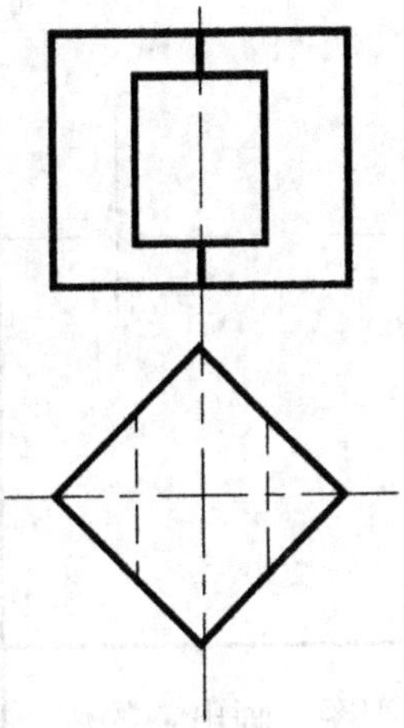

2-22 已知俯、左视图，补画主视图。

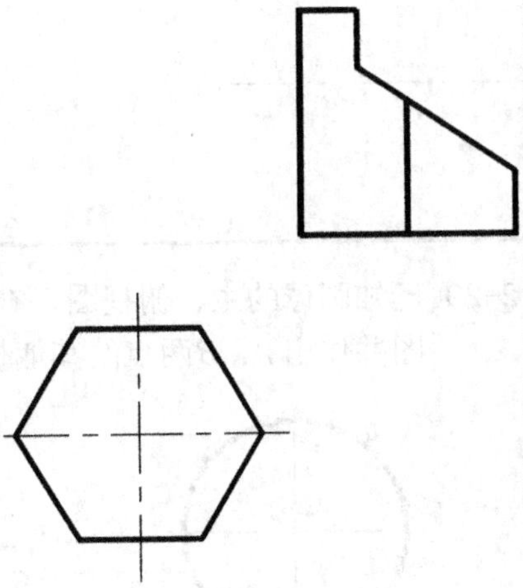

2-23 已知俯、左视图，补画主视图。

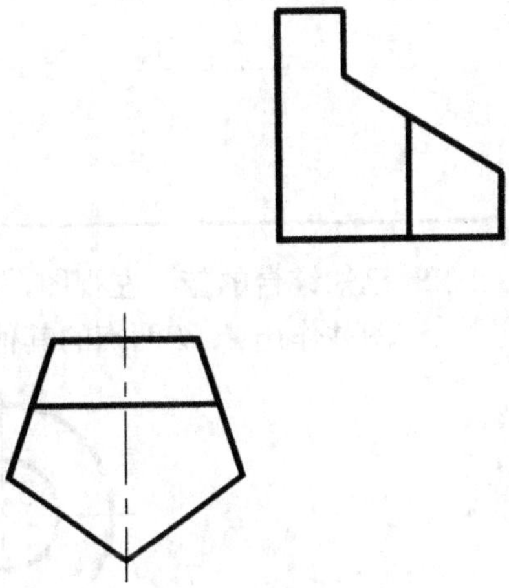

2-24 已知圆柱的底圆直径为20mm，高为30mm，轴线垂直于侧面，画出它的三视图，并标注尺寸。

2-25 已知圆锥的底圆直径为20mm，高为30mm，轴线垂直于正面，画出它的三视图，并标注尺寸，仅作一解。

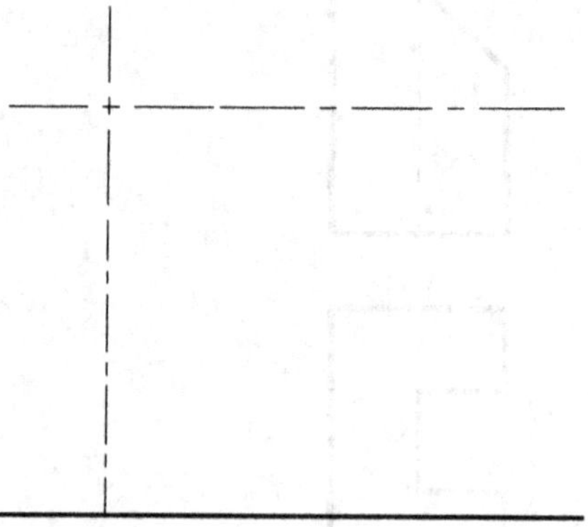

2-26 已知半圆球的主视图，画出它的俯视图和左视图，并标注尺寸。

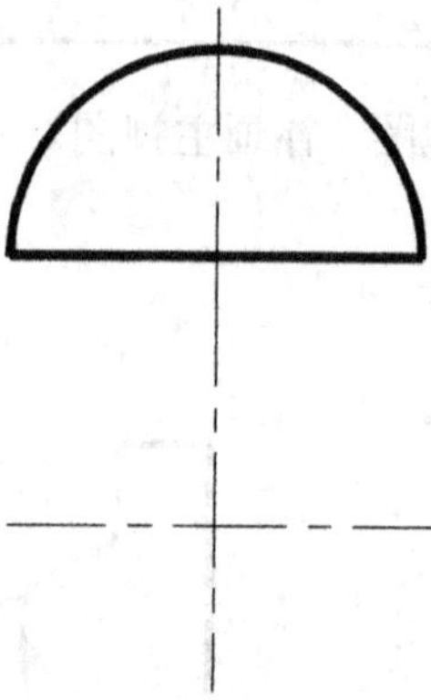

2-27 已知半圆柱的主、左视图，补画俯视图并作出 A、B 两点的其他投影。

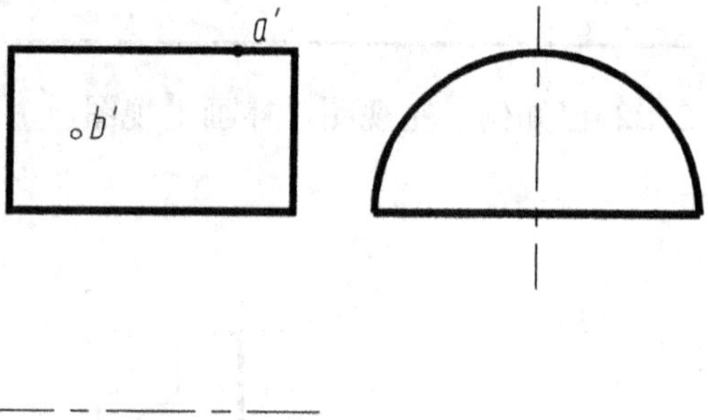

2-28 已知锥台的俯、左视图，补画主视图并作出 A、B 两点的其他投影。

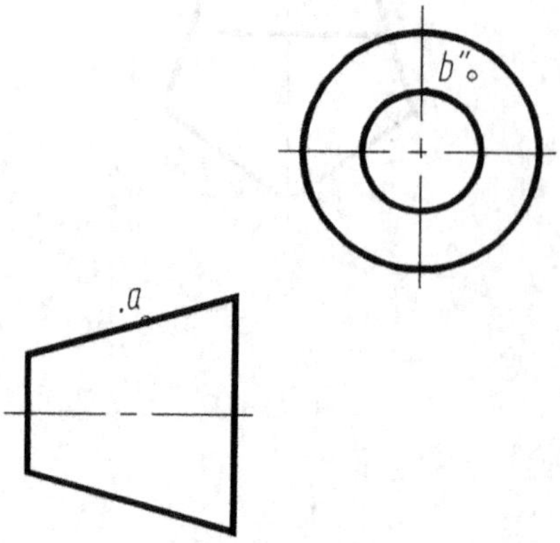

2-29 已知圆球的主、俯视图，补画左视图并作出 A、B 两点的其他投影。

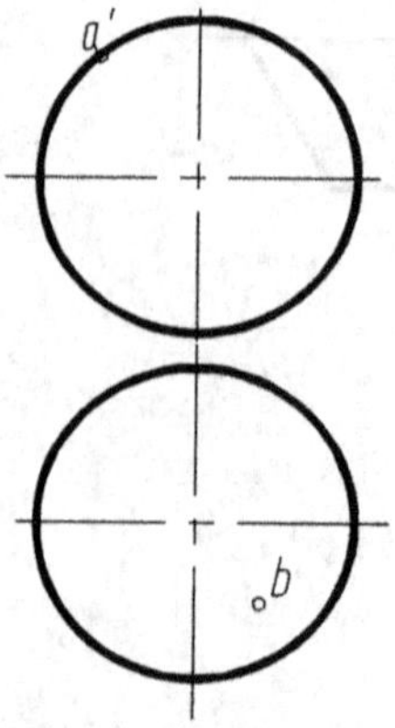

2-30 已知立体的主、左视图，补画俯视图。

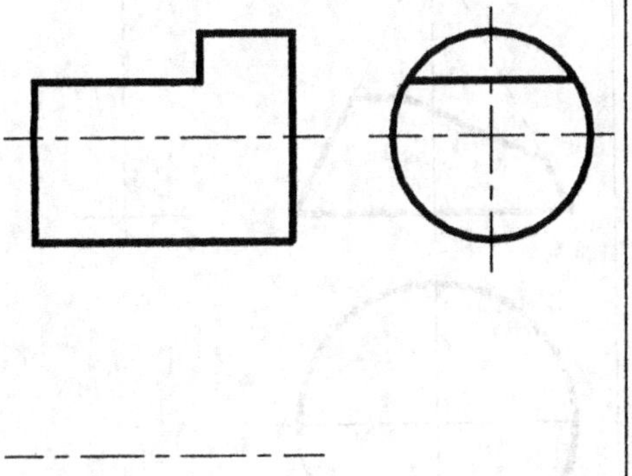

2-31 已知立体的主、左视图，补画俯视图。

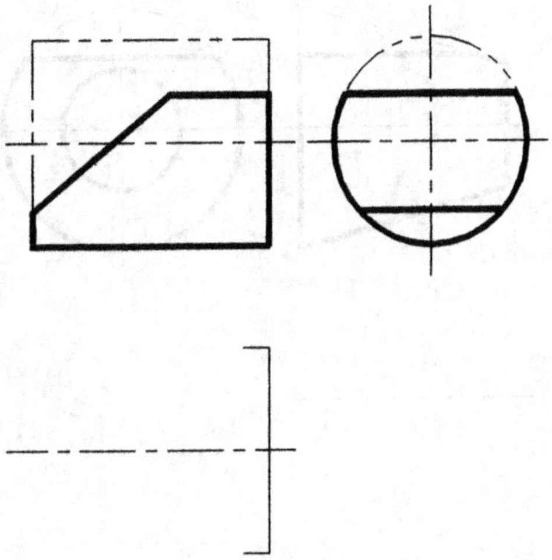

2-32 完成立体的三视图。

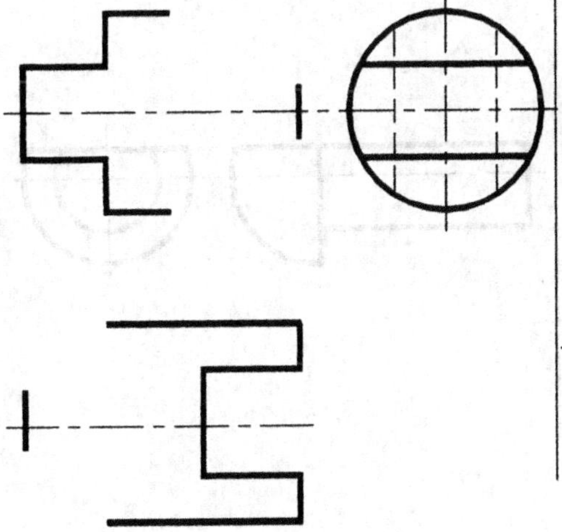

2-33 已知立体的主、左视图，补画俯视图。

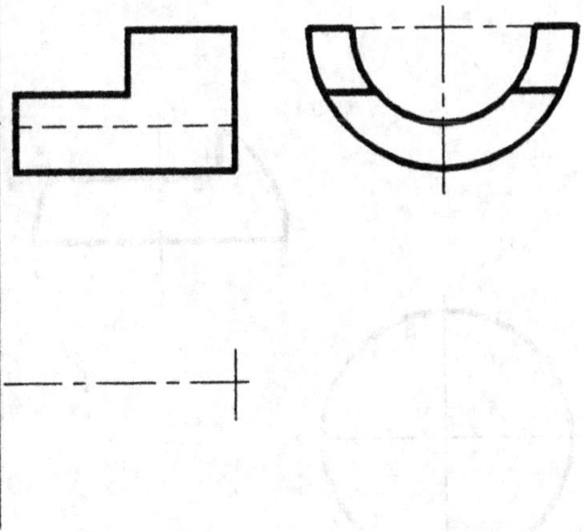

2-34 已知立体的主、左视图，补画俯视图

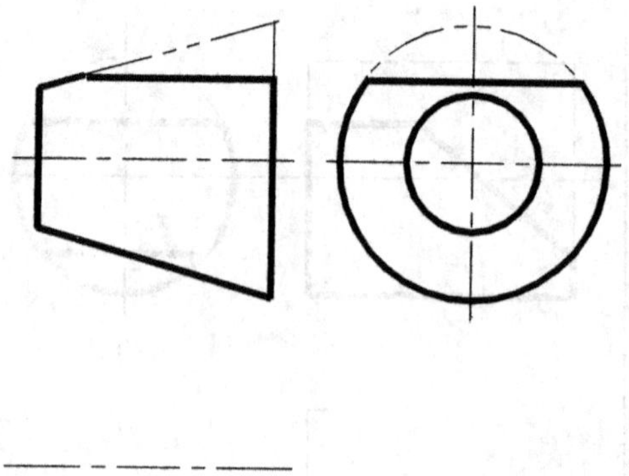

2-35 完成立体的俯视图与左视图。

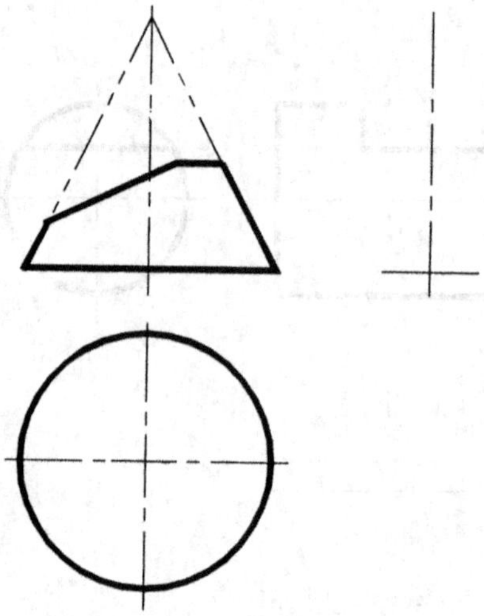

2-36 完成立体的主视图与俯视图。

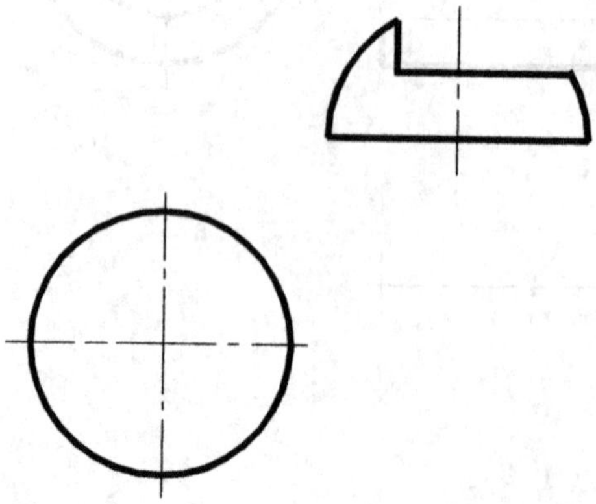

2-37 已知立体的主、左视图，补画俯视图。

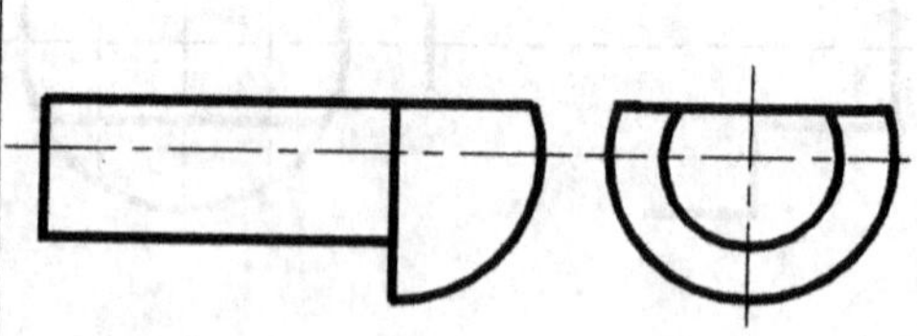

2-38 完成立体交线的投影。

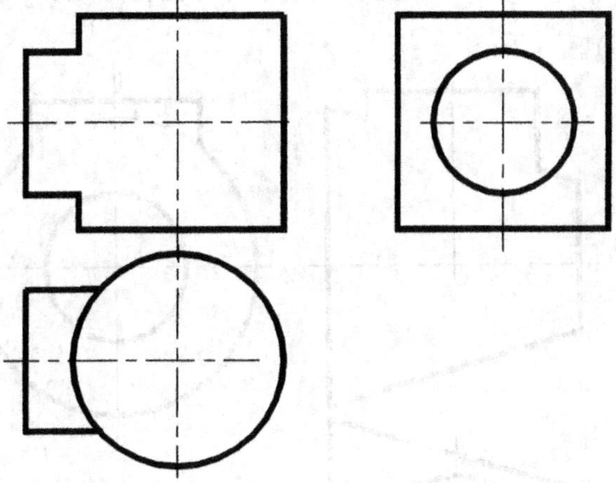

2-39 完成立体交线的投影。

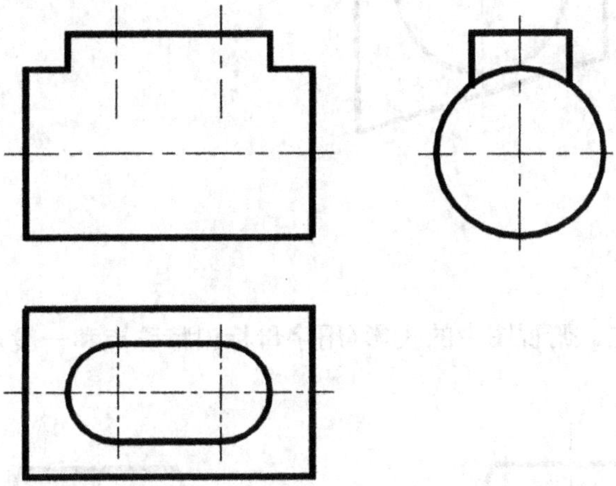

2-40 完成立体交线的投影。

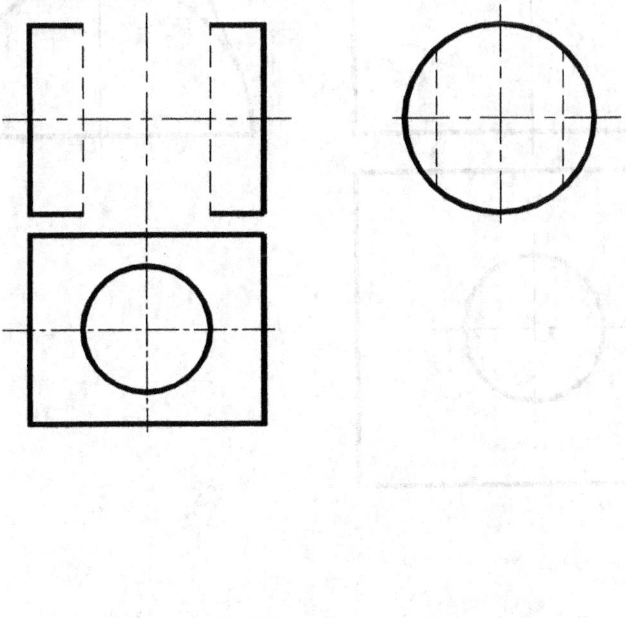

2-41 画出相贯线在主、左视图中的投影(用字母标出特殊点和一般点的投影，并保留作图线)。

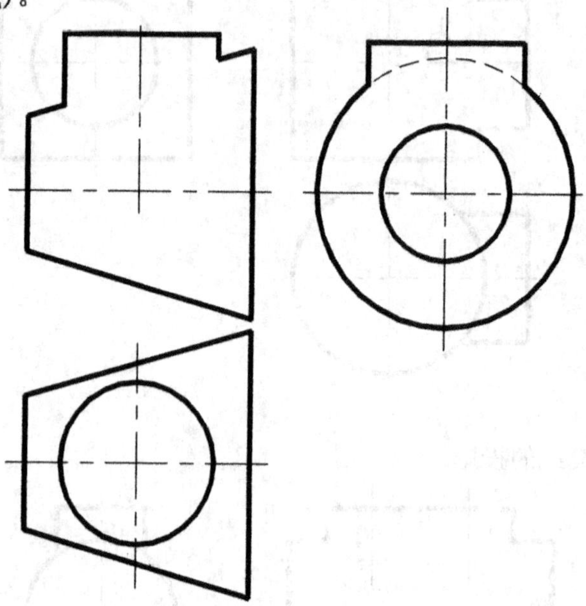

2-42 画出相贯线在主、俯视图中的投影(用字母标出特殊点和一般点的投影，并保留作图线)。

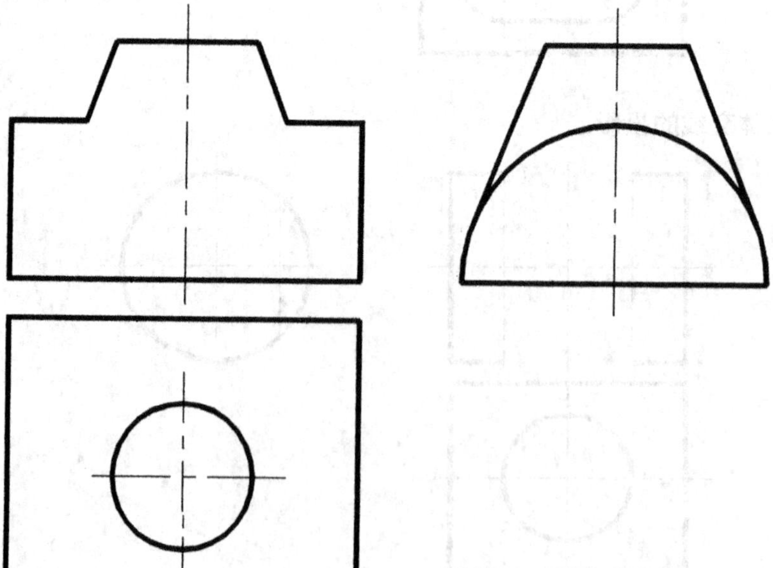

2-43 完成各立体相贯线的投影。

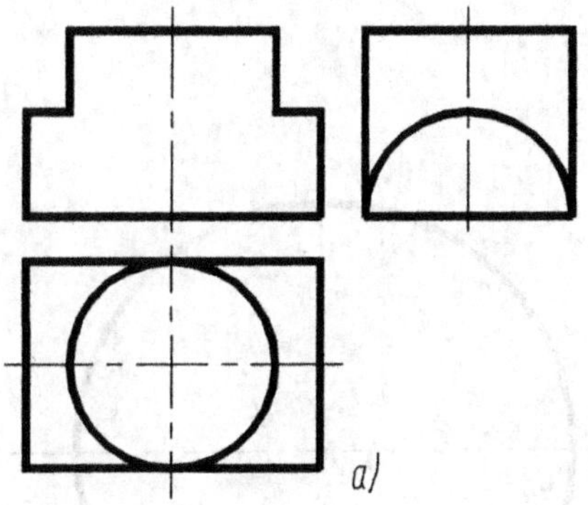

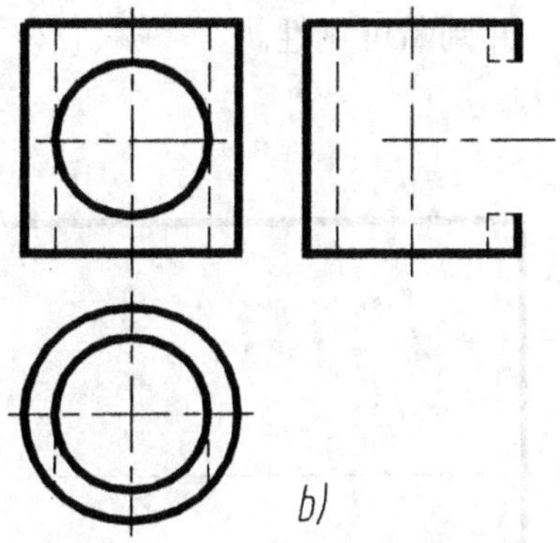

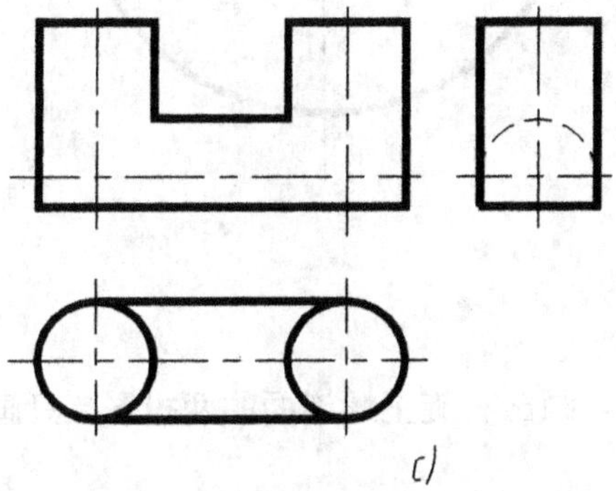

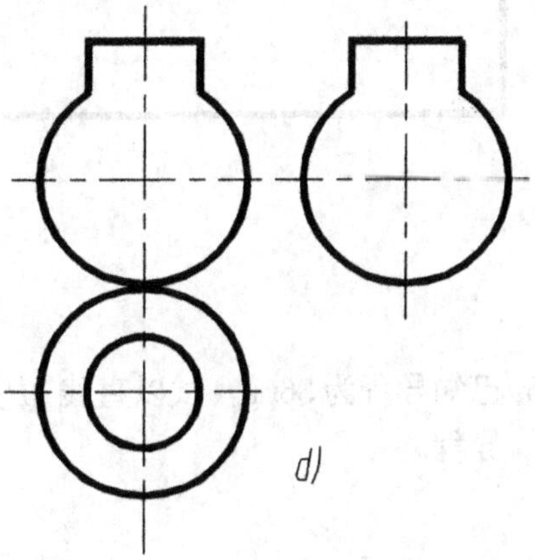

2-44 画出主视图上相贯线的投影。

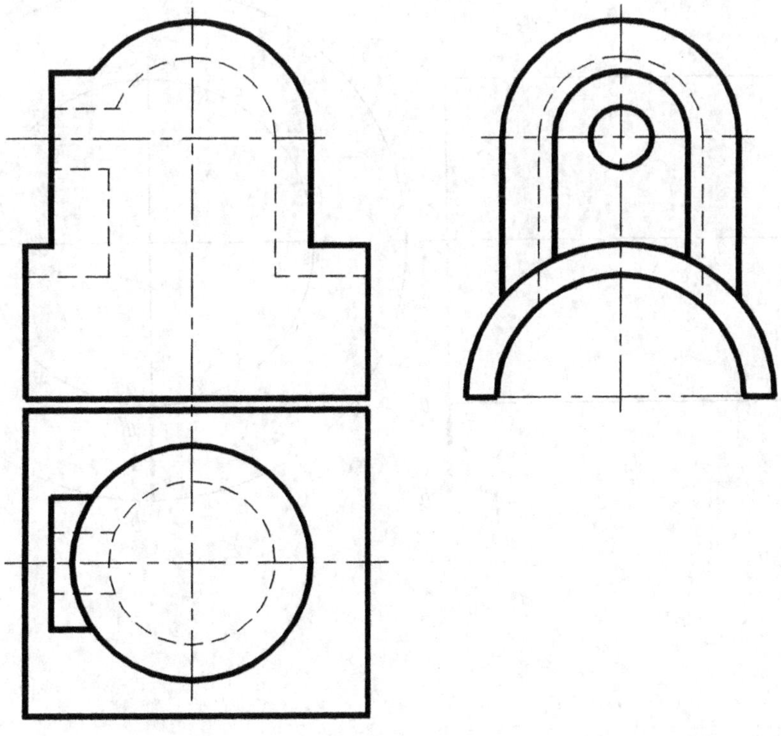

2-45 已知点*A*绕圆柱表面做螺旋运动，导程为24mm，旋向为右旋，求点*A*的运动轨迹，并判断可见性。

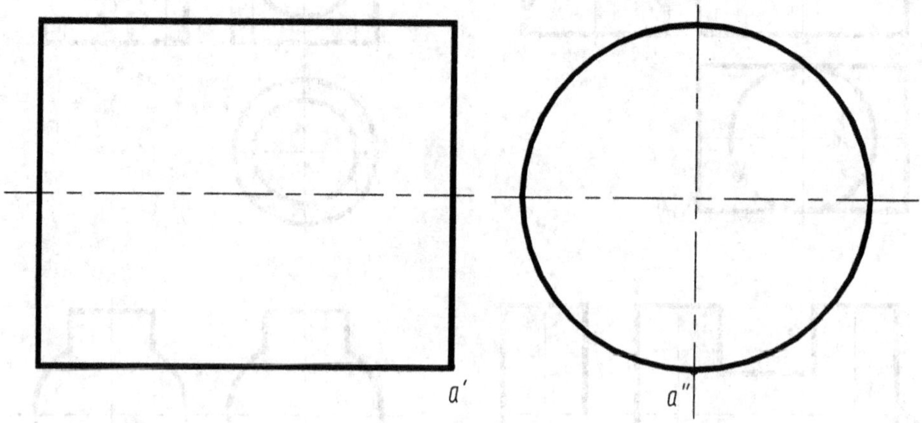

2-46 已知导程为36mm，试以直线*AB*为母线，画出右旋正螺旋面的两投影，只画出一个导程。

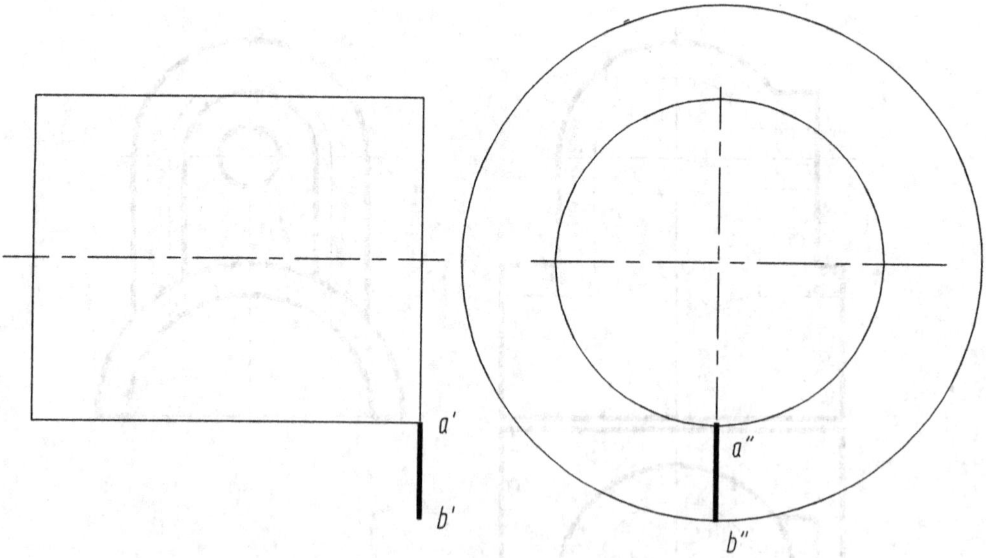

第三章　立体表面展开

第一节　概述

在工业生产设备中，经常包含金属板材制件。如图3-1所示的集粉筒是由变形接头、锥管、圆管及四节弯管组成，它们均用板材卷曲焊接而成。制造这些零件前，首先把它们卷曲之前的平面图形画出，然后下料成型。这种将制件表面按实际形状大小摊平在一个平面上的过程称为立体表面展开。展开后所得平面图形称为表面展开图。

表面为平面的制件，其表面都是可展开的；表面为曲面的制件，如果其表面相邻素线是平行或相交两直线，则为可展开曲面，如圆柱和圆锥等；如果相邻素线是交叉两直线或以曲线为母线的曲面，则为不可展曲面，如球面、螺旋面等。

立体表面展开的基本类型如图3-2所示。

本章介绍图解法画展开图。

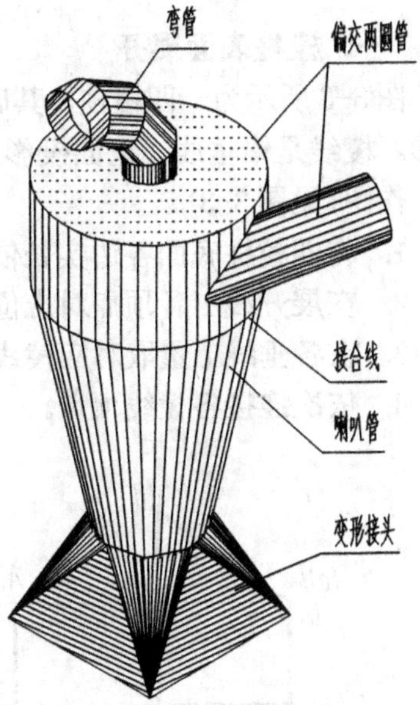

图3-1　集粉筒轴测图

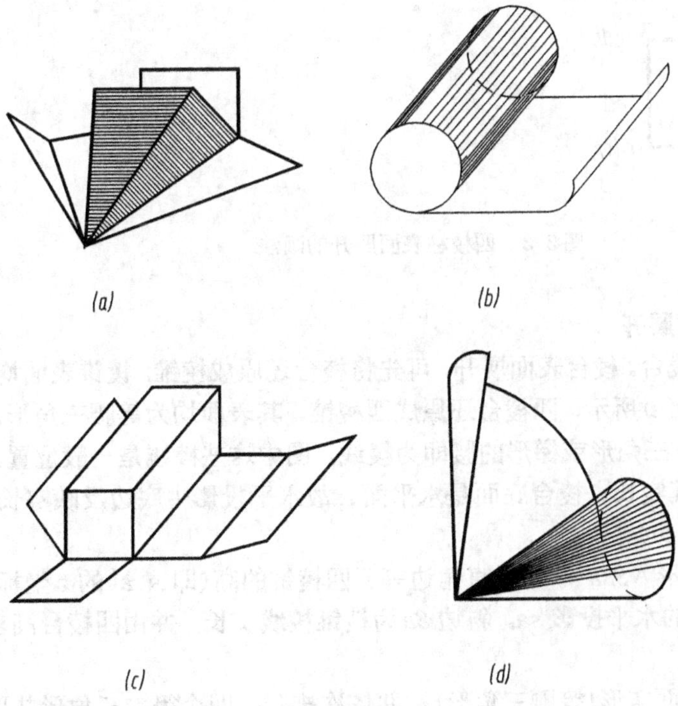

图3-2　四棱柱表面展开画法

第二节 平面立体表面展开

平面立体表面展开图，实际上是求出棱线实长和各表面平面图形实形，并依次展开后的图形。

一、棱柱表面展开

图 3-3 所示为一四棱柱，其底面是水平面，各棱线与底面垂直。水平投影反映底面实形。棱线是铅垂线，正面投影反映实长。

作图(见图 3-3)：

1. 将四棱柱底面各边实长依次展成直线；
2. 在展开线上各顶点对应位置作该线的垂线；
3. 在各垂线上量取对应棱线的实长；
4. 依次连接各棱线顶点。

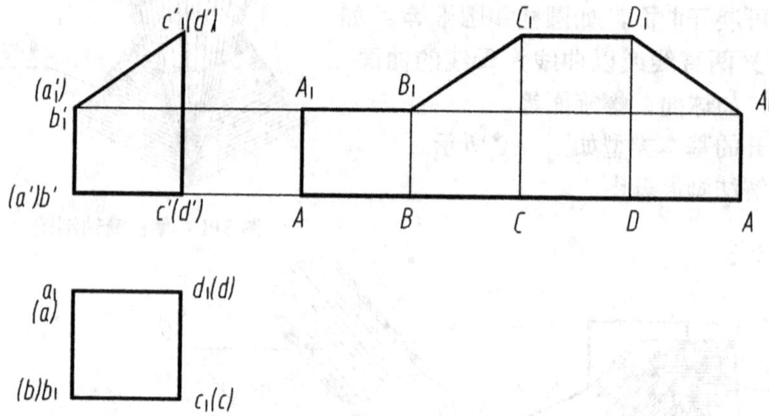

图 3-3 四棱柱表面展开的画法

二、棱台表面展开

棱锥截头可得棱台。棱台表面展开，可先将棱台还原成棱锥。棱锥表面均为三角形，且共顶点。如图 3-4(*a*)所示，四棱台还原成四棱锥，其表面均为等腰三角形。而四棱台的表面为等腰梯形。三角形或梯形的腰即为棱线，图中这些棱线是一般位置，故需要用直角三角形法求解其实长。棱台底面是水平面，故水平投影中底边反映实长。

作图(见图 3-4(*b*))：

1. 作直角三角形 ΔSsa：铅垂直角边等于四棱锥的高(即 $s'a'$ 的 z 坐标差)、水平直角边等于棱边 SA 的水平投影 sa。斜边 Sa 为棱锥棱线实长，并由四棱台高求得棱台棱线实长 Ea。

2. 作四棱锥侧面实形(等腰三角形)，并依次排开，四个等腰三角形共顶点 S_0。

3. 用四棱台棱线实长 Ea 截取等腰三角形各腰，得 e_0、h_0、g_0、f_0、e_0 各点。

4. 依次连接上述各点。

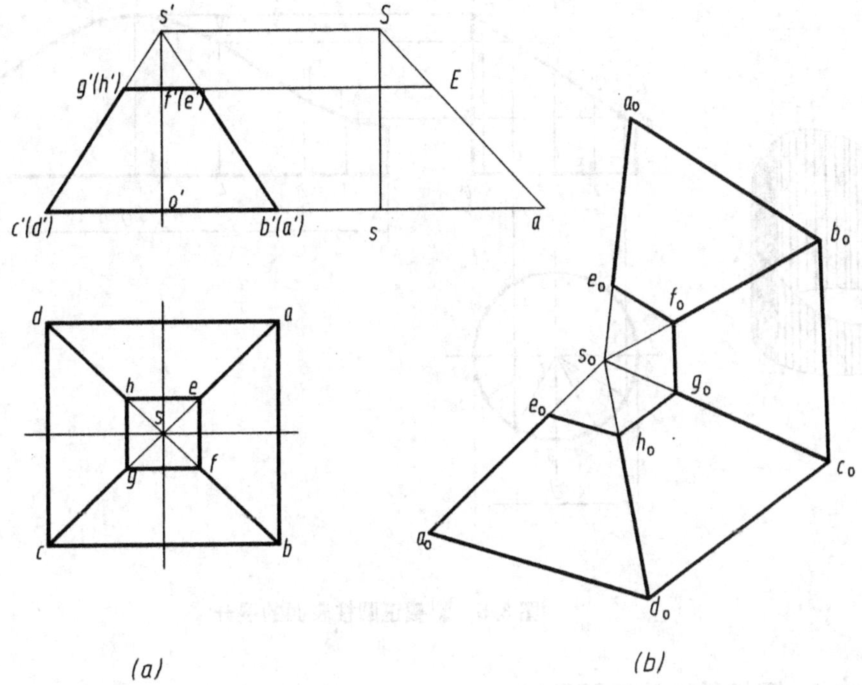

图 3-4　四棱台罩的展开

第三节　可展曲面立体表面展开

直母线形成的柱面、锥面等曲面，由于其相邻两素线平行或相交，故是可展曲面。

一、圆柱表面展开

圆柱可以看作无穷多棱线的正多棱柱。故圆柱表面展开可用适当的正多棱柱表面展开代替。

图3-5所示为一斜截正圆柱表面展开实例。现用一内接12棱柱代替圆柱。该圆柱轴线是铅垂线，因此，其正面投影反映斜截正圆柱面12条素线(棱线)的实长。水平投影中圆柱面积聚性投影图的12个等分点看作12条棱线的积聚性投影。

作图(见图3-5)：

1. 以1/12圆弧的弦长代替弧长，将圆柱底圆展开成直线，并将其12等分：0、1、2…，图中只标到6，另一半与之对称。

2. 过各等分点作该直线的垂线，并量取对应素线(棱线)的高，得其端点0、Ⅰ、Ⅱ…。

3. 依次光滑连接0、Ⅰ、Ⅱ…各端点。

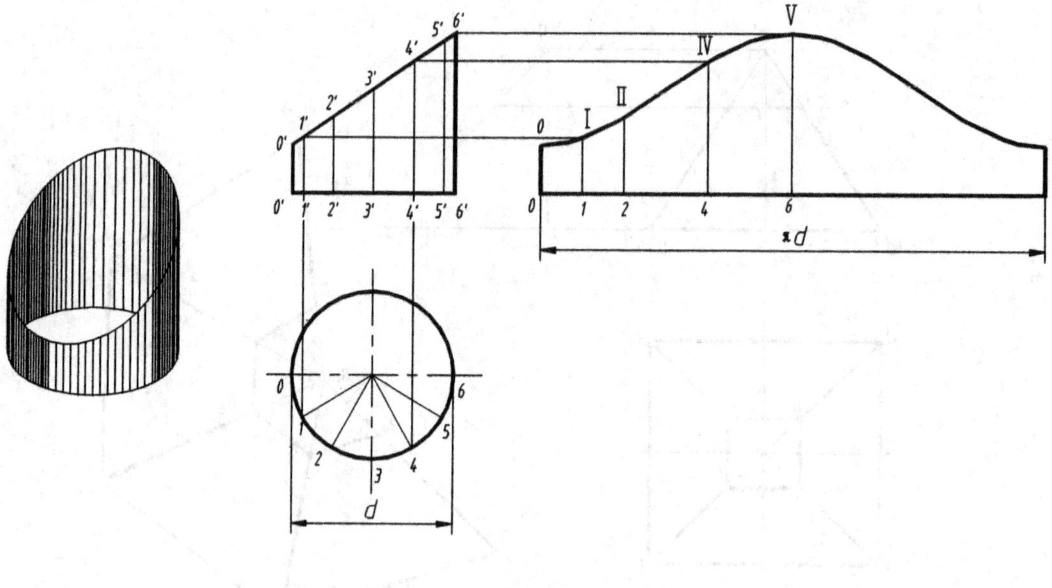

图 3-5　斜截正圆柱表面的展开

二、　圆柱管制体表面展开

图 3-6(*a*)所示为一通风管道中改变风道方向的弯管，其理想形状是 1/4 圆环。由于圆环面是不可展回转面，因此用几节斜截圆柱代替拼接而成。显然，斜截圆柱用得越多就越接近圆环，但制作上越复杂。图中的弯管用了四段三节，其中端部两段各为半节，中间是两段整节。每一节是一个斜截正圆柱面。按图 3-5 的展开方法便可得到半节的展开图。

图 3-6(*b*)表示了弯管的分节分段方法。每节所对应的圆心角为 30°，半节则为 15°。如将弯管第Ⅱ段(整节)和第Ⅳ段翻转 180°，即可拼成如图 3-6(*c*)所示的一大段正截圆柱管。因此，这种用圆柱管拼接的弯管其用料可在一段正截圆柱面的展开图(矩形)上排料，如图 3-6(*e*)。这种嵌套排料节约了板料。为了满足上述排料要求需作如下计算：

(一)90° 弯管

设 n 段；弯管弯转半径 R：

1. 整节数 $=n-2$ (用于中间)
2. 半节数 $=2$(整节数 -1) (二个半节用于两端)
3. 每半节所对圆心角 $\alpha=90°/2(n-1)$
4. 每半节圆柱轴向平均高 $l=R\cdot \mathrm{tg}\ \alpha$
5. 排料圆管总高 $L=2(n-1)\cdot l$

(二) 任意弯管

设任意弯管圆心角 θ；弯管弯转半径 R：

1. 整节数 $=n-2$
2. 半节数 $=2$(整节数 -1)
3. 每半节所对圆心角 $\alpha=\theta/2(n-1)$

4. 每半节圆柱轴向平均高 $l=R\cdot \mathrm{tg}\ \alpha$

5. 排料圆管总高 $L=2(n-1)\cdot l$

作图(见图 3-6(*c*)、(*d*)、(*e*)直角四段弯管)：

1. 以 L 为高、弯管直径 d 作排料直圆管矩形投影图；

2. 在该投影图中于轴线上取等分点 1、2、3、4、5，使两点距离等于 l；

3. 过等分点奇数点向左或向右画倾斜角为 α 的直线；

4. 按斜截正圆柱面的展开图画法画出每段圆柱面的展开图。它们将拼成以排料直圆管高 L 为高、圆周长为宽的矩形。

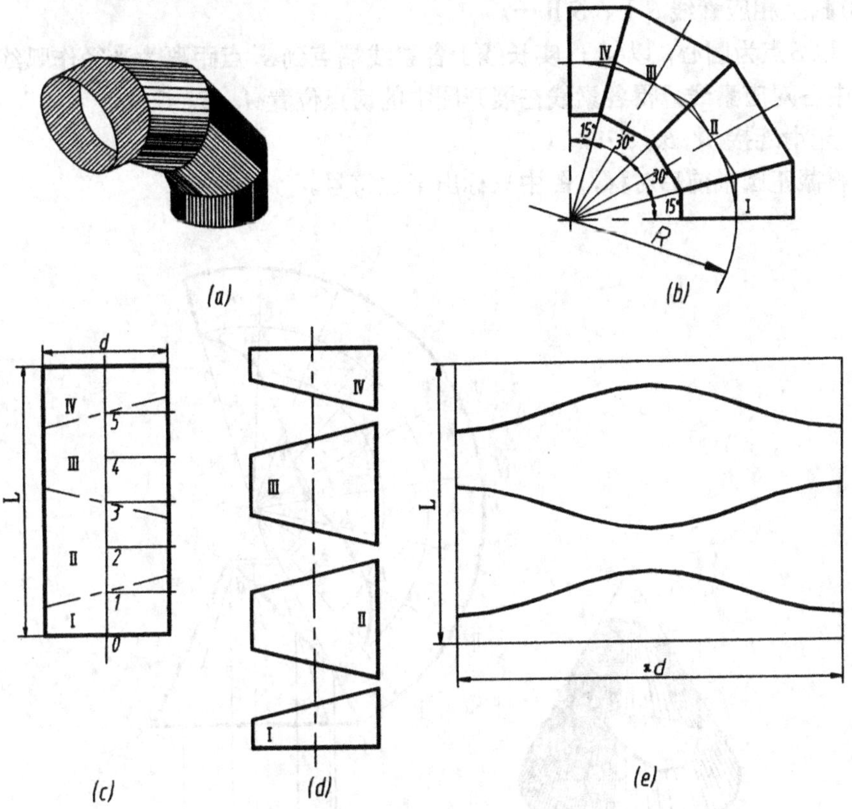

图 3-6　直角四段弯管分析与表面展开

三、圆锥表面展开

圆锥表面展开图为一扇形，其半径是圆锥母线的实长，扇形弧长是圆锥底圆周长。圆锥表面展开图主要在于圆锥底圆的展开。圆锥可以看作无穷多棱线的棱锥。故圆锥表面展开可用适当的多棱锥表面展开代替。这样，圆锥底圆的展开就可用棱锥底面多边形(即底圆的弦长)取代。当展开的是斜截正圆锥时(如图 3-7 所示)，斜截切口处的展开可以用替代圆锥的正多棱锥的斜截切口简化，即求出各棱线的切断点，光滑连接即可。

作图(见图 3-7)：

1. 在水平投影圆锥底圆上 8 等分。

2. 作圆锥表面相应 8 条素线(后 3 条不可见，图中未画)。

3. 求各素线斜截切后的实长，方法如下：

圆锥高为所有素线顶点s'与其下端点的z坐标差。现以圆锥高线和圆锥底圆半径为直角边，构成直角三角形$\Delta s'1'3'$，其斜边$s'1'$即为各条线的实长。过正面投影切口上各素线的切点b'、c'、d'作水平线交于$s'1'$斜边上，得各素线截切后的实际长度。

4. 作圆锥的展开图

(1) 以s'作为扇形顶点S(仅为作图方便)，以圆锥素线长为半径作弧。

(2) 以水平投影圆锥底圆等分点间弦长(代弧长)在扇形弧上截取8段得点Ⅰ、Ⅱ、Ⅲ…。

(3)画上相应素线SⅠ、SⅡ…。

5. 以S点为圆心，以$s'1'$实长线上各素线端点到s'点距离为半径作弧线交于圆锥展开图中各对应素线，得各素线在展开图中的切点位置A、B、C…。

6. 光滑连接A、B、C…。

因斜截正圆锥前后对称，图中只标出半边符号。

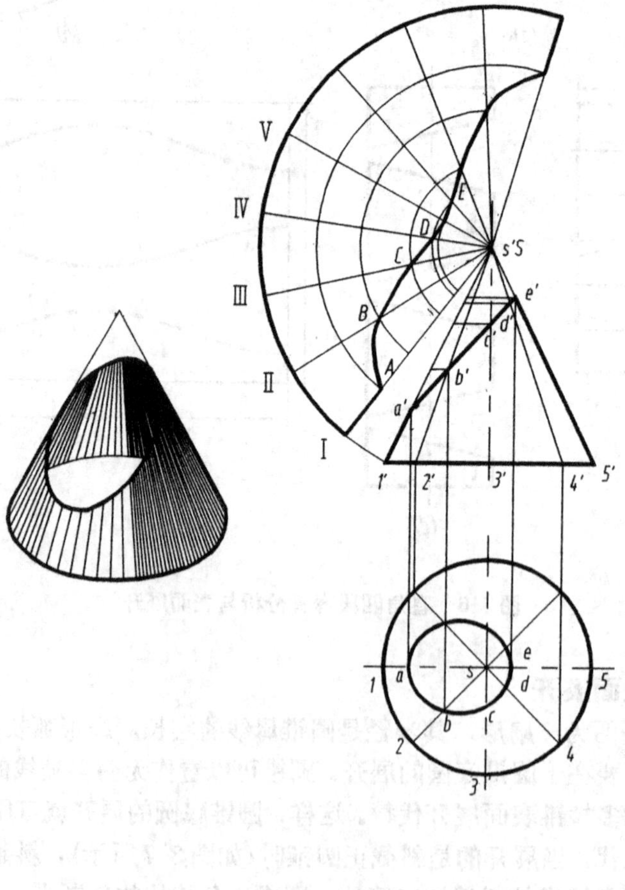

图3-7 斜截正圆锥表面展开

第四节　表面展开的应用实例

工程上用于连接不同几何形状或不同尺寸或不同相对位置的两管道时所用的接头称为变形接头。变形接头表面常由平面、可展曲面等组合。展开变形接头时，首先要分析其组成部分的表面性质和范围，然后根据各表面的性质分别展开并拼接成变形接头的展开图。

图3-8所示是一个常见的变形接头。它的一端连接正方形管道，另一端连接圆管。由图3-8(*a*)、(*b*)可见，其表面可划分为四个锥面(非正圆锥)和四个三角形平面。因此其展开作图仅为二种，一是求平面三角形的实形，二是展开锥面，这些基本展开作图已在前面讲过，因此，实际上是一个综合应用。

作图(见图3-8(*b*)、(*c*))：

1. 在水平投影中画出平面等腰三角形和锥面的投影。
2. 把每个锥底圆弧3等分(根据实际情况定等分数)，得等分点如：*e*、*f*、*g*、*h*，作相应锥面素线，如 *ah*、*ag*、*af*、*ah*。
3. 按投影关系作等腰三角形和锥面的正面投影。
4. 直角三角形法求锥面各素线的实长，如求出 *AE*(=*AH*)、*AF*(=*AG*)。
5. 设从变形接头 *E* 点处沿三角形高线剪开 。先作半个三角形实形 。等腰三角形△*EAD*高线为正平线，在正面投影中反映实长，底边在水平投影中反映实宽，腰即锥面与等腰三角形相切素线(如 *AH*、*AE*)的实长。
6. 展开半三角形相邻锥面：以锥面所在接头圆口三等分弦长为一边，分别与锥面各素线中相关的二条作为三边依次作出三个小三角形实形(取代锥面)。
7. 作与锥面相邻的等腰三角形实形。

下面相间作锥面、等腰三角形。展开图的两端均为等腰三角形的高线，这取决于变形接头的剪开线位置。

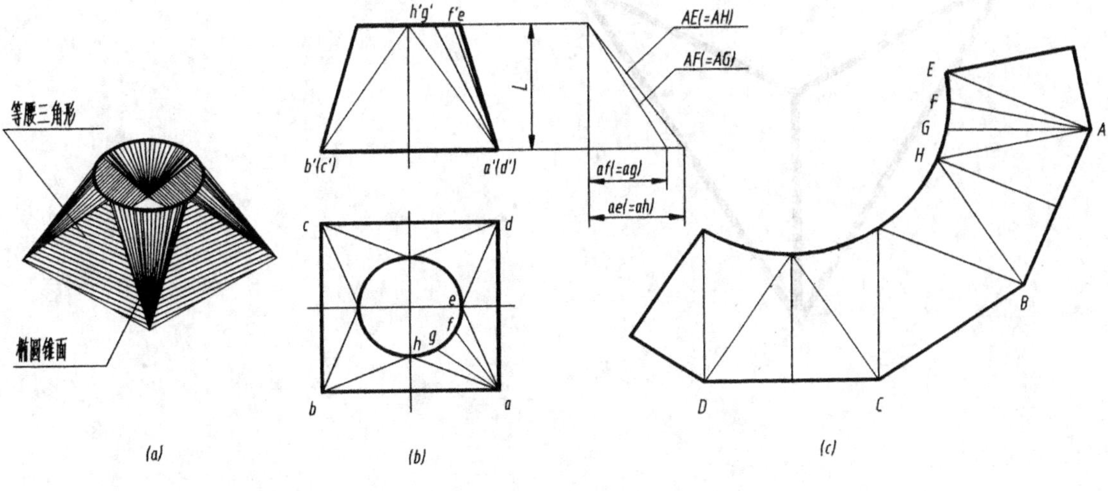

图3-8　变形接头的展开

[自学指导]

学习本章的目的、要点和要求

1. 本章必备的相关知识有：一般位置直线求实长的图解法；平面立体和回转体的投影特性；平面与立体或两立体表面交线的求法；各种曲面的形成原理。

2. 能识别回转面的可展性。

3. 熟练掌握平面立体表面和可展回转体表面的展开。

4. 必须学会对立体组合表面的分析、划分和分解展开。

[练习题]

3-1 画出三棱锥表面展开图。

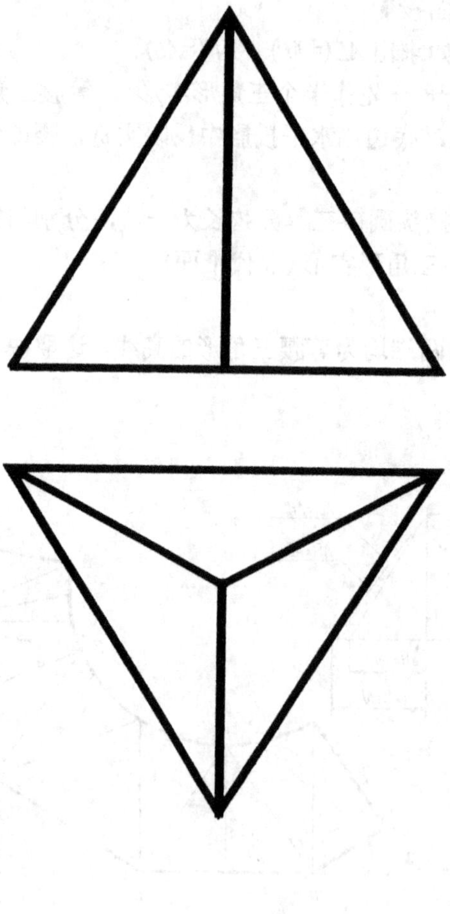

3-2 画出正圆柱斜切后的表面展开图。

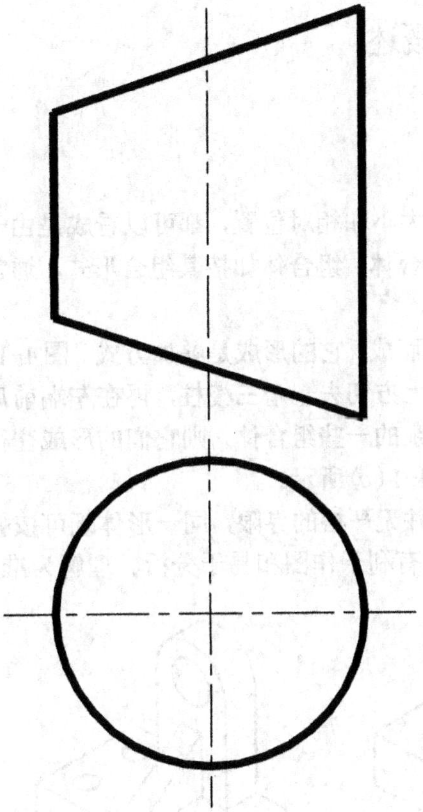

第四章　组合体

第一节　概述

一、组合体的组合形式及其相互位置

（一）组合体的组合形式

任何复杂的零件，如果只考虑它们的形状、大小和相对位置，都可以看成是由一些基本形体按一定的连接方式组合而成，故称为组合体。组合体如按其组合形式，通常可分为叠加式和挖切式两种基本形式。

图4-1(*a*)中的组合体，由圆柱和六棱柱叠加而成，它的形成是叠加方式。图4-1(*b*)中的组合体，由长方体挖去一个圆柱体，并在左上方切去一个三棱柱，再在左端前后各切去一个三棱柱而形成，是挖切方式；至于稍复杂的一些组合体，则它们的形成往往是既有“叠加”，又有“挖切”的综合方式，如图4-1(*c*)所示。

必须说明，在许多情况下，叠加式与挖切式并无严格的界限，同一形体既可按叠加式进行分析，也可从挖切式去理解。这时应根据有利于作图和易于分析、理解为准。

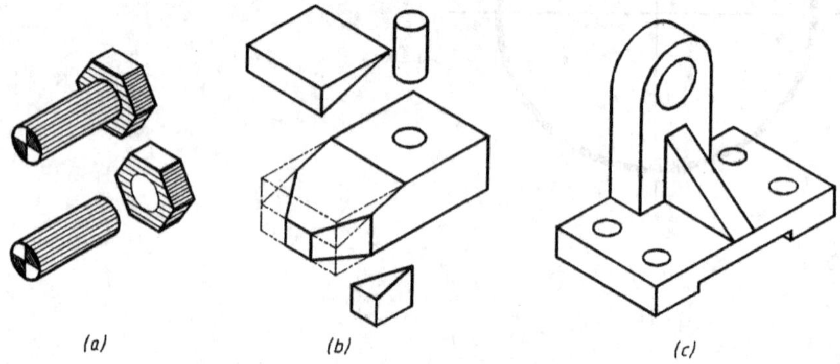

图4-1　组合体组合方式

（二）组合体表面间的相互位置

组合体相邻表面间的相互位置一般可分为平齐、相切、相交三种情况。在组合体的视图上，必须将上述各种情况正确地反映出来。

1. 平齐　当相邻表面间处于平齐(共面)时，在两表面平齐处的分界线就不存在。

图4-2(*a*)中轴承架，可分析为由Ⅰ、Ⅱ两基本形体叠加组成，形体Ⅰ和形体Ⅱ的宽度相等，两者前后端面是平齐的，位于同一平面上，对于这样的表面相对位置，称为平齐。因此形体Ⅰ、Ⅱ前表面的接触处和后表面的接触处，都不应有轮廓线。如图4-2(*b*)所示。

2. 相切　当相邻表面处于相切时，由于在相切处两表面是光滑过渡，故该处不应画出分界线。在图4-3(*b*)中，平面P分别与圆柱面Q和R相切，因为相切是光滑过渡，

故在视图上不应画出切线的投影。在画图时，可先画出这些相切面的具有积聚性的

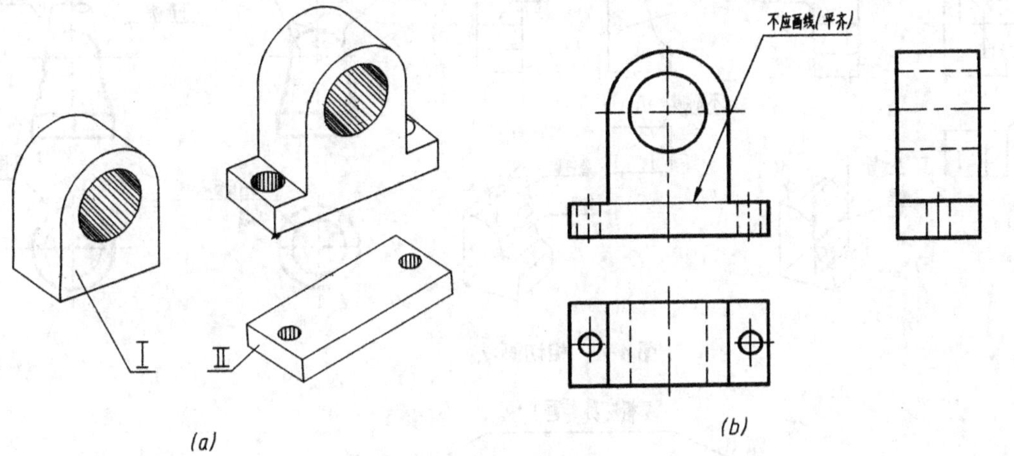

图 4-2　表面平齐画法

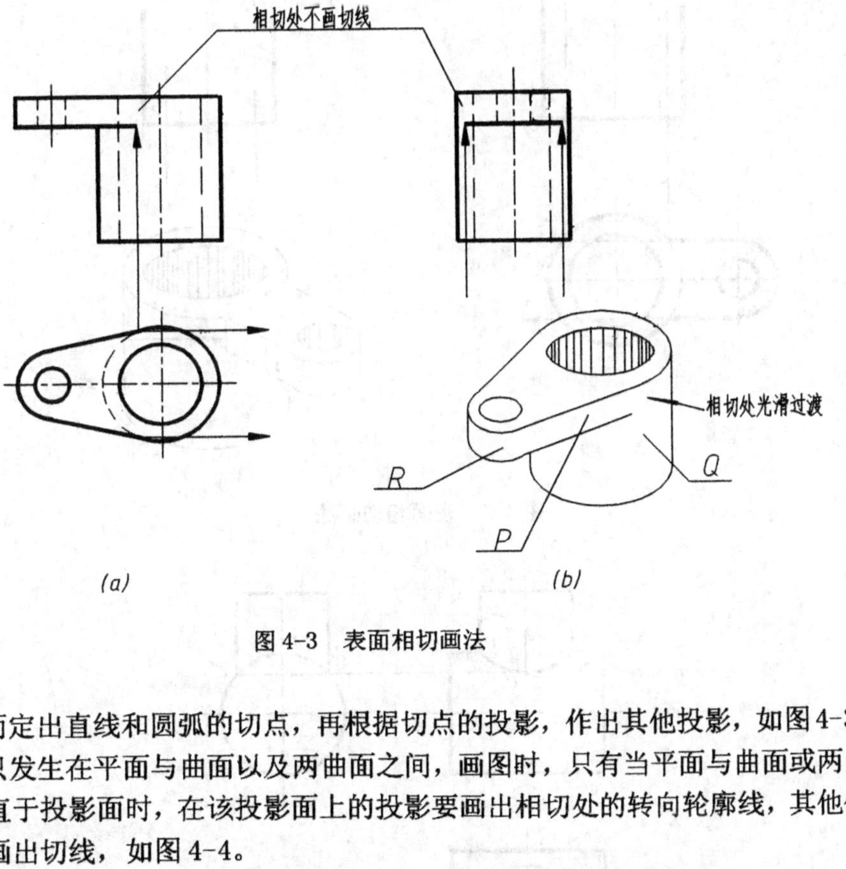

图 4-3　表面相切画法

视图，从而定出直线和圆弧的切点，再根据切点的投影，作出其他投影，如图 4-3(*a*)所示。相切只发生在平面与曲面以及两曲面之间，画图时，只有当平面与曲面或两曲面的公切面垂直于投影面时，在该投影面上的投影要画出相切处的转向轮廓线，其他任何情况均不应画出切线，如图 4-4。

3. 相交　当相邻表面处于相交时，一定产生交线(截交线或相贯线)，交线是它们的分界线，图上必须画出，如图 4-5。求交线的基本方法在本书有关章节中已作介绍，不再赘述。

当两圆柱垂直相交时，其交线允许采用近似画法，其画法是在求出相贯线上的三个特殊点后，过三点用圆弧代替相贯线的投影，如图 4-6 所示。

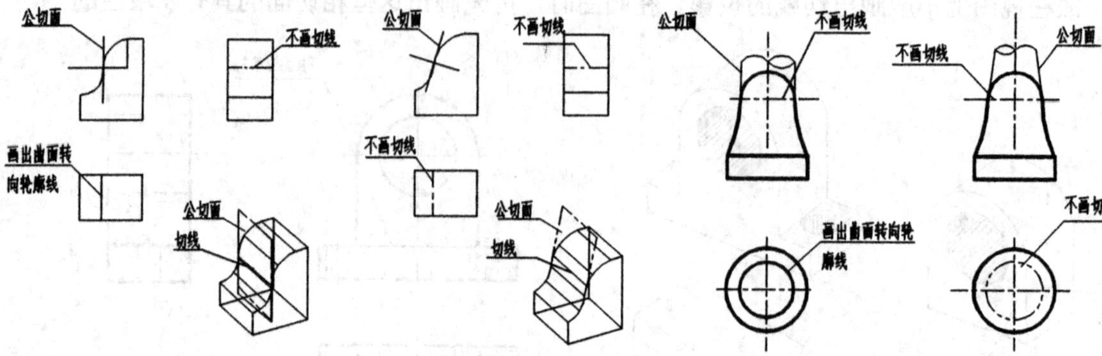

图 4-4　相切画法

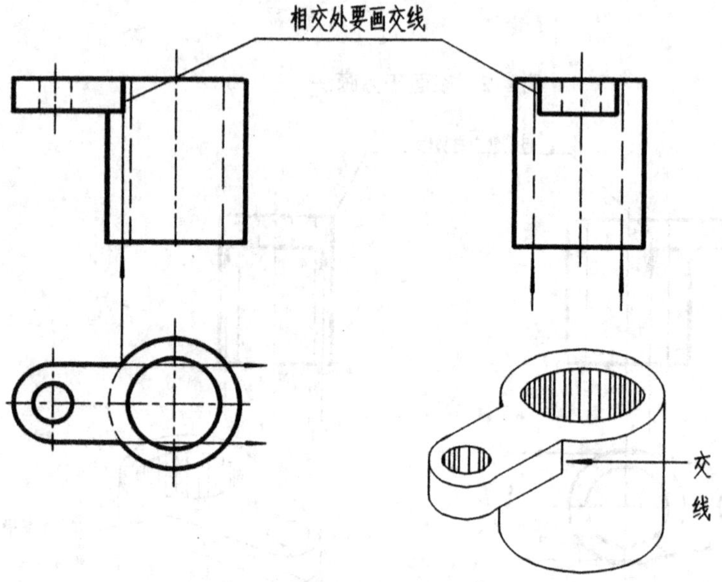

图 4-5　表面相切画法

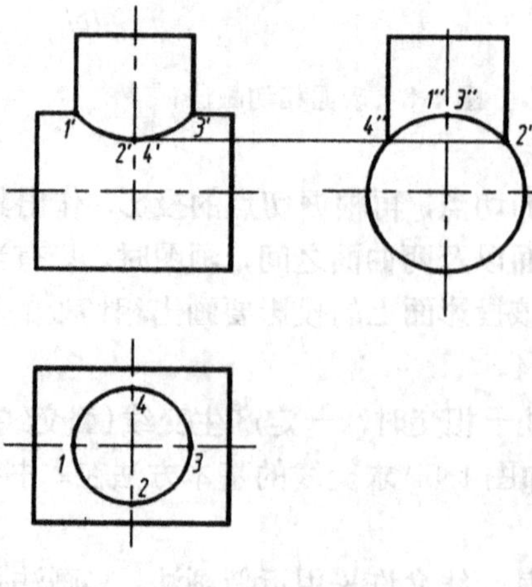

图 4-6　相贯线画法

二、形体分析法

我们把零件看成是组合体，并将其分析成若干基本形体，以便确定它们的形状、表面相对位置及组合方式等，这样的分析方法称为形体分析法。形体分析法能化繁为简，化难为易，这样就能保证正确地、迅速地画图、看图和标注尺寸。所以形体分析法是画图、读图和标注尺寸的基本方法，必须通过实践，牢固地掌握它。

第二节　组合体视图的画法

在机械制图里，零件的投影称为视图，正面投影为主视图，水平投影为俯视图，侧面投影为左视图。画组合体视图的基本方法为形体分析法，为了正确而迅速地画出组合体的视图，一般按下述画图步骤。

一、画图步骤

（一）形体分析

分析组合体由哪些基本形体组成，并确定它们的组合形式，以及相邻表面间的相互位置。

（二）选择主视图

三视图中，主视图是最主要的视图，其选择一般应考虑下列几个问题：

1. 应能较好反映组合体的各基本形体的形状和它们之间的相对位置关系；

2. 把组合体放正，使它的主要平面或主要轴线与投影面平行或垂直；

3. 尽量减少其他视图的虚线。

主视图确定之后，其他视图也随之而定。

（三）选比例，定图幅

根据组合体的大小及复杂程度，定出画图比例及所需要的图幅尺寸。图形比例尽量选用1∶1。这样可直接估量组合体的大小，便于画图。图幅尺寸，应选用标准图幅。固定图幅后，画出边框线和标题栏。

（四）布置视图，画基准线

布置视图时，力求图面匀称，各视图之间和视图与边框之间距离恰当。布置好视图后，画组合体的主要轴线、中心线和基准线。

（五）画底稿

用细实线绘制各视图的底稿。画底稿时，应由大形体到小形体，由主要形状到细部形状，逐个画出各基本形体的三面视图。对每一个基本形体，应从具有形状特征的视图画起，而且要三个视图相互联系起来画，以保证投影正确和提高画图速度。

（六）检查加深

底稿画完后，要仔细检查有无错误，以及漏掉线条和多画线条等问题，并予以改正，然后擦去作图线，按规定线型加深。

为保证图线连接光滑，提高加深速度，一般加深图线的次序如下：

1. 点划线

先水平线后垂直线。

2. 粗实线

(1) 圆及圆弧；

(2) 直线　先水平线(自上而下)后垂直线(从左到右)，再倾斜线；

3. 虚线

4. 其他图线

当几种图线相互重合时，一般应按粗实线→虚线→点划线的顺序处理，即粗实线与虚线、点划线重合时画出粗实线，虚线与点划线重合时画出虚线。

二、举例

例 4-1　画出图 4-7(*a*)所示轴承架的三视图。

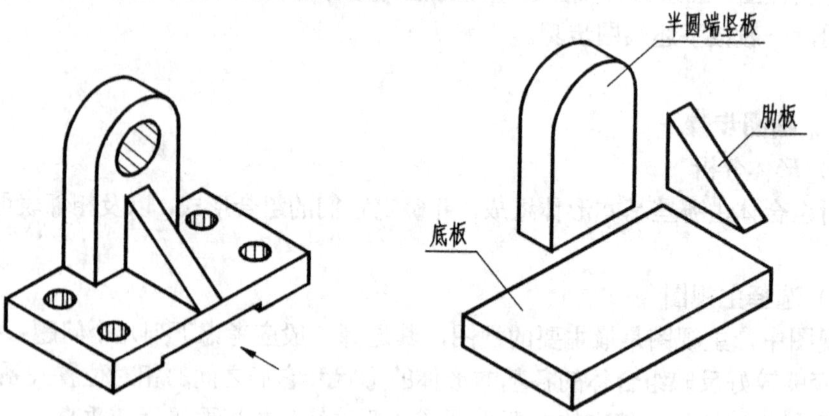

(*a*) 轴承架的立体图　　(*b*) 轴承架可分为三部分

图 4-7　轴承架

解：

1. 形体分析

轴承架是由底板、半圆端竖板和肋板三部分组成，如图 4-7(*b*)。

底板的外形是一长方体(四棱柱)，下部中间由前到后挖一凹槽(即挖掉一长方体)，在四个角上打四个圆柱形的孔，如图 4-8(*a*)，其三视图见图 4-8(*b*)所示。

半圆端竖板的下部是一长方体，上部为半个圆柱，中间开了一个圆孔，如图4-9(*a*)，其三视图如图 4-9(*b*)所示。

肋板如图 4-10(*a*)所示，肋板本身为一基本形体(三棱柱)，三视图见 4-10(*b*)所示。

半圆端竖板在底板上面，它们的后面平齐，肋板紧靠在半圆端竖板前面。

2. 选择主视图

首先将底板放平，并按图4-7(*a*)中箭头方向所示最能反映轴承架形状特征的投影作为主视图。

3. 选比例、定图幅

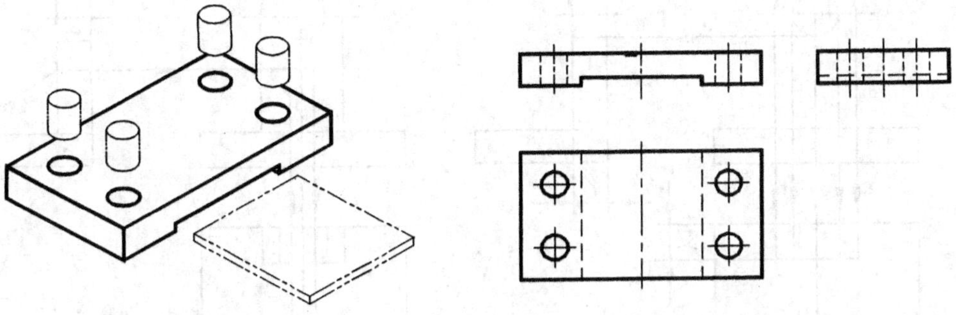

(a) 底板的形体分析　　(b) 底板的三视图

图 4-8　底板

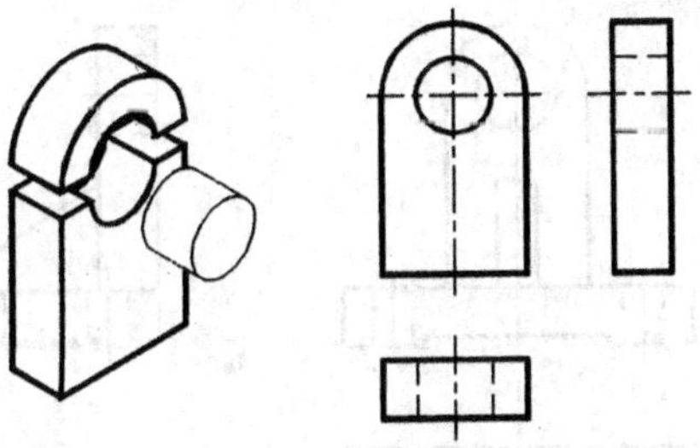

(a) 半圆端竖板的形体分析　　(b) 半圆端竖板的三视图

图 4-9　半圆端竖板

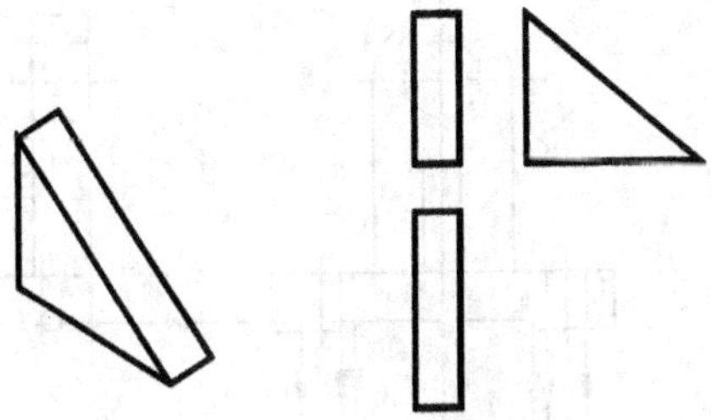

(a) 肋板的形状　　(b) 肋板的三视图

图 4-10　肋板

4. 画图

画图步骤如图 4-11 所示。

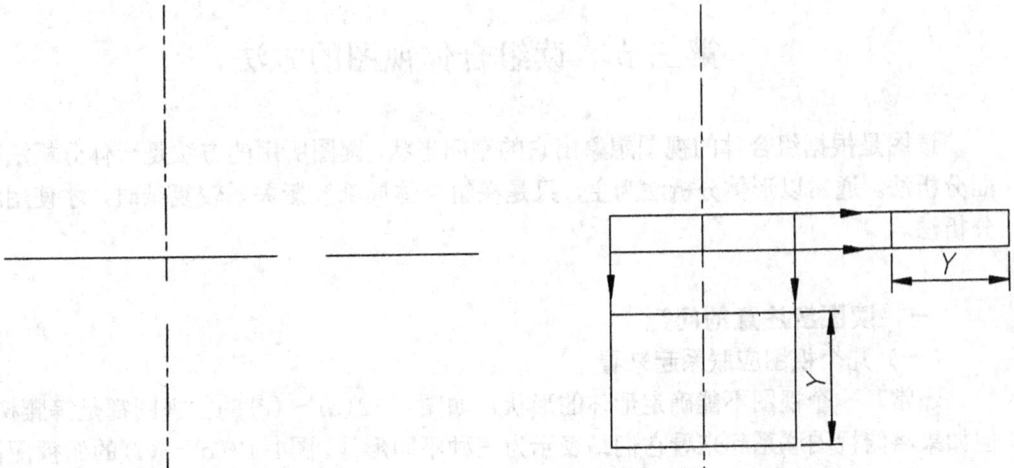

第一步 画作图基准线，布置视图　　第二步　画底板

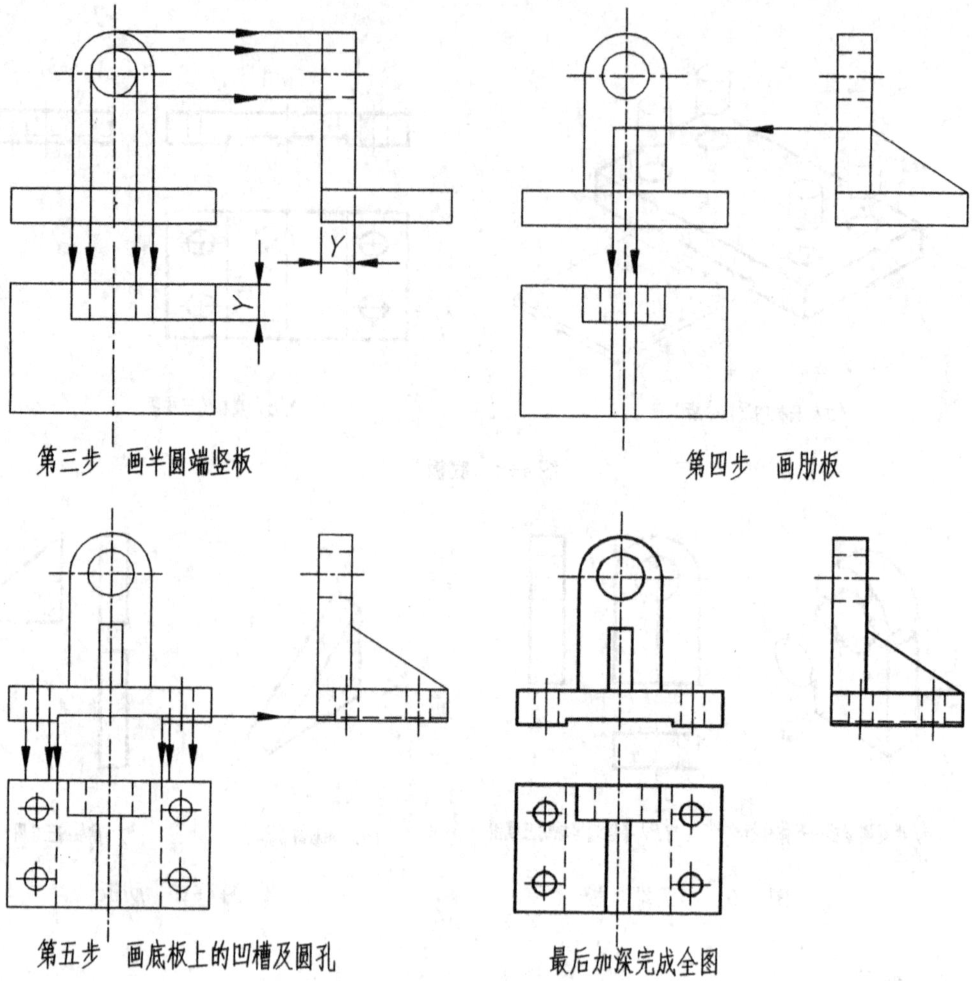

图 4-11　轴承架的画图步骤

第三节　读组合体视图的方法

读图是根据组合体的视图想象出它的空间形状。读图所用的方法是形体分析法和线面分析法。通常以形体分析法为主，只是在组合体局部投影关系较复杂时，才使用线面分析法。

一、读图应注意的问题

（一）几个视图应联系起来看

通常，一个视图不能确定形体的形状，如图 4-12(*a*)～(*c*)的主视图都是等腰梯形，但如果将俯视图联系起来看它们却表示为三种不同形体。图4-12(*c*)～(*f*)的俯视图都是两个同心圆，但如果将主视图联系起来看为三种不同的形体。又如图4-13(*a*)～(*c*)的主、俯视图均相同，而左视图不同，但也表示了三种不同的形体。由此可见，在读图时，只有将几个视图联系起来看，才能确定物体的形状，切忌看了一个视图就下结论。

（二）从反映形状特征的视图看起

读图时，应先找出形状特征视图，再联系其他视图进行分析，就能较为迅速而确切地想象出物体的形状。所谓形状特征视图是反映物体形状最明显的视图。如图 4-14(*a*)的主视图和左视图，虽然能反映形体的长、宽和高，其他形状却看不出来，如果将主视图、俯视图配合起来看，即使不看左视图，也能想象出它的形状(图 4-14(*b*))。显然俯视图比主视图、左视图反映的形状更多，即为该形体的形状特征视图。如果没有给出形状特征视图，形状就可能不确定，会产生多解现象，图 4-15(*a*)中，若仅给主、俯两视图，则它的形体可以是图 4-15(*b*)、图 4-15(*c*)等形体。若给出了左视图，只要看主、左两视图，不看俯视图也能唯一确定它的形状是图 4-15(*c*)。

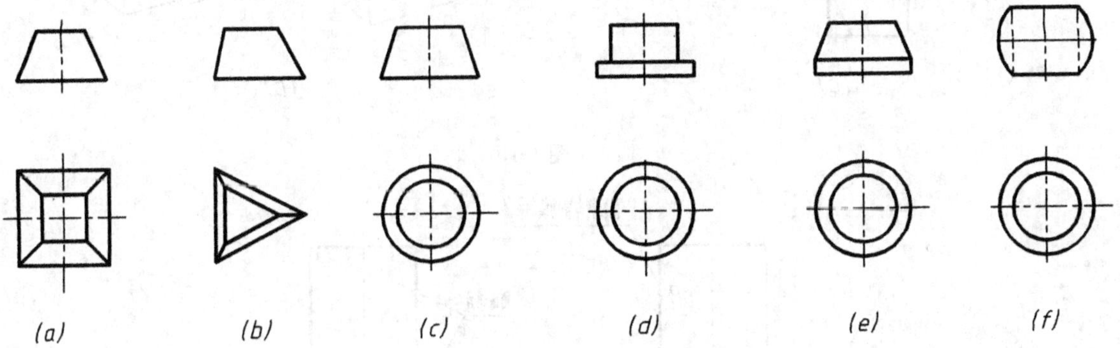

图 4-12

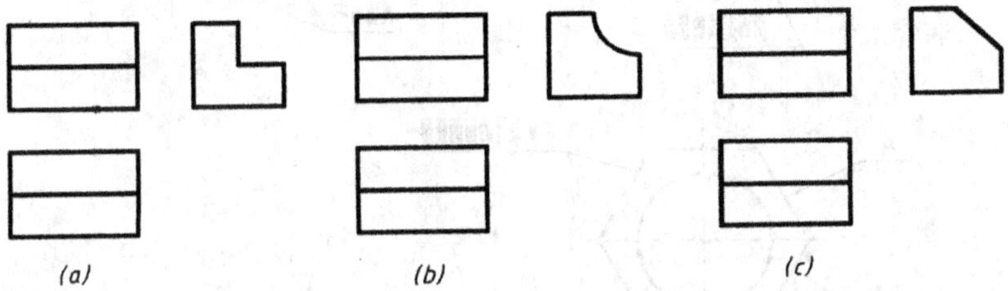

图 4-13

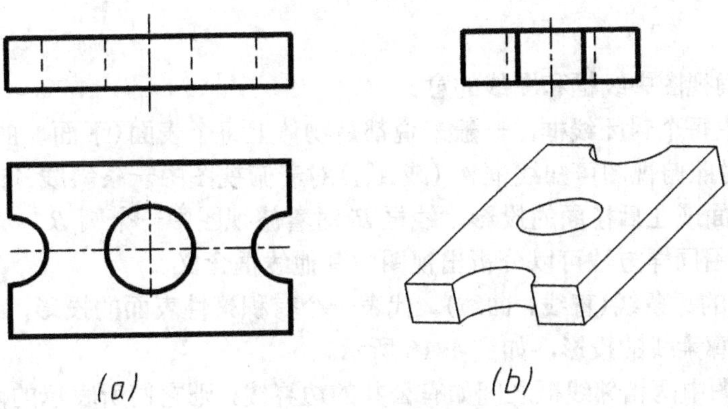

图 4-14

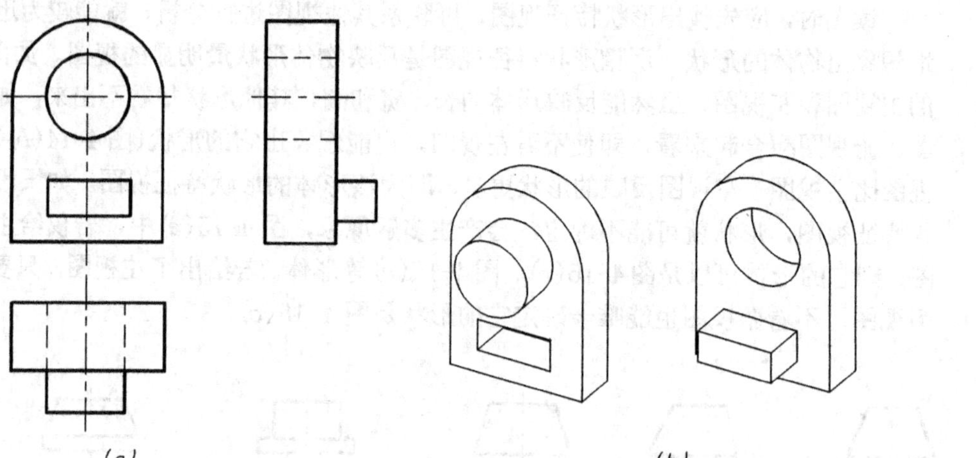

(a) (b)

图 4-15

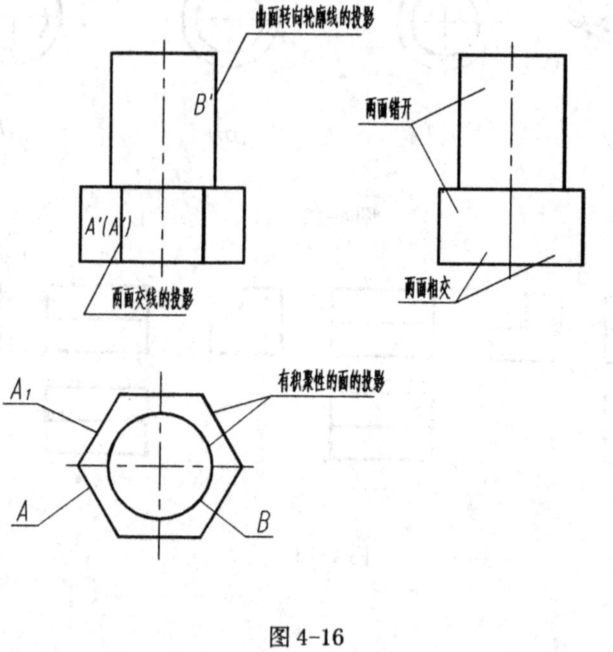

图 4-16

（三）明确视图中线框和图线的意义

1. 视图中每个封闭线框，一般来说都是物体上每个表面(平面、曲面)的投影，如图 4-16 中，对照俯视图可知线框 A' (或 A'_1) 对着俯视图中一条斜线 A 或 A_1，分别表示六棱柱左前棱面或左后棱面的投影。线框 B' 对着俯视图中一个圆 B ，表示为圆柱面的投影，同理，用同样方法可以分析出视图中其他线框含义。

2. 视图中的每条线(直线、曲线)，代表一个有积聚性表面的投影，或两面交线的投影，或曲面轮廓素线的投影，如图 4-16 所示。

此外，视图中两相邻线框之间如有公共的边界线，则它们所表示的两个面必是相交或错开，如图 4-16 所示。

二、读图的基本方法

（一）形体分析法

读图的基本方法是形体分析法，一般将反映组合体形状特征的某一视图(一般选主视图)划分成若干封闭线框，借助于丁字尺、三角板和分规等，按照三视图的投影规律，找出与这些封闭线框对应的其他投影，联系线框的各投影进行分析，确定它们所表示的基本形体的形状及各基本形体的相对位置，最后综合想象出组合体的形状。现以支架三视图为例(图4-17(*a*))，说明读图的具体方法和步骤。

1. 分线框，对投影

一般先粗略看看支架的三视图，明确视图之间的投影关系，并将主视图划分成Ⅰ、Ⅱ、Ⅲ、Ⅳ、Ⅴ五个封闭线框，然后按投影关系分别找出这些线框在俯、左视图中的相应投影，如图4-17(*b*)～(*f*)所示。

2. 按投影，定形体

根据各种基本几何体的投影特点，确定各线框所表示的形体，即如图4-18(*a*)所示，线框Ⅰ为直立的空心圆柱；线框Ⅱ为带圆孔的底板；线框Ⅲ为肋板；线框Ⅳ为水平的空心圆柱；线框Ⅴ为带孔的搭子。

3. 综合起来想整体

确定了各线框所表示的基本形体后，再分析它们之间的相对位置，进而想象出组合体的整体形状。从主视图上可以看出它们的上下、左右位置关系，即直立空心圆柱居中，肋板、底板在它的左边，搭子在它的右边，并且底板在最下边，搭子在最上面，而肋板位于底板之上。从俯视图看，直立空心圆柱、肋板、底板和搭子处在前后对称位置上，而水平空心圆柱处在直立空心圆柱的最前面，其整体形状如图4-18(*b*)所示。

在一般情况下，形体清晰的组合体，用形体分析法看图即可解决问题，然而有些组合体，完全用形体分析法看图还不够，因此对于一些局部投影较复杂之处，尚需用线面分析法来看图。

（二）线面分析法

上面介绍的形体分析法读图，是按照三视图的投影规律，从图上逐个识别出基本形体，进而综合想象出组合体的形状，这种读图方法是从“体”的角度来进行分析的，但是每一个基本形体都是由面(平面或曲面)围成的，而面又是由线段(直线或曲线)所构成，因此，还可以从“线和面”的角度来分析组合体的构成，这种分析组合体表面的线、面形状和相对位置的方法称为线面分析法。

线面分析法的特点和要求，就是要看懂视图中有关线框及图线的意义，为此必须对各种位置的线、面投影特点要很熟悉。

读图时，应以形体分析法为主，线面分析法为辅。现以图4-19所示压板为例，说明用线面分析法的读图过程。

1. 形体分析

从图4-19(*a*)给出的压板三视图来看，若将主视图和俯视图添加一些双点划线，则它们的边框都是矩形，而左视图的边框也是矩形，所以压板的基本形体是一个长方体，但其左端被正垂面截去左上方一块，再被两个前后对称的铅垂面在前方和后方又各截去

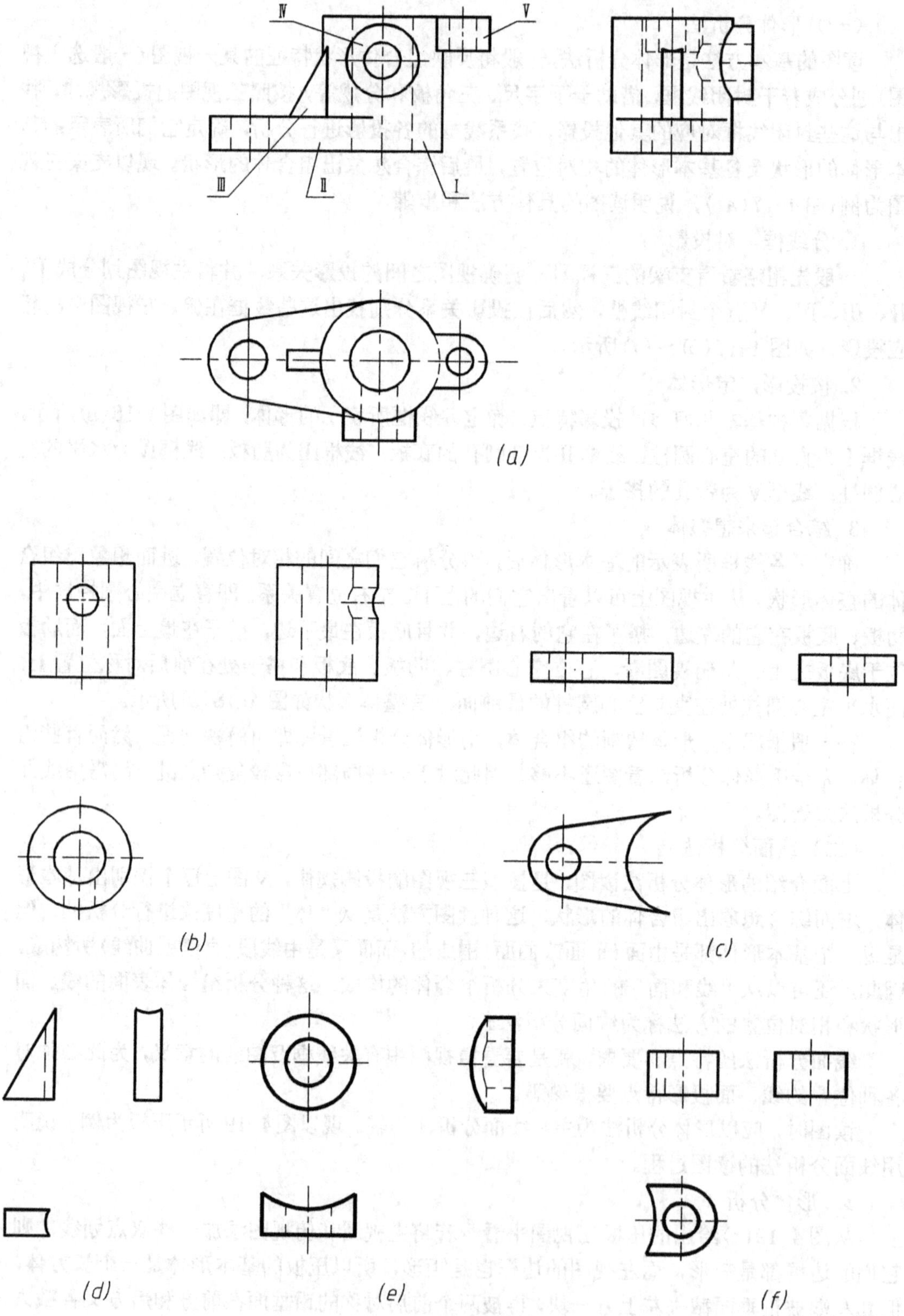

图 4-17 支架的读图

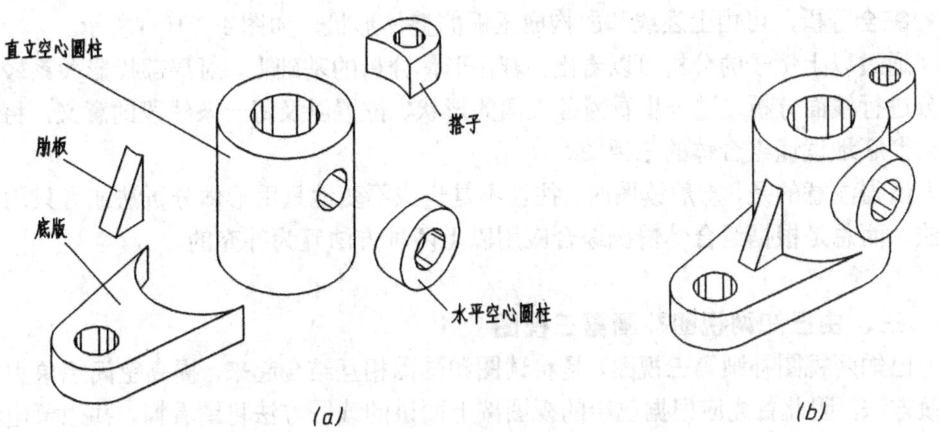

图 4-18　支架的形体分析

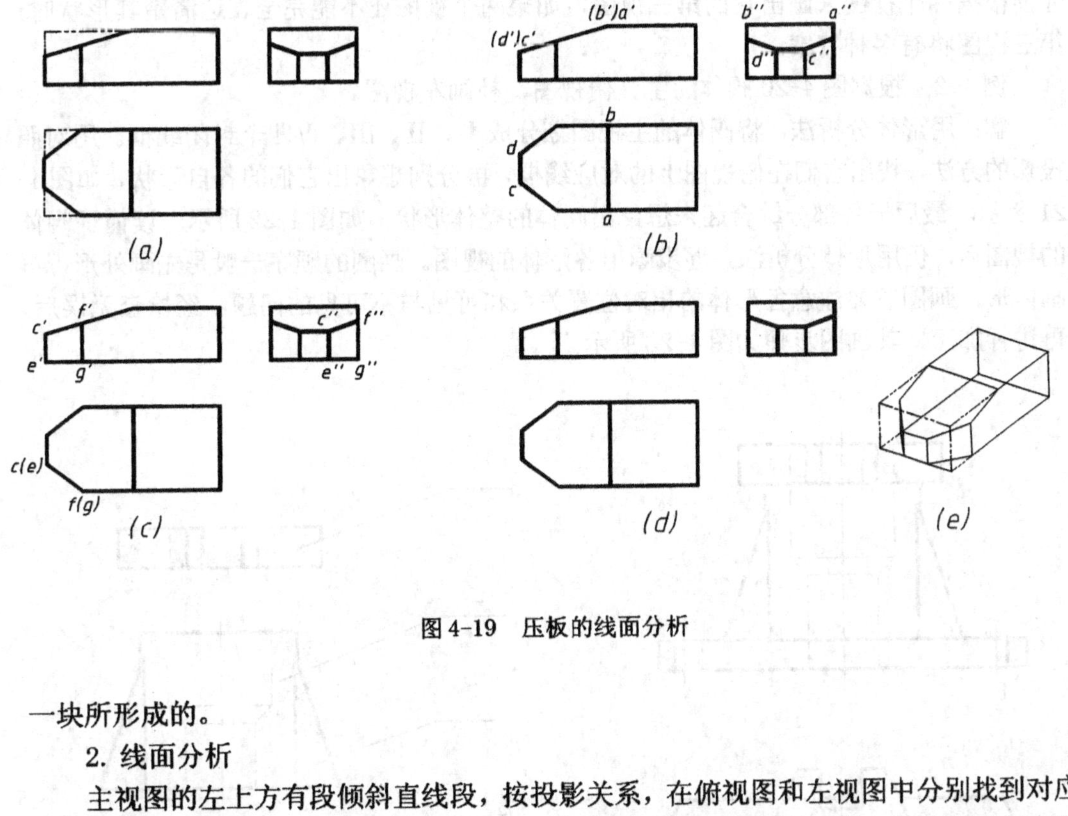

图 4-19　压板的线面分析

一块所形成的。

2. 线面分析

主视图的左上方有段倾斜直线段，按投影关系，在俯视图和左视图中分别找到对应的六边形，可以看出它们是正垂面六边形的主视图、俯视图和左视图，六边形的左右两边 AB、CD 是正垂线，如图 4-19(b)所示。

俯视图的左边前后各有一条倾斜直线段，在主视图上找到对应的一个四边形线框，而左视图上对应的两个四边形线框，可以看出它们是前后对称的两个铅垂面的主视图、俯视图和左视图，四边形的左右两边 CE、FG 是铅垂线，如图 4-19(c)所示。

此外，在主视图的左边有一条直线段，俯视图中与其对应的也是一条直线段，它们对应于左视图中矩形线框，所以压板的左端是一个矩形侧平面，如图 4-19(d)所示。

综合分析，可由上述线和面构成压板的整体形状，如图 4-19(e)所示。

通过以上例子的分析可以看出，若在形体分析的基础上，对局部投影关系较复杂的部分进行线面分析，进一步看懂各表面的形状、位置以及每一条线段的意义，将有助于我们彻底地读懂组合体的三视图。

值得注意的是，一般读图时，往往不是一成不变地只用形体分析法或者只用线面分析法，而总是根据组合体情况综合应用以上两种方法互为补充的。

三、由已知两视图补画第三视图

已知两视图补画第三视图，是将读图和画图相互结合起来，提高空间想象力的一种有效方法，因此首先应根据已给的视图按上面讲的读图方法将图看懂，并想象出组合体的形状，然后在想出形状的基础上进行作图。作图时，应根据已给的两视图，按各组成部分逐个地作出第三视图。当然，只有在两个视图已可完全确定组合体形状的条件下，才能根据两个视图来画出它的第三视图，如果两个视图还不能完全表达清楚其形状时，第三视图将有多种答案。

例 4-2　根据图 4-20 阀体的主、俯视图，补画左视图。

解：用形体分析法，将阀体的主视图划分成Ⅰ、Ⅱ、Ⅲ、Ⅳ四个封闭线框。用对照投影的方法，找出它们在俯视图上的对应线框，再分别想象出它们的各自形状，如图 4-21 所示。最后把各部分综合起来想象出阀体的整体形状，如图 4-22 所示。读懂了阀体的视图后，仍用形体分析法，逐步画出各形体的视图。画图的顺序一般是先画外形，再画内形，画图时要注意各形体的相对位置关系和可见与不可见的问题。经检查无误后，再进行加深，其画图步骤如图 4-23 所示。

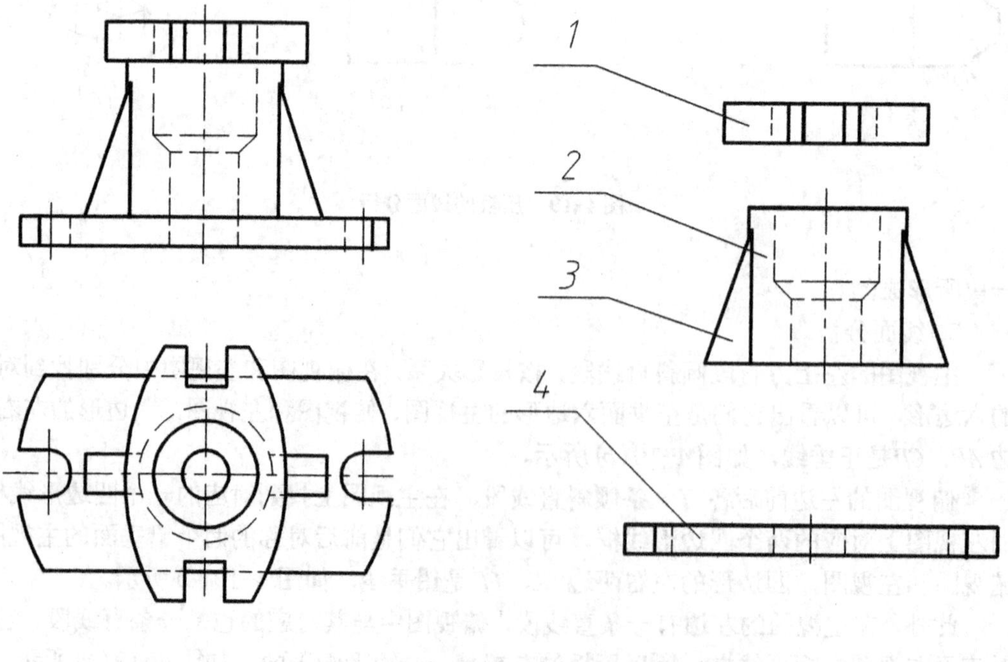

图 4-20　阀体的两视图及其形体分解

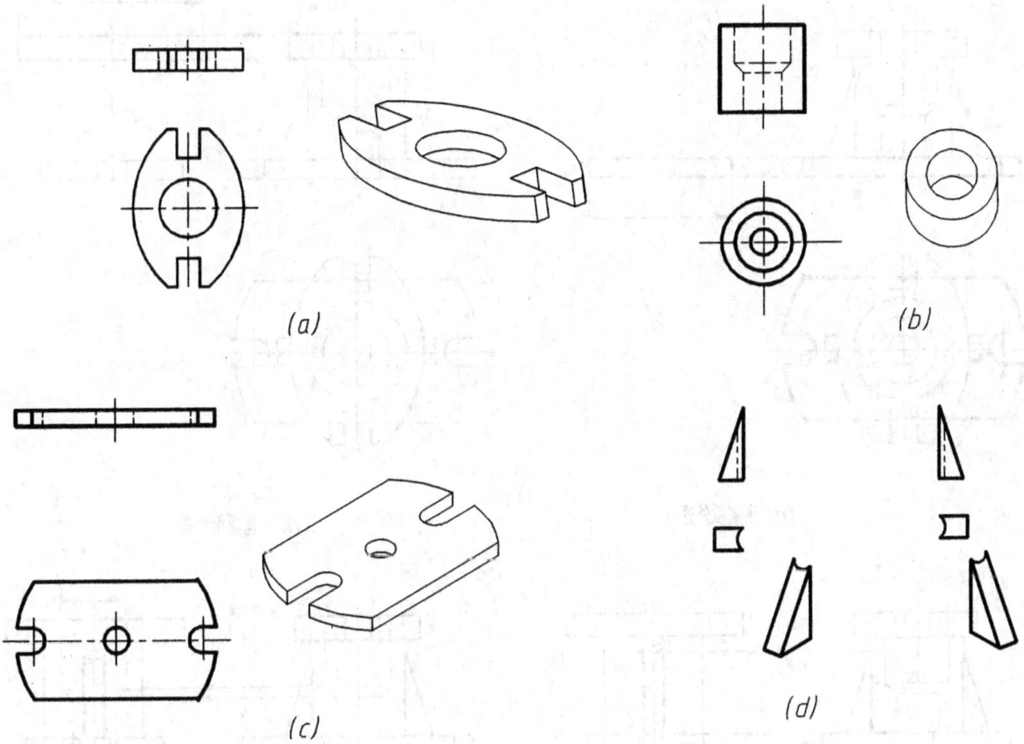

图 4-21　阀体的看图步骤

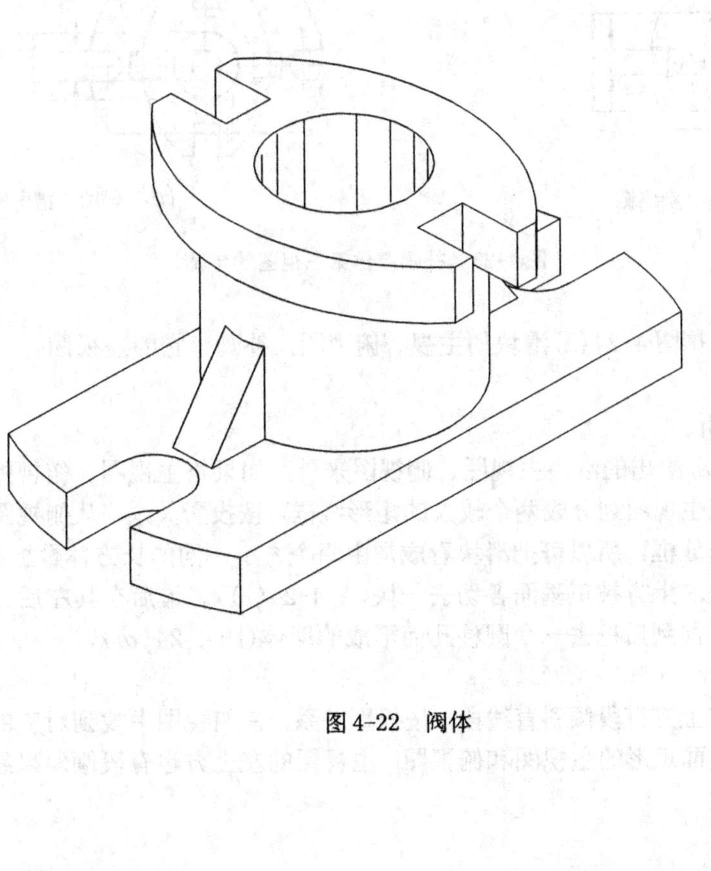

图 4-22　阀体

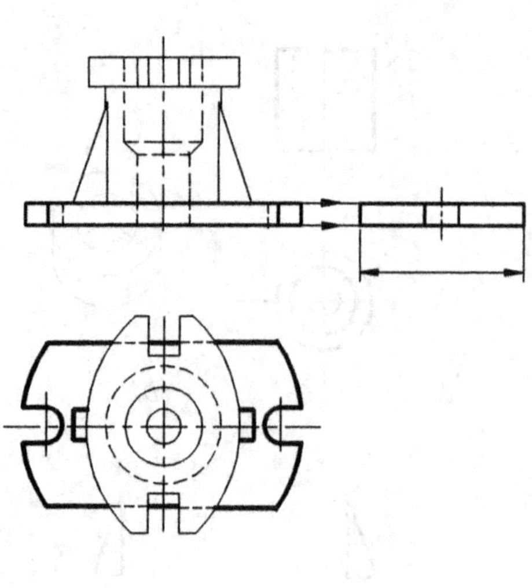

(a) 画底板外形

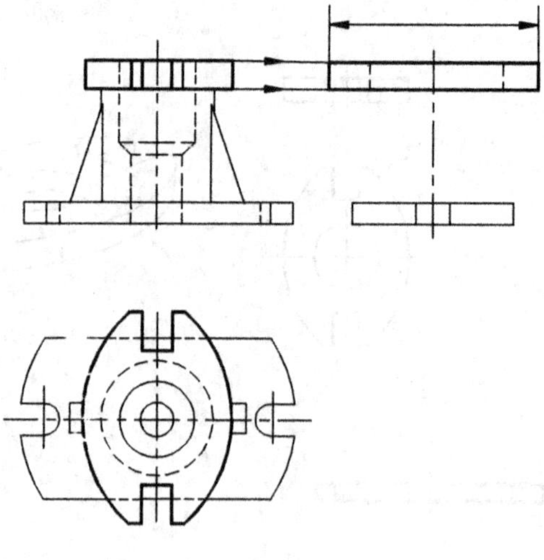

(b) 画顶板外形

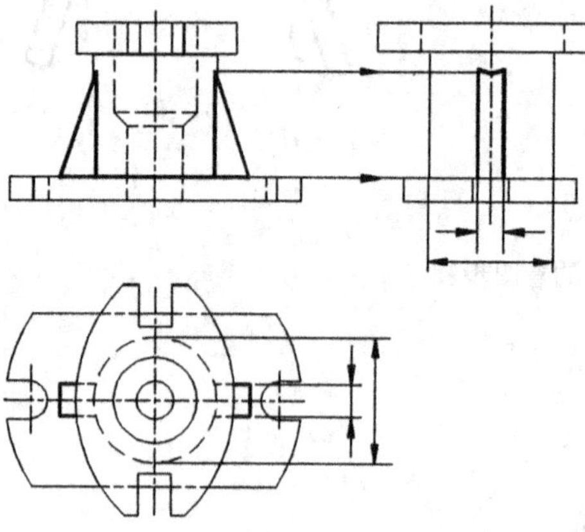

(c) 画圆筒外形和筋板

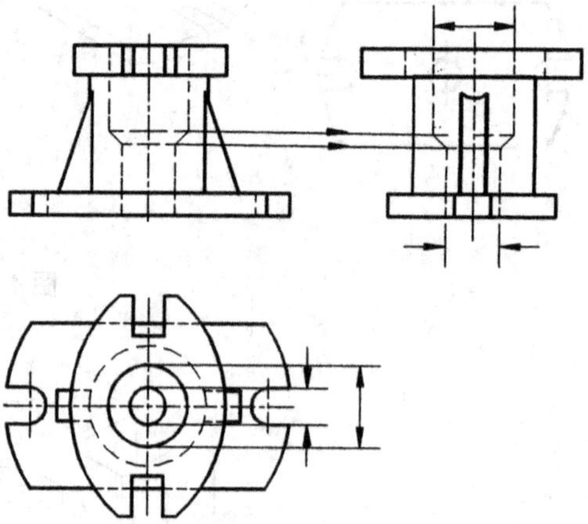

(d) 画出内腔的虚线，完成全图

图 4-23　补画阀体第三视图的步骤

例 4-3　根据图 4-24(*a*)滑块的主视、俯视图，补画出它的左视图。

解：

1. 形体分析

从图 4-24(*a*)给出的滑块主视图、俯视图来看，如果将主视图、俯视图添加一些双点划线，则可把主视图划分成两个较大的矩形线框，按投影关系，从俯视图中找到与之对应的两个矩形线框，所以可把滑块看成是由两个大小不同的长方体叠加起来(图 4-24(*b*))，然后在左右上方被正垂面各切去一块(图 4-24(*c*))。最后在其左后方从上到下开了一个凹槽，从前到后挖去一个圆柱孔而形成的形体(图 4-24(*d*))。

2. 线面分析

主视图的右上方有段倾斜直线段，按投影关系，在俯视图中找到对应的矩形，可以看出它们是正垂面矩形的主视图和俯视图；主视图的左上方也有段倾斜直线段，按投影关系，在俯视图中找到对应的六边形(假定凹槽尚未切去)，同样可看出它们是正垂面六边形的主视图和俯视图，该六边形的左右两边是正垂线 *AB*、*CD*；主视图的中间有一条水平的直线段，按投影关系在俯视图中找到与之对应的矩形，显然它们是水平面矩形的主视图与俯视图。

综合上述分析，可以想象出滑块的整体形状，如图 4-24(*d*)所示。随后即可画出它的左视图，其画图步骤如图 4-25 所示。

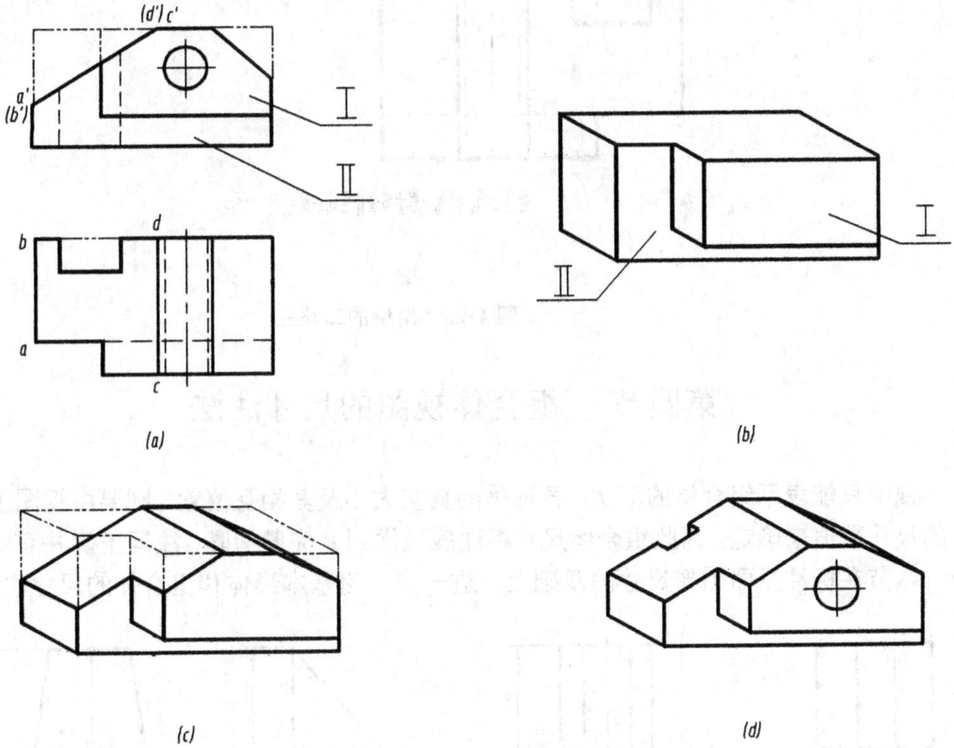

图 4-24　滑块的形体与线面分析

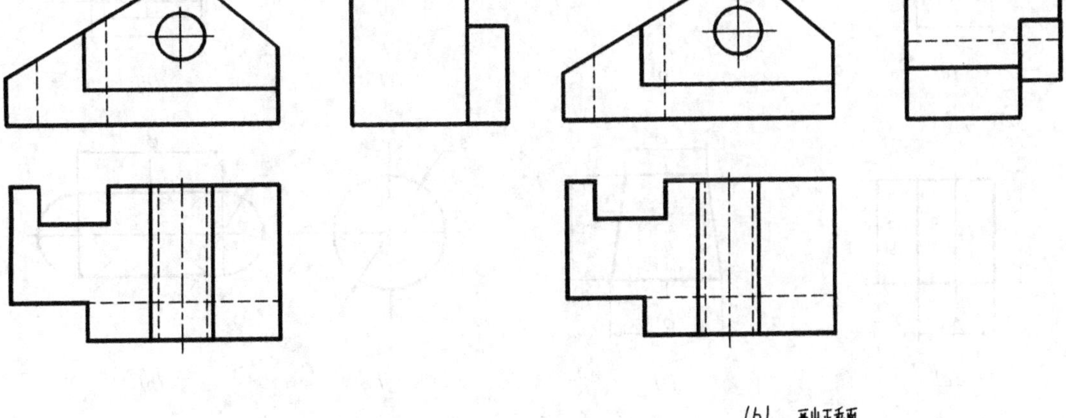

(a) 画出长方体　　(b) 画出正垂面

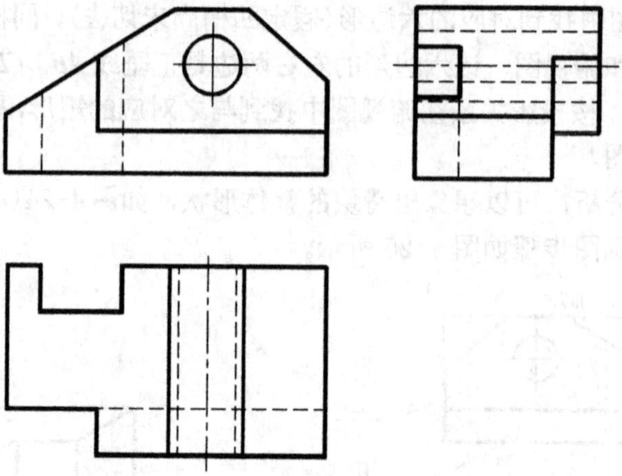

(c) 画出凹槽、圆孔，擦去多余作图线加深

图 4-25 滑块的二补三

第四节 组合体视图的尺寸注法

视图只能表示组合体的形状，各形体的真实大小及其相互位置，则要由视图上所标注的尺寸数值来确定。因此组合体尺寸标注应该做到：完整清晰，注写正确并有助于读图。本节在标注平面图形尺寸的基础上，进一步学习基本形体和组合体的尺寸注法。

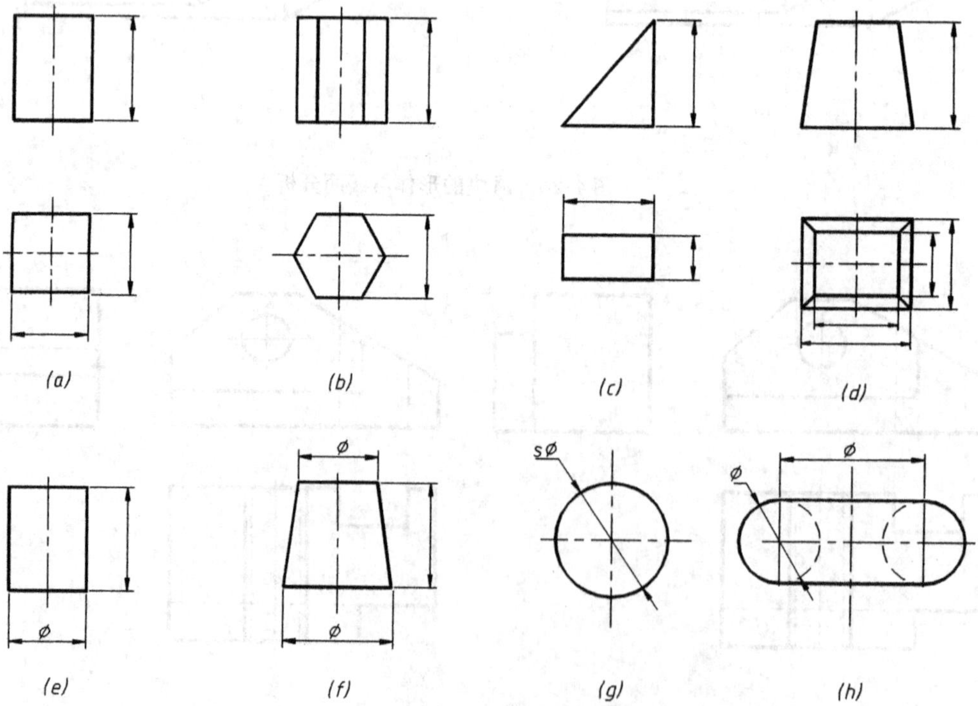

图 4-26 基本形体的尺寸注法

一、基本形体的尺寸注法

标注基本形体尺寸时，除必须遵守国家标准的有关规定外，还应结合各个形体的形状特点，标注适当数量的尺寸。

基本形体一般要标注出它的长、宽、高三个方向的尺寸，但并不是每一个形体都需要在形式上注全这三个方向的尺寸，如图4-26所示的一些基本形体中，长方体、三棱柱标注了长、宽、高，正六棱柱只需标注对边距离(或对角距离)以及标高，四棱台可标注上、下两底面和高度。对于圆柱、圆台等回转体，在不反映圆的视图上标注直径和高度，就能确定它们的形体和大小，其余的视图可省略不画，而对于圆球在直径 ϕ 或半径符号 R 前加注“S”就可以了，也只要画一个视图。

基本形体的尺寸标注都已定型，一般情况下不允许多注，也不可随意改变注法。图4-27所示为一些常见形体的尺寸注法。

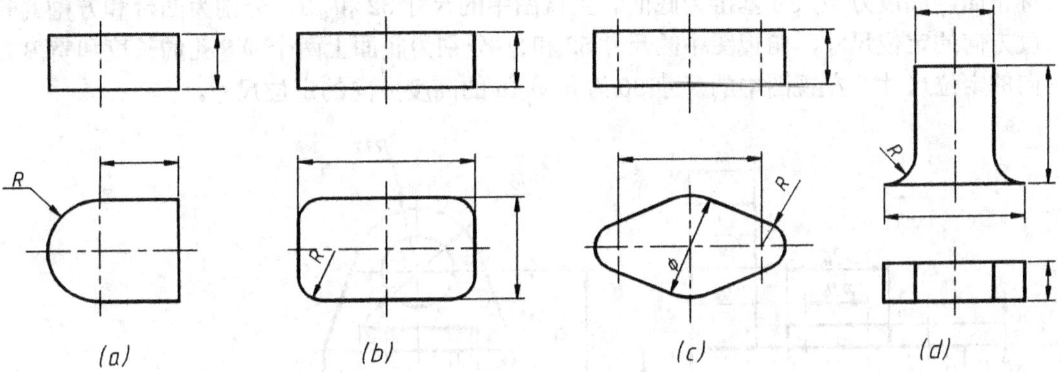

图4-27　常见形体的尺寸注法

二、带切口形体的尺寸注法

对于带切口的基本形体，除注出基本形体的尺寸外，还应注出确定截平面位置的尺寸，如图4-28所示，截平面对基本形体的相对位置确定以后，立体表面的截交线也就完全确定，因此不必标注截交线的尺寸，图中打“×”的属于不应标注的尺寸。

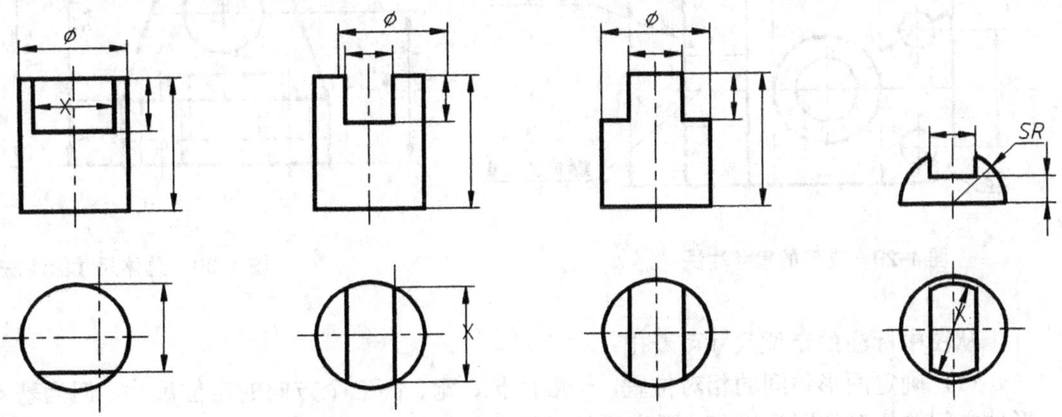

图4-28　带切口形体的尺寸注法

三、组合体的尺寸注法

组合体是由基本形体按一定的相对位置组合而成，因此，对于组合体应标注下列三种尺寸：

1. 定形尺寸

用于确定各基本形体的形状大小的尺寸。如图4-29底板的长60、宽42、高12和圆角半径R8等都是大小尺寸。

2. 定位尺寸

用于确定各基本形体之间相对位置的尺寸。标注定位尺寸时，必须在长、宽、高三个方向分别选出尺寸基准，以便确定各基本形体间的相对位置。所谓尺寸基准，即标注尺寸的起点。通常可选用组合体的底面、对称平面、重要端面和轴线作为尺寸基准。如图4-29所示支架视图尺寸中，长度方向尺寸基准为右端面，宽度方向尺寸基准为前后对称平面，高度方向尺寸基准为底面。主视图中的尺寸32和18，分别为凸台和方槽的长度方向的定位尺寸，俯视图中的尺寸52和26分别为底面上两个$\phi 8$孔的长度和宽度方向的定位尺寸，左视图中的尺寸30为孔$\phi 16$的高度方向的定位尺寸。

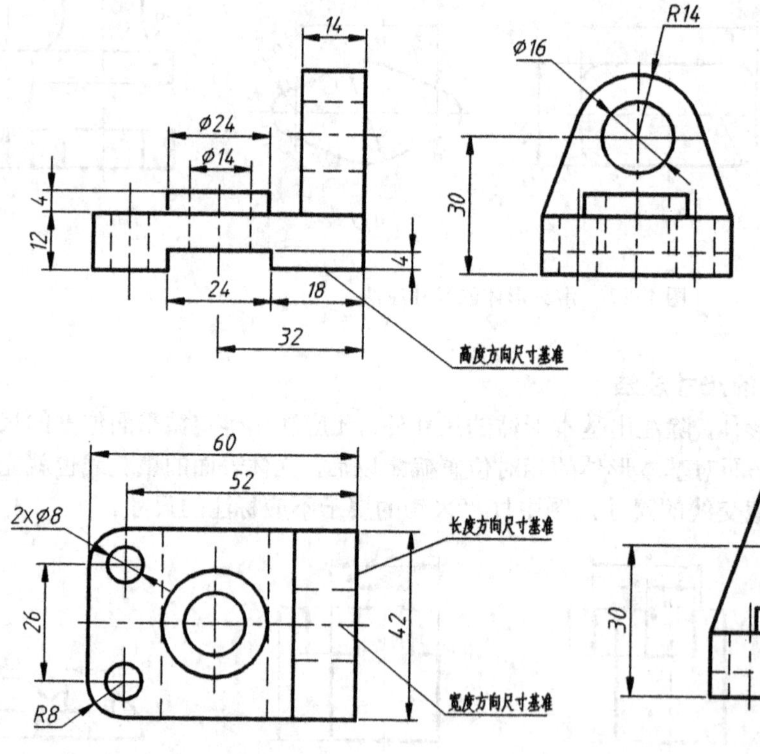

图4-29 支架的尺寸注法

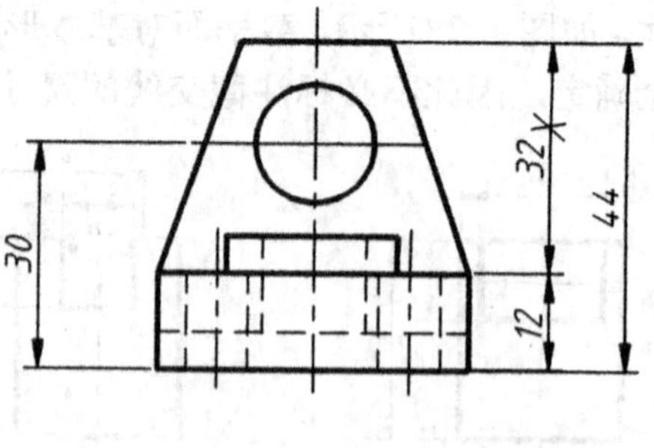

图4-30 总体尺寸的注法

从图中标注的定位尺寸可看出：

(1) 确定两形体间的相对位置，一般用长、宽、高三个方向的定位尺寸，但当基本形体之间的相对位置为堆积、平齐或处于组合体的对称面上时，在相应方向就可省略一个定位尺寸。

(2) 回转体的定位尺寸，必须直接确定其轴线的位置。

(3) 总体尺寸——确定组合体的总长、总宽、总高的尺寸。标注总体尺寸时应注意：

①在标注各基本形体的定位尺寸和定形尺寸时，已经标出总体尺寸，或在图上已能比较明显地得出总体尺寸，不再另行标注，如图4-29中底板的大小尺寸60和42兼有总长尺寸和总宽尺寸的作用。

②当组合体的一端为同心孔的回转体时，该方向的总体尺寸一般不注，如图4-29中未注总高尺寸。如果支架的顶面不是圆柱面而是平面，其左视图如图4-30所示，就应标注总高44，这时在高度方向就产生多余尺寸，必须在此方向上少注一个定形尺寸，图中打“×”的尺寸32就不应注出。

标注组合体尺寸的一般步骤：首先对组合体进行形体分析，并确定该组合体的长、宽、高三个方向的尺寸基准，然后，逐个标注出各基本形体的定形尺寸和定位尺寸，再调整一下总体尺寸，最后检查。

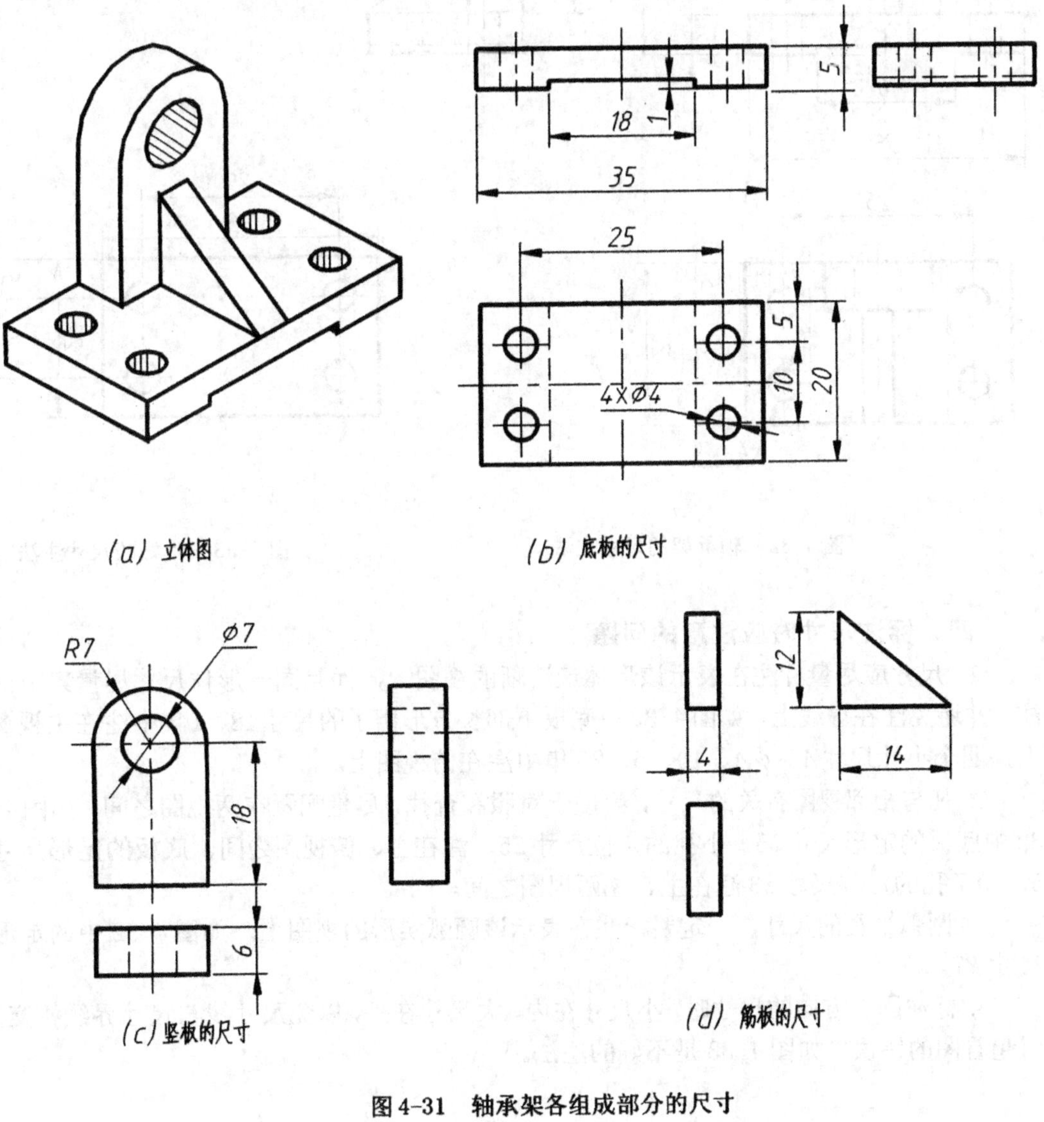

图4-31 轴承架各组成部分的尺寸

图 4-31 表示轴承架进行形体分析后，各组成部分应标注的尺寸。

图 4-32 表示轴承架的尺寸注法。

组合体各部分合在一起后，标注尺寸时必须充分考虑局部与整体的关系，不能照搬上面各部分分开的尺寸注法。例如注出了底板的宽度 20 和竖板的厚度 6，则肋板的底边尺寸 14 就省略不注；半圆端竖板的圆孔 ϕ 7 的定位尺寸 18 原来是以竖板的底面为基准的，此时应改用轴承架底面为该定位尺寸 23 的基准，轴承架的总高尺寸应省略不注。

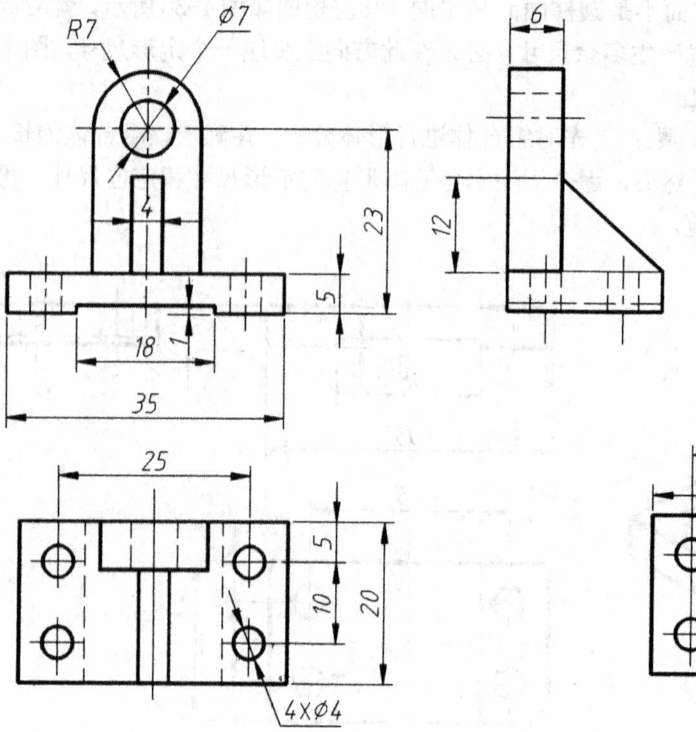

图 4-32　轴承架的尺寸注法

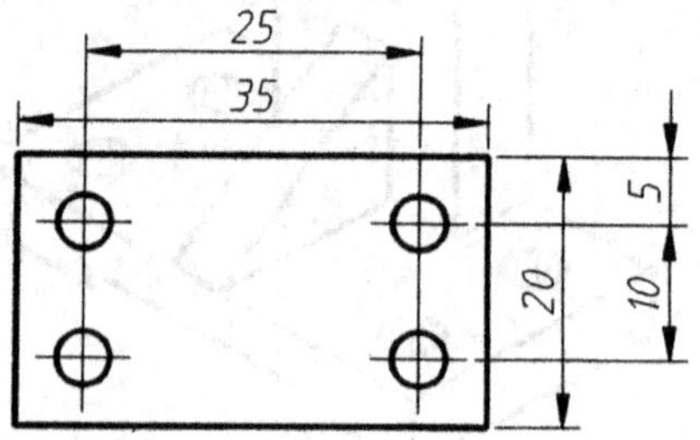

图 4-33　不好的尺寸注法

四、标注尺寸时应注意的问题

1. 尺寸应尽量标注在表示该形体最清晰的视图上，而且同一形体尺寸尽量集中标注，并避免注在虚线上，如图 4-32 中底板下部长方形槽子的尺寸 18、1 集中注在主视图上，四个小孔尺寸 4 ×ϕ 4、10、5、25 集中注在俯视图上。

2. 凡与相邻视图有关的尺寸，为便于对照和查找，尽量配置在两视图之间，如图 4-32 中底板的定形尺寸 35，小孔的定位尺寸 25，注在主、俯视图之间，底板的定形尺寸 5，ϕ 7 孔的定位尺寸 23 注在主、左两视图之间。

3. 圆弧半径的尺寸，一定要标注在表示该圆弧实形的视图上，如图 4-32 中的定形尺寸 *R*7。

4. 标注同一方向的尺寸时，小尺寸在内，大尺寸在外，以免尺寸线与尺寸界线相交，引起看图的错误，如图 4-33 是不好的注法。

五、几种底板的尺寸注法(图4-34)

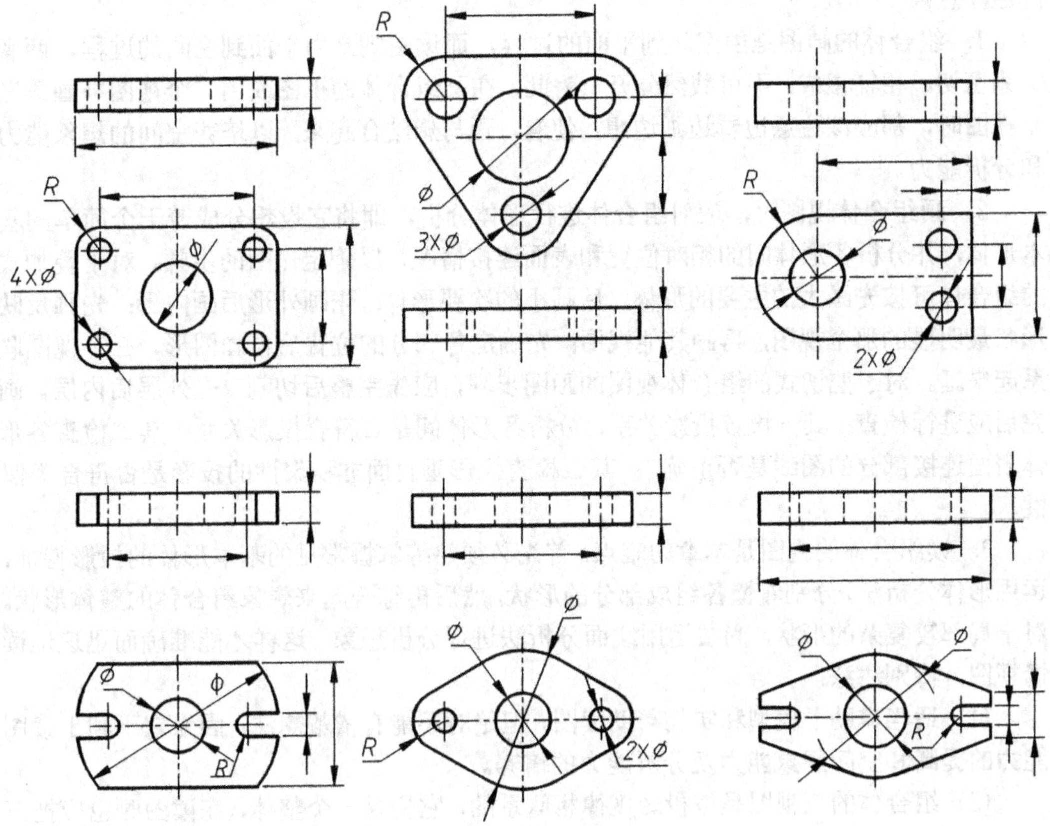

图4-34　几种底板的尺寸注法

[自学指导]

一、学习目的和要求

本章主要介绍组合体视图的画法和读法以及尺寸标注的基本方法。通过学习应达到下列要求:

1. 应熟练地掌握画组合体视图的方法、步骤。
2. 能按国家标准规定，完整、清晰地在视图上标注出组合体的尺寸。
3. 很好地掌握读组合体视图的方法，并能根据组合体的二个已知视图补画出第三个视图。

二、学习方法

组合体视图的画法、读法及尺寸注法是本章的重点，也是本课程中最重要的基础知识之一。因此，必须高度重视，努力学好。学习读图和画图的关键是掌握好形体分析法及线面分析法，它贯穿于本课程的始终，只有通过反复实践和运用，才能真正掌握。为此应注意：

1. 组合体的画图是由空间到平面的过程，而读图则是由平面到空间的过程，两者关系密切，相辅相成，不可截然分开。为此，在画组合体的视图或由二个视图补画第三个视图时，都应该注意边看边画边想，使看、画与想结合起来，以培养空间的想象能力和分析能力。

2. 画组合体视图时，应对组合体进行形体分析，即将它设想分成若干个简单的基本形体，并分析各形体间的相对位置和表面连接情况，以确定作图的步骤。对于叠加式的组合体可按先画大的主要的形体，后画小的次要形体；先画外形后画内形；先画反映形状最明显的那个视图，再画其他视图；先确定各部分的位置后再画图形，三个视图联系起来画。对于挖切式的组合体视图的画图步骤，应先完整后切割，先外层后内层。画完后应进行检查：其一检查投影关系，分析各形体间是否符合投影关系；其二检查各形体表面连接部分的图线是否正确 ；其三检查投影垂直面非积聚性的投影是否符合类似性。

3. 读组合体的视图是本章的难点。首先必须熟练掌握常见的基本形体的投影特征，运用形体分析法，分别看懂各组成部分的形状，然后再综合起来想象组合体的整体形状。对于局部较复杂的形状，尚要运用线面分析法进行分析想象，这样才能准确而迅速地读懂视图，特别注意：

(1) 适当借助于模型和实物帮助读图，但绝对不能有依赖想法，因为它不利于读图能力的提高和空间想象能力及分析能力的培养。

(2) 组合体的三视图是按投影规律相联系的，它们是一个整体，在读图时也应把三个视图联系起来看，不能把每个视图孤立起来。因为一个视图是不能确定其形状的。

(3) 除掌握基本看图方法外，尚要进行大量的读图练习，通过读图的反复实践，才能不断提高看图能力和速度。

4. 组合体尺寸标注应正确、清晰、完整，其重点是完整。为此应注意：

(1) 熟练掌握常见的基本形体的尺寸标注方法。

(2) 学会用形体分析法来标注尺寸，避免一个视图、一个视图互相割裂和无次序地标注尺寸。标注后应仔细检查一遍。一般的按所标注的尺寸能否将图形画出来检查。若能画出来，则所注尺寸的遗漏和重复的可能性会大大地减少，即比较完整。

(3) 在尺寸标注的反复练习中，善于不断总结掌握一些常见的习惯性的尺寸标注形式，并紧密联系前面所学的国家标准中尺寸注法的有关规定及平面图形尺寸注法，不断提高尺寸标注能力，为图样上的尺寸标注打下坚实的基础。

[练习题]

4-1 根据轴测图找出对应的三视图，将对应的轴测图号码填写在视图的括号内。

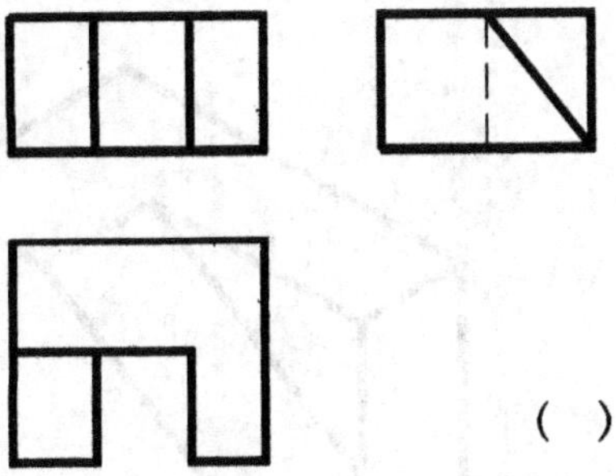

(　)

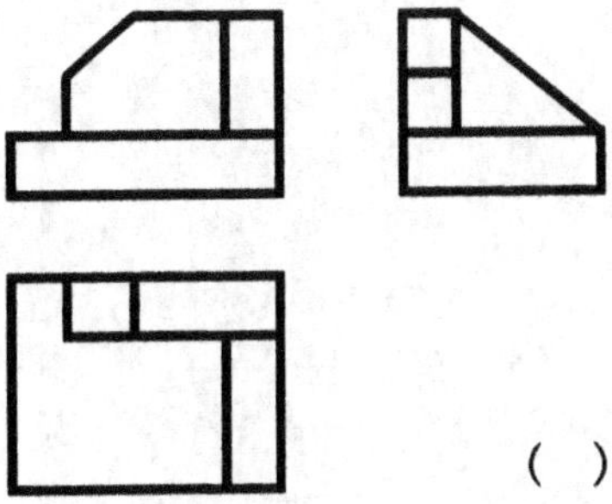

(　)

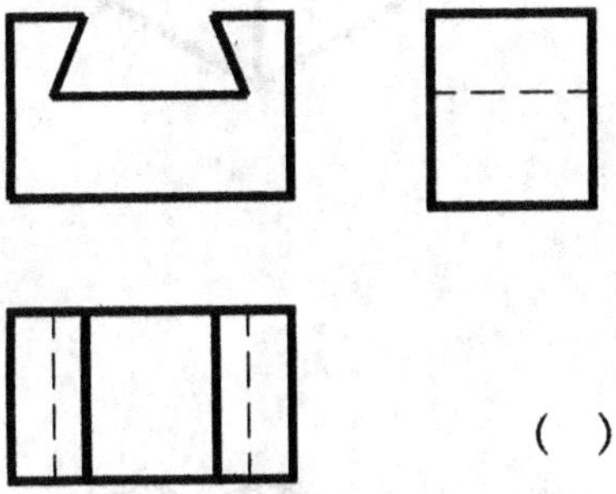

(　)

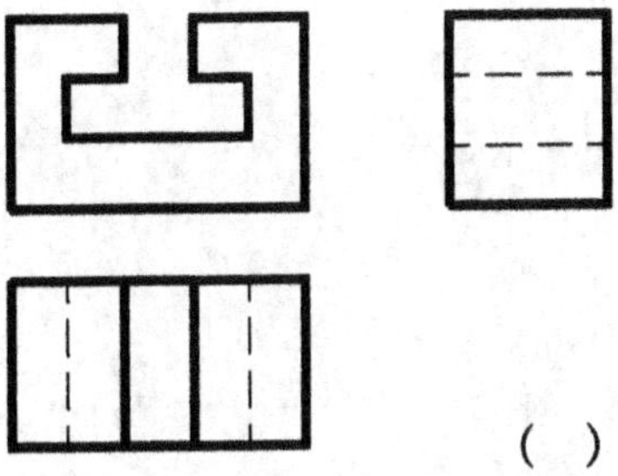

(　)

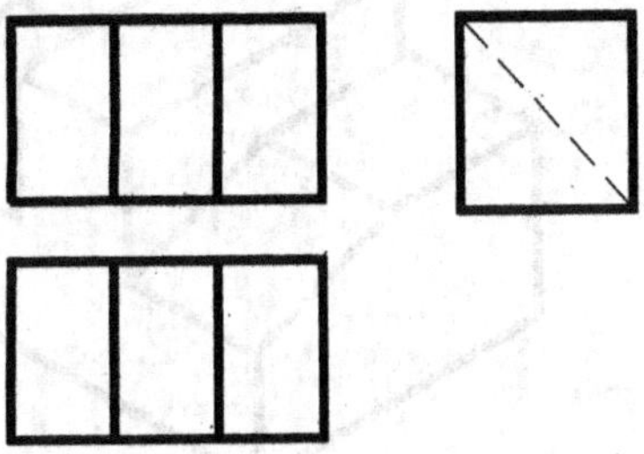

(　)

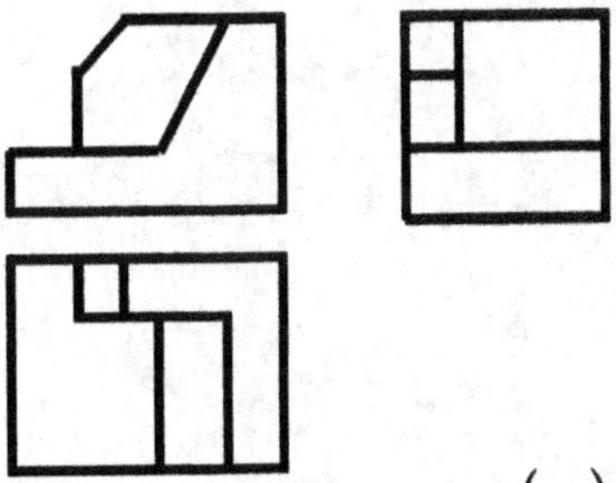

(　)

(1)

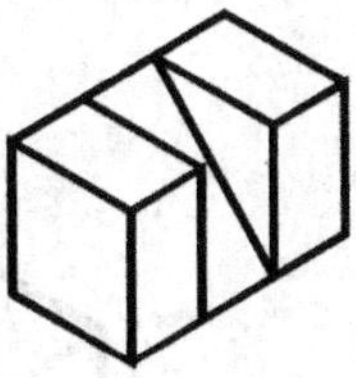

(2)

(3)

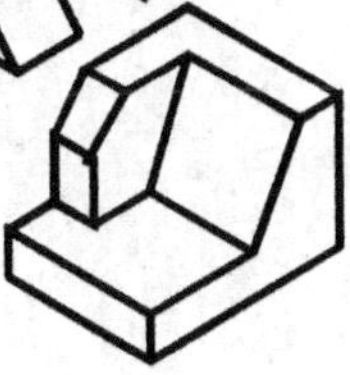

(4)

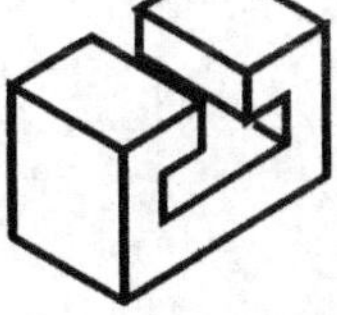

(5)

(6)

4-2 根据轴测图，按 1∶1 的比例，画出立体的三视图。

1)

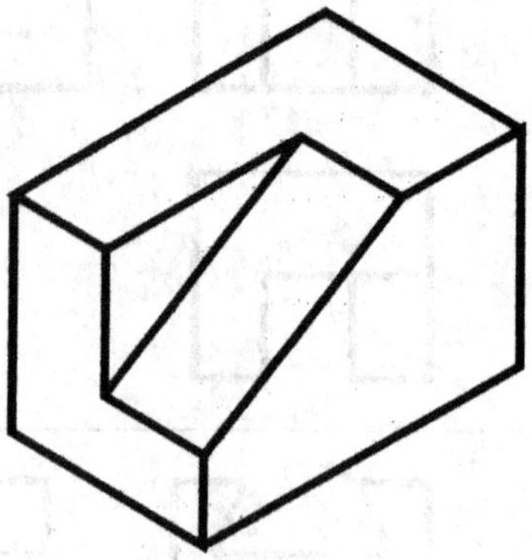

2)

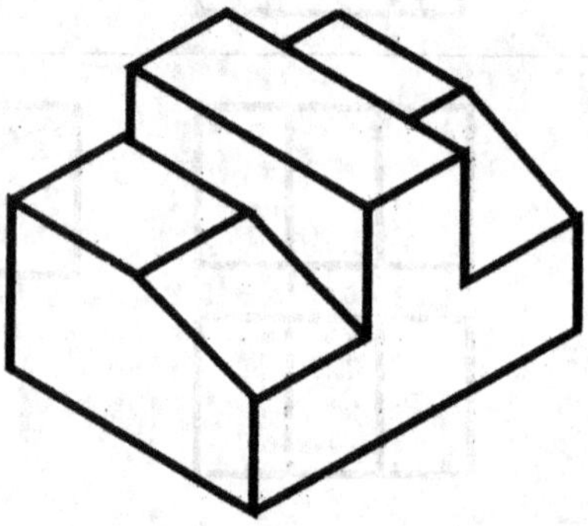

3)

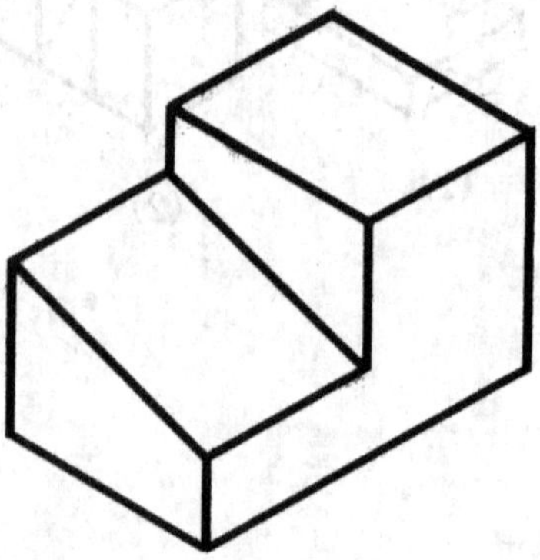

4)

5)

6)

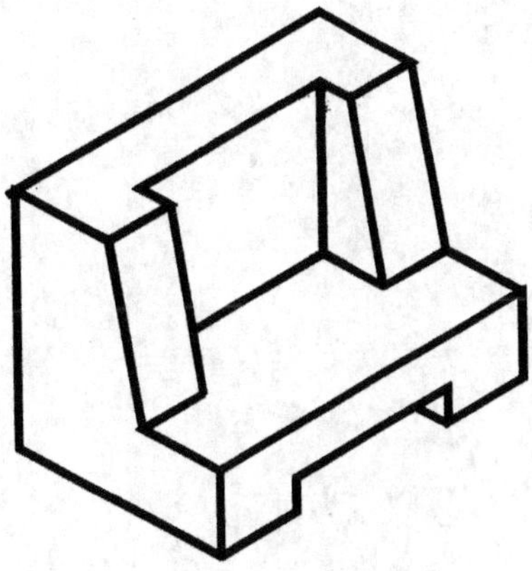

7)

8)

9)

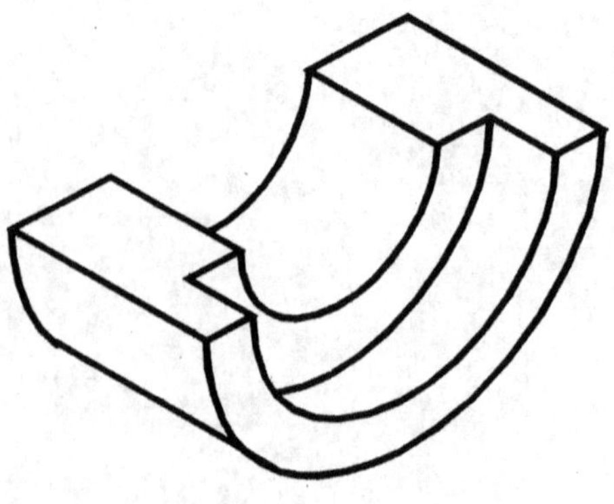

10)

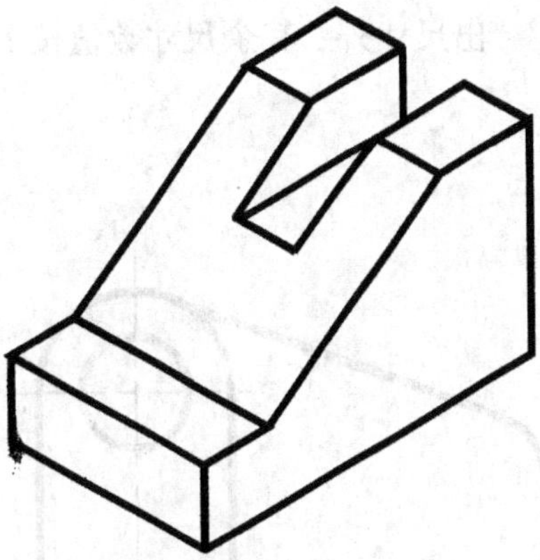

11)

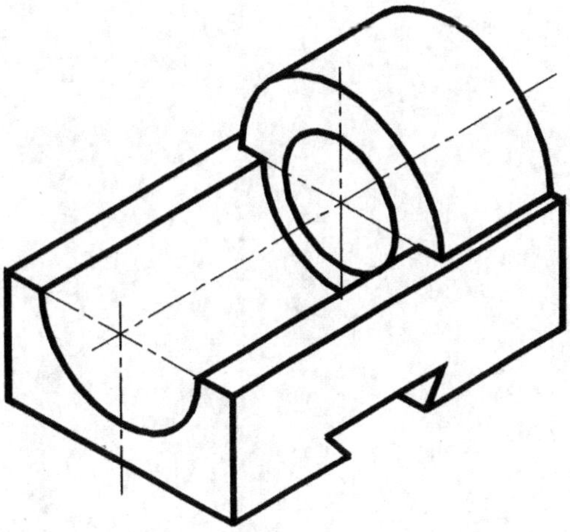

12)

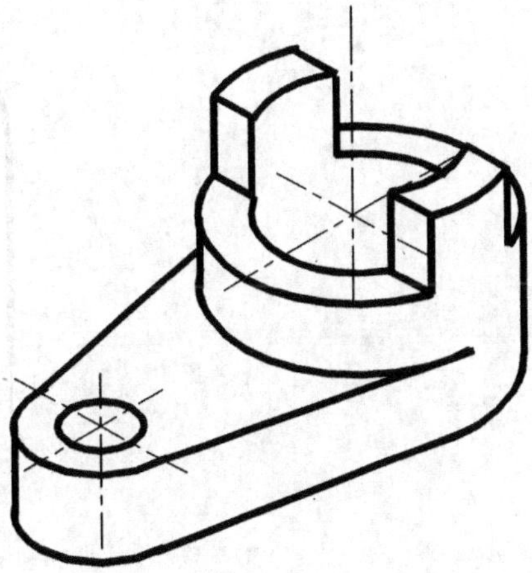

4-3 根据立体的主视图、轴测图和尺寸，画出左、俯视图，并标注尺寸(除轴测图中给出尺寸外，其余尺寸数值按 1:1 从主视图上量取，并取整)。

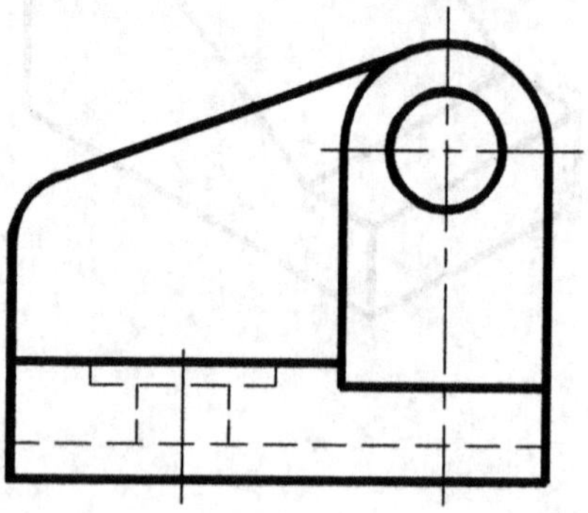

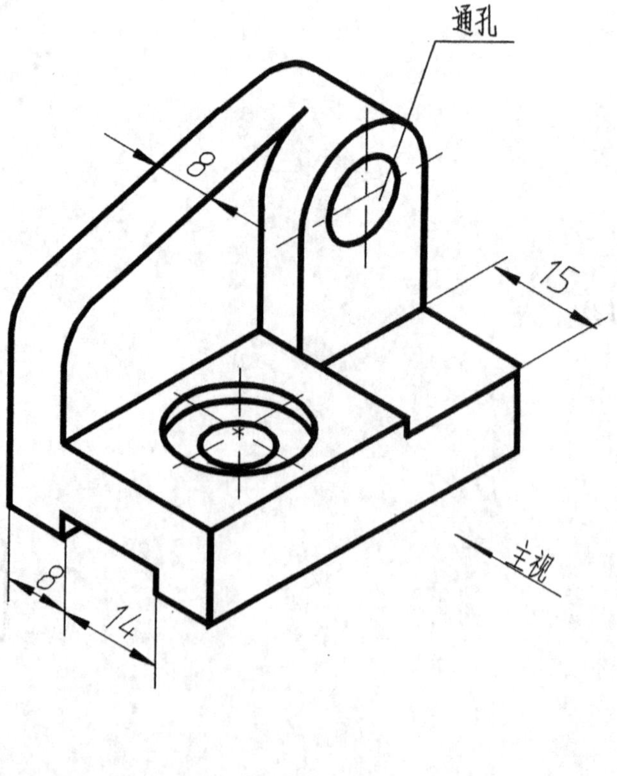

4-4 根据立体的俯视图、轴测图和尺寸，画出主、左视图，并标注尺寸(除轴测图中给出的尺寸外，其余尺寸数值按 1:1 从俯视图上量取，并取整)。

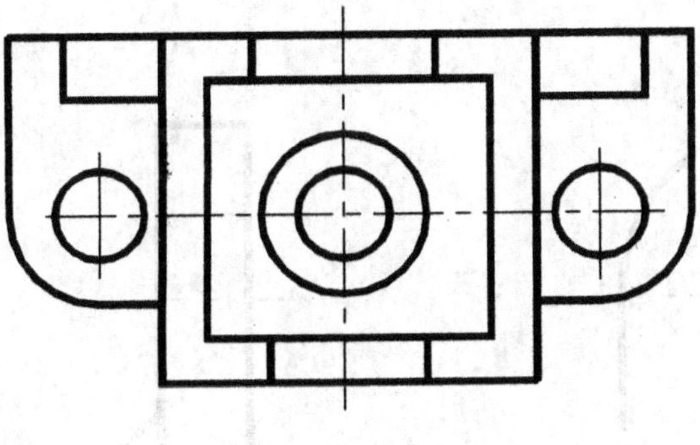

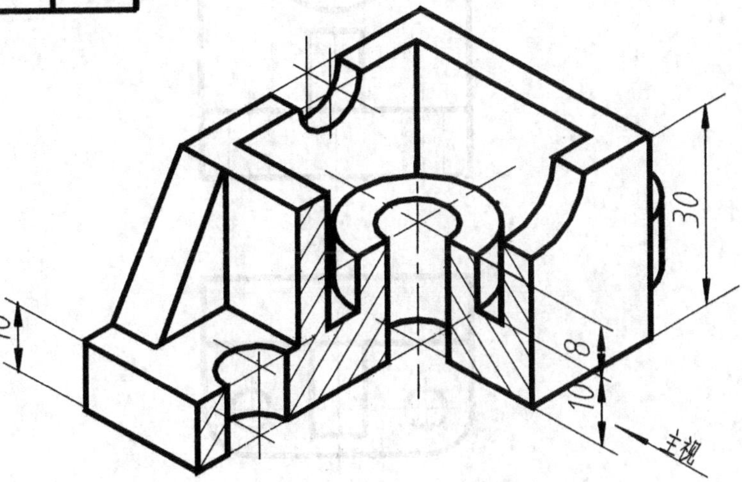

4-5 标注下列立体的尺寸，尺寸数值按 1∶1 从图上量取，并取整。

1)

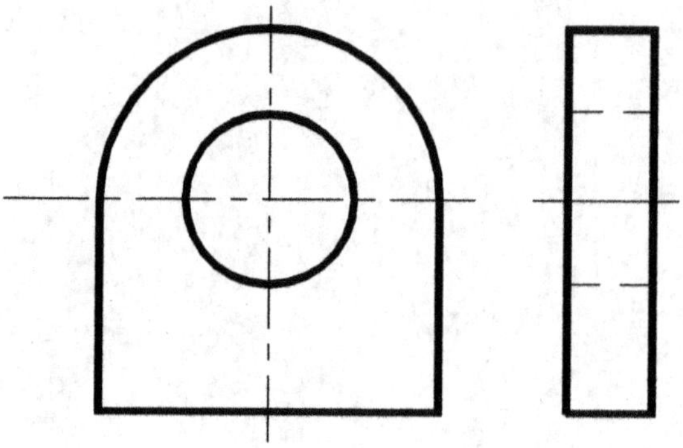

(a)

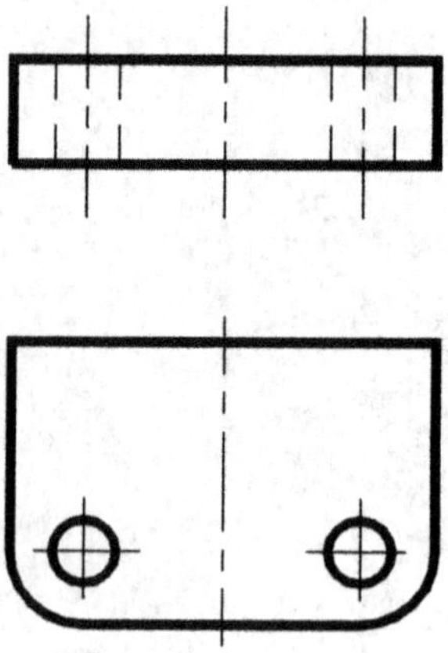

(b)

(c)

2)

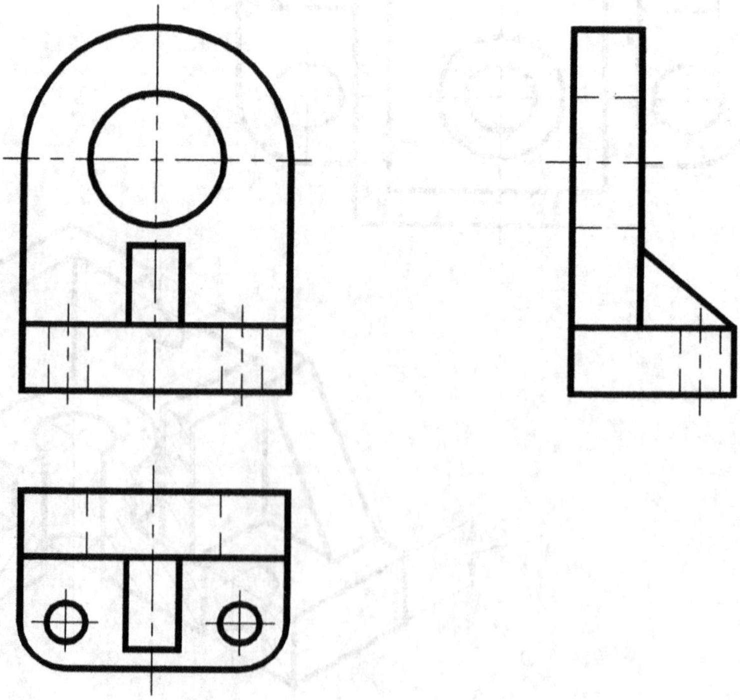

4-6 标注下列立体的尺寸，尺寸数值按1：1从图上量取，并取整。

1)

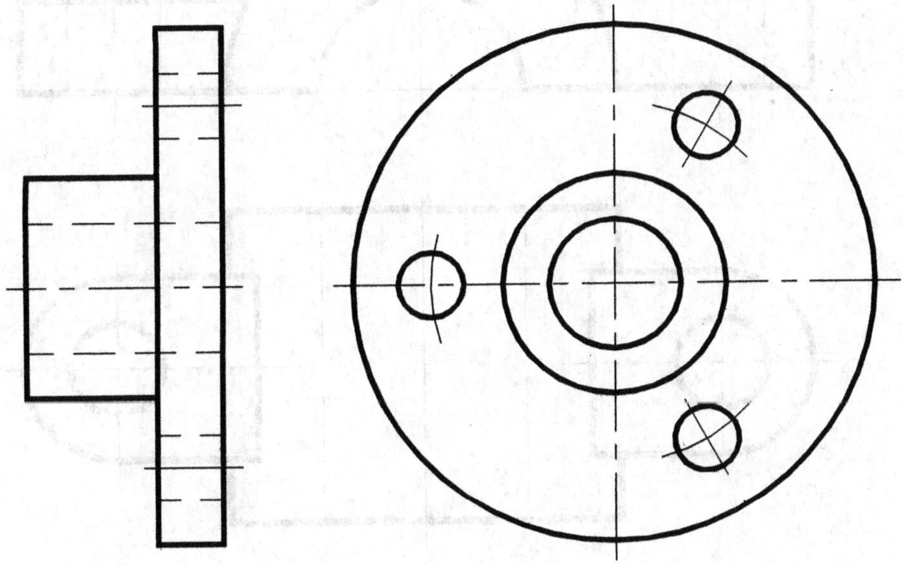

2)

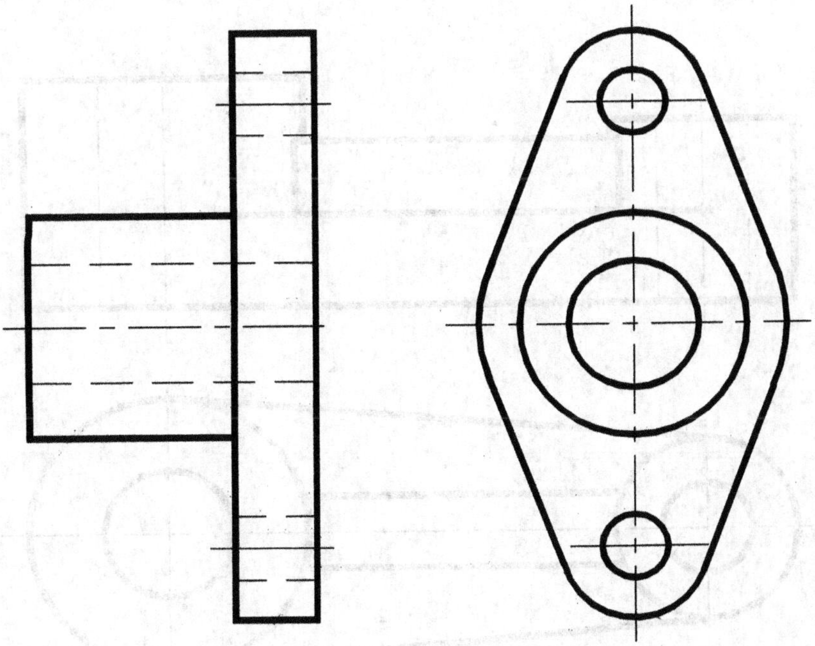

3)

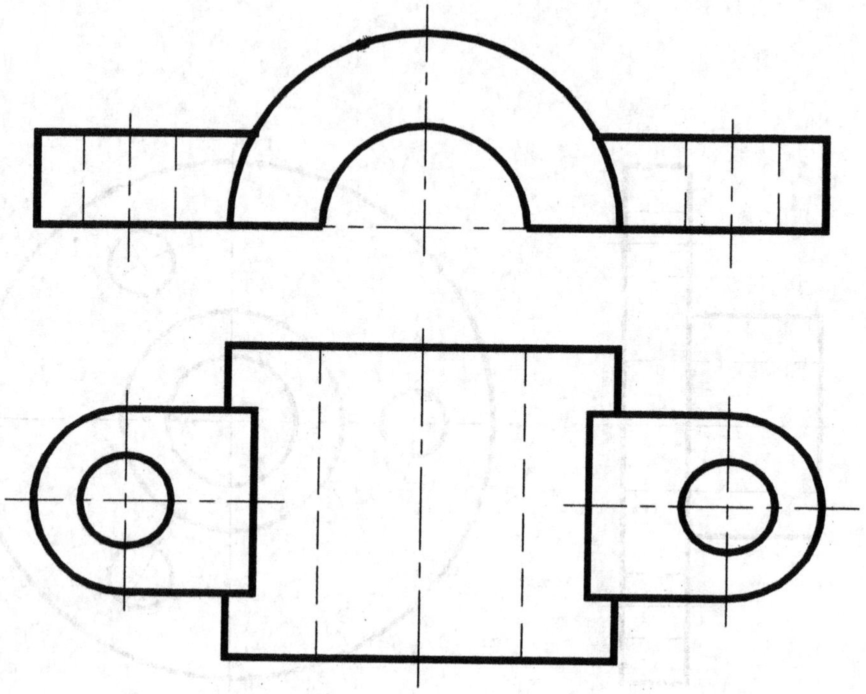

4)

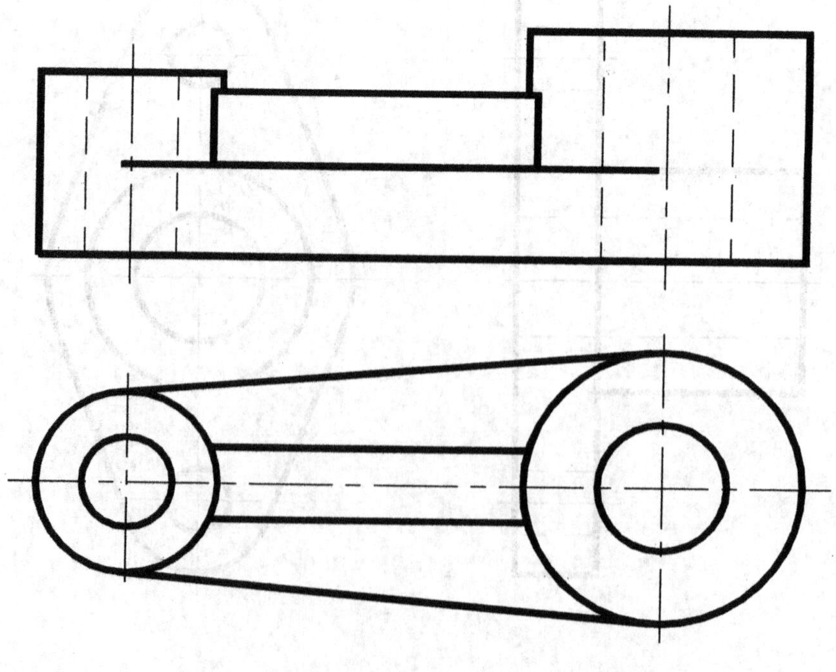

4-7 注写视图上遗漏的尺寸。

1)

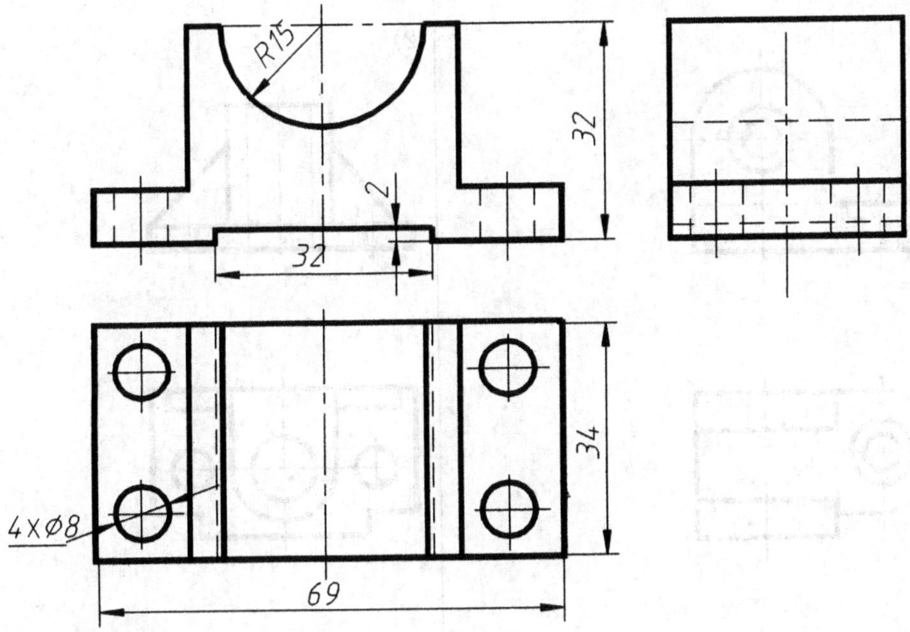

2)

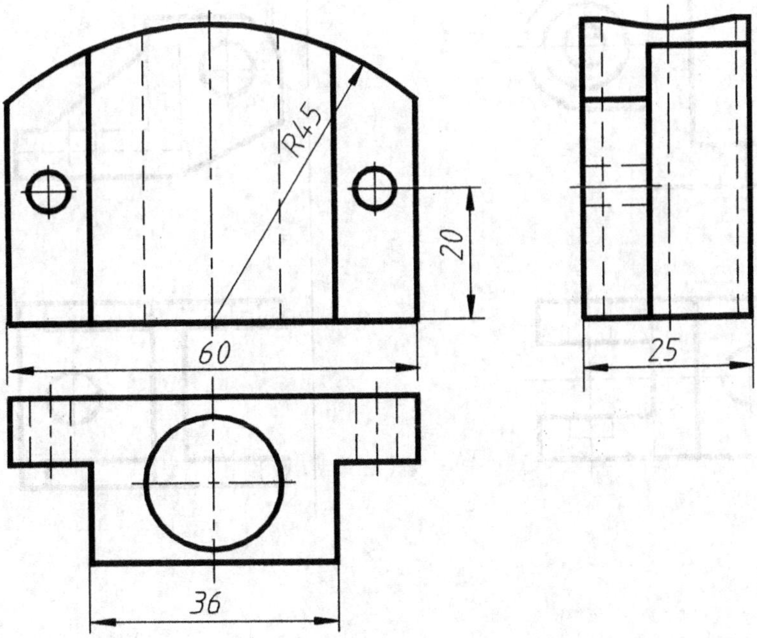

4-8 已知两视图，补画第三视图。

1)

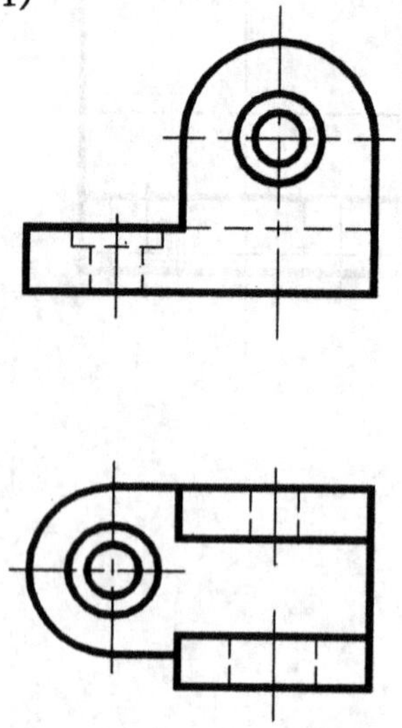

2)

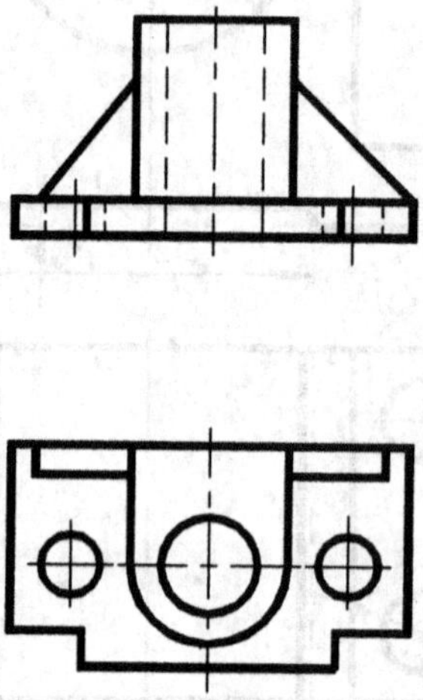

3)

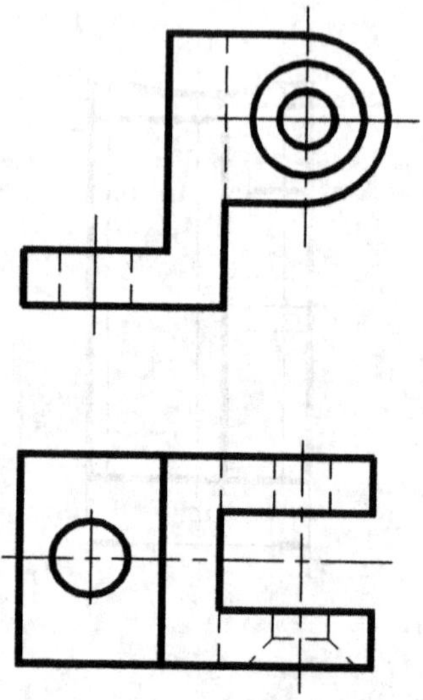

4)

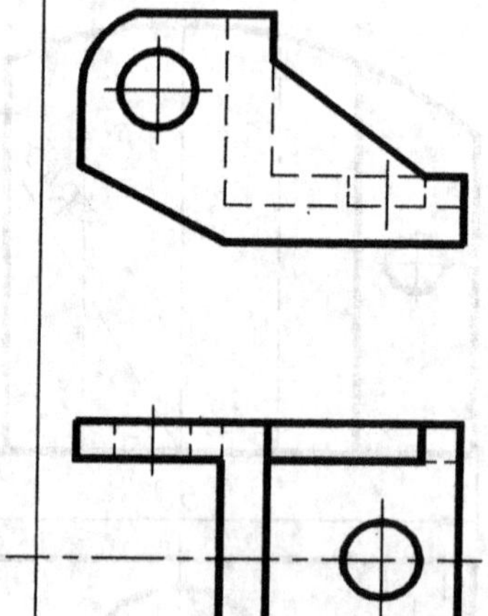

5)

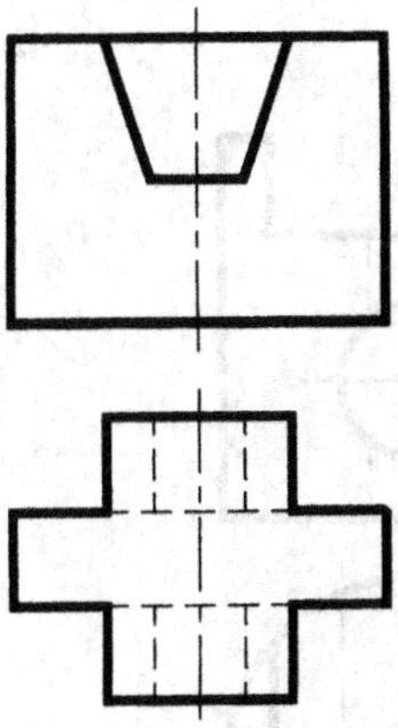

6)

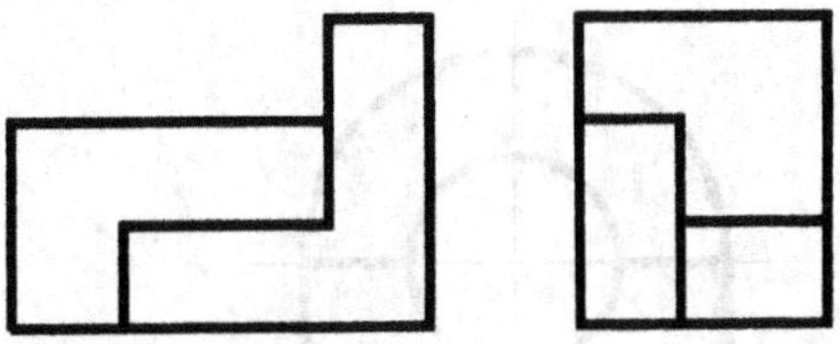

7)

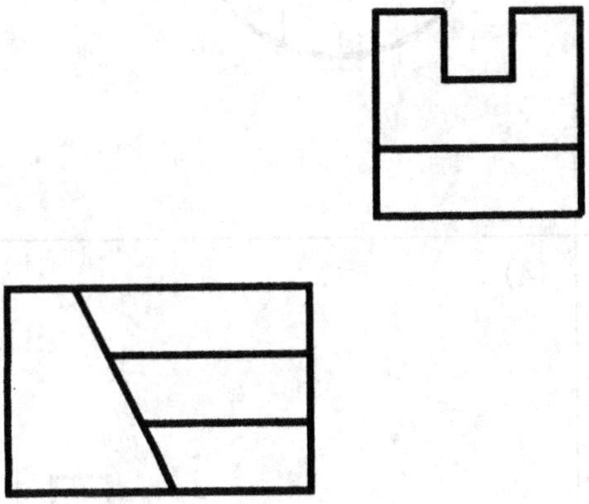

8)

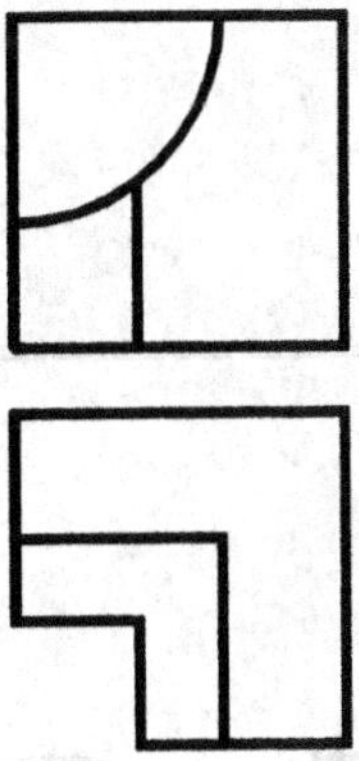

9)

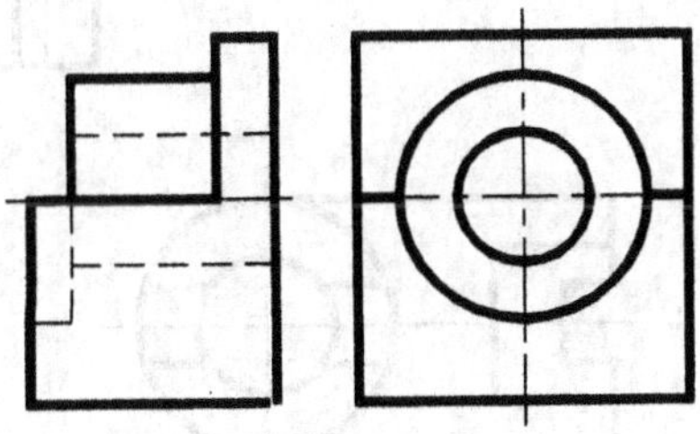

10)

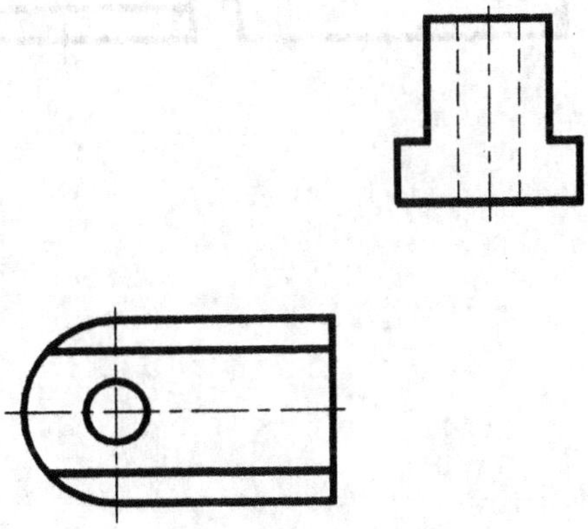

11)

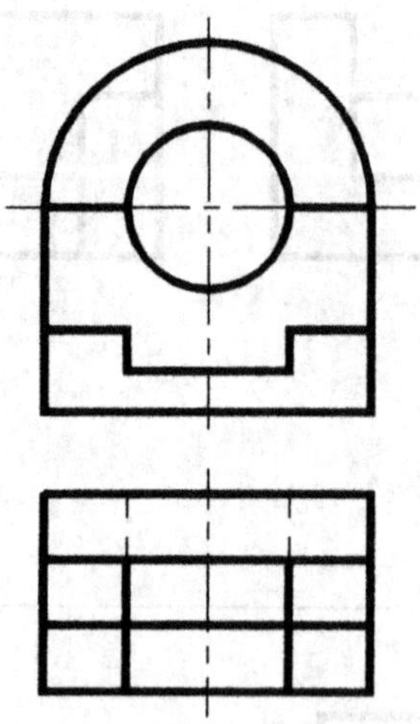

12)

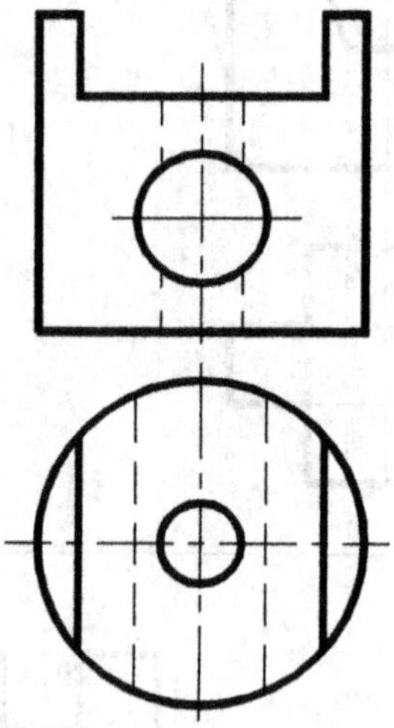

13)

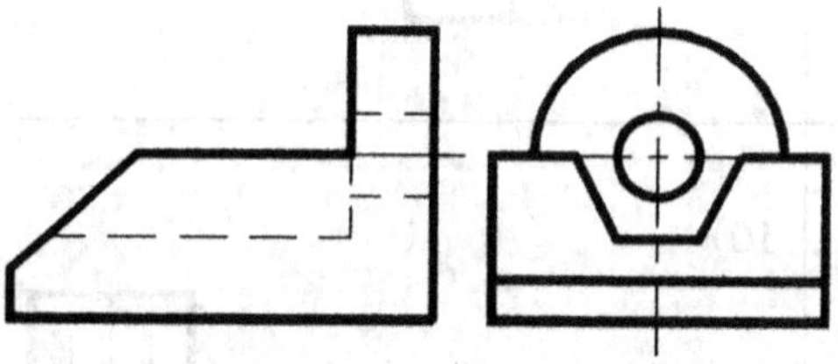

14)

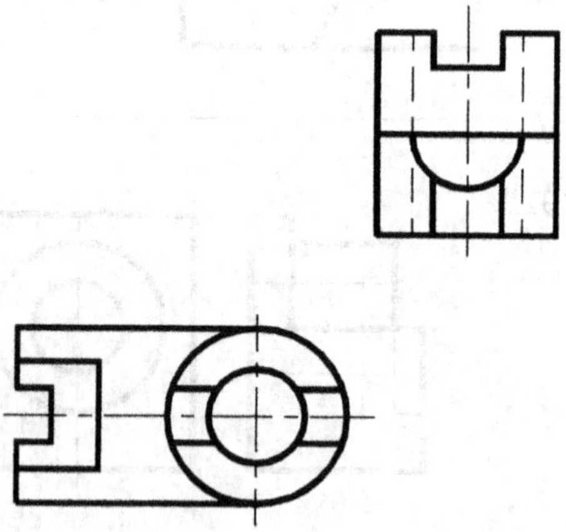

4-9 201作业:作业内容——按2:1在A3幅面的图纸上画出本页或下页立体的三视图，并标注尺寸(尺寸数值按1:1从图上量取，并取整)。图名——组合体的视图；图号——201。

1）

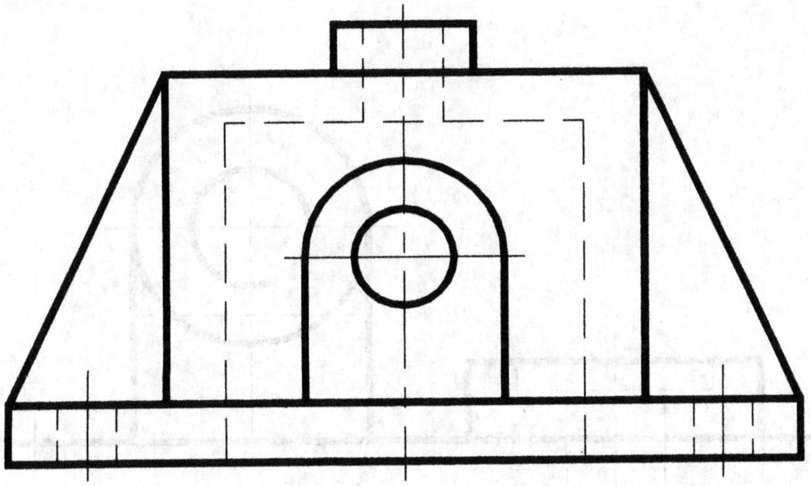

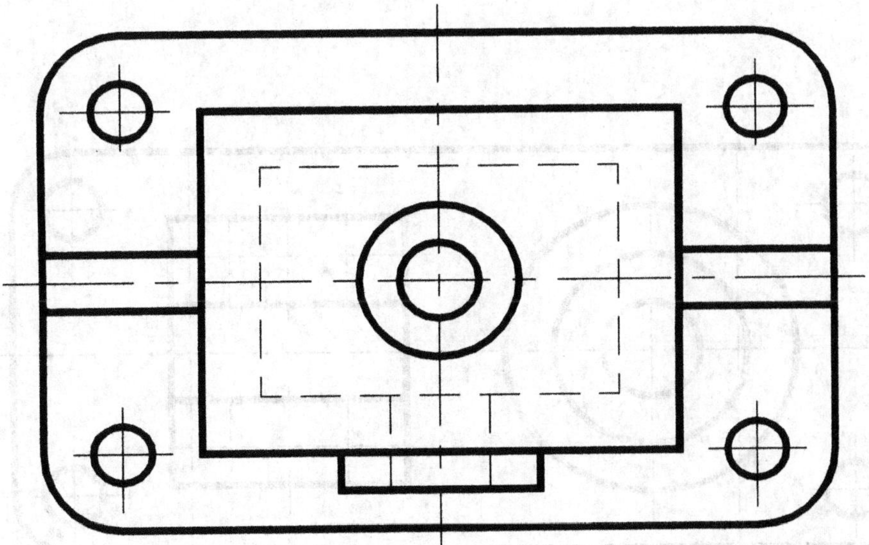

2)

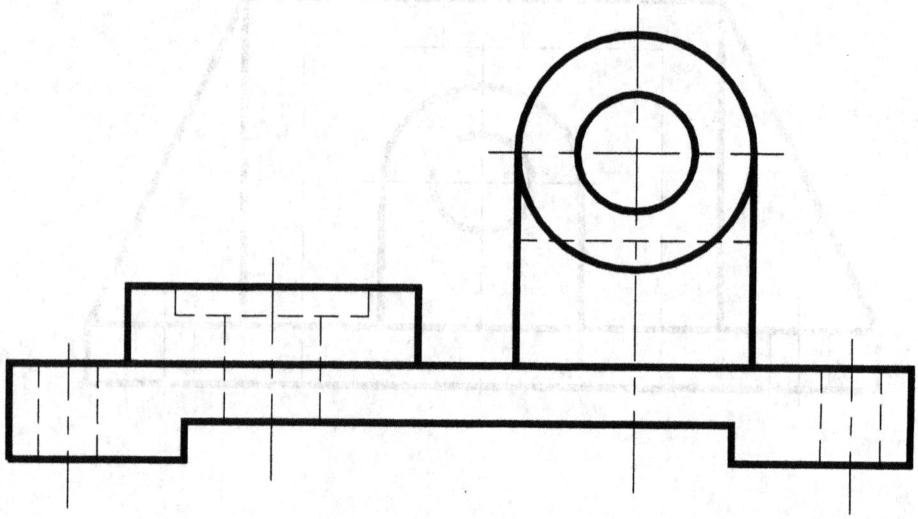

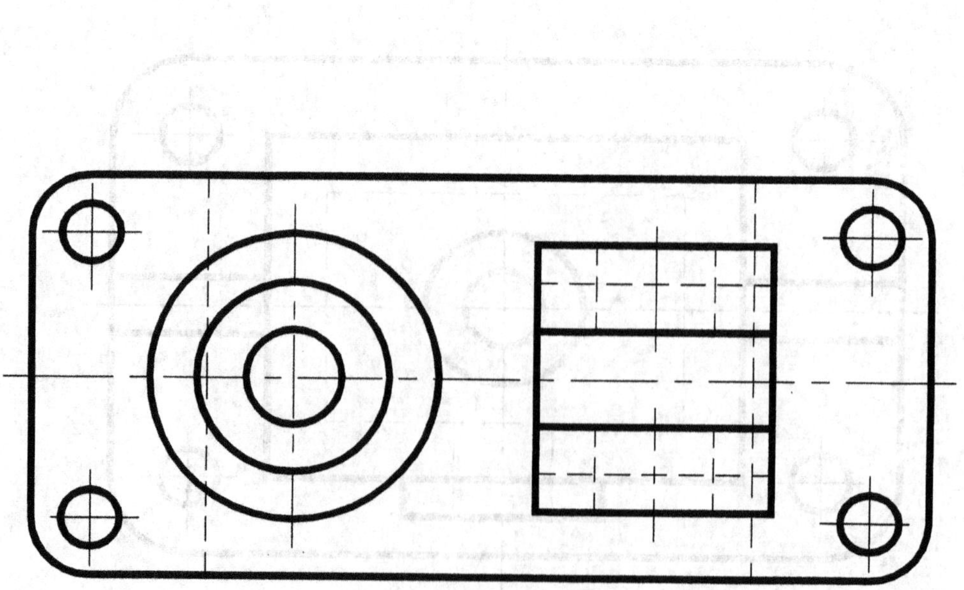

第五章　轴测图

轴测图是一种能同时反映物体长、宽、高三个方向形状的单面投影图，直观性强，一般都能看懂，但不能同时反映各表面的真实形状和大小，所以度量性差，对于形状比较复杂的物体不易表达清楚，作图又麻烦，常用作辅助性图样。

第一节　轴测图的基本知识

一、轴测图的形成和投影特性

图5-1所示，长方体的正面投影只能反映长和高，水平投影只能反映长和宽，所以都缺乏立体感。

如果在适当的位置设置一个投影面P(轴测投影面)，并选取适当的投影方向S(轴测投影方向)，将长方体连同确定其空间位置的直角坐标系，按S方向用平行投影法，一并投影到平面P上，所得到的投影图，称为轴测图。

由于轴测图是用平行投影法得到的，所以它具有平行投影的一切特性，特别是：

1. 物体上互相平行的线段，它们在轴测图上仍互相平行。
2. 物体上两平行线段或同一直线上的两线段长度之比值，在轴测图上保持不变。
3. 物体上平行于轴测投影面的直线和平面，在轴测图上反映实长和实形。

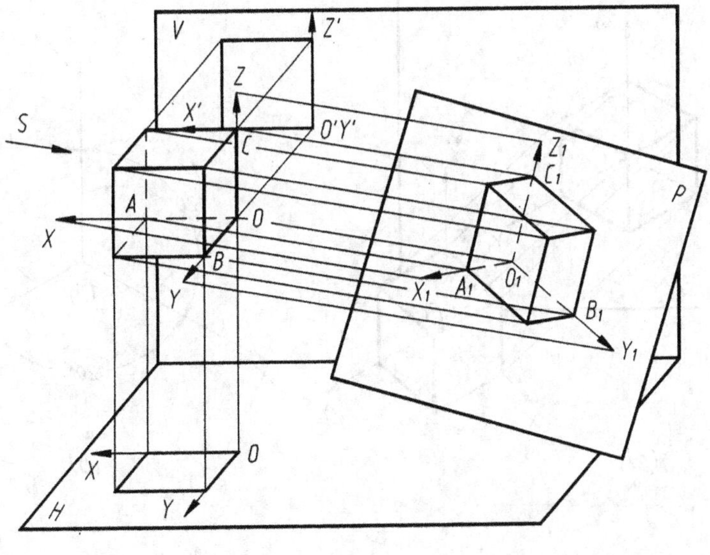

图5-1　轴测图的形成

二、轴测图的轴间角和轴向变形系数

如图5-1所示，空间坐标轴 OX、OY、OZ的轴测投影 O_1X_1、O_1Y_1、O_1Z_1称为轴测投影轴，简称为轴测轴，轴测轴之间的夹角 $X_1O_1Y_1$、$Y_1O_1Z_1$ 和 $Z_1O_1X_1$ 称为轴间角。轴测轴上的线段与坐标轴上的对应线段之比，称为轴向变形系数。设：

$$p=O_1A_1/OA,\quad q=O_1B_1/OB,\quad r=O_1C_1/OC$$

则 p、q、r 分别为 X 向、Y 向、Z 向的轴向变形系数。

如果知道了轴间角和轴向变形系数，就可根据物体或物体的视图来绘制轴测图。在画轴测图时，只能沿轴测轴方向并按相应的轴向变形系数直接量取有关线段的尺寸，“轴测”二字即由此而来。

三、轴测图的种类

轴测图分为正轴测图和斜轴测图。当投影方向垂直于轴测投影面时，称为正轴测图；当投影方向斜倾于轴测投影面时，称为斜轴测图。每一类再根据轴向变形系数的不同，又可分为三种：

1. 若 $p=q=r$，即三个轴向变形系数都相同，称为正(或斜)等轴测图。
2. 若二个轴向变形系数相等，如 $p=r\neq q$，称为正(或斜)二测轴测图。
3. 若三个轴向变形系数都不相等，即 $p\neq q\neq r$，称为正(或斜)三测轴测图。

本章仅介绍正等轴测图的画法。

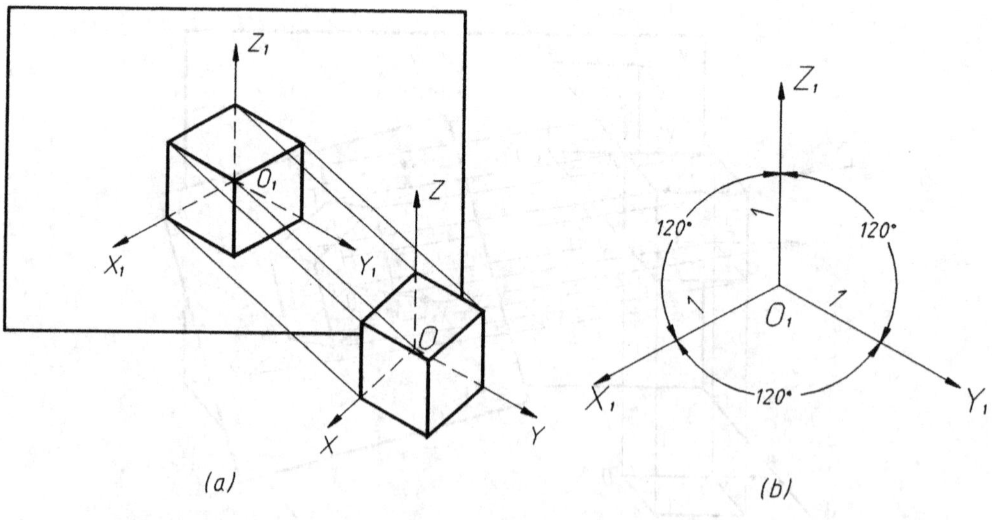

图5-2　正等轴测图的形成

第二节　正等轴测图的画法

一、正等轴测图的形成、轴间角和轴向变形系数

（一）形成

当三根坐标轴与轴测投影面倾斜的角度相同时，用正投影法得到的投影图称为正等轴测图。如图5-2(*a*)所示。

（二）轴间角和轴向变形系数

如图5-2(*b*)所示，由于三根坐标轴与轴测投影面倾斜的角度相等。因此三个轴间角相等都是120°，其中O_1Z_1规定画成铅垂方向，三根轴的轴向变形系数也相等，根据计算$p=q=r\approx 0.82$。为了作图简便起见，常采用简化变形系数，即$p=q=r=1$。采用简化变形系数画成的正轴测图比实际投影的尺寸约大$1/0.82\approx 1.22$倍，但并不影响立体感，而作图却简便了很多。

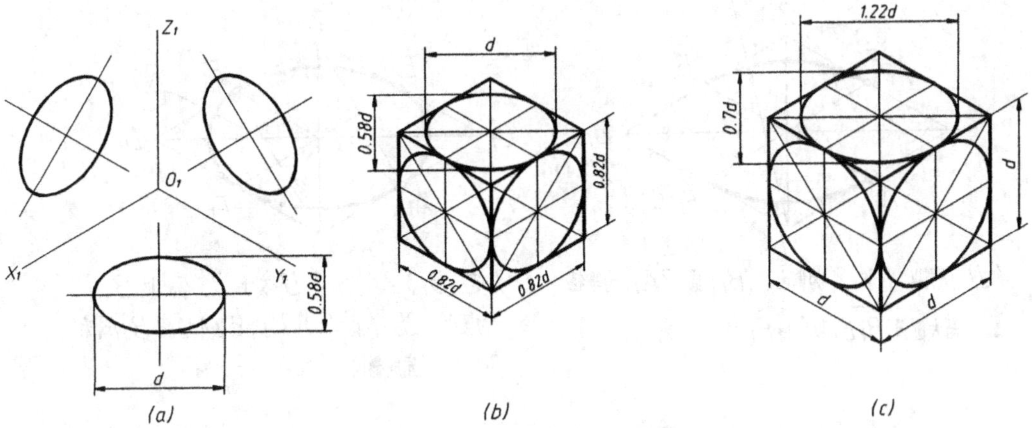

图5-3　坐标面上圆的正等轴测图

二、平行于坐标面圆的正等测

（一）投影分析

在正等测中，由于空间各坐标面对轴测投影面的位置是倾斜的，且各坐标面与轴测投影面的倾角均相等，所以平行于各坐标面的直径相同的圆，其轴测投影为长、短轴大小相等的椭圆。根据理论分析，则是一种有规律的椭圆，如图5-3，椭圆的短轴方向与所在平面垂线的轴测投影方向一致，例如在$X_1O_1Y_1$面上的椭圆其短轴与O_1Z_1一致；$Y_1O_1Z_1$面上的与O_1X_1一致等。短轴确定后，长轴方向则与之垂直。椭圆长轴等于圆的直径*d*，短轴等于0.58*d*，如图5-3（*a*）、（*b*）。采用简化轴向变形系数后，长度放大1.22倍，即长轴为1.22*d*，短轴为$0.58d\times 1.22=0.7d$，如图5-3（*c*）。从图中可以看出，各相同表面的椭圆，只是长短轴的大小不等，而其方向完全相同。

（二）椭圆的近似画法

图5-4示出直径为*d*的水平圆正等轴测图的近似画法。直径为*d*的正平圆及侧平圆

的正等轴测图，其画法与水平圆完全相同，只是椭圆长轴的方向不同而已，如图5-5，图5-6所示。

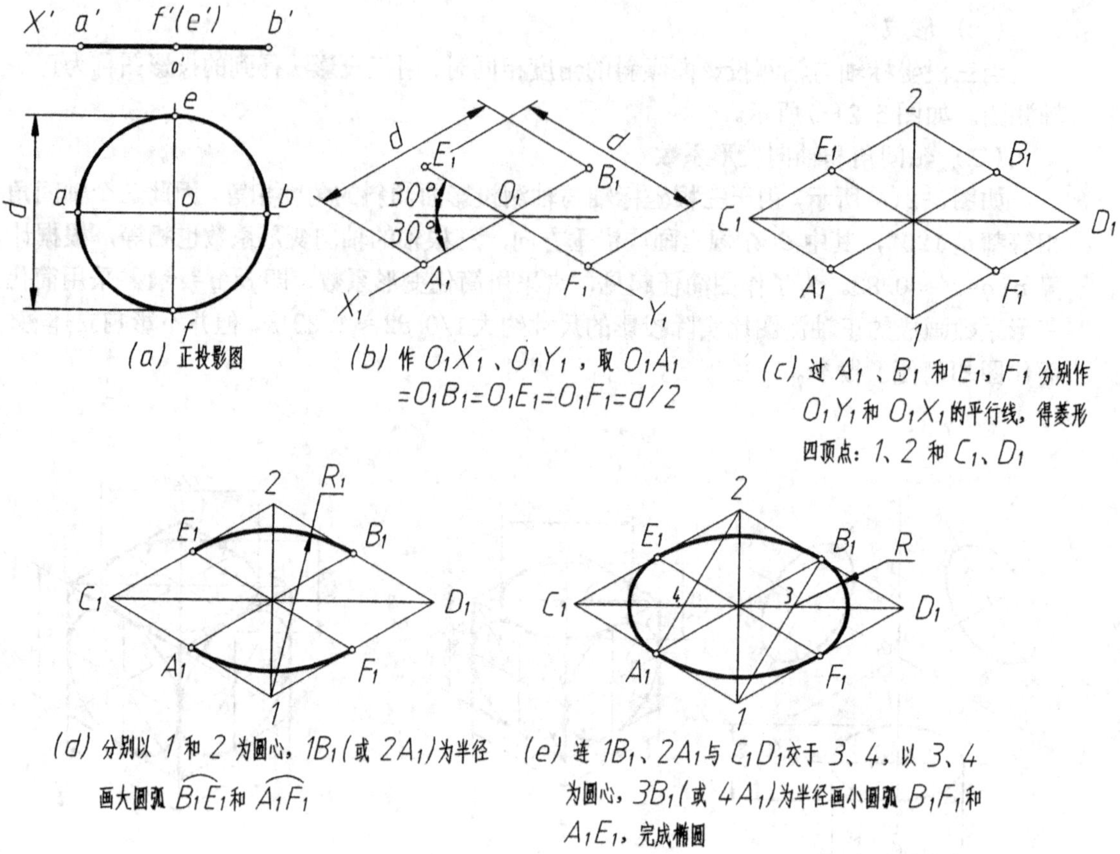

(a) 正投影图

(b) 作 O_1X_1、O_1Y_1，取 $O_1A_1=O_1B_1=O_1E_1=O_1F_1=d/2$

(c) 过 A_1、B_1 和 E_1，F_1 分别作 O_1Y_1 和 O_1X_1 的平行线，得菱形四顶点：1、2 和 C_1、D_1

(d) 分别以 1 和 2 为圆心，$1B_1$（或 $2A_1$）为半径画大圆弧 $\overset{\frown}{B_1E_1}$ 和 $\overset{\frown}{A_1F_1}$

(e) 连 $1B_1$、$2A_1$ 与 C_1D_1 交于 3、4，以 3、4 为圆心，$3B_1$（或 $4A_1$）为半径画小圆弧 B_1F_1 和 A_1E_1，完成椭圆

图 5-4　水平圆的正等轴测图

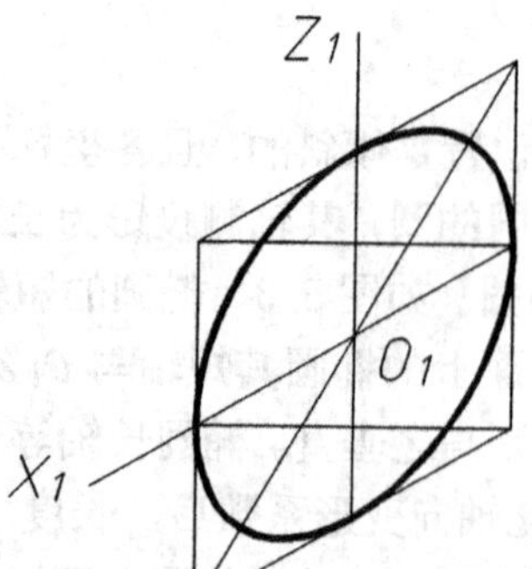

图 5-5　正平圆的正等轴测图

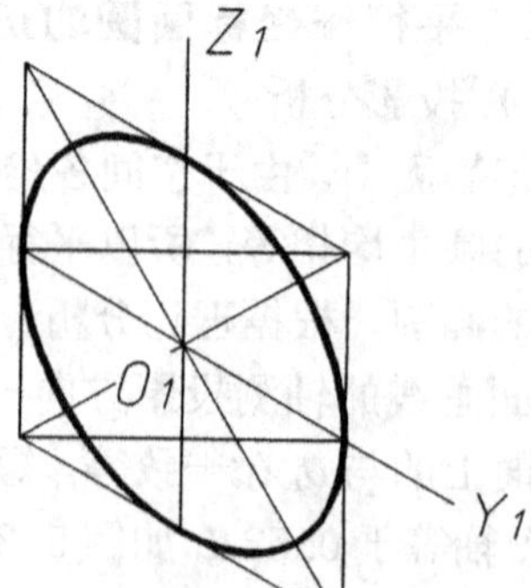

图 5-6　侧平圆的正等轴测图

三、画法举例

由投影图画轴测图时应注意以下几点要求：

1. 看懂投影图，并进行形体分析。

2. 确定坐标原点位置，然后画出轴测轴。

3. 在轴测轴方向上优先确定出物体上的点和线位置，并运用平行投影特性作图，非投影轴平行线不可直接测量。

4. 一般由上而下或由前向后逐步完成，不可见部分的线条应予省略不画。

例 5-1　作出图 5-7(*a*)所示正六棱柱的正等测图。

解：如图 5-7(*a*)所示，因为正六棱柱的顶面和底面都是处于水平位置的正六边形，所以取顶面的中心为原点，并确定如图中所附加的坐标轴，其作图步骤见图 5-7。

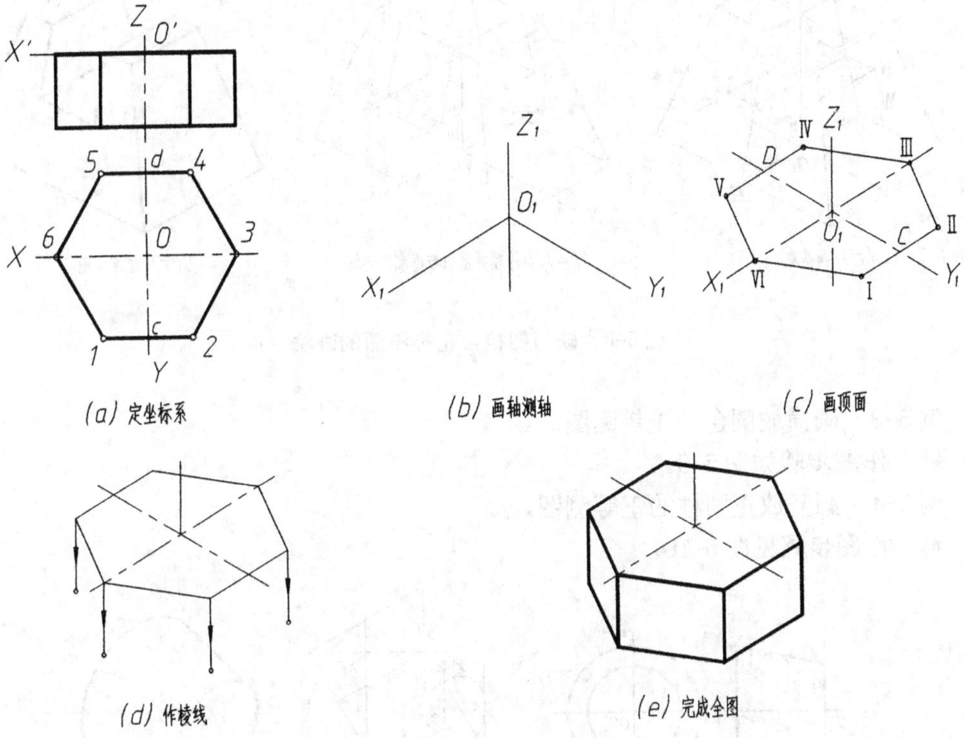

图 5-7　六棱柱正等测图的画法

例 5-2　作出图 5-8(*a*)所示缺口四棱台的正等测图。

解：因为四棱台顶面和底板都是对于水平位置的长方形，且上小下大，现取底面中心为原点，并确定如图中所附加的坐标轴，切口部分，可借助辅助线确定其位置，作图步骤见图 5-8。

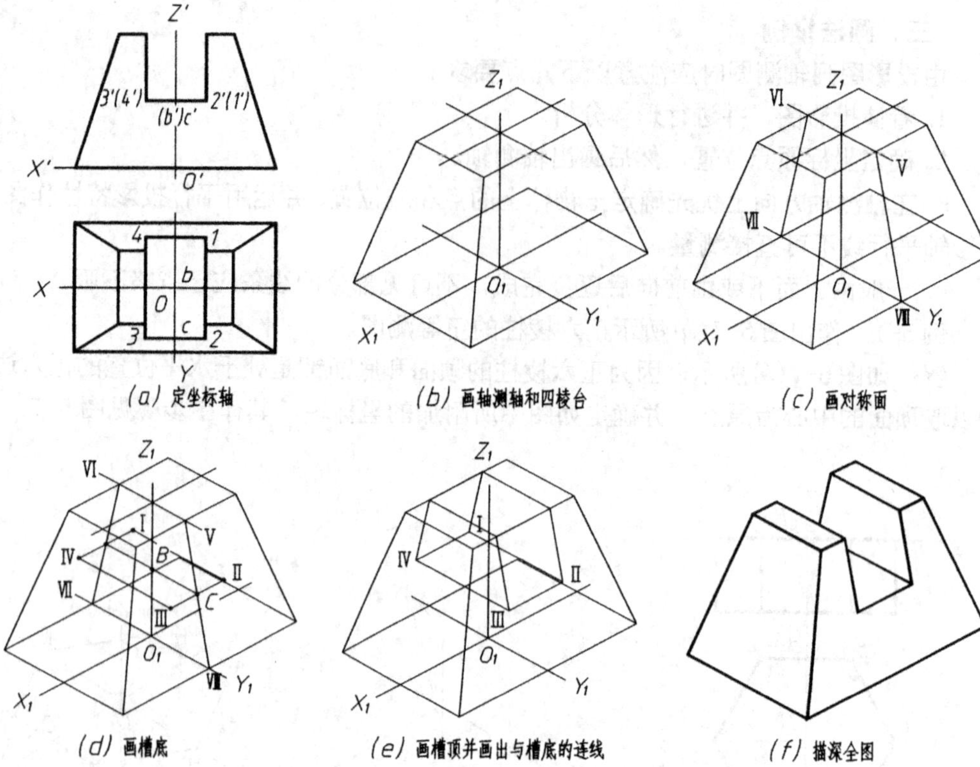

图 5-8 缺口四棱台正等测图的画法

例 5-3 画横放圆台的正等测图。

解：作图步骤如图 5-9。

例 5-4 画竖放正圆柱的正等测图。

解：作图步骤见图 5-10。

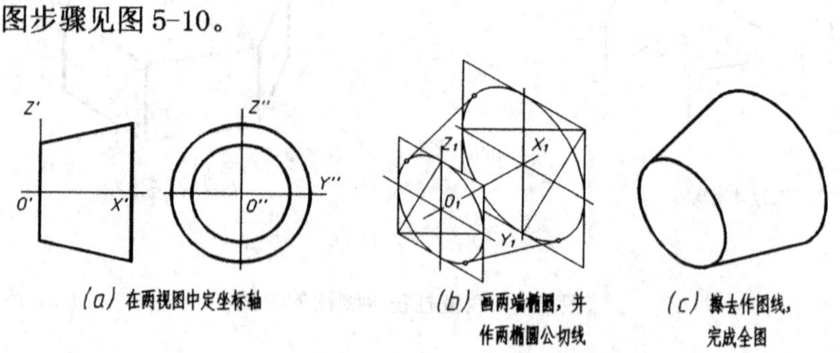

图 5-9 圆锥台正等测图的画法

例 5-5 画带圆角物体的正等测图。

解：如图 5-11(*a*)所示物体上，有几个不同半径的圆角，由于每个圆角正好是圆周的四分之一，所以它们的轴测投影正好是近似椭圆的四段圆弧中的一段，如图5-12所示。带圆角物体正等测图的画法如图 5-11(*b*)、(*c*)、(*d*)所示。

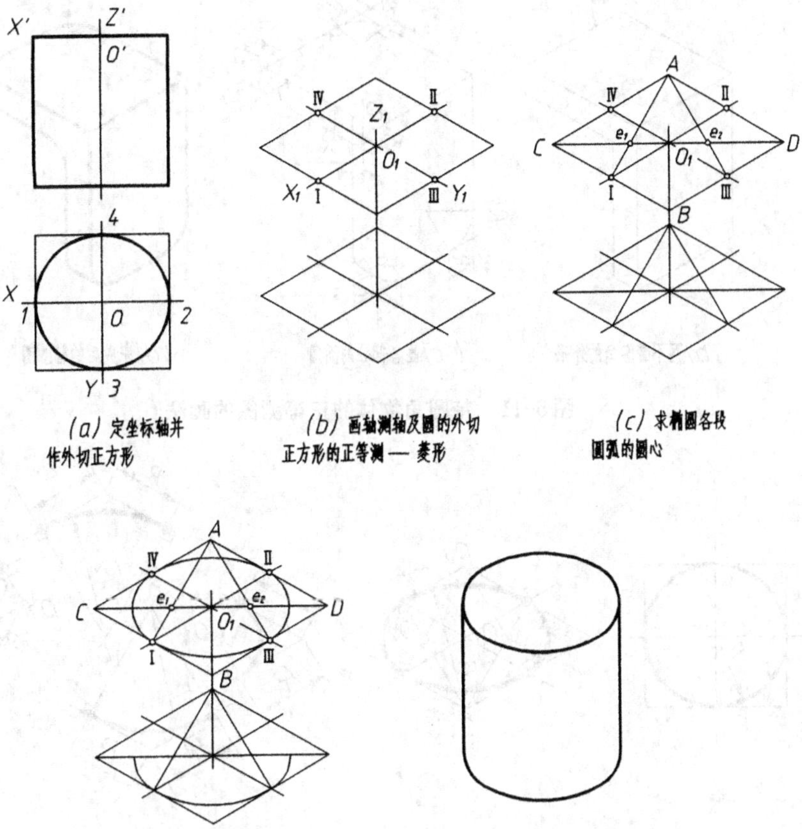

(a) 定坐标轴并作外切正方形

(b) 画轴测轴及圆的外切正方形的正等测 — 菱形

(c) 求椭圆各段圆弧的圆心

(d) 画近似椭圆

(e) 作公切线，完成全图

图 5-10　圆柱正等测图的画法

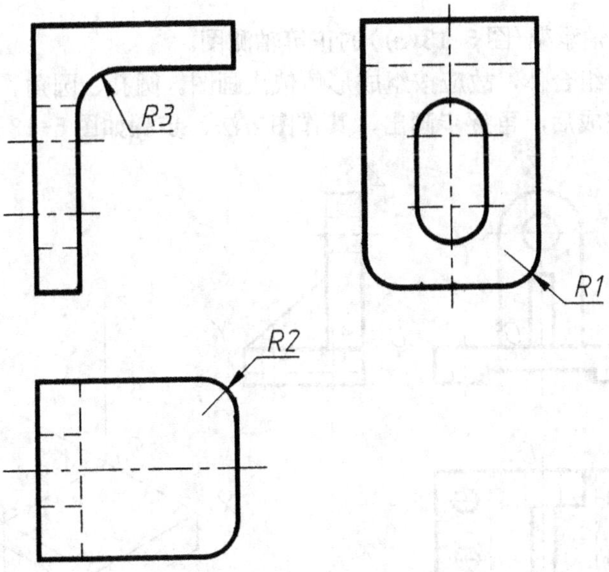

(a)

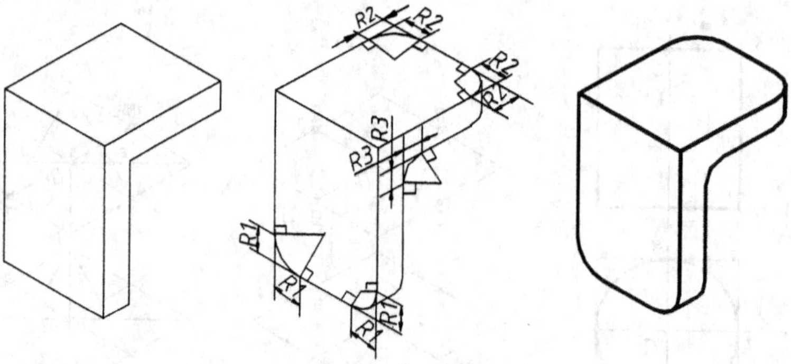

(b)画不带圆角的外形　　(c)画各部分的圆角　　(d)完成后的轴测图

图 5-11　带圆角物体的正等测图的画法

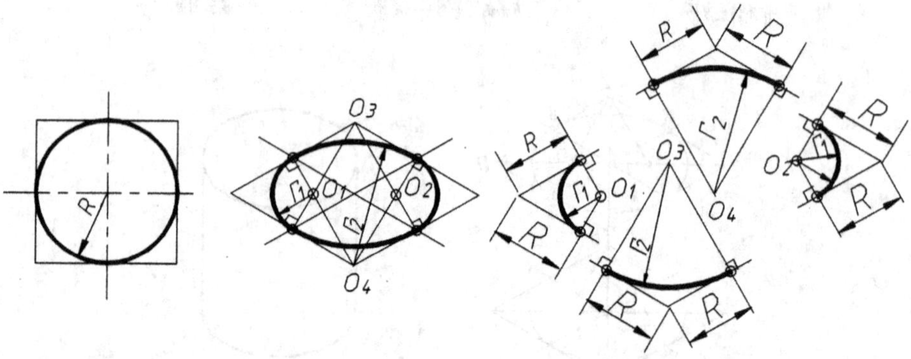

(a)圆的正投影　　(b)圆的轴测投影(椭圆)的近似画法　　(c)圆角轴测投影的画法

图 5-12　圆与圆角正等测图的画法

例 5-6　画出轴承架(图 5-13(*a*))的正等轴测图。

解：轴承架为组合体，故应按组成形体依次画图。圆孔、圆角、方槽，一般先不画出，待主要形体完成后，再逐步画出，其作图方法、步骤如图 5-13 所示。

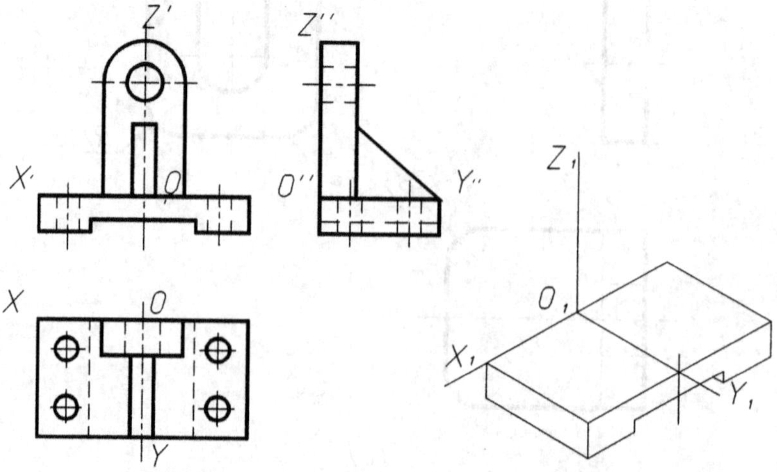

(a)定坐标轴　　(b)画底板及凹槽

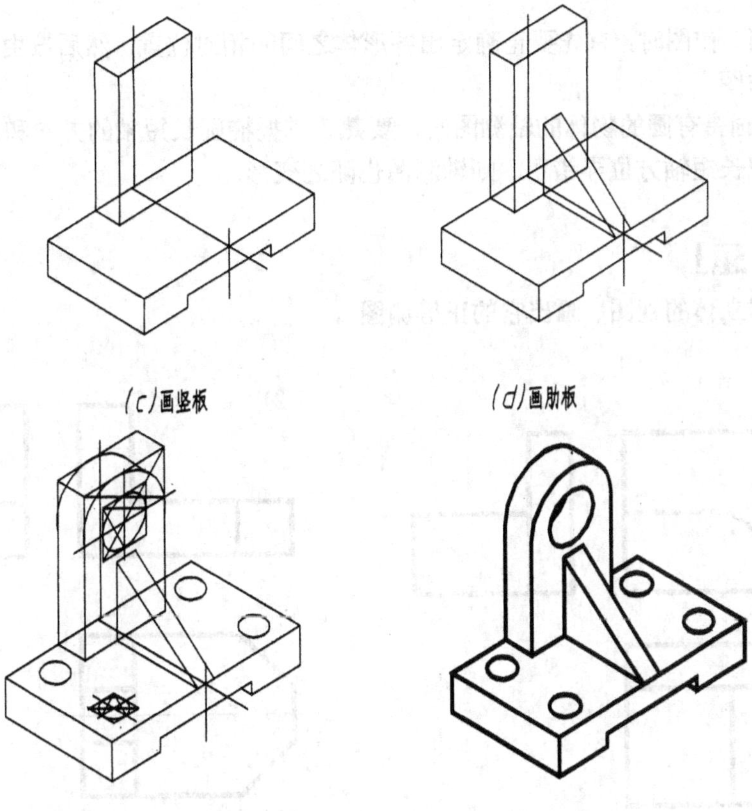

(c) 画竖板　(d) 画肋板

(e) 画竖板上部半圆端及全部圆孔　(f) 擦去作图线，加深

图 5-13　轴承架的正等测图画法

[自学指导]

一、学习目的和要求

本章主要介绍轴测图的基本知识和基本作图方法。通过本章学习应达到下列要求：

1. 了解轴测图的基本知识及正轴测图的形成、轴间角和轴向变形系数的概念。

2. 掌握正等测图的画法。

二、学习方法

1. 必须明确轴测图采用的是平行投影法，所以轴测图仍保持平行投影的特性，特别是两线段空间平行，其轴测投影必平行，且有相同的长度变化率。

2. 必须明确正等测的各轴间角相等，故为 120°，作图时一般把正轴画成铅垂位置，并采用简化变形系数即 $p=q=r=1$。

3. 必须明确只有在空间与坐标轴平行的线段才能直接在轴测图上测量，与坐标轴不平行的线段不可直接测量。

4. 在画轴测图时，应首先用形体分析法对已知视图进行分析，想象出空间形状再进行作图。作图时，首先要正确定出各形体之间的相对位置，然后按由上往下和从前往后进行作图。

5. 画带有圆的物体的轴测图时，要熟练掌握椭圆长短轴的方向和画近似椭圆的方法。若把长短轴方位弄错了，则轴测图也随之变形。

[练习题]

5-1 根据立体的视图，画出它的正等测图。

1)

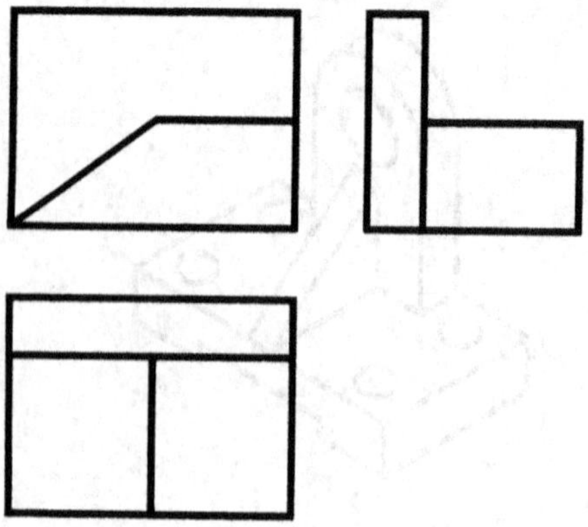

2)

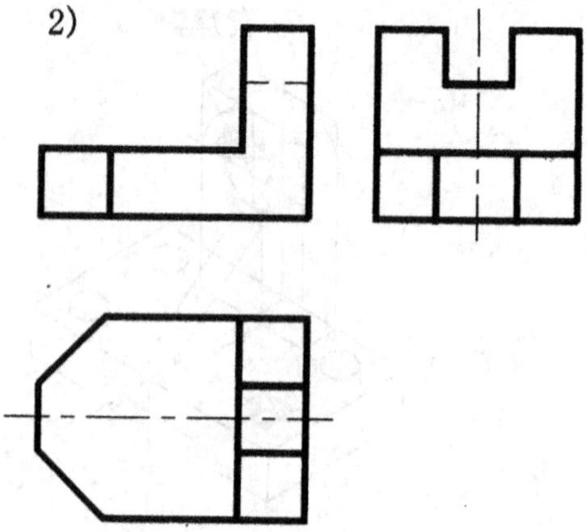

3)

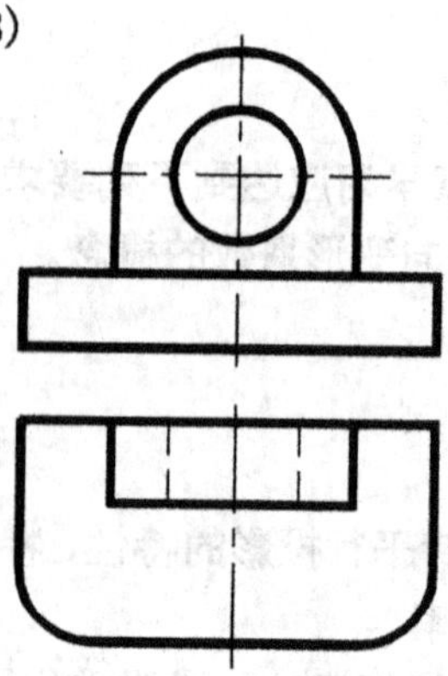

4)

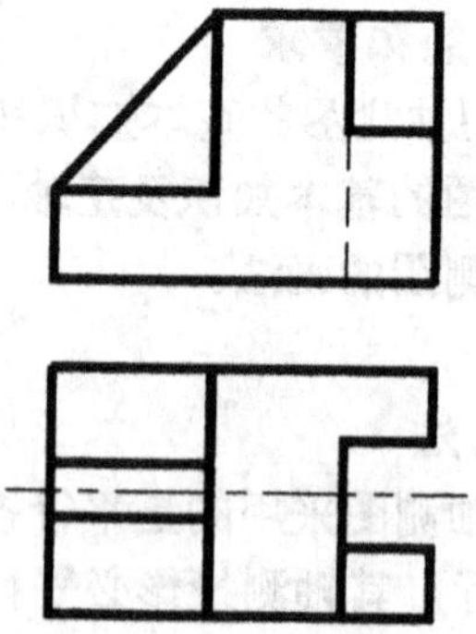

第六章　机件的表达方法

第一节　视图

机件向投影面投影所得的图形，称为视图。视图一般只画出机件的可见部分，必要时才画出其不可见部分。根据国家标准《机械制图》的规定，视图分为：基本视图、局部视图、斜视图和旋转视图四种。

一、基本视图

当机件的外部形状在各个方向都不相同时，仅画出它的主视图、俯视图和左视图，往往不能清晰地把它表达出来。为此可根据“国标”规定，如图6-1所示，在原有三个投影面的基础上，再增设三个投影面，组成一个正六面体，以该六面体的六个面为基本投影面，把机件放在其中，并规定采用第一角画法，机件向各基本投影面投影所得的视图，称为基本视图。除了前面介绍过的主视图、俯视图、左视图外，还有：由右向左投影所得的右视图，由下向上投影所得的仰视图；由后向前投影所得的后视图，它们的展开方法是正面投影不动，其余按图6-1箭头所指的方向旋转，摊平在一个平面内，即得六个基本视图，如图6-2所示。

显然，各基本视图之间仍保持“长对正、高平齐、宽相等”的对应关系，并且在每个基本视图上，也分别反映机件的前后、左右和上下的位置关系。值得注意的是在后视图上所反映的机件左右位置关系正好与主视图相反。当各视图画在一张图纸内，且按图6-2配置时，一律不标注视图名称。如果各视图不按上述规定配置，应在视图上标出视图名称“×向”，并在相应视图的附近用箭头指明投影方向和注上同样的字母，如图6-3中的“*A*向”、“*B*向”等。

实际上并不是所有的机件都需要画出六个基本视图，对于任何一个机件，除主视图外，所需其他视图数量，应根据机件的复杂程度来确定，如图6-4所示支架仅用了主视、俯视、左视和后视四个基本视图。

二、局部视图

将机件的某一部分向基本投影面投影所得的视图，称为局部视图。

当机件的局部形状没有表达清楚，而又没有必要画出完整的基本视图时，可采用局部视图的表达方法。如图6-5(*a*)所示机件，其主要部分已在主视图和俯视图上表达清楚，只有左侧带有半圆柱形状的凸台未表达清楚，如再画一个完整的左视图，见图6-5(*b*)，显得繁琐而又没有必要，在这种情况下，可在左视图的位置处只画出凸台这部分形状，见图6-5（*c*），这样既把机件形状表达清楚又简化了绘图工作。

画局部视图时，一般应在局部视图的上方标出视图名称“×向”，在相应视图附近用箭头指明投影方向，并注上同样的字母，如图6-5（*c*），图6-6（*b*）。局部视图一般配置在箭头所指的方向，使其与对应视图保持对应关系，必要时也允许把局部视图配置在其他适当位置。

局部视图的断裂边界用波浪线表示，且该线不应超过断裂表面的轮廓线，如图6-5（*c*）。当所表达的局部结构是完整的且外形轮廓线又成封闭时，波浪线可省略不画，如图6-6。

当局部视图按投影关系配置，中间又无其他图形隔开时，可省略标注，图6-9中俯视图。

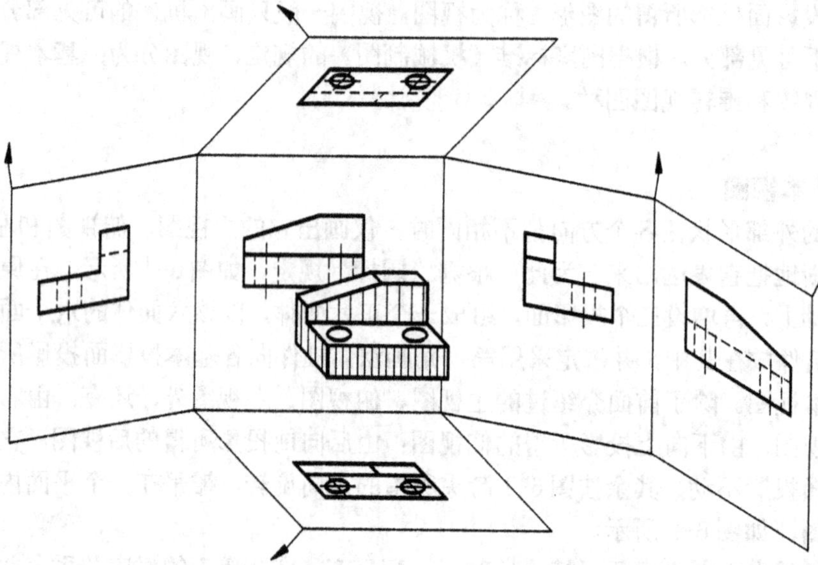

图6-1　基本视图的形成

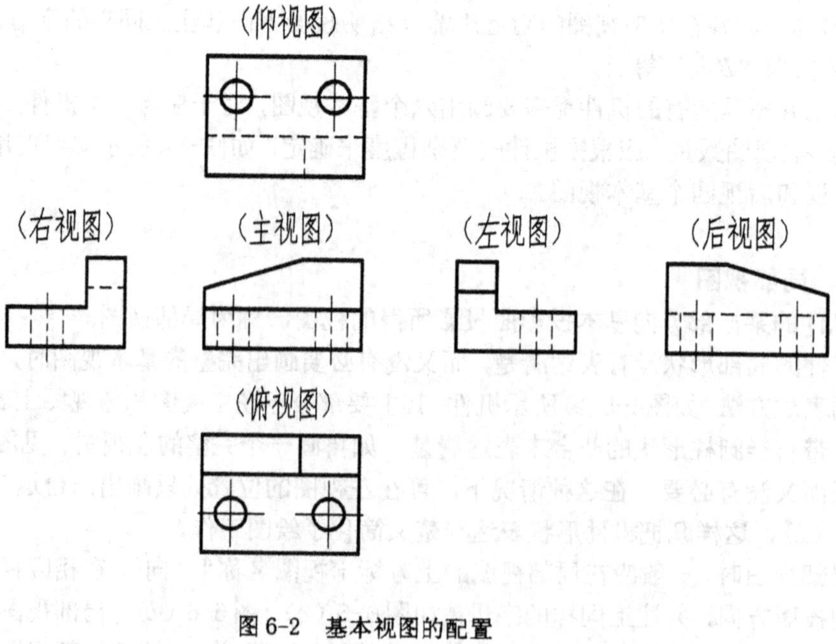

图6-2　基本视图的配置

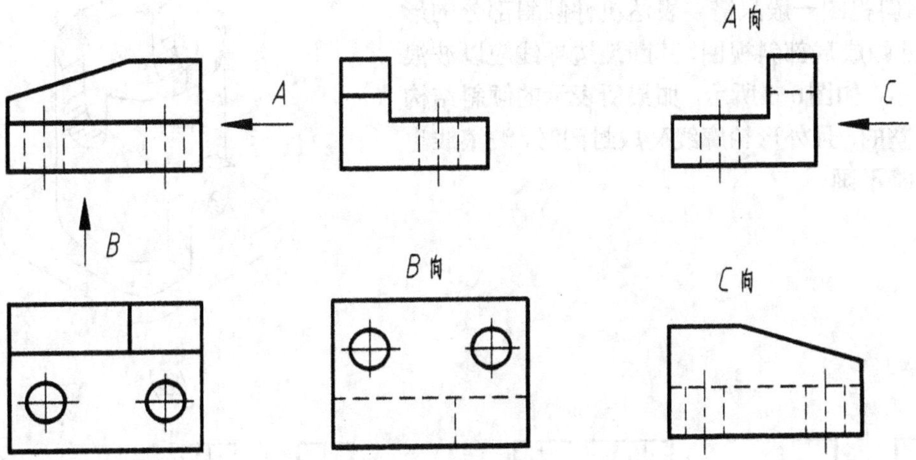

图 6-3 不按规定配置的基本视图

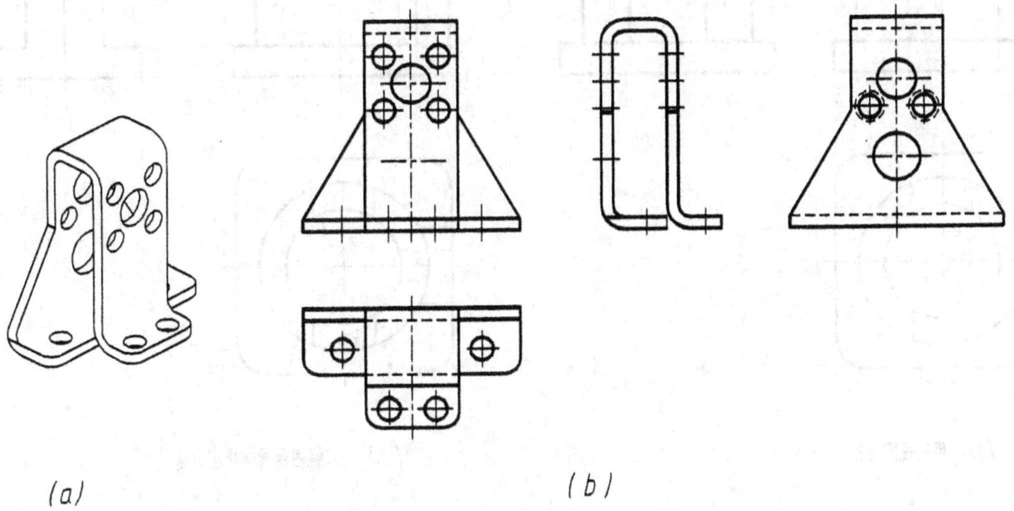

图 6-4 支架的表达

三、斜视图

将机件向不平行于任何基本投影面的平面投影所得的视图称为斜视图。

如图6-7(*a*)所示机件，若将它的左部水平放置，则它的右部为不平行于基本投影面的倾斜板，因此在图6-7(*b*)中，不论哪一个基本视图都不反映出倾斜面的真实形状。为了表达倾斜表面的实形，在图6-8(*a*)中，我们选用一个平行于这个倾斜表面的正垂面*P*作为新投影面，然后，将倾斜部分按垂直于新投影面的方向*A*作投影，就得到反映它的实形的视图，并如图6-8(*b*)所示摊平，再去掉边框后画成视图如图6-9(*a*)。画斜视图时，必须在视图上方标出视图名称“×向”，并在相应视图附近用箭头指明投影方向和注上同样字母(图6-9)。斜视图一般按投影关系配置，必要时也可配置在其他适当位置。在不引起误解时，允许将图形旋转，标注形式为“×向旋转”，如图6-9(*b*)中的“*A*向旋转”。斜视图一般只需要表达机件倾斜部分的形状，并画成局部斜视图，其断裂边界线应以波浪线表示，如图6-9所示。如果所表示的倾斜结构是完整的，且外形轮廓线又成封闭时，波浪线也可省略不画。

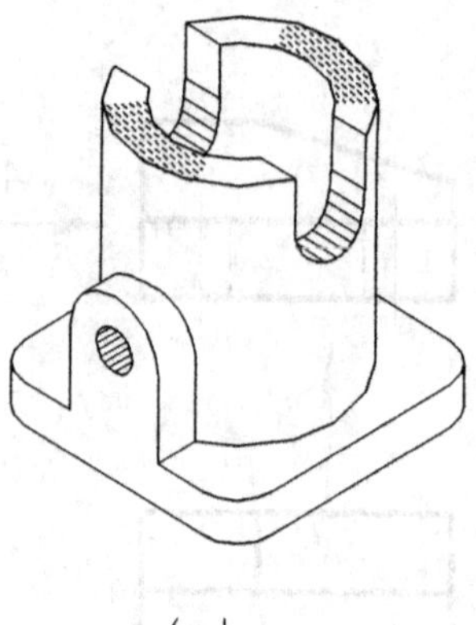

(a)

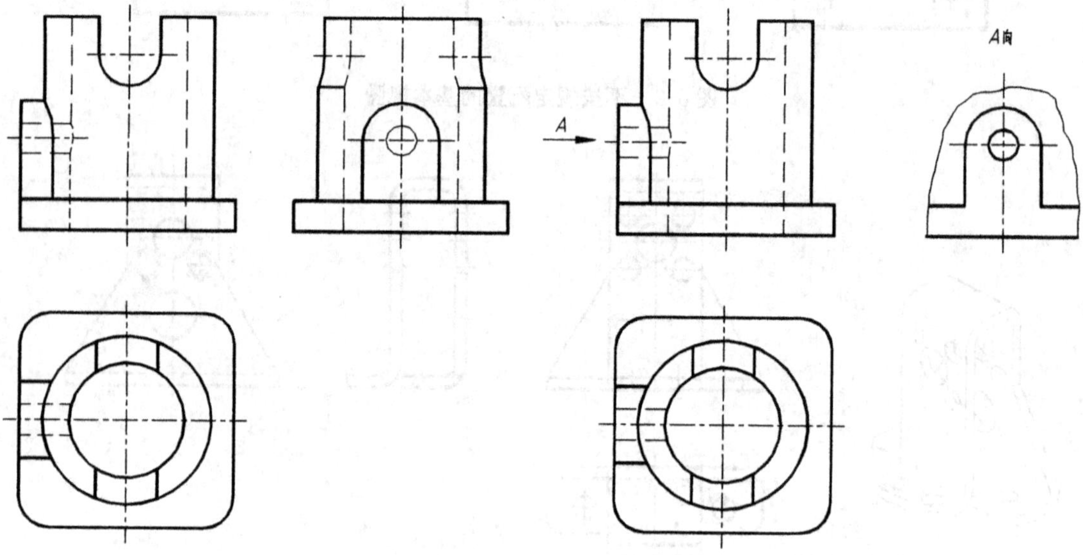

(b) 用三视图表达

(c) 用二视图加局部视图表达

图 6-5　表达零件局部结构

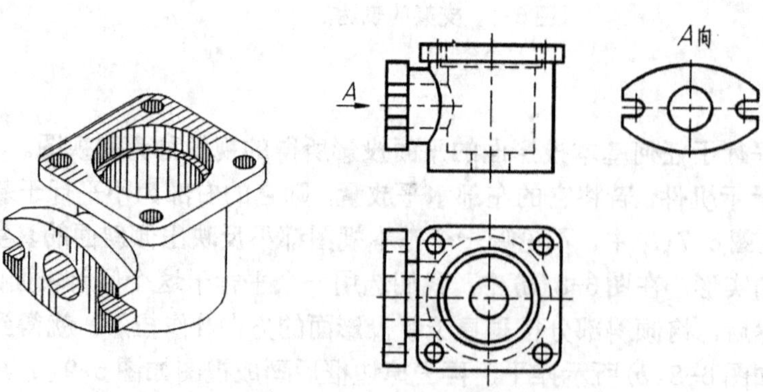

(a)　(b)

图 6-6　局部视图——省略波浪线

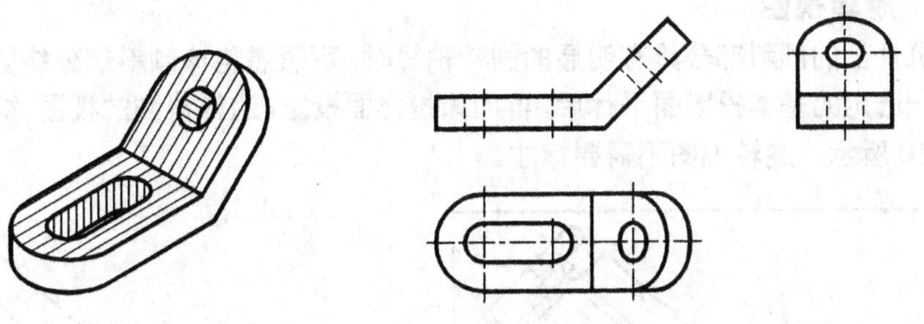

(a) (b)

图 6-7 具有倾斜结构的零件及视图

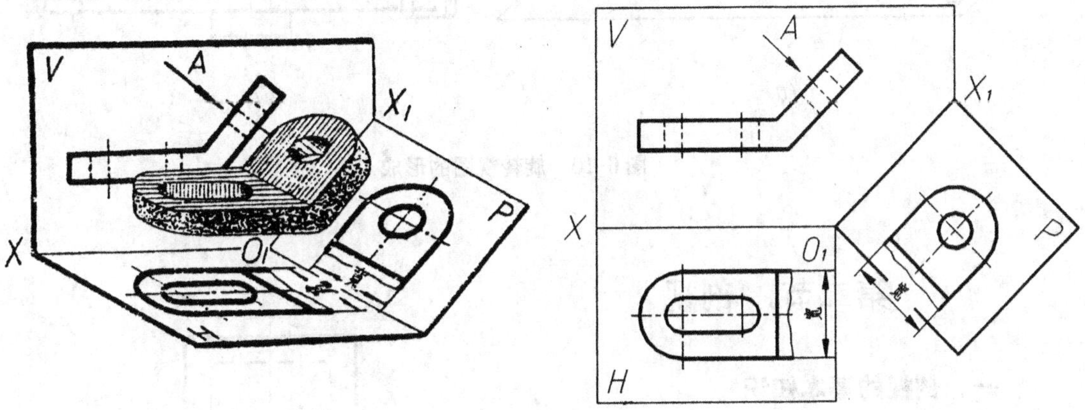

(a) (b)

图 6-8 斜视图的形成

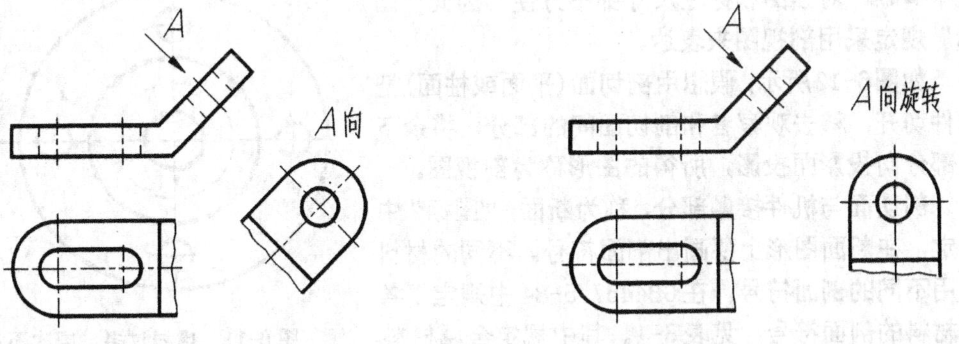

(a) (b)

图 6-9 斜视图及其标注

四、旋转视图

当机件上的倾斜部分具有明显的回转轴线时，可假想将该倾斜部分绕回转轴线旋转到与某一选定的基本投影面平行后，再向该投影面投影，这样得到的视图称为旋转视图，如图 6-10 所示。旋转视图不需要标注。

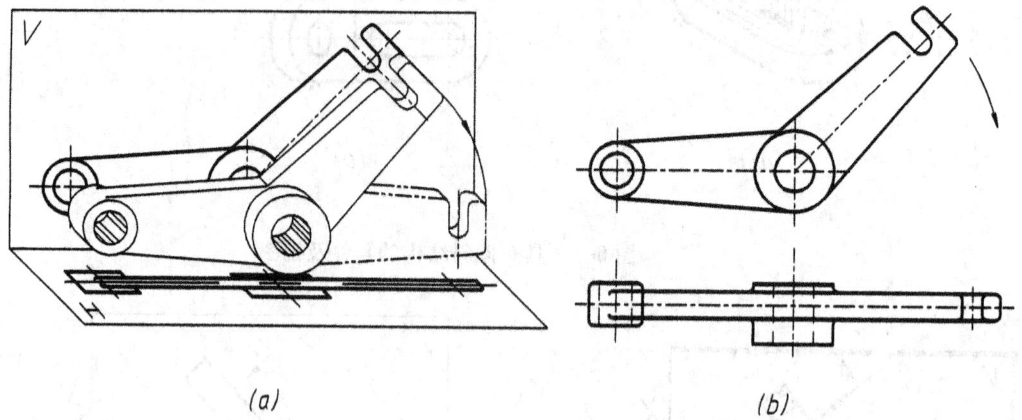

图 6-10　旋转视图的形成

第二节　剖视

一、剖视的基本知识

(一)剖视的概念

机件上不可见的结构形状，规定用虚线表示，如图6-11。当机件的内部形状较复杂时，则视图上的虚线过多，且实线、虚线交叉重叠，使图形的层次不清晰，对读图和标注尺寸都不方便，为此“国标”规定采用剖视图来表达。

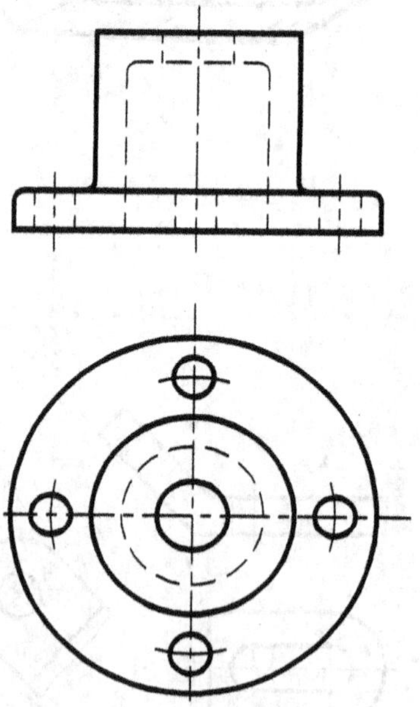

图 6-11　虚线过多，层次不清

如图6-12所示，假想用剖切面(平面或柱面)把机件切开，移去观察者和剖切面间的部分，将余下的部分向投影面投影，所得的图形称为剖视图。

剖切面与机件接触部分，称为断面，“国标”中规定，在断面图形上要画出剖面符号。不同的材料采用不同的剖面符号。在 GB4457.5-84 中规定了各种材料的剖面符号，见表 6-1。其中规定金属材料的剖面符号用与水平方向成 45°且间隔均匀的细实线画出，左右倾斜均可。如图 6-12(*b*)。但同一机件各视图中所有剖面线的倾斜方向和间隔必须一致。

因为剖切是假想的，当机件某一视图取剖视后，机件仍是完整的，因而，在画其他视图时，仍应按完整机件画出。

剖切平面一般应与投影面平行，并通过机件内孔、沟槽的对称轴线或与机件的对称面重合。

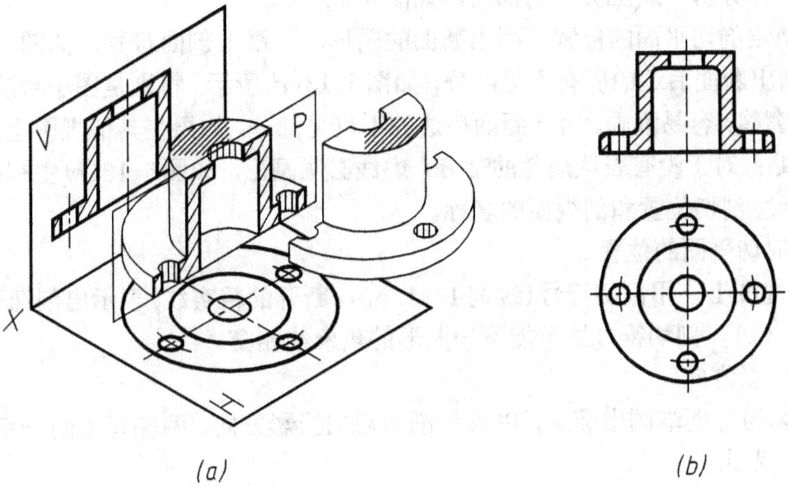

图 6-12　剖视的形成

表 6-1

金属材料（已有规定剖面符号者除外）	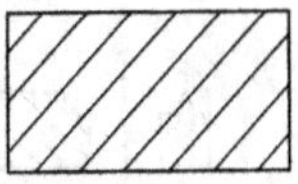	玻璃及供观察用的其他透明材料	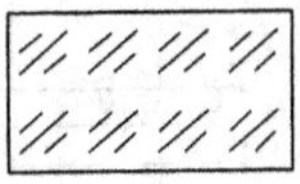	型砂、填砂、粉末冶金、砂轮、陶瓷刀片、硬质合金刀片等	
非金属材料（已有规定剖面符号者除外）	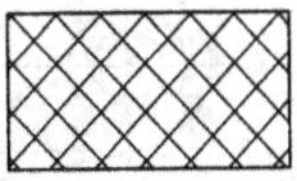	液　体	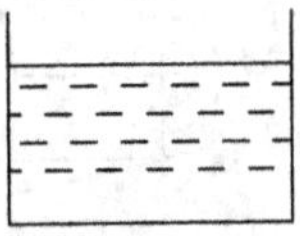	混凝土	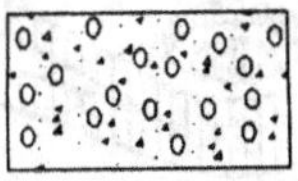
线圈绕组元件	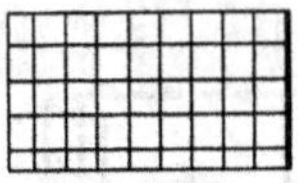	木　纵剖面		钢筋混凝土	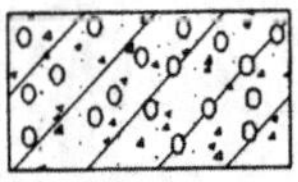
转子、电枢、变压器和电抗器等的叠钢片	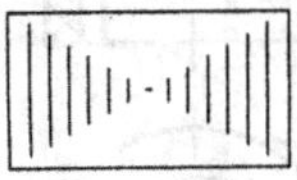	材　横剖面	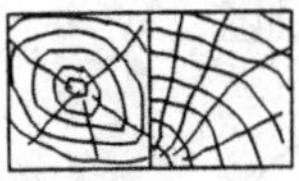	砖	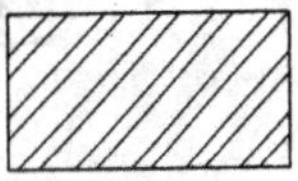
格　网（筛网、过滤网等）		胶合板（不分层数）		基础周围的泥土	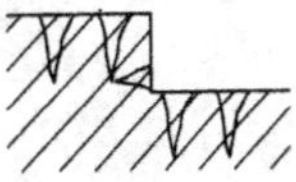

(二)画剖视图的方法步骤

以图6-13(*a*)所示机件为例说明画剖视的方法步骤。

1. 形体分析，画出机件的视图，如图6-13(*b*)。

2. 确定剖切平面的位置，画出断面的图形，并画上剖面符号，如图6-13(*c*)。

3. 画出断面后边的所有可见部分，如图6-13(*d*)所示，特别是图中台阶面的投影线和键槽轮廓线，容易漏画。对于断面后边的不可见部分，如果在其他视图上已表达清楚，虚线应省略；对于没有表达清楚的部分，虚线必须画出，如图6-13(*e*)主视图中的虚线。

4. 标注剖切位置和剖视图的名称。

(1) 剖切平面的位置

在俯视图上，用剖切符号(线宽1～1.5*b*，断开的粗实线)表示出剖切平面的位置，如图6-13（*e*)，剖切符号尽可能不与图形的轮廓线相交。

(2) 投影方向

在剖切符号两端画出箭头，以表示剖切后的投影方向，两侧写上同一字母，如图6-13(*e*)的俯视图。

(3) 剖视名称

在所画剖视图的上方中间位置，用与标注剖切位置相同的字母标出剖视图的名称“×-×”，如图6-13(*e*)的主视图中“*A*-*A*”。

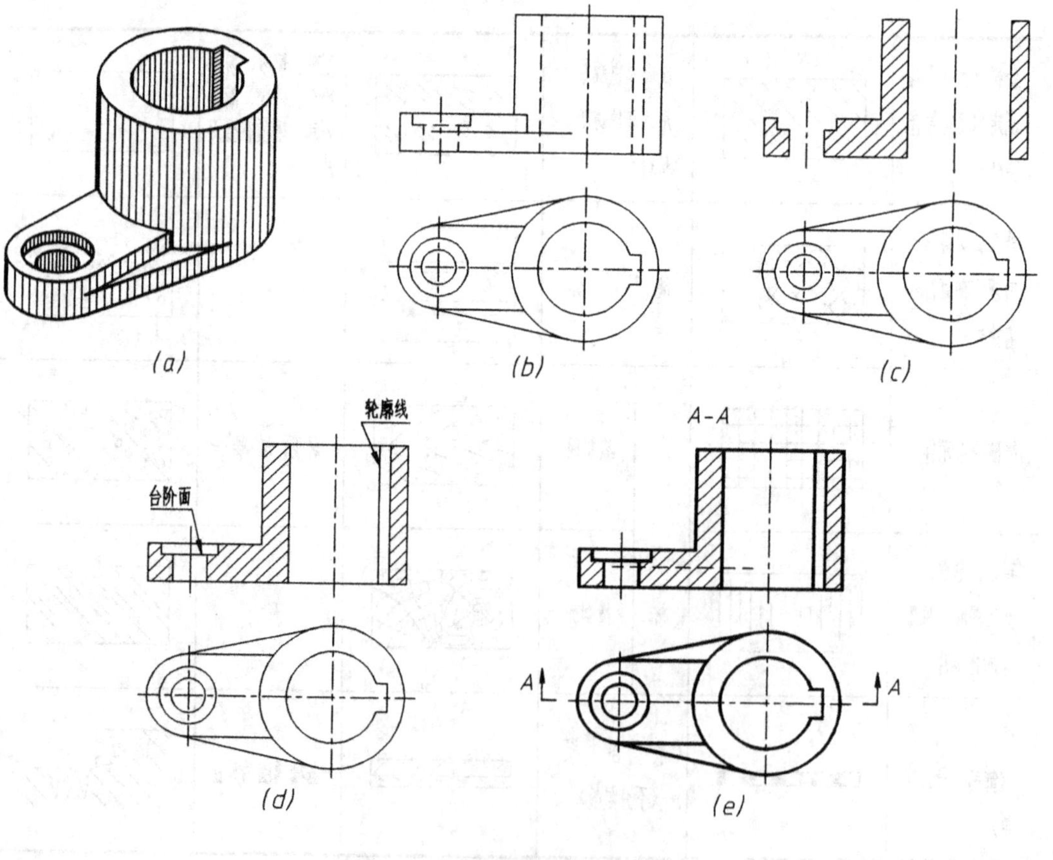

图6-13　画剖视图的方法步骤

下列情况下，可简化或省略标注。

第一，当剖视图按投影关系配置，中间没有其他图形隔开时箭头可省略不画，如图6-14(*b*)中的*A-A*剖视。

第二，当单一剖切平面通过机件的对称平面所得到的剖视图，按投影关系配置，中间又没有其他图形隔开，可省略全部标注，如图6-14(*b*)中主视图和图6-15中的全剖视图。

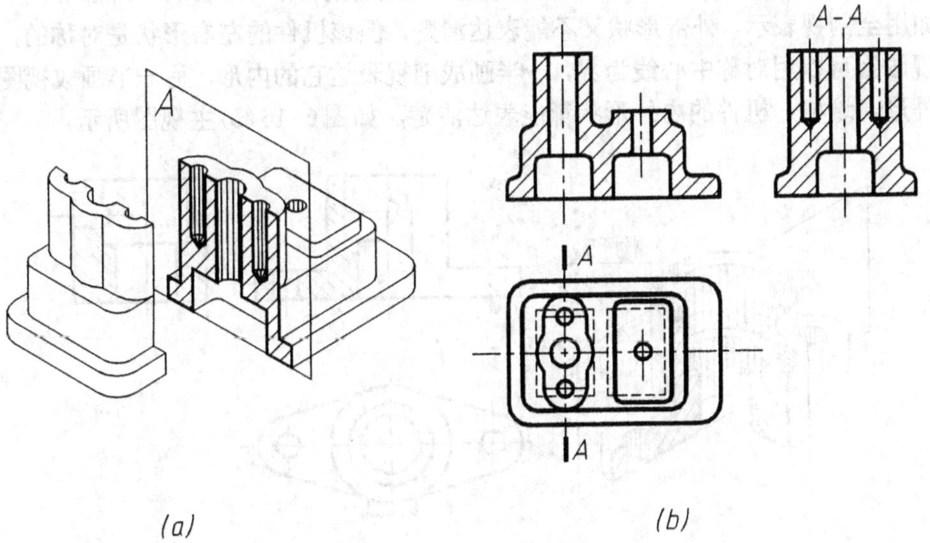

图6-14　全剖视——需加标注和不需加标注的情况

二、剖视图的种类

按照国家标准规定，剖视图分为全剖视图、半剖视图和局部剖视图三种。

(一)全剖视图

用剖切平面将机件完全剖开所得的剖视图，称为全剖视图。如图6-12、图6-14、图6-15等。

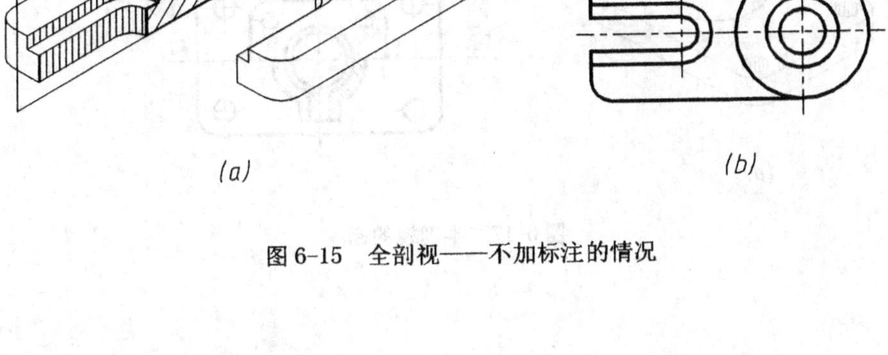

图6-15　全剖视——不加标注的情况

全剖视图常用来表达外形简单而内部形状复杂的不对称机件或外形简单且具有对称平面的机件，及某些没有对称平面，内外形均较复杂，需要分别表达的机件。

（二）半剖视图

当机件具有对称平面时，在垂直于对称平面的投影面上的投影，可以用对称中心线为界，一半画成剖视，另一半画成视图，这种组合的图形称为半剖视图。

图 6-16 所示机件，内外形状都较为复杂，主视图如用视图表示，内部形状不够清晰，如用全剖视表示，外部形状又不能表达清楚，但该机件的左右形状是对称的，因此在主视图上可以用对称中心线为界，一半画成剖视表达它的内形，另一半画成视图表达它的外形，这样，机件的内外形状都能表达清楚，如图 6-16(*b*)主视图所示。

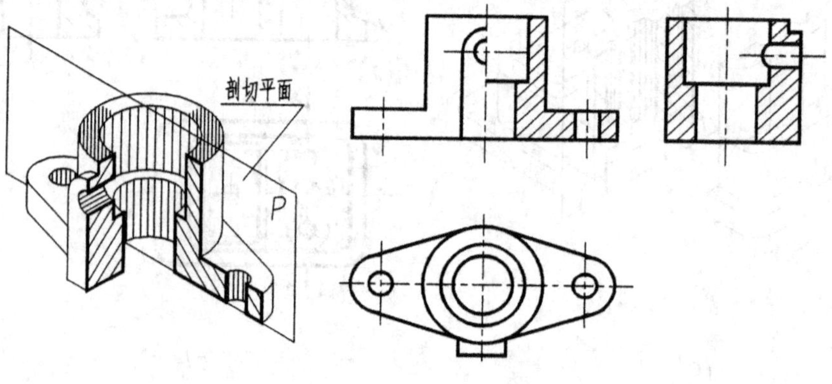

(*a*)　　(*b*)

图 6-16　半剖视——不加标注的情况

图 6-17(*a*)所示机件具有两个对称平面（正平面、侧平面），因而在所画的三个视图上都可以作出半剖视，见图 6-17(*b*)。半剖视的优点是在一个视图上既能保留机件的外部形状，又可表达它的内部形状，所以它主要用来表达具有对称平面机件的内外形状。

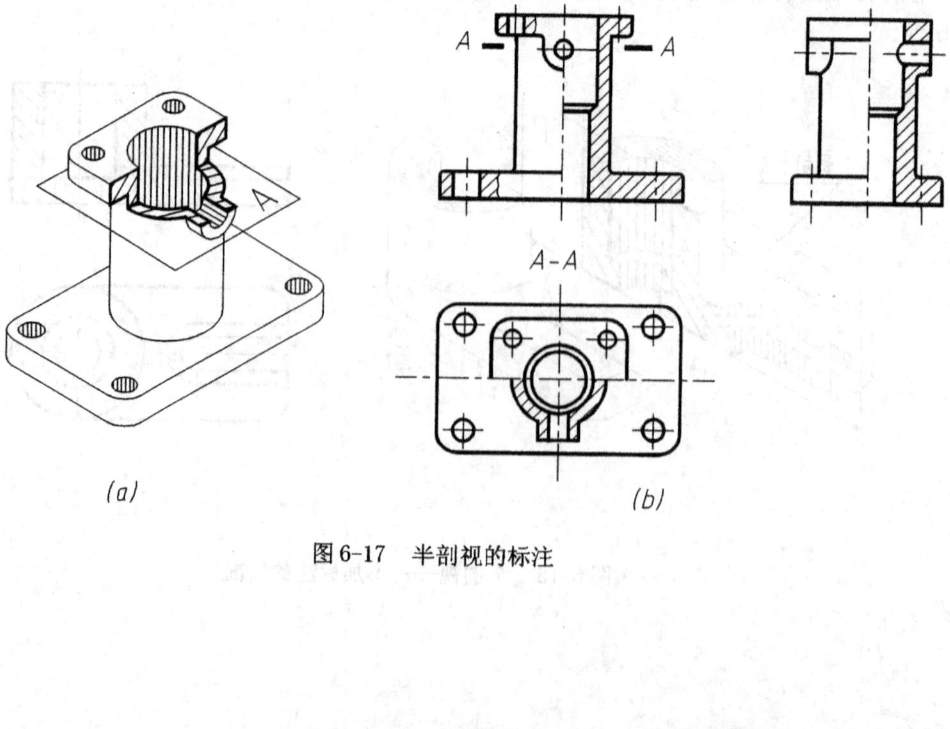

(*a*)　　(*b*)

图 6-17　半剖视的标注

当机件的形状接近对称，且不对称的部分已在其他图形上表达清楚时，也可画成半剖视图，如图6-18所示机件，其左右方向接近于对称，而不对称部分(键槽)在俯视图中已表达清楚，所以主视图上仍可画成半剖视图。

画半剖视图时应注意以下两点：

1. 半个剖视和半个视图的分界线应是点划线。图6-19主视图上的中心线画成粗实线是错误的；

2. 机件的内部结构在半个剖视中已表达清楚时，在另外半个视图上不必再用虚线画出，如图6-19主视图中左边的虚线不必画出。

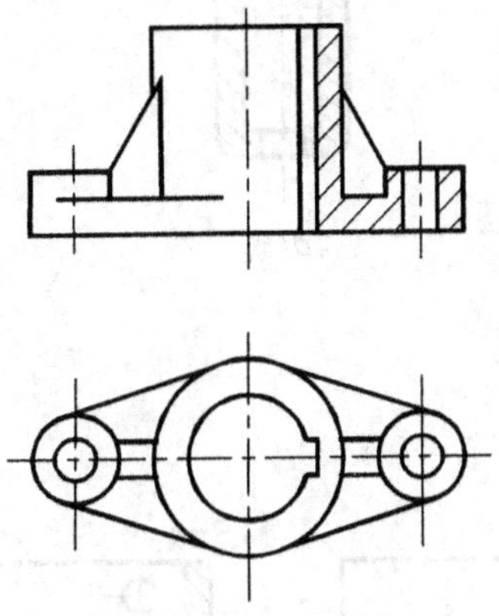

图 6-18　半剖视

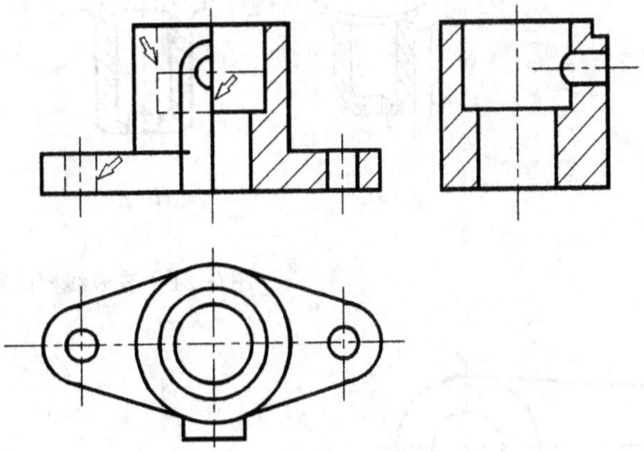

图 6-19　半剖视的错误画法

(三) 局部剖视图

用剖切平面局部地剖开机件所得的剖视图，称为局部剖视图。

如图6-20(*a*)所示机件，它除了左边的孔需要用剖视表示外，其余部分是实心的，不必作剖视，像这样的机件可用剖切平面局部地将它剖开，画出局部剖视图，如图6-20(*b*)主视图所示。

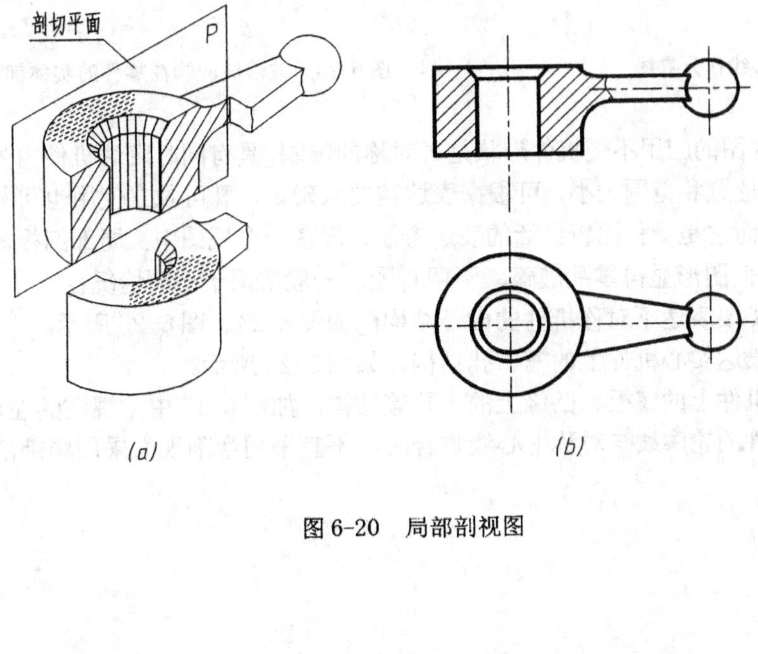

图 6-20　局部剖视图

局部剖视与视图之间用波浪线分界，波浪线不应与轮廓线或其他图线重合或互相取代，如图6-21(*c*)，(*d*)是错误的。当被剖结构为回转体时，允许将该结构的中心线作为局部剖视与视图的分界线，如图6-22所示。波浪线只画在机件的实体部分，而不可画在机件的空心部位，更不可超出视图的轮廓线，如图6-23。当用一个平面剖切且剖切位置明显时，局部剖视图可省略标注，如图6-20所示。

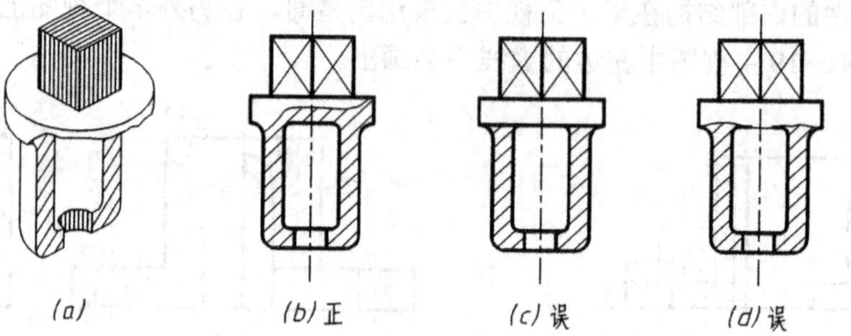

图6-21　波浪线要画得清晰

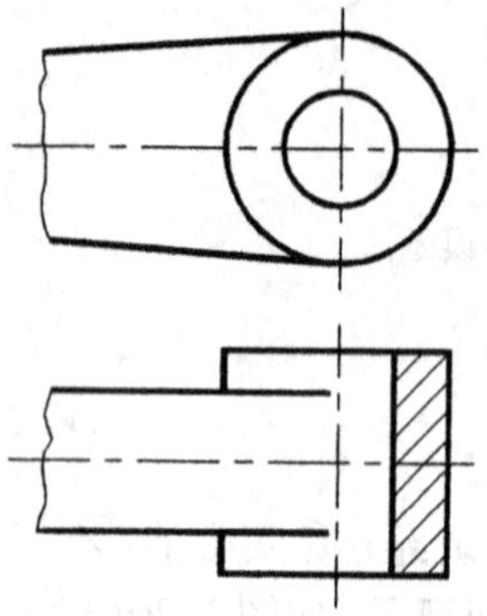

图6-22　用中心线作分界线

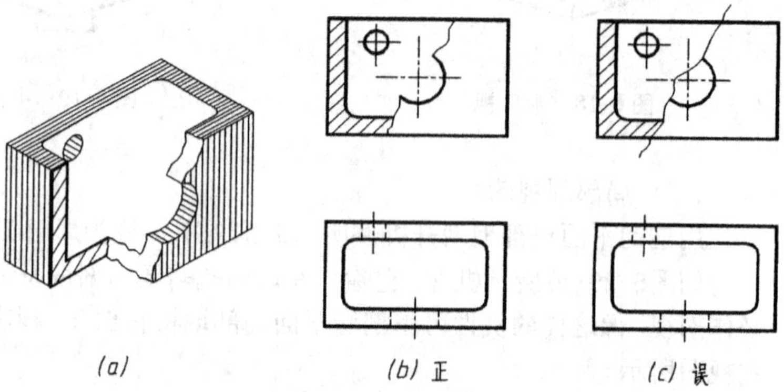

图6-23　波浪线应画在零件的实体部分

局部剖视图的应用不受机件形状是否对称的限制，具有同时表达机件内外结构的特点，而且剖切位置和范围大小，可根据表达需要来确定，既可独立使用也可与其他剖视配合使用，因而它是一种比较灵活的表达方法，但在一个视图中，局部剖视图的数量不宜过多，以免使图形显得零乱破碎，不便看图。一般常用于下列情况：

1. 同时需要表达不对称机件的内外结构，如图6-24、图6-25所示。
2. 需要表达实心机件上的槽、孔结构，如图6-20所示。
3. 表达机件上的底板、凸缘上的小孔等结构，如图6-17中主视图的左边所示。
4. 当机件的轮廓线与对称中心线重合时，不宜采用半剖视而采用局部剖视图，如图6-26所示。

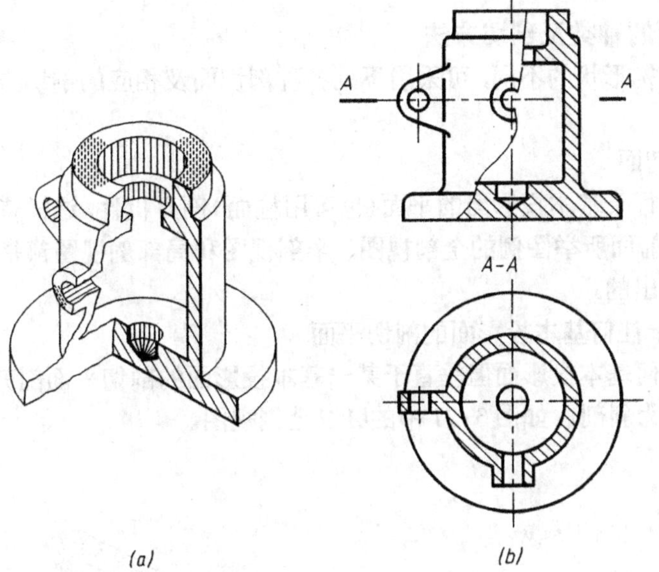

图 6-24　支架的局部剖视

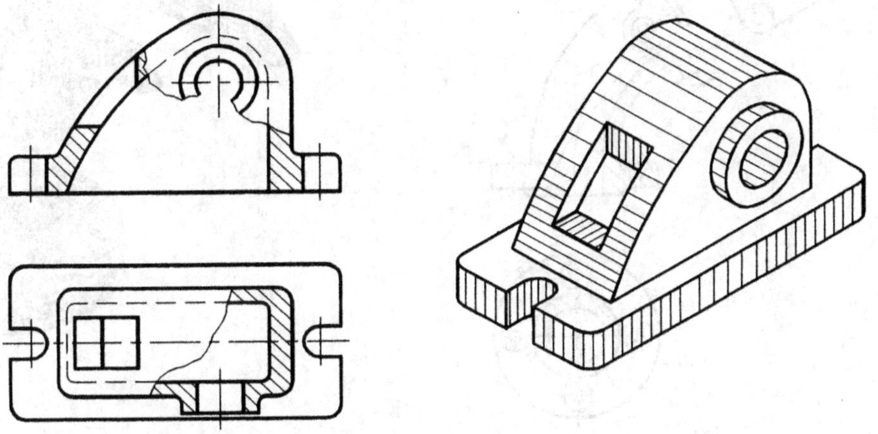

图 6-25　局部剖视图

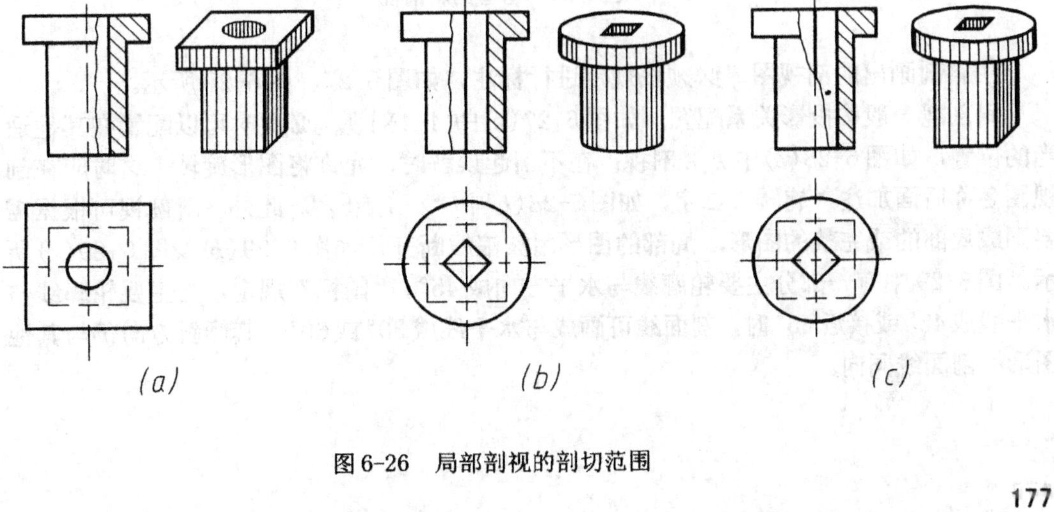

图 6-26　局部剖视的剖切范围

三、剖切面的种类及剖切方法

根据机件的结构形状的不同，可采用下列各种剖切面及相应的剖切方法得到适当的剖视图。

（一）单一剖切面

一般用一个平行于基本投影面的平面(也可用柱面)剖开机件，这样获得的剖视图的方法为单一剖。如前面所举图例的全剖视图、半剖视图和局部剖视图都是用单一剖切平面剖开机件后所画出的。

（二）不平行于任何基本投影面的剖切平面

用不平行于任何基本投影面但垂直于某一基本投影面的剖切平面剖开机件，这样获得剖视图的方法称为斜剖，如图 6-27 中的 *A-A* 全剖视图。

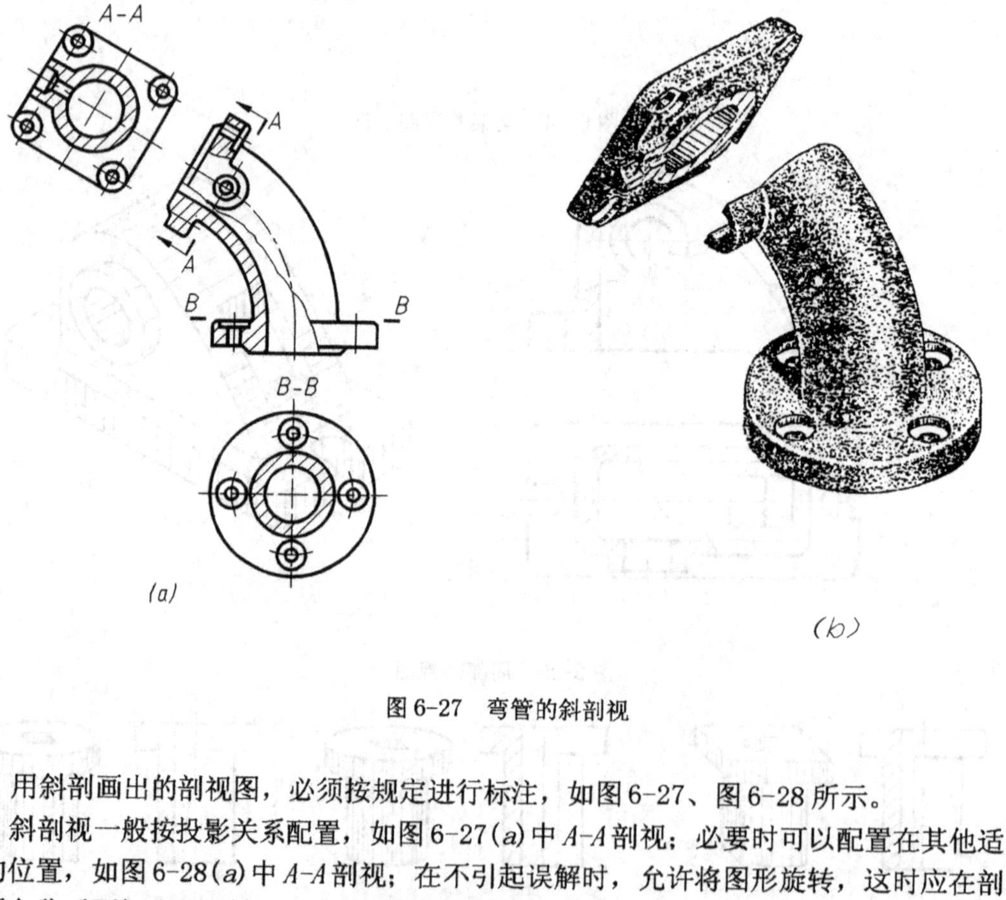

图 6-27　弯管的斜剖视

用斜剖画出的剖视图，必须按规定进行标注，如图 6-27、图 6-28 所示。

斜剖视一般按投影关系配置，如图 6-27(*a*) 中 *A-A* 剖视；必要时可以配置在其他适当的位置，如图 6-28(*a*) 中 *A-A* 剖视；在不引起误解时，允许将图形旋转，这时应在剖视图名称后面加注“旋转”二字，如图 6-28(*b*)中“*A-A* 旋转”。此外，斜剖视可根据需要画成局部的或完整的图形，局部的图形用波浪线断开，如图 6-29(*b*) 及图 6-29(*c*) 所示。图 6-29 中有一部分主要轮廓线与水平方向成45°，“国标”规定，当主要轮廓线与水平线成45°或接近45°时，剖面线可画成与水平线成30°或60°，其倾斜方向仍与其他图形的剖面线同向。

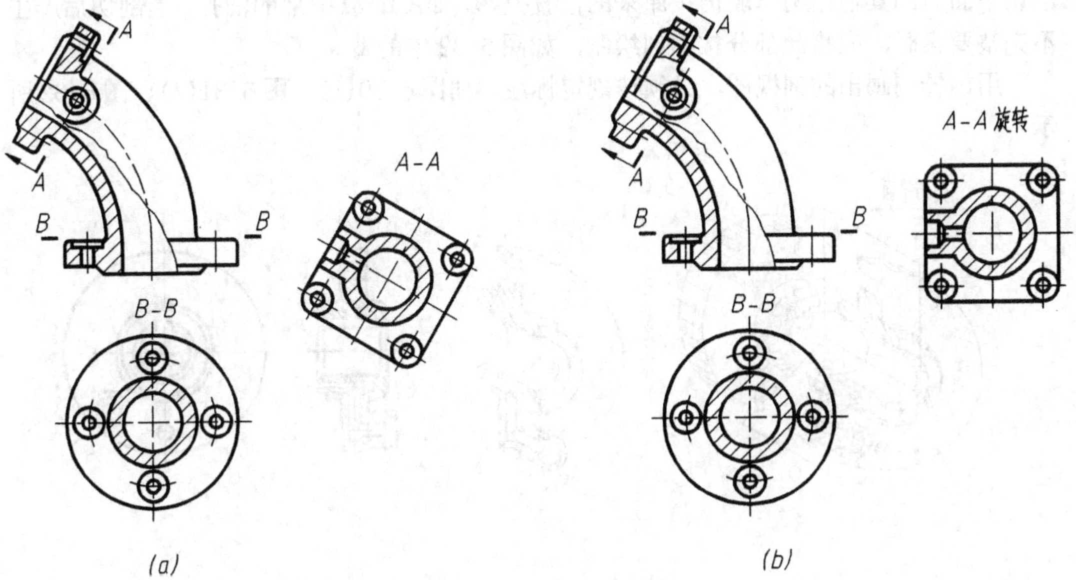

图 6-28　斜剖视的平移或旋转

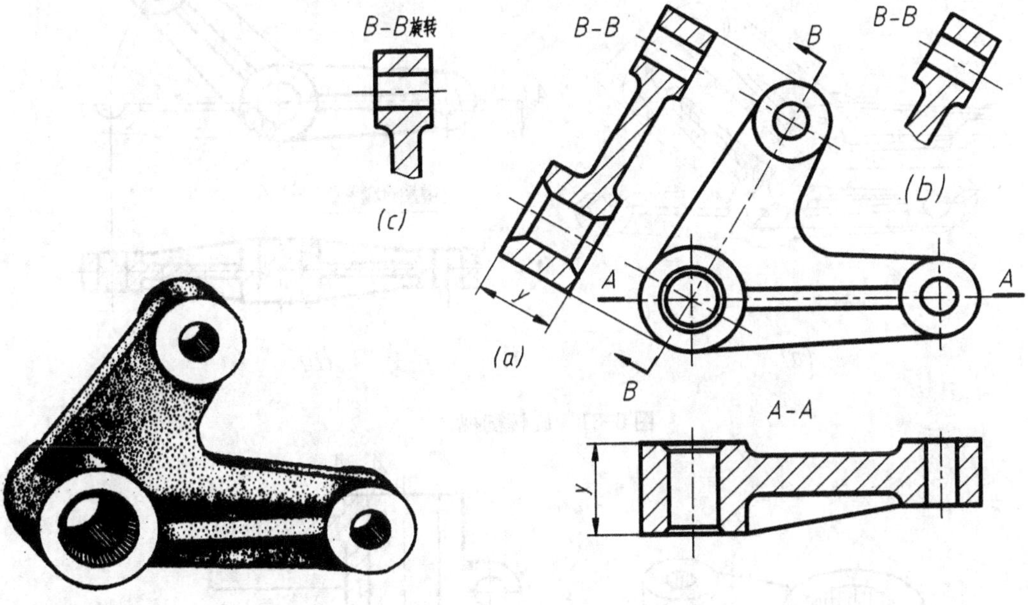

图 6-29　斜剖视

（三）两相交的剖切平面

用两相交的剖切平面（交线垂直于某一基本投影面）剖开机件的方法，称为旋转剖，如图 6-30 中的 *A-A* 全剖视图。

采用这种剖切方法画剖视图时，先假想按剖切位置剖开机件，然后将被剖切平面剖开的结构及有关部分旋转到与选定的投影面平行后再进行投影，如图 6-30(*b*) 所示。在剖切平面后的其他结构一般仍按原来的位置投影，如图6-31中部的油孔。当剖切后产生不完整要素时，应将此部分按不剖绘制，如图6-32中的臂。

用旋转剖画出的剖视图，必须按规定标注，如图6-30(*c*)、图6-31(*b*)、图6-32所示。

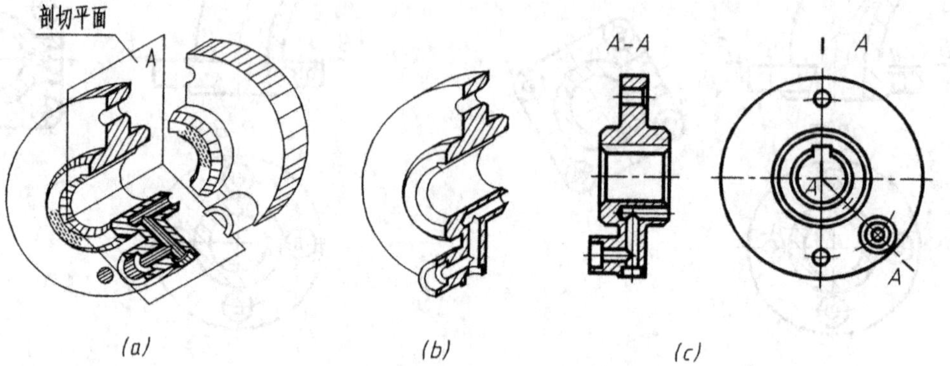

图6-30　旋转剖视

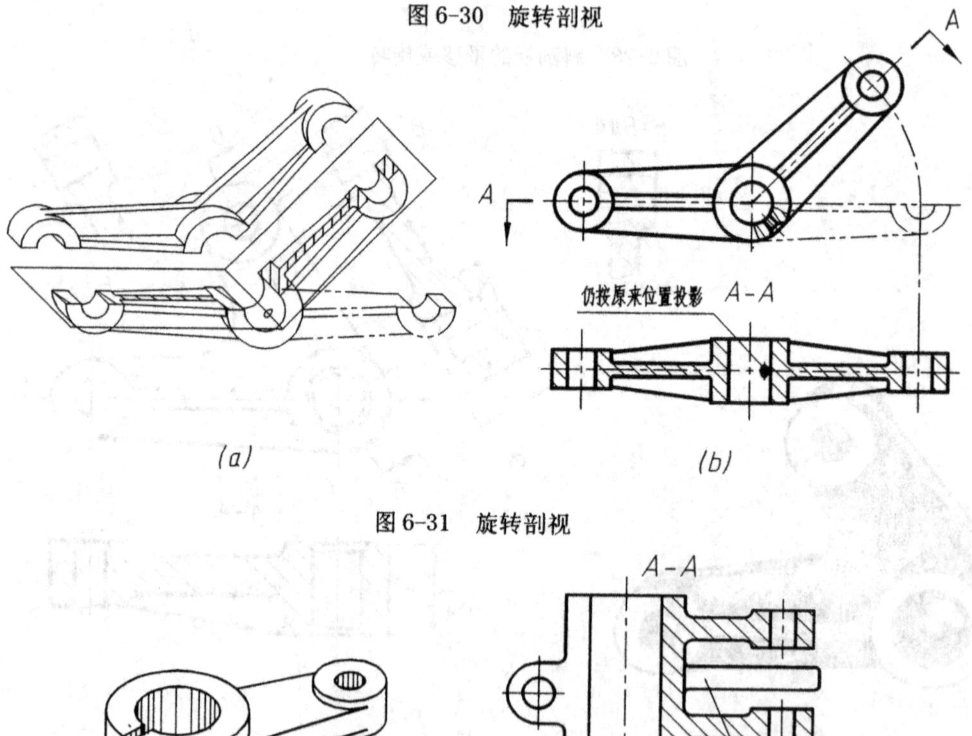

图6-31　旋转剖视

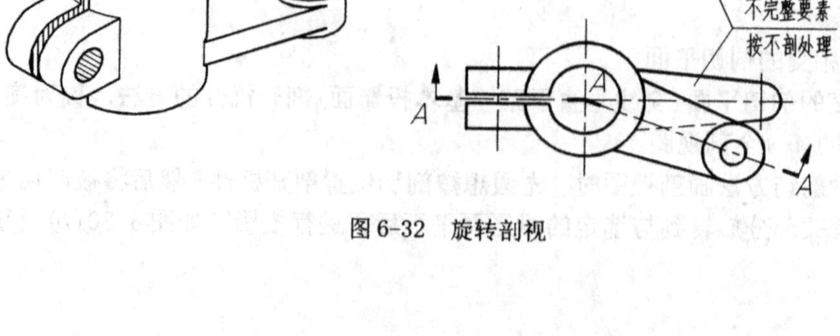

图6-32　旋转剖视

(四)几个平行的剖切平面

用几个平行的剖切平面剖开机件，这样获得剖视图的方法，称为阶梯剖，如图6-33、图6-34中的*A-A*全剖视。

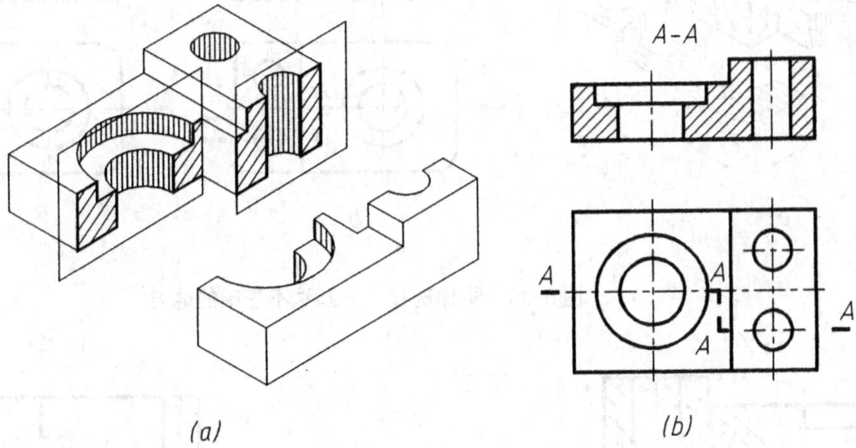

图6-33　阶梯剖视

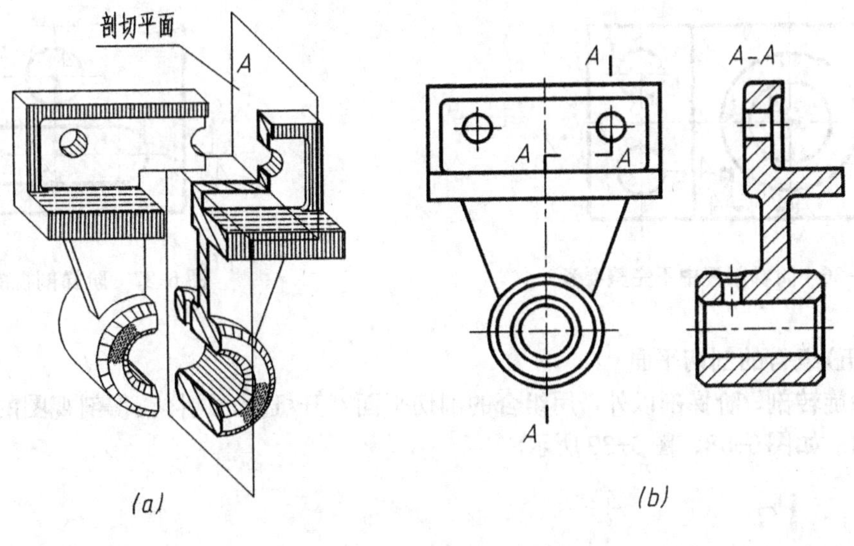

图6-34　阶梯剖视

用这种剖切方法画剖视图时，在剖视图上，各剖切平面的转折处不应画出分界线，如图6-35(*b*)所示。也不允许剖切平面转折处与机件轮廓线重合，如图6-35(*c*)所示。一般情况下应避免在视图上出现不完整的要素或通过孔中心转折，如图6-36所示，仅当两个要素在图形上具有公共对称中心线或轴线时，可以各画一半，此时应以对称中心线或轴线为界，如图6-37所示。

用阶梯剖画出的剖视图，必须按规定标注，如图6-33、图6-34所示。

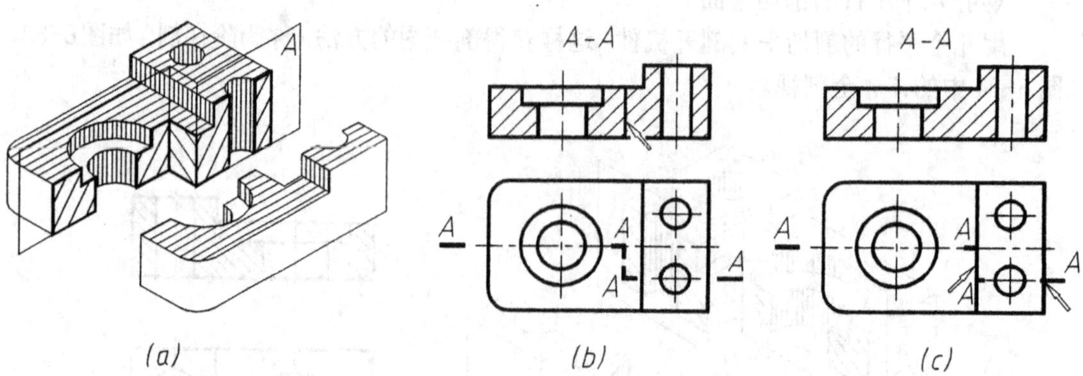

图 6-35　阶梯剖视——画法不正确的地方

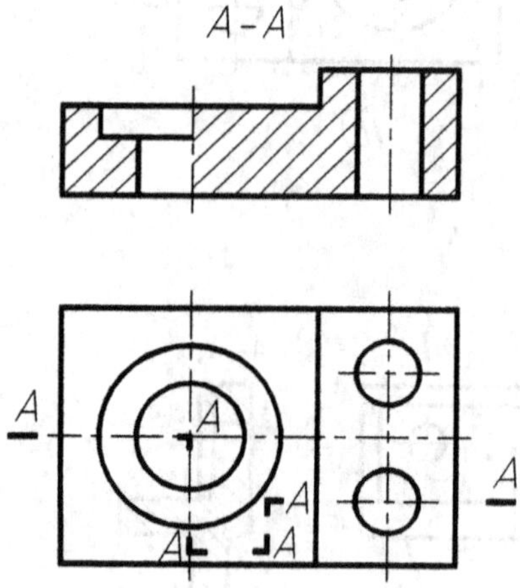

图 6-36　阶梯剖视中不完整要素

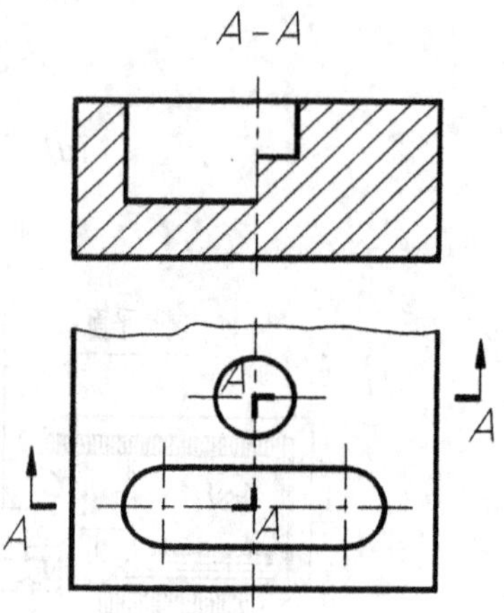

图 6-37　阶梯剖视的特殊情况

(五)组合的剖切平面

除旋转剖、阶梯剖以外，用组合的剖切平面剖开机件，这样获得剖视图的方法称为复合剖，如图 6-38、图 6-39 所示。

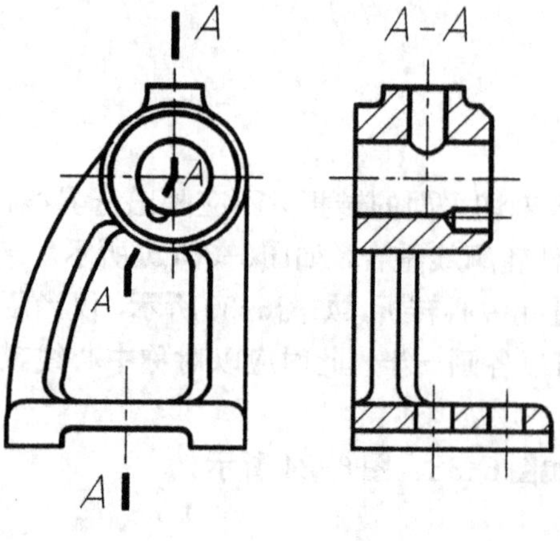

图 6-38　复合剖视（一）

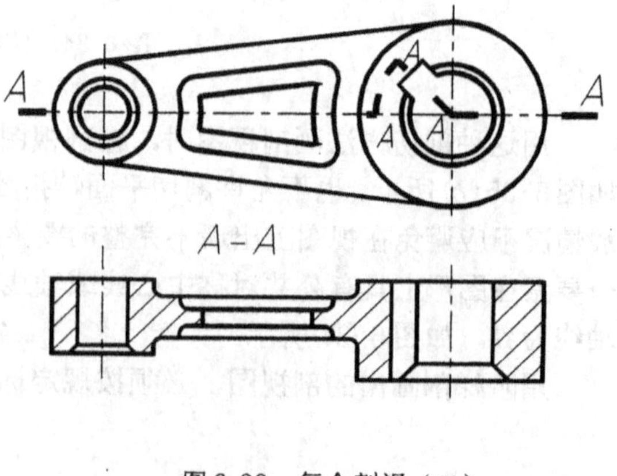

图 6-39　复合剖视（二）

用复合剖画出的剖视图，必须标注，并可采用展开画法，此时，在剖视图上应标注“×－×展开”，如图6-40中“A-A展开”。

斜剖、旋转剖、阶梯剖等剖切方法，主要用来获得全剖视图。但根据机件的结构特点也可采用这些剖切方法获得半剖视图或局部剖视图，如图6-41的主视图为用旋转剖所获得的局部剖视图。

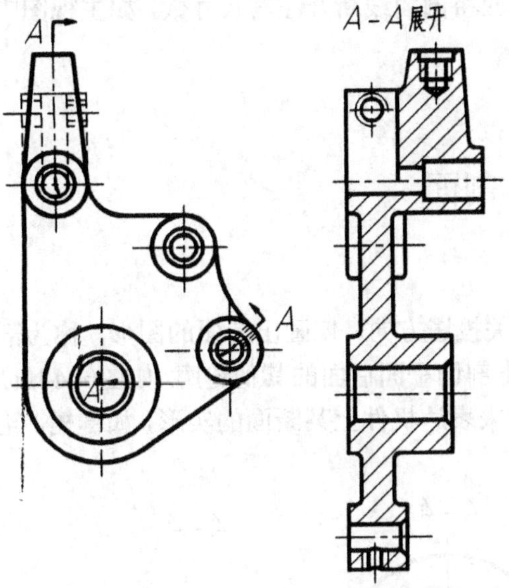

图6-40 复合剖视（三）

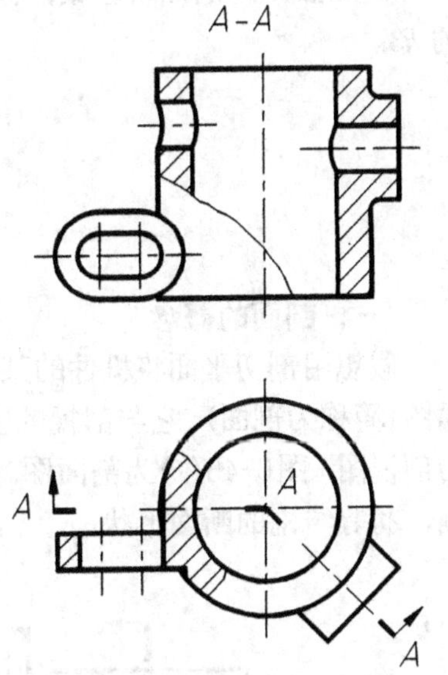

图6-41 旋转剖中的局部剖视图

四、剖视图中的尺寸标注

在第四章中介绍了视图上的尺寸标注，这些基本方法，同样适用于剖视图，但在剖视图上标注尺寸，还应注意以下几点(图6-42)：

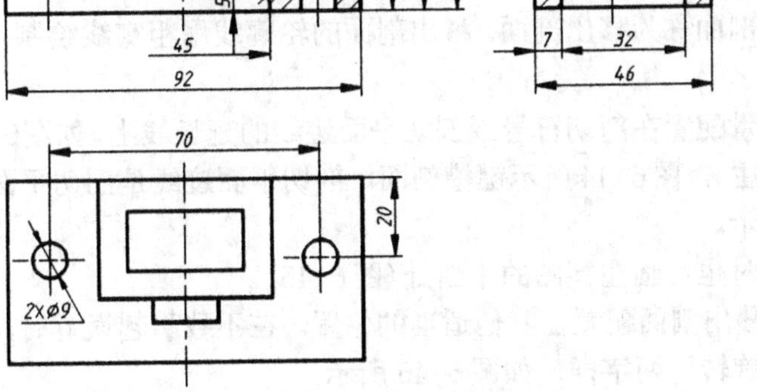

图6-42 剖视图中的尺寸标注

1. 在同一轴线上的圆柱(或圆锥)的直径尺寸，一般应尽量注在剖视图上，避免标注在投影为同心圆的视图上。如左视图中的 $\phi 8$，$\phi 17$。

2. 当采用半剖视(或局部剖视)后，有些尺寸不能完整地标注出来，此时可将尺寸线略引过圆心或轴线或对称中心线，但仍注出完整尺寸，如主视图中的 30，45。

3. 一般把内部结构尺寸标注在剖视图上，外部结构尺寸标注在未剖视图上。

4. 如必须在剖面线区域内标注尺寸时，则应将剖面线断开注写尺寸数，如主视图中的 *R*3。

第三节　剖面

一、剖面的概念

假想用剖切平面将机件的某处切断，以相关投影方向，仅画出断面的图形，称为剖面图(简称为剖面)。它与剖视的区别在于不画出剖切平面后面的其他轮廓，如图6-43(*a*)为剖视图，图6-43(*b*)为剖面图。剖面图主要用来表达机件上某断面的实形，如键槽、轮辐、肋等结构的断面形状。

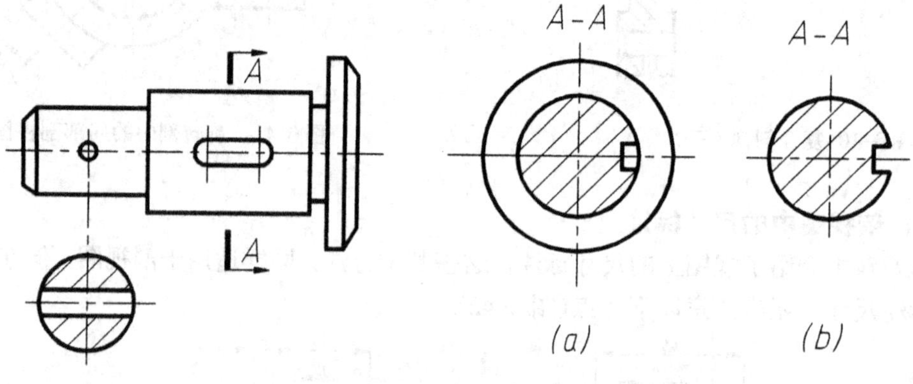

图 6-43　剖面与剖视的区别

二、剖面的种类

(一) 移出剖面

画在视图外的剖面称为移出剖面。移出剖面的轮廓线用粗实线绘制，如图6-44～图6-47 所示。

移出剖面应尽量配置在剖切符号或剖切平面迹线的延长线上，如图6-43中带有小孔轴的剖面（没有标注)，图 6-44 所示键槽剖面。剖切平面迹线是剖切平面与投影面的交线，用细点划线表示。

剖面图形对称时也可画在视图的中断处(图 6-45)。

必要时，可将移出剖面配置在其他适当的位置。在不致引起误解时，允许将图形旋转，但必须注明“旋转”两字样，如图 6-46 所示。

剖面主要表达机件上某一断面的真实形状，因而剖切平面应垂直于所要表达部分的轮廓线。由两个或多个相交的剖切平面剖切出的移出剖面，中间应以波浪线断开(图6-47)。当剖切平面通过回转面形成的孔或凹坑的轴线时，这些结构按剖视绘制，如图6-48、图6-49所示。而图6-50(*b*)是错误的。当剖切平面通过非圆孔会导致出现完全分离的两个剖面时，则这些结构也应按剖视绘制，如图6-51所示。

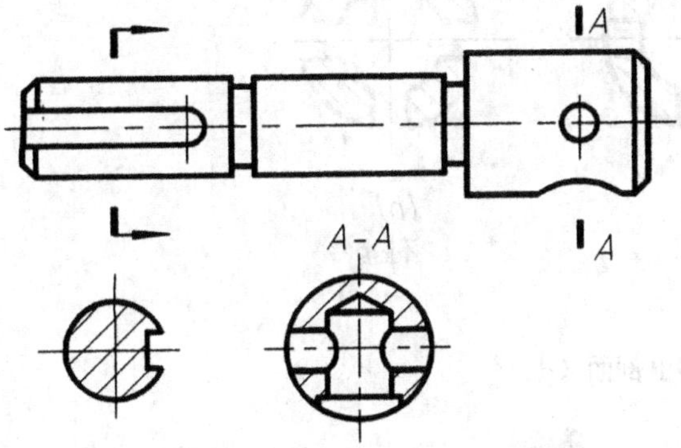

图6-44　移出剖面（一）

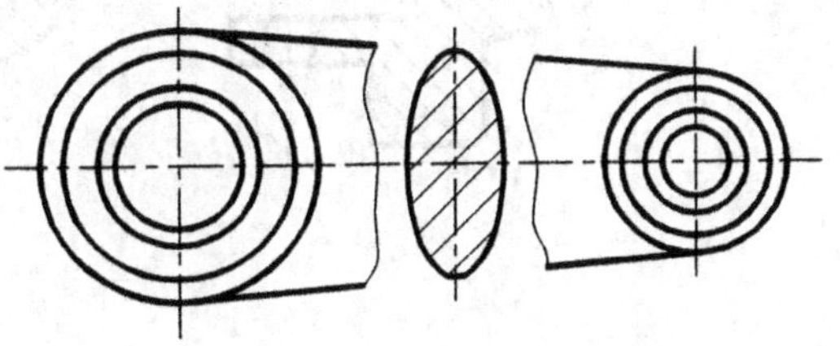

图6-45　移出剖面（二）

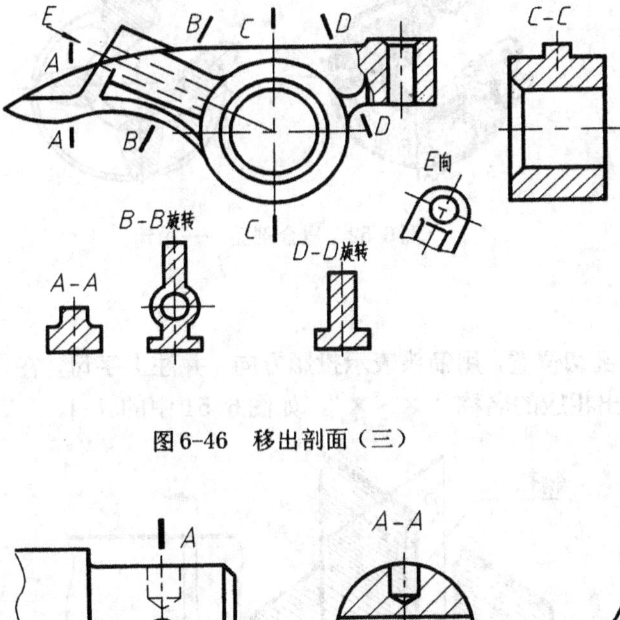

图6-46　移出剖面（三）

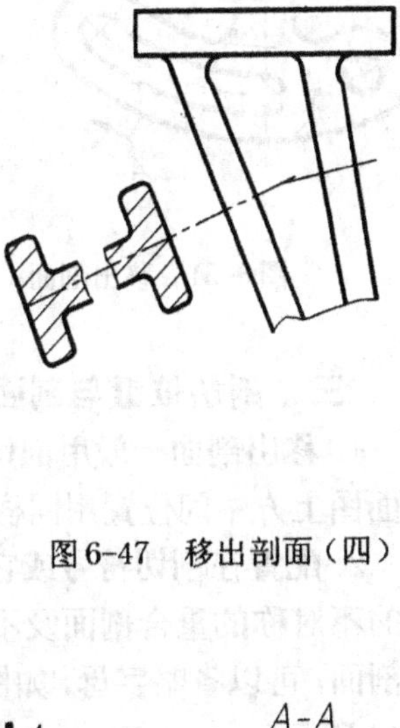

图6-47　移出剖面（四）

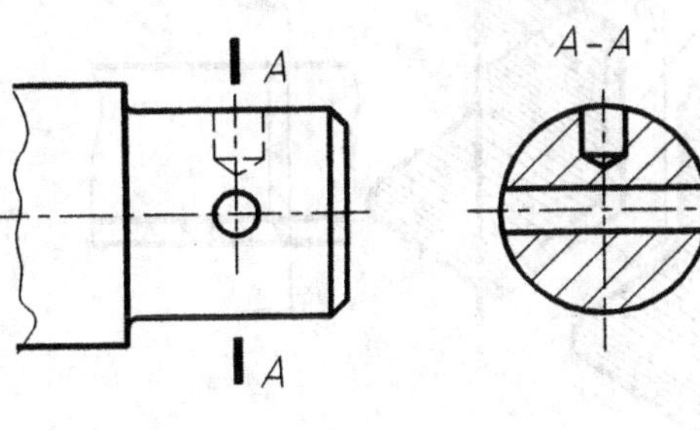

图6-48　移出剖面（五）

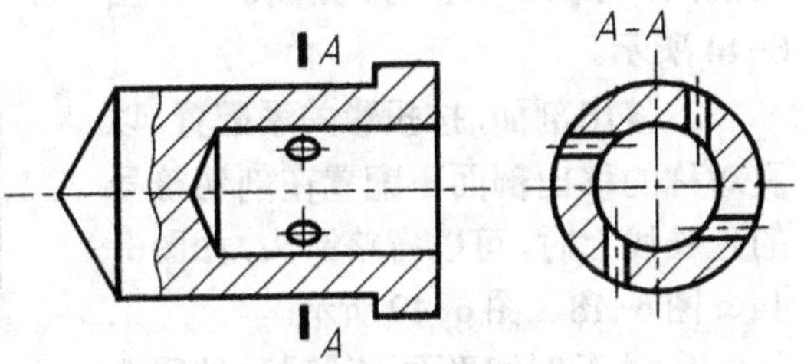

图6-49　移出剖面（六）

(二)重合剖面

画在视图内的剖面称为重合剖面。重合剖面的轮廓线用细实线绘制。当视图中的轮廓线与重合剖面的轮廓线重叠时，视图中的轮廓线应完整地画出，不可间断，如图6-52、图6-53所示。

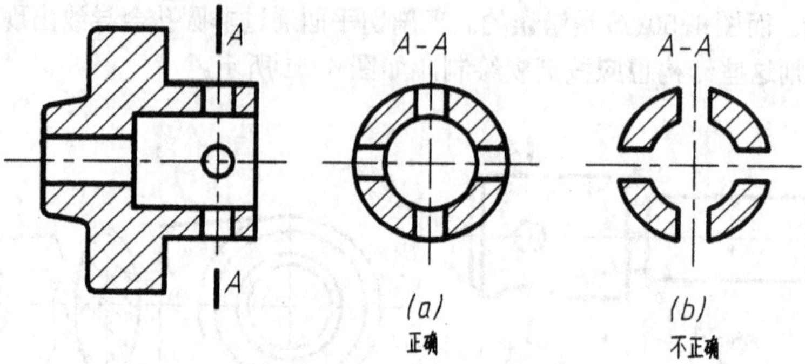

图6-50　移出剖面（七）

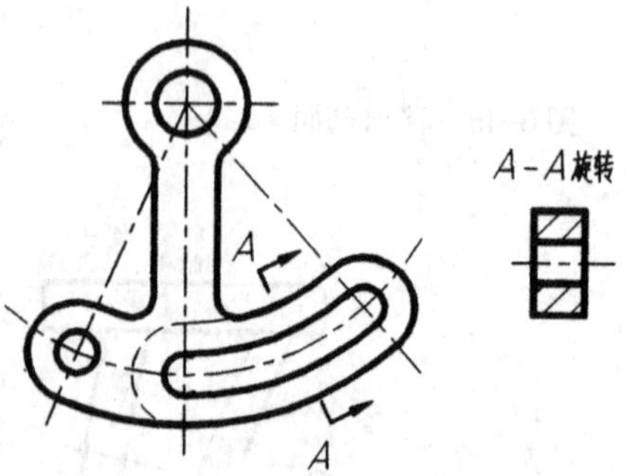

图6-51　移出剖面（八）

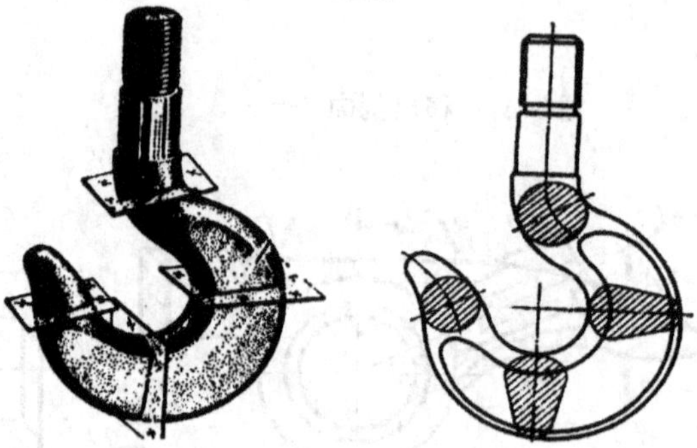

图6-52　重合剖面——吊钩

三、剖切位置与剖面的标注

1. 移出剖面一般用剖切符号表示剖切位置，用箭头表示投影方向，并注上字母，在剖面图上方中间位置用同样的字母标出相应的名称“×-×”，如图6-51中的*A*-*A*。

2. 配置在剖切符号或它的延长线上的不对称的重合剖面及不对称的移出剖面，可以省略字母，如图6-53、图6-44所示。

3. 移出剖面，按投影关系配置，以及对称的移出剖面不配置在剖切符号的延长线上时，可以省略箭头，如图6-44、图6-48、图6-49所示。

4. 关于剖切平面迹线对称的重合剖面或配置在剖切平面迹线延长线上关于剖切平面迹线对称的移出剖面，以及配置在视图中断处的对称移出剖面，可不标注，如图6-43、图6-45、图6-52。

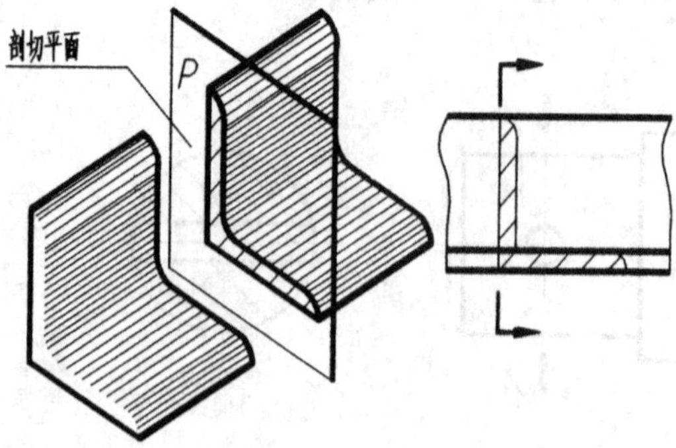

图6-53　重合剖面——角钢

第四节　局部放大图和简化画法

一、局部放大图

机件上某些局部结构较小，在原来选定比例的图形中不易表达清楚或不便于标注尺寸时，可将此局部结构用大于原图形所采用的比例单独画出，这种图形称为局部放大图，如图 6-54 所示。

局部放大图可以画成视图、剖视或剖面，它与被放大部位的表达方式无关。局部放大图尽量配置在被放大部位的附近。

画图时，应当用细实线圈出被放大的部位。

当同一机件上有几处需要放大时，必须用罗马数字依次标明被放大部位，并在局部放大图的上方标出相应的罗马数字和采用的比例，如图 6-54(*a*)、(*b*)所示。当机件上被放大的部分仅一处时，在局部放大图的上方只需注明所采用的比例，如图6-54(*c*)所示。同一机件上有不同部位的局部放大图，当图形相同或对称时，只需画出一个，如图6-55 所示。必要时，可用几个图形来表达同一个被放大部分的结构，如图 6-56 所示。

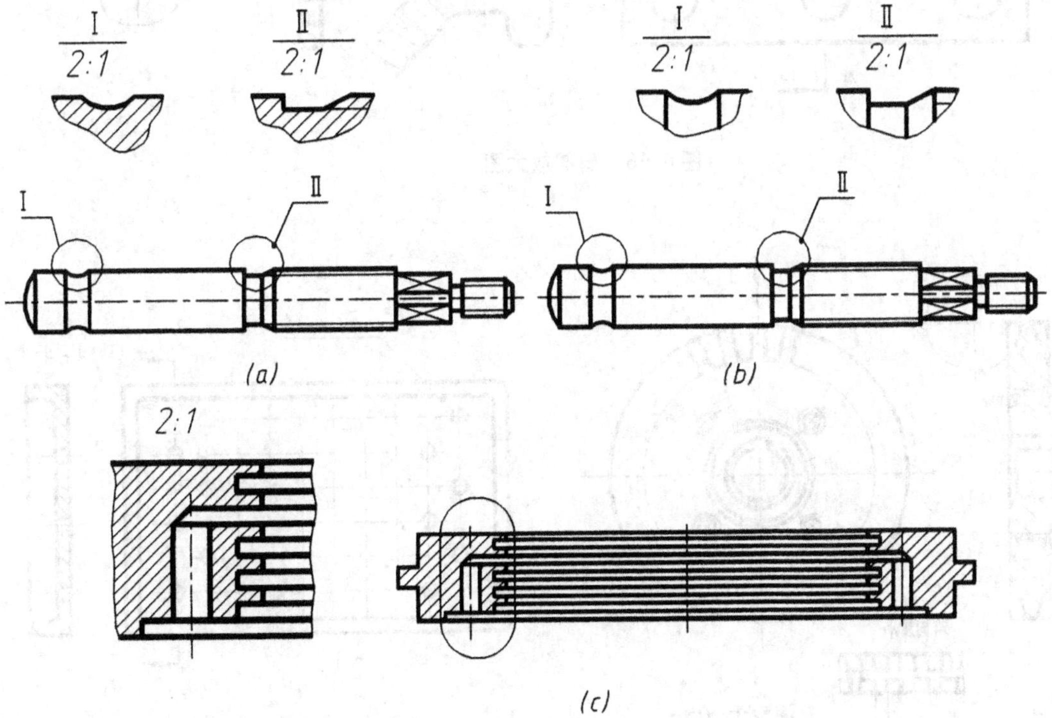

图 6-54　局部放大图及其标注

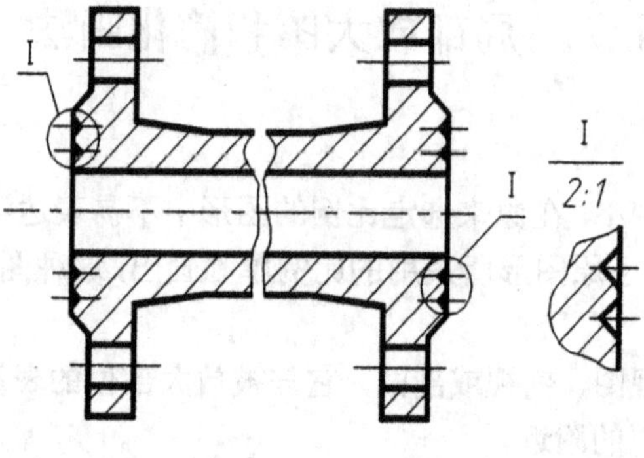

图 6-55　局部放大图

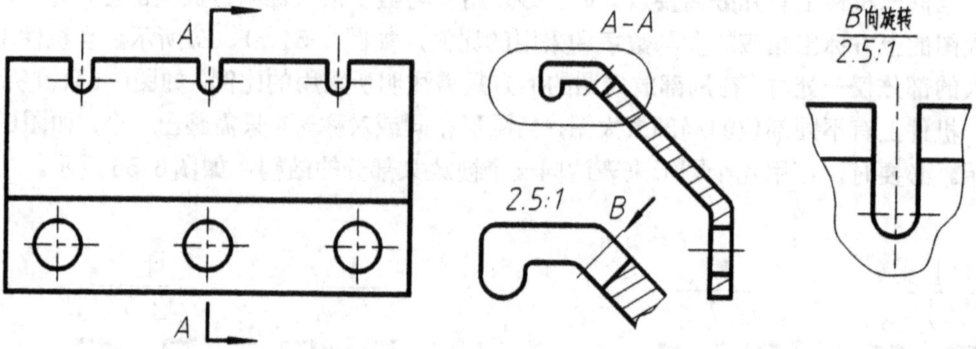

图 6-56　局部放大图

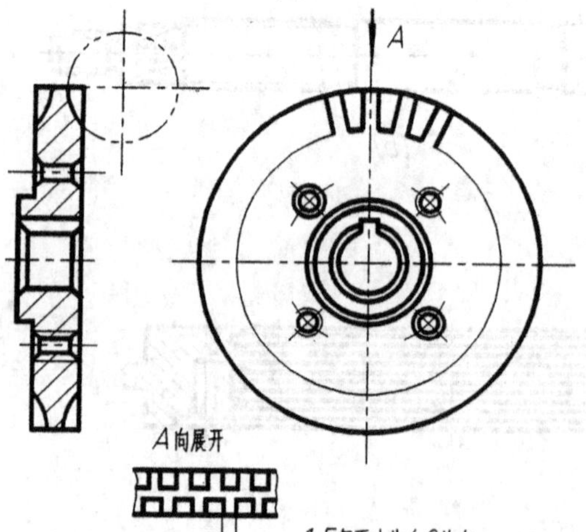

图 6-57

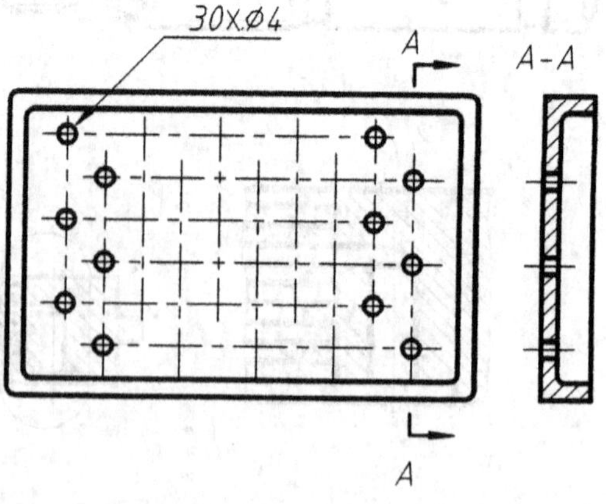

图 6-58

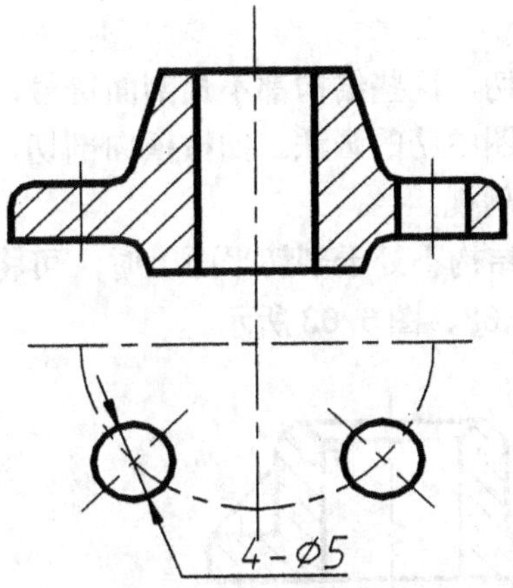

图6-59　均布孔表示法（一）

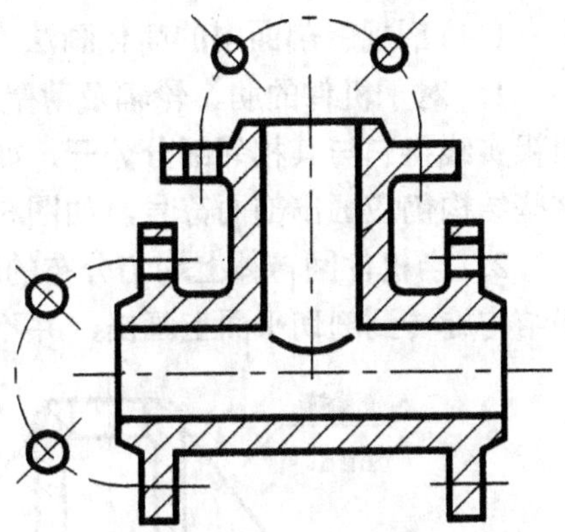

图6-60　均布孔表示法（二）

二、简化画法

(一)相同结构的简化画法

1. 当机件具有若干相同结构(如齿、槽孔、圆孔等)，并按一定规律分布时，只需画出几个完整的结构，其余用细实线连接，如图6-57所示，或只画几个，其余用点划线表示其中心位置，如图6-58所示，但在图上必须注明该结构的总数。

2. 圆柱形法兰或机件上与其类似结构均匀分布的孔，可按图6-59、图6-60所示方法表达。

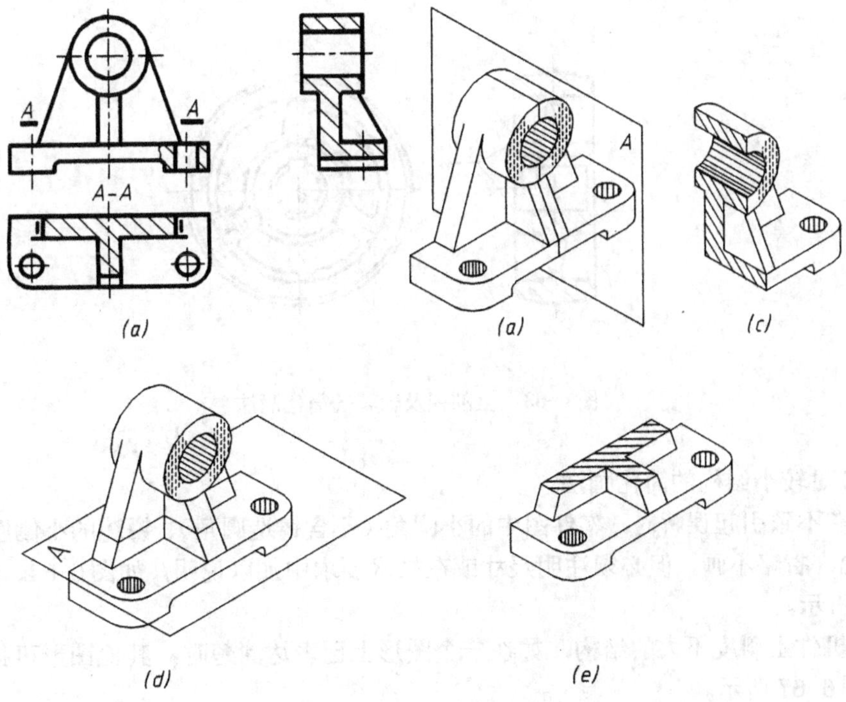

图6-61　薄壁、肋板的画法

(二)剖视、剖面中的简化画法

1. 对于机件的肋、轮辐及薄壁等，如按纵向剖切，这些结构都不画剖面符号，而用粗实线将它与其相邻部分分开，如图 6-61(a)左视图中肋的画法。如按横向剖切，则这些结构仍应画出剖面符号，如图 6-61(a)中的 A-A 剖视。

2. 当机件回转体上均匀分布的肋、轮辐、孔等结构不处于剖切平面上时，可将这些结构旋转到剖切平面上画出，并不需标注，如图 6-62、图 6-63 所示。

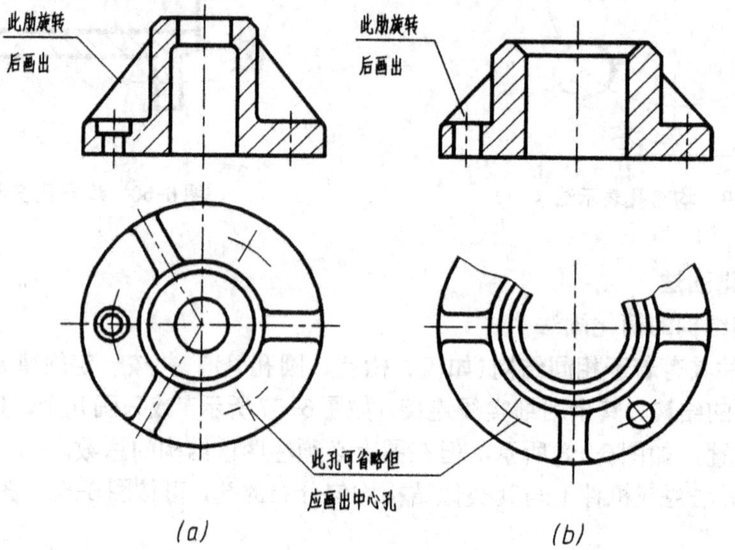

图 6-62 均布肋、孔的画法

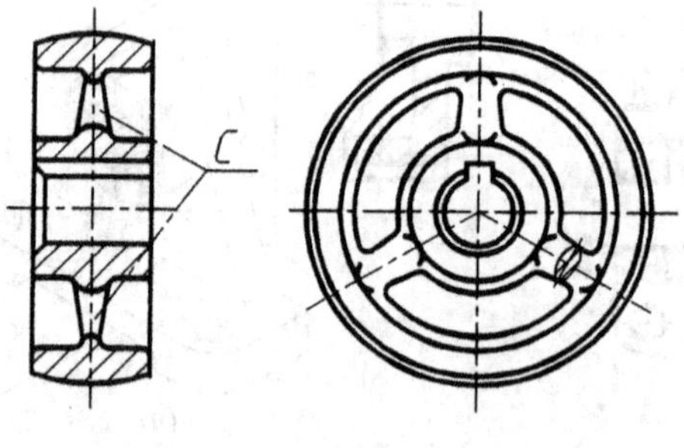

图 6-63 全剖视及轮辐的简化画法

(三)对较小结构的简化画法

1. 在不致引起误解时，零件图中的小圆角（不含铸造圆角）、锐边的小倒圆或45°小倒角允许省略不画，但必须注明尺寸或在技术要求中加以说明，如图 6-64、图 6-65、图 6-66 所示。

2. 机件上斜度不大的结构，如在一个图形上已表达清楚时，其他图形可按小端画出，如图 6-67 所示。

3. 对机件上一些较小结构，如在一个图形上已表示清楚，则在其他图形中可以简化或省略，如图 6-68、图 6-69 所示。

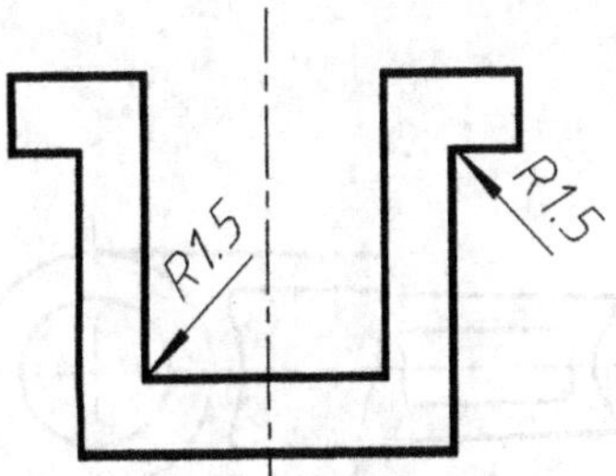

图6-64　小圆角简化画法

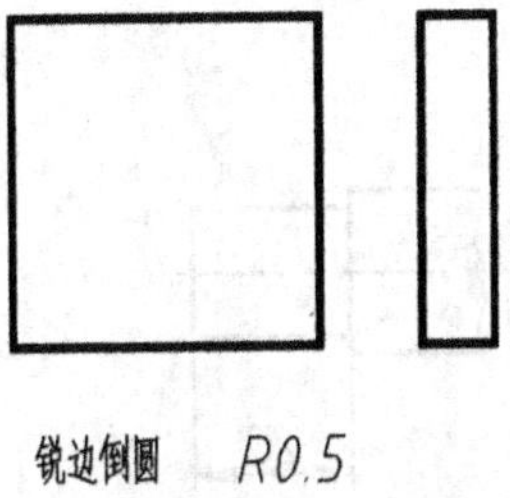

图6-65　锐边倒圆简化画法

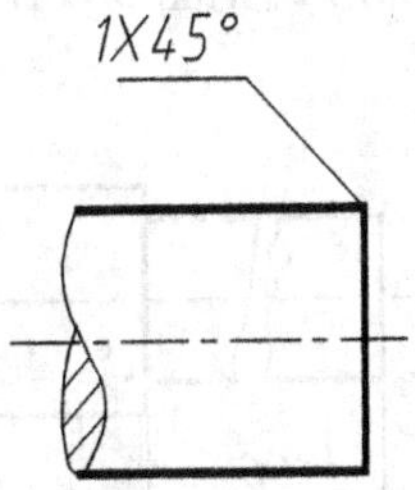

图6-66　小倒角简化画法

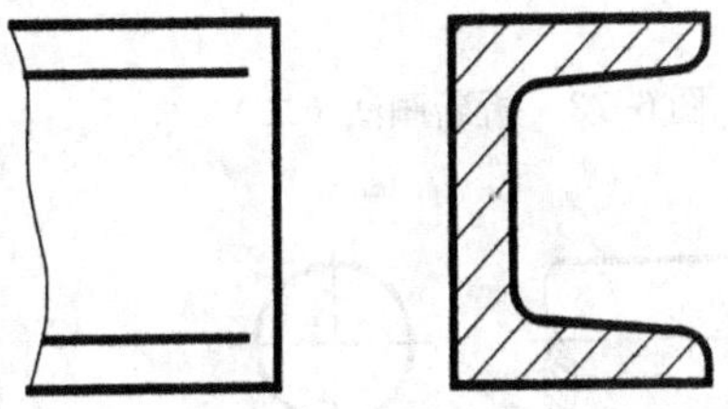

图 6-67　零件上斜度不大的结构的表示法

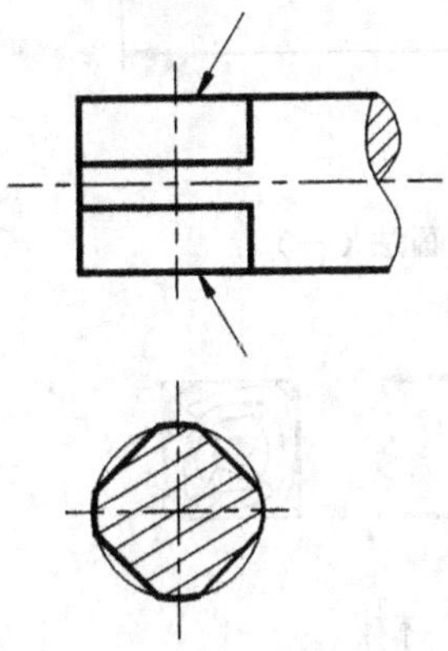

图 6-68 小结构简化画法（一）

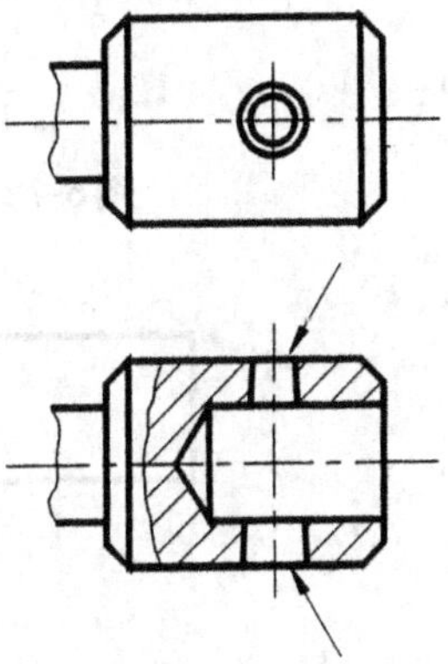

图 6-69 小结构简化画法（二）

(四) 对称图形的简化画法

在不致引起误解时，对于对称机件的视图可只画一半或四分之一，并在对称中心线的两端画出两条与其垂直的平行细实线，如图 6-70、图 6-71 所示。

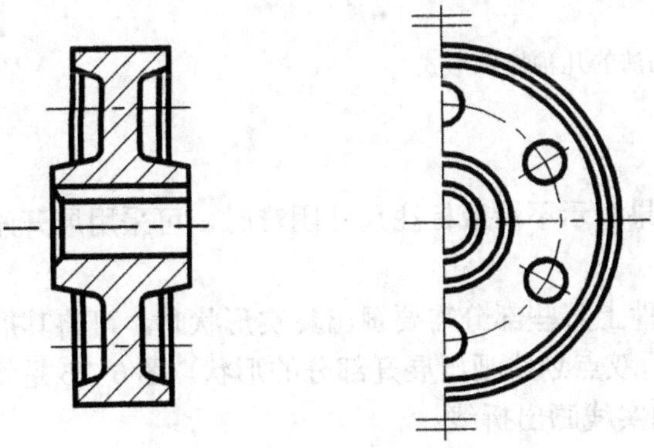

图 6-70　对称图形画法（一）

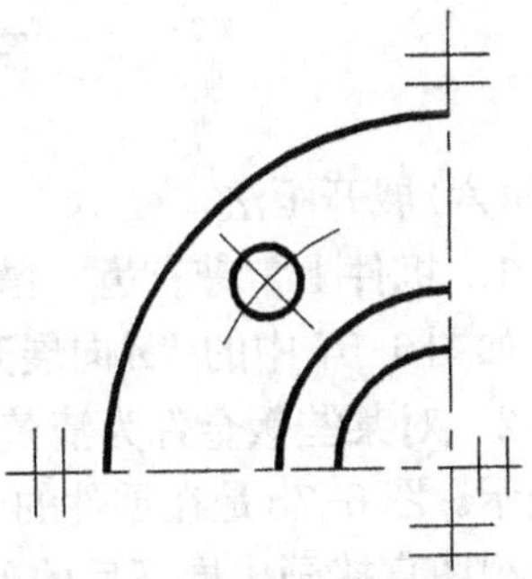

图 6-71　对称图形画法（二）

(五) 对较长机件的折断画法

对于较长的机件(轴、杆、型材、连杆等)沿长度方向的形状一致或按一定规律变化时，可断开缩短绘制。但必须标注实际长度尺寸，如图6-72、图6-73。折断画法的几种特殊形式见图6-74。

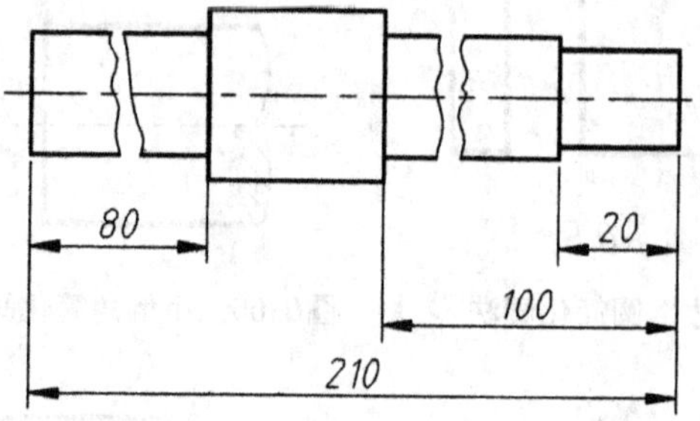

图6-72　折断画法（一）

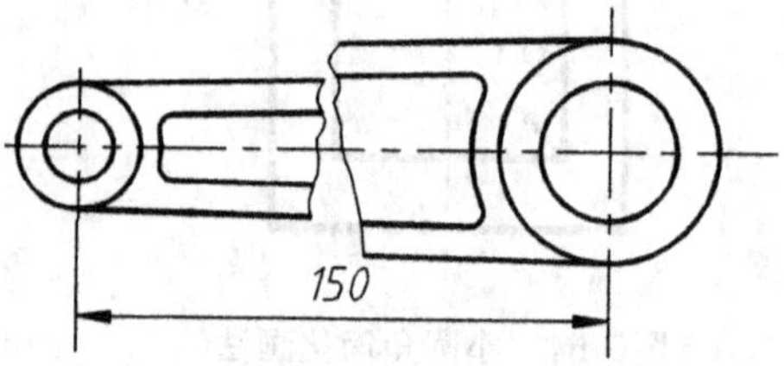

图6-73　折断画法（二）

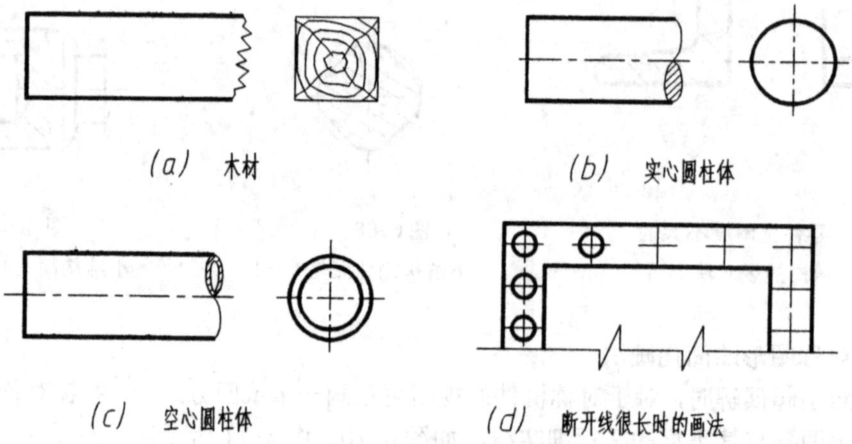

图6-74　折断画法的几种特殊形式

(六)展开画法

1. 机件上常带有齿、槽等结构，如果表示不清或标注尺寸困难时，可采用展开画法，如图6-57中的“A向展开”。

2. 对某些钣金件为清楚表达，当零件上某些部分需要画出真实形状时，可将其展开表示。图6-75是在零件的一个视图上用双点划线画出展开部分的形状。图6-76是将一个视图直接画出展开后的形状，并用细实线画出折线。

(七)网状物等表示法

网状物、编织物等，可在图形的轮廓线附近用细实线示意地画出这些结构，并在图上或技术要求中注明这些结构的具体要求，如图6-77。

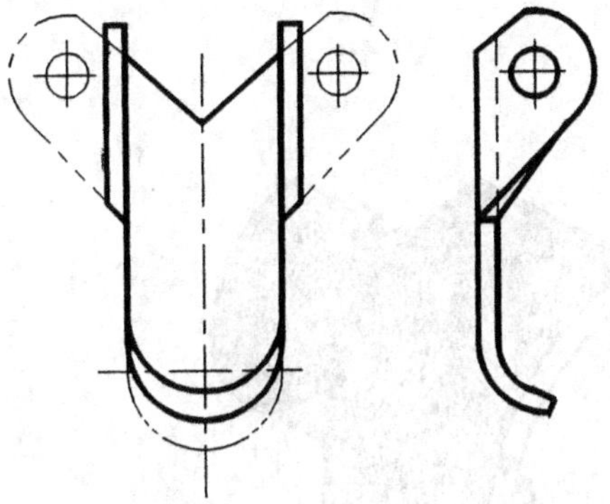

图 6-75 展开画法（一）

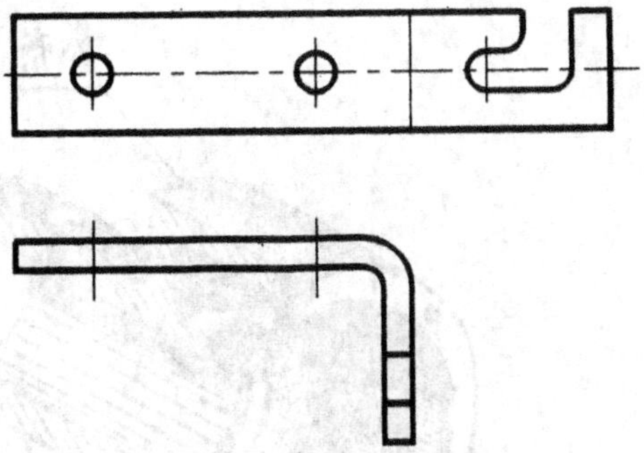

图 6-76 展开画法（二）

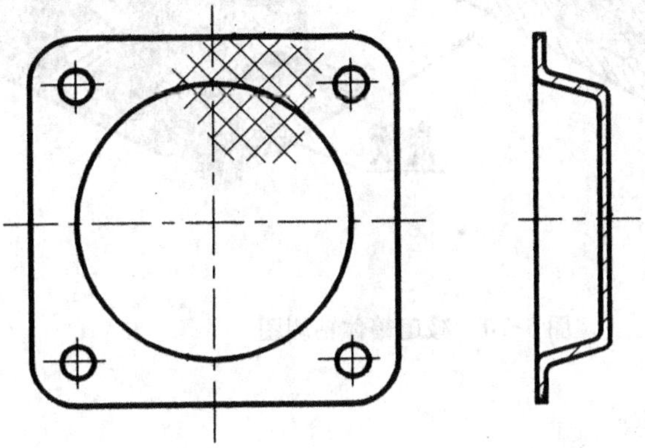

图 6-77 网状物表示法

第五节 综合应用举例

图 6-78 为减速箱体的轴测图。根据形体分析的方法，可将箱体大致分为底板、外壳、套筒和肋板等四个基本形体。在以上各基本形体上，又分别具有一些凸台、内腔、通孔、圆槽等要素，如图 6-79(*a*)。

先选择主视图的投影方向。从箱体的几个不同方向进行比较，以图6-78中箭头所指方向较能反映各组成部分的形状和相对位置关系。

主视图确定后，需要选择哪些其他视图和表达方法，才能把它表达清楚呢?

1. 从外部结构形状看

为了表达箱体的四个组成部分，主视图、左视图和俯视图都是需要的，这样，大部分的外形及相对位置都已表达清楚。但尚有底板下面的凹坑形状及用几块肋板支撑套筒不清楚，为此，又分别采用“*A*向”和“*D*向”两个局部视图予以表达，如图 6-79（*b*）。

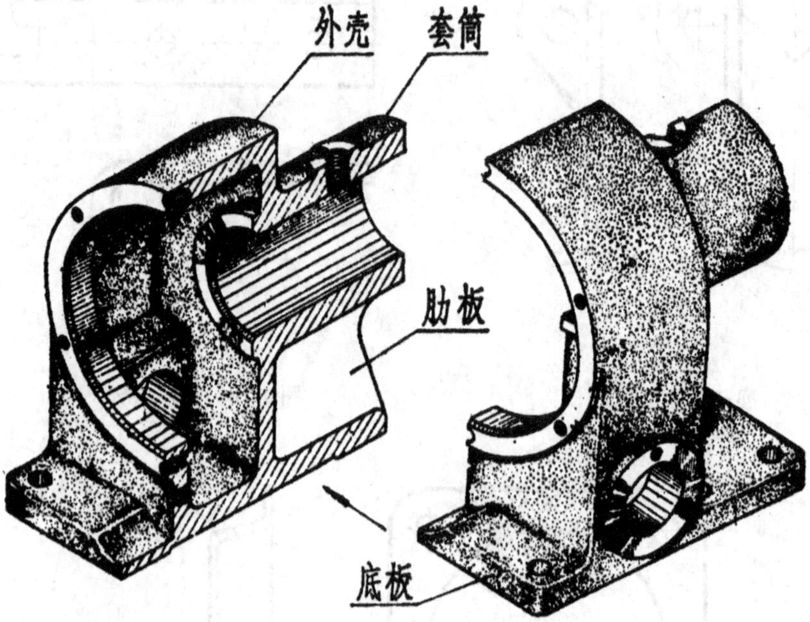

图 6-78　减速箱体轴测图

2. 从内部结构形状看

由于主视图不对称，故采用全剖视，将主体部分的内腔、套筒部分的内孔及四个基本形体间的相对位置等都能表达清楚。俯视图采用半剖视，主要表达底板形状及小孔分布情况，也反映了内部方形凸台和外部圆柱凸台的形状和位置。左视图采用较大范围的局部剖视图，既表达主体内腔与下部前后两个圆孔之间关系和方形凸台的结构，又保留了外壳左端面上小孔的分布位置。

采用以上三个剖视图后，箱体的内部结构已表达清楚。由于主视图采用全剖视图，左视图采用局部剖视图，其部分外形被剖掉，故增加“*E*向”、“*F*向”两个局部视图予以表达。综合上述分析，该箱体的表达方案如图 6-79(*c*)所示。

当然还可选择其他表达方案，比如俯视图可不用半剖视而用局部剖视，甚至不剖也是可以的；而左视图前后对称，可不用局部剖视而用半剖视也可以，这时可少画一个局部视图“*F*向”。

从箱体的表达方案选择过程可看出，在选择机件的视图、剖视和剖面等各种表达方案时，必须对机件的内外结构形状进行深入的分析，在此基础上，选择几种不同的表达方案，加以比较，再确定一个既能表达清楚机件的内外结构形状，又便于看图、画图的合理表达方案。

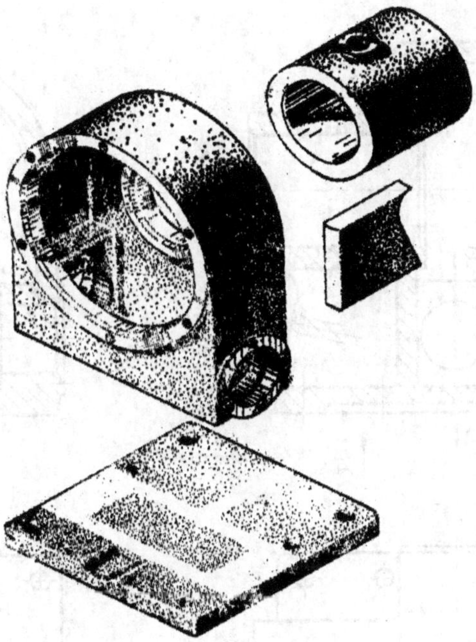

(a) 形体分析

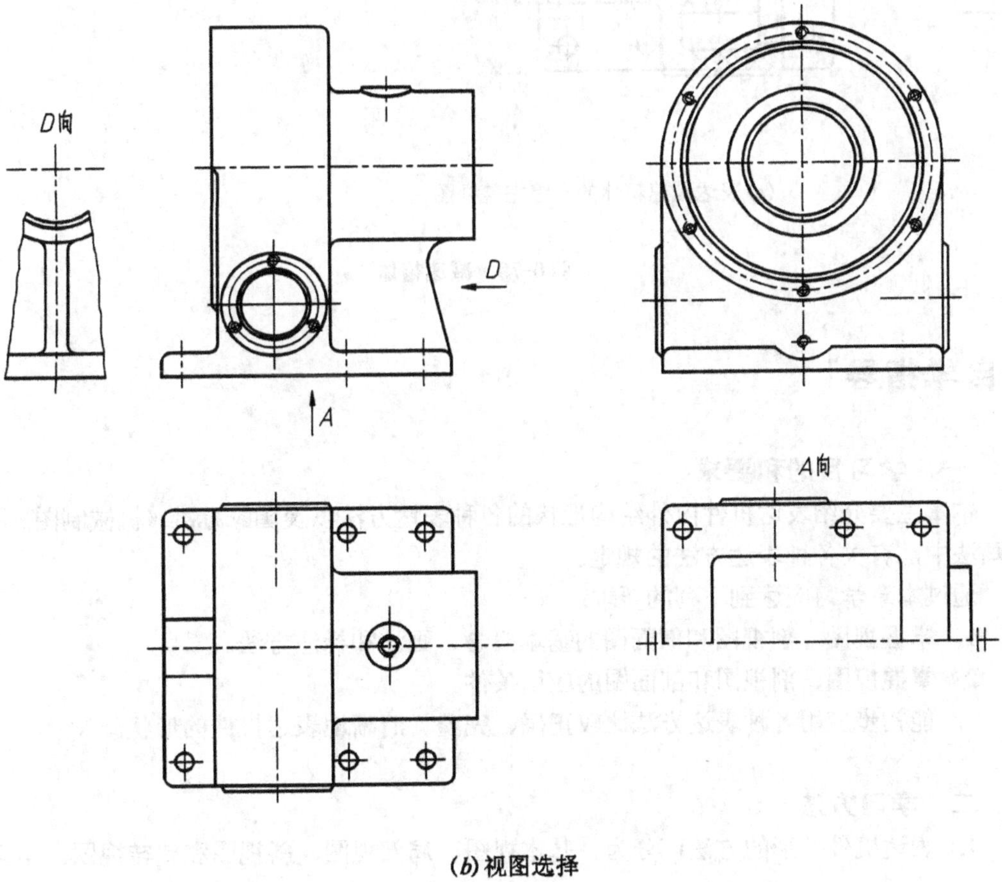

(b) 视图选择

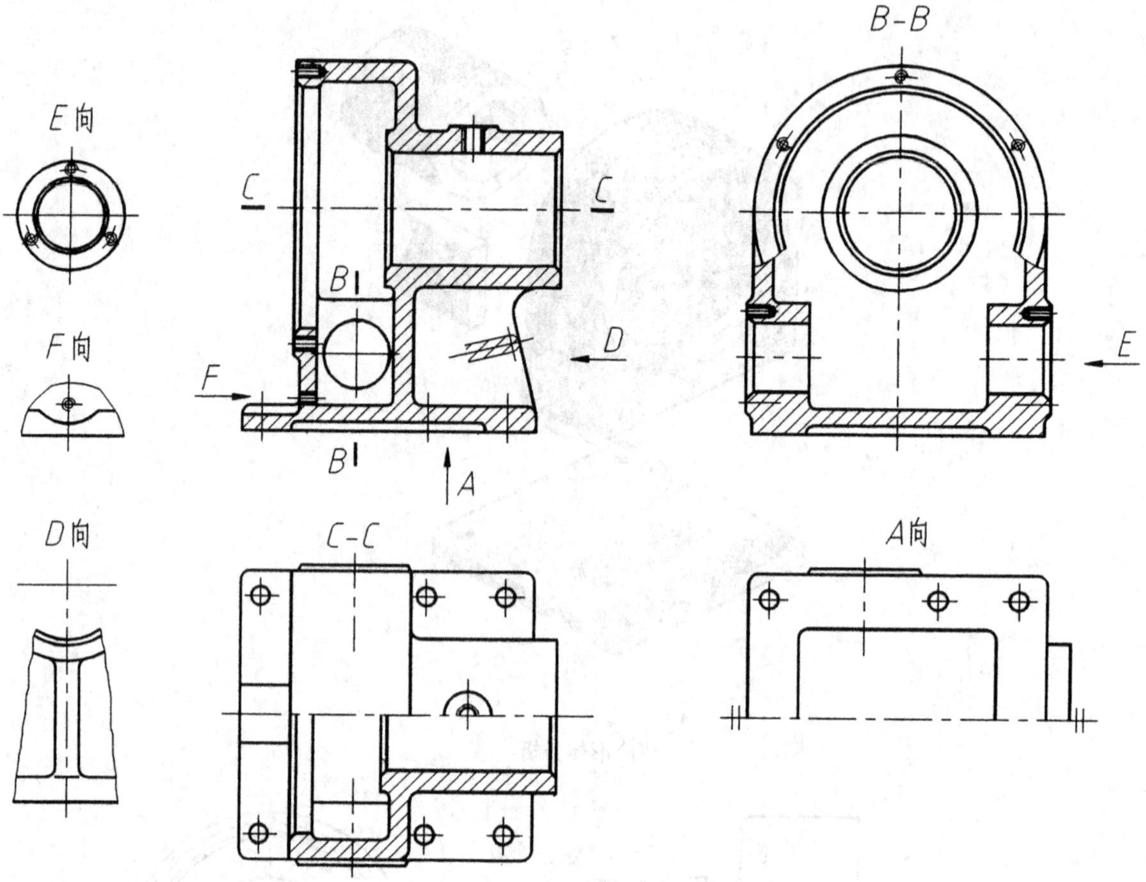

(c)表达减速箱体的一组完整视图

图6-79　减速箱体

[自学指导]

一、学习目的和要求

本章主要介绍表达机件内外结构形状的各种表达方法以及国家标准《机械制图》图样画法中，有关各种表达方法的规定。

通过本章学习应达到下列的要求：

1. 掌握视图、剖视图和剖面图的基本概念、画法和标注方法。
2. 掌握视图、剖视图和剖面图的应用条件。
3. 能初步应用各种表达方法比较正确、完整、清晰地表达机件的形状。

二、学习方法

1. 表达机件外形的方法可分为：基本视图、局部视图、斜视图和旋转视图。学习时注意：

(1) 视图间的投影关系、配置及标注的规定。

(2) 首先考虑用基本视图将机件的大部分外形表达清楚，然后根据不同情况，再采用局部视图或斜视图或旋转视图，将机件未表达清楚的局部形状表达清楚。

2. 学习“剖视”这节应着重掌握剖视的基本概念。应注意：

(1) 剖视的目的就是为了表达机件内部形状，所以剖切平面的位置、数量和投影方向的选择，必须有利于清楚地表达其内形和真实情况。

(2) 机件是假想被剖开的，剖切后的图形只反映在对应的剖视图上，并不影响其他视图的绘制。

(3) 必须对剖切后留下的全部形体进行投影(应弄清虚线取舍原则)。

3. 在学习剖视图中，应注意它们的使用范围：

(1) 全剖视

主要用于：

1) 机件的外形简单(或外形在其他视图上已表达清楚)而内部结构较复杂时。

2) 外形简单的对称机件，需表达内形时。

(2) 半剖视

主要用于：

1) 内外形状都需要表达的对称机件。

2) 形状接近对称，其不对称部分已在其视图表达清楚的机件。

(3) 局部剖视图

主要用于：

1) 表达机件的局部内部形状。

2) 内外形状均需要表达的不对称机件。

3) 表达机件上的小孔和槽。

4. 学习剖面时，应弄清剖视和剖面的区别，剖面只画出机件被剖切到的断面形状。而剖视，除画出剖面形状外，还必须画出剖切平面后面的形状。要掌握不同剖面的选择原则和规定画法。

5. 对于剖视、剖面的标注较为烦琐，对初学者来说，一般宜先全部标注为好，以弄清楚标注的意义，然后再考虑省略问题。对于省略问题，可通过一些图例分析研究，掌握什么情况下可省略箭头?什么情况下都可省略。

6. 对于常用的一些规定画法和简化画法，可结合图例去理解掌握。

[练习题]

6-1 对照轴测图，画组合体的右视图和后视图。

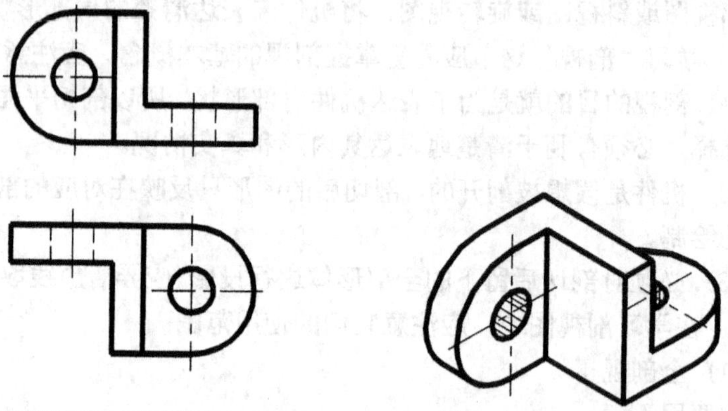

6-2 对照轴测图，画 *A* 向局部视图。

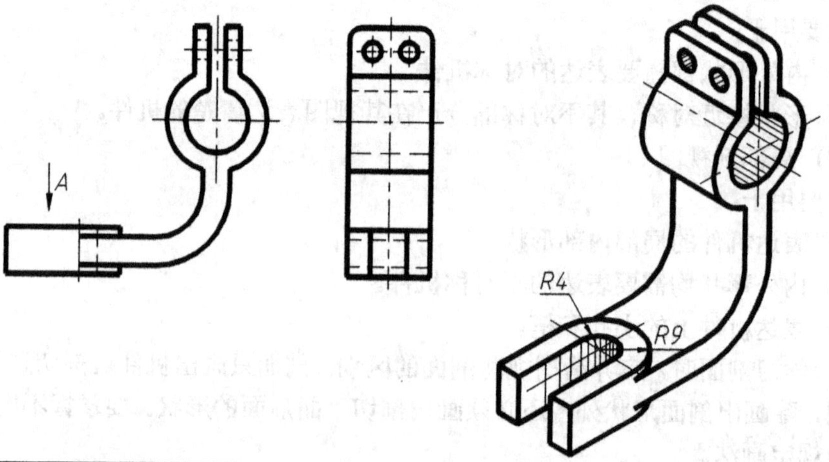

6-3 对照轴测图，画 *A* 向斜视图。

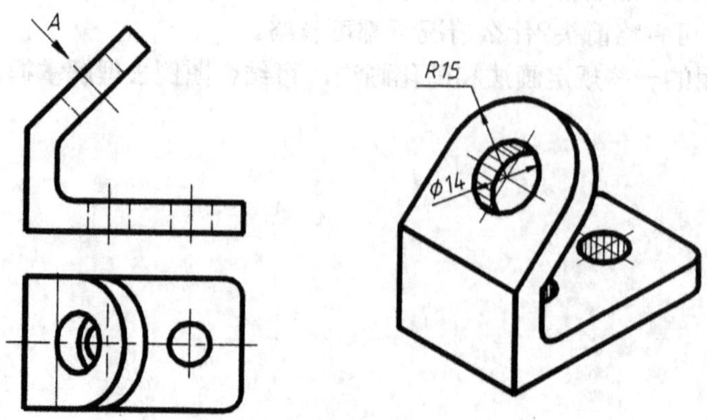

6-4 在指定位置，把主视图画成全剖视图。

1）

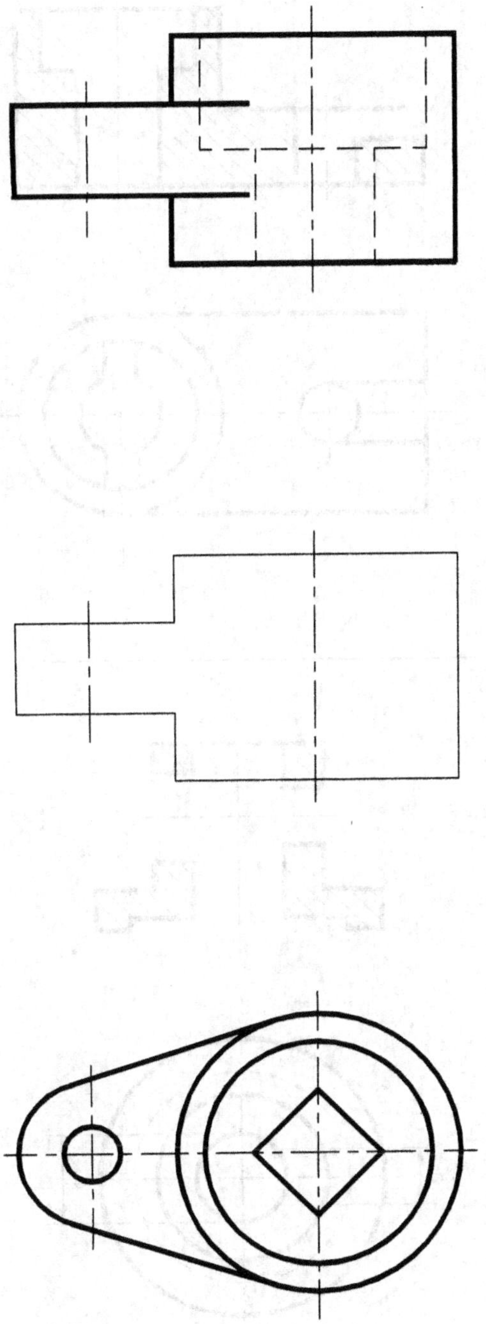

2）

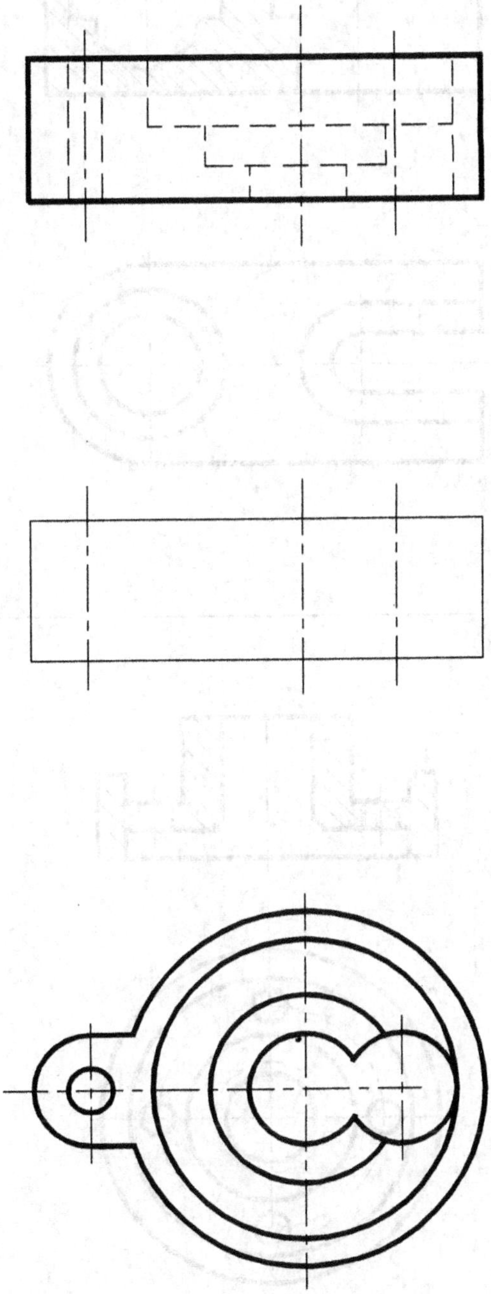

6-5 补画出剖视图中缺少的图线。

1）

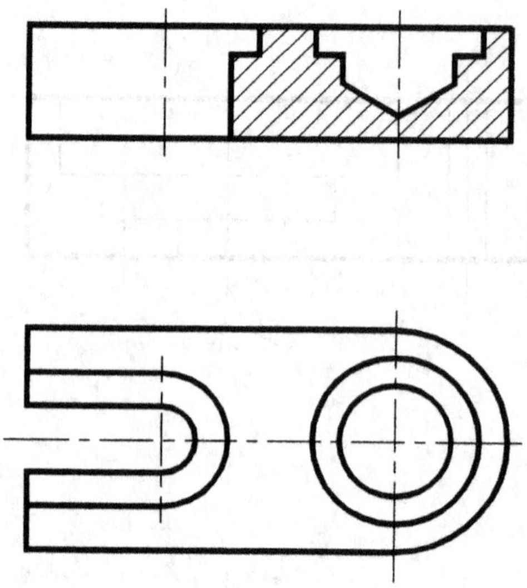

2）

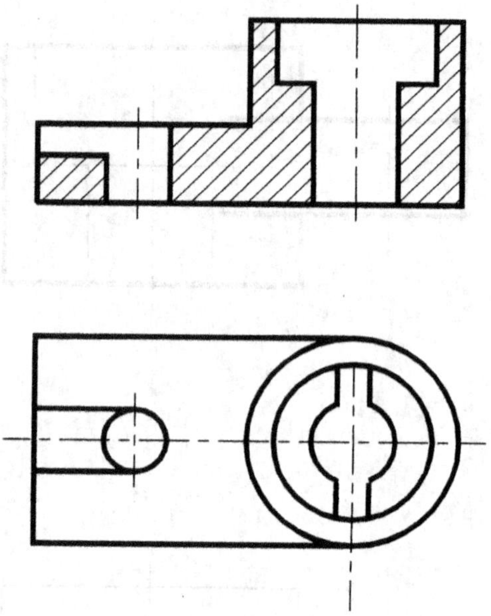

3）

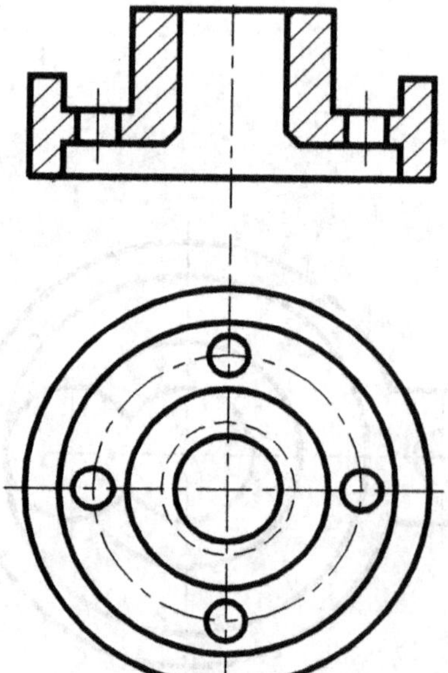

4）

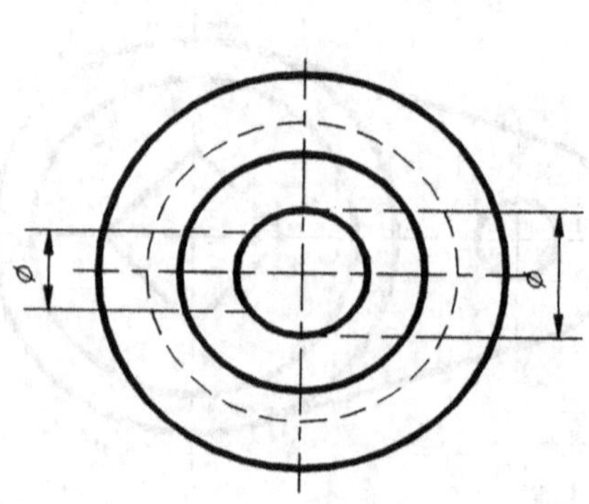

6-6 在指定位置将主视图画成半剖视。

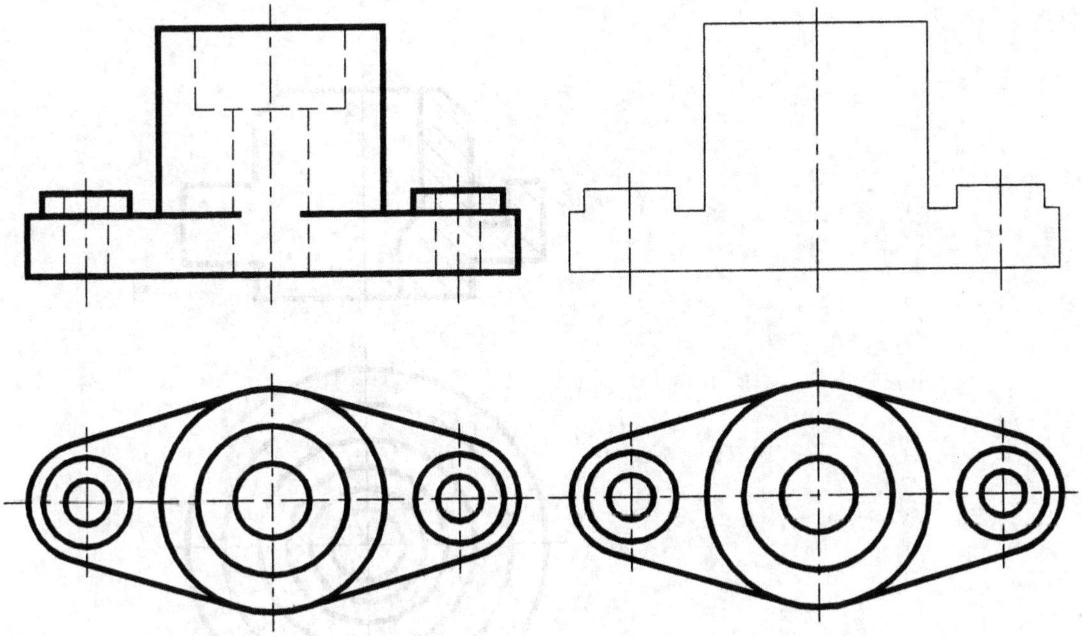

6-7 在指定位置作 A-A、B-B 半剖视图，并加注标记。

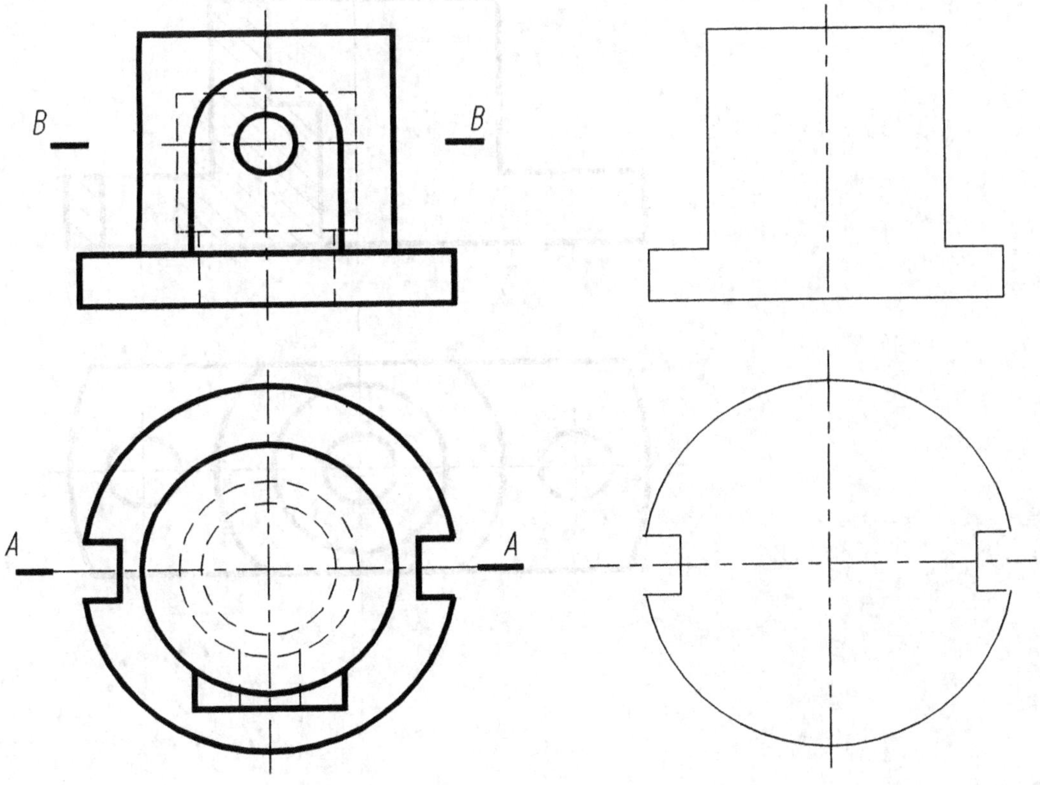

6-8 补画半剖视图中所缺图线。

1）

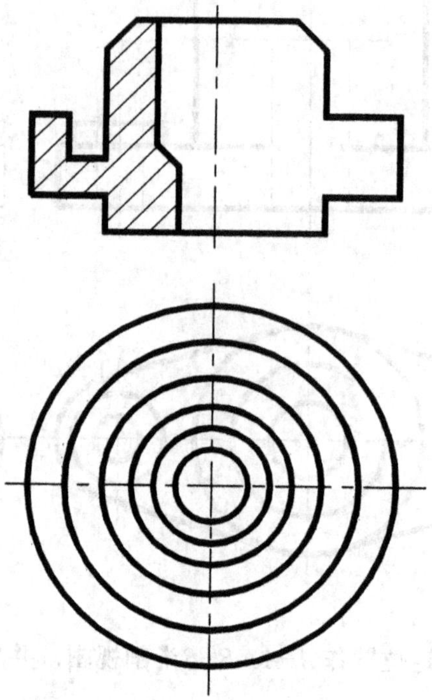

2）

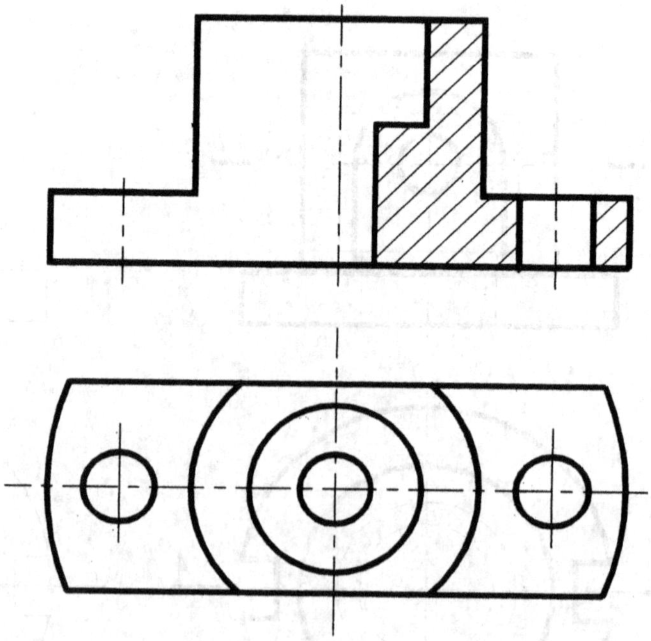

6-9 画局部剖视图。

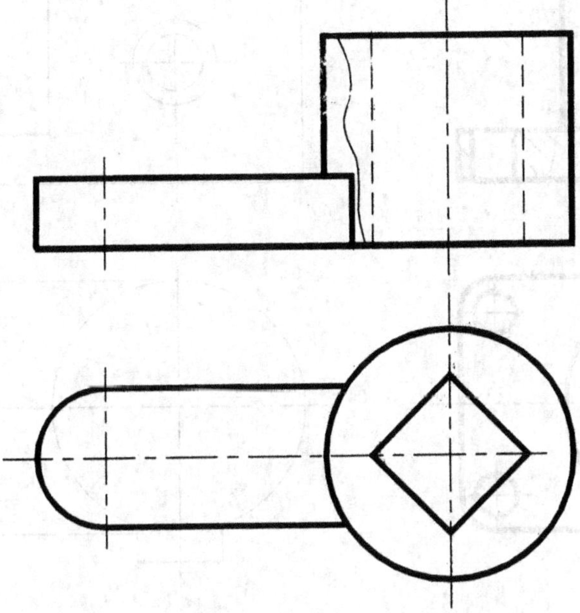

6-10 在指定位置，将主、俯视图画成局部剖视图。

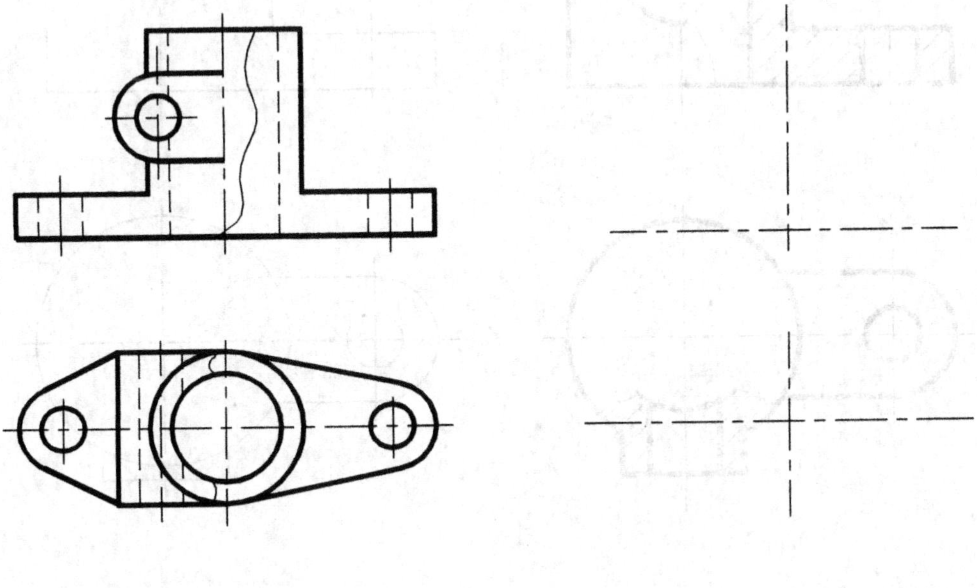

6-11 改正局部视图中的错误，在右边画出其正确的主、俯视图。

1）

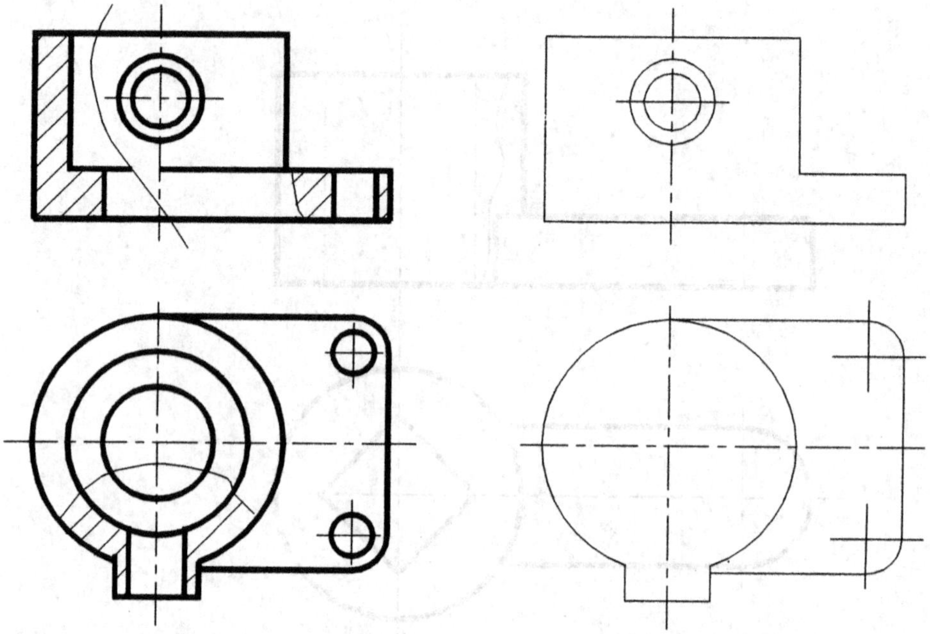

2）

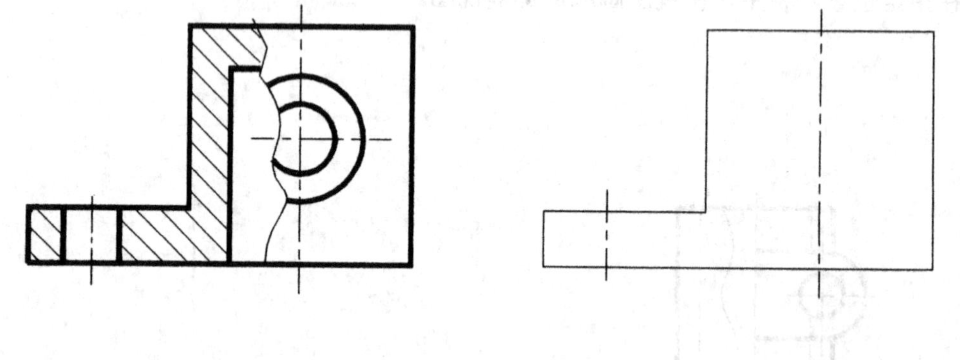

6-12 在指定位置补画 A-A 剖视图和 B-B 剖视图。

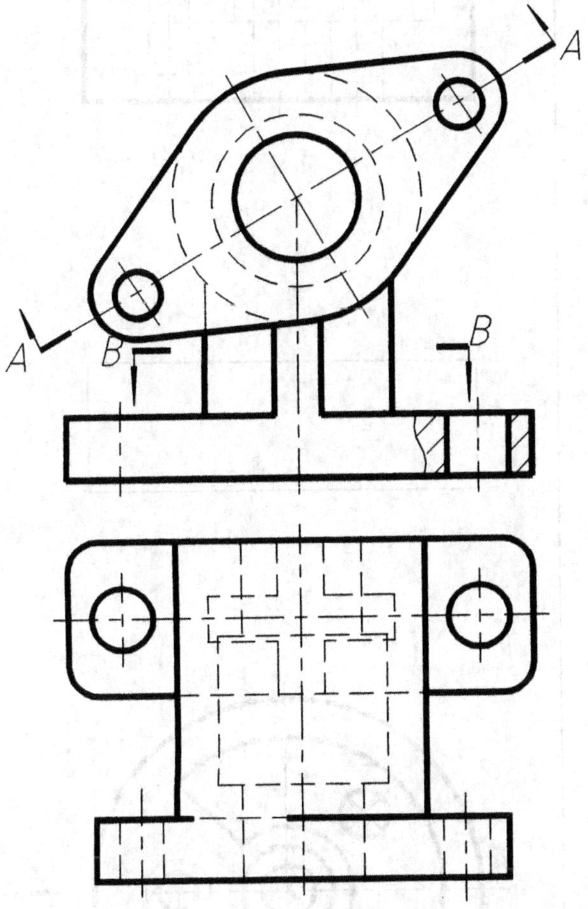

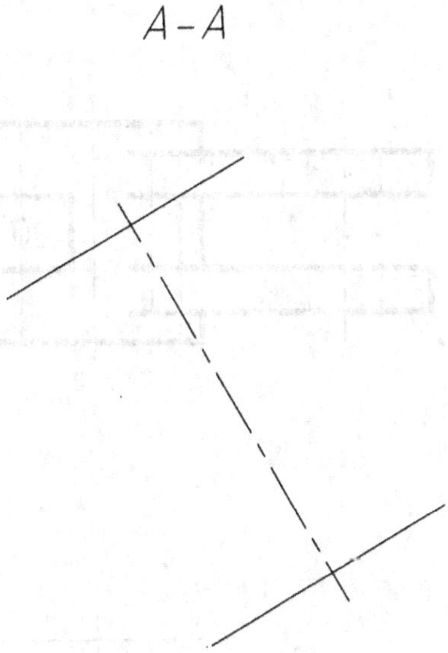

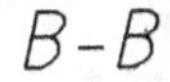

6-13 在指定位置将主视图画成 $A-A$ 剖视图，并加注标记。

1）

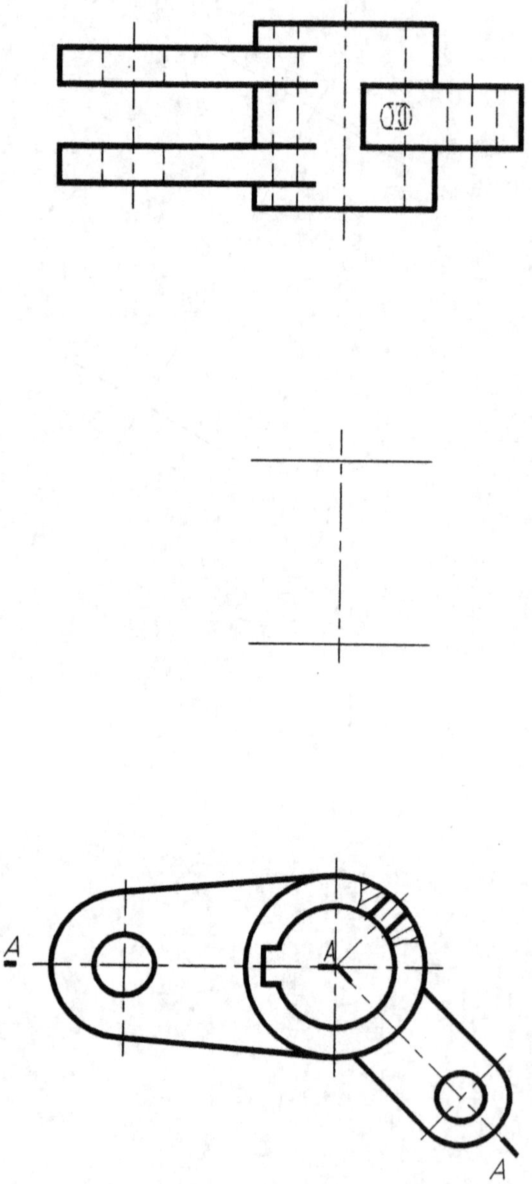

2）

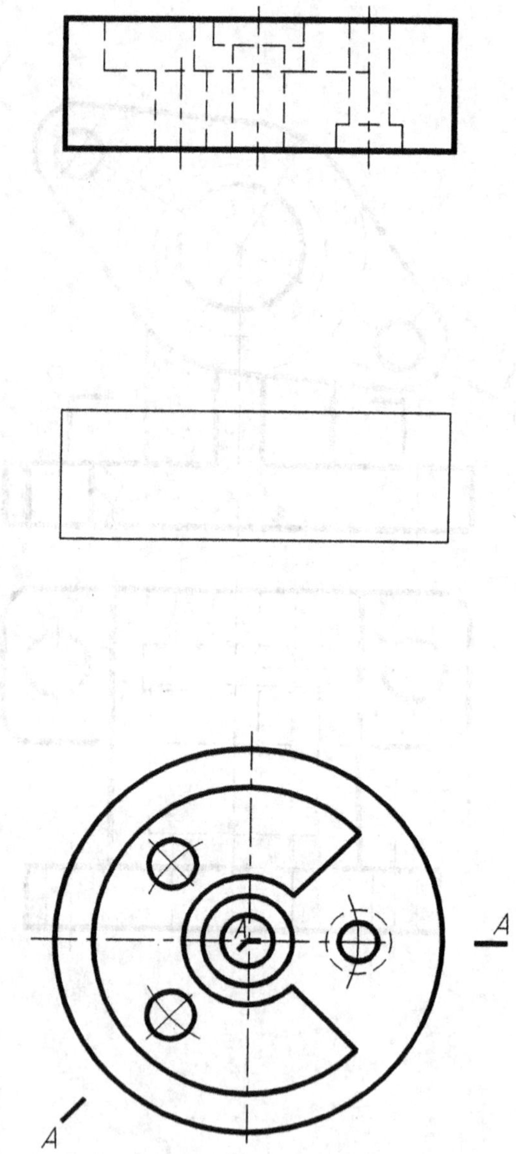

6-13 在指定位置将主视图画成阶梯剖视图，并加注标记。

1）

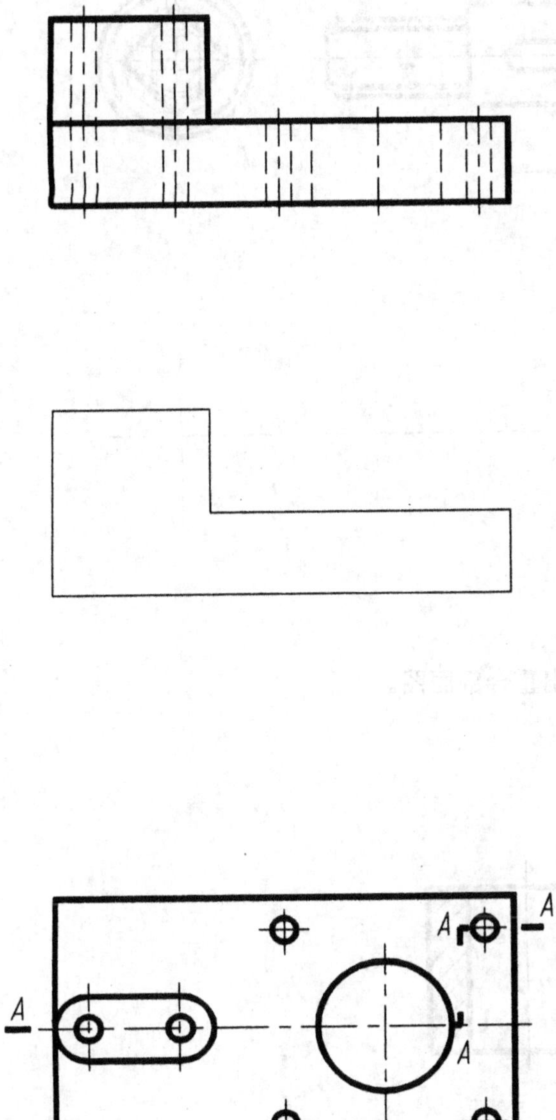

2）

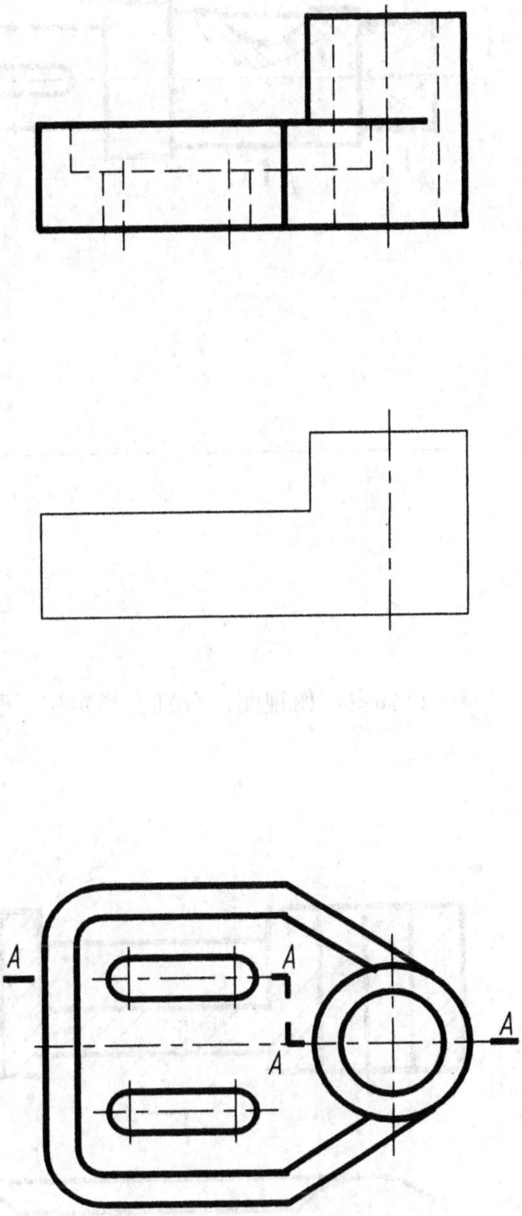

6-15 已知主、俯视图，分别在指定位置画出各移出剖面图。

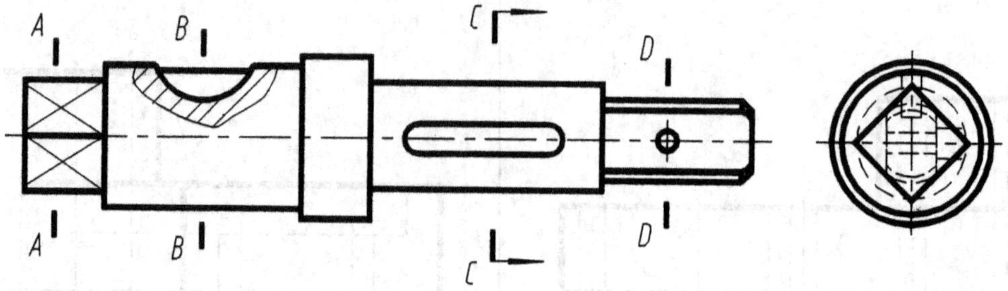

6-16 已知主、俯视图，分别在指定位置画出重合剖面图。

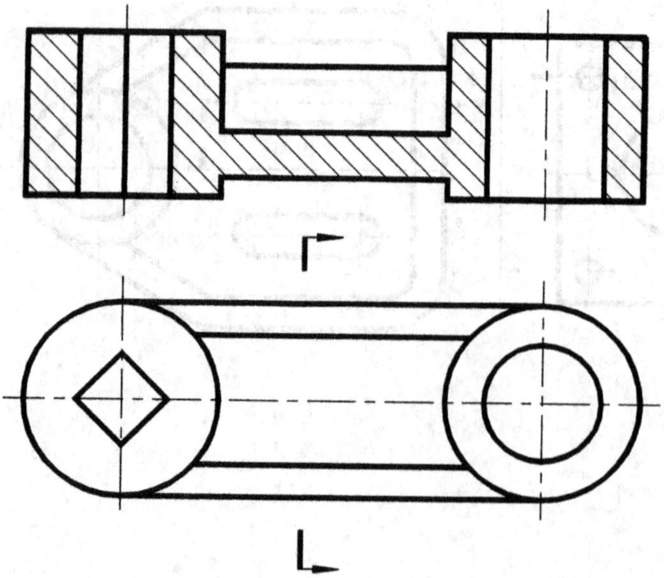

6-17 在指定位置将主视图取 *A-A* 半剖视，左视图取 *B-B* 全剖视。

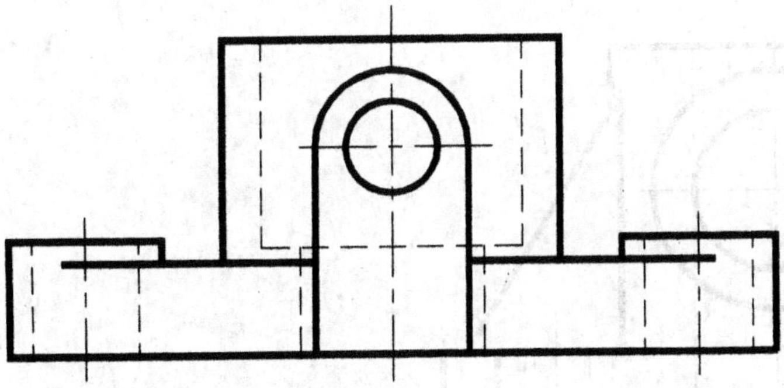

A-A

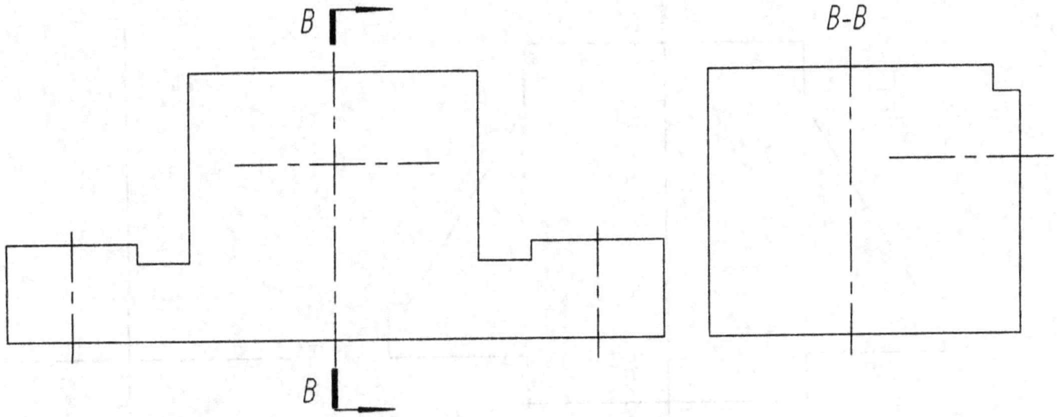

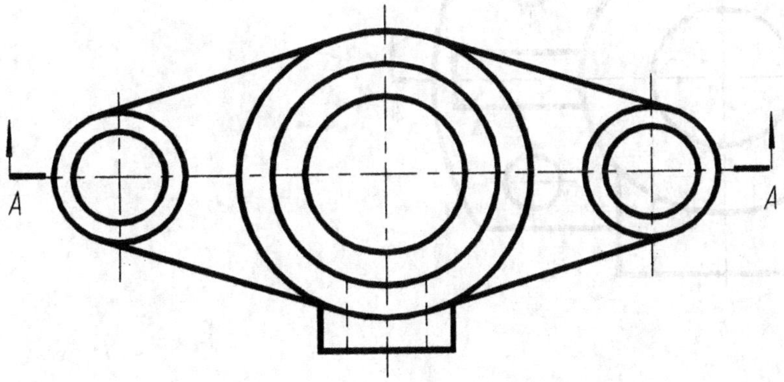

6-18 在指定位置将主视图取 *A-A* 半剖视，左视图取 *B-B* 全剖视。

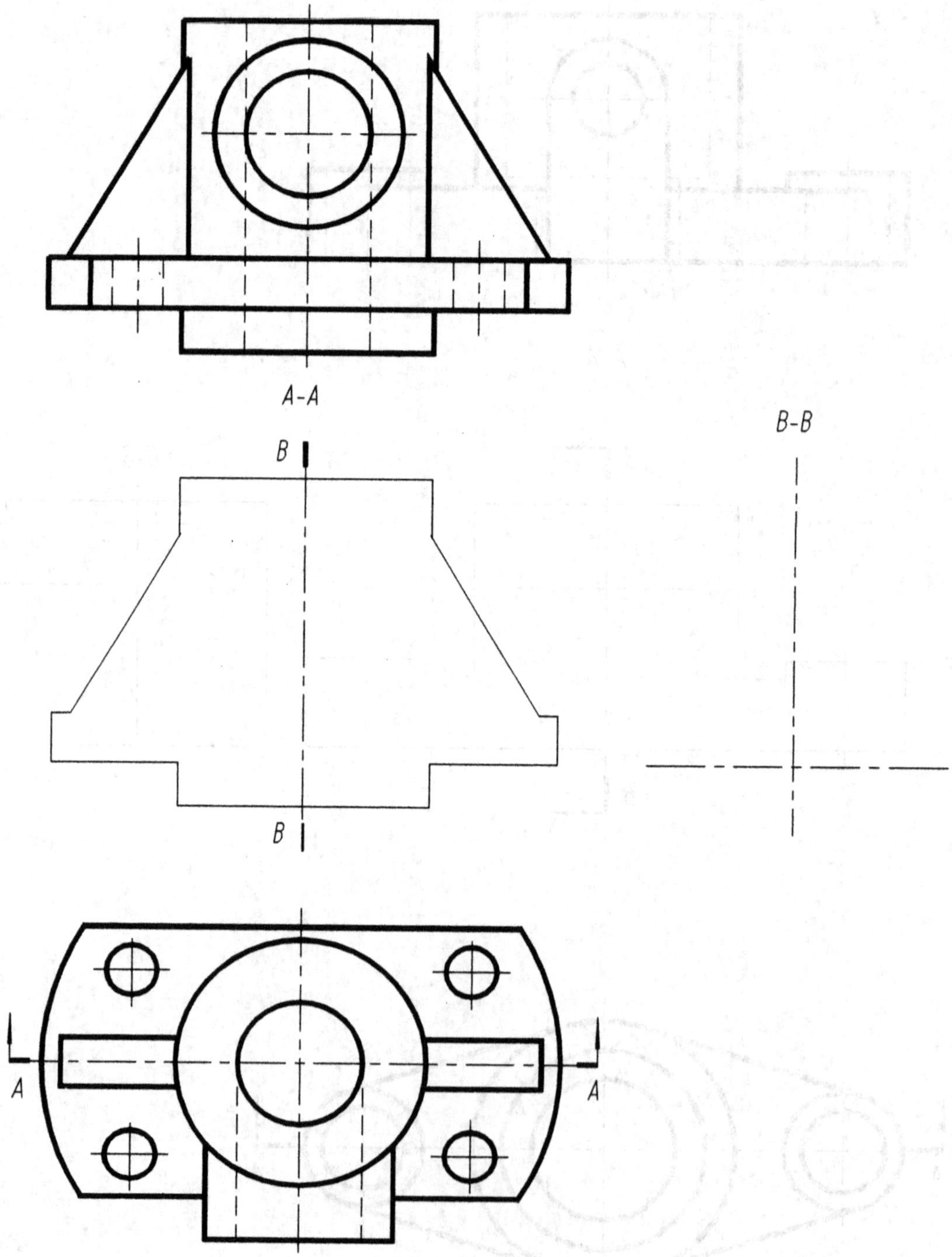

第七章　零件图

第一节　概述

现代化工业生产中，各种机器、设备、车辆、船舶、仪表等都是由若干零、部件按一定的装配连接关系组装起来的。要生产这样的产品，都需要有机械图样。从本章起进入机械图样的研究，表达产品的图样称为装配图(如图7-1)，表达单个零件的图样称为零件图(如图7-2)。装配图和零件图是制造产品、零件的依据。零件的结构形状由其在装配体中的作用所决定，因此零件图与装配图有密切的关系。

一、零件的分类

零件按其在部件中的作用不同，一般分为三类：

1. 一般零件。如轴、盘、支架、箱体等。

2. 传动零件。如带轮、链轮、齿轮、蜗轮和蜗杆等。

3. 标准件。如螺栓、螺柱、螺钉、螺母、垫圈、键、销和滚动轴承等。

上述三类零件中，除标准件之外，均应画出零件图。

二、零件图一般应包括以下几项内容

(一) 一组图形

用视图、剖视、剖面及其他规定画法和简化画法等，正确、完整、清晰地表达零件的结构和形状。

(二) 全部尺寸

零件在制造和检验时，所需的全部尺寸(包括尺寸公差)。

(三) 技术要求

在图上用规定的符号标注或用文字说明零件在制造、检验、装配过程中应达到的技术要求，如表面粗糙度、形状和位置公差、尺寸公差、热处理要求和零件表面修饰要求等。

(四) 标题栏

在标题栏中填写零件的名称、材料、数量、比例、图号、有关人员的签名和日期等。

第二节　零件图的视图选择

零件图中所选用的一组视图、剖视图等，应能完整、清晰地将零件的内、外结构形状表达清楚，而且还应考虑看图和画图方便。要做到这些，首先应对零件进行结构和作用分析，恰当地选择主视图和其他视图。

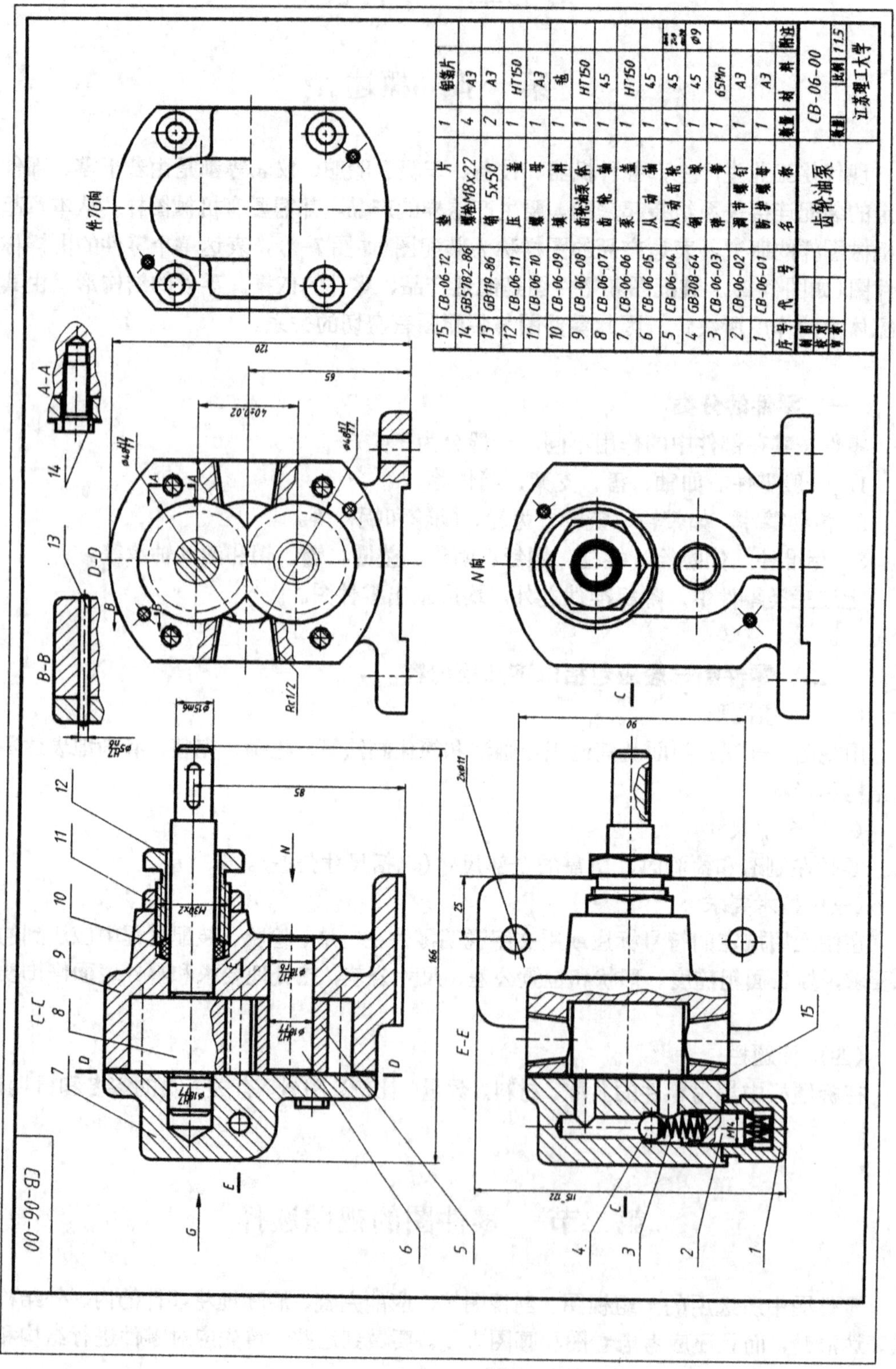
CB-06-00
A-A
B-B
C-C
D-D
E-E
件7G向
N向
15 CB-06-12 垫片 1 铝垫片
14 GB5782-86 螺栓M8x22 4 A3
13 GB119-86 销 5x50 2 A3
12 CB-06-11 压盖 1 HT150
11 CB-06-10 螺母 1 A3
10 CB-06-09 填料 1 毡
9 CB-06-08 齿轮油泵体 1 HT150
8 CB-06-07 齿轮轴 1 45
7 CB-06-06 泵盖 1 HT150
6 CB-06-05 从动轴 1 45
5 CB-06-04 从动齿轮 1 45
4 GB308-64 钢球 1 45 ø9
3 CB-06-03 弹簧 1 65Mn
2 CB-06-02 调节螺钉 1 A3
1 CB-06-01 防护螺母 1 A3
序号 代号 名称 数量 材料 附注
齿轮油泵
CB-06-00
比例 1:1.5
江苏理工大学

图 7-1 齿轮油泵装配图

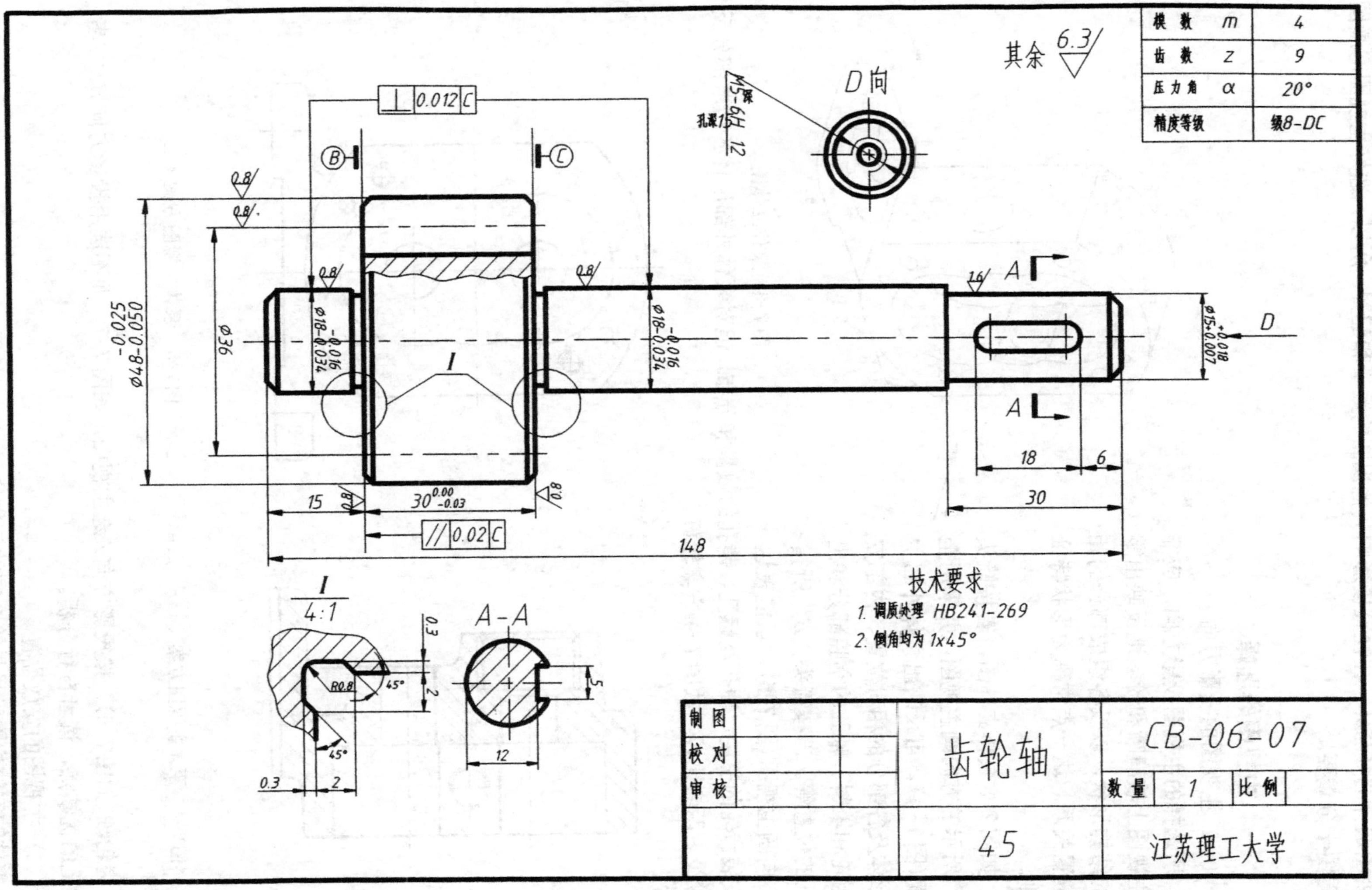
模数 m 4
齿数 z 9
压力角 α 20°
精度等级 级8-DC
其余 6.3
D向
M5-6H 12 深
孔深15
⊥ 0.012 C
// 0.02 C
Ø48-0.025 -0.050
Ø36
Ø18-0.016 -0.034
Ø15+0.018 +0.007
30 0.00 -0.03
15
148
30
18
6
0.8
1.6
A
D
I
I 4:1
A-A
R0.8
45°
0.3
2
5
12
技术要求
1. 调质处理 HB241-269
2. 倒角均为 1x45°
制图
校对
审核
齿轮轴
CB-06-07
数量 1 比例
45
江苏理工大学

图 7-2 齿轮轴

看图和画图时，一般从主视图开始。所以，主视图是零件图各图中最重要的视图。主视图选择的好与坏，往往直接影响其他视图的数量和配置。所以，选好主视图对画图和看图十分重要。

一、主视图的选择

（一）主视图的投影方向

所选择的主视图投影方向，应能在主视图上较清晰和较多地反映出零件的结构形状，以及各组成部分的相互位置关系。这一点常称为形状特征原则。

如图 7-3 泵体立体图，若按箭头“*A*”所示的方向画主视图，并采用全剖视(图 7-4)，可反映出泵体外部主要形体及各部分的相对位置、内部安装齿轮和填料、轴孔的空腔部分和出油孔的位置等。若按箭头“*B*”所指的方向画主视图(图 7-5)，虽能表达出安装齿轮的空腔、轴孔及螺孔、销孔的数量和分布，但对泵体外部形体各组成部分反映较少。两者比较，故图 7-4 方案较好。

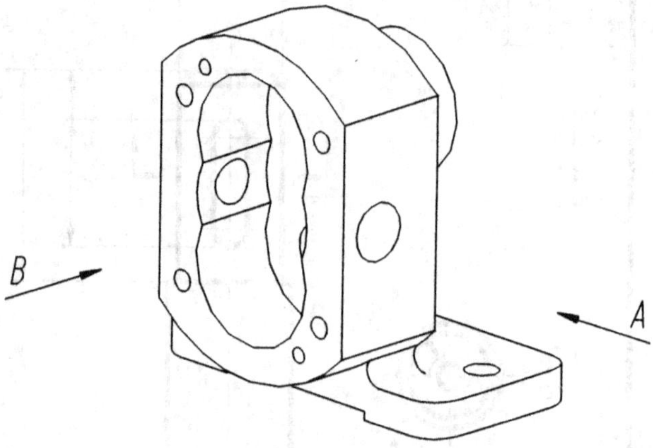

图 7-3　泵体立体图

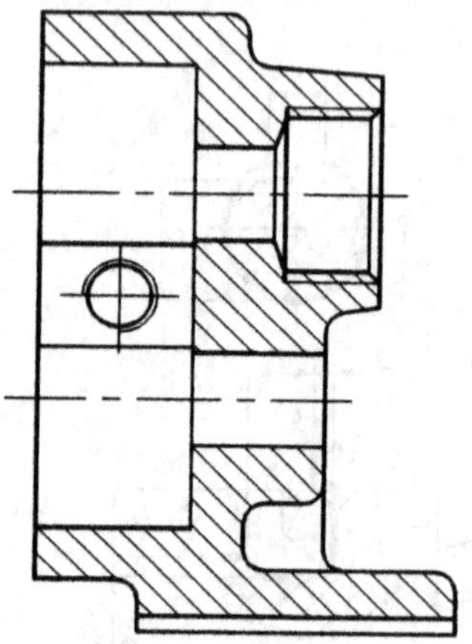
图 7-4　泵体主视图方案（一）

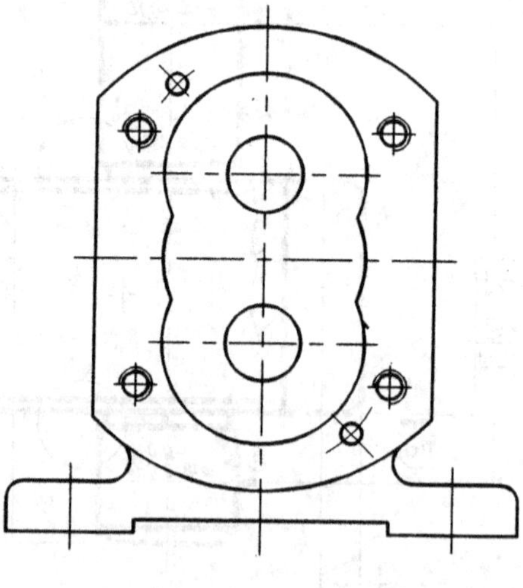
图 7-5　泵体主视图方案（二）

齿轮轴(如图 7-6)，按投影方向 *A* 选主视图，如图 7-7，而不选用投影方向 *B*。二者表达上的优缺点，读者自行分析。

（二）主视图的安放位置

零件的安放位置应尽量符合它的工作位置或加工位置。

1. 工作位置原则

按零件在机器或部件中工作时所处的位置放置主视图，即为工作位置原则。这样便于想象零件、装配时图物对照、确定和校核零件的结构和尺寸。如图7-4所示，反映了泵体的工作位置。对某些加工工序较多的零件，常按此原则。

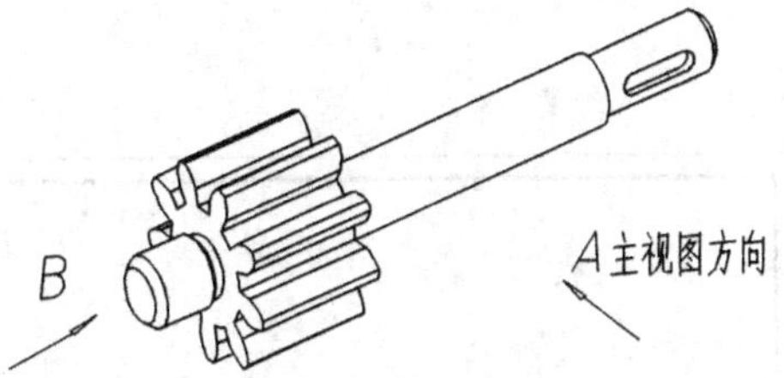

图 7-6 齿轮轴

2. 加工位置原则

按零件机械加工时在机床上主要的工序位置放置主视图，即为加工位置原则。这样便于对照图样进行加工，如图 7-7 。齿轮轴零件主要在车床和外圆磨床上加工，主视图按图 7-7 放置，不但符合该零件在机加工时主要工序的位置，而且把各段圆柱的相对位置和形状大小表示清楚。另外又能反映出轴上的轴肩、退刀槽、倒角、键槽等结构。因此主视图表达比较充分。

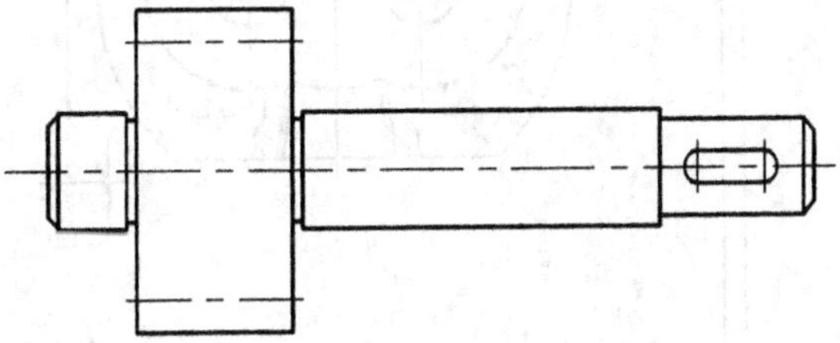

图7-7 齿轮轴的主视图

应当指出：

(1) 上述“形状特征原则”和主视图的放置位置，对大多数零件都能保持一致。但对一些运动件、工作处于倾斜或多变位置的零件、叉架类零件等，可考虑按习惯位置放置。

(2) 考虑合理利用图纸。

二、其他视图的选择

主视图表达方案确定后，要根据零件的内、外结构形状及其相对位置的复杂程度及在主视图上是否已表达清楚，确定其他视图。一般的方法是：用一定数量的视图、剖视图、剖面及其他表达方法等，对主视图上尚未表达清楚的零件内、外结构形状及各部分相对位置等，进行补充表达。视图数量的选择，一般遵循的原则是，在能够清楚地表达出零件的结构形状和便于看图的前提下，应使所选择的视图数量最少，各视图表达应重点明确，简明易懂。

如图 7-8 所示的泵体零件的视图中，除了主视图之外，选择了左视图、右视图及俯视图。其中左视图表示与泵盖结合部位的形状、齿轮容腔形状、进出油孔的位置及螺孔、销孔的数量、分布情况等；右视图主要表达右上部圆台、凸台及肋板的结构；俯视图表示底板及四个螺栓孔的结构和形状。

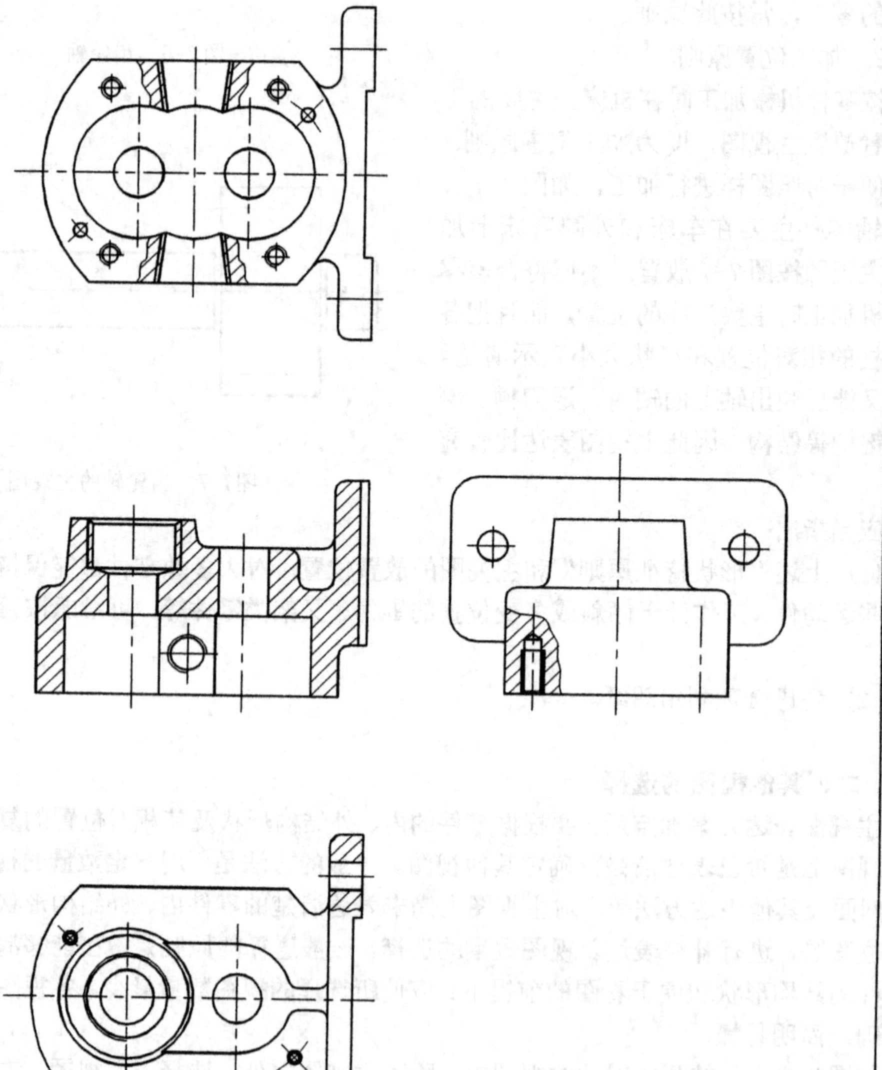

图 7-8 泵体的视图选择

第三节　零件上常见的工艺结构

零件的结构形状，主要由它在机器或部件中的作用决定。零件的结构除满足设计要求外，还要考虑制造、装配过程中，工艺要求的合理性。零件的结构工艺性，将随着生产条件的不同和科学技术的发展而变化。下面仅介绍一些常见的工艺结构。

一、铸造零件常见的工艺结构

（一）铸造圆角

在铸件毛坯各表面相交处都做成圆角，称为铸造圆角，如图7-9(*b*)所示。这样既便于起模，又能防止浇铸时铁水将转角处砂型冲坏，产生铸件夹砂，还可以避免铸件产生裂纹。铸造圆角在图上一般不注出，而在技术要求中统一书写，如“铸造圆角*R*3～4”。

有铸造圆角的表面，经过切削加工后，其原有的铸造圆角变成尖角。如图7-9(*c*)所示。

（二）起模斜度

铸造时，为起模方便，在铸件的内、外表面沿起模的方向作出斜度，称为起模斜度，一般为3°～5°。如图7-9(*b*)所示。若起模斜度较小时，在图上可以既不画出又不标注。若起模斜度较大时，可在一个投影中画出，其他投影可按小端画出。

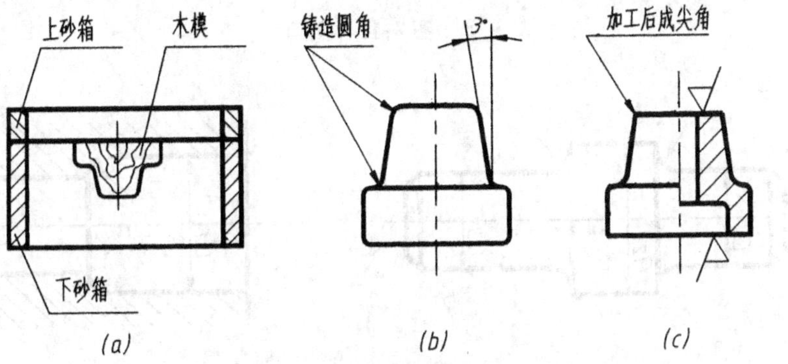

图7-9　铸造圆角和起模斜度

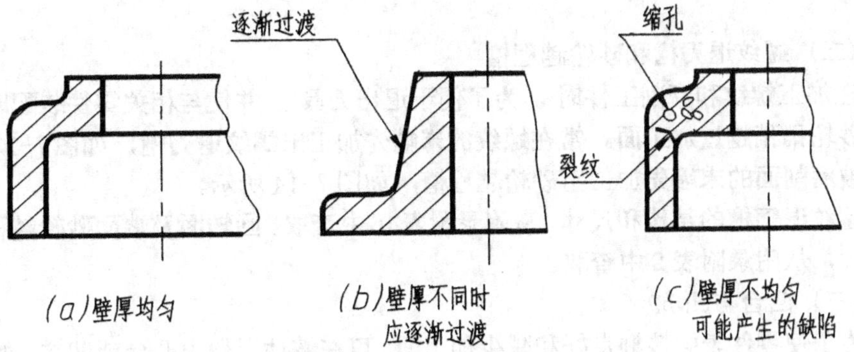

图7-10　铸件壁厚

(三) 铸件壁厚

为了避免浇铸零件时各部分因冷却速度不同而产生缩孔或裂纹，应使铸件的壁厚均匀或逐渐变化，如图 7-10(*a*)、(*b*)所示。避免局部肥大，如图 7-10(*c*)所示。

二、机加工件的常见工艺结构

(一) 倒角、倒圆

为了便于装配和操作安全，常在轴和孔的端部加工成倒角，如图 7-11 所示。另外，为了避免因应力集中产生裂纹，常常在阶梯轴、孔的转向处加工成圆角，如图 7-12 所示。与直径 ϕ 有关的倒角 C、倒圆半径 R 的数值，可从附录附表 1 查取。

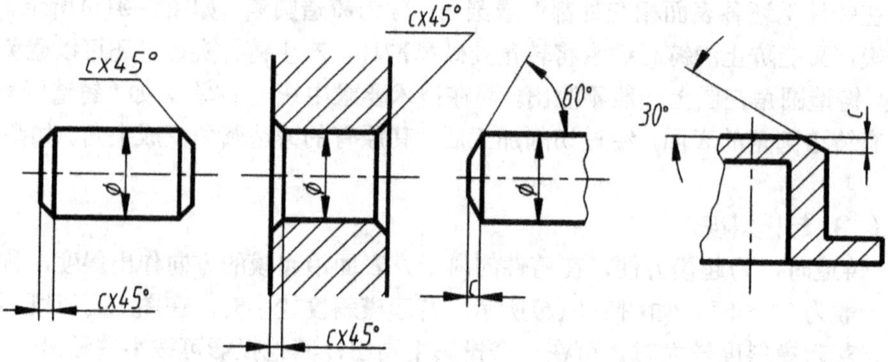

图 7-11　倒角

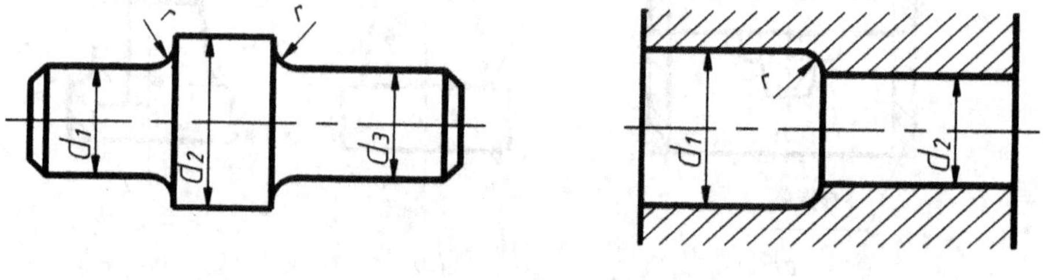

图 7-12　倒圆

(二) 螺纹退刀槽和砂轮越程槽

在加工螺纹和磨削工件时，为了便于退出刀具，并使与相关零件装配时易于靠紧或使砂轮稍稍越过加工面。常在螺纹的末端先加工出螺纹退刀槽，如图 7-13 所示。在工件被磨削面的末端先加工出砂轮越程槽，如图 7-14 所示。

螺纹退刀槽的结构和尺寸，从附录附表16中查取。回转面及端面砂轮越程槽的型式和尺寸，从附录附表 2 中查取。

(三) 凸台与凹坑

为了使零件表面接触良好和减少加工面，可在铸件上做出凸台或凹坑，如图 7-15所示。

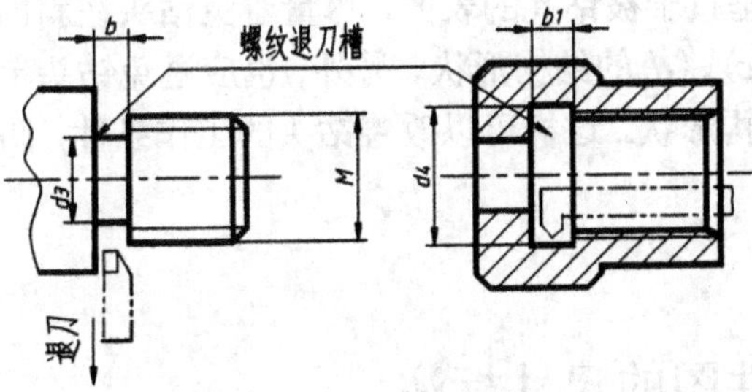

图 7-13　螺纹退刀槽

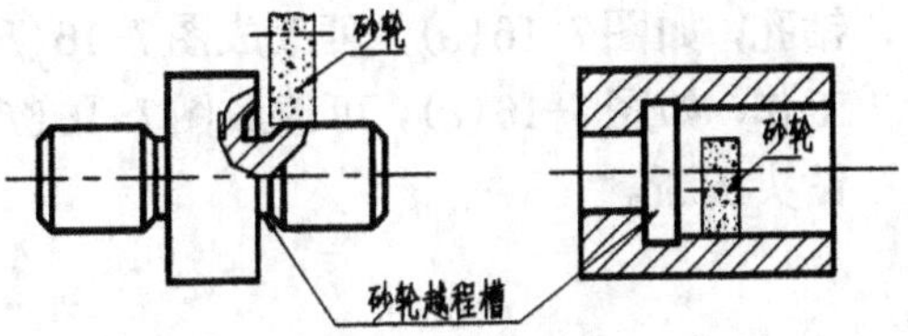

图 7-14　砂轮越程槽

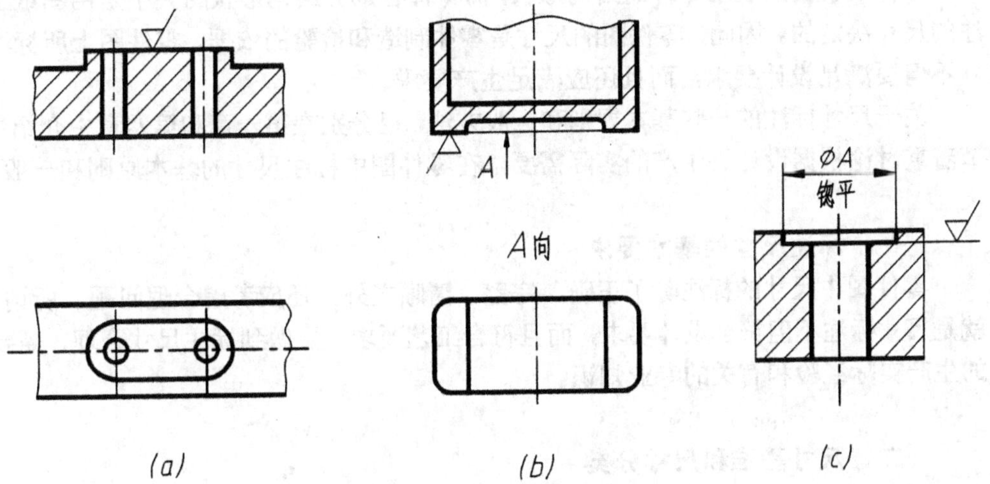

图 7-15　凸台与凹坑

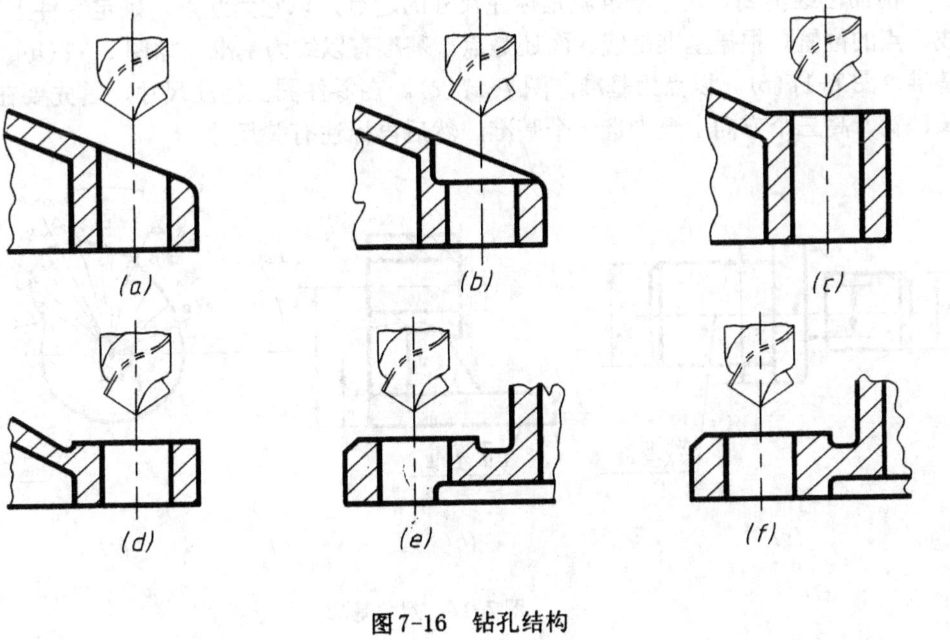

图 7-16　钻孔结构

（四）钻孔结构

设计成用钻头钻孔时，应尽量使钻头垂直于被钻孔的表面，尽量避免钻头在斜面上钻孔，如图7-16(*a*)，可改成图7-16(*b*)、(*c*)、(*d*)的结构形状。另外，也应避免钻头单边工作，如图7-16(*e*)，可改成图7-16(*f*)结构形状。这样可以改善钻头的工作条件，防止钻头折断。

第四节　零件图的尺寸标注

零件的视图只表示零件的结构形状，而零件各部分结构形状的大小是由图纸上所标注的尺寸决定的。因此，零件图的尺寸是零件制造和检验的依据。零件图上所标注的尺寸不但要满足设计要求，而且还应满足生产要求。

关于尺寸标注的一些基本规则和一般方法，已分别在第一章和第四章中介绍过。本节着重讨论根据设计、生产的实际需要，在零件图中标注尺寸的基本原则和一般方法。

一、标注尺寸的基本要求

零件图中尺寸的标注除了正确、完整、清晰之外，还应考虑合理问题。所谓合理，就是尺寸标注不但符合设计要求，而且符合工艺要求。要做到标注尺寸合理，需要较多的生产实际经验和有关的专业知识。

二、尺寸基准和尺寸分类

（一）尺寸基准

1. 尺寸基准的概念

前面已经提到，尺寸基准就是标注尺寸的起点，以它为起点，确定零件上其他面、线、点的位置。根据基准是线、面还是点，基准有以线为基准，如图7-17(*a*)。以面为基准，图7-17(*b*)。以点为基准，图7-17(*c*)。在零件图上标注尺寸，首先要在零件的长、宽、高三个方向上至少选一个基准，然后再标注有关尺寸。

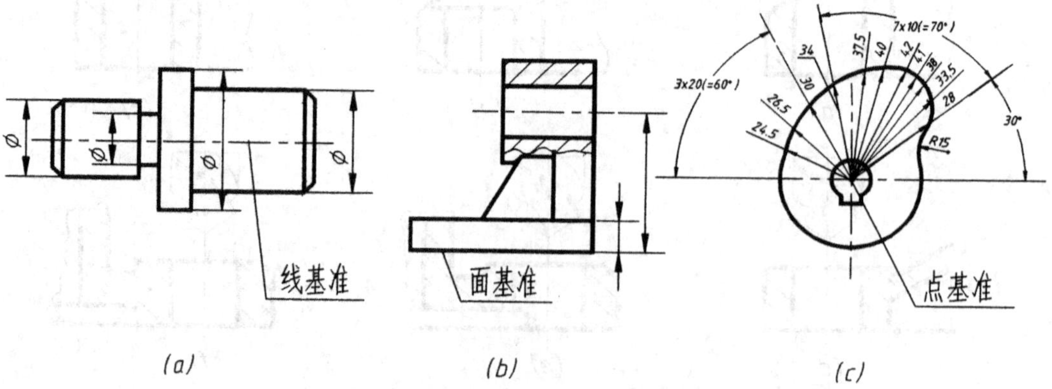

图7-17　尺寸基准

2. 尺寸基准的分类

根据基准的作用不同，可分为两类：即设计基准和工艺基准。如图 7-18 所示。

（1）设计基准　根据机器的结构和设计要求，用以确定零件在机器中的位置的点、线、面，称为设计基准，如图 7-18(*a*)的轴线即为该零件的径向设计基准。

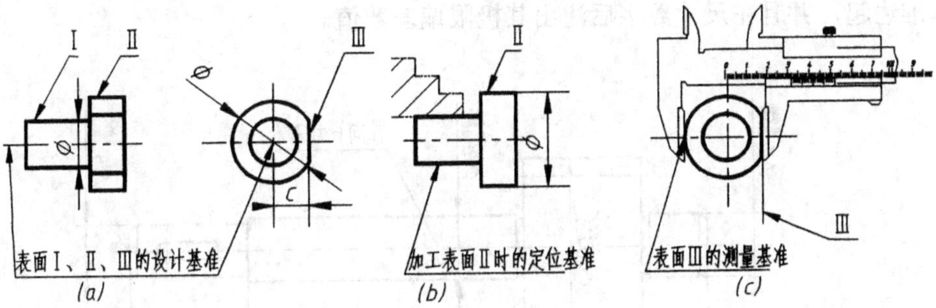

图 7-18　基准的分类

（2）工艺基准　零件加工、测量和检验时，确定零件上某些结构要素位置的一些点、线、面，称为工艺基准。它又分为定位基准和测量基准，如图 7-18(*b*)和图 7-18(*c*)。定位基准是加工过程中，确定零件某些线、面、点位置所用的基准。测量基准是在测量、检验零件时所用的基准。工艺基准随工厂的设备条件和生产批量大小而变化，另外工艺规程不同，工艺基准也不尽相同。

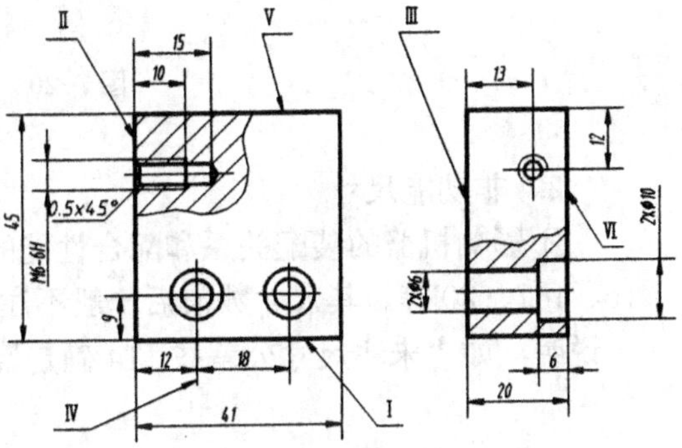

图 7-19　主要基准和辅助基准

在标注零件尺寸时，最好把设计基准和工艺基准统一起来，这样既能满足设计要求，又能满足工艺要求。如两者不能统一时，应以保证设计要求为主。

由于零件的复杂程度不同，在零件的长、宽、高方向上往往不只选一个基准。图 7-19 中的面Ⅰ、Ⅱ、Ⅲ分别是高、长、宽三个方向的主要基准。另外，为保证二阶梯孔中心距，增加了辅助基准Ⅳ，为保证螺孔到顶面的距离 12，增加了辅助基准Ⅴ，为便于测量 2 × ϕ 10 沉孔的深度，增加了辅助基准Ⅵ。

（二）尺寸分类

在零件图上标注尺寸时，应对该零件在机器中的作用，以及它与有关零件之间的装配连接关系及影响等进行分析，确定各尺寸的种类。

现以图 10-1、图 7-1 中齿轮油泵的齿轮轴(图 7-2)为例，进行作用和尺寸分析：齿轮的齿顶圆直径、齿轮两端面及两轴肩，分别与泵体、泵盖配合。另外，有键槽一端直径与传动齿轮(或皮带轮)配合，上述尺寸影响配合性能，属于重要尺寸，其余尺寸既不影响配合性能，也不影响油泵工作性能，属于不重要尺寸。根据零件上各尺寸在机器中的重要性(即对机器工作的影响)不同，将零件图上尺寸分为两类：

1. 功能尺寸

对机件的工作性能、装配精度及互换性起重要作用的尺寸，属于功能尺寸。如图 7-20中 $\phi18^{-0.016}_{-0.027}$ 、$\phi15^{+0.018}_{+0.007}$ 、$\phi48^{-0.025}_{-0.050}$ 及 $30^{+0.05}_{+0.02}$ 是功能尺寸。标注尺寸时，功能尺寸应从设计基准注起，并且在尺寸数字后注出其极限偏差数值。

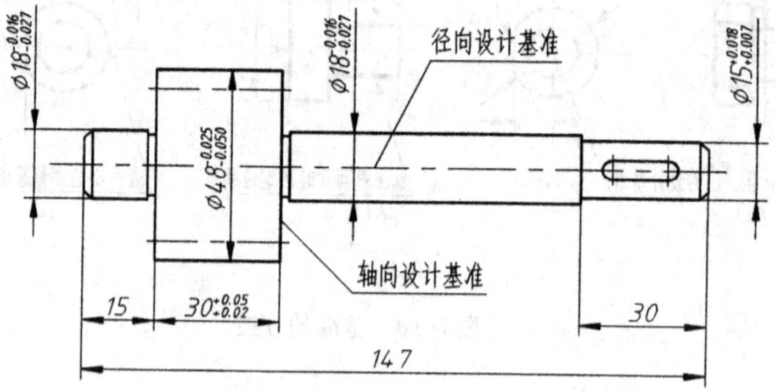

图 7-20　主要尺寸和自由尺寸

2. 非功能尺寸

不影响机器的装配关系和配合性能的尺寸，称为非功能尺寸。如图 7-20 中的尺寸15、147、30 等。其尺寸数值后一般不注出极限偏差值，如有必要，可在技术要求中统一说明，如“未注尺寸公差按 IT4 确定”。

三、标注尺寸的形式

由于零件的结构及其在机器中的作用不同，零件图上标注尺寸的形式，一般有以下三种，如图 7-21 所示。

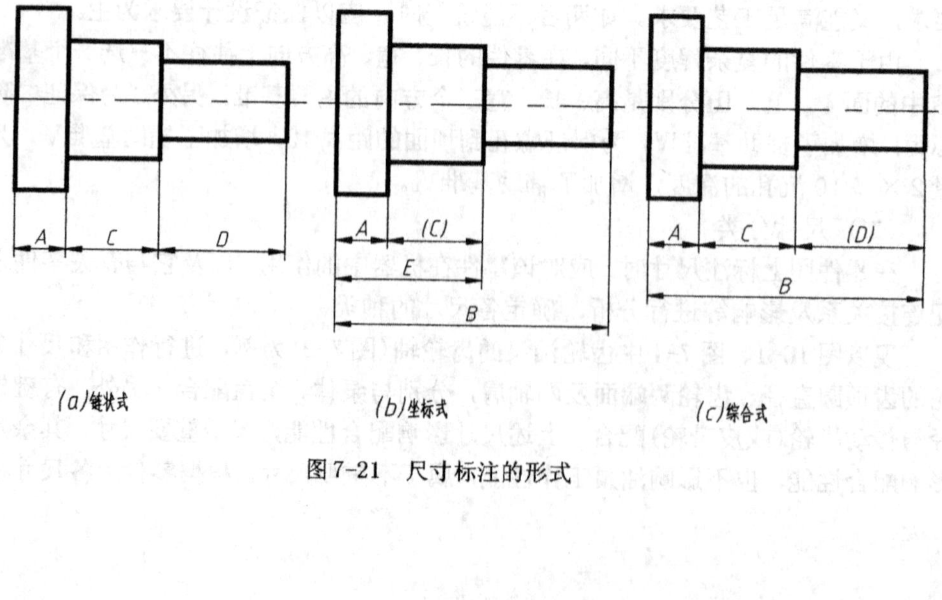

图 7-21　尺寸标注的形式

1. 链式

零件图上同一方向的一组尺寸彼此首尾相接，前一尺寸的终止处即为后一尺寸的起点(即基准)，如图7-21(*a*)。这种注法的优点是各段尺寸的误差互不影响，容易保证，其缺点是各段尺寸的误差影响零件的总长。

2. 坐标式

零件图上同一方向的一组尺寸，都从同一基准注起，如图7-21(*b*)。这种注法的优点是任一尺寸的制造精度，只取决于这道工序的误差，而不受其他尺寸精度的影响。它适用于从某一共同基准出发，决定一组精确的尺寸时的情况。坐标式的缺点是尺寸C的精度受尺寸A及尺寸E的尺寸精度的影响，若要保证尺寸C的精度时，不宜采用坐标式注法。

3. 综合式

在对零件进行结构和尺寸分析的基础上，对零件图上同一方向的尺寸排列形式既有坐标式又有链式，它是前面两种形式的综合，故称为综合式，如图7-21(*c*)所示。

采用这种注法时，是将精度要求高的尺寸直接注出，而把次要尺寸(自由尺寸)空出不注，如图7-21(*c*)中D尺寸不注，使加工时产生的误差积累在次要尺寸段，从而保证了重要尺寸段的精度。采用这种标注形式，既能保证使用要求，又便于加工制造。因此，这种标注形式在实际工作中广为应用。

四、尺寸链

图7-22(*a*)是齿轮轴的简图，将图7-22(*a*)所示的各轴向尺寸，移到图外排成图7-22(*b*)的形式。尺寸A_1、A_2、A_3、A_4、A_n组成了一个封闭的回路。这种按一定顺序依次连接起来排成的尺寸标注形式称为尺寸链。

尺寸链中每一个尺寸称为环，A_1、A_2、A_3、A_4、A_n。尺寸A_n是加工最后得到的，称为封闭环(也称为终结环)，其他尺寸称为组成环。通常将尺寸链中最不重要的尺寸作为封闭环，不注尺寸或注上尺寸加括号作为参考尺寸，使制造误差都集中到这个封闭环上，从而保证了重要尺寸的精度。

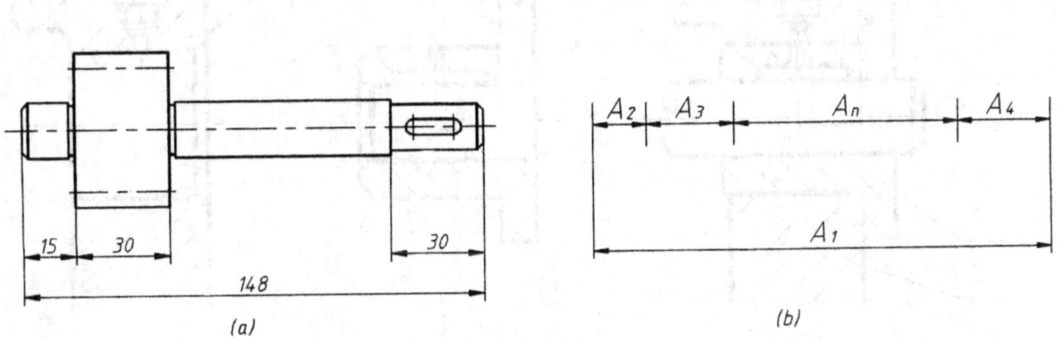

图7-22　尺寸链

五、尺寸的合理标注应注意的问题

（一）功能尺寸从设计基准直接注出

如图7-20中的尺寸 $\phi 18^{-0.016}_{-0.027}$ 、$\phi 15^{+0.018}_{+0.007}$ 、$30^{+0.05}_{+0.02}$ 、 $\phi 48^{-0.025}_{-0.050}$ 等。

（二）不要注成封闭尺寸链

如图7-21(*c*)中的*D*不应注出。另外也要防止图中出现隐蔽的封闭尺寸链，如图7-23中的*α*不应再注。

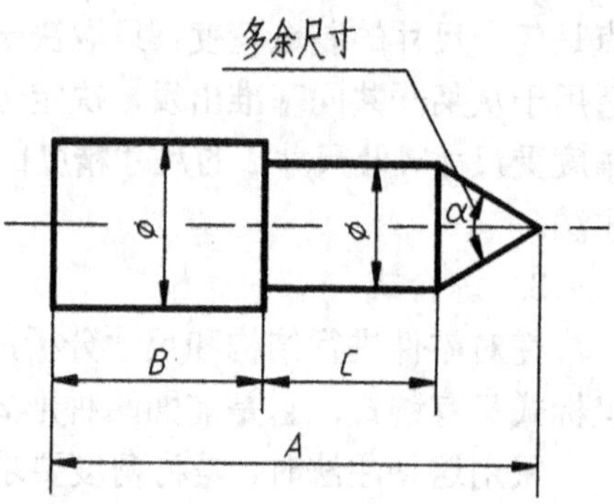

图7-23

（三）从两零件的结合面起标注尺寸

为了保证装配中的一致性，在互相配合的两零件中，与两零件的结合面有关的几何要素，应以结合面为基准标注其定位尺寸，如图7-24所示。图中零件1、2的结合面为*A*，在标注件1上的小孔的定位尺寸*b*和件2上小孔的定位尺寸*c*时，应都以结合面*A*为基准直接注出。

（四）相关尺寸的标注应协调

图7-1齿轮油泵装配图，表达了泵体、泵盖、齿轮轴等零件之间的装配连接关系。对上述各零件标注尺寸时，应注意下列相关尺寸的协调：

1. 互相配合表面之间的尺寸联系　泵体、泵盖轴孔中 φ18H7 与齿轮轴轴肩 φ18f7 之间、泵体容腔孔 φ48H7 与齿轮齿顶 φ48f7 之间的联系(即基本尺寸、公差协调一致)。

2. 相对位置上的定位尺寸之间联系　泵体上四个M8螺孔的定位尺寸60×60、两个销孔的定位尺寸*R*30、45°及定形尺寸φ5应与泵盖上的四个光孔及两个销孔相一致。参看齿轮油泵泵体(图7-37)和泵盖(图7-60)。

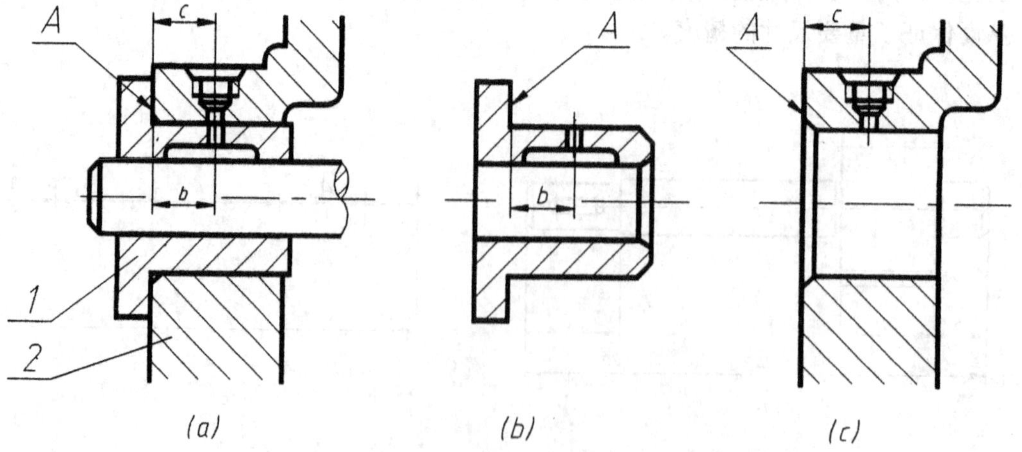

图7-24　从结合面出发注尺寸

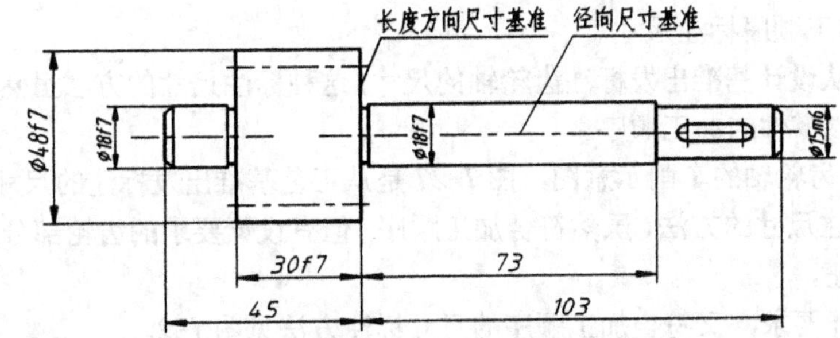

图 7-25　从设计基准出发标注尺寸

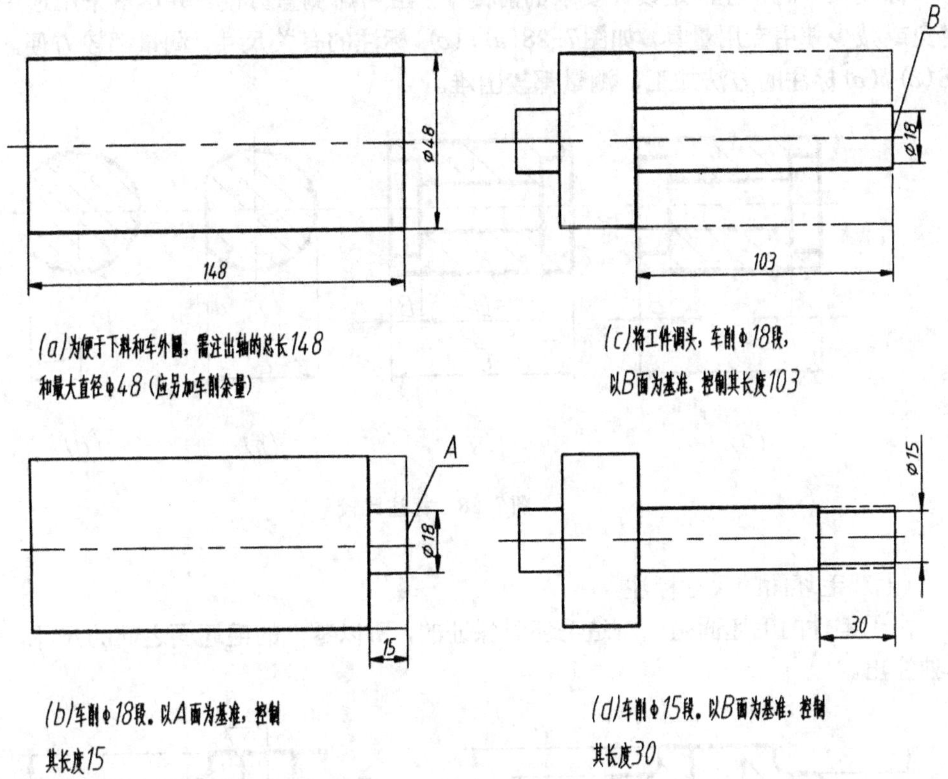

图 7-26　齿轮轴车削示意图

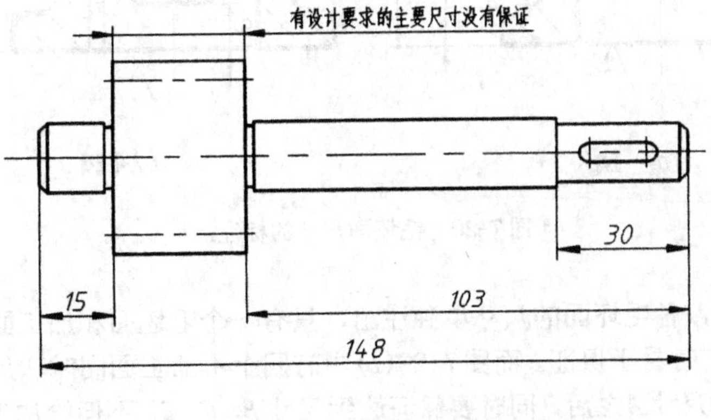

图 7-27　从工艺基准出发标注尺寸

（五）按加工顺序标注尺寸

图7-25是从设计基准出发标注齿轮轴的尺寸，这种标注尺寸的方法虽然满足了设计要求但不符合该零件的加工顺序。

图7-26是齿轮轴的车削示意图，图7-27是从工艺基准出发标注的尺寸。

图7-27标注尺寸的方法，虽然符合加工顺序，但有设计要求的齿轮部分主要长度尺寸没有得到保证。

既满足设计要求，又符合加工顺序的尺寸标注方法见图7-2。

（六）便于测量

标注尺寸时，在满足设计要求的前提下，应考虑测量方便，并尽量采用通用量具而避免或减少使用专用量具。如图7-28(*a*)、(*c*) 标注的有关尺寸，测量都较方便。而图7-28(*b*)、(*d*)标注的方法加工、测量都较困难。

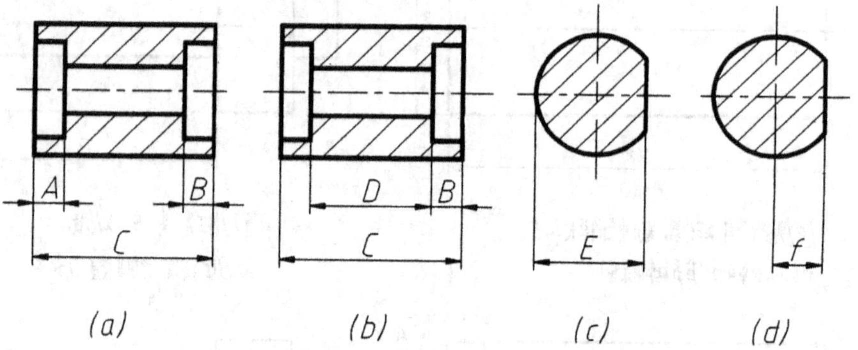

图7-28 标注比较

（七）毛坯面的尺寸标注

由于零件的毛坯面是由制造毛坯时保证的，所以零件的毛坯面之间的尺寸，一般应单独注出。

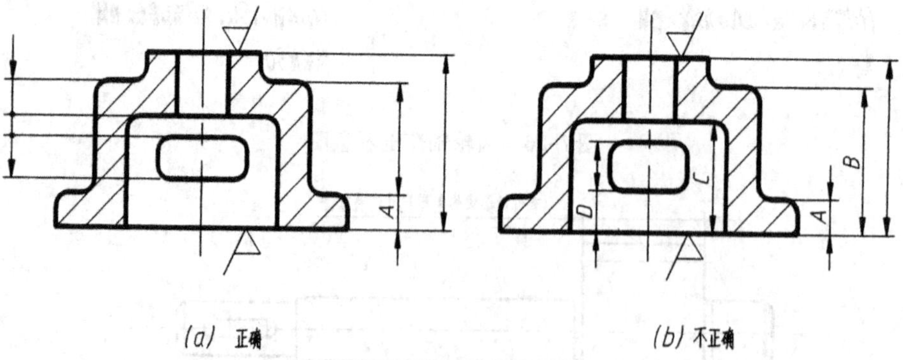

图7-29 毛坯面尺寸的标注

图7-29(*a*)中，各毛坯面的尺寸单独注出，只有一个毛坯面和加工面产生尺寸（如*A*）联系，这样加工时易于保证。而图7-29(*b*)中有四个不加工面同时和加工面发生尺寸联系，在加工达到尺寸*A*之后，同时要保证达到尺寸*B*、*C*、*D*，不但给加工造成困难，而

且往往是不可能的。

（八）考虑刀具的尺寸

零件上有些结构形状的尺寸，是由刀具尺寸决定的。因此，凡由刀具保证的尺寸，在图中应尽量给出刀具的有关尺寸，刀具的轮廓线可用双点划线表示，如图 7-30 所示。

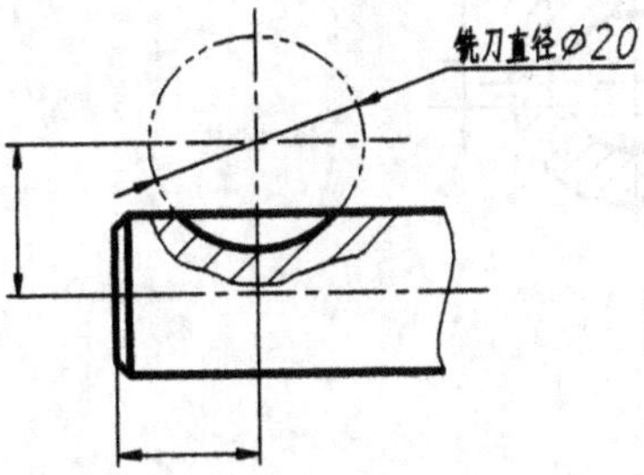

图 7-30　考虑刀具尺寸

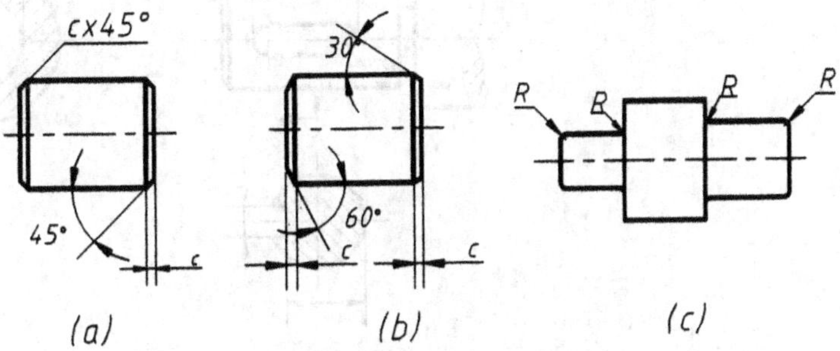

图 7-31　倒角、倒圆尺寸的标注

六、零件上常见结构的尺寸标注

（一）倒角、圆角

倒角和圆角的尺寸注法如图 7-31(*a*)、(*b*)所示。应当指出，对非 45° 倒角，其宽度 *c* 和角度一定要分开标注，如图 7-31（*b*）。圆角尺寸注法见图 7-31(*c*)。同一零件上所有倒角、圆角相同时，可以在技术要求中统一标注，如“全部倒角 1.5 × 45°”，“全部圆角 *R*3”。

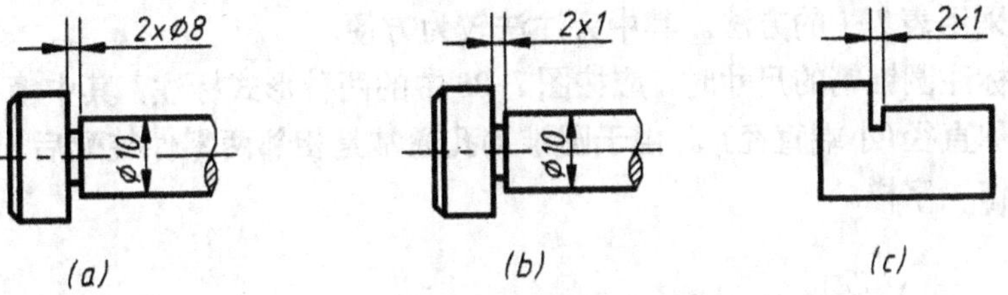

图 7-32　退刀槽的尺寸标注

（二）退刀槽

一般的退刀槽可按“槽宽×直径”，如图 7-32（*a*），或“槽宽×槽深”，如图 7-32（*b*）、（*c*）的形式标注。而退刀槽的轴向定位尺寸，可按图 7-33(*a*)、(*b*)的形式标注。

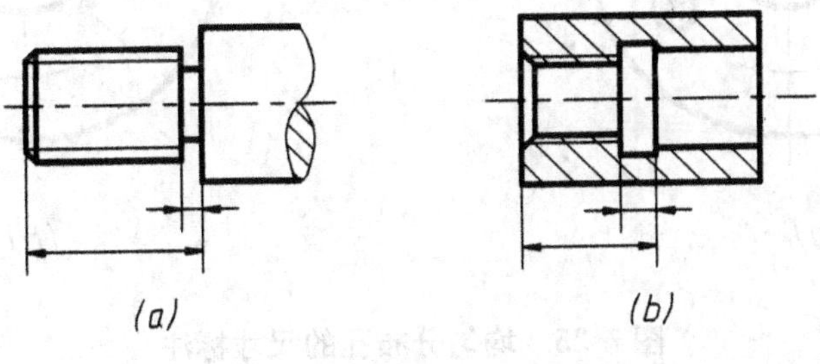

图 7-33　退刀槽轴向定位尺寸标注

（三）键槽

为测量方便，键槽的尺寸标注方法如图 7-34 所示。因 *R* 的尺寸由键槽的宽度决定，故 *R* 可不注尺寸数值。

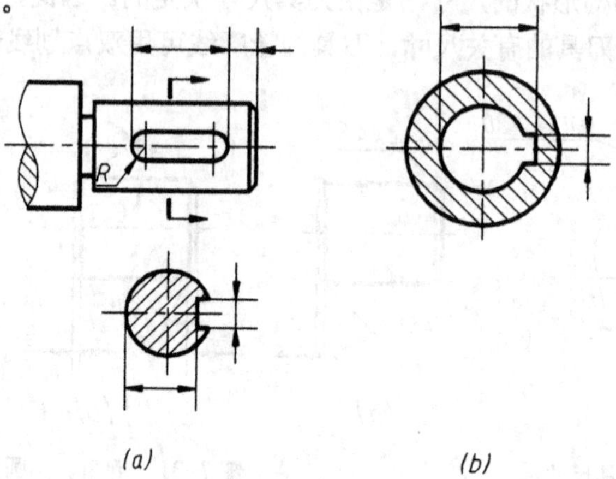

图 7-34　键槽的尺寸注法

（四）均匀分布的成组要素

均匀分布的成组要素（如孔等）的尺寸，可按图 7-35(*a*) 所示的方法标注。当成组要素的定位和分布情况在图形中已明确时，可不标注其角度，并省略“均布”两字，如图 7-35(*b*) 所示。

（五）各种孔（光孔、螺孔、沉孔等）的尺寸标注

可采用表 7-1 的方法。其中旁注法较为方便。

在标注圆锥销的尺寸时，应按图 7-36 中的两种形式标注，其中 $\phi 4$ 和 $\phi 3$ 表示圆锥销的公称直径（小端直径）。由于圆锥销孔通常是相邻两零件装配后一起加工，故应注写“配作”字样。

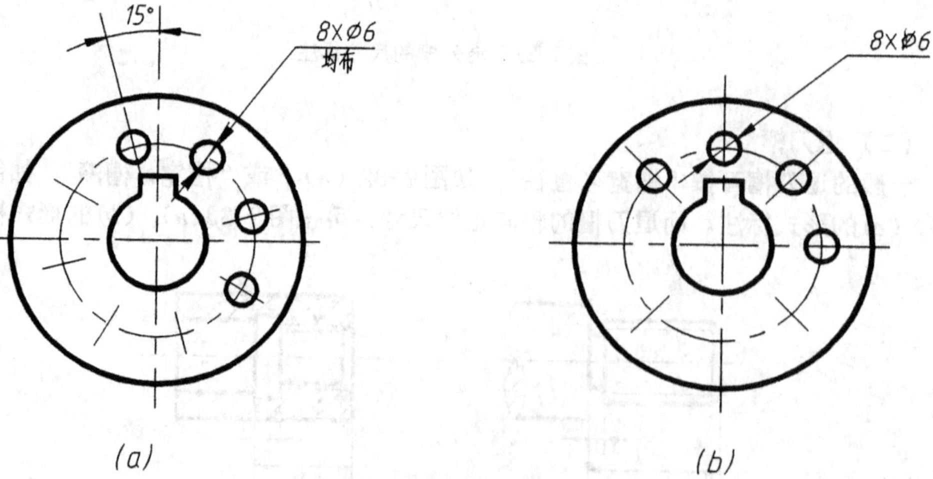

图 7-35　均匀分布孔的尺寸标注

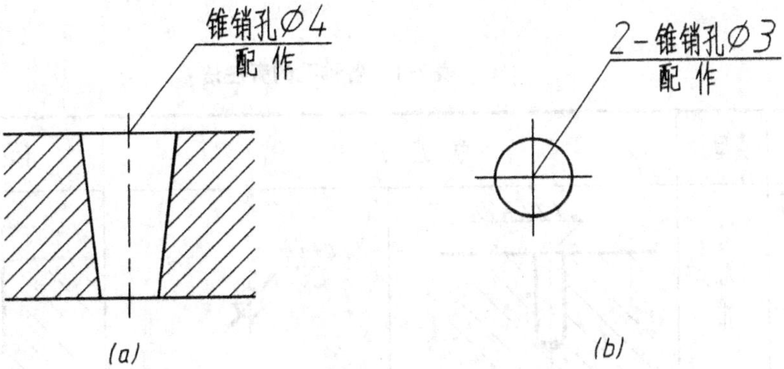

(a) (b)

图 7-36 圆锥销孔的尺寸注法

下面以图 7-37 齿轮油泵体为例，说明标注零件图尺寸的方法和步骤。

1. 分析并了解零件在部件中的作用、工作位置、加工方法、设计要求和零件的内、外结构形状。

2. 选择尺寸基准。

(1) 确定长、宽、高三个方向上的主要设计基准(主要基准)，并将主要尺寸从设计基准出发直接注出。在图 7-37 中，长度方向选择齿轮油泵体的左端面(见主视图)(即与垫片的结合面)作为主要基准，直接注出功能尺寸 $30^{+0.02}_{0}$ ，非功能尺寸 40、65、55、80 及螺纹孔深度 16、钻孔深度 20。宽度方向选取齿轮油泵体的对称面(见左视图)为主要基准，直接注出四个螺孔的定位尺寸 60、底板上两个安装孔(ϕ 11)的定位尺寸 90、泵体上部宽 80 和下部底板宽 120 等。高度方向选取齿轮油泵体的安装基面(即零件的底平面)为主要基准，直接注出功能尺寸 85 及非功能尺寸 65、12、2 等。

(2) 根据零件的结构特点和作用，在长、宽、高三个方向上，适当选择一定数量的辅助基准，若不影响零件的功能及装配精度的尺寸，可以从辅助基准直接注出。在图 7-37 齿轮油泵体中，选长度方向辅助基准 I，注出 M30 × 2-6H 螺孔的深 17，选长度方向辅助基准 II，注出底板长度 60 及安装孔定位尺寸 25 等。高度方向选取 $\phi 48^{+0.023}_{0}$ 及 $\phi 18^{+0.018}_{0}$ 两孔的公共轴线为辅助基准 I，注出 $\phi 48^{+0.023}_{0}$ 、 $\phi 18^{+0.018}_{0}$ 及 40 ± 0.02，选取 ϕ 110 的轴线为高度方向的辅助基准 II，注出 ϕ 110、ϕ 48 及 60 等。

3. 按形体分析法，标注其余部分的尺寸及总体尺寸等。如齿轮油泵体右上部圆台 ϕ 45、ϕ 50，两定位销孔的定位尺寸 R30、45°，中部凸台 R20 及肋板厚度 8 等。

表 7-1　各种孔的旁注法

序号	类型	旁注法		普通注法
1	光孔	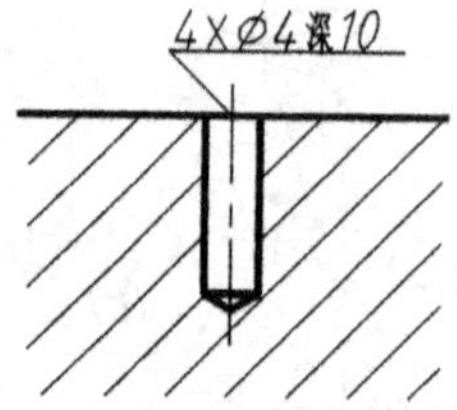	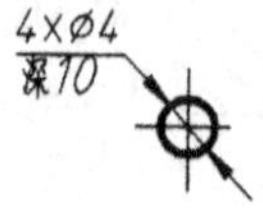	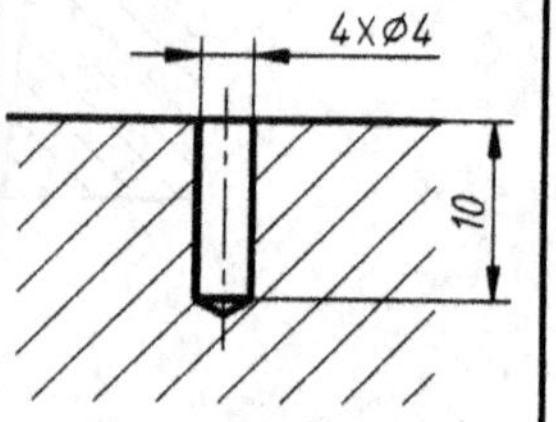
2	螺孔	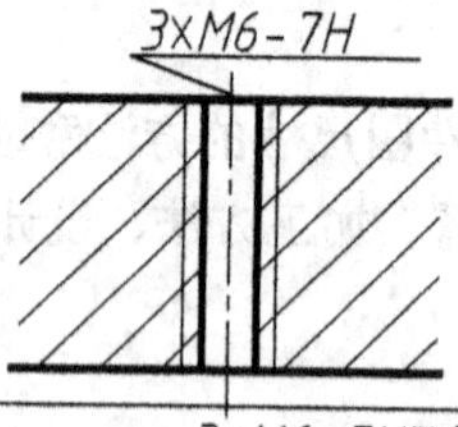	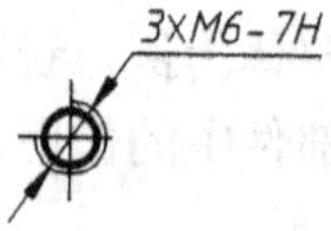	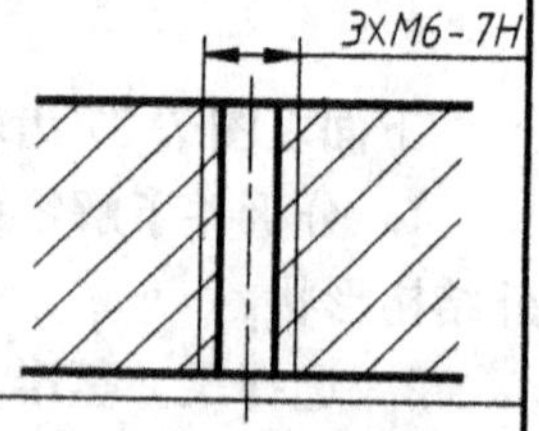
		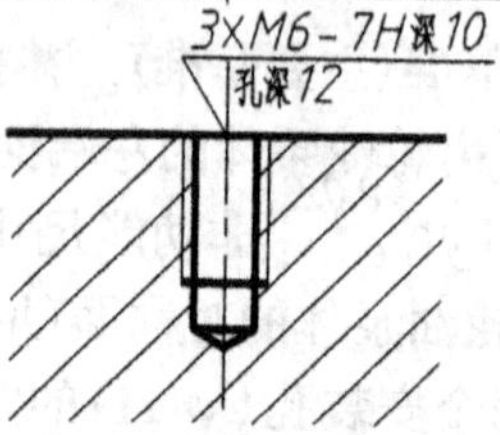	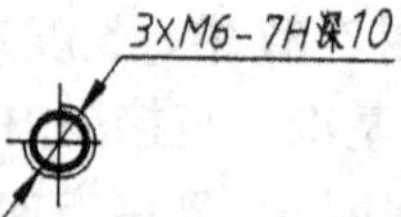	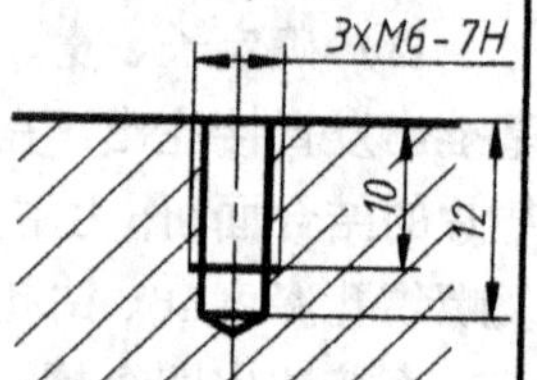
3	沉孔	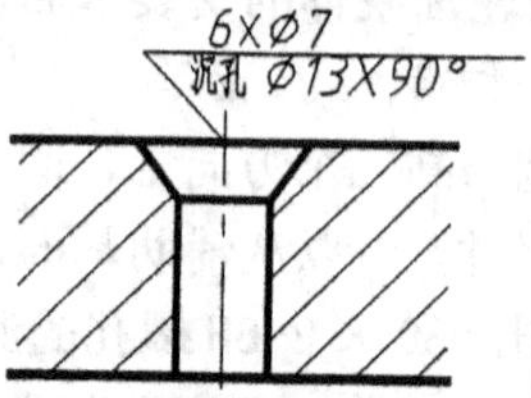	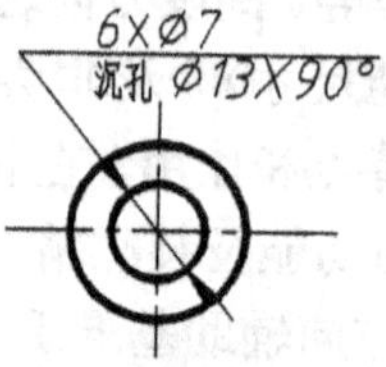	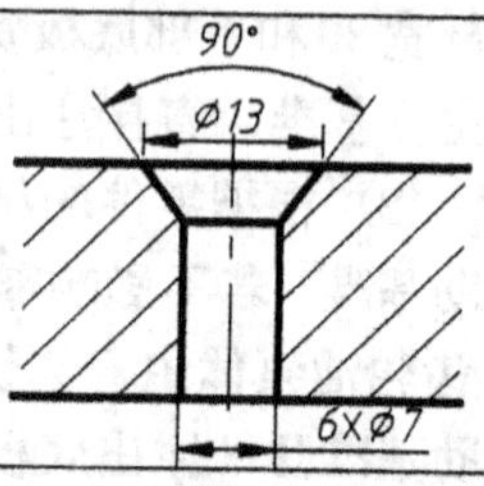
		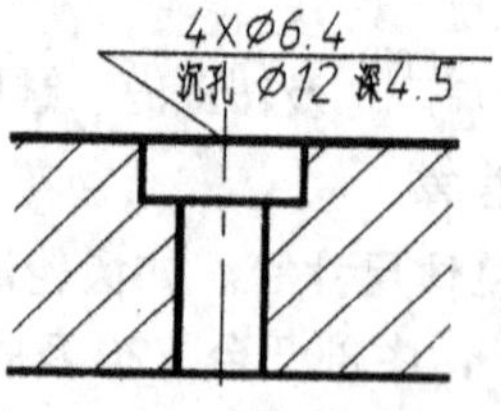	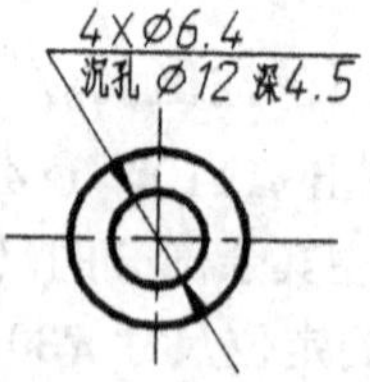	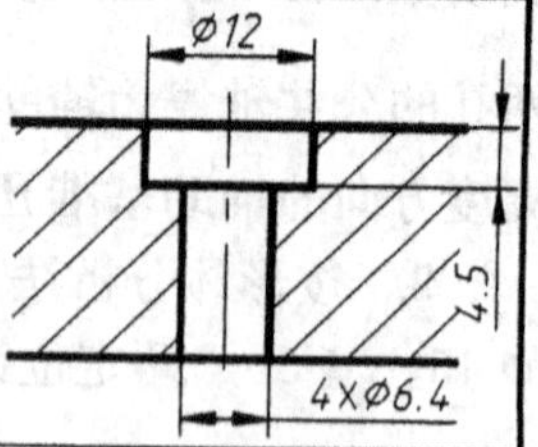
		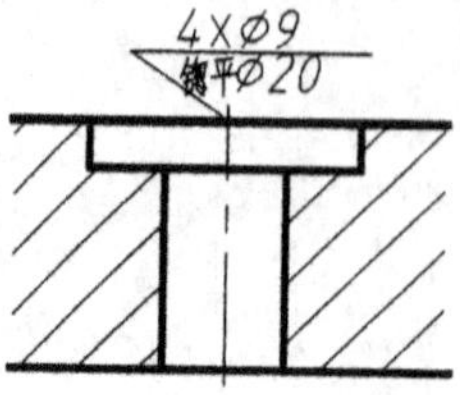	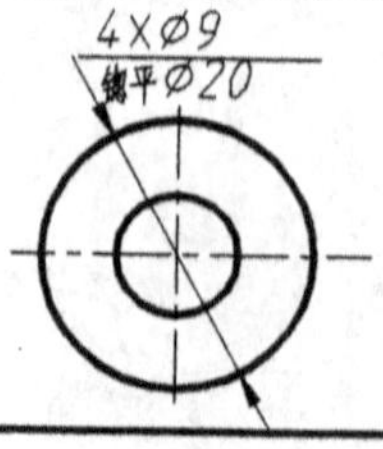	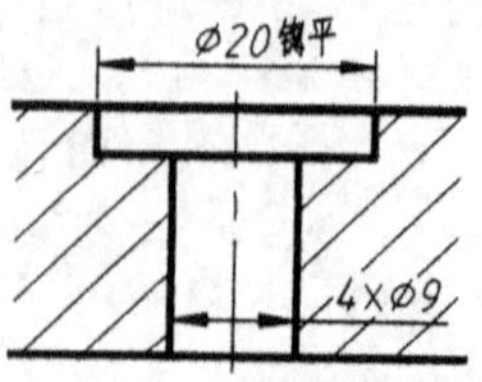

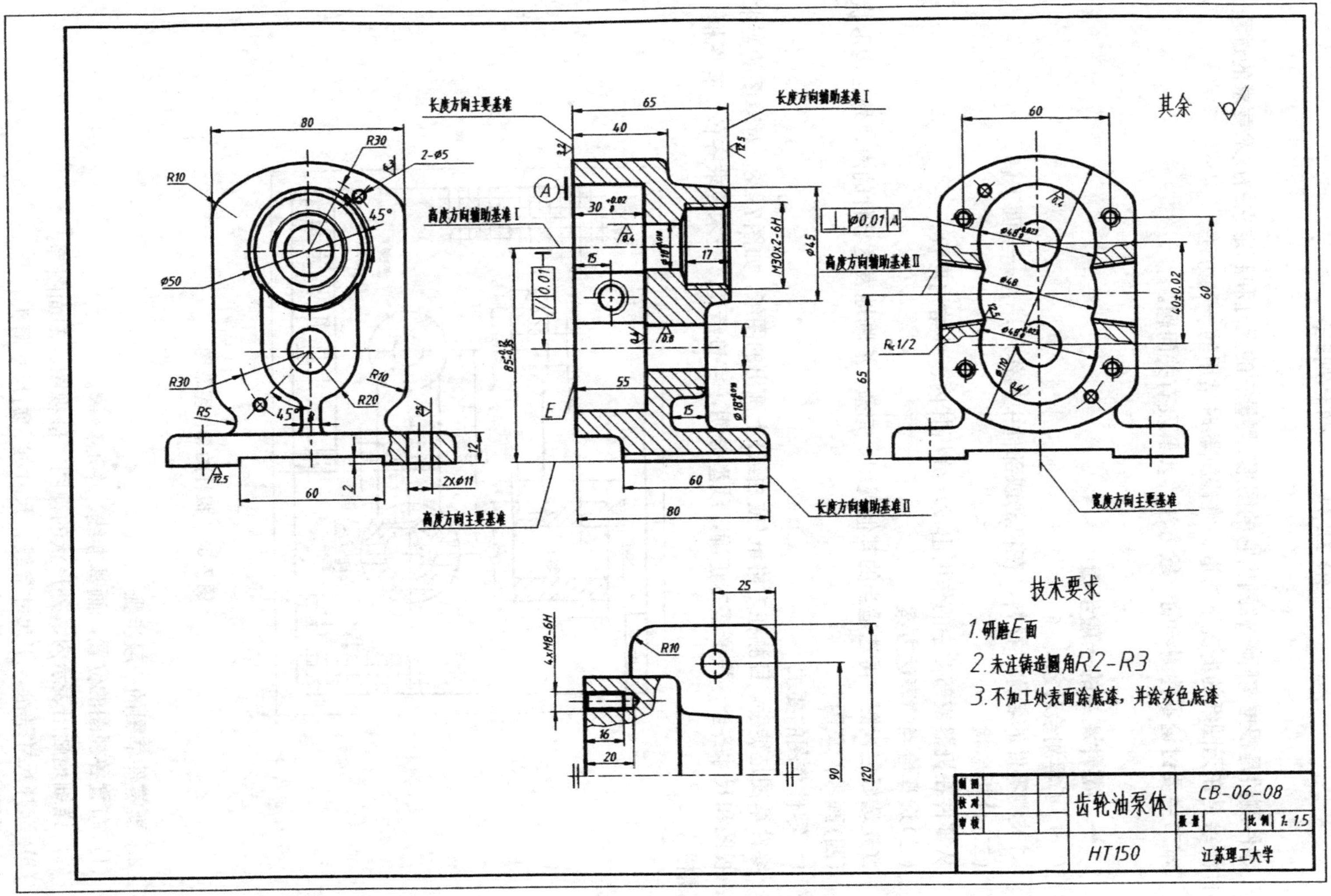

图 7-37　齿轮油泵体零件图

第五节　零件测绘

零件测绘是根据实际零件画出它的图形、测量它的尺寸和制定它的技术要求的过程。零件测绘是在无图纸的情况下仿造、维修机器时常用的一种方法。

本节主要讨论零件测绘的一般方法、步骤及有关问题。

一、零件测绘的一般步骤

(一) 了解测绘对象

对被测零件的名称、材料、在机器或部件中的作用，作一全面了解。

(二)分析形状

从零件在机器或部件中的作用出发，分析其内、外结构形状。

(三)选择恰当的表达方案

首先选好主视图，再选适当的其他视图，完整、清晰地表达零件的内、外结构形状

(四)画零件草图

1. 零件草图的要求

零件草图是徒手、目测在方格纸(或白纸)上画出的图纸，如图7-38。对草图的要求是：视图和尺寸齐全，投影基本正确，线型分明，字迹清楚，技术要求齐备，有图框、标题栏等。

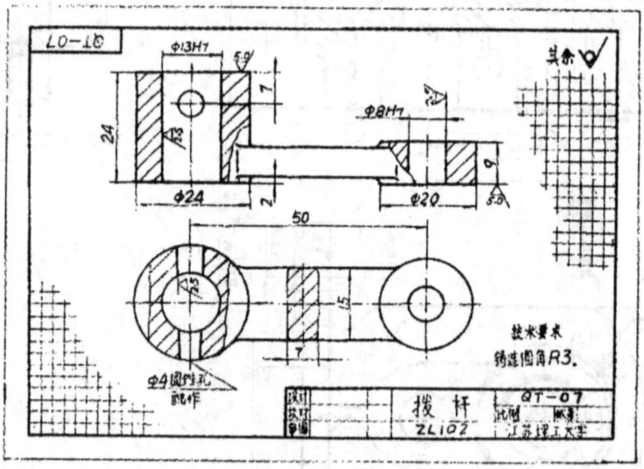

图7-38　拨杆的零件图草图

2. 画零件草图的一般步骤

(1) 布置各视图的位置，画基准线、中心线等。

(2) 详细地画出表示内、外形状的视图、剖视图、剖面图等。

(3) 选择尺寸基准，引尺寸界线、尺寸线，画尺寸箭头。

(4) 测量尺寸。

(5) 标注表面粗糙度。根据零件各表面的作用及加工情况，标注各表面粗糙度。

(6) 书写其他技术要求，填写标题栏。

3. 画零件草图中应注意的问题

(1) 对零件的制造缺陷(如砂眼、缩孔、划痕等)及磨损后产生的沟槽等，不应画出。

(2) 尺寸测量时注意相关尺寸的协调，如孔、轴的配合尺寸(基本尺寸应一致)，内、外螺纹的公称尺寸、轮毂和轴上键槽的尺寸等。

(3) 零件上的标准结构要素的尺寸，如倒角、圆角、螺纹退刀槽、砂轮越程槽的尺寸等，要查阅有关标准确定。

(4) 齿轮的模数应计算之后取标准模数。

(5) 对毛坯面、非配合表面、非功能尺寸的长度等，测量之后取整数。

(五) 根据零件草图绘制零件工作图

由于零件草图是现场测绘的，测绘的时间较短，所以现场所画的零件草图在视图表达、尺寸标注等方面不一定十分完善，因此，在画零件工作图之前，应对零件草图进行审核。审核主要着重以下几个方面：表达方法是否完整、清晰；尺寸标注是否齐全、清晰和合理，有关尺寸是否协调；技术要求提法是否适当等。审查中发现问题，应对草图进行修改，作为画零件工作图的依据。

零件工作图是严格地按照比例，用工具和仪器绘制的图样，画图之前应根据零件大小、视图多少确定比例、选图幅，其余步骤同一般画图方法。

图 7-38 为拨杆的零件图。

二、零件尺寸的测量

(一) 常用的测量工具

测量零件的尺寸时，应根据零件的复杂程度和精度，选用适当的测量工具和仪器，才能比较准确地测量出零件的尺寸。这里仅介绍几种常用的测量工具：直尺（钢皮尺）、内卡、外卡、游标卡尺、千分尺、螺纹规和圆角规等，如图 7-39 所示。

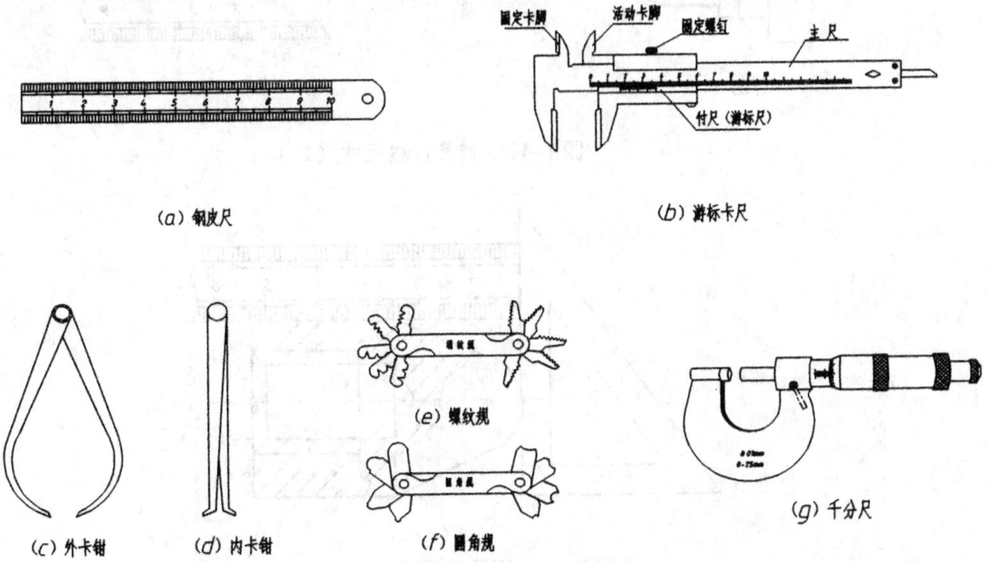

(a) 钢皮尺 (b) 游标卡尺

(c) 外卡钳 (d) 内卡钳 (e) 螺纹规 (f) 圆角规 (g) 千分尺

图 7-39 测量工具

（二）几种常用的尺寸测量方法

1. 测量直线尺寸

对零件上的直线尺寸，一般用钢尺或游标卡尺直接量取，如图7-40所示。也可用外卡和钢尺配合起来测量(图7-41)。当直接测量有困难时，可借助辅助工具进行测量，如图7-42。

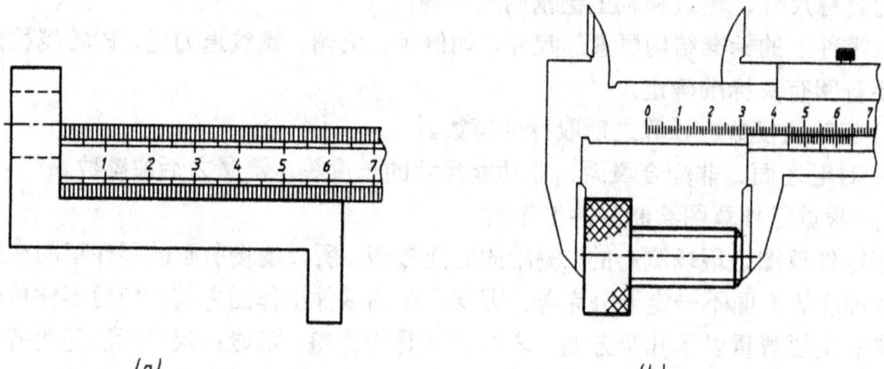

(a)　　(b)

图7-40　测量直线尺寸（一）

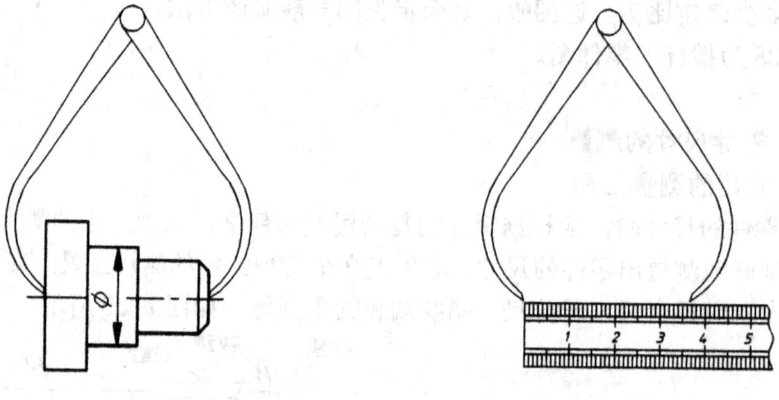

(a)　　(b)

图7-41　测量直线尺寸（二）

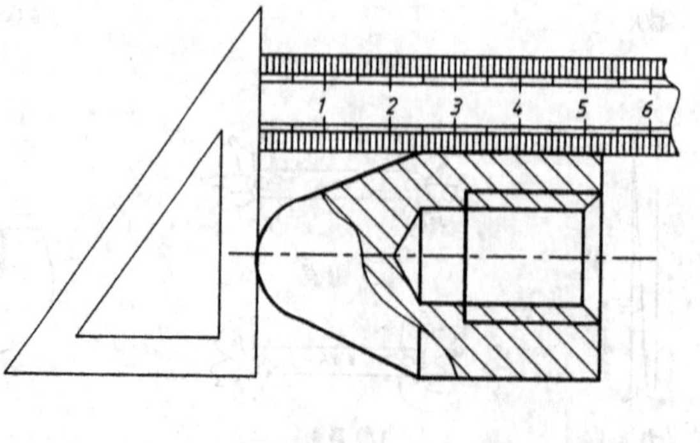

图7-42　测量直线尺寸（三）

2. 测量回转体的内、外直径

对于回转体的内、外径可用游标卡尺直接测量，如图7-43所示。也可用内、外卡与钢尺配合测量，如图7-44所示。对某些精度较高的配合尺寸，可用千分尺直接测量，如图7-45所示。

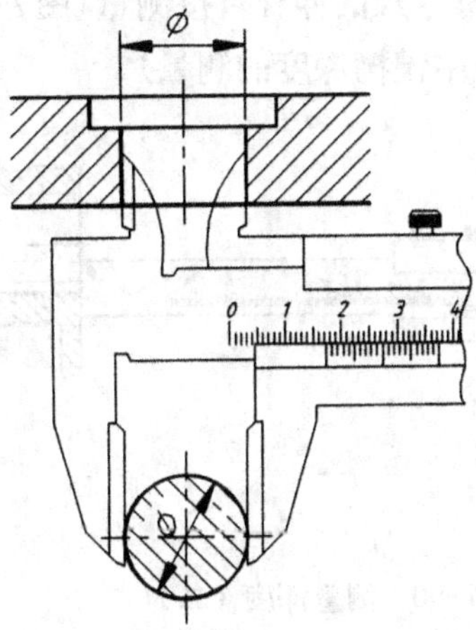

图7-43 测量内外直径尺寸（一）

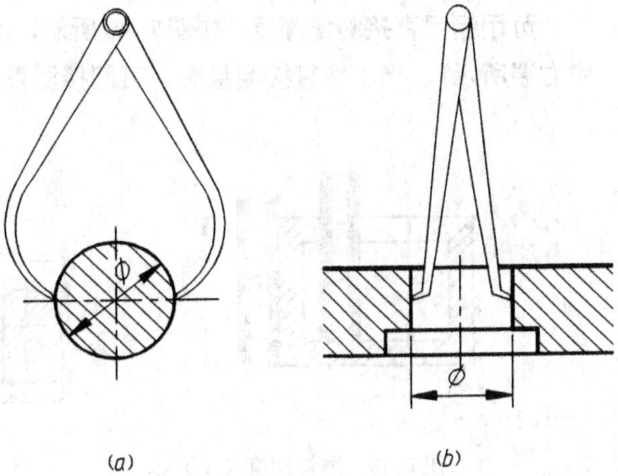

图7-44 测量内外直径尺寸（二）

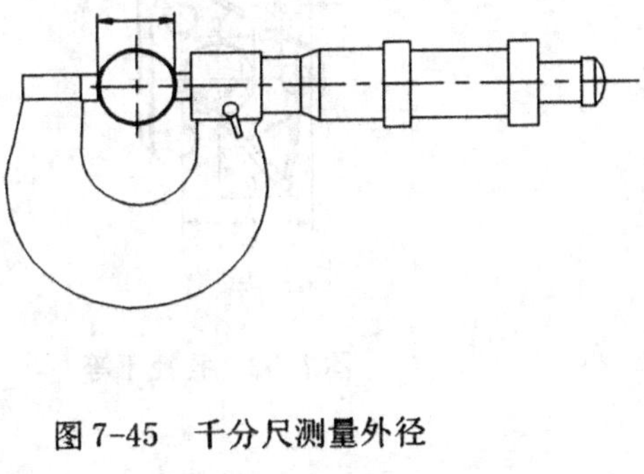

图7-45 千分尺测量外径

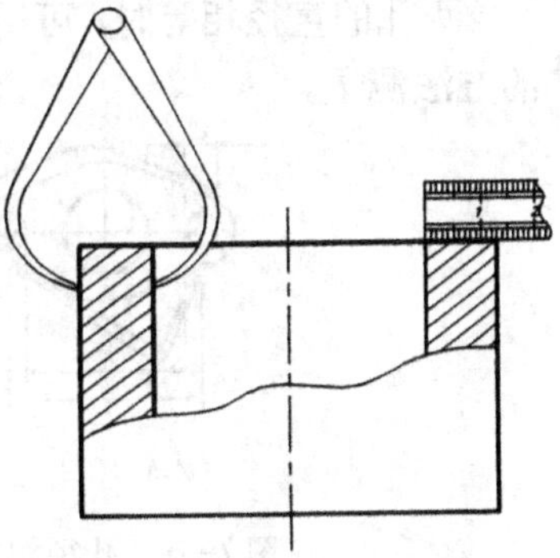

图7-46 测量壁厚（一）

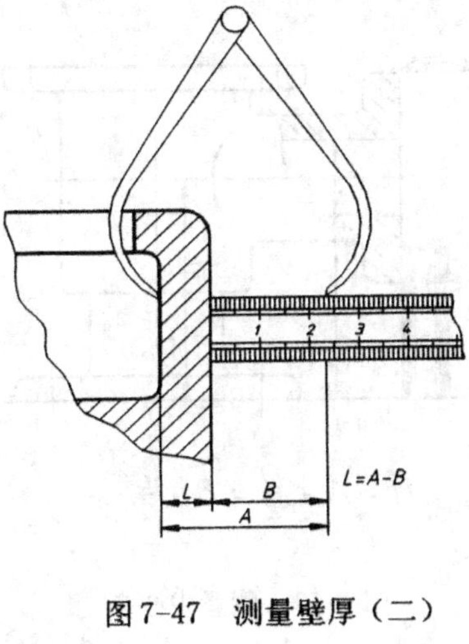

图7-47 测量壁厚（二）

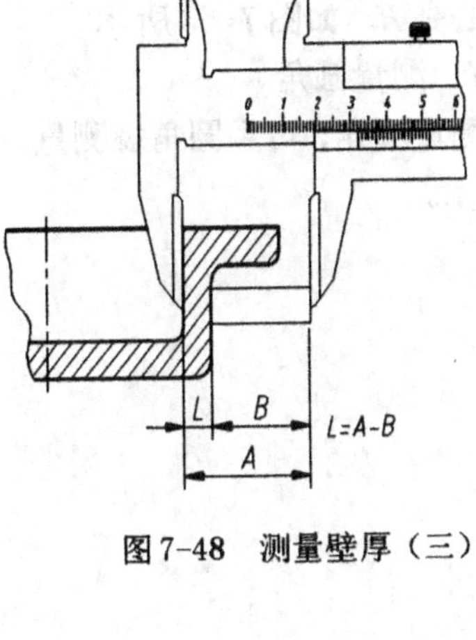

图7-48 测量壁厚（三）

3. 测量壁厚

当零件的壁厚能直接测量时，可用钢尺或外卡直接测量，如图7-46所示。若不能直接测量时，可用钢尺与外卡配合(图7-47)，或用游标卡尺与垫块配合进行测量(图7-48)。

4. 测量深度

可用钢尺直接测量深度，如图7-49所示，也可用游标卡尺的伸杆直接测量(图7-50中右端所示)。当不能直接测量时，可间接测量(图7-50中键槽深度的测量)。

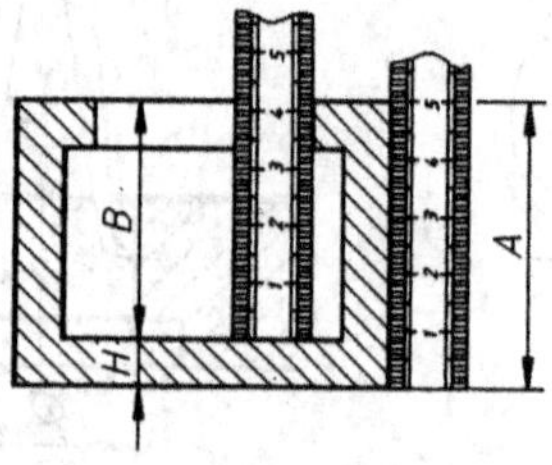

图7-49　测量深度（一）

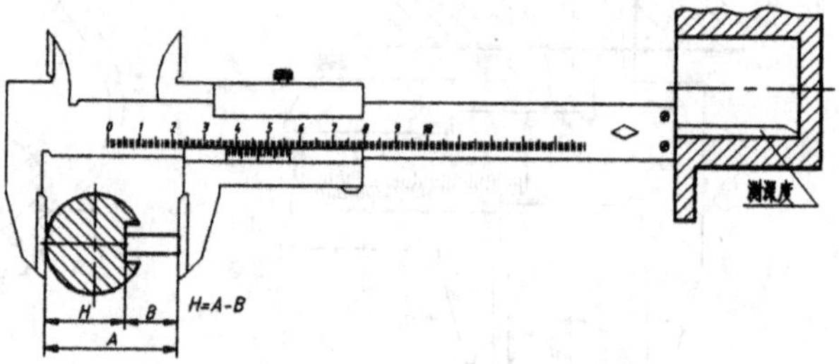

图7-50　测量深度（二）

5. 测量孔的中心距

当两孔的直径相等时，可用图7-51所示的方法测量；两孔的直径不等时，可用图7-52的方法测量。

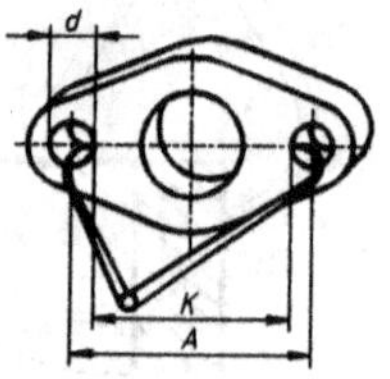

$A=K+d$

图7-51　孔径相等

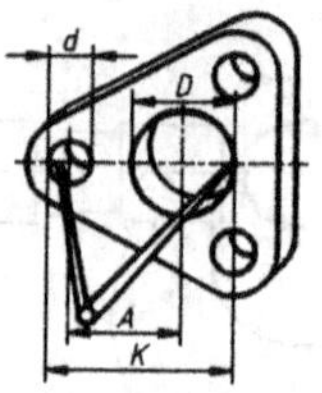

$A=K-\frac{D+d}{2}$

图7-52　孔径不等

6. 测量孔的中心高

一般可先测出A和D或B和d，然后算出中心高H，如图7-53所示。

7. 测量圆角

测量圆角，可用圆角规测量，如图7-54所示。

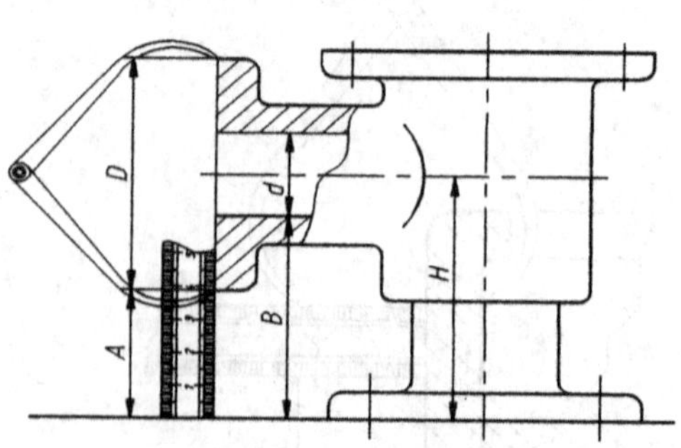

$$H=A+\frac{D}{2}=B+\frac{d}{2}$$

图7-53　测量中心高

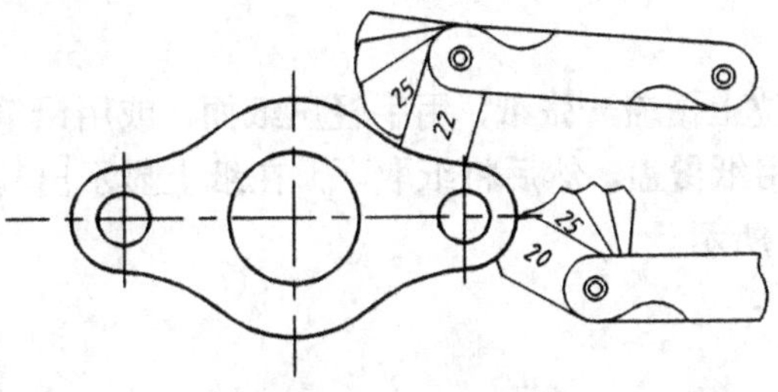

图 7-54　测量圆角

8. 测量螺纹的螺距

测量螺纹的螺距和牙型，可用螺纹规，如图7-55所示。找出与被测螺纹牙型与螺距相吻合的样板，在样板上可读出螺距。也可将外螺纹在纸上压出若干个螺纹牙尖的压痕，然后用钢尺量出其长度，算出螺距(图7-56)。

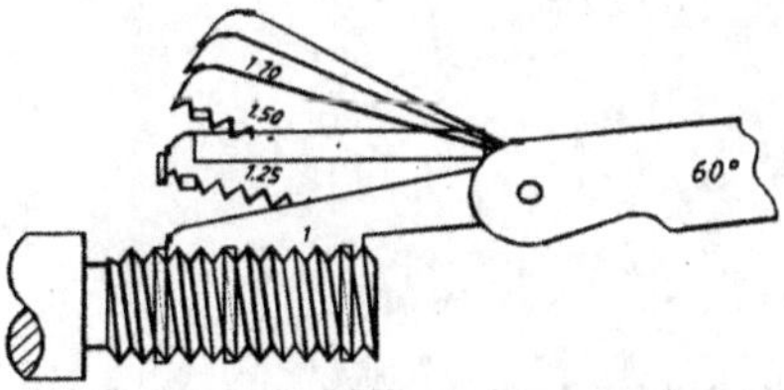

图 7-55　用螺纹规测螺距

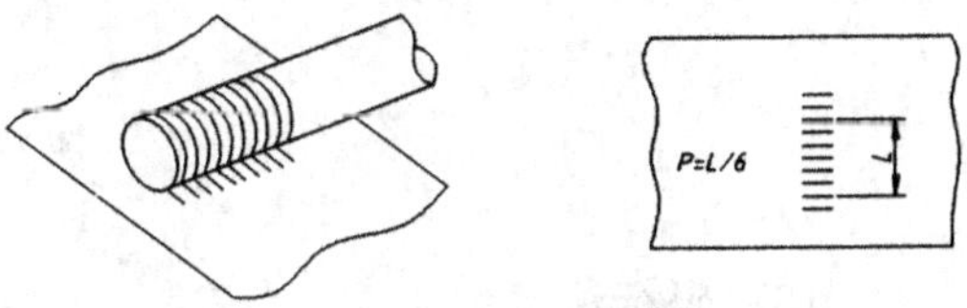

图 7-56　用拓印法测螺距

9. 测量曲线或曲面轮廓

曲线或曲面轮廓要求很准确时，必须用专门的测量仪器(如三坐标测量仪)进行测量。而要求不太精确时，常用下面三种方法进行测量：

(1) 仿型法

可将铅丝弯成与被测曲线或曲面部分的实形相吻合的形状，然后把铅丝曲线描在纸上，再用中垂线法求出各段圆弧的中心和半径，如图7-57(*b*)，也可用修剪纸板与被测曲线或曲面部分相吻合，再用中垂线法求出各圆弧的中心和半径，如图7-57(*a*)。

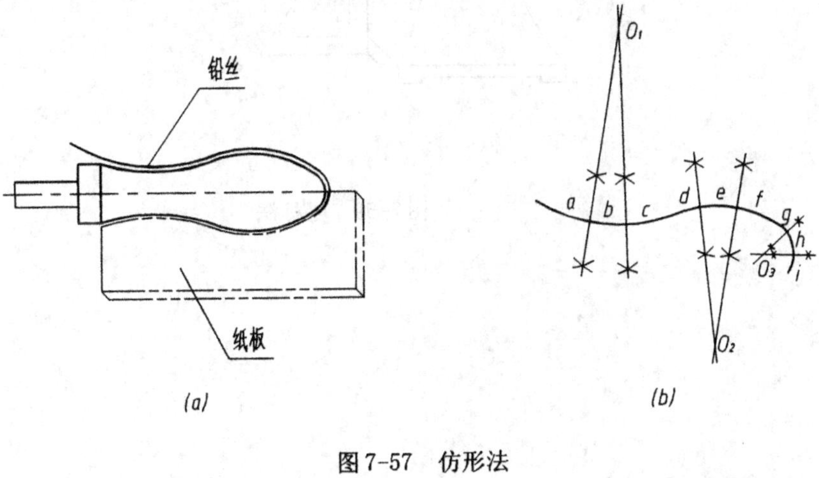

图 7-57　仿形法

(2) 拓印法

在被测零件的被测部位上覆盖一张纸，用手轻压纸面，或用铅笔沿轮廓描；或在零件的被测部位涂点油墨，用纸覆盖，然后将纸取下，在纸上显示出其轮廓。然后对上述轮廓进行测量，如图 7-58 所示。

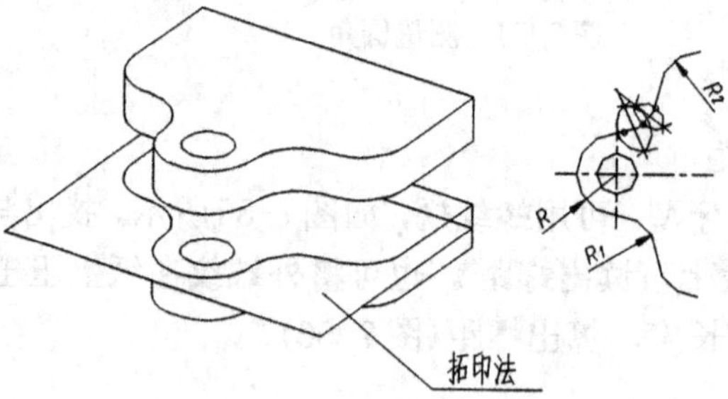

图 7-58　拓印法

(3) 坐标法

用直尺或其他有刻度的辅助工具，测量出曲线或曲面上各点相对选定基准的坐标，在纸上画出曲线，或求出曲率半径。如图 7-59 所示。

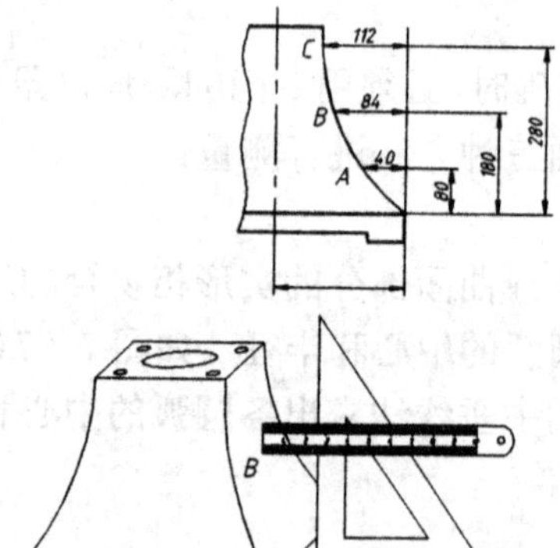

图 7-59　坐标法

第六节　看零件图

制造零件时，首先要看懂零件图，以便制订合理的加工制造方法；设计新机器时，往往需要参考同类机器的零件图纸。因此，看零件图是每个工程技术人员必备的能力。

一、看零件图的要求

看零件图时，应达到如下要求：

1. 了解零件的名称、材料和作用；
2. 看懂零件的内、外结构形状及各部分的相对位置；
3. 看懂零件图中的尺寸，了解内、外结构形状及相对位置的大小，分析尺寸基准，找出功能尺寸及非功能尺寸等；
4. 了解零件的质量要求：尺寸公差、表面粗糙度、形位公差及其他技术要求；
5. 大概了解零件的加工制造方法。

二、看零件图的方法步骤

现以图 7-60 泵盖零件图为例说明看零件图的方法和步骤。

(一) 概括了解

从标题栏入手，了解零件的名称、材料、比例等，并从该零件在机器或部件中的作用，大致了解零件的功用及结构形状。

零件名称为泵盖，材料牌号 HT200 表示灰铸铁，比例为 1∶1.5 说明实物比图大 1.5 倍。结合图 10-1 及图 7-1 可以看出，泵盖可支承齿轮轴和作回油使用，泵盖和垫片合起来起密封作用。

(二) 分析视图

表达该零件共用多少个视图、剖视图、剖面图等，首先找出主视图，并根据投影和配置关系确定其他视图的名称，对剖视图应找出其剖切位置，对斜视图、局部视图找出其投影部位。在此基础上分析各图的表达重点。

泵盖共用四个图，三个是基本视图，一个是局部剖视图。主视图为 *A-A* 全剖视图，剖切位置从左视图上可以看出。该图的表达重点为销孔、轴孔及回油通道位置。俯视图是 *B-B* 全剖视图，剖切位置从主视图中可知。该图的表达重点是回油通路。左视图为外形图，表达泵盖外形及销孔、螺钉通孔的分布情况。

(三)形体分析

根据零件的功用和各种几何形体的视图特征，对零件进行形体分析。分析时一般从主要视图入手，按线框将零件分成若干部分，根据投影规律，结合其他有关的视图、剖视图、剖面图等，找出与该部分有关的图形(投影)，特别要找出反映该部分的形状及位置的特征视图，对每一部分逐一进行分析，利用基本体的视图特征想出每一部分的形状。最后综合各部分的形状，按其之间的相对位置，想出零件的整体形状。

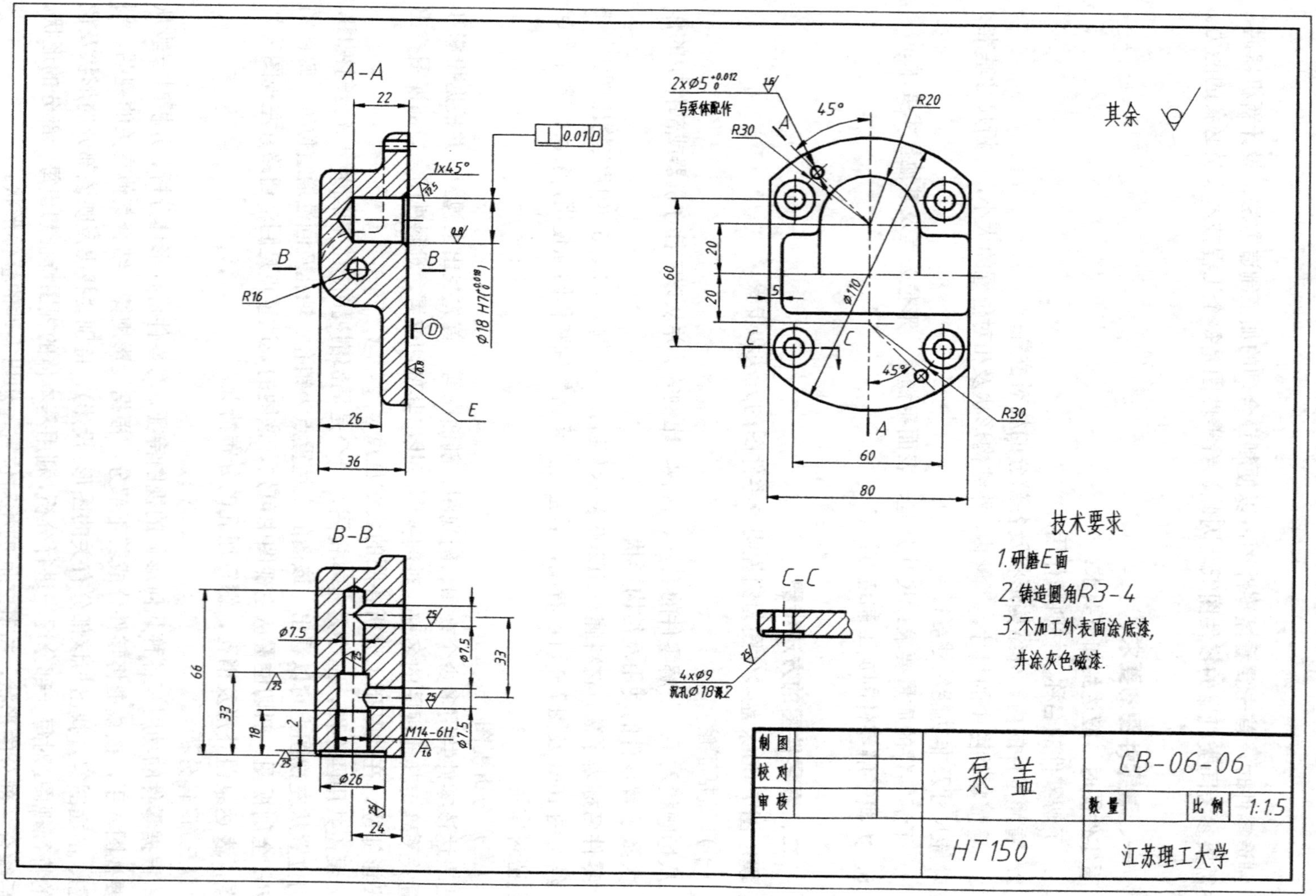
A-A
B-B
C-C
其余
技术要求
1.研磨E面
2.铸造圆角R3-4
3.不加工外表面涂底漆，
并涂灰色磁漆.
2×Ø5$^{+0.012}_{0}$
与泵体配作
1×45°
Ø18 H7($^{+0.018}_{0}$)
0.01 D
R16
R20
R30
R30
45°
45°
Ø110
4×Ø9
沉孔Ø18深2
M14-6H
Ø7.5
Ø26
22
26
36
60
80
20
20
5
66
33
18
2
24
33
制图
校对
审核
泵 盖
CB-06-06
数量
比例
1:1.5
HT150
江苏理工大学

图 7-60 泵盖零件图

看零件图一般的顺序是：首先分析并看懂零件的外部形状(由哪些形体组成)，其次分析并看懂零件的内部结构(有哪些孔、槽等)。对于零件上的内、外部交线，分析其成因和性质。另外，对零件上的细小结构如倒角、圆角、小孔、键槽、退刀槽等，不单独进行形体分析。

从零件的主视图对照左视图，可知泵盖的外部结构由三部分组成：主视图的右边厚度为10mm(尺寸36－26的部分)，对照左视图可以看出，该部分为 ϕ110前后各切去一部分的圆柱面。主视图上 ϕ110圆柱面的左边有上下两个以虚线分开的封闭的线框，上面一个线框对照左视图可知是 $R20$ 的半圆柱与一小部分四棱柱光滑连接。而下部线框为 $R16$ 的半圆柱与四棱柱光滑连接。上述三部分按图所示位置有机组合，构成泵盖的整体形状。

泵盖的内部结构，从左视图各剖切位置，对照主视图及 C-C剖视图，可看出在 ϕ110圆柱上有两个定位销孔($\phi5_{0}^{+0.012}$)及四个装螺钉用的台阶通孔(4 × ϕ9/沉孔 ϕ18深2)。泵盖上还加工有装齿轮轴的轴孔($\phi18H7(_{0}^{+0.018})$)。另外，从主视图的剖切位置对照俯视图，可看出泵盖内部还加工有回油通路及安装泄压零件的螺孔(M14-6H)。

(四)尺寸分析

首先根据零件的功用和结构特点，找出各个方向上的主要尺寸基准，根据形体和结构分析，了解各部分的定形尺寸和定位尺寸，分析并找出零件的功能尺寸和非功能尺寸，了解总体尺寸。

从图10-1齿轮油泵立体图可以看出，泵盖的右端面为结合面，故选择该面为长度方向的主要尺寸基准，用以确定轴孔 $\phi18H7(_{0}^{+0.018})$ 的深度22、泵盖总长度36和螺孔M14-6H的定位尺寸20。长度方向辅助基准有两个：一个是泵盖的左端面，确定尺寸26；另一个是 ϕ110圆柱的右端面，确定沉孔 ϕ18的深度2。

泵盖的高度方向基本对称，故选 ϕ110圆柱的水平对称中心线为高度方向基准，用以确定四个台阶孔(4 × ϕ9深孔 ϕ18深2)的定位尺寸60及上部 $R20$ 半圆柱面的定位尺寸20及上部销孔($\phi5_{0}^{+0.012}$)定位尺寸 $R30$ 的中心，下面销孔($\phi5_{0}^{+0.012}$)的定位尺寸 $R30$ 的中心。高度方向辅助基准有两个(从主要基准向上、下20与左视图对称中心线相交处)，用以确定 $R20$ 的半圆柱及两个销孔($\phi5_{0}^{+0.012}$)的定位尺寸 $R30$ 的圆心位置。

泵盖的宽度方向也基本对称，故以基本对称中心线为主要基准，用以确定泵盖的总宽80及四个台阶孔的定位尺寸60、两个销孔的定位尺寸45°及水平方向两个 ϕ7.5回油孔的定位尺寸33。宽度方向的辅助基准有两个：一个是泵盖的前端面，定出泄压孔各形体深度尺寸2、18、33、66；另一个是后端面，确定 $R16$ 半圆柱面的后端面定位尺寸5。

泵盖的功能尺寸有轴孔 $\phi18H7(_{0}^{+0.018})$ 及销孔 $\phi5_{0}^{+0.012}$ ，以保证配合要求和定位的精确。其余尺寸为非功能尺寸。

(五) 了解技术要求

首先要了解零件的加工制造精度，如表面粗糙度、尺寸公差、表面形状和位置公差，其次要了解零件图中用文字书写的其他技术要求（如热处理、表面修饰等）。

泵盖要求最高的加工面为轴孔 $\phi18H7(_{0}^{+0.018})$，其次是 $\phi5_{0}^{+0.012}$ 销孔，其余加工面如回油通道、台阶孔等最低。其他表面均为非加工面。

尺寸公差和形位公差是：齿轮轴孔 $\phi18H7(_{0}^{+0.018})$ 为基准孔，公差值为0.018mm。销孔

$\phi 50^{+0.012}_{0}$ 的公差值为0.012mm。位置公差有一处，即轴孔 $\phi 18H7(^{+0.018}_{0})$ 的轴线对泵盖右端面的垂直允差为0.01mm。

（六）初步了解零件的加工制造方法

在全面看懂零件图的基础上，对零件的加工制造方法、过程有个了解，以保证零件的制造质量。

泵盖是铸件，毛坯铸造好之后，需经过铣、钻、铰、磨等多种机械加工工序而成。

第七节　典型零件分析

在学习零件图的视图表达、尺寸注法及看懂零件图等内容之后，本节通过对常见典型零件的分析，进一步了解各类零件的特点、视图表达及尺寸标注等。作为对零件图有关内容的一个小结。

零件在产品或部件中的作用不同，它的结构形状也不尽相同。但对于一些作用相近、结构形状相似的零件，它们在视图表达、尺寸标注及技术要求等方面也有共同之处。下面将四类典型零件，即轴套类、轮盘类、叉架类、箱壳类列表分析比较，如表7-2所示。

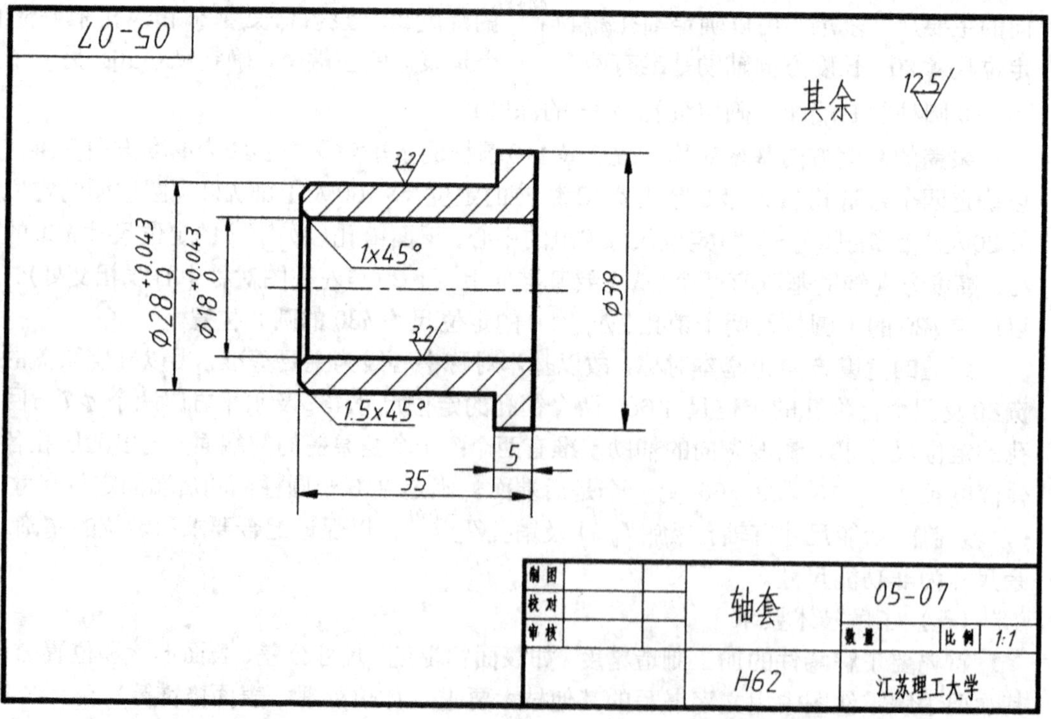

图 7-61　轴套零件图

表 7-2　四类零件的分析比较

零件类别	轴、套	轮、盘	箱、壳	叉、架
零件举例	轴、杆、销、套筒、轴套等。图7-2,图7-61	齿轮、皮带轮、手轮,端盖、圆盘、环等。图7-62	各种箱体和外壳等。图7-37	各种拨叉、支架、墙板、角铁等。图7-63
结构和工艺特点	轴、套类零件主要是由回转体组成，套的主要特征是有孔。轴、套上常有螺纹、键槽、销、倒角、圆角、退刀槽等。机械加工以车、磨为主	它的特点与套类零件相似，但轴向长度较短，并有较大的端面、轮辐、加强筋等坯料一般为铸、锻件，机械加工以车为主	常有内腔、轴孔和大的基准平面，还有筋板、凸台、沉孔、螺孔等，内、外形状一般较复杂 大多属铸件，加工位置变化较多	根据工作需要和地位限制，结构形状变化较大，有时弯曲，有时倾斜，并常用筋、板、杆等将各工作部分连接起来。大多属铸、锻件，加工位置变化较多
视图表达特点	主视图常将轴线水平放置，以符合其加工位置 基本视图往往只有一个，空心套常采用全剖视。各局部结构常采用局部视图、局部剖视、剖面和局部放大图等表达方法	与套类零件相似（但基本视图往往有两个，常采用旋转剖视）	主视图常按其工作位置来画，并作剖视（全剖、半剖、局部剖、阶梯剖等） 基本视图一般需要二、三个以上，并广泛采用各种表达方法	主视图常按其工作位置来画 基本视图一般为两个以上。弯曲、倾斜部分常采用局部视图、斜视图、斜剖视、斜剖面等，筋、板、杆常采用剖面来表达
尺寸标注特点	轴、套的回转轴线，既是设计基准，又是车、磨时的工艺（定位）基准。轴向基准除有设计基准外，还有工艺基准 一些局部结构要素的尺寸已经标准化	与套类相似	常以零件的底面、结合面、端面、对称面和主要轴孔的中心线为基准 轴孔的直径及其定位尺寸属主要尺寸。标注这类零件的尺寸时，还要考虑铸造工艺的基本要求	一般以主要孔的中心线、主要的工作面、端面和对称面作为基准 各部分的相对位置较复杂，尤其是圆弧连接的弯曲部分，要注意尺寸分析

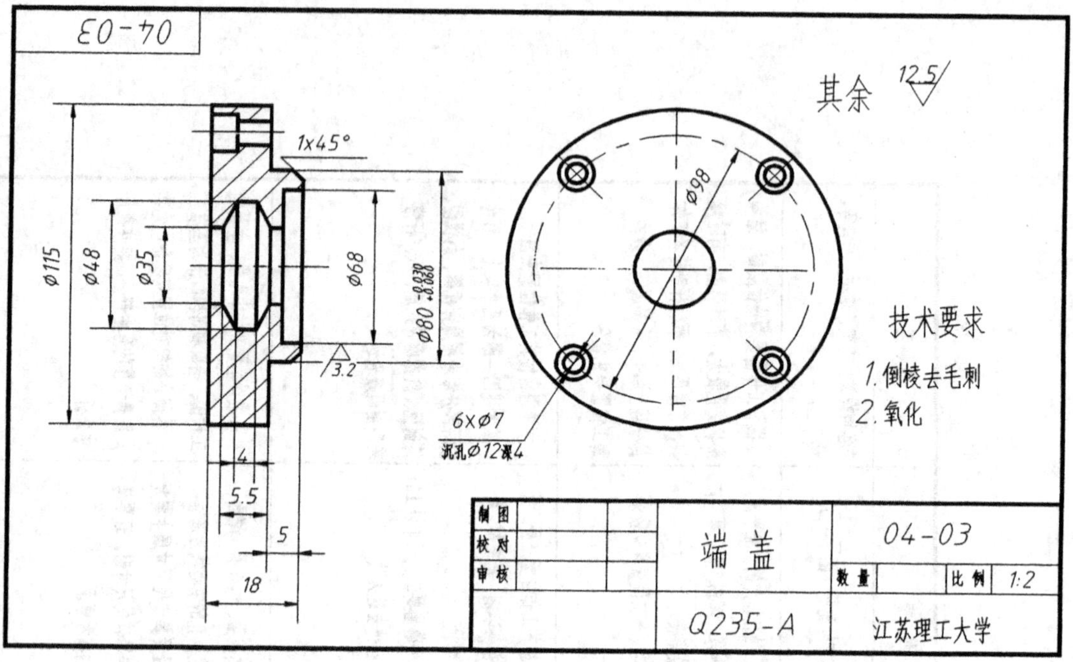

图 7-62　端盖零件图

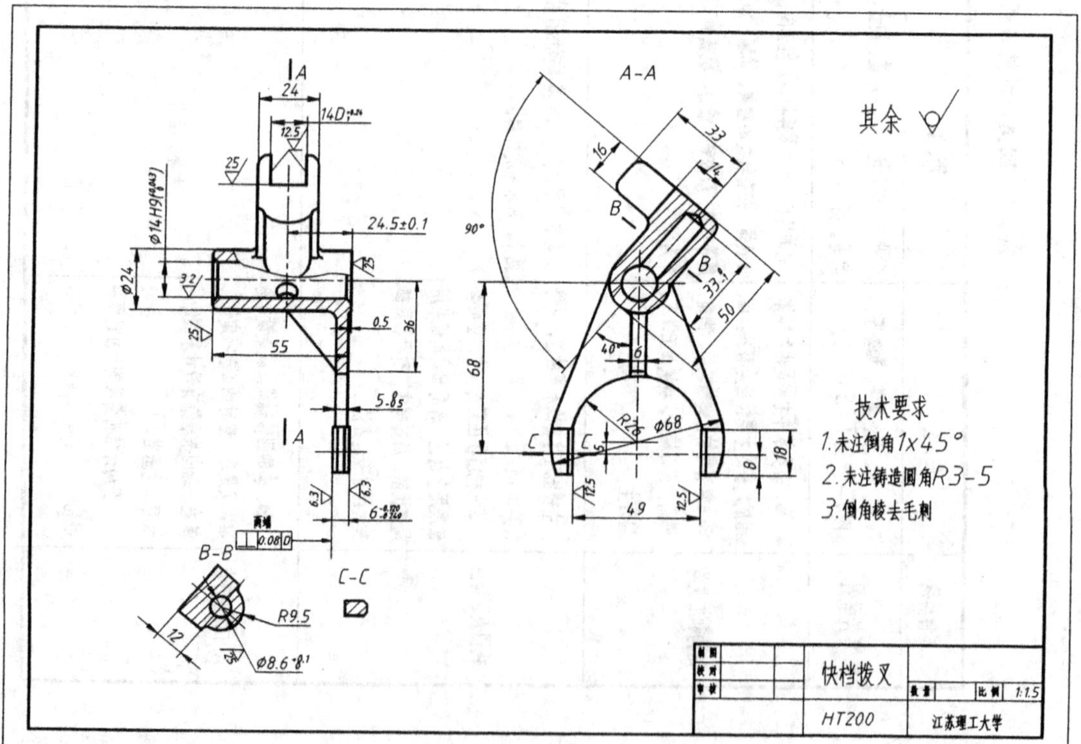

图 7-63　快档拨叉零件图

[自学指导]

本章主要介绍零件图的视图选择、零件上常见工艺结构、零件图的尺寸标注、零件测绘及看零件图等。零件图的视图选择是机件表达方法的具体应用，零件图的尺寸注法和看零件图是组合体尺寸注法和看组合体视图方法的扩展。

通过本章学习应达到：对中等复杂程度(视图数量3～4个)的零件，能较恰当地选择表达方法、标注尺寸等；能看懂中等复杂程度的零件图(了解内外结构形状、尺寸和技术要求等)。

对零件进行视图选择时，首先应了解零件的作用，并根据零件的复杂程度，按照形状特征、工作位置、加工位置原则，选用主视图，并在主视图上根据需要作适当剖视，然后再恰当地选择其他视图、剖视图或剖面图等。

标注零件尺寸时，首先根据零件的作用、结构，选用尺寸基准(主要基准和辅助基准等)；分析并标注出各部分的定形和定位尺寸。具体标注时，在满足完整、清晰的前提下，尽量合理。

看零件图时，了解该零件的作用、名称之后，分析用几个视图、各视图的名称、表达重点，找出各剖视图的剖切位置，然后由外到内、由大到小，逐步看懂零件的内、外结构形状，并想出整体形状。分析零件尺寸时，首先分析尺寸基准(主要基准和辅助基准等)，找出各部分的定形尺寸和定位尺寸。零件上的螺孔，应了解螺纹的种类、大径、螺距、导程、线数、旋向、公差带代号等。对零件图中的技术要求(如表面粗糙度、尺寸公差、形位公差及其他要求等)，按零件图中技术要求一章中的提示，作一一了解。

零件上的常见工艺结构是设计零件时应考虑的问题，仅作为一般了解。零件测绘则介绍常见的测绘方法，供测绘零件用。

学习本章时，在了解一般原则和方法的基础上，应注重实践运用，读者一方面可通过作业练习，另一方面也可就地找一些零件、零件图进行画图和看图的训练。

[练习题]

7-1　根据轴测图画出零件图（退刀槽、越程槽，键槽要求查表确定尺寸）。

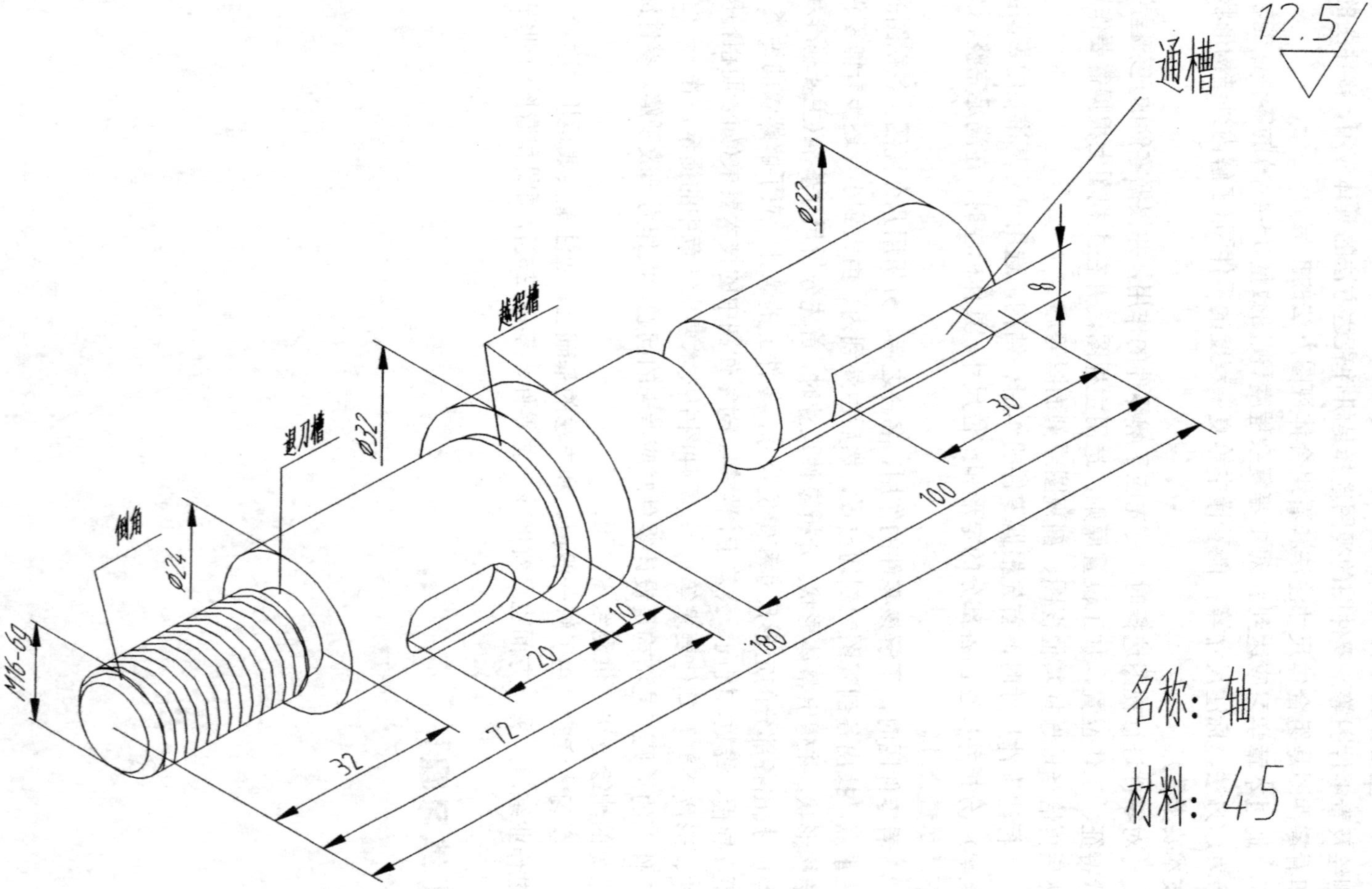

7-2　根据轴测图画出泵盖的零件图。

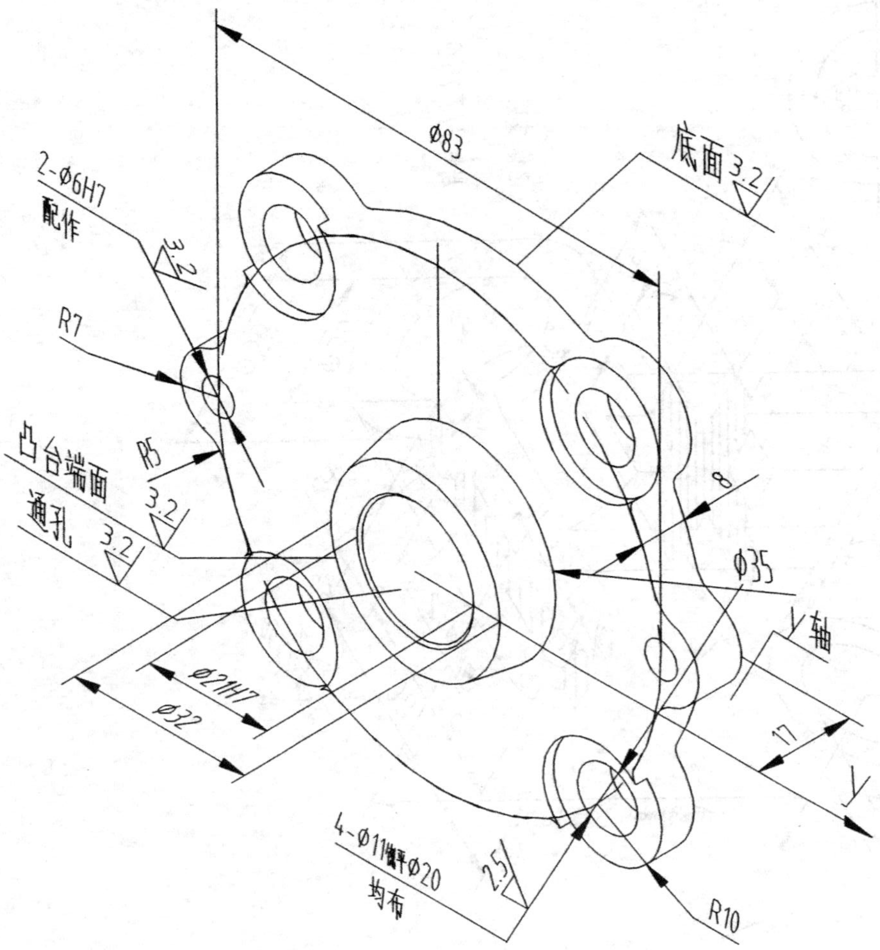

其余 $\checkmark$

技术要求

1. 铸造表面不得有裂纹、气孔、砂眼、缩孔、夹渣等铸造缺陷。
2. 未注铸造圆角半径均为R2。
3. 加工前必须进行时效处理。

注:

1. Ø21H7通孔两端倒角均为0.5x45°。
2. 前凸台中心线对后圆板中心线沿Y方向偏移4.5毫米。

名称：油泵盖

材料：HT150

7-3 根据轴测图和 *A* 向局部视图画出支架的零件图。

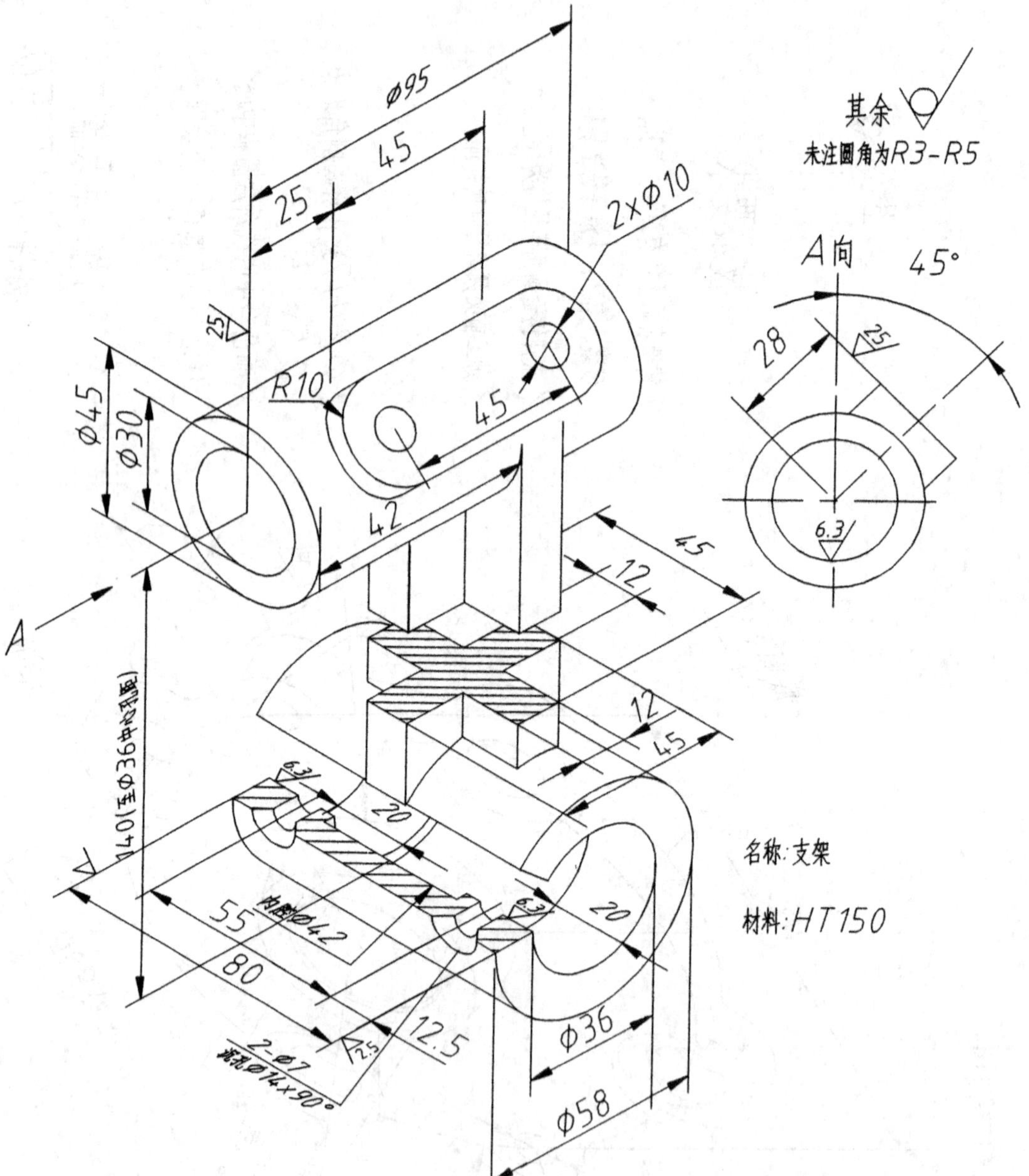

7-4 根据轴测图和 A 向局部视图画出支架的零件图。

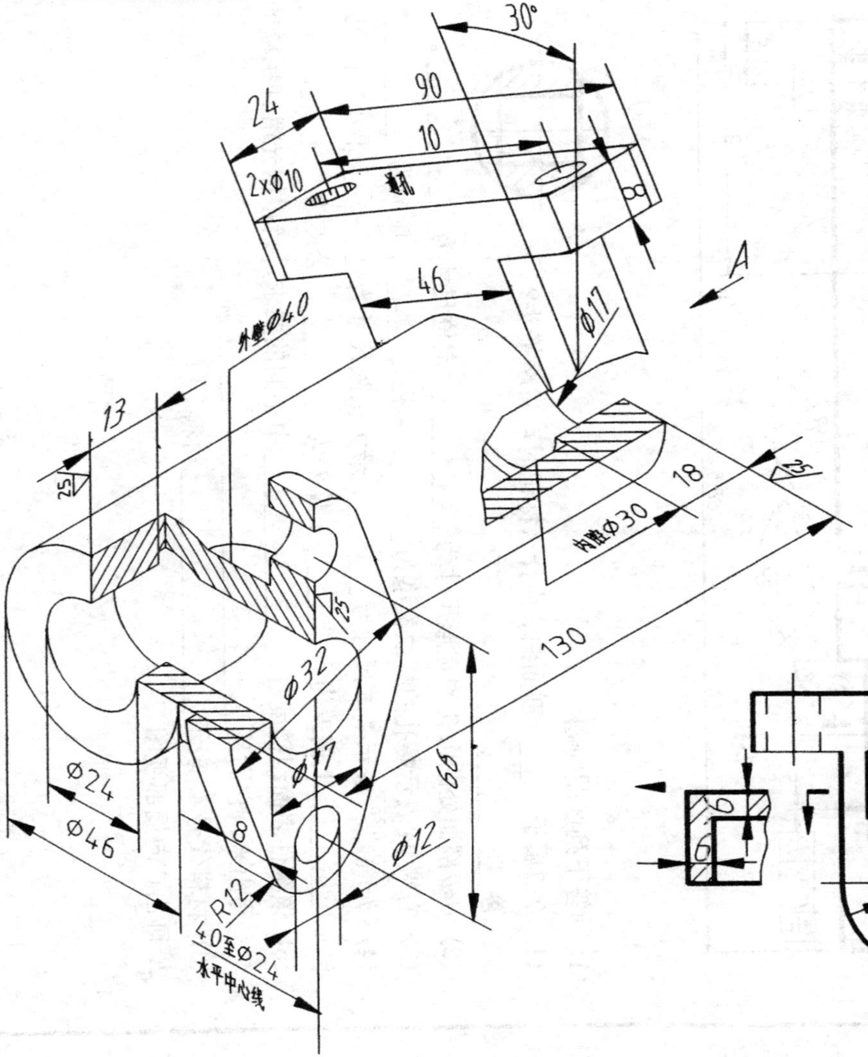

其余

未注圆角$R3-R5$

A向旋转

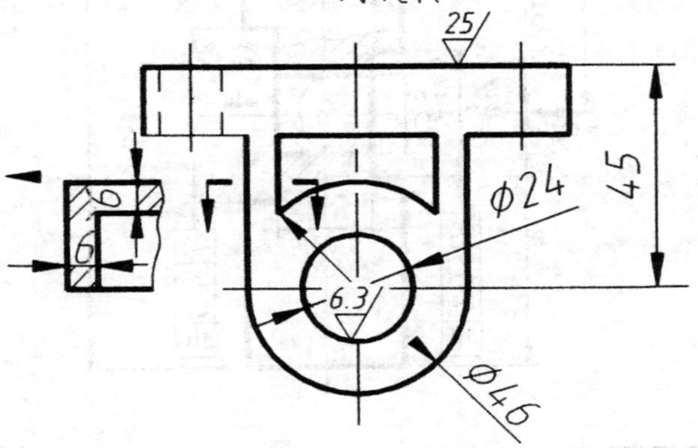

名称：缸体

材料：$HT150$

7-5 看懂轴的零件图。

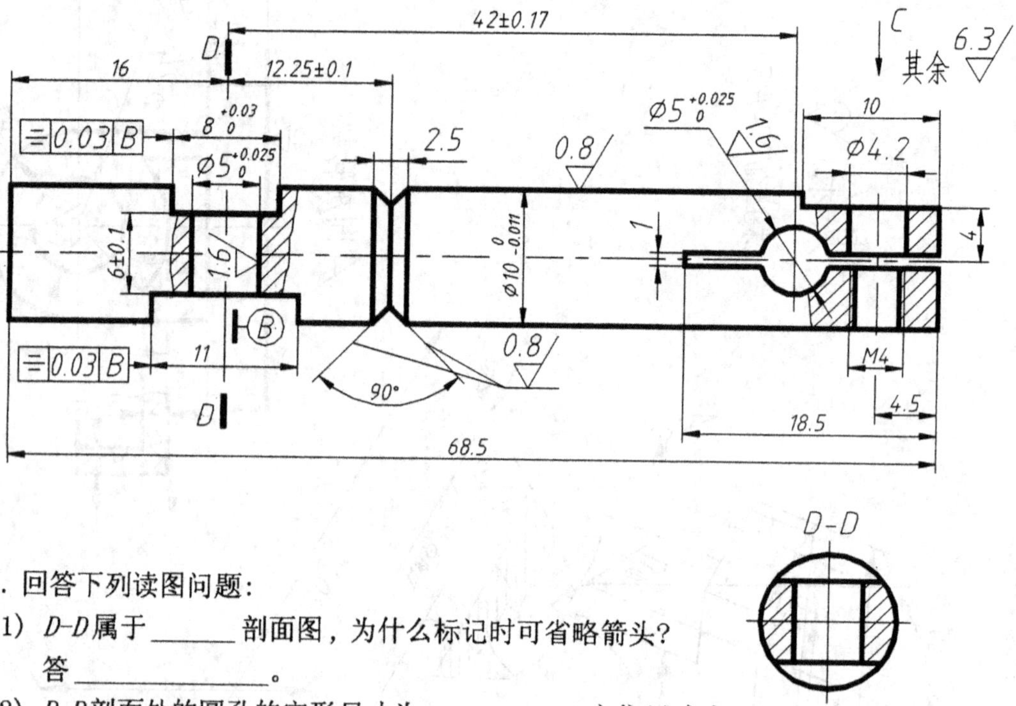

1. 回答下列读图问题:

(1) *D-D*属于 ______ 剖面图，为什么标记时可省略箭头?

答 ______________。

(2) *D-D*剖面处的圆孔的定形尺寸为 __________，定位尺寸为 ___________。

(3) 右端M4表示螺孔的螺纹类型为 ______，大径为 ______，旋向为 ____________。

(4) $\phi5^{+0.025}_{0}$ 表示基本尺寸为 _______，最大极限尺寸为 _______，最小极限尺寸为 _______，上偏差为 ________，下偏差为 _________，公差为 _______。

(5) 该零件表面粗糙度有 _______________ 中不同的要求，请根据光滑到粗糙的顺序写出来，它们是 ______________________________。

(6) 材料代号45表示 ________________ 材料。

2. 画出C向局部视图。

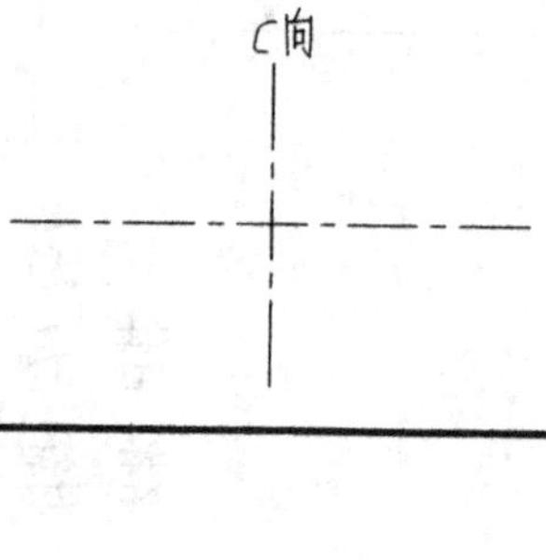

制图			轴	L01		
校对						
审核				数量	比例	
			45	江苏理工大学		

7-6（1） 看懂瓷板的零件图。

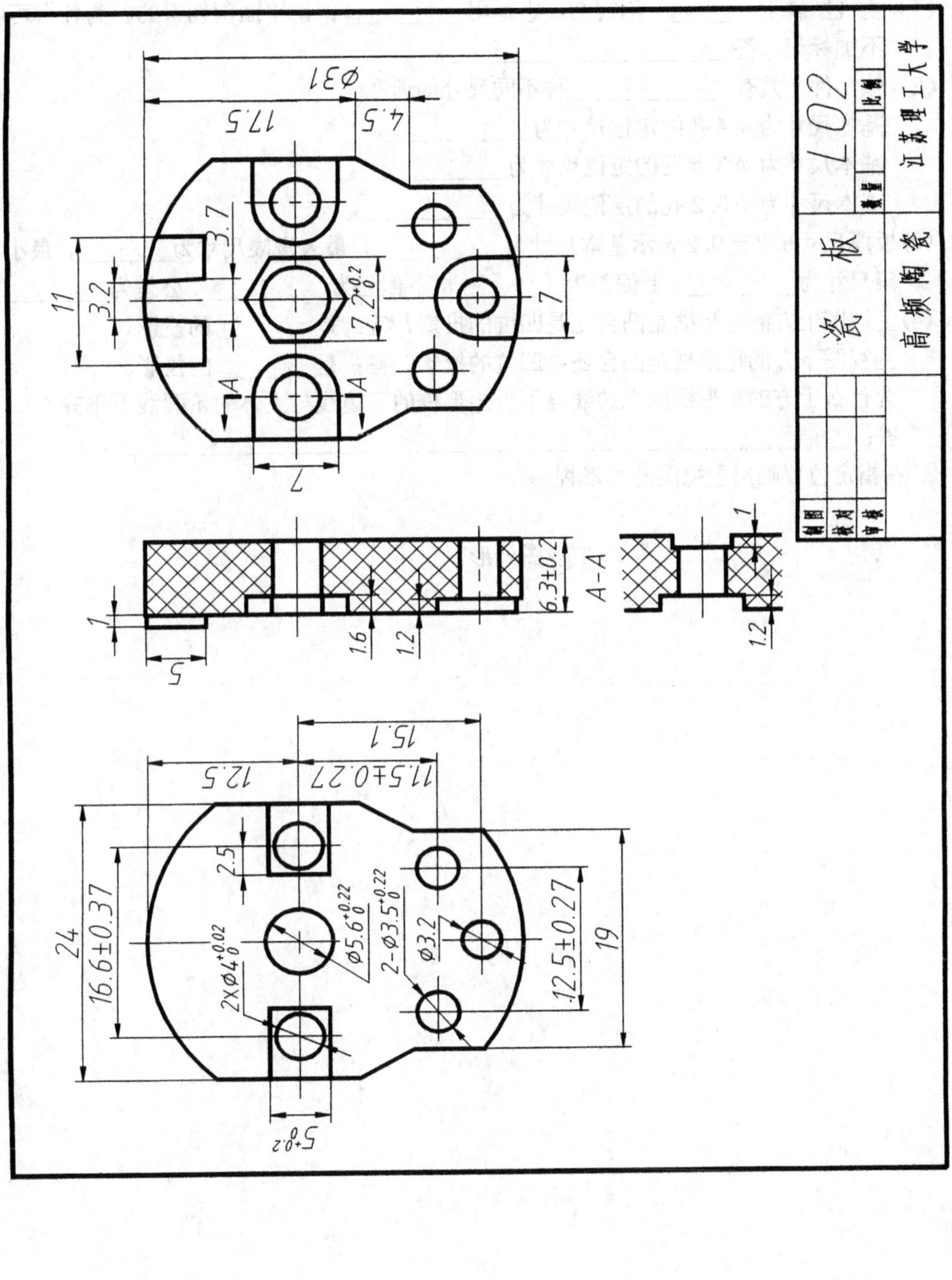

7-6(2) 看懂瓷板的零件图。

1. 回答下列问题：

(1) 主视图属于________剖视图，它是用_________剖切平面剖切得的。为什么可以不加标记？答________________________。

(2) 该零件上共有____________种不同尺寸的通孔。

基本尺寸为 ϕ 4 孔的定位尺寸为____________。

基本尺寸为 ϕ 3.5 孔的定位尺寸为____________。

基本尺寸为 ϕ 3.2 孔的定位尺寸为____________。

(3) 板厚尺寸 6.3 ± 0.2 表示基本尺寸为__________，最大极限尺寸为________，最小极限尺寸为_________，上偏差为_________，下偏差为_________，公差为_________。

(4) 主视图上方的矩形框是凸台还是凹坑的投影？答：是_______的投影。

主视图下方的矩形框是凸台还是凹坑的投影？答：是_______的投影。

为什么上方的矩形框的上边线与下方矩形框的下边线与主体的轮廓线不平齐？

答：____。

2. 在指定位置画出主视图的外形视图。

主视图外形

7-7（1）看懂支座的零件图。

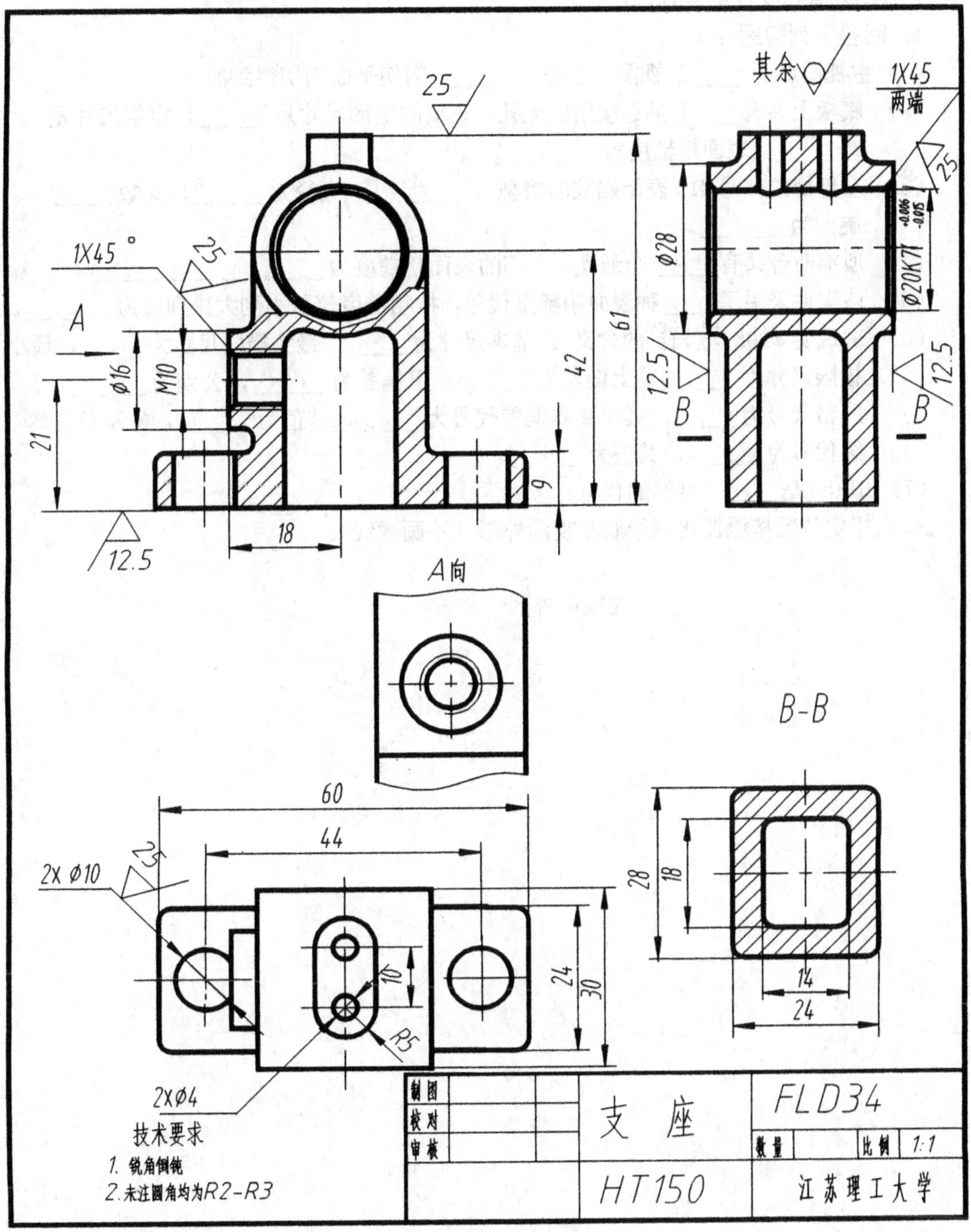

7-7（2）看懂支座的零件图。

1．回答下列问题 ：

（1）主视图属于 ____ 剖视图，它是用 ______ 剖切平面剖切得到的。

（2） 底板上共有 ___ 个供连接用的通孔，它们的定形尺寸是 ______，定位尺寸是 _______，表面粗糙度为 __________。

（3） 左部螺纹代号 M10 表示螺纹的类型为 ________，大径为 ______，头数 _____，旋向为 _______。

（4） 顶部凸台共有 _____ 个通孔，它们的表面粗糙度为 ____________________。

（5） 该零件采用了 ____ 种表面粗糙度代号，按粗糙度值从小到大排列应为 _______。

（6） 试说明 $\phi 20K7^{+0.006}_{-0.015}$ 的含义 ：基本尺寸为 _____，最大极限尺寸为 _____，最小极限尺寸为 ______，上偏差为 ______，下偏差为 ______，公差为 ______，公差带代号为 _____，其中基本偏差代号为 _____，其值为 ______，标准公差等级代号为 ______，其值为 ______。

（7） HT150 是 ______ 材料的代号。

2. 在指定位置按原图比例绘制左视图外形（不画虚线）。

左视图外形

7-8（1） 看懂壳体的零件图。

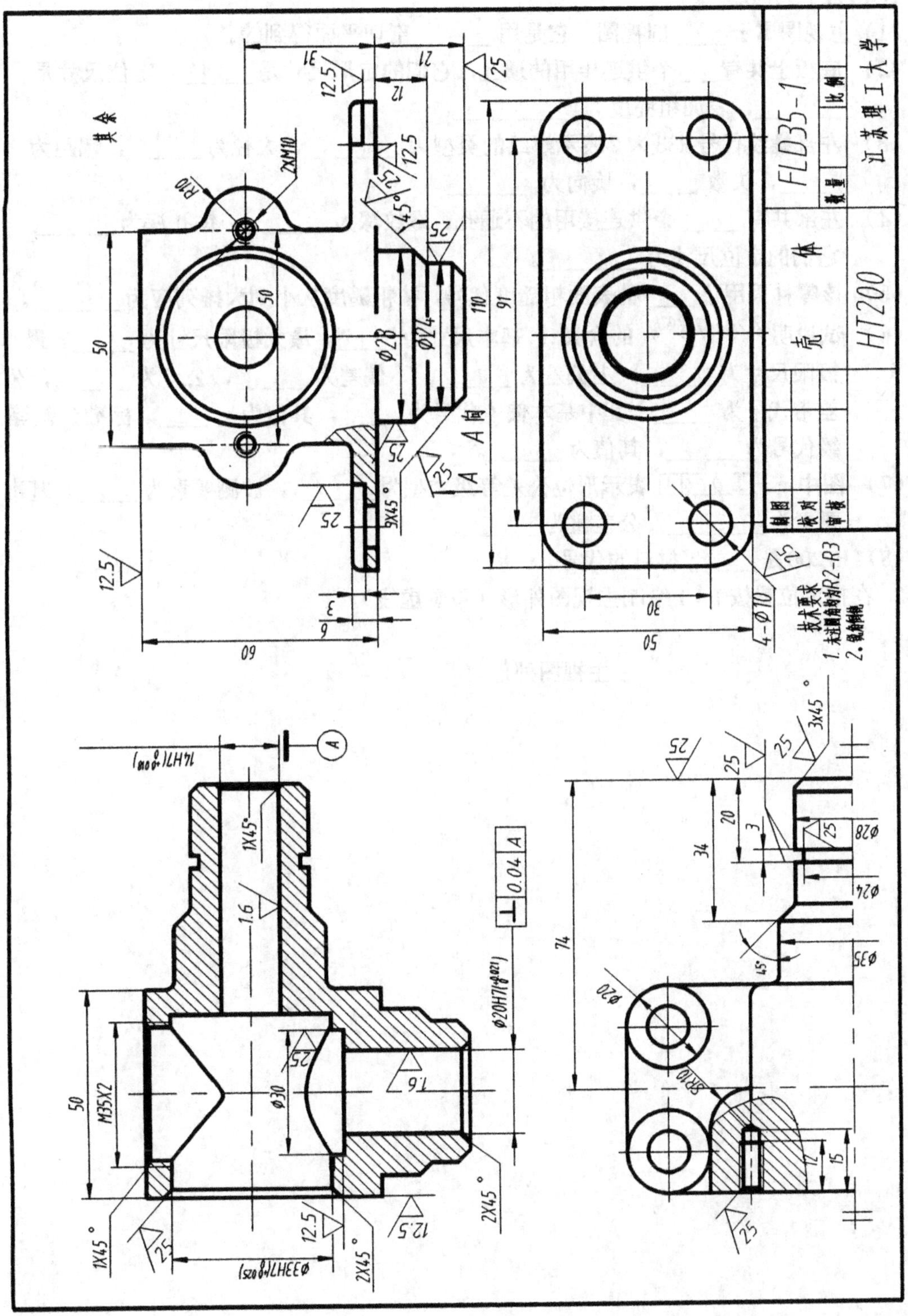

7-8(2) 看懂壳体的零件图。

1. 回答下列问题：

（1）主视图属于 ____ 剖视图，它是用 ______ 剖切平面得到的。

（2） 底板上共有 ___ 个供连接用的通孔，它们的定形尺寸是 ______，定位尺寸是 _______，表面粗糙度为 _________。

（3） 左部螺纹代号 M33×2 表示螺纹的类型为 _______，大径为 ______，螺距为 _____，头数 _____，旋向为 _______。

（4） 左部共有 _____ 个供连接用的不通孔，螺纹深为 _______，钻孔深为 ______，它们的定位尺寸为 ________。

（5） 该零件采用了 ____ 种表面粗糙度代号，按粗糙度从小到大排列应为 _______。

（6） 试说明 $\phi 20K7(^{+0.021}_{0})$ 的含义：基本尺寸为 _____，最大极限尺寸为 _____，最小极限尺寸为 ______，上偏差为 ______，下偏差为 ______，公差为 ______，公差带代号为 _____，其中基本偏差代号为 _____，其值为 ______，标准公差等级代号为 ______，其值为 ______。

（7） 图中 ←⊥ 0.04 A 表示形位公差等级类型为 _______，被测要素为 _____，基准要素为 ________，公差值为 ______。

（8） HT200 是 ______ 材料的代号。

2. 在指定位置按 1∶1 绘制主视图外形（不画虚线）。

主视图外形

第八章　零件图的技术要求

零件图是指导制造零件的重要技术文件。为了达到设计要求，保证零件的使用性能，零件图上除了视图和尺寸之外，还必须提出零件生产过程中应达到的一些质量要求，图样中称为技术要求。一般零件的技术要求有下列内容：尺寸公差与配合；表面形状和位置公差；表面粗糙度；热处理、表面处理、修饰、试验、验收的说明；铸造圆角、未注倒角、圆角的统一说明等。按照国家标准规定，尺寸公差及配合、形状和位置公差、表面粗糙度应按标准规定的有关符号、代号、文字等标注在图形上。而对无法用代号、符号等标注的技术要求，如热处理、表面处理、修饰、试验等，可用文字书写在图样右下方的空白处。

第一节　公差与配合

一、公差与标准公差

(一) 互换性与公差概念

1. 互换性

所谓“互换性”是指一批规格大小相同的零件(或部件)中，任取其中一个零(部)件，不经选择或修配，就能顺利装配，并完全符合规定要求的一种性质。例如农机、拖拉机使用过程中，零部件受损，只要到农机公司买到型号相同的零部件进行替换，即能顺利装配，继续使用，这些零部件即具有互换性。

零部件具有互换性，不仅有利于装配和维修，而且可以简化设计，降低成本，采用先进设备和工艺，提高劳动生产率。

要使零件具有互换性是否一定要把一批零部件的尺寸形状做得完全相同?这是不可能的，就是一个有经验的老师傅在一台精度很高的机床上加工一批零件，尺寸形状都不能做得完全相同，都有一定的误差，实际使用中只要把这一误差控制在一个很小的范围内，即可达到互换性，这个允许的误差我们称为公差。

因此，零件的互换性主要是通过规定零件的尺寸公差、表面形状和位置公差以及表面粗糙度等技术要求来实现的。

2. 公差概念

现以图 8-1 所示齿轮泵体上从动轴孔尺寸 $18\text{H7}\left(^{+0.018}_{0}\right)$ 及从动轴外径尺寸 $18\text{r6}\left(^{+0.034}_{+0.023}\right)$ 说明一下尺寸公差有关的名词术语。

为了说明名词术语画出图8-1对应的公差带示意图与公差带位置图，如图8-2所示。

公差带示意图中一般应用500∶1的放大比例画出公差带(两极限尺寸的上界线所限定的一个区域)，其他轮廓仍按原比例画出，孔公差带用较密的45°斜线表示，轴的公差带用密点表示，由于同一图中采用不同比例使形状失真，因此一般采用公差带位置图，即仅画出500∶1的公差带的部分且将公差带形状沿着轴向缩短一些，保留了基本尺寸的上边界线(下述的零线)，如图8-2(*b*)所示。

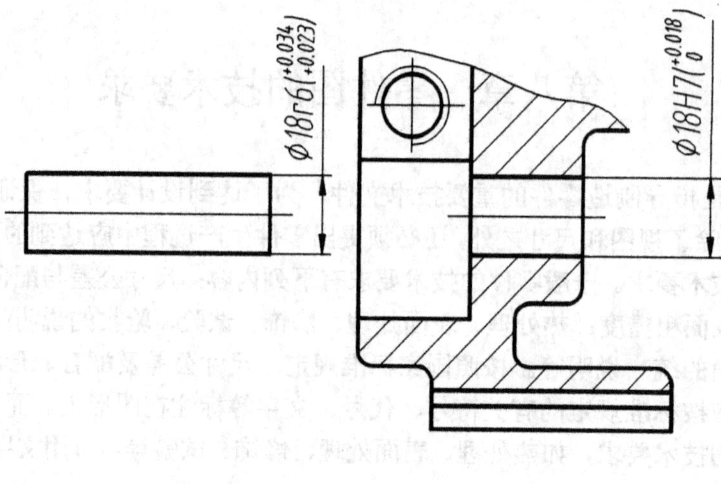

图 8-1 齿轮泵从动轴与泵体的配合

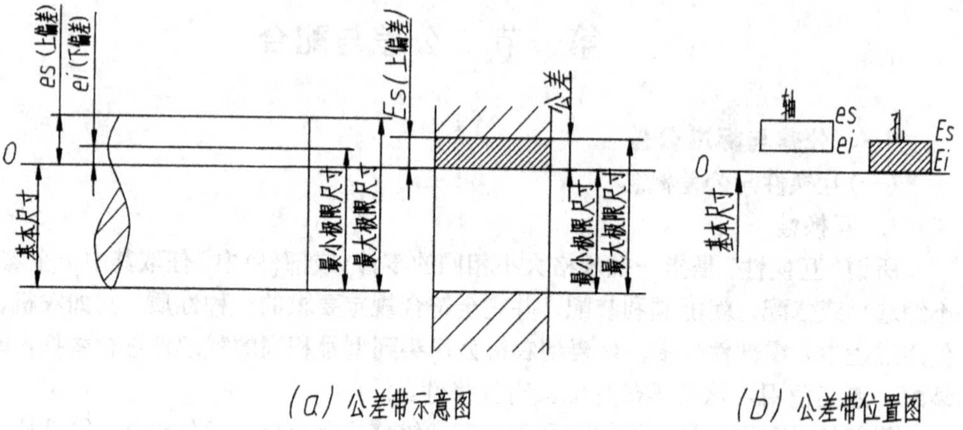

图 8-2 公差带示意图

(1) 基本尺寸——设计给定的尺寸 它是设计者根据零件受载情况，按强度和刚度进行计算，并考虑结构和工艺等因素而确定的。相互配合零件的配合部分，其基本尺寸是相同的，如图 8-1 所示的 ϕ 18。

(2) 实际尺寸 零件表面加工后，通过测量所得的尺寸，由于存在测量误差，实际尺寸不可能客观地反映零件的实际状态，并非尺寸的真值。同时，由于形状误差的影响，在零件同一表面不同位置上所测得的实际尺寸往往不相等，但只要实际尺寸在规定的极限尺寸范围内，则该尺寸是合格的，如本例中若测得被动轴的直径尺寸为 ϕ 18.03，则该零件是合格的。

(3) 极限尺寸 允许尺寸变化的两个极限值，它以基本尺寸为基数来确定。

第一，最大极限尺寸 两个极限值中较大的一个，如图 8-1 中的 ϕ 18.034(轴)和 ϕ 18.018(孔)。

第二，最小极限尺寸 两个极限值中较小的一个，如图 8-1 中的 ϕ 18.023(轴)和 ϕ 18(孔)。

(4) 尺寸偏差(简称偏差)　某一尺寸减其基本尺寸所得的代数差，尺寸偏差有上偏差、下偏差和实际偏差之分。

上偏差(孔用ES、轴用es)　最大极限尺寸减其基本尺寸所得的代数差，如图8-1中孔的上偏差为ES=18.018-18=0.018；轴的上偏差es=18.034-18=0.034。

下偏差(孔用EI，轴用ei)　最小极限尺寸减其基本尺寸所得的代数差，如图8-1中孔的下偏差为EI=18-18=0；轴的下偏差ei=18.023-18=0.023。

实际偏差　实际尺寸减去基本尺寸所得的代数差，实际偏差在公差带的范围内才算合格。

上、下偏差统称为极限偏差，上、下偏差可以分别为正、负或零值。但上、下偏差不能同时为零。

(5) 尺寸公差(简称公差)　允许零件尺寸的变动量称为尺寸公差，简称公差。公差等于最大极限尺寸与最小极限尺寸之差；也等于上偏差与下偏差之差，如图8-1中轴的公差计算如下：

公差=18.034-18.023=0.011

公差=es-ei=0.034-0.023=0.011

公差值始终为正值。

(6) 零线——在公差带位置图中，确定偏差的一条基准直线，即零偏差线，通常表示基本尺寸。

图8-2表示了上述有关的术语。

(二)标准公差

标准公差是国家标准《公差与配合》(GB1800-79)规定的一系列确定公差带大小的公差数值，其具体数值见附录中附表3。为了使零件具有互换性必须在此表中选择公差值。

标准公差分为20个等级，即IT01、IT0、IT1至IT18。IT表示标准公差，即国际公差的意思，公差等级用数值表示在IT之后，如IT1、IT2、IT3…。从IT01至IT18等级依次降低，其相应的标准公差数值依次增大，尺寸精度依次降低，因此公差等级是确定尺寸精确程度的等级。

由附表3可见，同一尺寸段时，随标准公差等级的增大，标准公差值也增大；同一级标准公差，随尺寸段的增大，其标准公差值也增大，但可视为它们具有相同的制造精度，也就是说：不能单凭标准公差值的大小来判断尺寸的精确程度，因为它们的基本尺寸可能不同。只有在同一基本尺寸的情况下，标准公差值的大小才反映尺寸精确程度的差异。

标准公差是经过长期生产实践的探索，在生产经验的积累、分析的基础上制定出来的。

标准公差值是按国际公差制(ISO)制定的，它与世界上各主要工业国家的标准公差值一致，这样就有利于国际间的技术交流。

为了更好地理解附表3中基本尺寸≤500时标准公差数值，下面对制定此表的依据作一介绍。

1. 公差单位 i

公差单位是计算公差的基本单位。生产实践证明：用同样的加工方法，在相同的生产条件下，加工零件的直径越大，产生的误差也越大。公差单位 i 就是反映零件加工直径 D 与加工误差(包括测量误差)关系的参数，经过大量的统计分析得出，当基本尺寸≤500 时，公差单位表示为：

$$i=0.45\sqrt[3]{D}+0.001D \cdots\cdots \quad (8\text{-}1)$$

式中基本尺寸 D 以 mm 为单位，所得公差单位 i 以 μm 为单位。

式中第一项 $0.45\sqrt[3]{D}$ 反映加工误差与基本尺寸 D 的关系。

式中第二项 $0.001D$ 反映由于测量温度对标准温度(20℃)的偏离而引起的测量误差与基本尺寸 D 的关系。

2. 尺寸分段

国家标准是将常用尺寸分为若干段计算时，尺寸 D 取各尺寸段的几何平均值，即将首尾两尺寸的乘积开方，例如被动轴 $18r6(^{+0.034}_{+0.023})$ 处在 10～18 的尺寸分段中，故

$$D=\sqrt{10\times18}=\sqrt{180}\approx13.42$$

代入（8-1）式即得：

$$i=0.45\sqrt[3]{13.42}+0.001\quad 13.42=1.0692+0.0134\quad 1.0826\quad m$$

3. 标准公差值的计算

标准公差的计算公式为：

$$IT = a_i \cdots\cdots \quad (8\text{-}2)$$

式中的 a 为公差等级系数，不同公差等级的 a 值亦不同，尺寸小于或等于 500，公差等级从 IT5～IT18 的公差等级系数和标准公差值的计算见表 8-1。表中 i 前的系数即为 a 值。

表 8-1

尺寸小于或等于 500, IT5 至 IT18 的标准公差计算 (μm)							
公差等级	IT5	IT6	IT7	IT8	IT9	IT10	IT11
公差等级	7i	10i	16i	25i	40i	64i	100i
公差等级	IT12	IT13	IT14	IT15	IT16	IT17	IT18
公差等级	160i	250i	400i	640i	1000i	1600i	2500i

由表 8-1 查得 IT6 时公差数值为 $10i$，将 i 值代入后即得 φ18、IT6 的公差值为 10.8≈11，与附表 3 的标准公差数值相符。

二、配合与基本偏差

（一）配合

所谓配合，是指基本尺寸相同的孔与轴结合时，孔、轴公差带之间的关系。

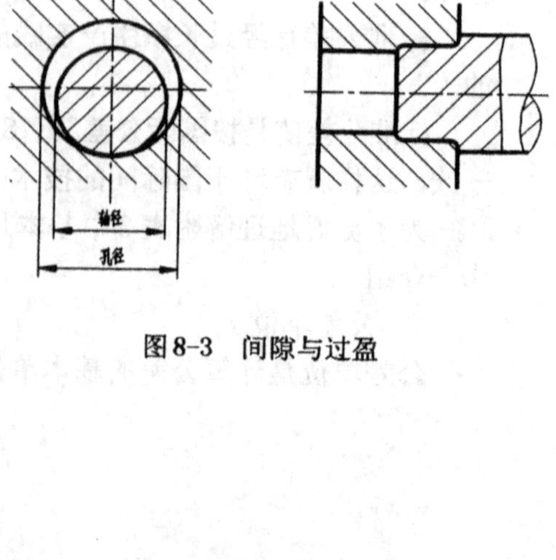

图 8-3　间隙与过盈

轴和孔配合时，由于它们实际尺寸不同，轴和孔装在一起之后，可能产生间隙或过盈，

如图 8-3 所示，孔的尺寸减去相配合的轴的尺寸所得的代数差为正时是间隙；为负时为过盈。

根据孔、轴公差带之间的关系，或按照间隙或过盈的情况，配合分为三种，如图 8-4 所示。

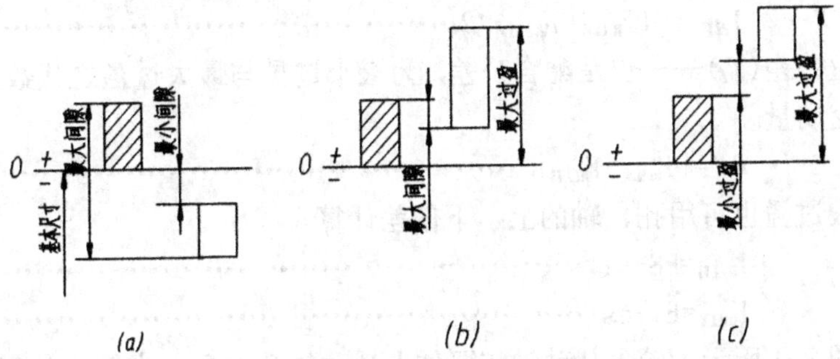

图 8-4 配合的类别

1. 间隙配合　具有间隙(包括最小间隙等于零)的配合，此时孔的公差带在轴的公差带之上(图 8-4(*a*))。

为了掌握配合间隙情况，有时需要计算以下间隙：

最小间隙(X_{min})——孔的最小极限尺寸减轴的最大极限尺寸所得的代数差。

$$X_{min}=L_{min}-l_{max} \quad \cdots\cdots (8\text{-}3)$$

最大间隙(X_{max})——孔的最大极限尺寸减轴的最小极限尺寸所得的代数差。

$$X_{max}=L_{max}-l_{min} \quad \cdots\cdots (8\text{-}4)$$

平均间隙(X_{av})——最大间隙和最小间隙的平均值

$$X_{av}=(X_{max}+X_{min})/2 \quad \cdots\cdots (8\text{-}5)$$

间隙公差(T_f)——也是配合公差，为最大间隙与最小间隙的代数差的绝对值，它表示间隙的变动量。

$$T_f=|X_{max}-X_{min}| \quad \cdots\cdots (8\text{-}6)$$

极限间隙(最大间隙和最小间隙)也可用孔、轴的上、下偏差计算。

$$X_{max}=ES-ei \quad \cdots\cdots (8\text{-}7)$$

$$X_{min}=EI-es \quad \cdots\cdots (8\text{-}8)$$

以图 8-5(*a*)所示齿轮泵从动轴与从动齿轮配合为例计算上述各间隙。

$X_{min}=L_{min}-l_{max}=18-17.984=0.016$

$X_{max}=L_{max}-l_{min}=18.018-17.966=0.052$

$X_{av}=(X_{max}+X_{min})/2=(0.052+0.016)/2=0.034$

$T_f=X_{max}-X_{min}=0.036$

上述计算的图解见图 8-5(*b*)。

2. 过盈配合 具有过盈(包括最小过盈等于零)的配合。此时孔的公差带在轴的公差带之下，如图 8-4(*c*)。

为了掌握配合过盈的情况，有时需要计算以下过盈：

最小过盈(Y_{min})——孔的最大极限尺寸减轴的最小极限尺寸所得的代数差。

$$Y_{min}=L_{max}-l_{min} \quad \cdots\cdots (8\text{-}9)$$

最大过盈(Y_{max})——孔的最小极限尺寸减轴的最大极限尺寸所得的代数差。

$$Y_{max}=L_{min}-l_{max} \quad (8-10)$$

平均过盈(Y_{av})——最大过盈与最小过盈的平均值。

$$Y_{av}=(Y_{max}+Y_{min})/2 \quad (8-11)$$

过盈公差(T_f)——也是配合公差，为最小过盈与最大过盈之代数差的绝对值，它表示过盈变动量。

$$T_f=|Y_{max}-Y_{min}| \quad (8-12)$$

极限过盈也可用孔、轴的上、下偏差计算。

$$Y_{min}=ES-ei \quad (8-13)$$

$$Y_{max}=EI-es \quad (8-14)$$

以图 8-1 所示齿轮泵从动轴与泵体上从动轴孔的配合为例，计算上述各过盈。上述计算的图解见图 8-6。

$$Y_{min}=L_{max}-l_{min}=18.018-18.023=-0.005$$

$$Y_{max}=L_{min}-l_{max}=18-18.034=-0.034$$

$$Y_{av}=\frac{Y_{max}+Y_{min}}{2}=\frac{-0.034+(-0.005)}{2}=-0.0195$$

$$T_f=|Y_{max}-Y_{min}|=|-0.034-(-0.005)|=0.029$$

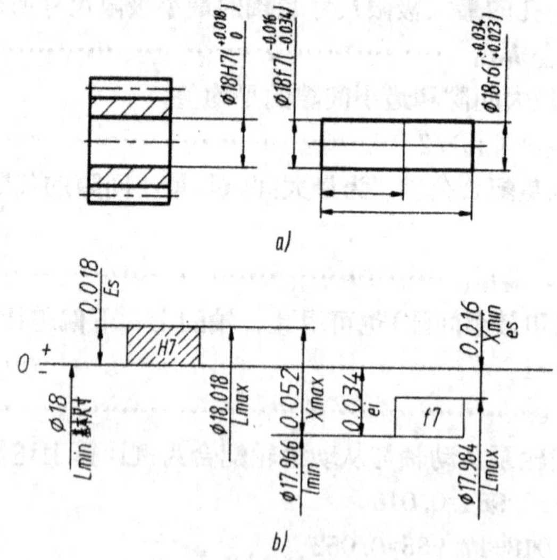

图 8-5　齿轮泵从动轴与齿轮的配合公差带图

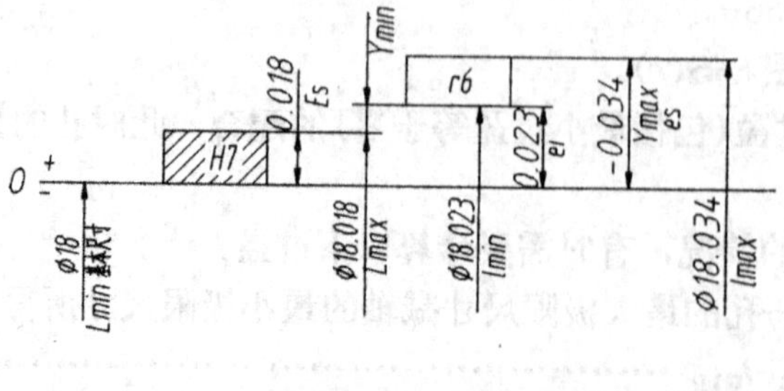

图 8-6　齿轮泵从动轴与泵体配合公差带图

3. 过渡配合　可能具有间隙或过盈的配合。此时，孔的公差带与轴的公差带相互重叠，如图 8-4(*b*)。

为了掌握配合情况要计算最大间隙、最大过盈、平均间隙或平均过盈(要看最大间隙与最大过盈哪个数值大而定)。配合公差计算公式同上。

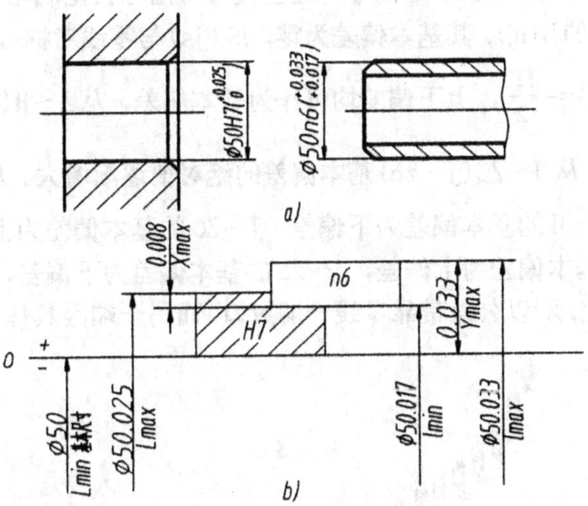

图 8-7　镗模板与衬套的配合

今以图 8-7(*a*)所示镗模衬套与镗模板的配合为例进行下列计算：

$$X_{max} = L_{max} - l_{min} = 50.025 - 50.017 = 0.008$$

$$Y_{max} = L_{min} - l_{max} = 50 - 50.033 = -0.033$$

$$Y_{av} = \frac{(Y_{max} + X_{max})}{2} = \frac{(-0.033 + 0.008)}{2} = \frac{-0.025}{2} = -0.0125$$

$$T_f = |X_{max} - Y_{max}| = |0.008 + 0.033| = 0.041$$

上述计算的图解见图 8-7(*b*)。

（二）基本偏差

基本偏差是两个极限偏差中靠近零线位置的那个偏差，即绝对值较小的那个偏差。

基本偏差有正、负和零值，正值表示公差带位于零线以上；负值表示公差带位于零线以下；零值表示公差带的一端与零线重合。

由上述内容可见要达到各种性质的配合只要改变孔、轴公差带的相对位置，而基本偏差即能起到这一作用。

通俗地讲，标准公差值是公差带的大小尺寸，而基本偏差值则为公差带的定位尺寸，有了这两个尺寸就可画出公差带位置图，就可确定零件上某一有公差要求尺寸的上下偏差值，因此标准公差与基本偏差是制定公差配合标准的两个主要标准化要素。

1. 基本偏差系列

国家标准根据生产实际的需要和一定的理论计算，并参考国际公差制，对轴和孔的公差带各规定了28个基本偏差代号，在某一尺寸分段中对应28个基本偏差代号就有28个基本偏差的数值，图8-8为基本偏差系列，图中基本偏差用拉丁字母(一个或二个)表示，大写表示孔，小写表示轴，在26个拉丁字母中去掉容易和其他含义混淆的I、L、O、Q、W(i、l、o、q、w)5个字母再加上7个双写的字母CD、EF、FG、JS、ZA、ZB、ZC(cd、ef、fg、js、za、zb、zc)，共28个代号，这些代号与国际公差制相一致。

基本偏差系列中的H(h)，其基本偏差为零，JS(js)与零线对称，上偏差ES(es)=$+\frac{IT}{2}$，下偏差EI(ei)=$-\frac{IT}{2}$，上下偏差均可作为基本偏差，从A～H(a～h)，其基本偏差的绝对值逐渐减小；从J～ZC(j～zc)基本偏差的绝对值逐渐增大。从图8-8可知：孔的基本偏差系列中，A～H的基本偏差为下偏差，J～ZC的基本偏差为上偏差；轴的基本偏差系列中，a～h的基本偏差为上偏差，j～zc的基本偏差为下偏差，在图中由于基本偏差的具体数值已确定，所以公差带靠零线一端封口，而另一端因具体标准公差未确定，因此用开口表示。

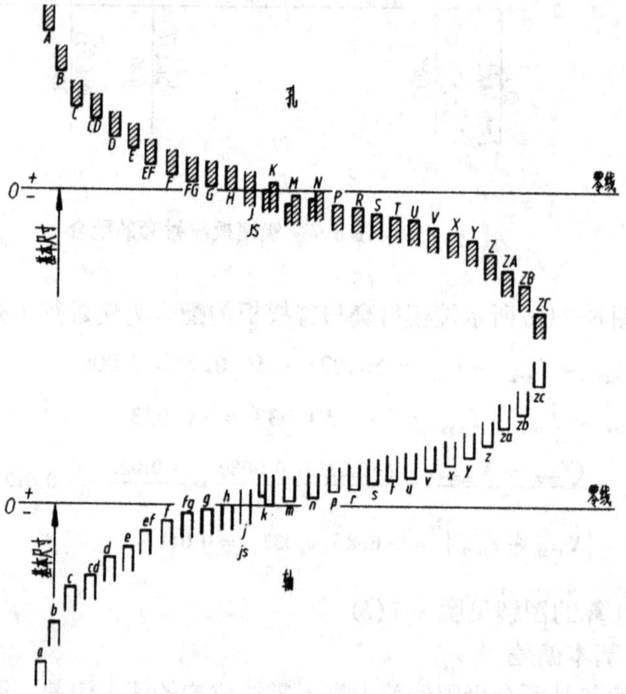

图8-8　基本偏差系列表

2. 孔、轴基本偏差的组合——基准制

为了用尽可能少的标准公差带形成种类最多的配合，标准规定了孔、轴基本偏差组合的两种方式：基孔制和基轴制。

(1) 基孔制　在某一尺寸分段中将孔的基本偏差代号取H与28种不同基本偏差代号的轴的公差带形成各种配合的一种制度。

(2) 基轴制　在某一尺寸分段中将轴的基本偏差代号取h与28种不同基本偏差代号的孔的公差带形成各种配合的一种制度。

从图8-8中可判断三类基本配合，其界限划分如下：

A～H(a～h)——间隙配合

Js～N *(js～n*)——过渡配合

P*～ZC(p*～zc)——过盈配合

*N 和 P(n 和 p)有时属于过渡配合，有时属于过盈配合。

3. 基本偏差构成规律

(1) 轴的基本偏差　轴的基本偏差是以基孔制配合为基础，根据设计要求，从生产实践和统计分析中整理出一系列经验公式计算而得，见表 8-2。

在基孔制中，轴的基本偏差 a～h，用于间隙配合。

表 8-2 为基本尺寸小于等于 500mm，轴的基本偏差计算公式。其基本偏差的绝对值正好等于最小间隙，其中 a、b、c 三种用于大间隙的热动配合，考虑到热膨胀的影响，采用与直径成正比的关系计算，d、e、f 主要用于在一定转速下

表 8-2　基本尺寸小于或等于 500mm，轴的基本偏差计算公式　(μm)

代号	适用范围	基本偏差为上偏差 (es)	代号	适用范围	基本偏差为上偏差 (es)
a	$D \leqslant 120$mm	$-(265+1.3D)$	j	IT5 至 IT8	经验数据
a	$D > 120$mm	$-3.5D$	k	≤IT3 及≥IT7	0
b	$D \leqslant 160$mm	$-(140+0.85D)$	k	IT4 至 IT7	$+0.6\sqrt[3]{D}$
b	$D > 160$mm	$-1.8D$	m		$+(IT7-IT6)$
c	$D \leqslant 40$mm	$-52D^{0.2}$	n		$-5D^{0.34}$
c	$D > 40$mm	$-(95+0.8D)$	p		+IT7+(0 至 5)
cd		$-\sqrt{c \cdot d}$	r		$+\sqrt{p \cdot s}$
d		$-16D^{0.44}$	s	$D \leqslant 50$mm	+IT8+(1 至 4)
e		$-11D^{0.41}$	s	$D > 50$mm	$+IT7+0.4D$
ef		$-\sqrt{e \cdot f}$	t		$+IT7+0.63D$
f		$-5.5D^{0.41}$	u		$+IT7+D$
fg		$-\sqrt{f \cdot g}$	v		$+IT7+1.25D$
g		$-2.5D^{0.34}$	x		$+IT7+1.6D$
h		0	y		$+IT7+2D$
			z		$+IT7+2.5D$
			za		$+IT8+3.15D$
			zb		$+IT9+4D$
			zc		$+IT10+5D$
		±IT/2			

注：n、p(N、P)可能为过渡，亦可能为过盈，可从附表 9 中查得。

能形成液膜支承的结构，为保证良好的液体摩擦，最小间隙应与直径成平方根关系，但考虑表面粗糙度的影响，间隙适当调小；g主要用于轴向转动、定心或半液体摩擦的小间隙配合，故直径指数减小，中间插入的cd、ef、fg三种，则分别按c与d，e与f，f与g的绝对值的几何平均值来计算。

j、k、m、n四种为过渡配合，其基本偏差为下偏差，所得间隙和过盈很小，以保证孔、轴配合能够对中和定心，拆卸也不困难，计算公式是根据经验与统计方法确定的。

p至zc为过盈配合，其基本偏差为下偏差，计算式由两项合成，第一项为基准孔的标准公差，第二项为最小过盈，它与直径成线性关系，以便保证孔、轴结合时具有足够的连接强度，传递扭矩。

(2) 孔的基本偏差

孔的基本偏差不需另一套计算公式，而是根据同一字母的轴的基本偏差，按一定规则换算过来的，在基本尺寸≤500mm时，孔的基本偏差按以下两种规则换算：

1)通用规则：通用规则就是孔的基本偏差与同一字母轴的基本偏差绝对值相等，而正负相反，即

$$\text{A至H} \quad EI=-es$$

$$\text{J至ZC} \quad ES=-ei$$

适用这一规则的有：

① 所有公差等级从A至H的偏差的绝对值等于a至h轴的基本偏差的绝对值；

② 公差等级大于IT8的K、M基本偏差的绝对值等于轴基本偏差k、m的绝对值；

③ 公差等级大于IT7的P至ZC的基本偏差的绝对值等于p至zc轴基本偏差的绝对值。

2）特殊规则：特殊规则就是孔的基本偏差与同一字母轴的基本偏差相比，其绝对值相差一个Δ值。Δ值为孔的公差IT(h－1)。

产生这个差值的原因是，对于高精度的配合，由于孔的加工一般比轴的加工更难达到高精度，而且不经济，因此国标推荐：当公差等级小于IT8时，采用孔的精度比轴的精度低一级配合，这一原则适用于公差等级小于或等于IT8的J、K、M、N和小于或等于IT7的P至ZC的各项基本偏差，就是说，它们的基本偏差是相应孔的基本偏差加一个Δ值的和，故在附表5孔的基本偏差表中，在相应的栏内都注上一个Δ，并将Δ值列于表末。

孔的基本偏差是按上述两种规则建立的，但在实际使用中，不论选择同级还是不同级配合，均可直接采用附表5、附表9所列的数值，而不必再按上述孔的基本偏差换算规则换算。

三、公差配合的标注与查表

（一）公差带代号

孔、轴的公差带代号由基本偏差代号与公差等级代号组成。例如：H8、F8、F7、P7 等为孔的公差带代号。h7、f7、k7、p6 等为轴的公差带代号。

基本尺寸与公差带代号的书写方法：

孔：

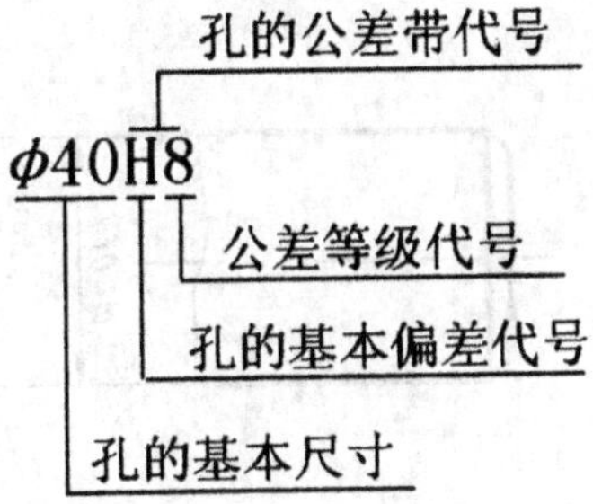

轴：

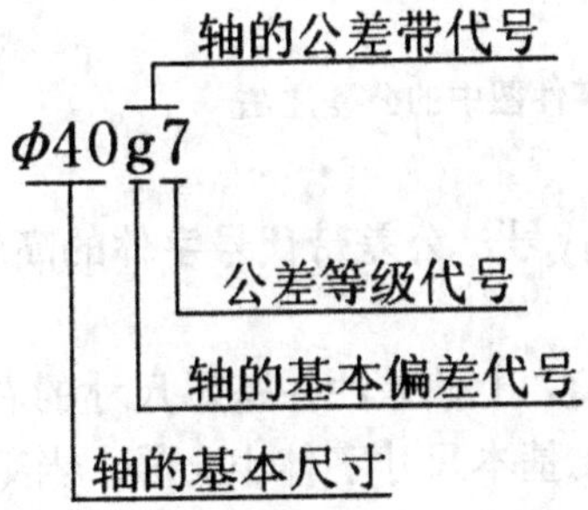

（二）公差配合的标注与查表

1. 在装配图中的注法

在两配合零件的基本尺寸后面标注配合代号。配合代号由两个互相结合的孔和轴的公差带代号组成，用分数形式表示，分子为孔的公差带代号，分母为轴的公差带代号，如图 8-9 所示。

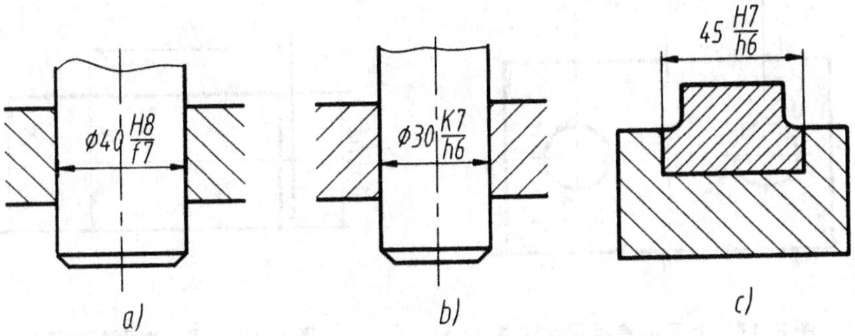

图 8-9 装配图中的注法

基孔制与基轴制的判别方法：在配合代号中，当分子出现H时，则表示为基孔制，如图8-9(*a*)，分母上出现h时，表示为基轴制，如图8-9(*b*)，如果分子上出现H、分母上又出现h时，如图8-9(*c*)，这时可以看作基孔制配合，也可以看作基轴制配合，它是最小间隙为零的一种间隙配合。

2. 在零件图中的注法

在零件图中有三种标注形式(图8-10)：

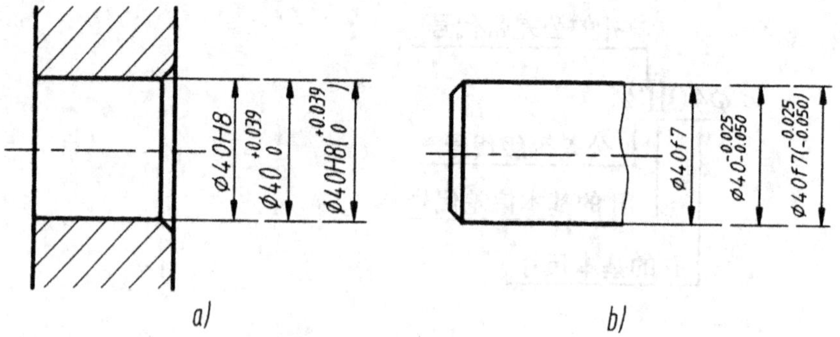

图8-10 零件图中的公差注法

(1) 标注基本尺寸和相应的公差带代号，公差带代号字体的高度与尺寸数字相同，这种注法一般用于大批量生产中。

(2) 标注基本尺寸和上、下偏差数值，上偏差注在基本尺寸的右上角，下偏差注在右下角，单位为毫米，偏差数值的字体比基本尺寸字体小一号。当某一偏差为零时，仍应注出“0”，不为零的偏差，应注出正、负号。

这种注法一般于单件或少量生产中。

(3) 基本尺寸的后面同时注出公差带代号和上、下偏差数值，这时应将偏差数值加括号。这种注法一般用在生产批量不定的情况下。

如果一基本尺寸的上、下偏差数相同而符号相反，应在基本尺寸后加“±”号，再注上其偏差数值，其数字高度与基本尺寸相同，如图8-11所示。

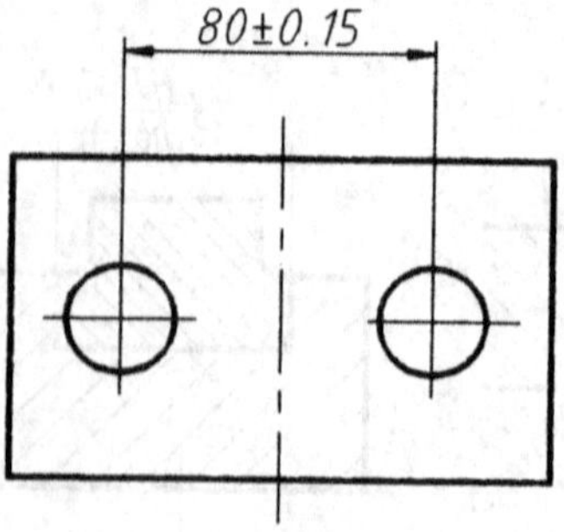

图8-11 上下偏差相同的注法

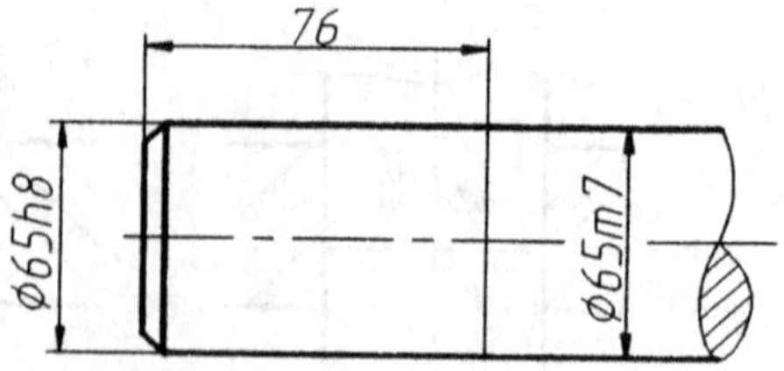

图8-12 同一表面要求不同的注法

另外，当同一基本尺寸所决定的表面，具有不同的配合要求时，应采用细实线分开，并注上尺寸，在各段表面上分别注出基本尺寸和相应的公差带代号或偏差数值(图8-12)。

3. 查表举例

例 8-1　查表确定 $\phi 48\frac{H8}{f7}$ 的极限偏差。

解：由附表 6 查得，$\phi 48\frac{H8}{f7}$ 为基孔制优先间隙配合，其孔和轴的极限偏差，可分别从附表 9 和附表 8 中查取。

孔 ϕ 48H8 的极限偏差，由附表 9 中查得，根据基本尺寸 48mm，找到基本尺寸的尺寸段属于 >30～50mm，再由基本偏差代号 H 及 8 级精度，查得 ϕ48H8 的上偏差 ES=+39 μm = +0.039mm，下偏差 EI=0，可写作 $\phi 48^{+0.039}_{0}$ 。

轴 ϕ 48f7 的极限偏差由附表 8 中查取。根据基本尺寸 48mm，找到基本尺寸的尺寸段属于 >30～50mm，再由基本偏差代号 f 及 7 级精度，查得 ϕ48f7 的上偏差 es=-25 μm= -0.025mm，下偏差 ei=-50 μm= -0.050mm，可写作 $\phi 48^{-0.025}_{-0.050}$ 。

例 8-2　查表确定 $\phi 80\frac{K7}{h6}$ 的极限偏差。

解：由附表 7 查得 $\phi 80\frac{K7}{h6}$ 属于基轴制优先过渡配合，根据例 8-1 的查表方法，可分别查出孔和轴的极限偏差。

从附表 9 查得孔 ϕ80K7 的上偏差 ES = -9 μm = -0.009mm，下偏差 EI= -21 μm = -0.021mm，写作 $\phi 80^{-0.009}_{-0.021}$ 。

从附表 8 查得轴 ϕ80h6 的上偏差 ei = 0，下偏差 ei = -19 μm = -0.019mm，写作 $\phi 80^{0}_{-0.019}$ 。

上述两例的配合均属于优先配合，它们的偏差值可直接从附表 8 和附表 9 中查取。而对于非优先配合的偏差值常用查表计算法来获得，因为基本偏差决定了公差带中的一个极限偏差，它是靠近零线的那个偏差，从而确定了公差带的位置，而另一个极限偏差，可由基本偏差和标准公差的数值按下列公式计算：

对于孔 EI=ES-IT 或 ES=EI+IT……………………………………………………(8-14)

对于轴 ei=es-IT 或 es=ei+IT……………………………………………………(8-15)

例 8-3　图 8-1 齿轮被动轴与泵体的配合代号为 $\phi 18\frac{H7}{r6}$ ，由附表 6 查得属于常用配合，若要查取 ϕ 18r6 的极限偏差可首先从附表 4 查得 r 的基本偏差为下偏差 ei，其数值为：

ei=+23 μm=+0.023mm

从附表 3 可查到标准公差值为

IT6=11 μm=0.011mm

代入公式 8-15 可得到另一极限偏差为

es=ei+IT=+0.023+0.011=+0.034

可写作 $\phi 18^{+0.034}_{+0.023}$ ，与图 8-1 所示相符。

例 8-4　查表确定 $\phi 18\frac{K8}{h7}$ 。

由附表 7 查得 $\phi 18\frac{K8}{h7}$ 属于基轴制常用的过渡配合，考虑查取 ϕ 18K8 的极限偏差可首先从附表 5 查得 K 的基本偏差为上偏差 ES，其数值为：

ES=-1+ △(△=9) =-1+9=+8 μm =+0.008mm

从附表 3 可查得标准公差为：

IT 8=27 μm =0.027mm

代入公式8-14可得到另一极限偏差为

$$EI = ES - IT = 0.008 - 0.027 = -0.019$$

可写作 $\phi 18^{+0.008}_{-0.019}$ 。

上述内容主要用于圆柱形孔、轴配合，但亦用于一切有包容与被包容关系的配合，如键侧面与键槽内表面的配合。但标注时，基本尺寸前不注 ϕ。

四、公差配合的选择

正确地选择公差与配合，不但能提高机器的质量和性能，而且能减少加工工作量，降低成本，获得较佳的经济效益，要做到公差与配合的选择比较正确、合理，除了了解机器的性能、要求之外，还需要有较丰富的生产技术经验。一般要解决三个选择问题，即基准制的选择、配合的选择、配合精度的选择，现分述如下：

（一）基准制的选择

1. 优先采用基孔制。选用基孔制时孔的尺寸类型少，轴的尺寸类型多，这样就可限制加工孔所用的定值刀具、量具的数量。而加工轴不是用定尺寸刀具加工，而是用车削或磨削。车削或磨削用的是车刀和砂轮，加工零件直径的范围大。车刀、砂轮与定尺寸刀具相比，结构简单，价值较低，基孔制比基轴制能获得较大的经济效益，故标准规定，在选用基准制时，应优先采用基孔制。

2. 由于结构上的原因，有时采用基轴制比采用基孔制更合适。

例8-5　当使用冷拉的标准传动轴时，如尺寸已足够准确，就不需另行加工，此时采用基轴制较为经济。

例8-6　与标准件配合时，需按标准件的情况而定，如与滚动轴承内圈孔配合的轴颈，应采用基孔制配合，而与其外圈配合的座孔，则应采用基轴制(图8-13)。

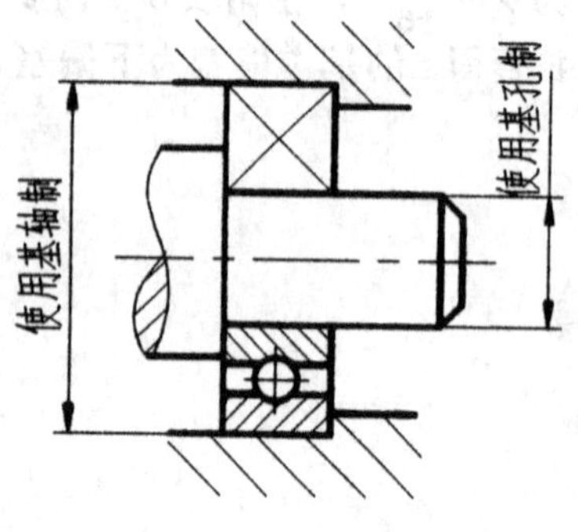

图8-13　滚动轴承配合

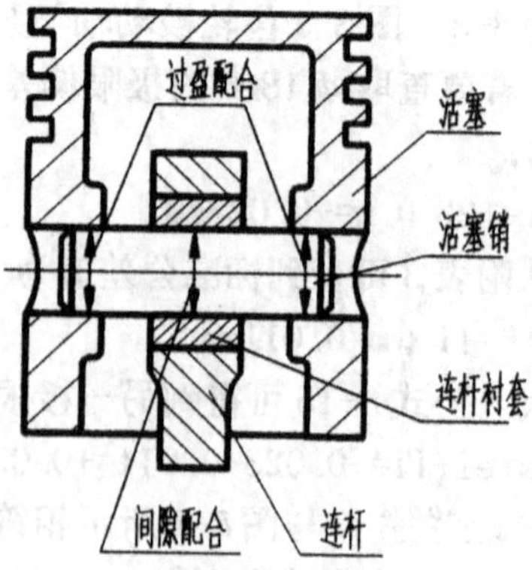

图8-14　同直径轴上的不同配合

例8-7　如图8-14所示，活塞销与连杆衬套要求采用间隙配合，而与活塞上的孔要求采用过渡配合。在此情况下，如采用基孔制，则活塞销需做成两头大中间小，这将给装配带来困难。当采用基轴制时，可防止上述现象的发生。

（二）配合的选择

根据标准规定的20个标准公差等级和28个基本偏差，就可得到大量不同大小和位置的公差带，对孔有543种(27 × 20 ＋ 3=543，基本偏差J只有三个公差等级)；对轴有544种(27 × 20 ＋ 4=544，基本偏差j只有四个公差等级)，若把孔、轴公差带组成配合，配合种类将更多，假如把这样多的公差带都应用于生产中，不但没有必要而且完全丧失了标准化的意义。因此，国标《公差配合　尺寸500mm孔、轴公差带与配合》中对公差带的选用加以限制。

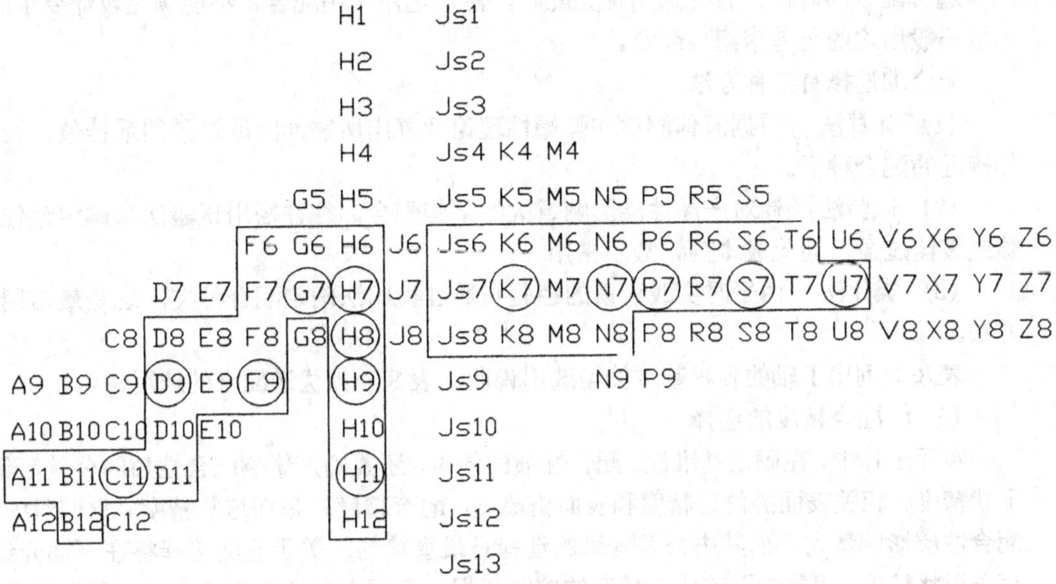

图8-15　尺寸至500的孔用公差带

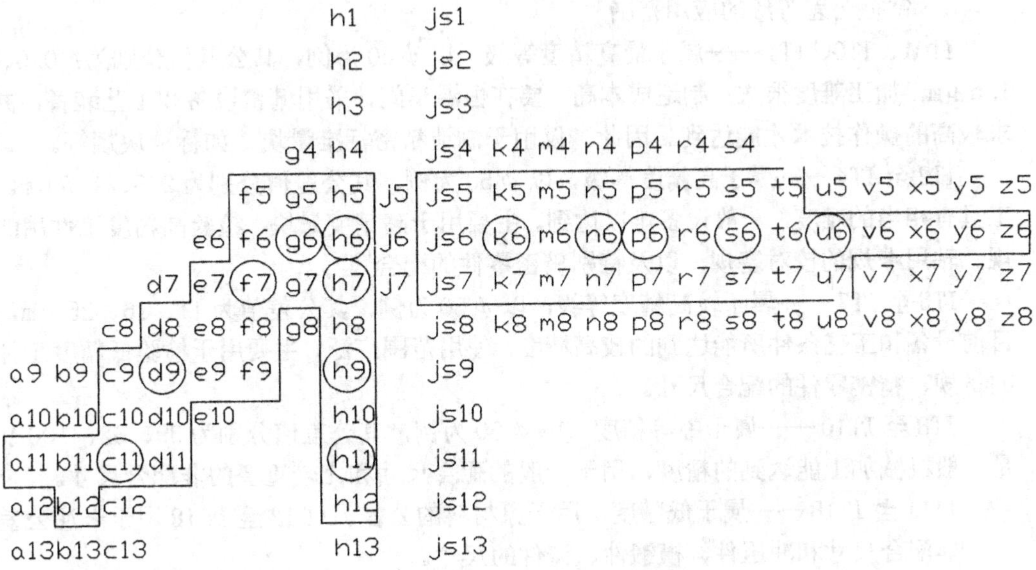

图8-16　尺寸至500的轴用公差带

图 8-15 列出了国家标准规定的尺寸至 500 的 105 种孔用公差带(GB1801-79)。

图 8-16 列出了国家标准规定的尺寸至 500 的 119 种轴用公差带(GB1801-79)。

国家标准又在105种孔用公差带中规定了47种常用公差带(框线内)；在47种常用公差带中，又规定了 13 种优先公差带(圆圈内)；在 119 种轴的公差带中，规定了 59 种常用公差带(框线内的)；又在 59 种常用公差带中，规定了 13 种优先公差带(圆圈内)。

国家标准将上述常用公差带和优先公差带，组合成了常用配合和优先配合(见附表6和附表 7)。

选择配合的时候，首先选用优先配合，然后选用常用配合，不能满足设计要求时，再按一般用途的公差带组成配合。

配合的选择有三种方法：

(1) 计算法　根据液体润滑和弹塑性理论计算出所需间隙或过盈的最佳值，再选择接近的配合种类。

(2) 试验法　针对产品性能影响重大的某些配合，往往需用试验法来确定最佳间隙或最佳过盈，因此成本高，故不常用。

(3) 类比法　由平时实践积累的经验和通过类比法确定配合种类，这是最常用的方法。

表 8-3 列出了轴的各种基本偏差选用说明，表 8-4 为优选配合的选用说明。

（三） 配合精度的选择

实际工作中，在确定基准制、配合性质的同时，还要确定影响配合性质的公差等级、形状精度、相关表面的位置精度和表面粗糙度，配合精度就是指这些精度。它们对中等配合性质影响最大，而其中公差等级的选择是最直接的。关于它的选择将在下面介绍，有关形状精度、相关表面的位置精度的控制和配合表面粗糙度的选择将在下面有关章节中介绍。

公差等级的选择：

1. 掌握公差等级的应用范围

IT01、IT0、IT1——属于最高精度等级，以 ϕ 50 为例，其公差值分别为：0.6、1、1.5 μm。加工难度很大，制造成本高，要在恒温车间，采用精密设备和工艺装备，并要求较高的操作技术才能达到。因此，仅用于制造精密标准量块，如标准块规等。

IT2 至 IT4——属于高精度等级，以 ϕ 50 为例，其公差值分别为 2.5、4.7 μm。加工具有相当的难度，一般设备难以达到。主要用于高精度量块、检验高精度工件用的量规、轴用卡规的校对塞规，以及特别精密零件的配合尺寸。

IT5 至 IT7——属于较高精度等级，以 ϕ 50 为例，其公差值为 11、16、25 μm，是目前设备和工艺条件所能达到的较高精度，使用范围广泛，主要用于检验低精度工件用的量规、精密零件的配合尺寸。

IT8 至 IT10——属于中等精度，以 ϕ 50 为例，其公差值分别为 39、62、100 μm，是一般机械加工能达到的精度，用于一般的配合尺寸和比较重要的非配合尺寸。

IT11 至 IT18——属于低精度，用于原材料的公差，IT 12 至 IT 18 用于未注公差尺寸、非配合尺寸和冲压件、模锻件、铸件的尺寸。

由上看出，在目前的生产条件下，使用最多的公差等级为 IT 4 至 IT 10。对配合尺寸

表 8-3　轴的基本偏差选用说明

配合	基本偏差	特性及应用
间隙配合	a	可得到特别大的间隙，应用很少
	c	可得到很大的间隙，一般适用于缓慢、松弛的间隙配合。用于工作条件较差（如农业机械），受力变形，或为了便于装配而必须保证有较大的间隙时，推荐配合为H11/c11，例如光学仪器中，光学镜片与机械零件的连接；其较高等级的H8/c7配合，适用于轴在高温工作的紧密动配合，例如内燃机排气阀和导管
	d	一般用于IT7～IT11级，适用于松的转动配合，如密封盖、滑轮、空转皮带轮等与轴的配合。也适用于大直径滑动轴承配合，如透平机、球磨机、轧滚成型和重型弯曲机，以及其他重型机械中的一些滑动轴承
	e	多用于IT7～IT9级，通常用于要求有明显间隙，易于转动的轴承配合，如大跨距轴承、多支点轴承等配合。高等级的e轴适用于大的、高速、重载支承，如涡轮发电机、大型电动机及内燃机主要轴承、凸轮轴轴承等配合
	f	多用于IT6～IT8级的一般转动配合。当温度影响不大时，被广泛用于普通润滑油（或润滑脂）润滑的支承，如齿轮箱、小电动机、泵等的转轴与滑动轴承的配合，手表中秒轮轴与中心管的配合（H8/f7）
	g	配合间隙很小，制造成本高，除很轻负荷的精密装置外，不推荐用于转动配合。多用于IT5～IT7级，最适合不回转的精密滑动配合，也用于插销等定位配合，如精密连杆轴承、活塞及滑阀、连杆销，光学分度头主轴与轴承等
	h	多用于IT4～IT11级，广泛用于无相对转动的零件，作为一般的定位配合。若没有温度变形影响，也用于精密滑动配合
过渡配合	js	偏差完全对称（±IT/2），平均间隙较小的配合，多用于IT4～IT7级，要求间隙比h轴小，并允许略有过盈的定位配合。如联轴节、齿圈与钢制轮毂，可用木锤装配
	k	平均间隙接近于零的配合，适用于IT4～IT7级，推荐用于略有过盈的定位配合。例如为了消除振动用的定位配合。一般用木锤装配
	m	平均过盈较小的配合，适用于IT4～IT7级，一般用木锤装配，但在最大过盈时，要求相当的压入力
	n	平均过盈比m轴稍大，很少得到间隙，适用于IT4～IT7级，用锤或压入机装配，通常推荐用于紧密的组件配合，h6/n5配合时为过盈配合
过盈配合	p	与H6或H7配合时是过盈配合，与H8孔配合时则为过渡配合。对非铁类零件，为较轻的压入配合，当需要时易于拆卸。对钢、铸铁或铜、钢组件装配是标准压入配合
	r	对铁类零件为中等打入配合，对非铁类零件，为轻打入配合，当需要时可以拆卸。与H8孔配合，直径在100mm以上时为过盈配合，直径小时为过渡配合
	s	用于钢和铁制零件的永久性和半永久性装配，可产生相当大的结合力。当用弹性材料，如轻合金时，配合性质与铁制零件的p轴相当，例如套环压装在轴上、阀座等的配合。尺寸较大时，为了避免损伤配合表面，需用热胀或冷缩法装配
	t	过盈较大的配合。对钢和铸铁零件适于作永久性结合，不用键可传递力矩，需用热胀或冷缩法装配。例如联轴节与轴的配合
	u	这种配合过盈大，一般应验算在最大过盈时，工件材料是否损坏，要用热胀或冷缩法装配。例如火车轮毂和轴的配合
	v x y z	这些基本偏差所组成配合的过盈量更大，目前使用的经验和资料还很少，须经试验后才应用，一般不推荐

表 8-4 优先配合选用说明

优先配合		说明
基孔制	基轴制	
H11/c11	C11/h11	间隙非常大，用于很松的、转动很慢的间隙配合；要求大公差与大间隙的外露组件；要配方便的很松的配合
H9/d9	D9/h9	间隙很大的自由转动配合，用于精度非主要要求时，或有大的温度变化、高转速或大的压力时
H8/f7	F8/h7	间隙不大的转动配合，用于中等转速与中等轴颈压力的精确转动，也用于装配较易的中位配合
H7/g6	G7/h6	间隙很小的滑动配合，用于不希望自由转动，但可自由移动和滑动并精密定位时，也可要求明确的定位配合
H7/h6 H8/h7 H9/h9 H11/h11	H7/h6 H8/h7 H9/h9 H11/h11	均为间隙定位配合，零件可自由装拆，而工作时一般相对静止不动。在最大实体条件下隙为零，在最小实体条件下的间隙由公差等级决定
H7/k6	K7/h6	过渡配合，用于精密定位
H7/n6	N6/h6	过渡配合，允许有较大过盈的更精密定位
H7/p6	P7/h6	过盈定位配合，即小过盈配合，用于定位精度特别重要时，能以最好的定位精度达到部刚性及对中性要求，而对内孔承受压力无特殊要求，不依靠配合的紧固性传递摩擦负荷
H7/s6 H7/u6	S7/h6 U7/h6	中等压入配合，适用于一般钢件；或用于薄壁件的冷缩配合，用于铸铁件可得到最紧的压入配合，适用于可以承受高压入力的零件，或不宜承受大压入力的冷缩配合

来讲，绝大部分为 IT5、IT6、IT7 三级。

表 8-5 列表说明各公差等级应用的场合。

2. 掌握各种加工方法的经济精度

在确定公差等级时，应掌握现场的设备和工艺条件，使所规定的公差等级在工艺上能保证实现，并具有经济性。表 8-6 说明了各种加工方法的合理加工精度。

五、未注公差尺寸的极限偏差(GB1804-79)

“未注公差尺寸”是指在图样上只标注基本尺寸，而不标极限偏差，虽未注公差尺寸，并不是没有公差，其极限偏差由相应的技术文件作出具体规定，这就是通常所说的自由尺寸。

(一) 未注公差尺寸的应用范围

具有下列情况，在图样上可以不注公差：

1. 非配合尺寸；

2. 对机器使用质量影响不大的尺寸；

表 8-5 公差等级的应用

应用场合			01	0	1	2	3	4	5	6	7	8	9	10	11	12	13	14	15	16	17	18
量块				—	—	—																
量规	高精度量规					—	—	—	—													
量规	低精度量规										—	—										
配合尺寸	个别特别重要的精密配合				—	—																
配合尺寸	特别重要的精密配合	孔							—	—												
配合尺寸	特别重要的精密配合	轴					—	—														
配合尺寸	精密配合	孔									—	—	—									
配合尺寸	精密配合	轴										—	—									
配合尺寸	中等精密配合	孔														—						
配合尺寸	中等精密配合	轴											—	—	—							
配合尺寸	低精度配合																—	—	—			
非配合尺寸，一般公差尺寸																		—	—	—	—	
原材料公差											—	—	—	—	—							

表 8-6 各种加工方法的合理加工精度

加工方法	01	0	1	2	3	4	5	6	7	8	9	10	11	12	13	14	15	16
研磨	—	—	—	—	—	—	—											
珩						—	—	—										
圆磨							—	—	—	—								
平磨							—	—	—	—								
金刚石车							—	—	—									
金刚石镗							—	—	—	—								
拉削							—	—	—	—								
铰孔								—	—	—	—							
车									—	—	—	—						
镗									—	—	—	—						
铣										—	—	—						
刨、插												—	—					
钻孔												—	—	—	—			
滚压、挤压												—	—					
冲压												—	—	—	—	—		
压铸													—	—	—	—		
粉末冶金成型								—	—	—								
粉末冶金烧结									—	—	—	—						
砂型铸造、气割																		—
锻造																	—	

3. 仅仅从装配方便，减轻重量，节约材料，外形美观统一等方面需要考虑，而提出一些限制性要求，但这种要求一般又都很低、公差很大；

4. 为了简化制图，使图面清晰，突出重要的、有配合要求的尺寸。

未注公差尺寸的应用范围为：

1. 长度尺寸(包括孔和轴的台阶尺寸、距离、倒圆角半径)；

2. 工序尺寸；

3. 用于组装后经过加工所形成的尺寸。

(二) 未注公差的取值

未注公差尺寸的极限偏差见附表10，在国标中，对未注公差尺寸的公差等级，规定为IT12～IT18。一般来说冷轧可达IT12～IT13。金属模或铸造可达IT14，模锻为IT15，砂型为IT16等等。未注公差尺寸多指铸锻件的毛坯尺寸和不重要的加工尺寸。在生产中，必须根据国家标准规定的原则，再根据各类产品的使用加工条件，在本部门中作出进一步的规定，并在标准技术文件中加以明确，才能具体应用。

未注公差尺寸的极限偏差有明确规定：一般孔用H，其加工后的实际尺寸只能大于基本尺寸，不能小于基本尺寸，轴用h，其实际尺寸只能小于而不能大于基本尺寸；长度尺寸和两孔中心距采用JS(或js)，其偏差为±，必要时可不分孔、轴、长度或中心距均选用JS(或js)。

第二节　形状和位置公差

一、概述

(一) 形状和位置公差的定义

前面讲到，零件在加工过程中，由于机床、工具、量具的精度及操作技术的影响，零件的尺寸不可能也无必要做到绝对准确，因此规定了零件的尺寸公差。同样，对零件的某些表面的形状和有关部位的相对位置(如圆、对称、平行等)，在实际加工过程中不可能且使用中也无必要做成一个绝对准确的形状及相对位置。因此，在满足使用要求的条件下，对零件某些表面的形状和有关部位的相对位置，给一个允许的变动范围，这就是零件的表面形状和位置公差。

零件的表面形状和位置公差简称形位公差，它是评定产品质量的重要指标之一。形位公差直接影响零件的工作质量，如工作精度、连接强度、密封性、耐磨性、运动平稳性等，严重情况下影响装配，如图8-17所示。

1. 形状公差　单一实际要素(定义见下节)的形状所允许的变动全量。

2. 位置公差　关联实际要素(定义见下节)对基准所允许的变动全量。

(二) 形位公差的研究对象——要素

1. 要素的定义

所谓要素，就是构成零件几何特征的点、线、面。如图8-18，是一个由各个要素组成的几何体。它是由顶点、中心点、中心线、圆锥面、球面、圆柱面和平面等要素构成的。

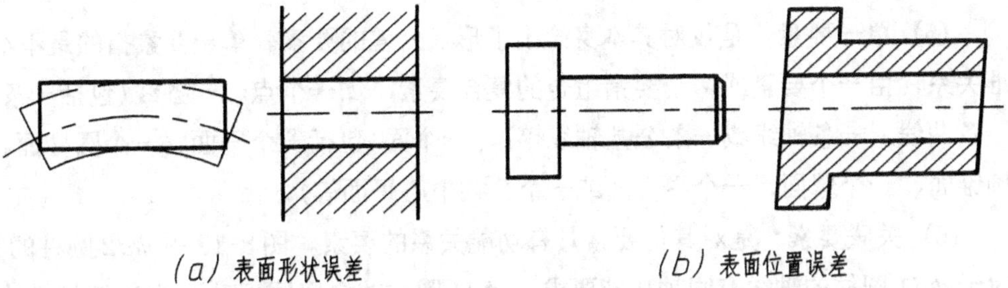

图 8-17　表面形状和位置误差

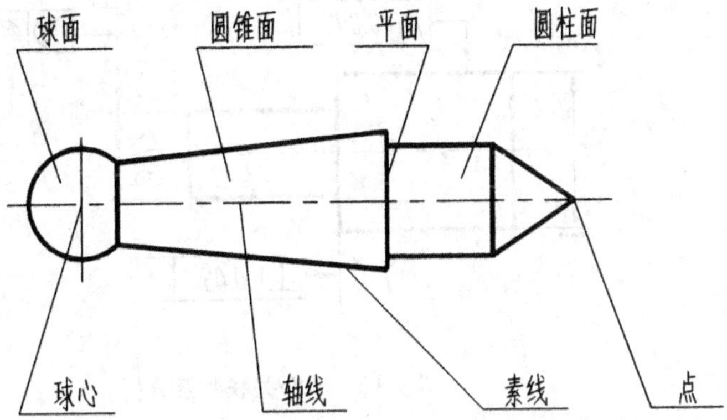

图 8-18　构成零件几何特征的要素

2. 要素的分类

(1) 理想要素　指具有几何意义的要素。它们是严格符合几何学上的定义而没有任何误差的点、线、面。

(2) 实际要素　指零件上实际存在的要素。它们是零件上实际存在并有一定误差的要素，也可以认为是偏离了理想状态的要素，测量时由测得要素来代替。由于测量的结果要受到温度、测量工具精度以及操作者的技术水平等一系列因素的影响，因而测量结果在绝大多数情况下并不能反映被测量对象的真值，而是一个近似值。因此它并非要素的真实状况。

(3) 被测要素　指给出了形状或位置公差的要素。零件上的要素是很多的，然而不是所有的要素都要给出形位公差，而是由零件的功能来确定是否要给出。

(4) 基准要素 是用来确定被测要素方向或(和)位置的要素。它们是理论上正确的一些点、线、面，根据它们来判断被测要素方向或位置。基准是“理想的”，在生产实践中，制造不出具有理想形状的基准，所以在测量时，我们只能用与实际要素相接触的精密加工设备或检验设备，测量工具、机床工作台、平板、量规、心轴等作基准。这些精加工或检验设备虽然不是真正的理想平面、圆柱等，但它们由于具有很高精度，足以模拟理想基准。

(5) 单一要素　是仅对其本身给出了形状公差的要素。单一要素指的是不给定基准关系，由一个要素或两个要素组合的复合要素，如一个点、一条线(包括一条直线、一条曲线、一条轴线或一条公共轴线等)、一个面(包括一个平面、一个圆柱面、一个圆锥面、一个球面、一个中心面或一个公共中心平面等)。

(6) 关联要素　是对其他要素具有功能关系的要素。图 8-19 中 $\phi d2$ 圆柱的轴线相对于 $\phi d1$ 圆柱的轴线有同轴功能要求，$\phi d1$ 圆柱的台肩面相对于 $\phi d1$ 圆柱轴线有垂直功能要求，且都给出了位置公差，则 $\phi d2$ 圆柱的轴线和 $\phi d1$ 圆柱的台肩面都是被测关联要素。

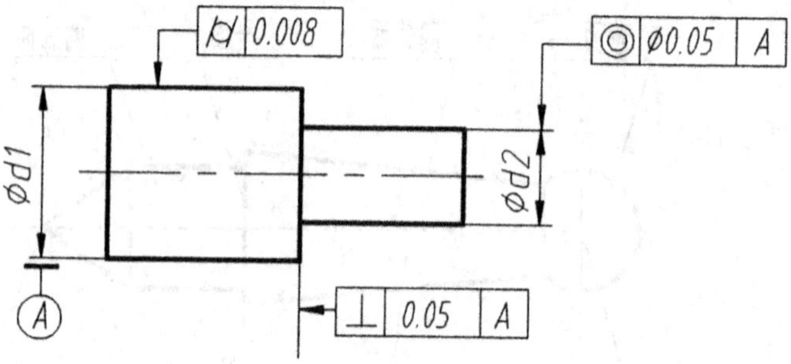

图 8-19　零件关联要素分析

(7) 轮廓要素　构成零件的外廓，能为人们直接感觉到的要素称为轮廓要素。

(8) 中心要素　零件图上的轴线、球心、圆心、两平行平面的中心平面等，它们是不能为人们直接感觉到的要素，称为中心要素。

(三) 形位公差的项目及公差带定义

1. 形位公差的项目

形位公差的项目如表 8-7 所示，它分形状公差和位置公差两大类。形状公差分 6 项，位置公差分定向公差 3 项、定位公差 3 项、跳动公差 2 项，共 8 项。所以，形位公差共 14 项分别用 14 个符号表示，各项目的具体内容将在以后作一简单介绍。

2. 形位公差带

(1) 定义

形位公差带是指限制实际要素变动的区域。只有构成实际要素的各个点、线、面都在此区域内，零件才算合格。

(2) 形位公差带的四个因素

形位公差带是用来限制实际要素变动区域，它是由大小、形状、位置和方向四个因素构成。

1) 公差带形状　形位公差带的形状是由各个公差项目的定义决定的。按照国家标准规定，形位公差带主要有如表 8-8 所示的九种形状。

表 8-7　形状和位置公差项目符号

分类	项目	符号	分类		项目	符号
形状公差	直线度	⏤	位置公差	定向	平行度	∥
	平面度	▱			垂直度	⊥
	圆度	○			倾斜度	∠
	圆柱度	⌭		定位	同轴度	◎
	线轮廓度	⌒			对称度	⌯
	面轮廓度	⌓			位置度	⌖
				跳动	圆跳动	↗
					全跳动	⌰

表 8-8　形位公差带形状

序号	公差带形状	符号	应用示例
1	两平行直线（t）	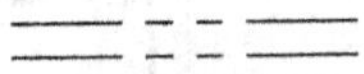	给定平面内素线的直线度
2	两等距曲线（t）	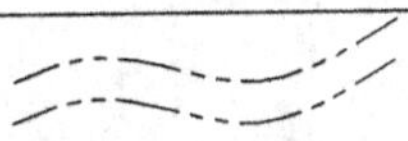	线轮廓度
3	两同心圆（t）		圆度
4	一个圆（Øt）		给定平面内点的位置度
5	一个球（SØt）		空间点的位置度
6	一个圆柱（Øt）	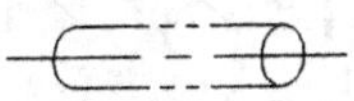	轴线的直线度
7	两同轴圆柱（t）	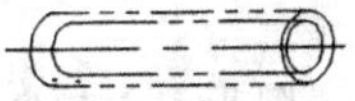	圆柱度
8	两平行平面（t）	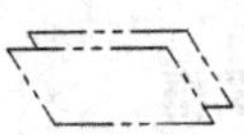	面的平面度
9	两等距曲面（t）		面的轮廓度

2）公差带的大小（t）　公差带的大小可用公差值表示，公差值为公差带的宽度 t，直径 ϕt。

3）公差带的方向

形状公差带方向是指公差带的延伸方向，与测量方向垂直。公差带的实际方向由最小条件决定，如图 8-20(*a*)所示。

位置公差带方向也是公差带的延伸方向，与测量方向垂直，公差带的实际方向与基准保持图样上的几何关系，如图 8-20(*b*)。

所谓形状公差带实际方向由最小条件决定，是指形状误差值用最小包容区域(简称最小区域)的宽度或直径表示，最小包容区域是指包容被测要素时具有最小宽度或直径的包容区域，见图 8-21。

4）公差带的位置　公差带位置分固定和浮动公差带两种，如定位公差项目，一般由设计确定，与被测要素的实际状况无关，所以它们是固定的公差带；而对于形状公差、定向公差和少数的跳动公差项目本身并不规定公差带位置，其位置随被测实际要素的形状和有关尺寸的大小而改变，所以它们是浮动的公差带。

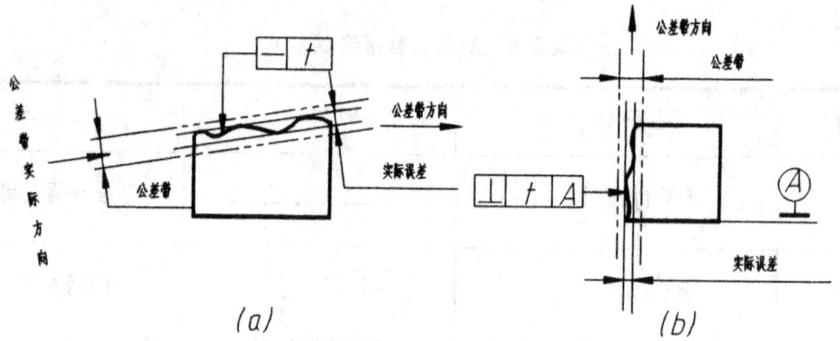

图 8-20　公差带方向

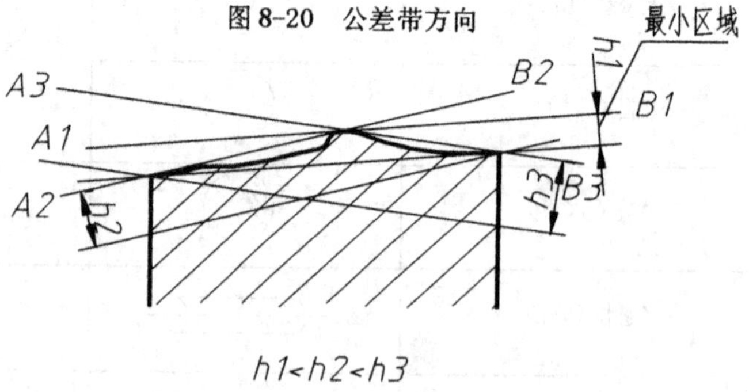

图 8-21　最小区域和最小条件

(3) 理论正确尺寸和几何图框

1）理论正确尺寸

理论正确尺寸用加方框的数字表示，如 30 、 φ80 、 45° 等。该尺寸不附加公差，其实际尺寸由给定的形位公差控制。它用来确定被测要素的理想形状、方向、位置的尺寸，如图 8-22 所示。

2）几何图框

除了前面所述用基准符号表示的各关联要素之间的几何关系以外，也可把理论正确尺寸和几何图框作基准来使用。所谓几何图框，是确定一组理想要素之间和（或）它们与基准之间正确几何关系的图形。如图 8-22 右图所示，由理论正确尺寸 25 组成了图框，它没有基准，但用这个理想图框表示了四个孔的相互之间的位置关系，从而确定了被测要素的公差带位置。

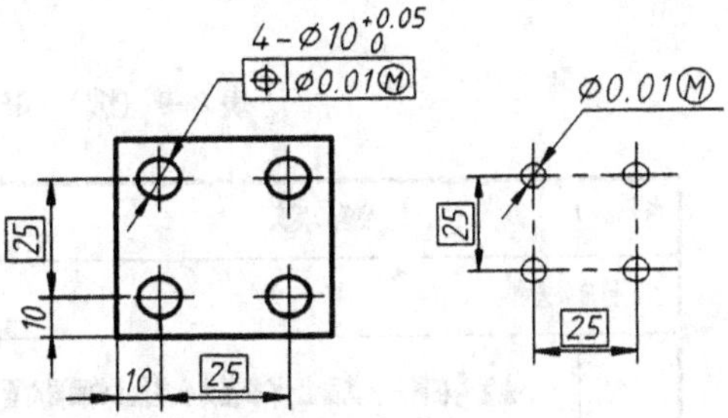

图 8-22 几何图框

3. 部分形位公差带定义(摘自 GB/T 1182-1996)

为了进一步了解形位公差带，现从 GB/T 1182-1996 中摘录常用的部分形位公差项目的公差带定义，见表 8-9。表中列出了形位公差项目的形位公差带及其定义，示图和解释仅说明与规定有关的内容，未摘录的部分可查阅国家标准“形状和位置公差”。

表 8-9 公差定义标注和解释（GB/T 1182-1996） mm

符号	公差带定义	标注和解释
1 直线度公差		
—	在给定平面内，公差带是距离为公差值 t 的两平行直线之间的区域 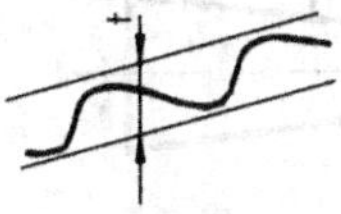	被测表面的素线必须位于平行于图样所示投影面且距离为公差值 0.1 的两平行直线内 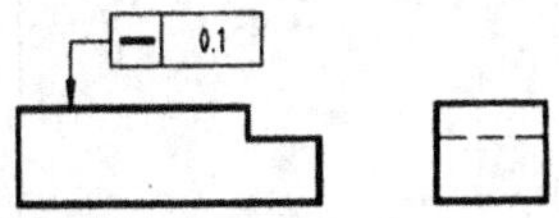
	在给定方向上公差带是距离为公差值 t 的两平行平面之间的区域 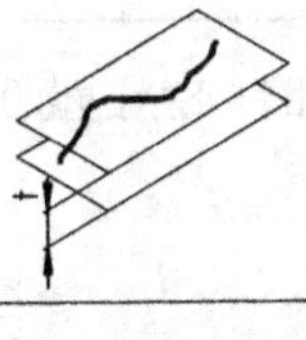	被测圆柱面的任一素线必须位于距离为公差值 0.1 的两平行平面之间 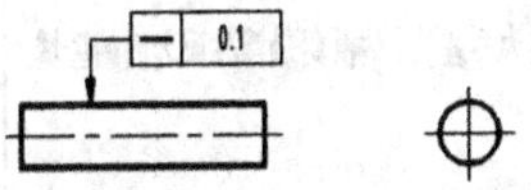
	如在公差值前加注 φ，则公差带是直径为 t 的圆柱面内的区域 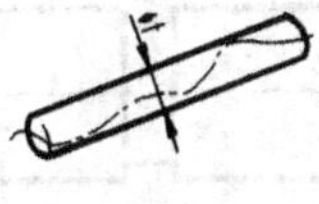	被测圆柱面的轴线必须位于直径为公差值 φ0.08 的圆柱面内 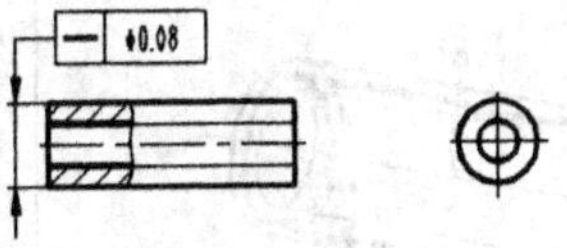
2 平面度公差		
▱	公差带是距离为公差值 t 的两平行平面之间的区域 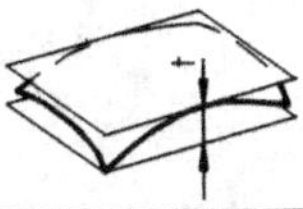	被测表面必须位于距离为公差值 0.08 的两平行平面内 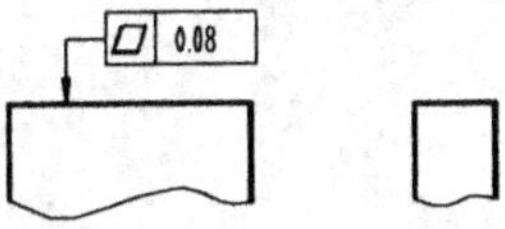

表 8-9（续）（GB/T 1182-1996）　　mm

符号	公差带定义	标注和解释
3　圆度公差		
○	公差带是在同一正截面上，半径差为公差值t的两同心圆之间的区域 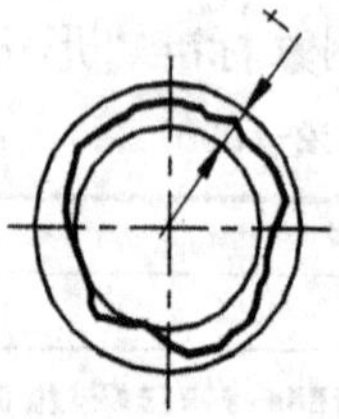	被测圆柱面任一正截面的圆周必须位于半径差为公差值0.03的两同心圆之间 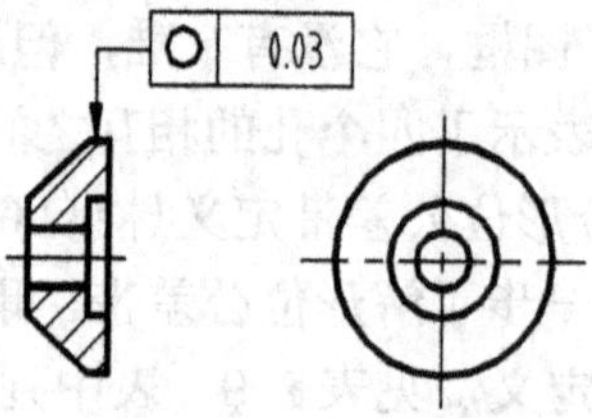 被测圆锥面任一正截面上的圆周必须位于半径差为公差值 0.1的两同心圆之间 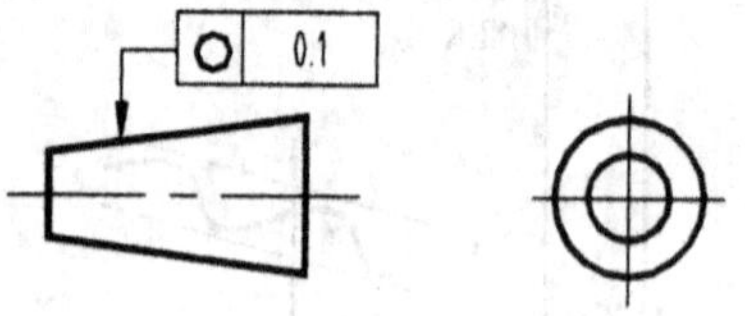
4　圆柱度公差		
⌭	公差带是半径差为公差值t的两同轴圆柱面之间的区域 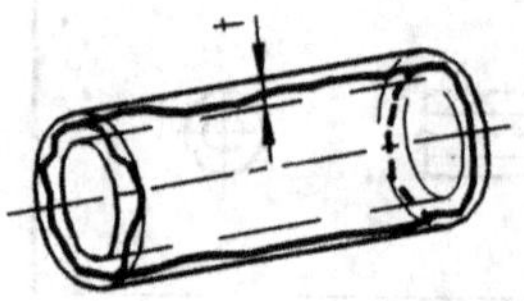 	被测圆柱面必须位于半径差为公差值 0.1的两同轴圆柱面之间 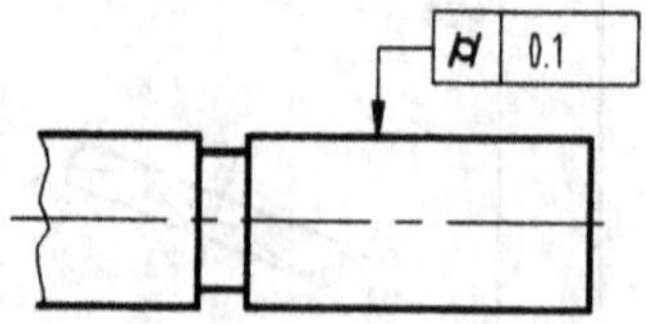

表 8-9（续）（GB/T 1182-1996） mm

符号	公差带定义	标注和解释
5 平行度公差		
	线对线平行度公差	
//	公差带是距离为公差值t且平行于基准线、位于给定方向上的两平行线之间的区域 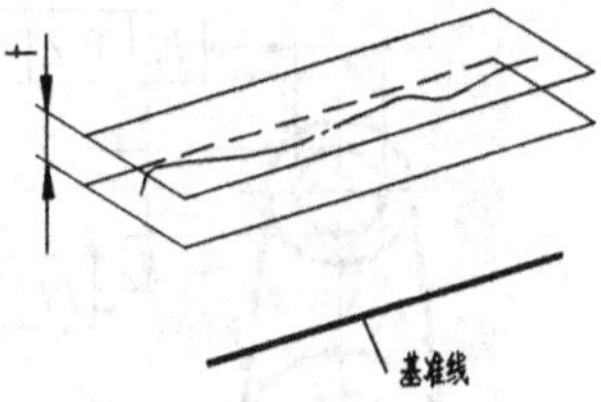	被测轴线必须位于距离为公差值 0.1且在给定方向上平行于基准轴线的两平行平面之间 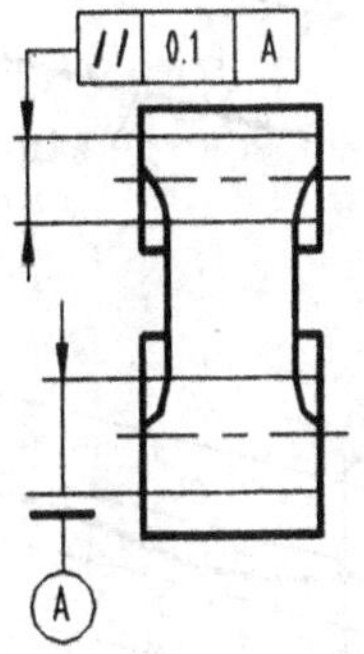 被测轴线必须位于距离为公差值 0.2且在给定方向上平行于基准轴线的两平行平面之间 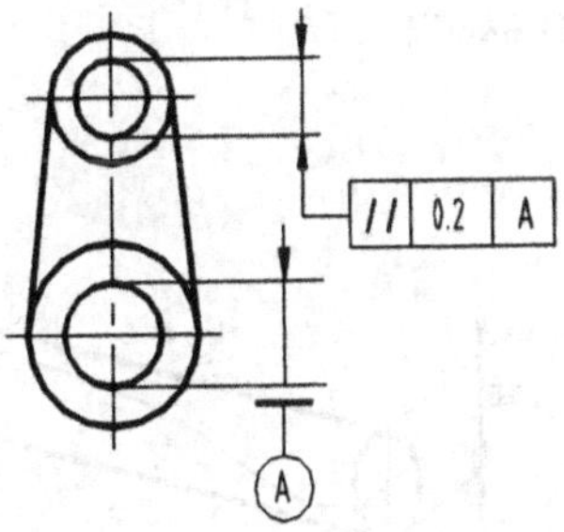

表 8-9（续）（GB/T 1182-1996） mm

符号	公差带定义	标注和解释
//	公差带是两对互相垂直的距离分别为 t_1 和 t_2 且平行于基准线的两平行平面之间的区域 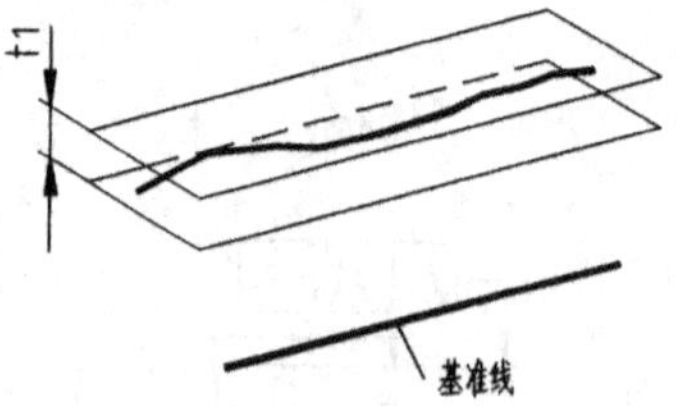 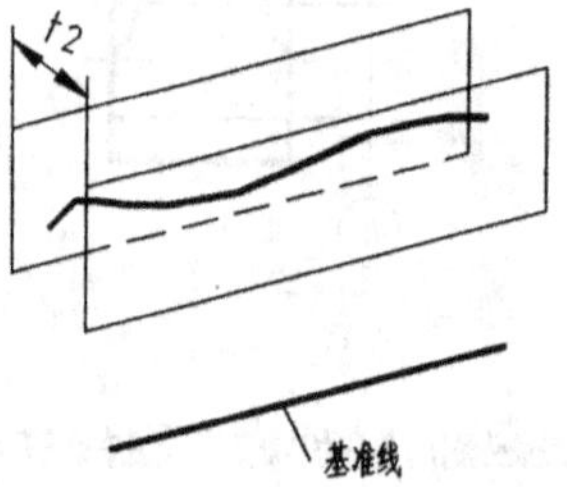	被测轴线必须位于距离为公差值0.2和0.1，在给定的互相垂直方向上且平行于基准轴线的两组平行平面之间 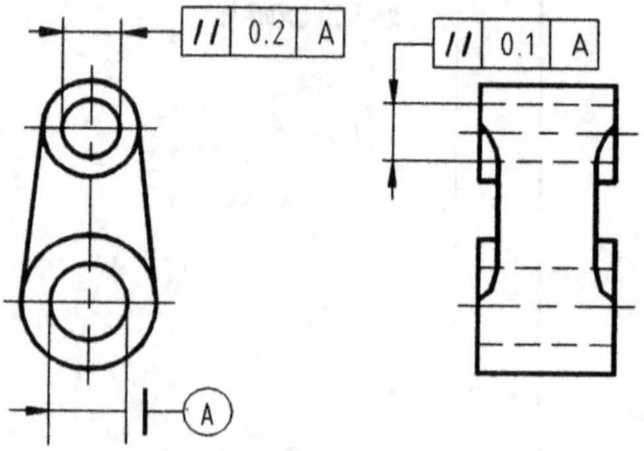 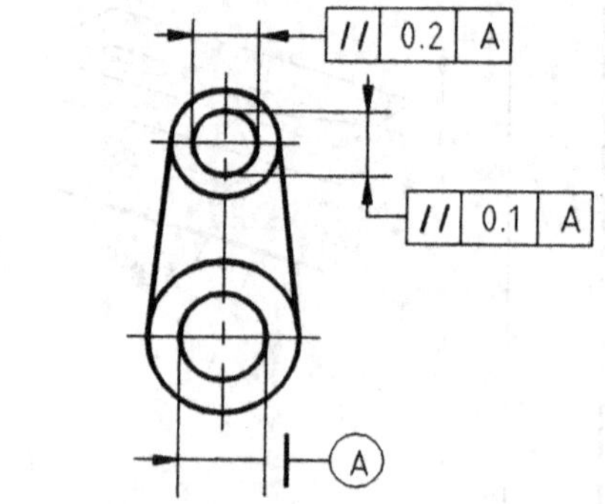
	如在公差带值前加注 ϕ，公差带是直径为公差值 t 且平行于基准线的圆柱面内的区域 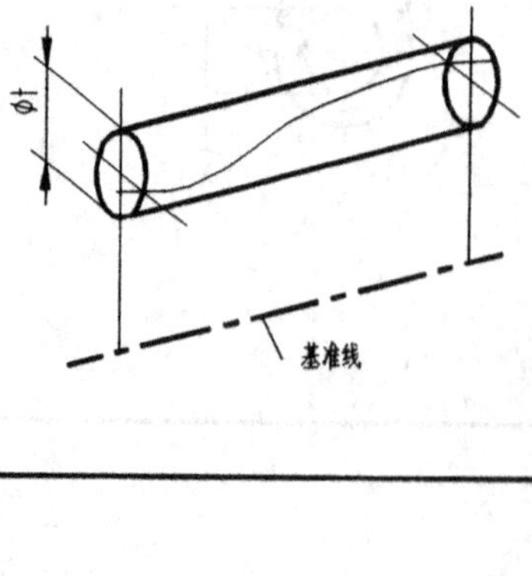	被测轴线必须位于直径为公差值0.03且平行于基准轴线的圆柱面内 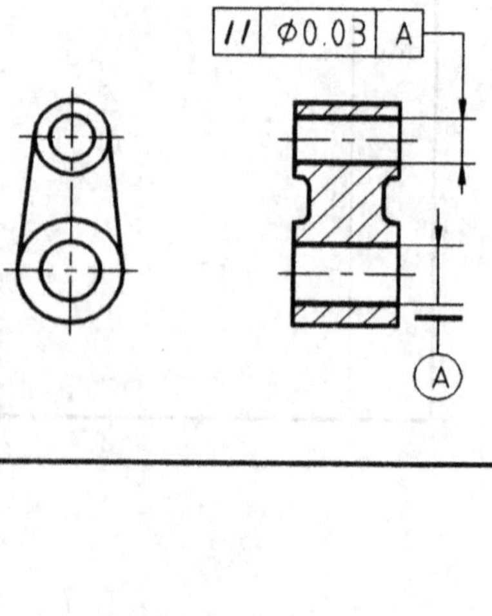

表 8-9（续）（GB/T 1182-1996）　　mm

符号	公差带定义	标注和解释
	线对面平行度公差	
	公差带是距离为公差值t且平行于基准平面的两平行平面之间的区域 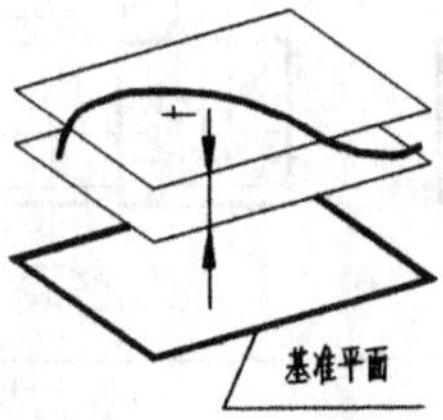	被测轴线必须位于距离为公差值0.01且平行于基准表面B（基准平面）的两平行平面之间 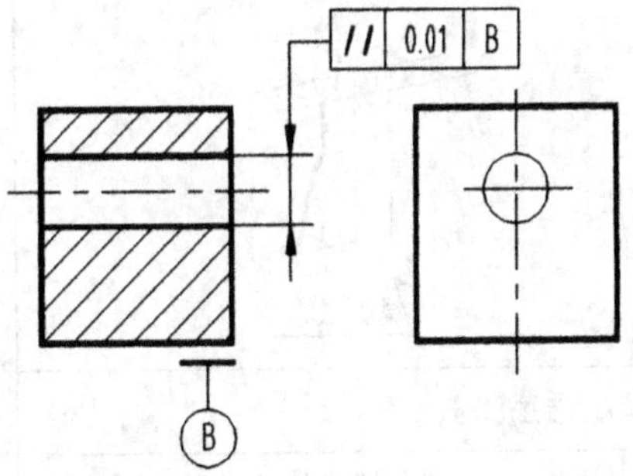
	面对线平行度公差	
//	公差带是距离为公差值t且平行于基准线的两平行平面之间的区域 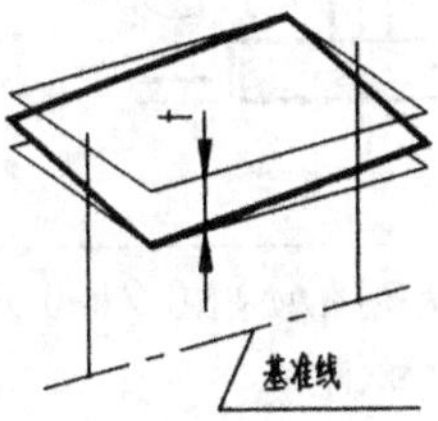	被测表面必须位于距离为公差值0.1且平行于基准线C（基准轴线）的两平行平面之间 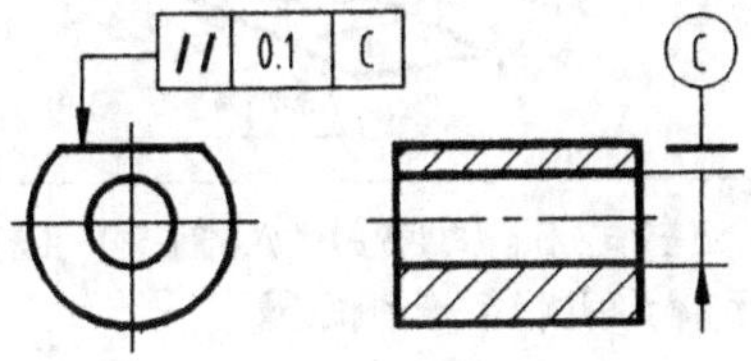
	面对面平行度公差	
	公差带是距离为公差值t且平行于基准面的两平行平面之间的区域 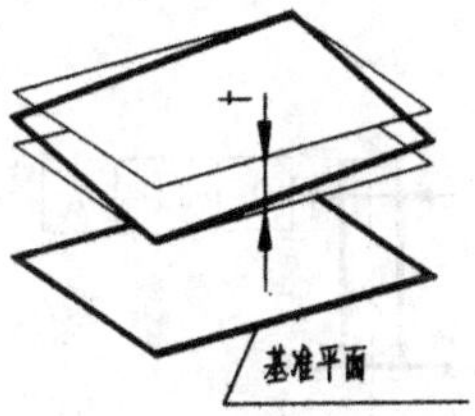	被测表面必须位于距离为公差值0.01且平行于基准表面D（基准平面）的两平行平面之间 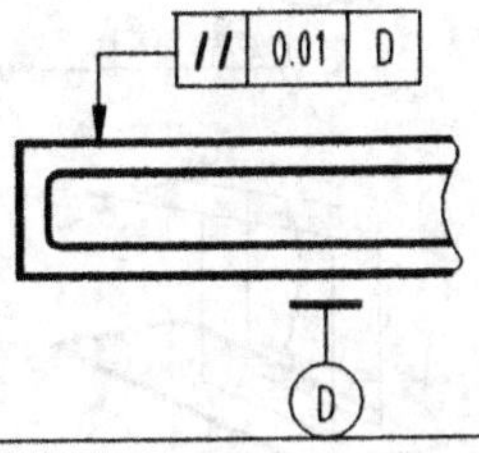
6 垂直度公差		

表 8-9（续）（GB/T 1182-1996）　　mm

符号	公差带定义	标注和解释
	线对线垂直度公差	
	公差带是距离为公差值t且垂直于基准线的两平行平面之间的区域 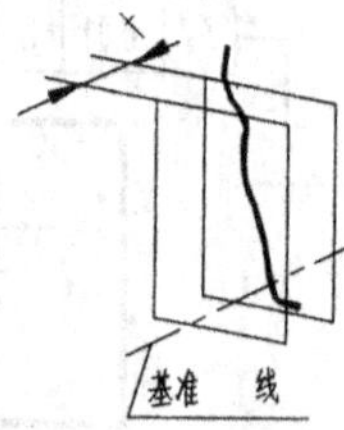 	被测轴线必须位于距离为公差值0.06且垂直于基准线A（基准轴线）的两平行平面之间 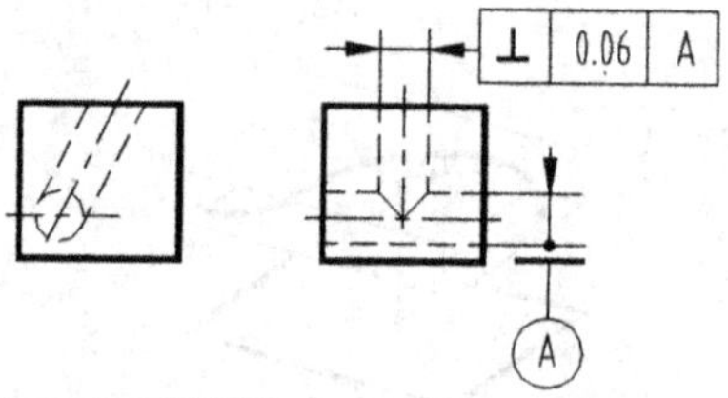
	线对面垂直度公差	
⊥	在给定方向上，公差带是距离为公差值t且垂直于基准面的两平行平面之间的区域 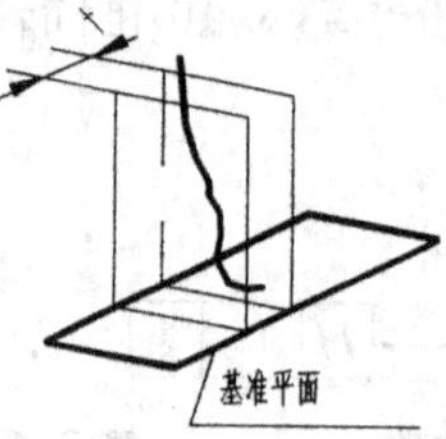 	在给定方向上被测轴线必须位于距离为公差值 0.1且垂直于基准表面A的两平行平面之间 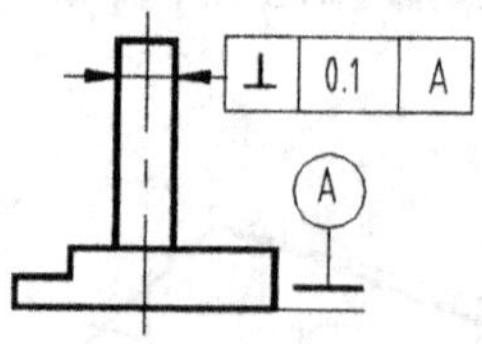
	公差带是互相垂直的距离分别为公差值t 和t 且垂直于基准面的两对平行平面之间的区域 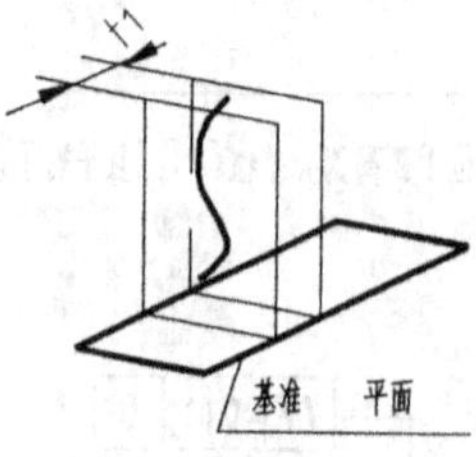 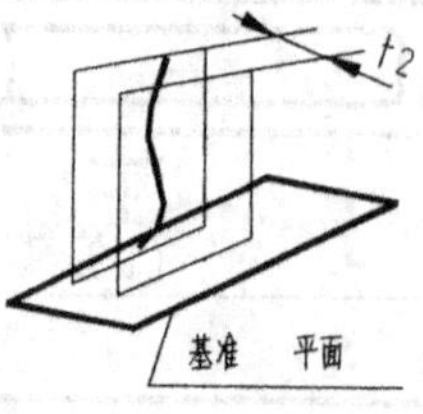 	被测轴线必须位于距离分别为公差值0.2和 0.1的互相垂直且垂直于基准平面的两对平行平面之间 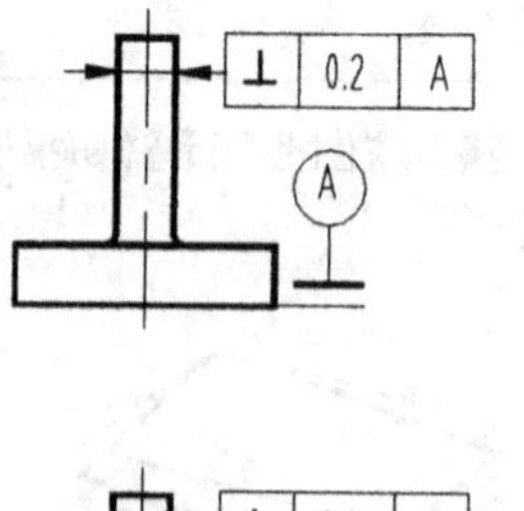 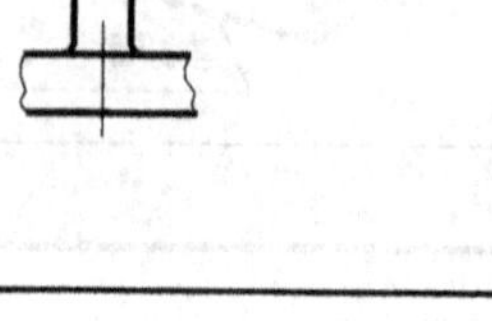

表 8-9（续）（GB/T 1182-1996）　　mm

符号	公差带定义	标注和解释
	如公差值前加注φ，则公差带是直径为公差值t且垂直于基准面的圆柱面内的区域 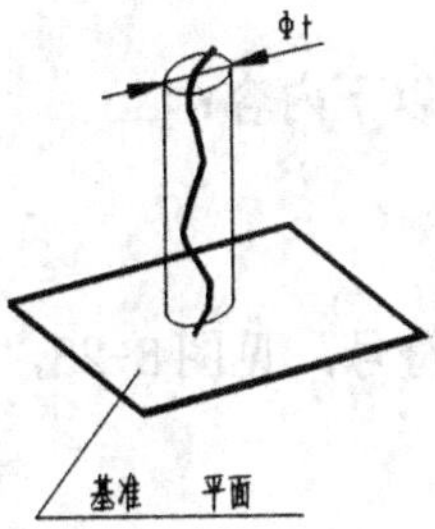	被测轴线必须位于直径为公差值φ0.01且垂直于基准面A（基准平面）的圆柱面内 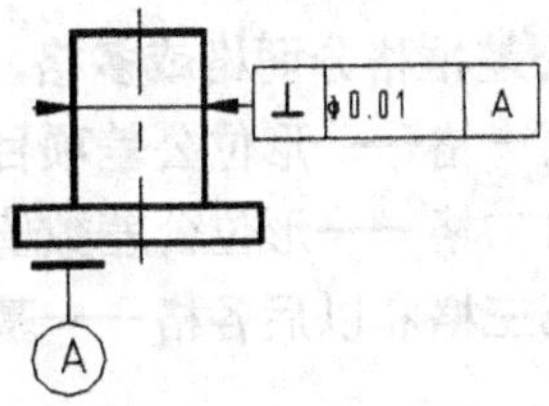
	面对线垂直度公差	
⊥	公差带是距离为公差值t且垂直于基准线的两平行平面之间的区域 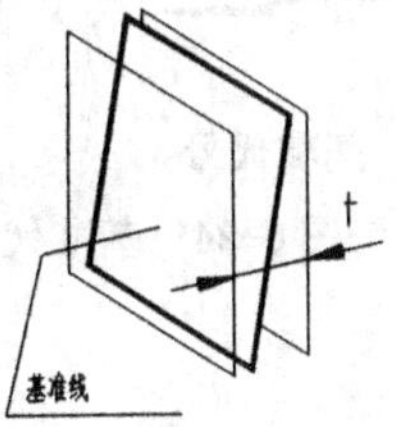	被测面必须位于距离为公差值0.08且垂直于基准线A（基准轴线）的两平行平面之间 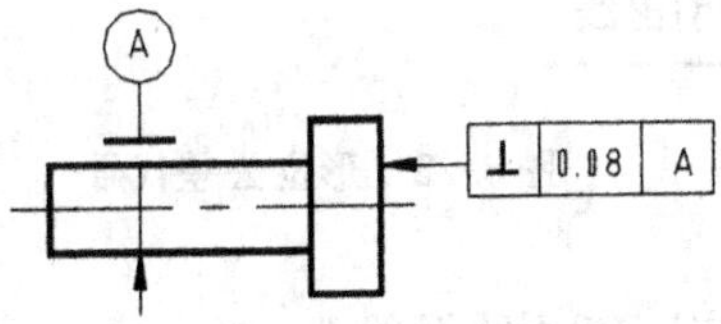
	面对面垂直度公差	
	公差带是距离为公差值t且垂直于基准面的两平行平面之间的区域 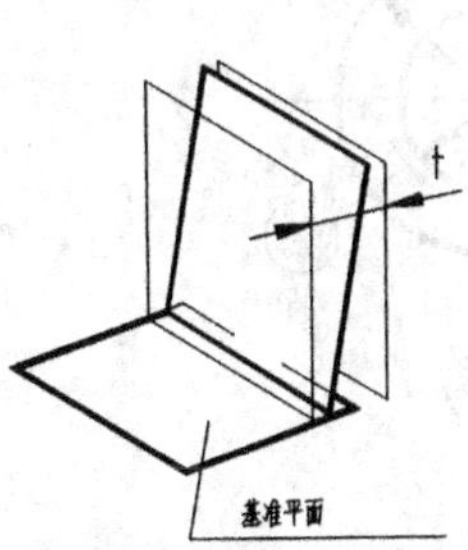	被测面必须位于距离为公差值0.08且垂直于基准平面A的两平行平面之间 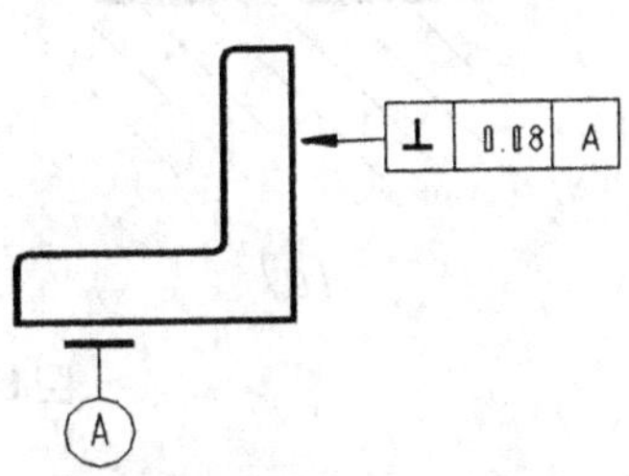

二、形位公差的标注

标准规定，在技术图样中，形位公差应采用代号标注，当无法采用代号标注时，允许在技术要求中用文字说明。

形位公差代号包括形位公差有关项目的符号、形位公差框格和指引线；形位公差数值和其他有关符号；基准符号、基准代号等。现分述于下：

（一）公差框格

公差框格分两格或多格，框格内从左到右填写以下内容：

第一格——形位公差项目的符号；

第二格——形位公差数值和有关符号；

第三格和以后各格——基准代号的字母和有关符号，见图8-23，图8-24。

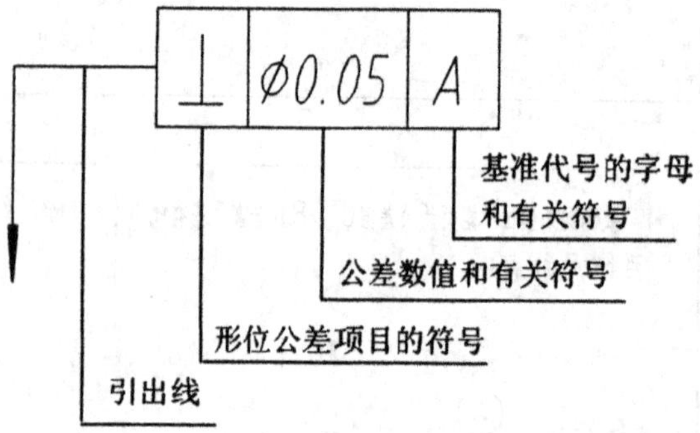

图8-23　形位公差代号

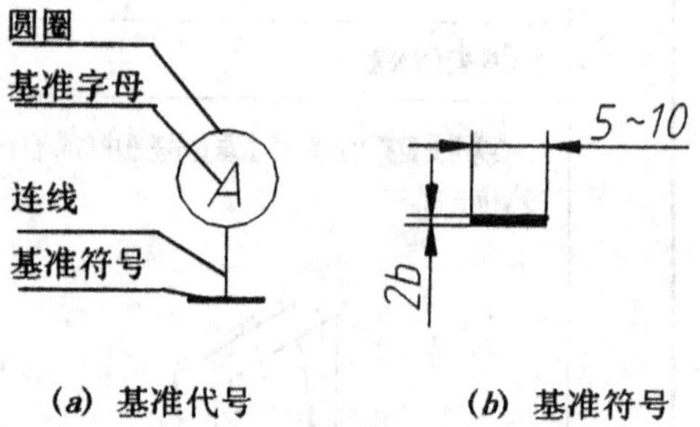

图8-24　基准代号与基准符号

（二）指引线及箭头

用带箭头的指引线将被测要素与公差框格的一端相连。指引线用细实线绘制，其箭头应指向公差带的宽度方向或直径(图8-25)。

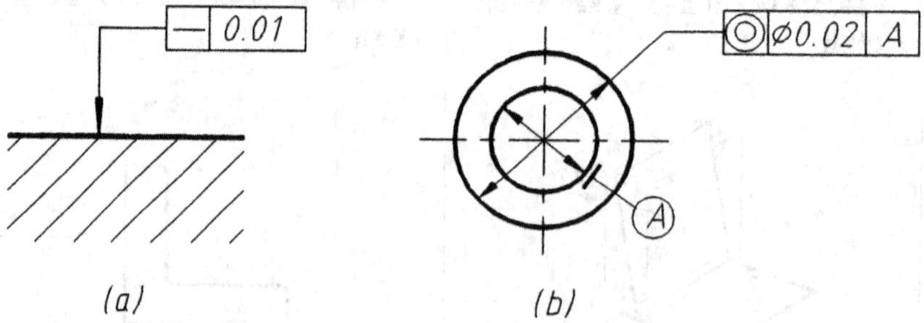

图8-25　形位公差标注

（三）位置公差基准的标注

位置公差的基准所在部位可用基准符号或基准代号表示。

当用基准符号表示时，用细实线将粗短划与公差框格另一端相连，基准符号的连线必须与基准要素垂直，如图8-26(*a*) 所示。当基准符号不便与框格相连时，需在基准要素处画出基准代号，如图8-26(*b*)所示。

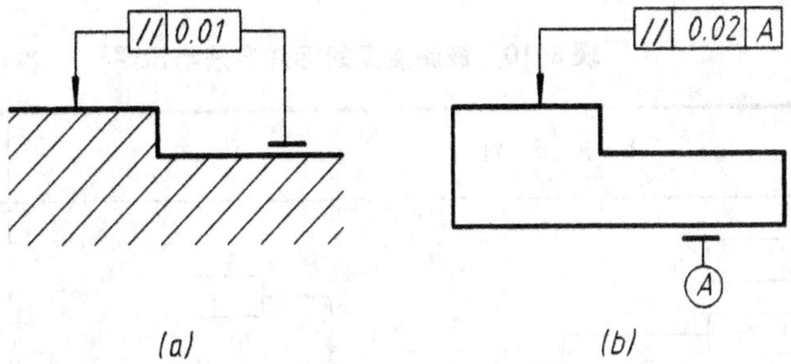

图 8-26 位置公差基准的标注

基准代号由基准符号、圆圈、连线和字母组成(图 8-24)。圆圈和连线均为细实线，圆圈的直径与框格高度相同，圆圈内填写大写拉丁字母(如 A、B 等，但不得采用 E、I、J、M、O、P、L、R、F)，圆圈内字母一律水平书写。

(四) 被测要素和基准要素的标注方法

1. 被测要素的标注方法，如表 8-10 所示。

2. 基准要素的标注方法，如表 8-11 所示。

(五) 同一被测要素有多项形位公差要求或不同被测要素有相同形位公差要求的标注

当同一被测要素有多项形位公差要求时，可将各公差根据重叠并只要用一根带箭头的指引线将被测要素与公差框格相连。不同的被测要素有相同的形位公差要求时，可以在从框格引出的指引线上绘制多个指示箭头，并分别指向各被测要素，几个典型举例，如表 8-12 所示。

(六) 形位公差有附加要求的标注

形位公差有附加要求时，有的应用符号标注，有的应用文字说明。

1. 用符号标注

采用符号标注时，可在相应的公差值后面加注有关符号，如表 8-13 所示。

2. 用文字说明

为了说明公差框格中所标注的形位公差的其他附加要求，或为了简化标注方法，可以在公差框格的周围(一般是在上方或下方)附加文字说明。属于被测要素数量的说明，应写在公差框格的上方，属于解释性的说明，应写在公差框格的下方，如表 8-14 所示。

(七) 形位公差数值的标注

如果图样上所标注的形位公差无附加说明，则被测范围为箭头所指的整个轮廓要素或中心要素，如果被测的范围仅是被测要素的一部分或是任一范围时，其公差值的标注方法如表 8-15 所示。

(八) 形位公差识读

当图样上给出了形位公差要求后，就可根据框格的内容、箭头指引线和基准符号所在的位置，以及相关符号知道形位公差的全部含义。如形位公差的项目、公差带的大小、形状、方向、位置；测定误差时的被测要素和基准要素；公差原则(下面介绍)等。

表 8-10　被测要素的标注方法与说明

标注示例	说明
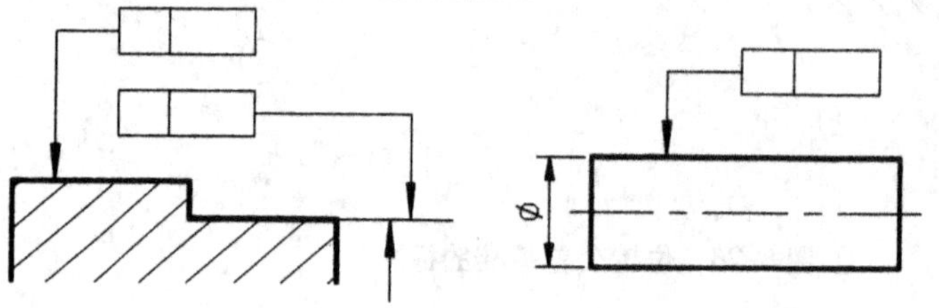	当被测要素为线或表面时，指引线的箭头应指在该要素的轮廓线或其引出线上，并明显地与尺寸线错开
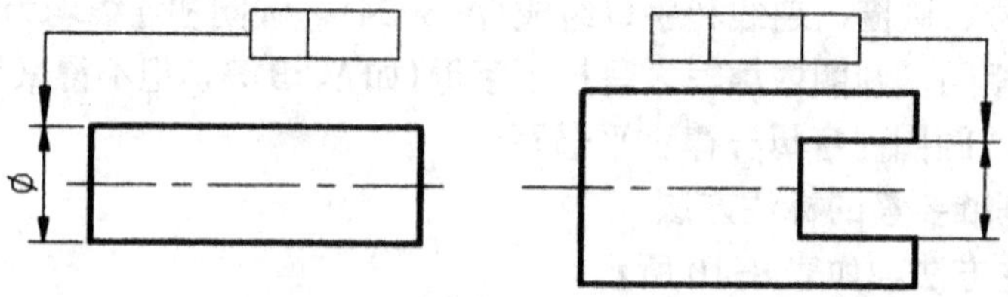	当被测要素为轴线、球心或中心平面时，指引线的箭头应与该要素的尺寸线对齐
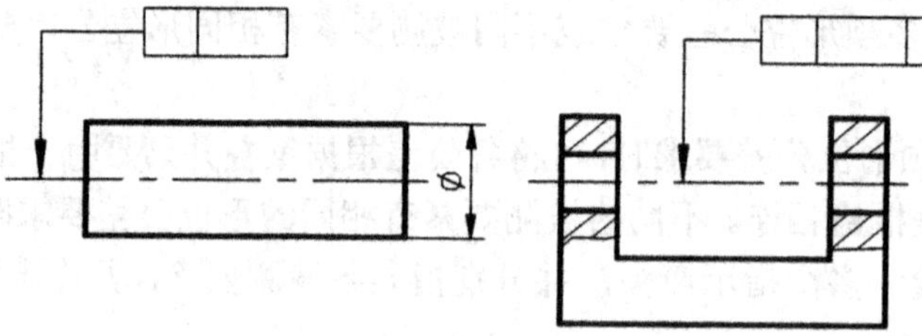	当被测要素为单一要素的轴线或各要素公共轴线、公共中心平面时，指引线的箭头可以直接指在轴线或中心线上
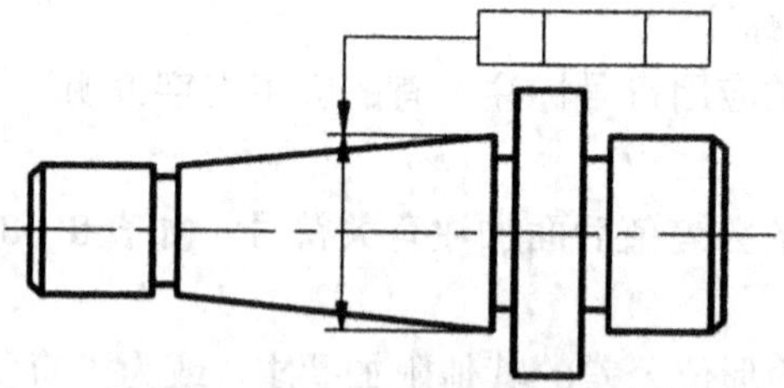	当被测要素为圆锥体的轴线时，指引线的箭头应与圆锥体的直径尺寸线（大端或小端）对齐

表 8-11　基准要素的标注方法与说明

标 注 示 例	说　明
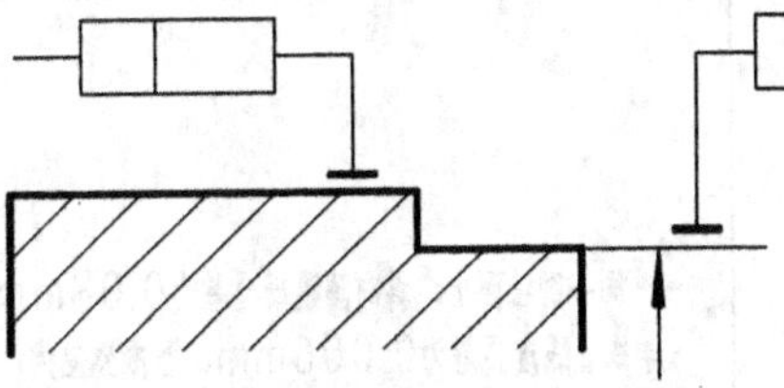	当基准要素为线或面时，基准符号应靠近轮廓线或其引出线标注，并明显地与尺寸线错开
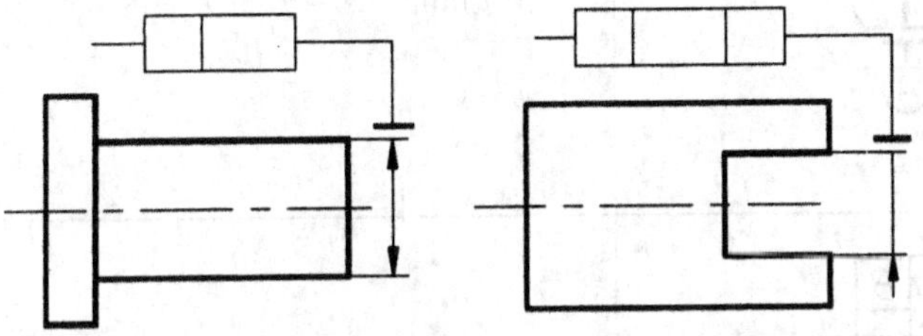	当基准要素为轴线、球心或中心平面时，基准符号应与该要素的尺寸线对齐 当基准符号与尺寸线的箭头重叠时，该尺寸的一个箭头可省略
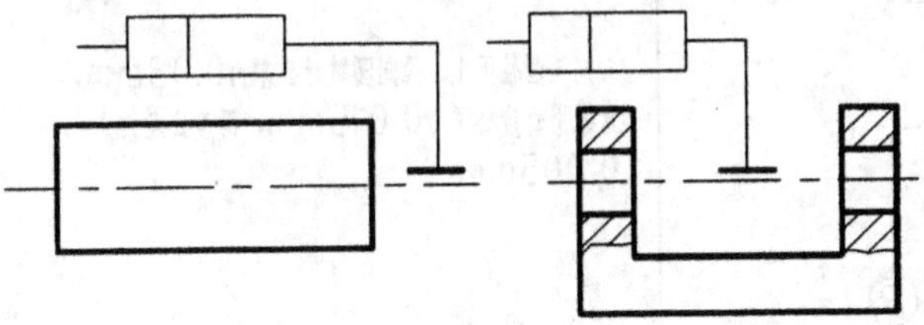	当基准要素为单一要素的轴线或各要素的公共轴线、公共中心平面时，基准符号可直接靠近轴线、公共轴线或公共中心平面
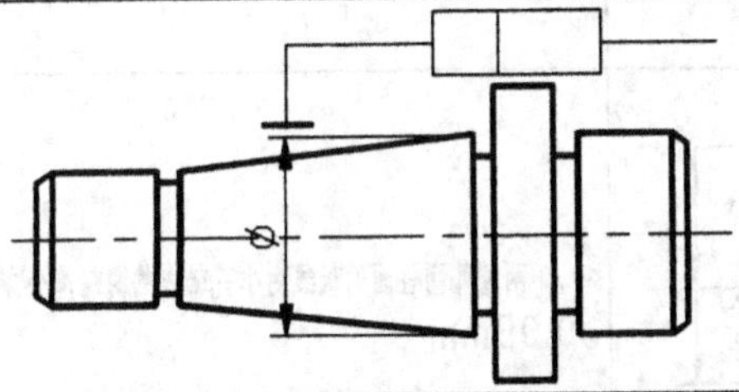	当基准要素为圆锥体的轴线时，基准符号应与圆锥体的大端（或小端）直径尺寸线对齐
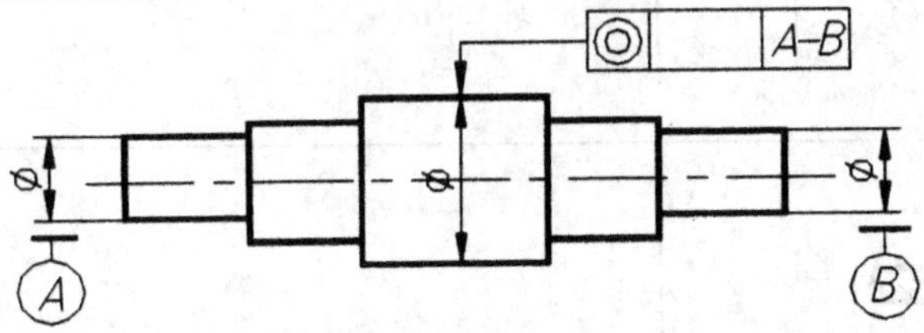	当基准符号不便直接与公差框格相连时，则采用基准代号标注。其标注方法与基准符号相同
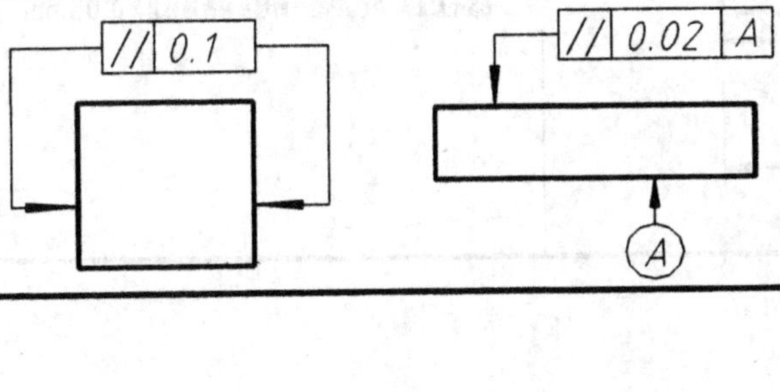	任选基准的标注方法

表 8-12　多项形位公差要求或多要素相同形位公差要求的标注方法

示　　例	含　　义
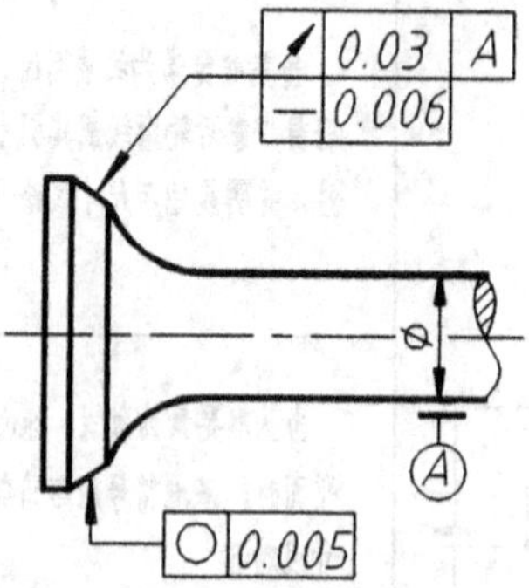	同一圆锥面上，斜向圆跳动公差为0.03mm，素线直线度公差为0.006mm，圆度公差为0.005mm
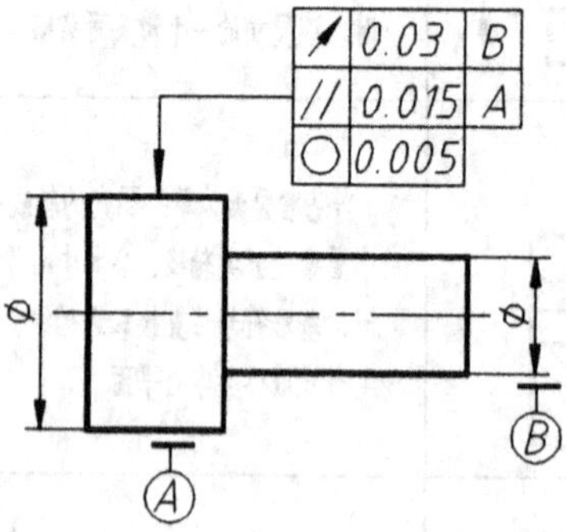	同一圆柱面上，径向圆跳动公差为0.03mm，素线平行度公差为0.015mm，圆度公差为0.005mm
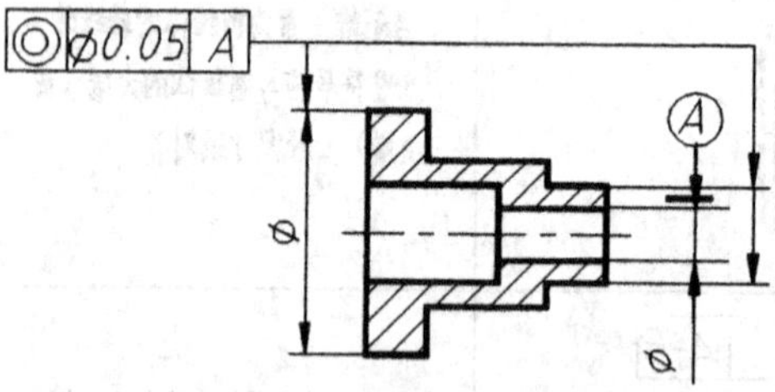	两端外圆柱面的轴线对小孔轴线的同轴度公差为0.05mm
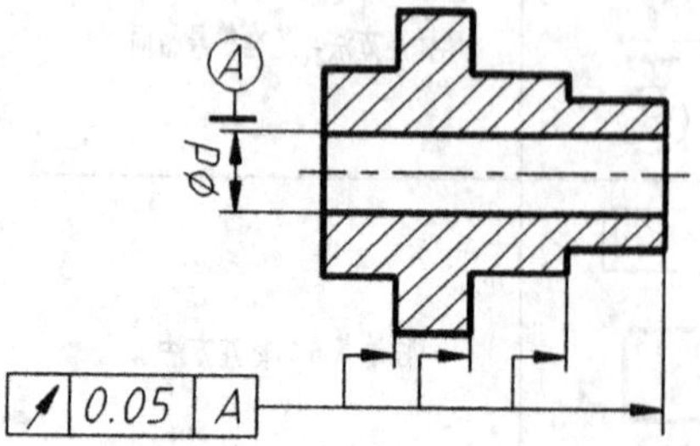	各个端面对ϕd 孔轴线的端面圆跳动公差为0.05mm

表 8-13 用符号标注形位公差的附加要求

示例	含义
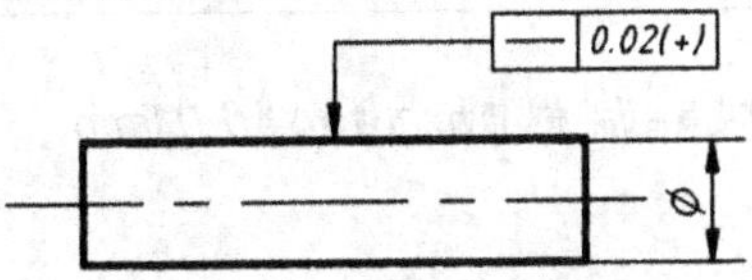	素线直线度公差为0.02mm，若有素线直线度误差，则只允许中间向外凸起
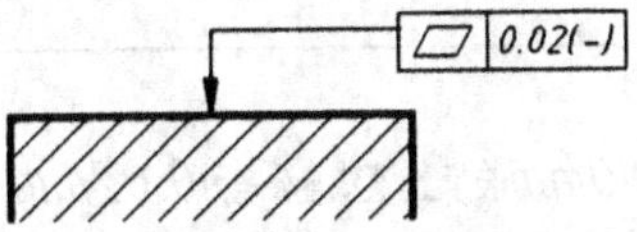	平面度公差为0.02mm，若有平面度误差，则只允许中间向材料内凹下
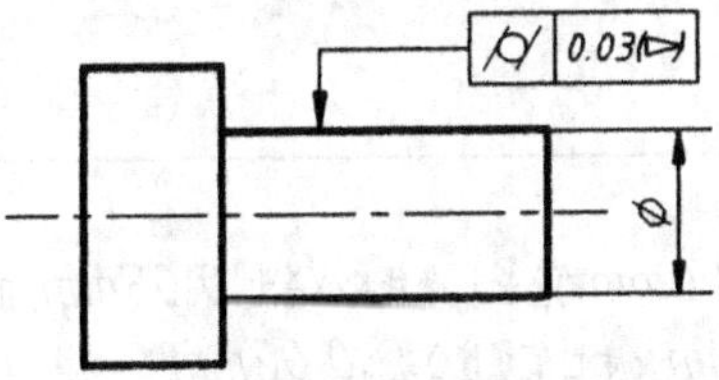	圆柱度公差为0.03mm，若有圆柱度误差，则只允许向右端逐渐减小
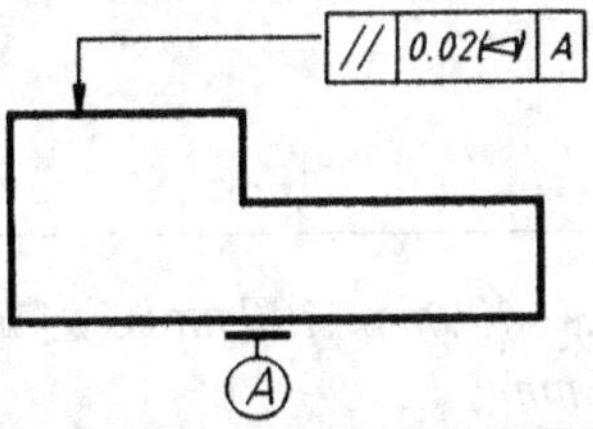	平行度公差为0.02mm，若有平行度误差，则只可向左边逐渐减小

表 8-14 用文字说明形位公差的附加要求

示例	含义
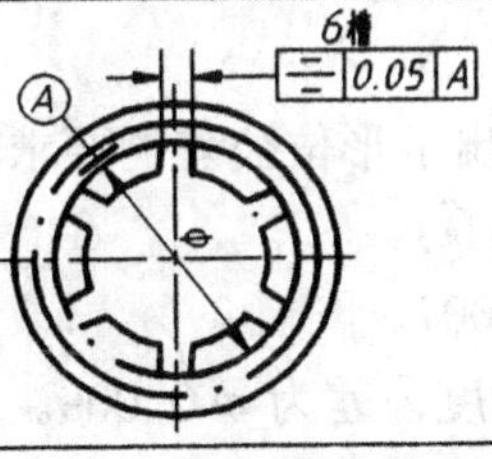	6个键槽分别对基准A的对称度公差为0.05mm
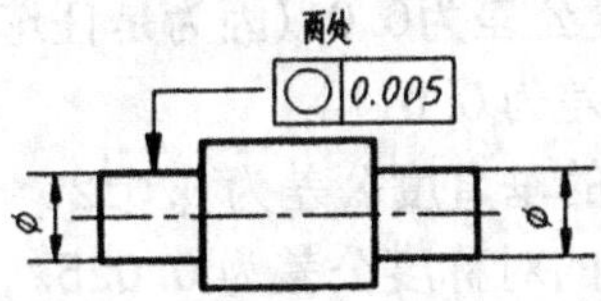	两端圆柱面的圆度公差同为0.005mm
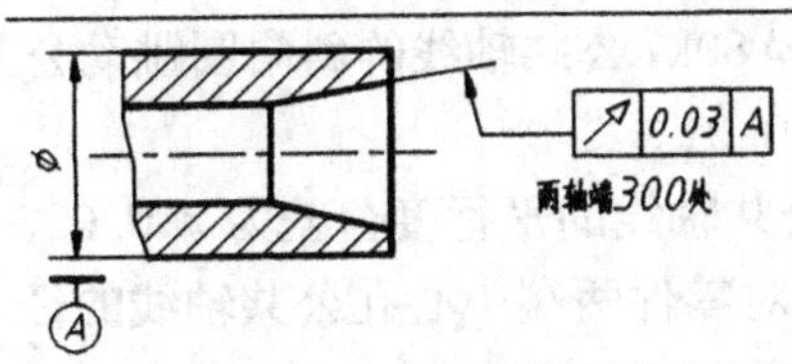	圆锥面对外圆柱面的轴线在离轴端300处的斜向圆跳动公差为0.03mm
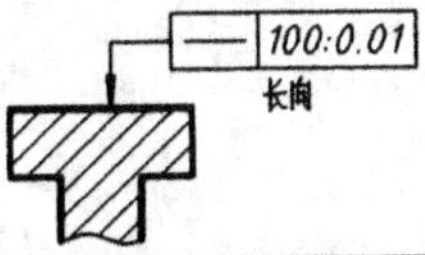	在未画出导轨向视图时，可借用其横剖面标注长向直线度公差

表 8-15　形位公差数值的标注方法

示　例	含　义
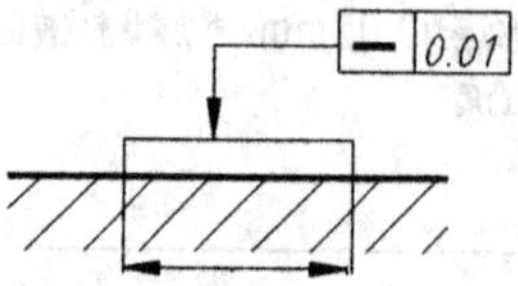	在细实线画出的长度范围内，直线度公差0.01mm
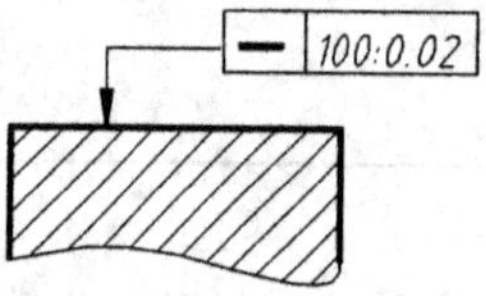	在任一100mm长度上，直线度公差为0.02mm
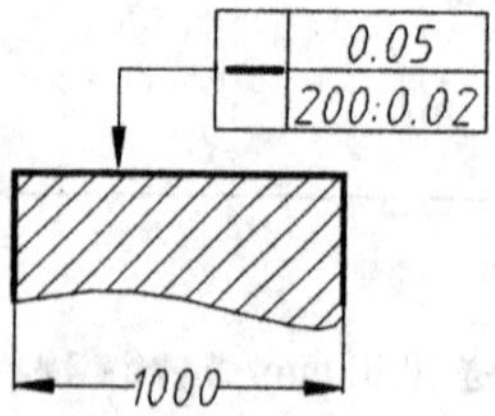	在1000mm的全长上，直线度公差为 0.05mm，在任一200mm长度上，直线度公差为0.02mm
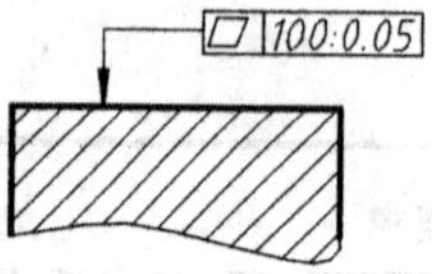	被测表面上任一100mm×100mm的正方形面积上，平面度公差为0.05mm

如图 8-27 圆盘和图 8-28 的曲轴所示，给出了形位公差的要求，现识读如下：

(1) 孔 ϕ 45P7 轴线的直线度公差为 0.006 Ⓜ。

(2) 轴 ϕ 100h6 任意正截面圆度公差为 0.007。

(3) ϕ 100h6 轴线对孔 ϕ 45P7 轴线的同轴度公差为 ϕ 0.009。

(4) 尺寸 $40_{-0.05}^{0}$ 的左端面对右端面的平行度公差为0.01(因为是任选基准，还可以这样说：尺寸 $40_{-0.05}^{0}$ 的右端面对左端面的平行度公差为 0.01)。

(5) 尺寸 $40_{-0.05}^{0}$ 的左端面对孔 ϕ 45P7 轴线的垂直度公差为 0.012。

(6) 键槽两侧中心面对零件左端锥轴轴线的对称度公差为 0.025。

(7) 零件左端锥面的任意正截面对 2- ϕ 80k7 公共轴线的斜向圆跳动公差为 0.015。

(8) 轴 ϕ 90m7 圆柱面的圆柱度公差为 0.01。

(9) 轴 ϕ 90m7 轴线对两侧 ϕ 80k7 的公共轴线的平行度公差为 ϕ 0.02。

(10) 两侧 ϕ 80k7 圆柱面的任意正截面对零件两端中心孔公共轴线的径向圆跳动公差为 0.023。

(11) 两侧 ϕ 80k7 圆柱面的圆柱公差为 0.006。

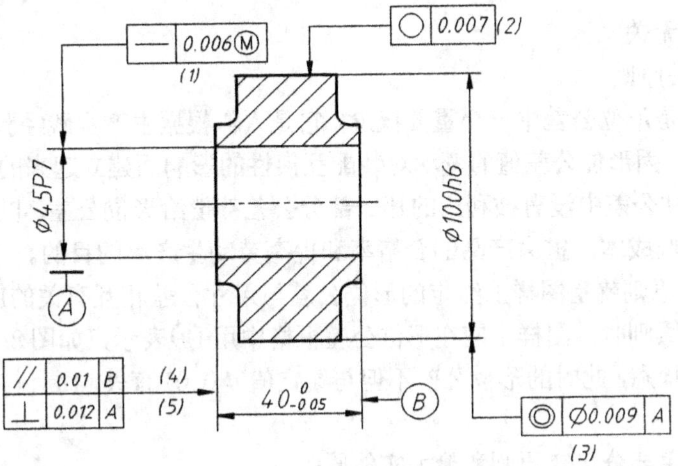

图 8-27　圆盘

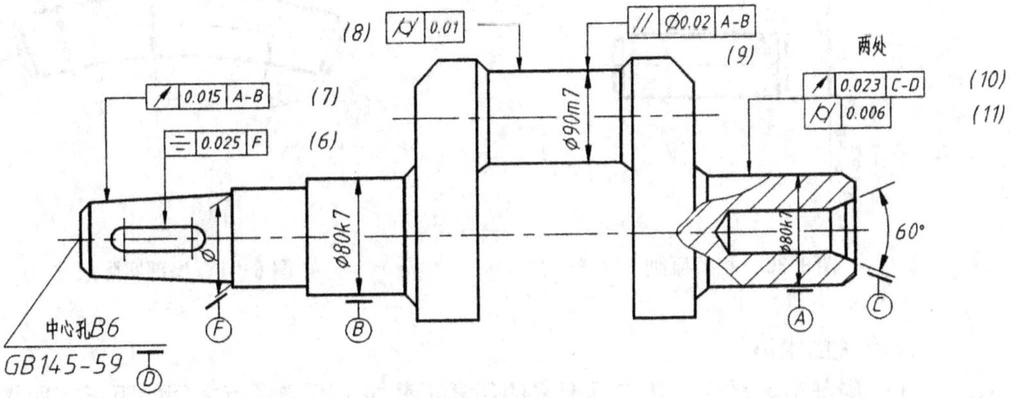

图 8-28　曲轴

三、公差原则

形位公差和尺寸公差是控制零件几何参数精度的两类不同性质的公差，有时它们彼此独立，但在一定条件下，两者又可以互相转化，互相补偿。公差原则就是处理尺寸公差与形状公差相互关系的原则，它包括独立原则和相关原则。

(一) 独立原则

图样上给定的形位公差和尺寸公差相互无关，分别满足各自要求的公差称为独立原则。

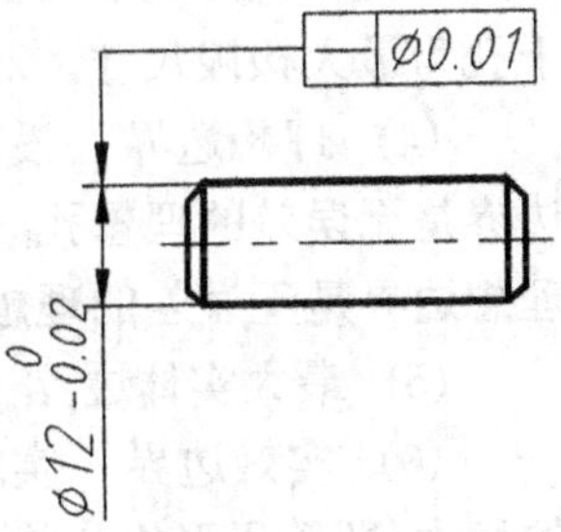

图 8-29　独立原则

图 8-29 所示为一销轴，基本尺寸 ϕ12，尺寸公差为 0.02，其轴线的直线度公差为 ϕ0.01 ，零件实际尺寸为 ϕ11.98 与 ϕ12 之间的任何尺寸，零件的轴线直线度误差在 0.01 范围内时，则零件为合格品，如果直线度误差超差达到 ϕ0.012，尽管尺寸误差都在 0.02 内，应判为不合格品。这说明，该零件的直线度公差值与零件的实际尺寸无关，应分别满足图纸上的要求，即形位公差和尺寸公差彼

此独立，相互无关。

（二）相关原则

相关原则是形位公差中一个重要概念，它是人们根据生产实践经验，总结了在尺寸变化的情况下，因形位公差值的变动对装配互换性的影响而建立起来的一套完整的科学概念，它把尺寸公差中没有被利用的那一部分公差补偿给形位公差，以获得最大的经济效果，达到降低成本，扩大产品的合格率和提高劳动生产率的目的。

所谓相关原则就是图样上给定的形位公差与尺寸公差相互有关的原则。

采用相关原则时，图样上应在形位公差框格中用Ⓜ表示，如图8-30所示。图中Ⓜ代表最大实体状态，此时的形位公差不但与给定值$\phi0.01$有关，而且与零件的实际尺寸有关。

相关原则主要分包容原则和最大实体原则。

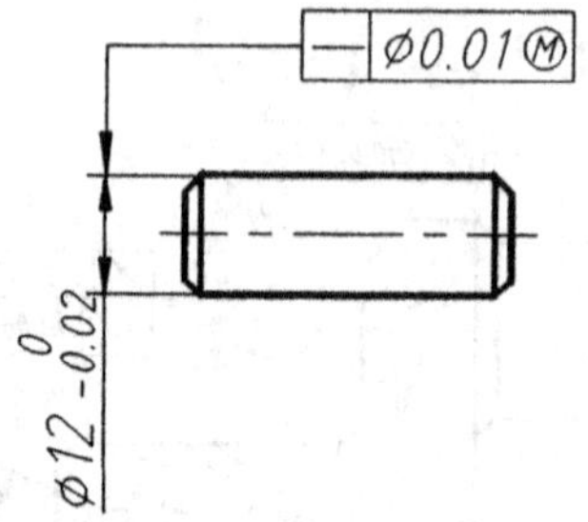

图8-30　相关原则

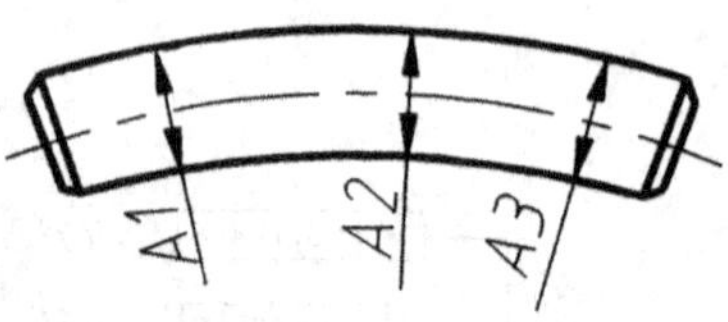

图8-31　局部实际尺寸

1. 有关的术语

（1）局部实际尺寸　指实际要素的任意正截面上两测量点之间的距离。所谓正截面，是指垂直于轴线的截面。两测量点不能用量规测量，只能用两脚规如千分尺、卡尺等测量，所得的数即为局部实际尺寸，如图8-31所示的$A1$、$A2$、$A3$。

（2）最大实体状态和最大实体尺寸　最大实体状态是指实际要素在尺寸公差范围内具有材料量为最多时的状态。最大实体尺寸是指实际要素在最大实体状态时的尺寸，对于孔是最小极限尺寸，对于轴是最大极限尺寸。

（3）最小实体状态和最小实体尺寸　最小实体状态是指实际要素在尺寸公差范围内具有材料量为最小的状态。最小实体尺寸是指实际要素在最小实体状态时的尺寸，对于孔为最大极限尺寸，对于轴为最小极限尺寸。

（4）理想边界　没有任何误差的实际要素的几何包容面。对轴类要素而言，理想边界是无误差的理想孔面，理想边界尺寸等于或大于最大实体尺寸。对于孔类要素而言，理想边界是无误差的理想轴面，理想边界的尺寸等于或小于最大实体尺寸。

（5）最大实体边界　尺寸为最大实体尺寸的理想边界称为最大实体边界。

（6）实效边界　实际要素处于最大实体状态且相应中心要素的形位公差达到允许的最大（即等于形位公差）的假设状态称为实效状态。内（或外）接于实效状态下的孔（或轴）、尺寸最大（或最小）的理想边界称为实效边界。

2. 包容原则

(1) 单一要素的包容原则　要求实际要素处处位于最大实体边界内的原则。如图8-32所示，凡在尺寸公差后加Ⓔ的均表示为单一要素包容原则。当实际要素偏离最大实体尺寸时，则允许存在形状误差，偏离多少就允许存在多少形状误差。

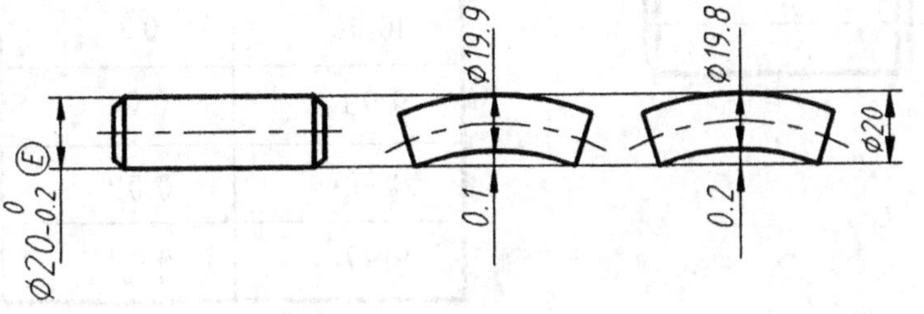

图 8-32　包容原则(单一要素)

(2) 关联要素的包容原则　要求实际要素处处位于最大实体边界内，并且与基准要素保持图样上给定的几何关系。关联要素包容原则的表示方法是在位置公差框格第二格用0Ⓜ表示，如图8-33所示⊥表示为关联要素的位置公差项目。0Ⓜ表示该零件的位置公差遵循包容原则。当实际要素偏离最大实体尺寸 ϕ20时，则允许存在位置误差，实际尺寸偏离多少，则允许的位置误差就是多少。

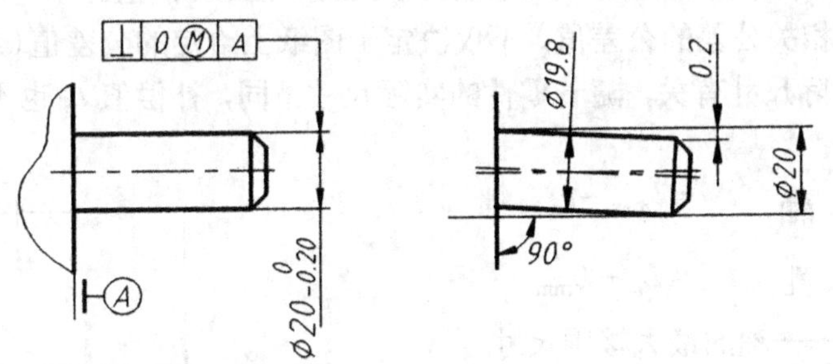

图 8-33　包容原则(关联要素)

3. 最大实体原则

要求被测要素或基准要素处处位于实效边界内的原则。

(1) 最大实体原则用于被测要素

当最大实体原则应用于被测要素时，则被测要素形位公差值是在该要素处于最大实体状态时给的，若被测要素偏离最大实体状态时，则形位公差允许增大，其最大增加量(即最大补偿值)为该要素的尺寸公差 ，表示方法如图8-34所示，在形位公差框格第二格中填写Ⓜ，表示该公差采用最大实体原则，并且用于被测要素$\phi 10_{-0.03}^{\ 0}$。轴线直线度公差 ϕ0.015Ⓜ 称为相关公差。它是由两部分组成 ：给定值和补偿值。直线度公差 ϕ0.015称为给定值，是零件被测要素处于最大实体状态时给定的。当零件的实际尺寸为最大实体尺寸 ϕ10时，直线度的公差是 ϕ0.015，当被测要素偏离最大实体尺寸 ϕ10时，则直线度公差值允许增大，并相应给予补偿，偏离多少就补偿多少。这样，就把尺寸公差中没用到的部分拿来补偿给形位公差。

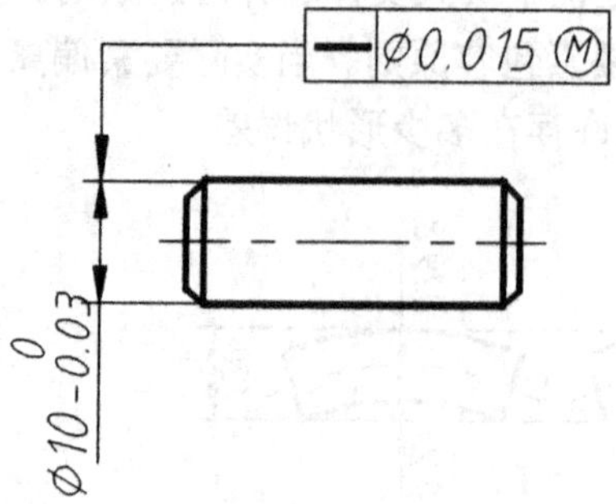

实际尺寸 l_a	补偿值 $t_{补}$	直线度公差值 $t_{相}$
10.00	0	0.015
9.99	0.01	0.025
9.98	0.02	0.035
9.97	0.03	0.045

图 8-34　最大实体原则用于被测要素

综上所述，可列出相关公差的通式：

$$t_{相} = t_{给} + t_{补} \quad \cdots\cdots (8\text{-}16)$$

式中　$t_{相}$——相关公差；

$t_{给}$——图样上给定的形位公差值；

$t_{补}$——零件实际尺寸偏离最大实体尺寸而产生的补偿值。

上式说明，相关公差的公差值，不仅决定于图纸上给定的公差值($t_{给}$)，而且和零件的相关要素的实际尺寸有关，随着零件的实际尺寸不同，补偿值 $t_{补}$也不同，孔、轴补偿值的计算公式为：

轴　$t = l_{max} - l_a$

孔　$t = L_a - L_{min}$

式中　l_{max}——轴的最大极限尺寸；

l_a——轴的实际尺寸；

L_{min}——孔的最小极限尺寸；

L_a——孔的实际尺寸。

图 8-34 的右表列出了不同实际尺寸的补偿值 $t_{补}$，相关公差 $t_{相}$。从此表也可以看出，其最大补偿值等于尺寸的公差。

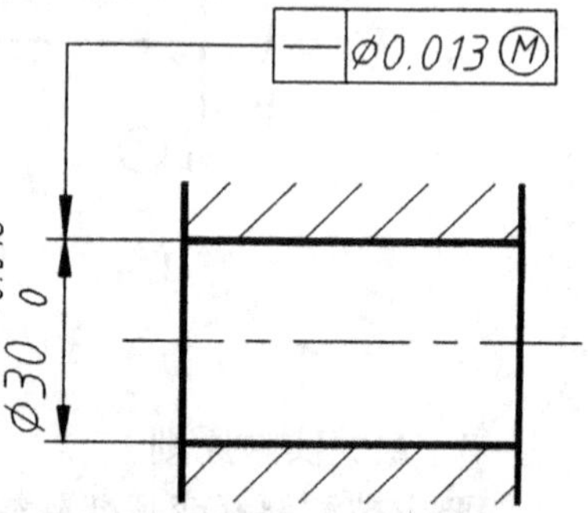

图8-35　用于被测要素实例

例 8-8　如图 8-35 所示，最大实体原则用于被测要素，试求给定直线度公差值，最大补偿值，直线度最大公差值。当实际尺寸为 ϕ30.014，直线度公差值是多少？

解：(1) 给定的直线度公差值是 ϕ0.013。

(2) 最大补偿值

$$t_{补 max} = L_{max} - L_{min} = 30.018 - 30 = \phi 0.018$$

(3) 直线度最大公差值

$$t_{相 max} = t_{给} + t_{补 max} = 0.013 + 0.018 = \phi 0.031$$

(4) 当实际尺寸为 ϕ30.014 时，直线度公差为

$$t_{相} = t_{给} + t_{补} = t_{给} + (L_a - L_{min}) = 0.013 + (30.014-30) = \phi 0.027$$

(2) 最大实体原则应用于基准要素

这时应在公差框格第三格基准符号后加Ⓜ表示，其公差计算较复杂，这里只把基准遵守包容原则的计算方法作一简单介绍。

如图8-36所示。被测要素的位置公差值，是在该基准要素处于最大实体状态时给定的，当基准要素的实际尺寸加工成 ϕ 39.99 时，同轴度公差就是给定值 ϕ 0.02。当基准偏离最大实体状态时，被测要素的定位公差值允许增大。

基准的实际尺寸偏离最大实体尺寸多少，就补偿多少，并与给定值相加，就为该项的位置公差值，如图 8-36 右表所列。

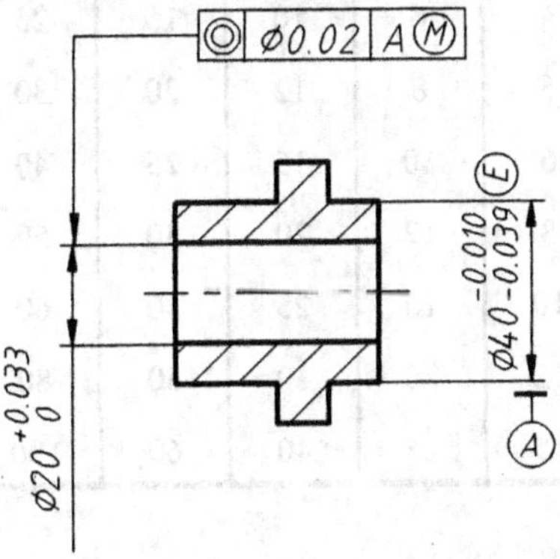

基准实际尺寸 l_a	补偿值 $t_{补}$	同轴度公差值 $t_{相}$
39.99	0	0.015
39.985	0.005	0.025
39.98	0.02	0.03
39.97	0.03	0.04
39.961	0.029	0.049

图 8-36　最大实体原则用于基准要素

例 8-9　如图 8-37 所示，最大实体原则用于基准要素，试求给定垂直度公差值，最大补偿值，垂直度最大公差值。当基准的实际尺寸为 ϕ 50.015 时，垂直度公差又是多少？

解：(1) 给定垂直度公差值是

$$t_{给} = 0.015$$

(2) 垂直度最大补偿值

$$t_{补\,max} = L_{max} - L_{min} = 50.028 - 50 = 0.028$$

(3) 垂直度最大公差值

$$t_{相\,max} = t_{给} + t_{补\,max} = 0.015 + 0.028 = 0.043$$

(4) 基准实际尺寸为 ϕ 50.015 时垂直度公差值为

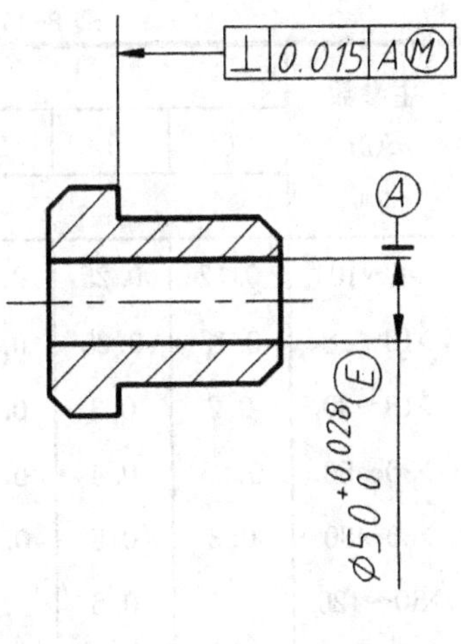

图 8-37　用于基准要素实例

$$t_{相} = t_{给} + t_{补} = t_{给} + (L_a - L_{min}) = 0.015 + (50.015-50) = 0.03$$

四、形位公差值的选择

设计产品时，应按国家标准提供的统一数系选择形位公差值，国家标准对圆度和圆柱度划分为 13 个等级，数值见表 8-17；对直线度、平面度、平行度、垂直度、倾斜度、同轴度、对称度、圆跳动、全跳动，都划分为 12 个等级，数值见表 8-16、表 8-18、表 8-19；对位置度没有划分等级，只提供了位置度数系，见表 8-20，没有对线轮廓度和面轮廓度规定公差值。

表 8-16　直线度、平面度(摘自 GB1184-96)　　单位：μm

主参数 L (mm)	公差等级										
	1	2	3	4	5	6	7	8	9	10	11
	公差值										
≤10	0.2	0.4	0.8	1.2	2	3	5	8	12	20	30
>10～16	0.25	0.5	1	1.5	2.5	4	6	10	15	25	40
>16～25	0.3	0.6	1.2	2	3	5	8	12	20	30	50
>25～40	0.4	0.8	1.5	2.5	4	6	10	15	25	40	60
>40～63	0.5	1	2	3	5	8	12	20	30	50	80
>63～100	0.6	1.2	2.5	4	6	10	15	25	40	60	100
>100～160	0.8	1.5	3	5	8	12	20	30	50	80	120
>160～250	1	2	4	6	10	15	25	40	60	100	150

注：L为被测要素的长度。

表 8-17　圆度、圆柱度(摘自 GB1184-96)　　单位：μm

主参数 $d(D)$ (mm)	公差等级											
	0	1	2	3	4	5	6	7	8	9	10	11
	公差值											
>6～10	0.12	0.25	0.4	0.6	1	1.5	2.5	4	6	9	15	22
>10～18	0.15	0.25	0.5	0.8	1.2	2	3	5	8	11	18	27
>18～30	0.2	0.3	0.6	1	1.5	2.5	4	6	9	13	21	33
>30～50	0.25	0.4	0.6	1	1.5	2.5	4	7	11	16	25	39
>50～80	0.3	0.5	0.8	1.2	2	3	5	8	13	19	30	46
>80～120	0.4	0.6	1	1.5	2.5	4	6	10	15	22	35	54
>120～180	0.6	1	1.2	2	3.5	5	8	12	18	25	40	63
>180～250	0.8	1.2	2	3	4.5	7	10	14	20	29	46	72

注：$d(D)$为被测要素的直径。

表 8-18 平行度、垂直度、倾斜度(摘自 GB1184-96) 单位：μm

主参数 L (mm)	公差等级											
	1	2	3	4	5	6	7	8	9	10	11	12
	公差值 (um)											
≤10	0.4	0.8	1.5	3	5	8	12	20	30	50	80	12
>10～16	0.5	1	2	4	6	10	15	25	40	60	100	15
>16～25	0.6	1.2	2.5	5	8	12	20	30	50	80	120	20
>25～40	0.8	1.5	3	6	10	15	25	40	60	100	150	25
>40～63	1	2	4	8	12	20	30	50	80	120	200	30
>63～100	1.2	2.5	5	10	15	25	40	60	100	150	250	40
>100～160	1.5	3	6	12	20	30	50	80	120	200	300	50
>160～250	2	4	8	15	25	40	60	100	150	250	400	60

注：*L*为被测要素的长度。

表 8-19 同轴度、对称度、圆跳动、全跳动(摘自 GB1184-96) 单位：μm

主参数 *d*(D),B (mm)	公差等级											
	1	2	3	4	5	6	7	8	9	10	11	12
	公差值 (um)											
>6～10	0.6	1	1.5	2.5	4	6	10	15	30	60	100	20
>10～18	0.8	1.2	2	3	5	8	12	20	40	80	120	25
>18～30	1	1.5	2.5	4	6	10	15	25	50	100	150	30
>30～50	1.2	2	3	5	8	12	20	30	60	120	200	40
>50～120	1.5	2.5	4	6	10	15	25	40	80	150	250	50
>120～250	2	3	5	8	12	20	30	50	100	200	300	60

表 8-20 位置度数系(GB1184-96)

1	1.2	1.5	2	2.5	3	4	5	6	8
1×10^n	1.2×10^n	1.5×10^n	2×10^n	2.5×10^n	3×10^n	4×10^n	5×10^n	6×10^n	8×10^n

注：*n*为正整数。

形位公差等级的选择原则与尺寸公差等级的选择原则相同，即在满足零件功能要求的前提下，尽量选用低的公差等级，选择方法一般采用类比法。

确定形位公差值应注意以下问题：

1. 协调好尺寸公差、形位公差与表面粗糙度之间的关系

一是形状公差与位置公差的关系，通常在同一要素上给定的形状公差值应小于位置公差值，如要求平行的两个表面，其平面度公差值应小于平行度公差值。

二是尺寸公差与形位公差的关系，当实际要素遵守包容原则时，形位公差值应小于尺寸公差值；不遵守包容原则时形位公差值可小于或大于尺寸公差值。

三是形状公差与表面粗糙度的关系，一般来说，表面粗糙度小的表面，其形状公差也小。

2. 降级选用原则

在满足功能要求的前提下，根据零件结构特点和加工难易程度，对下列情况形位公差等级可适当降低1～2级选用：

(1)孔相对于轴。

(2)长径比(轴长／轴径)较大的轴或孔。

(3)距离较大的轴或孔。

(4)宽度较大(一般大于1/2长度)的零件表面。

(5)线对线和线对面相对于面对面的平行度。

(6) 线对线和线对面相对于面对面的垂直度。

3. 考虑配合要求时形位公差值的选取

有配合要求的要素要采用包容原则，根据功能要求及工艺条件，其形状公差带通常按尺寸公差的百分比选取。应当注意：形状公差带占尺寸公差的百分比过小，则会对工艺装备的精度要求过高 ；而占尺寸公差的百分比过大，则会给保证尺寸本身的精度带来困难。通常对一般零件的形状公差，如圆度公差带可取尺寸公差的50%。国家标准规定的圆度公差的0～12级所形成的公差带约占0～12级尺寸公差的50%(即某级的圆度、圆柱度公差值为同级的尺寸公差的1/2)。

一般能由通用机床保证的形位公差可以不标注在图样上，按国家标准GB1184-96《形位公差 未注公差的规定》选用。

对未注形位公差值有如下规定：

(1) 对直线度、平面度、同轴度和对称度未注公差分*A*、*B*、*C*、*D*四个公差等级，它们的公差值分别与相应项目的形位公差表格中9、10、11、12四级公差值相同，具体公差等级由各行业、各工厂根据实际情况自行确定。

(2) 圆度公差值应不大于尺寸公差值。

(3) 对于标有Ⓔ的圆柱表面或平行要素，其圆柱度或平行度应遵守包容原则的规定。

(4) 其他要素的未注形位公差值由有关的尺寸(角度)公差值和上述未注形位公差值分别控制。例如，对于不标Ⓔ的圆柱表面由圆度、素线的直线度未注公差值和要素的尺寸公差分别控制；垂直要素、倾斜要素由角度公差值和直线度或平面度未注公差值分别控制，圆跳动和全跳动的公差值不应大于该要素的形状和位置的未注公差的综合值。

第三节　表面粗糙度

一、表面粗糙度概念

零件表面不论采用什么方法加工，其表面都不是绝对平整的。有些零件表面看起来很光滑，但在放大镜下观察时，仍可发现表面上存在凹凸不平的加工痕迹，如图8-38所示。零件表面上具有较小间距和峰谷所组成的微观几何形状的特征，称为表面粗糙度。

图8-38　表面粗糙度概念

表面粗糙度是评定零件的表面质量的一项重要指标。表面粗糙度好、坏，对零件的耐腐蚀、耐磨性、抗疲劳的能力及表面的配合质量都有影响。但提高零件的表面粗糙度，其加工成本也增加。因此，通常在保证使用要求的前提下，应尽量选择比较低的表面粗糙度。

二、评定表面粗糙度的高度参数及数值

国家标准规定评定表面粗糙度的高度参数主要有以下三项：

(一)轮廓算术平均偏差 R_a

在取样长度l内，被测表面轮廓上各点至基准线之间距离绝对值的算术平均值。如图8-39所示。其近似值为：

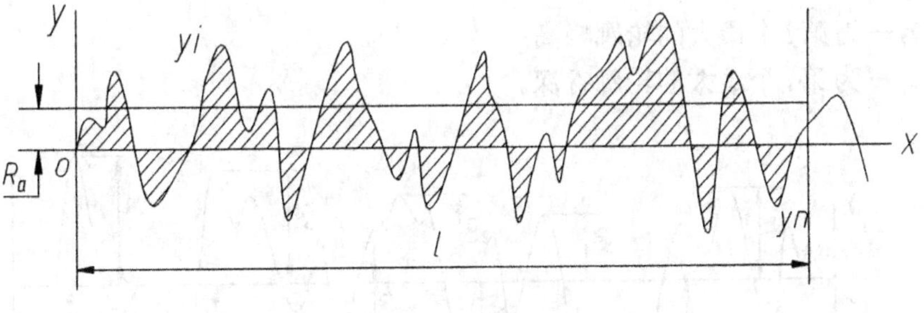

图8-39 算术平均偏差 R_a

$$R_a \approx \frac{1}{n}\sum_{i=1}^{n}|y_i|$$

式中：y_i——峰谷任一测点到基准线的偏距；

n——测点数。

轮廓算术平均偏差 R_a 的数值见表8-21，设计时应优先选用第一系列。

表 8-21　轮廓算术平均偏差 R_a 的数值

第 1 系列	第 2 系列	第 1 系列	第 2 系列	第 1 系列	第 2 系列	第 1 系列	第 2 系列
	0.008						
	0.010						
0.0125			0.125		1.25	12.5	
	0.016		0.160	1.6			16.0
	0.020	0.20			2.0		20
0.025			0.25		2.5	25	
	0.032		0.32	3.2			32
	0.040	0.40			4.0		40
0.050			0.50		5.0	50	
	0.063		0.63	6.3			63
	0.080	0.80			8.0		80
0.100			1.00		10.0	100	

（二）微观不平度十点高度 R_Z

在取样长度 l 内，五个最大的轮廓峰高的平均值与五个最大的轮廓谷深的平均值之和，如图 8-40 所示。即：

$$R_Z = \frac{\sum_{i=1}^{5} Y_{P_i} + \sum_{i=1}^{5} Y_{V_i}}{5}$$

式中：

Y_{P_i}—为第 i 个最大的轮廓峰高；

Y_{V_i}—为第 i 个最大的轮廓谷深。

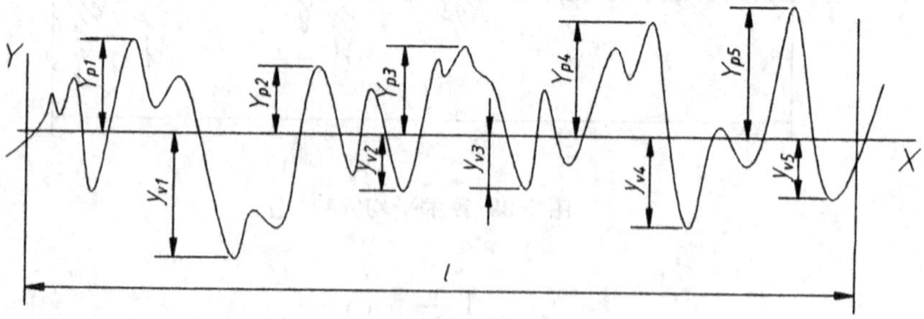

图 8-40　十点高度 R_Z

R_Z 的数值见表 8-22。

表 8-22　R_z 和 R_y 的数值

第1系列	第2系列	第1系列	第2系列	第1系列	第2系列	第1系列	第2系列	第1系列	第2系列	第1系列	第2系列
			0.125		1.25	12.5			125		1250
			0.160	1.6			16.0		160	1600	
		0.20			2.0		20	200			
0.025			0.25		2.5	25			250		
	0.032		0.32	3.2			32		320		
	0.040	0.40			4.0		40	400			
0.050			0.50		5.0	50			500		
	0.063		0.63	6.3			63		630		
	0.080	0.80			8.0		80	800			
0.100			1.00		10.0	100			1000		

注：优先采用第一系列。

（三）轮廓最大高度 R_y

在取样长度 l 内，轮廓峰顶线和轮廓谷底线之间的距离。如图 8-41 所示。R_y 的数值见表 8-22。

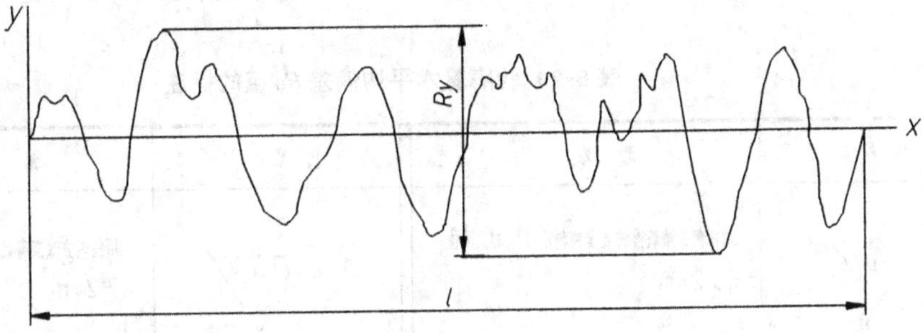

图 8-41　轮廓最大高度 R_y

上述三项高度参数中，R_a 能较充分反映表面微观几何形状高度方面的特征，并且测量比较方便，故推荐优先选用 R_a。

三、表面粗糙度符号、代号

GB/T131-93 表面粗糙度符号、代号中规定：

1. 图样上所标注的表面粗糙度符号、代号是该表面完工后的要求。

2. 有关表面粗糙度的各项规定应按功能要求给定，若仅需加工，而对表面粗糙度的其他规定没有要求时，允许只注表面粗糙度符号。

3. 图样上表示零件表面粗糙度的符号及其含义如表 8-23 所示。

表 8-23　表面粗糙度符号

符　号	意义及说明
	基本符号，表示表面可用任何方法获得。当不加注粗糙度参数值或有关说明（例如：表面处理、局部热处理状况等）时，仅适用于简化代号标注
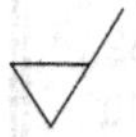	基本符号加一短划，表示表面是用去除材料的方法获得。例如：车、铣、钻、磨、剪切、抛光、腐蚀、电火花加工、气割等
	基本符号加一小圆，表示表面是用不去除材料的方法获得。例如：铸、锻、冲压变形、热轧、冷轧、粉末冶金等。或者是用于保持原供应状况的表面（包括保持上道工序的状况）
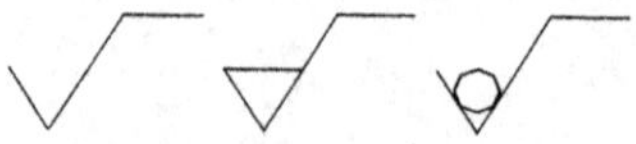	在上述三个符号的长边上均可加一横线，用于标注有关参数和说明
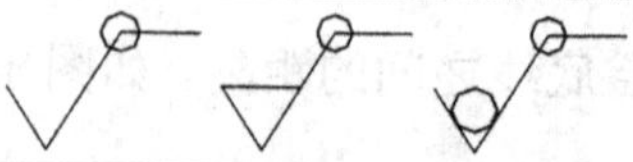	在上述三个符号上均可加一小圆，表示所有表面具有相同的表面粗糙度要求

4. 表面粗糙度高度参数中轮廓算术平均偏差 R_a 值的标注见表 8-24 所示。R_a 在代号中用数值表示(单位为微米)，参数值前可不标注参数代号(R_a)。

表 8-24 轮廓算术平均偏差 *Ra* 值的标注

代号	意　义	代号	意　义
 3.2	用任何方法获得的表面粗糙度，R_a 的上限值为 3.2μm	 3.2max	用任何方法获得的表面粗糙度，R_a 的最大值为 3.2μm
 3.2	用去除材料的方法获得的表面粗糙度，R_a 的上限值为 3.2μm	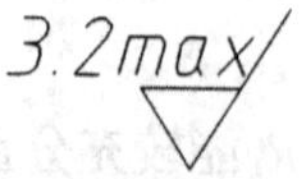 3.2max	用去除材料的方法获得的表面粗糙度，R_a 的最大值为 3.2μm
 3.2	用不去除材料方法获得的表面粗糙度，R_a 的上限值为 3.2μm	 3.2max	用不去除材料方法获得的表面粗糙度，R_a 的最大值为 3.2μm
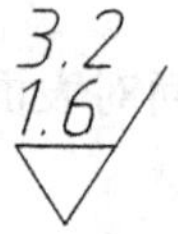 3.2 1.6	用去除材料的方法或得的表面粗糙度，R_a 的上限值为 3.2μm，R_a 的下限值为 1.6μm	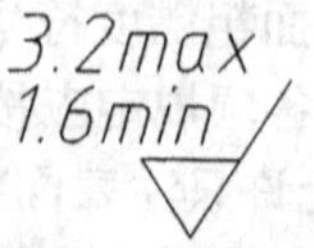 3.2max 1.6min	用去除材料的方法获得的表面粗糙度，R_a 的最大值为 3.2μm，R_a 的最小值为 1.6μm

四 表面粗糙度在图样上的标注方法

1. 表面粗糙度符号、代号一般注在可见轮廓线、尺寸界线、引出线或它们的延长线上，并从材料外指向材料内，如图 8-42。

2. 表面粗糙度代号中数字及符号应按图 8-43 和图 8-44 的规定标注。

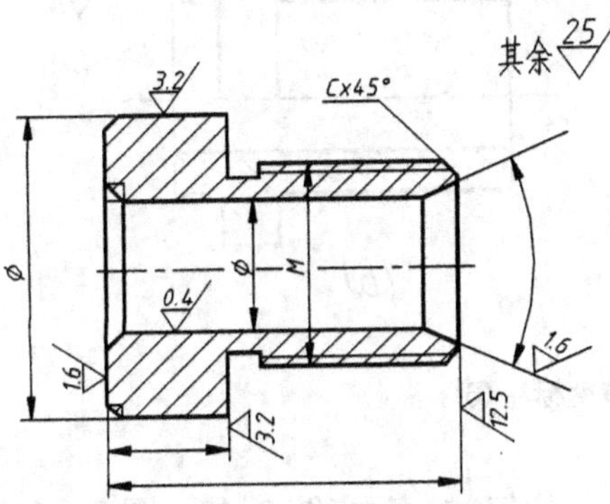

图 8-42 粗糙度标注(1)

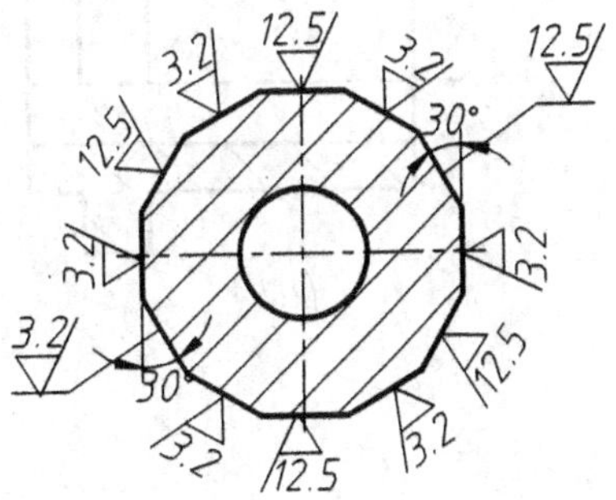

图 8-43 粗糙度标注(2)

3. 带有横线的表面粗糙度符号应按图 8-45 标注。

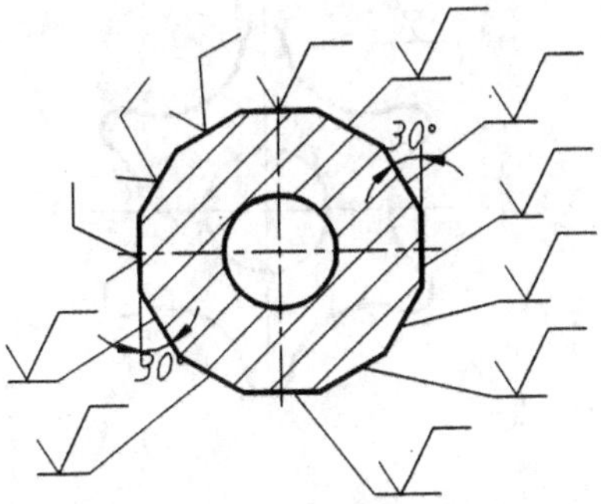

图 8-44 粗糙度标注(3)

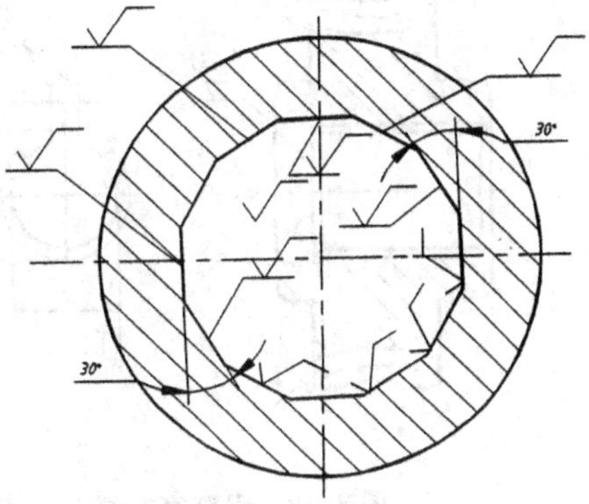

图 8-45 粗糙度标注(4)

4. 在同一张图样上，每一表面一般只标注一次符号、代号，并尽可能靠近有关的尺寸线，如图 8-42。

当地位狭小或不便标注时，符号、代号又可以引出标注，如图 8-46 所示。

5. 当零件所有表面具有相同的表面粗糙度要求时，其符号、代号可在图样的右上角统一标注，如图 8-47(*a*)、(*b*)所示。

6. 当零件的大部分表面具有相同的表面粗糙度要求时，对其中使用最多的一种符号、代号，可以统一注在图样的右上角，并加注“其余”两字，如图 8-42、图 8-46。

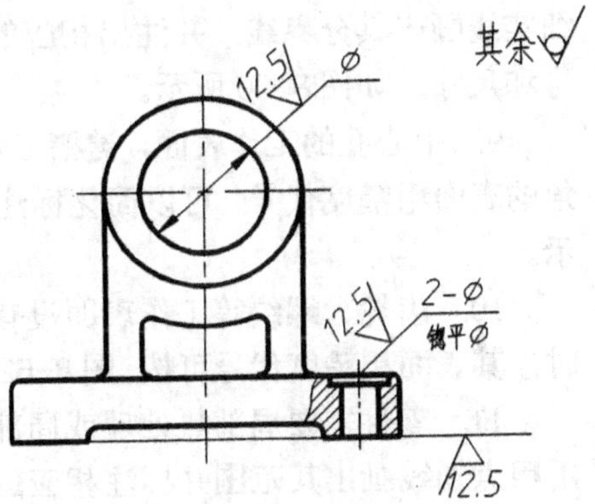

图 8-46 粗糙度标注(5)

凡在图样上统一标注表面粗糙度要求时，其符号、代号和说明文字高度均应是图形上其他表面所注代号和文字的 1.4 倍，见图 8-42、图 8-46。

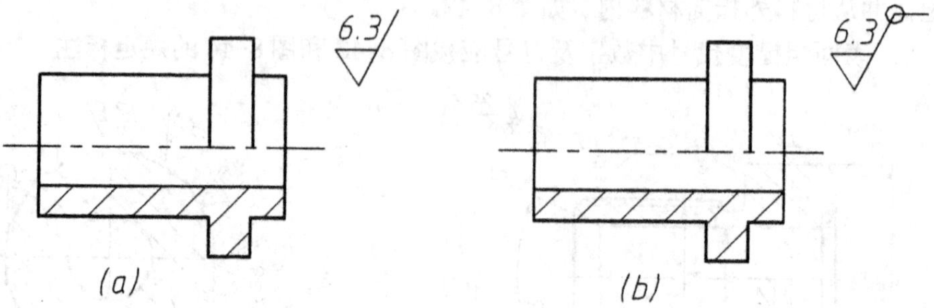

图 8-47　粗糙度标注 (6)

7. 零件上连续表面及重复要素(孔、槽、齿等)的表面(图 8-48、图 8-49)和用细实线连接不连续的同一表面(图 8-46)，其表面粗糙度符号、代号只标注一次。

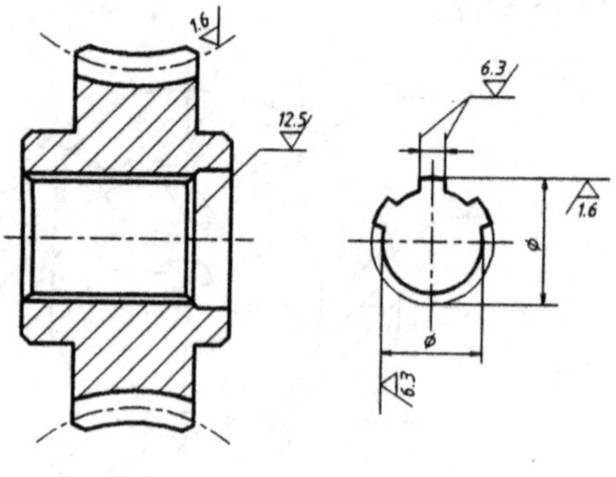

图 8-48　粗糙度标注 (7)

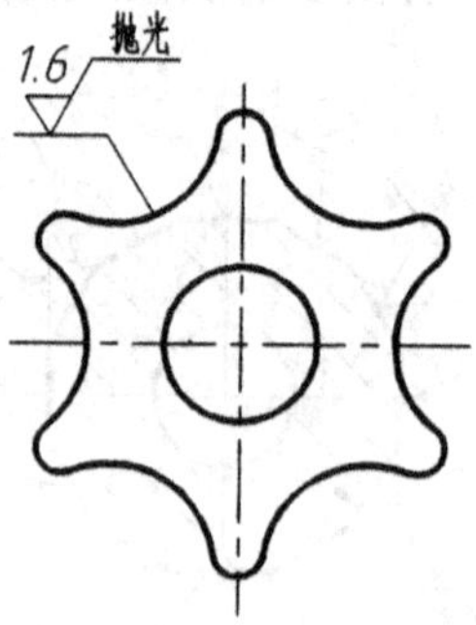

图 8-49　粗糙度标注 (8)

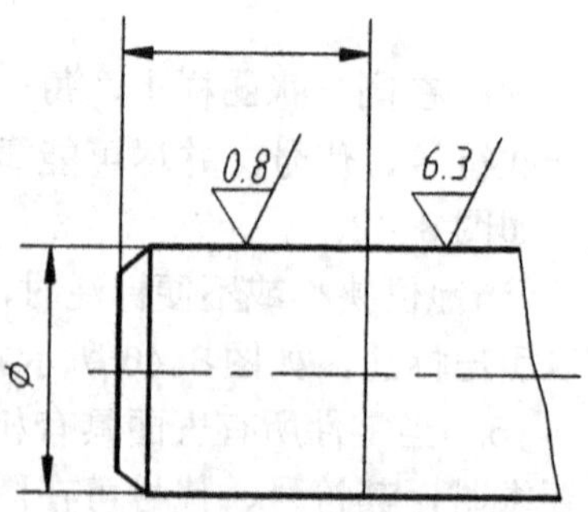

图 8-50　粗糙度标注 (9)

8. 同一表面有不同的表面粗糙度要求时，需用细实线画出其分界线，并注出相应的表面粗糙度代号和尺寸，如图 8-50 所示。

9. 中心孔的工作表面，键槽工作面，倒角、圆角的表面粗糙度代号，可以简化标注，如图 8-51 所示。

10. 齿轮、螺纹等工作表面没有画出齿(牙)形时，其表面粗糙度代号可按 图 8-52 的方式标注。

11. 零件需要局部热处理或局部镀(涂)时，应用粗点划线画出其范围并标注相应的尺寸，也可将其要求注写在表面粗糙度符号长边的横线上，如图 8-53 所示。

图 8-54 分别表示对所指表面镀涂后(*a*)；镀涂前(*b*)；镀涂前及镀涂后(*c*)的表面粗糙度要求。

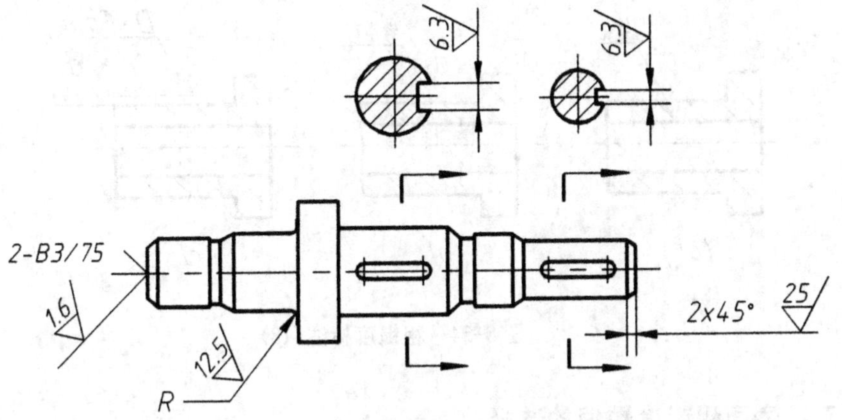

图 8-51　粗糙度标注(10)

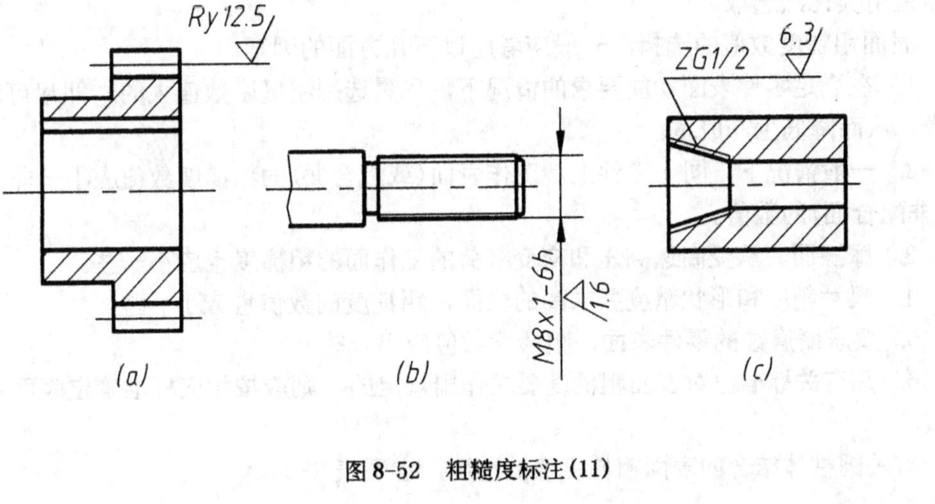

图 8-52　粗糙度标注(11)

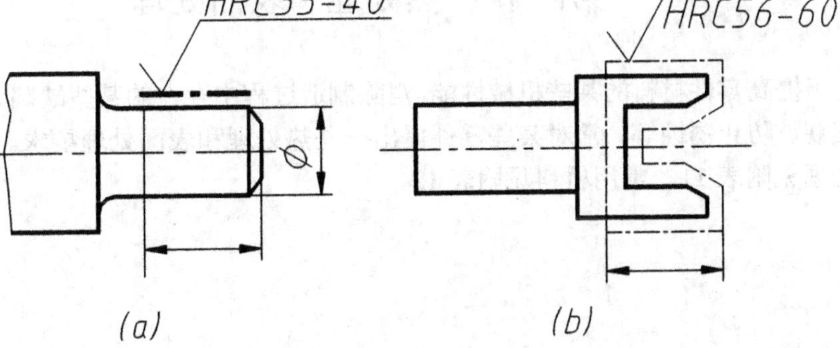

图 8-53　粗糙度标注(12)

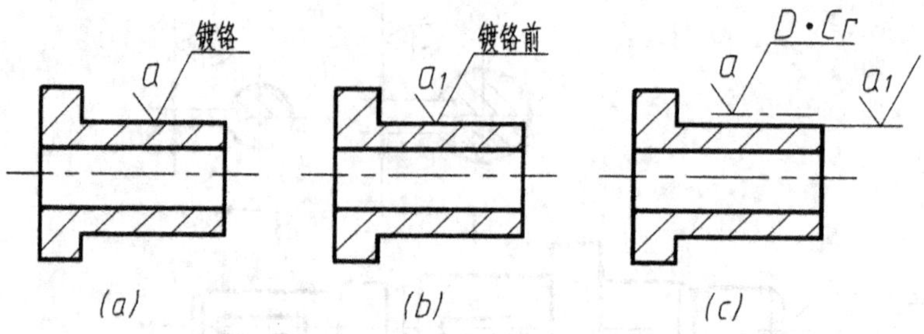

图 8-54　粗糙度标注(13)

五、表面粗糙度数值的选择

表面粗糙度是一项重要的技术经济指标，选取时应在满足零件功能要求的前提下，同时考虑工艺的可行性和经济性。确定零件表面粗糙度时，除有特殊要求的表面外，一般多采用类比法选取。

表面粗糙度数值的选择，一般应考虑以下几方面的因素。

1. 在满足零件表面功能要求的情况下，尽量选用粗糙度数值大的，即尽可能减低要求，从而降低生产成本。

2. 一般情况下，同一零件上，工作表面(或配合面)的粗糙度数值应小于非工作面(或非配合面)的数值。

3. 摩擦面、承受高速高压和交变载荷的工作面的粗糙度也应小一些。

4. 尺寸精度和形状精度要求高的表面，粗糙度的数值也应小一些。

5. 要求耐腐蚀的零件表面，粗糙度数值应小一些。

6. 凡有关标准已对表面粗糙度要求作出规定的，则应按相应标准确定表面粗糙度数值。

有关圆柱体结合的表面粗糙度值的选用，参看表 8-25。

第四节　热处理和表面处理

为了提高零件材料的某些机械性能，消除制造过程中存在的某些缺陷(如内应力等)、增加美观、防止锈蚀等，常对某些零件提出一些热处理和表面处理要求。常用热处理和表面处理见附表 11。常用材料见附表 12。

表 8-25　圆柱体结合的表面粗糙度推荐值

表面特征			*Ra*(μm)			不大于		
经常装拆零件的配合表面(如挂轮、滚刀等)	公差等级	表面	基本尺寸(mm)					
			～50	>50～500				
	5	轴	0.2	0.4				
		孔	0.4	0.8				
	6	轴	0.4	0.8				
		孔	0.4～0.8	0.8～1.6				
	7	轴	0.4～0.8	0.8～1.6				
		孔	0.8	1.6				
	8	轴	0.8	1.6				
		孔	0.8～1.6	1.6～3.2				
过盈配合的配合表面 a)装配按机械压入法 b)装配按热处理法	公差等级	表面	基本尺寸(mm)					
			～50	>50～120	>120～500			
	5	轴	0.1～0.2	0.4	0.4			
		孔	0.2～0.4	0.8	0.8			
	6～7	轴	0.4	0.8	1.6			
		孔	0.8	1.6	1.6			
	8	轴	0.8	0.8～1.6	1.6～3.2			
		孔	1.6	1.6～3.2	1.6～3.2			
	—	轴	1.6					
		孔	1.6～3.2					
精密定心用配合的零件表面	表面		径向跳动公差(μm)					
			2.5	4	6	10	16	25
			Ra(μm) 不大于					
		轴	0.05	0.1	0.1	0.2	0.4	0.8
		孔	0.1	0.2	0.2	0.4	0.8	1.6
滑动轴承的配合表面	表面		公差等级		液体湿摩擦条件			
			6～9	10～12				
			Ra(μm) 不大于					
		轴	0.4～0.8	0.8～3.2	0.1～0.4			
		孔	0.8～1.6	1.6～3.2	0.2～0.8			

[自学指导]

零件图除了用图形表示零件的形状，用尺寸表示零件的大小外，尚需用技术要求表示零件的质量要求。

技术要求在图中表示的形式有两种：

1. 用代号、符号在图中直接注出；
2. 用文字在图纸的右下方注写。

主要用第一种形式，在无法使用第一种形式时，才使用第二种形式。

技术要求包括尺寸公差、形位公差、表面粗糙度以及热处理、表面处理、材料等。

技术要求涉及的知识面很广，要深入地了解它，还必须通过其他课程有关内容的自学(例如机制工艺、尺寸链、技术测量等)以及生产实践。

学习本章内容，只是一个初步入门。

在学习尺寸公差、形位公差和表面粗糙度时，要弄清它们的基本概念、名词术语以及在图样上的标注方法，对于如何选择，亦需做到初步了解。

选择主要采用类比法，除教材中介绍的例子外，还可以通过阅读机械图样，积累一些实例。

[练习题]

一、尺寸公差的练习题

1. 什么是互换性?为什么要求零、部件具有互换性?
2. 什么叫基本尺寸?什么叫实际尺寸?
3. 什么叫极限尺寸?什么叫最大极限尺寸?什么叫最小极限尺寸?
4. 什么叫尺寸偏差?什么叫上偏差?什么叫下偏差?什么叫极限偏差?
5. 什么叫尺寸公差?尺寸偏差与尺寸公差之间有何关系(列出计算关系式)?
6. 什么叫尺寸公差带?试给出 $\Phi 60^{+0.03}_{0}$ 和轴 $\Phi 60^{-0.010}_{-0.035}$ 公差带图(用500∶1的比例)。
7. 有一孔 $\Phi 80^{+0.032}_{0}$ ，试计算 L_{max}（最大极限尺寸）、L_{min}（最小极限尺寸）和 T_h（尺寸公差）。
8. 有一轴 $\Phi 90^{-0.018}_{-0.045}$，试计算 L_{max}（最大极限尺寸）、L_{min}(最小极限尺寸)和 T_s（尺寸公差）。
9. 有一轴 $\Phi 45^{+0.012}_{-0.007}$，试计算 L_{max}(最大极限尺寸)、L_{min}（最小极限尺寸)和 T_s（尺寸公差)。
10. 什么叫标准公差?用什么符号表示?
11. 什么是公差等级?共分多少级?标准公差等级是怎样表示的?
12. 公差数值的大小与什么有关?公差等级相同，公差数值是否相同?
13. 什么是配合?配合有哪三种?
14. 什么是间隙和过盈?什么是配合公差?
15. 有一孔、轴配合，孔 $\Phi 70^{+0.028}_{0}$ ，轴 $\Phi 70^{-0.012}_{-0.033}$ ，试计算 X_{max}、X_{min}、T_f、X_{av}。

16. 有一孔、轴配合，孔 $\Phi120_{0}^{+0.035}$ ，轴 $\Phi120_{+0.060}^{+0.088}$ ，试计算 Y_{max}、Y_{min}、T_f、Y_{av}。

17. 有一孔、轴配合，孔 $\Phi50_{0}^{+0.023}$ ，轴 $\Phi50_{-0.012}^{+0.008}$ ，试计算 Y_{max}、X_{max}、T_f 和平均值。

18. 什么是基本偏差?用什么来表示?孔、轴基本偏差有什么不同?

19. 标准公差与基本偏差有什么用途?

20. 孔、轴公差在图上的标注方法有哪三种?

21. 公差配合基准制分哪两种?怎样定义的?有什么特点?

22. 查孔、轴极限偏差的步骤是怎样的?试查出：Φ30c11；Φ50f8；Φ30js6；Φ80m8；Φ130s7；Φ160u6；Φ35F8；Φ55H8；Φ100N7；Φ90h6 的极限偏差；

23. 解释下列公差带代号或配合代号的含义;Φ95k7；Φ60js6；Φ60H8；$\Phi40\frac{H7}{f6}$；$\Phi80\frac{H8}{h7}$；$\Phi75\frac{T6}{h5}$。

24. 怎样选用基准制?

25. 怎样选择配合类别?

26. 怎样选择公差等级?

27. 未注公差尺寸有无公差要求?对它的使用有哪些规定?

二、形位公差的练习题

1. 为什么要有形位公差要求?

2. 形位公差有哪些项目和符号?

3. 框格中各格表示的含义是什么?

4. 基准是怎样表示的?

5. 被测要素是怎样表示的?标注法有哪些?

6. 什么是要素?要素分哪几种?

7. 什么是形位公差的公差带?公差带由哪四个因素构成?指出图 8-55 公差带的大小和形状。

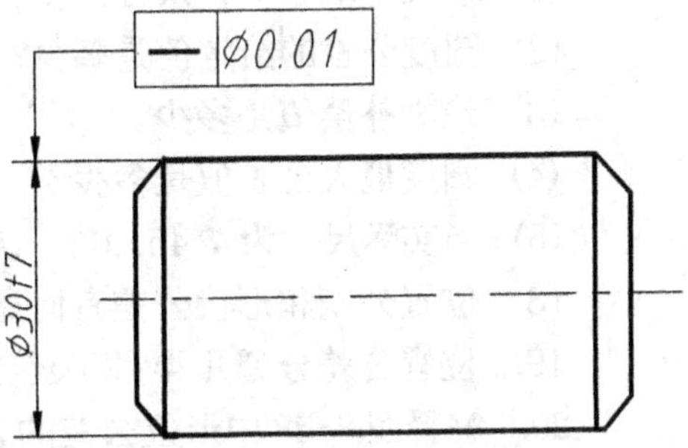

图 8-55　练习题插图（1）

8. 理论正确尺寸是怎样表示的?

9. 什么是独立公差原则?

10. 什么是相关公差原则?包括哪两个公差原则?

11. 什么是最大实体状态和最大实体尺寸?孔和轴尺寸中哪个是最大实体尺寸?

12. 什么是最小实体状态和最小实体尺寸?孔和轴尺寸中哪个是最小实体尺寸?

13. 什么叫理论边界?包容原则用哪个尺寸作为理想边界直径尺寸?最大实体原则又是用哪个尺寸作为理想边界直径尺寸?

14. 什么是包容原则?单一要素的包容原则如何表示?相关要素的包容原则如何表示?

15. 什么是最大实体原则?最大实体原则用于被测要素如何表示?最大实体原则用于基准要素如何表示?

16. 在图 8-56 中指出：

(1) 最大、最小实体尺寸是多少?
(2) 直线度公差的给定值是多少?
(3) 最大补偿值是多少?
(4) 直线度的最大公差值是多少?
(5) 当实际尺寸为 $\Phi 39.985$，求此时的直线度公差值是多少?

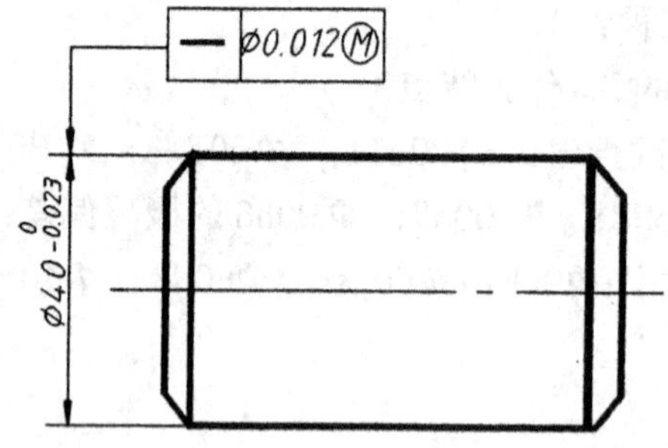

图 8-56 练习题插图(2)

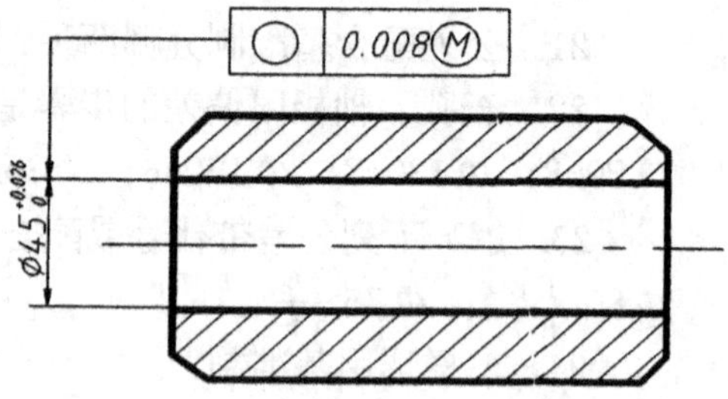

图 8-57 练习题插图(3)

17. 在图 8-57 中指出:
(1) 最大、最小实体尺寸是多少?
(2) 圆度公差的给定值是多少?
(3) 最大补偿值是多少?
(4) 圆度最大公差值是多少?
(5) 当实际尺寸为 $\Phi 45.018$，求此时圆度公差值是多少?
18. 位置公差和形状公差有何显著区别?
19. 位置公差分哪几类?每类包括哪些项目?写出项目名称，并画出符号。
20. 解释图 8-58 中形位公差的意义。

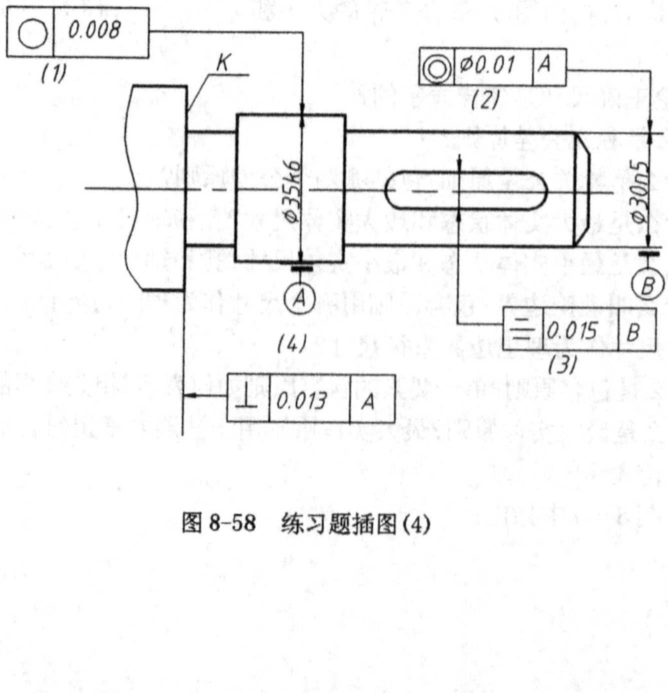

图 8-58 练习题插图(4)

三、表面粗糙度练习题

1. 什么是表面粗糙度?它是怎样产生的?对零件有什么影响?
2. 表面粗糙度有哪三个高度评定参数?常用的是哪个参数?
3. 表面粗糙度对配合性质有什么影响?
4. 画出表面粗糙度的基本符号。
5. 符号 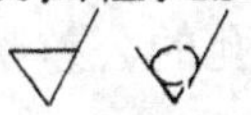 表示什么意思?
6. 画出 R_a =12.5 去除材料的表面粗糙度代号。
7. 表面粗糙度在图样上有哪几种标注形式?
8. 已知零件上各表面粗糙度的要求，试在图 8-59 中完成它的注写。

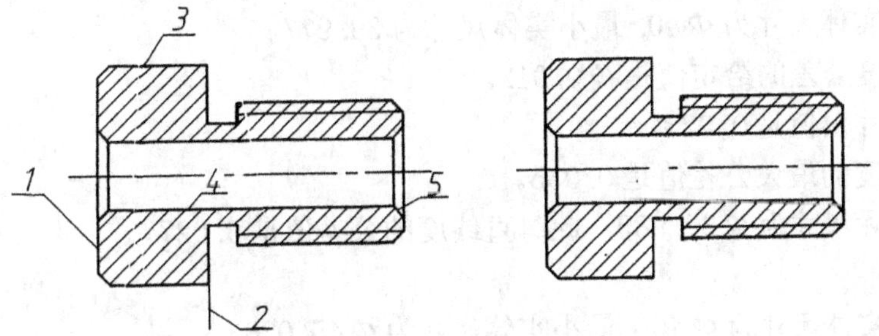

1	2	3	4	5	其余
1.6	3.2	3.2	0.4	12.5	25

图 8-59　练习题插图(5)

[练习题答案]

一、尺寸公差练习题答案

7. 答：L_{max} = Φ80.032，　L_{min} = Φ80，T_h =0.032
8. 答：L_{max} = Φ89.982，　L_{min} = Φ89.955，T_s =0.027
9. 答：L_{max}= Φ45.012，　L_{min} = Φ44.993，T_s =0.019

15. 答：X_{max}=0.061，　X_{min} =0.012，T_f =0.049，X_{av} =0.0365

16. 答：Y_{max}=-0.088，Y_{min} =-0.025，T_f =0.063，Y_{av} =-0.0565

17. 答：Y_{max} =-0.008，Y_{min} =-0.035，T_f =0.043，Y_{av}=-0.0135

23. 答：Φ95k7——轴的基本尺寸为 Φ95，公差带代号为 k7，其中基本偏差代号为 k，标准公差等级为 7。

Φ60js6——轴的基本尺寸为 Φ60，公差带代号为 js，其中基本偏差代号为 js，标准公差等级为 6。

Φ60H8——孔的基本尺寸为 Φ60，公差带代号为 H8，其中基本偏差代号为 H，标准公差等级为 8。

$\Phi 40\frac{H7}{f6}$——基孔制间隙配合、基本尺寸为 Φ40，其中孔的公差带代号为 H7，轴的公差带代号为 f6。

$\Phi 80\frac{H8}{h7}$——基轴制过渡配合，基本尺寸为 Φ80，其中孔的公差带代号为 H8，轴的公差带代号为 h7。

$\Phi 75\frac{T6}{h5}$——基轴制过盈配合，基本尺寸为 Φ75，其中孔的公差带代号为 T6，轴的公差带代号为 h5。

二、形位公差练习题答案

16. 答：

(1) 最大实体尺寸为 Φ40, 最小实体尺寸为 39.977。

(2) 直线度公差的给定值是 Φ0.012。

(3) 最大补偿值是 0.023。

(4) 直线度的最大公差值是 0.035。

(5) 当实际尺寸为 Φ39.985，此时直线度的公差值是 0.027。

17. 答：

(1) 最大实体尺寸为 Φ45，最小实体尺寸为 Φ45.026。

(2) 圆度公差的给定值是 0.008。

(3) 最大补偿值是 0.026。

(4) 圆度最大公差值是 0.034。

(5) 当实际尺寸为 Φ45.018 时，圆度公差值为 0.026。

20. 答：

(1) Φ35k6 圆柱面的圆度公差为 0.008。

(2) Φ30n5 轴线对 Φ35k6 轴线的同轴度公差为 Φ0.01。

(3) 键槽中心面相对于 Φ30n5 轴线的对称度公差为 0.015。

(4) *K* 面对 Φ35k6 轴线的垂直度公差为 0.013。

三、表面粗糙度练习题答案

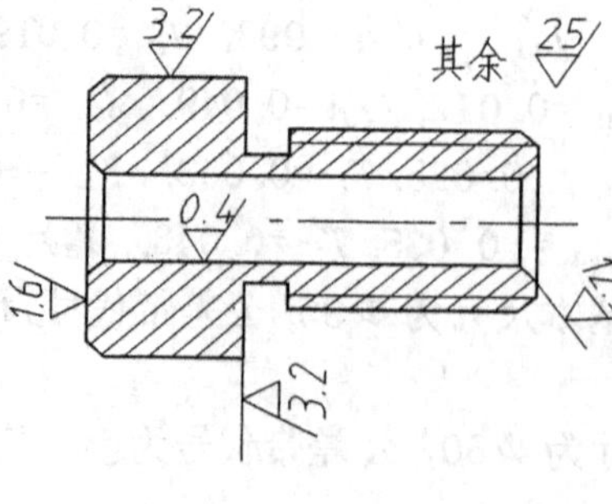

第九章　标准件和常用件及焊接件图

标准件和常用件在多种机器中被广泛的应用。常见的标准件有螺栓、螺柱、螺钉、螺母、垫圈、键、销和滚动轴承等。它们在机器中分别起连接、传递动力、定位和支承轴转动等作用。国家标准对这类零件的规格、结构形式和尺寸作了统一规定，以便于专业化生产和设计人员选用。常用件有齿轮和弹簧，它们的结构已定形，某些结构尺寸已标准化。

第一节　螺纹和螺纹连接

一、螺纹的基本知识

(一) 螺纹的形成

螺纹是零件上的一种常见结构，它的形成是一平面图形（如三角形、梯形等）沿着圆柱或圆锥表面上的螺旋线运动，则此平面图形运动所形成的轨迹就是螺纹。

在圆柱（或圆锥）外表面上形成的螺纹称为外螺纹，如图9-1(*a*)；在圆柱（或圆锥）内表面上形成的螺纹称为内螺纹，如图9-1(*b*)。

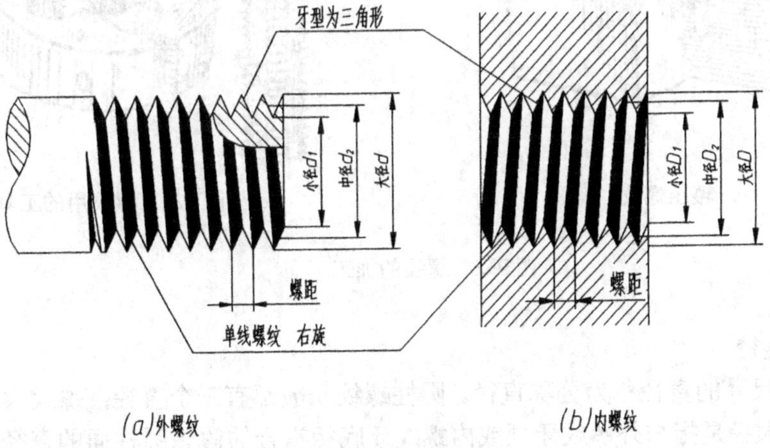

图9-1　螺纹的要素

在生产实践中，螺纹的加工方法很多，常用的方法有：在机床上车削螺纹，即工件绕其轴线匀速旋转运动，同时车刀沿工件轴线作等速直线运动，这时车刀即在圆柱形工件的外表面或内表面车削出螺纹，如图9-2(*a*)、(*b*)所示。此外，还可用丝锥加工内螺纹、板牙加工外螺纹，如图9-2(*d*)等。

(二) 螺纹的要素

内外螺纹一般应旋合配套使用。要保证内、外螺纹正常旋合，内、外螺纹的下列五要素必须一致：

1. 螺纹牙型

沿螺纹的轴线剖切螺纹时所得到的螺纹的牙齿剖面形状称为牙型。常见的螺纹牙型有三角形、梯形、锯齿形、方(矩)形等。表 9-1 列出了几种常用螺纹的牙型图、用途及螺纹种类代号。

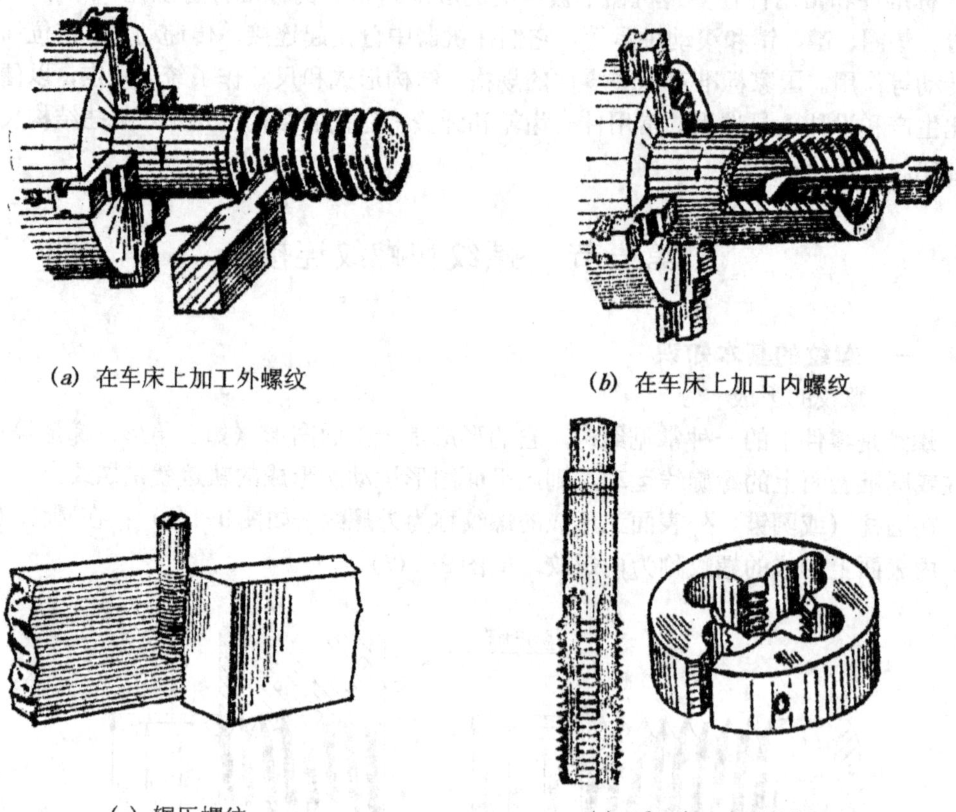

(a) 在车床上加工外螺纹　(b) 在车床上加工内螺纹

(c) 辗压螺纹　(d) 手工加工螺纹用的工具

图 9-2　螺纹的加工

2. 公称直径

代表螺纹尺寸的直径称为公称直径。圆柱螺纹一般都有三个直径：螺纹大径、小径和中径。螺纹大径是指与外螺纹牙顶或内螺纹牙底相重合的假想圆柱面的直径。螺纹小径是指与外螺纹牙底或内螺纹牙顶相重合的假想圆柱面的直径。螺纹中径是指通过牙型上沟槽与凸起处宽度相等的地方一假想圆柱面的直径。如图 9-1 所示。公称直径对不同种类的螺纹有不同的定义，如对普通螺纹是指螺纹的大径，而对英制管螺纹和锥管螺纹，是指刻有外螺纹的管子的孔径的近似值。

3. 线数 n

在圆柱表面上切制出螺纹的条数称为线数。线数有单线和多线(两条或两条以上)之分，见图 9-3。普通螺纹和管螺纹多采用单线，传动螺(如车床丝杆)多采用多线。

4. 螺距 P 和导程 S

(1) 螺距 P　螺纹上相邻两牙在中径线上对应两点间的轴向距离，如图 9-4。

(2) 导程 S　同一条螺旋线上相邻两牙在中径线上对应两点间的轴向距离。显然，单线螺纹的导程等于螺距，即 $S=P$，如图9-3(*a*)。双线螺纹的导程等于两倍螺距，即 $S=2P$，如图 9-3(*b*)。多线螺纹的导程等于线数乘螺距，即 $S=nP$。

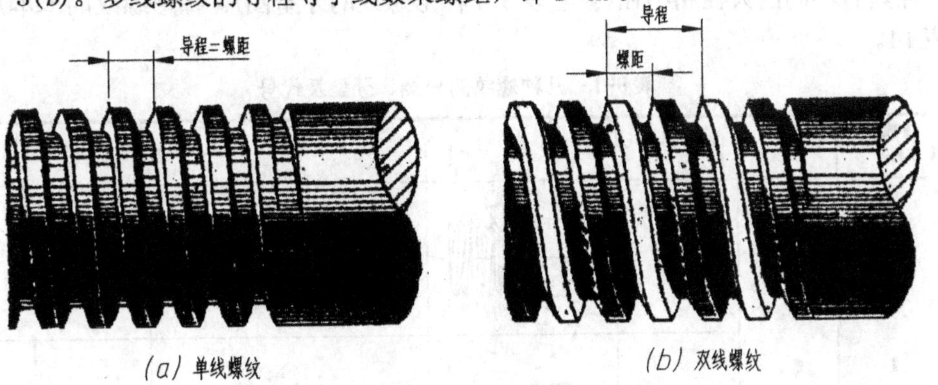

图 9-3　螺纹的线数

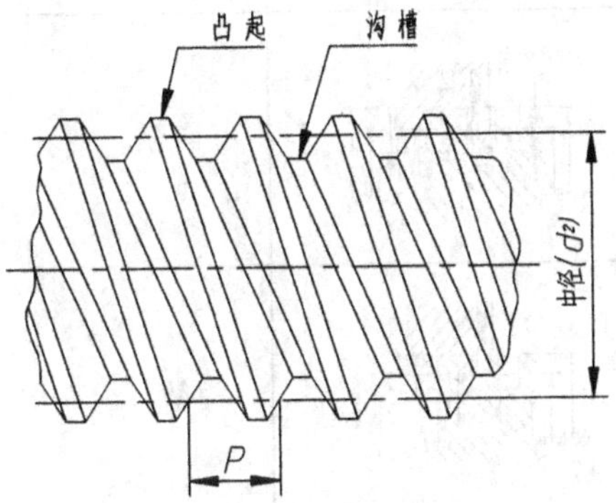

图 9-4　螺纹的中径和螺距

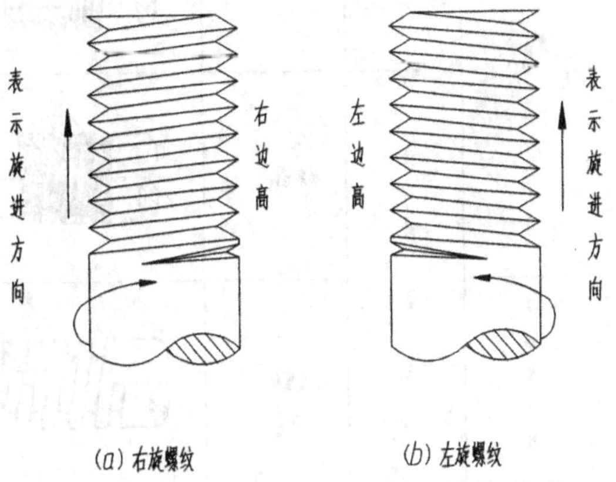

图 9-5　螺纹的旋向

5. 旋向

按螺纹旋进时的旋转方向不同，分为右旋和左旋，如图 9-5。工程上常用右旋螺纹，当有特殊需要时才用左旋螺纹。

国家标准规定，凡牙型、公称直径、螺距均符合标准的称标准螺纹，如普通螺纹、梯形螺纹、管螺纹等；仅牙型符合标准而公称直径、螺距不符合标准的称为特殊螺纹；若牙型不符合标准则称为非标准螺纹(如方牙螺纹)。

(三) 螺纹的种类、基本尺寸及应用

螺纹按用途分为连接螺纹(用于连接)和传动螺纹(传递动力和运动)两类。

常用螺纹如下：

1. 普通螺纹

普通螺纹的公称直径指螺纹的大径 D 或 d。根据使用要求不同，普通螺纹又分为粗牙和细牙。粗牙有较好的连接强度，一般用于紧固连接。而细牙具有较好的密封性及微调性，多用于细小的精密零件或薄壁零件上。普通螺纹的基本尺寸见附表 13。

2. 梯形螺纹

梯形螺纹的公称直径指外螺纹的大径 d。梯形螺纹是一种传动螺纹，为了保证传动灵活，应使内、外螺纹旋合后留有一定的径向间隙。因此内、外螺纹在中径相同的情况下，各具有不同的大径和小径(参看表 9-1 梯形螺纹的牙型图)。梯形螺纹的基本尺寸见附表 14。

表 9-1　几种螺纹的分类、牙型及代号

按标准化程度分	按用途分	按牙型分	外型图	牙型图	螺纹种类代号
标准螺纹	连接螺纹	普通螺纹	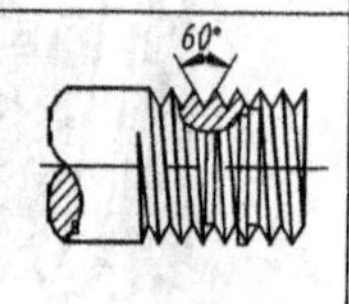		M
		圆柱管螺纹	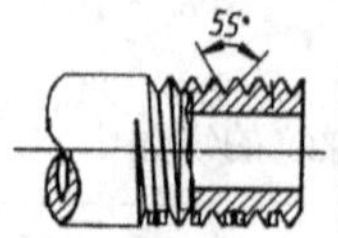	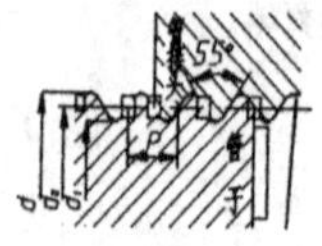	G
	传动螺纹	梯形螺纹	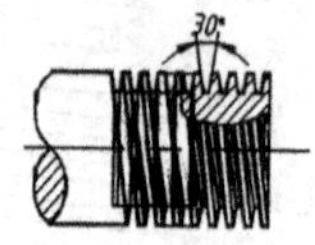	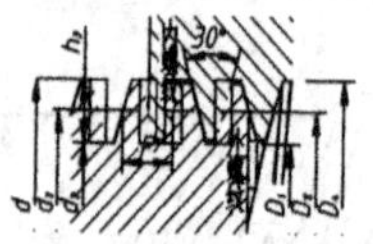	Tr
非标准螺纹		方牙螺纹	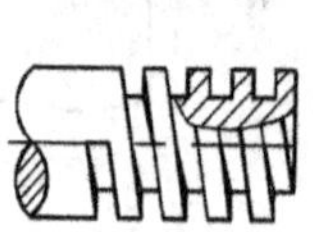	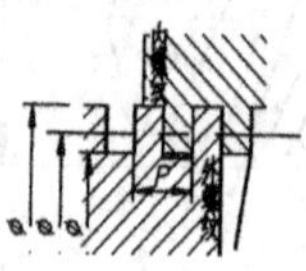	无代号

3. 管螺纹

管螺纹的公称直径是指刻有外螺纹的管子孔径的近似值，而不是指螺纹的大径 d 或 D。管螺纹公称直径的单位用英寸表示(1 英寸 =25.4 mm)。管螺纹分为圆柱管螺纹和圆锥管螺纹两种，常用于水管、油管、煤气管及暖气管等管道连接中，按其连接后本身是否具有密封性，分为两种连接：

(1) 非螺纹密封的管螺纹连接　指采用圆柱内、外管螺纹旋合连接。这种连接本身不具有密封性，如要使其具有密封性，常在内、外螺纹牙齿间加塑胶带等。

(2) 用螺纹密封的管螺纹连接　指采用一对内、外螺纹副旋合后起到密封作用，通常采用圆锥管螺纹连接；另外由于圆锥管螺纹锥度很小(1∶16)，所以在旋合长度不大时，也可采用圆锥外螺纹与圆柱内螺纹连接。

圆柱管螺纹(非螺纹密封的管螺纹)和圆锥管螺纹(用螺纹密封的管螺纹)的基本尺寸，见附表 15。

二、螺纹的规定画法

螺纹的真实投影比较复杂，为了简化作图，国家标准对螺纹的画法作如下规定：

（一）内、外螺纹的画法

1. 外螺纹

在平行螺纹轴线的投影面上，螺纹的牙顶线(即大径)画成粗实线；螺纹的牙底线(即小径)画成细实线且进入螺纹端部倒角(通常取小径等于0.85大径)；螺纹终止线画成粗实线。当螺纹剖开后，在剖视部分的终止线画成一小段粗实线，剖面线画到螺纹大径。在垂直于螺纹轴线的投影面上，螺纹的大径画成粗线；小径画成约3/4圈的细实线圆(开口方向任意)；螺纹倒角圆的投影省略不画。如图 9-6 所示。

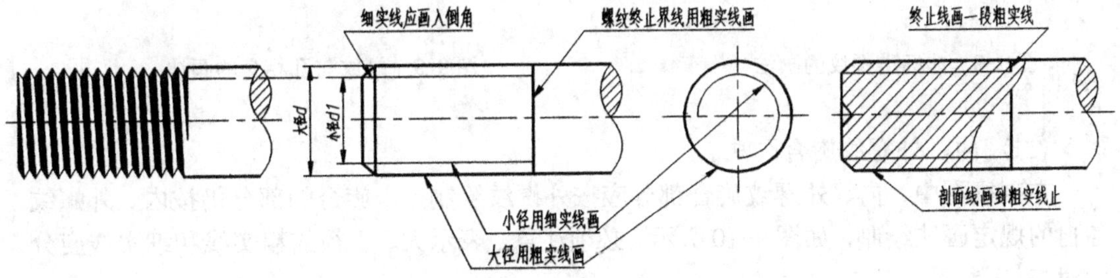

图 9-6　外螺纹的画法

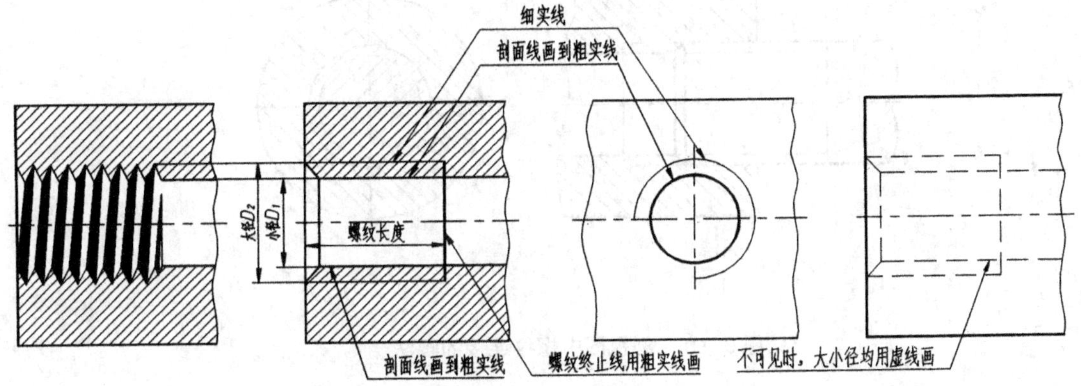

图 9-7　内螺纹的画法

2. 内螺纹

在平行于螺纹轴线的投影面上，螺纹剖开时，螺纹的牙顶线(即小径)画成粗实线；螺纹的牙底线(即大径)画成细实线；螺纹终止线画成粗实线。剖面线画到螺纹小径。当螺纹未被剖开时，螺纹的大径、小径、倒角均画成虚线(无此必要时，也可省略不画)。在垂直于螺纹轴线的投影面上，小径画成粗实线；大径画成约 3/4 圈的细实线圆；孔口倒角圆的投影省略不画，如图 9-7 所示。

另外，对非标准螺纹，除上述规定外，还必须在图中表达牙型的形状如图 9-8。在零件上常碰到螺孔与螺孔、螺孔与光孔相交的情况，其画法如图 9-9 所示。

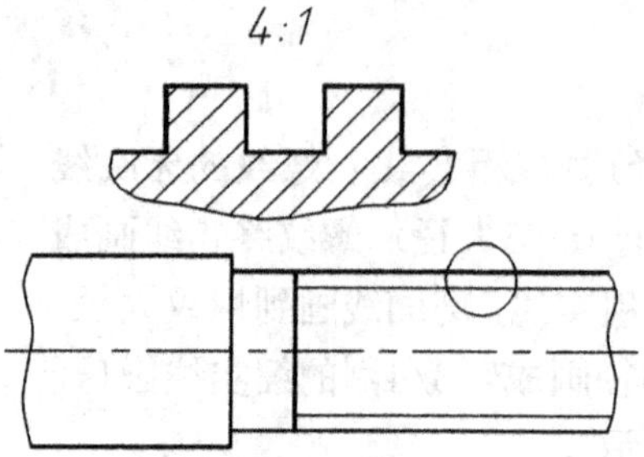

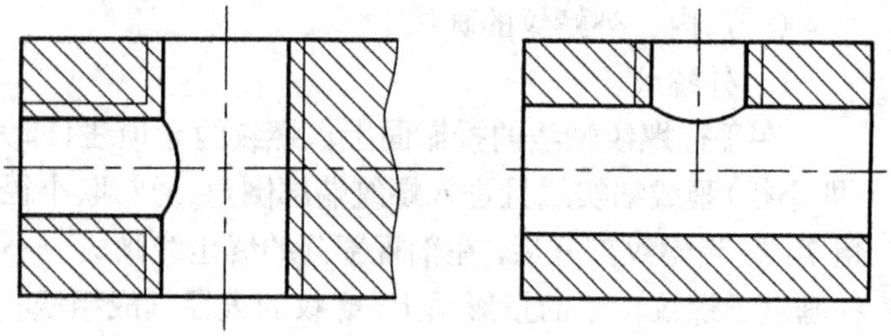

(a)　(b)

图 9-8　非标准螺纹的画法　　图 9-9　螺纹与孔相交的画法

（二）内、外螺纹旋合画法

在剖视图中，内、外螺纹旋合部分应按外螺纹绘制，未旋合的部分仍按内、外螺纹各自的规定画法绘制，如图9-10所示。必须注意，表示大、小径的粗实线和细实线应分别对齐。

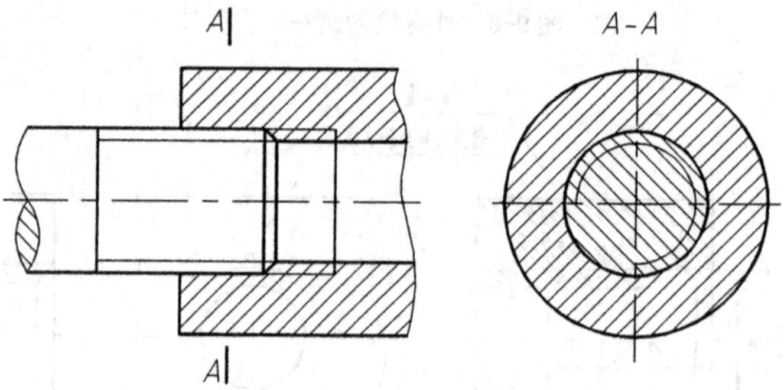

图 9-10　剖视图中螺纹连接的画法

三、螺纹的规定标记及注法

螺纹用规定画法画出后，图中未表明其牙形、公称直径、螺距、线数、旋向和有关公差要求，因此，必须在图中用规定标记对螺纹进行标注。

（一）螺纹的规定标记

完整的螺纹标记由螺纹代号、螺纹公差带代号和旋合长度代号组成，其格式是：

螺纹代号—螺纹公差带代号—旋合长度代号

1. 螺纹代号

螺纹代号由螺纹种类代号、公称直径、螺距、导程／线数和旋向组成，其一般格式是：

螺纹牙型代号　公称直径　×　螺距（单线时）／导程（多线时）　旋向

几种常用螺纹代号见表 9-2。

2. 公差带代号

对普通螺纹、梯形螺纹等公制(米制)螺纹，公差带代号由表示公差等级的数字及表示公差带位置的字母组成，如6H（内螺纹)，如 6g(外螺纹）等。

普通螺纹公差带代号由中径和顶径公差带代号两部分组成，当中径和顶径公差带代号相同时，只需注一次，如表 9-2 所示。

梯形螺纹只注中径公差带代号，顶径不注。

圆柱管螺纹，国家标准只对其外螺纹规定 *A*、*B* 两级，而内螺纹可不标注公差等级。圆锥内、外管螺纹的公差带代号，规定可不注。

3. 旋合长度

旋合长度分为三种，即长旋合(用代号 *L* 表示)、中等旋合(用代号 *N* 表示)、短旋合(用代号 *S* 表示)。其中中等旋合长度用得最多，故一般省略标注。

旋合长度一般不必标注，只有在考虑旋合长度会影响连接强度及使用效果时才注出。

(二) 螺纹规定标记在图样上的标注

1. 公称直径以毫米为单位的螺纹

如普通螺纹、梯形螺纹等，其标记应直接注在大径的尺寸线或其引出线上，如图 9-11 所示。

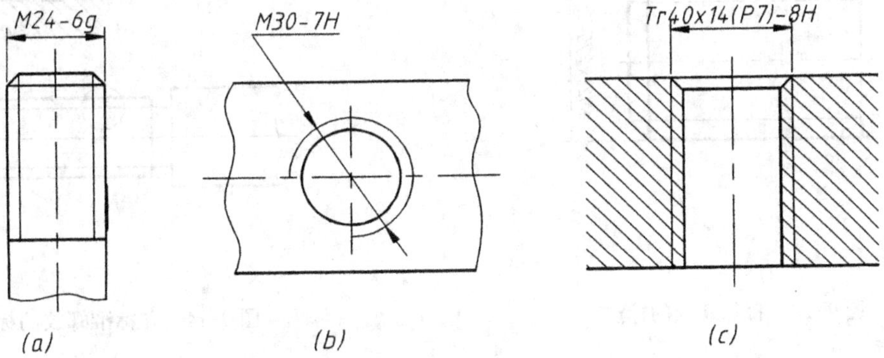

图 9-11 螺纹的标注

2. 英制圆柱管螺纹、锥管螺纹及锥螺纹

因它们的公称直径是指刻有外螺纹的管子通孔直径的近似值，而不是指螺纹的大径，因此应从螺纹大径用指引线的方式引出标注，如图 9-12（*a*)、(*b*)、(*c*)，而不能用图 9-12(*d*) 的方法标注。

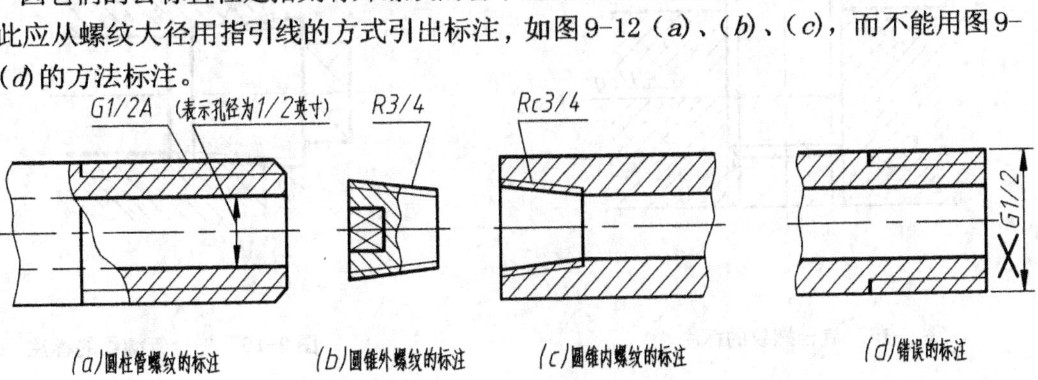

图 9-12 管螺纹的标注

3. 特殊螺纹的标注

特殊螺纹的标注如图9-13。非标准螺纹应画出牙型，并标注出与结构有关的全部尺寸，如图9-14。

4. 旋合螺纹的标注

在旋合螺纹装配图上标注时，应注出螺纹种类、公称直径及内外螺纹的公差带代号(两公差带代号用斜线分开，斜线前面为内螺纹公差带代号，后面为外螺纹公差带代号)。如M16-6H/6g(图9-15)，其中M16-6H为内螺纹的标记，而M16-6g为外螺纹的标记。

管螺纹(包括圆柱、圆锥管螺纹及圆锥螺纹)中由于圆锥管螺纹的锥度很小，且从图中难以确定装配形式，国家标准规定管螺纹在旋合装配时必须将内、外螺纹的标记注出。如图9-16所示，图中Rc3/4/R3/4表示圆锥内、外螺纹的旋合装配(用螺纹密封的锥管螺纹)。

$R_p 1^1/_2/R1^1/_2$ 表示圆柱内螺纹与圆锥外螺纹的旋合装配(用螺纹密封的管螺纹连接)。

注意 ：$R_p 1^1/_2$ 与 $G1^1/_2$ 是完全相同的圆柱管螺纹的内螺纹，只有当圆柱管螺纹的内

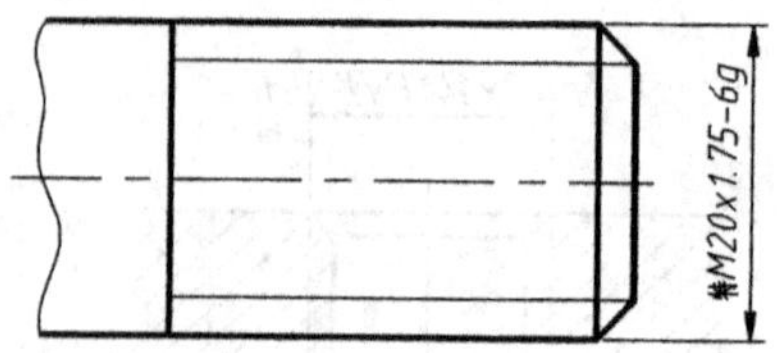

图9-13　特殊螺纹的标注

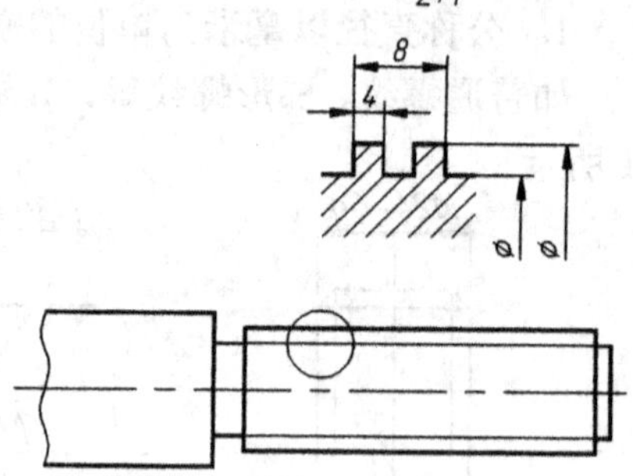

图9-14　非标准螺纹的标注

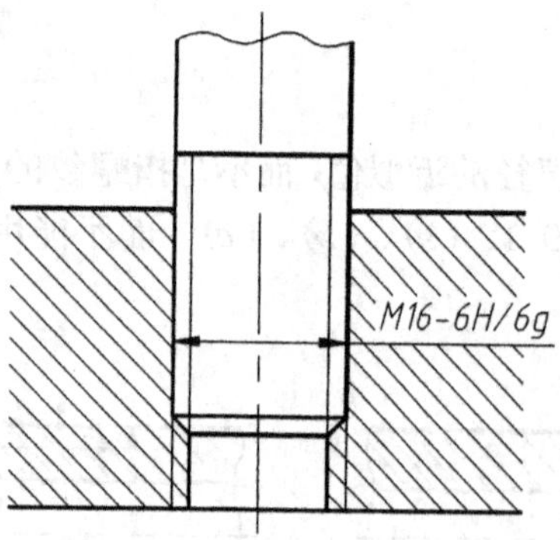

图9-15　旋合螺纹的标注

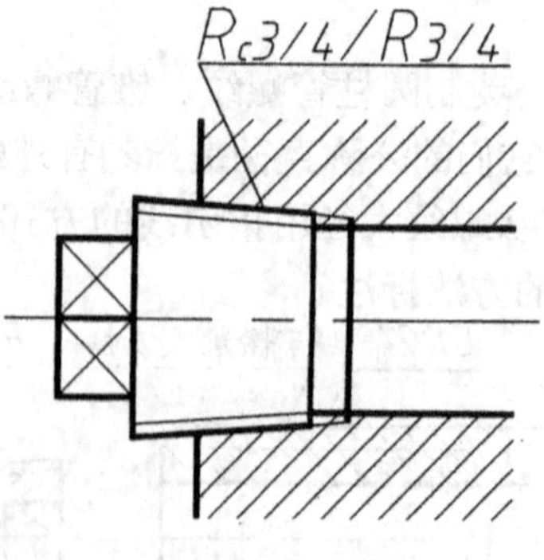

图9-16　旋合管螺纹的标注

四、螺纹的端部和尾部

（一） 螺纹的端部

为了便于内外螺纹旋合时对中及防止损坏端部螺纹，对内外螺纹的端部一般做有倒角。如普通螺纹的外螺纹，端部做有 $C\times45°$ 倒角（C从附表16中可查到）；而普通螺纹的内螺纹一般做有120° 倒角，倒角圆直径≤1.05D，如图9-17所示。

（二）螺纹的尾部

1. 螺纹收尾　加工螺纹时，由于工艺上的原因，不可避免地在加工终了时会形成一小段螺纹深度变浅、牙型不完整的部分，称为螺纹收尾（简称螺尾）。标准规定螺纹收尾在图中一般不必画出，必要时可在螺纹的终止线后，用细实线画成与轴线成30° 角的斜线，如图9-17（*a*）所示。螺纹收尾尺寸见附表16。一般讲的螺纹长度是指有效长度，不包括螺尾部分。

2. 退刀槽　由于工艺或装配上的需要，加工螺纹之前，常在螺纹的有效长度之后预先加工一个深度大于牙型高度的环槽，称为螺纹退刀槽，其宽度应大于螺纹收尾长度，如图9-17（*b*）所示。退刀槽的结构尺寸见附表16。

3. 肩距　最后一扣完整螺纹至支承面（或轴肩）的距离称为肩距，如图9-17（*a*）所示。其中内外螺纹肩距 a_1 及 a 的大小可查附表16。

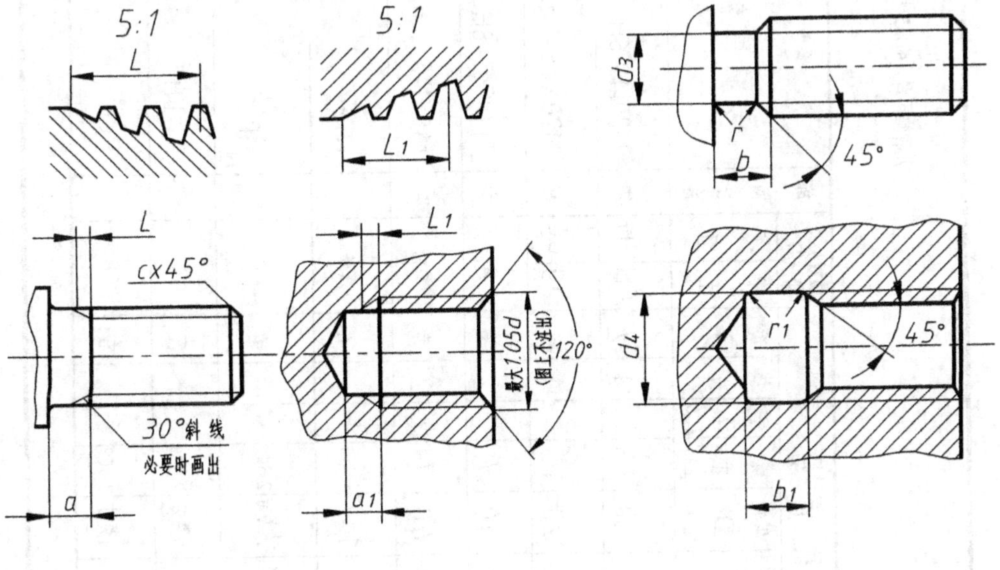

（*a*） 螺纹收尾、肩距和倒角　　（*b*） 螺纹退刀槽

图9-17　螺纹结构

表 9-2

几种常用螺纹的规定标记

螺纹种类	螺纹代号						螺纹公差带代号		旋向长度	标记示例	注解
	牙型代号	公称直径 (mm)	螺距 (mm)	导程 (mm)	线数	旋向	中径	顶径			
粗牙普通螺纹	M	20	2.5		1	左	6H	6H	中	M20LH-6H	粗牙普通螺纹(内螺纹)公称直径(大径)20mm，螺距为2.5单线左旋，中径顶公差带代号6H.粗牙不标螺距.单线不注.
细牙普通螺纹	M	20	1.5		1	右	5g	6g	中	M20X1.5-5g6g	细牙普通螺纹(外螺纹)大径20mm，螺距1.5(细牙应标螺距)单线，右旋，中径公差带代号5g，顶径公差带代号6g，旋合长度中等
梯形螺纹	Tr	40	7		1	右	8H		中	Tr40X7-8H	梯形内螺纹，公称直径(指与之相配的外螺纹大径)为40mm.螺距为7，中径公差带代号为8H.中等旋合.
梯形螺纹	Tr	40	7	14	2	左	8e		长	Tr40X14(P7)LH-8e-L	梯形外螺纹，螺纹大径为40mm，导程为14，螺距为7，双线，左旋，中径公差带代号为8e，长旋合.
非密封用圆柱管螺纹	G	1英寸	2.309			右	A级			G1A	非密封用圆柱管螺纹(外螺纹)公称直径1英寸，公差等级A级.
密封用圆柱管螺纹	Rp	$1\frac{1}{2}$英寸	2.309			右				Rp$1\frac{1}{2}$	公称直径为$1\frac{1}{2}$英寸的圆柱管螺纹(内螺纹)，用该螺纹与圆锥外螺纹连接，起密封作用.
圆锥外螺纹	R	1英寸	2.309			左				R1-LH	公称直径为1英寸，左旋圆锥外螺纹.
圆锥内螺纹	Rc	1英寸	2.309			右				Rc1	公称直径为1英寸，右旋的圆锥内螺纹.

第二节　螺纹紧固件

机器上广泛地采用螺纹紧固件连接零件。常见的螺纹紧固件有螺栓、螺柱、螺钉、螺母、垫圈等，如图9-18所示。这些零件的结构和尺寸已标准化了，使用时根据要求查阅标准，按规格外购。

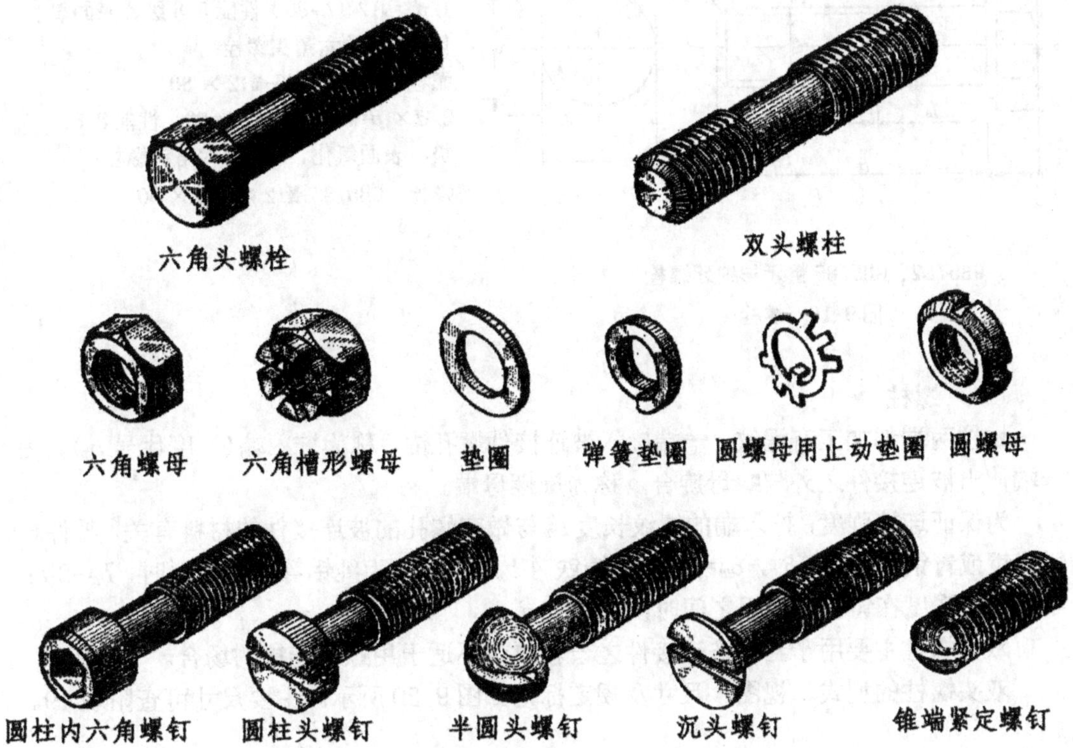

图9-18　常见的螺纹连接件

一、螺纹紧固件的种类及规定标记

螺纹紧固件的种类很多，常见的有螺栓、螺柱、螺钉、螺母、垫圈等。*GB*1237-88中对紧固件的标记方法作了规定。螺纹紧固件的完整标记内容及排列顺序如下：

(一) 螺栓

螺栓由头部和杆部组成，头部有六角头、方头、半圆头等形状。杆部做有螺纹，以便旋螺母。螺栓上的螺纹有粗牙和细牙之分。为区别不同型式的螺栓，国家标准规定了不同的标准号。画图时，可根据标准号查出该螺栓的型式和尺寸。

最常见的六角头螺栓粗牙和细牙的视图、结构尺寸和规定标记如图9-19所示。图中尺寸的数值可查附表18。

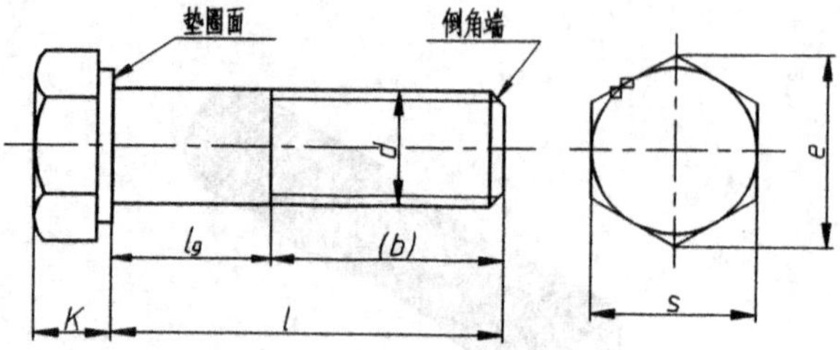

标记示例：

1. d =M12、l =80、性能8.8级、表面氧化、A级的六角头螺栓：

螺栓　GB5782-86-M12 × 80

2. d × p=M12 × 1.5、l =80、性能8.8级、表面氧化、A级的六角头螺栓：

螺栓　GB5785-M12 × 1.5 × 80

GB5782、GB5785 粗牙与细牙螺栓

图 9-19　螺栓

（二）螺柱

螺柱两端都加工有螺纹，一端旋入被连接件螺孔内，称为拧入端(长度代号 b_m)，另一端伸出被连接件之外与螺母旋合，称为旋螺母端。

为保证连接强度，拧入端的螺纹长度 b_m 与做有螺孔的被连接件的材料有关。零件材料为钢或青铜、硬铝等时，b_m=1d；为铸铁时 b_m=1.25d；为纯铝等较软材料时，b_m=2d；零件材料强度在铸铁与纯铝之间时，b_m=1.5d。

双头螺柱主要用于当两被连接件之一较厚或不适于用螺栓连接的场合。

双头螺柱的型式、视图、尺寸及规定标记如图 9-20 所示。主要尺寸可查附表 19。

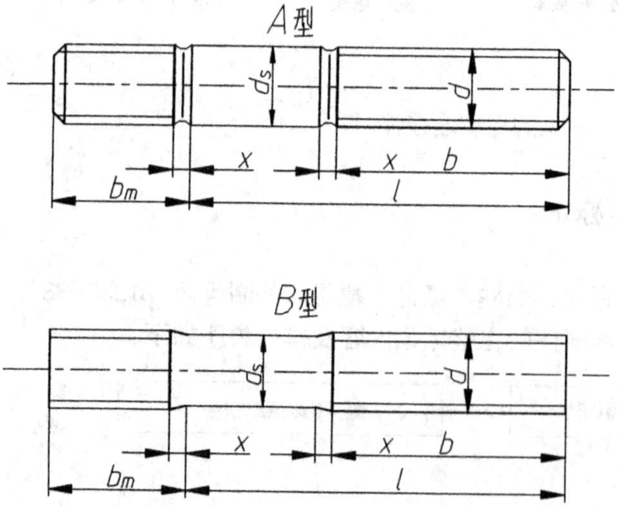

1. 两端均为粗牙普通螺纹，d =10、l = 50、性能 4.8 级、表面不处理、B 型、b_m=1d 的双头螺柱：

螺柱　GB897-88-M10 × 50

2. 旋入机体端为粗牙普通螺纹、旋螺母端为 P =1 的细牙螺纹，d =10、l =50、性能 4.8 级、表面不处理、A 型、b_m=1.25d 的双头螺柱：

螺柱　GB898-88-AM10-M10 × 1 × 50

GB897、GB898、GB899、GB900 不等长双头螺柱

图 9-20　双头螺柱

(三)螺钉

螺钉按其在机器中的作用可分为连接螺钉(起连接作用)、紧定螺钉(限制两零件相对运动作用)两类。连接螺钉按其头部的形状可分为开槽圆柱头螺钉(GB65-85)、开槽沉头螺钉(GB68-85)等等;紧定螺钉按其尾部的形状分为锥端紧定螺钉(GB71-85)、长圆柱端紧定螺钉(GB75-85)等等。上述螺钉的视图、结构尺寸及规定标记如图 9-21 所示。其尺寸见附表 20、21。

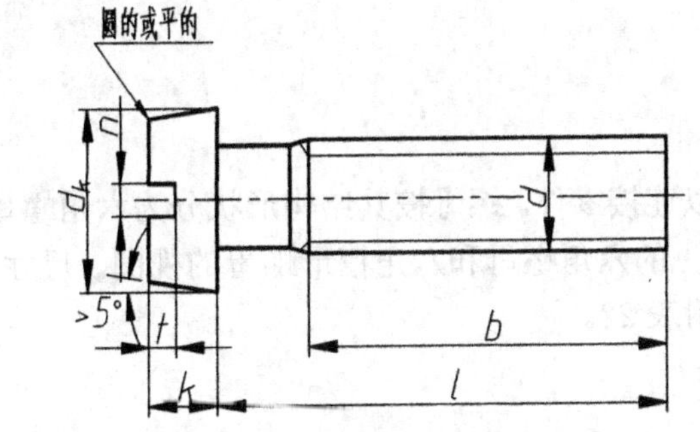

(a) GB65-85开槽圆柱头螺钉

标记示例:
d=M5、l=20、性能 4.8 级、表面不处理的开槽圆柱头螺钉:
螺钉 GB65-85-M5 × 20

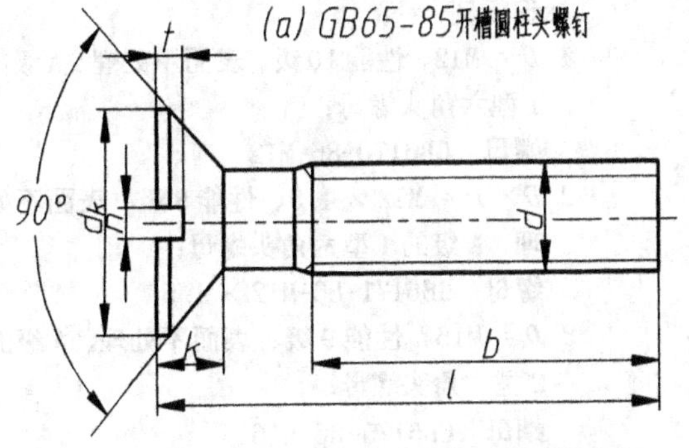

(b) GB68-85开槽沉头螺钉

标记示例:
d=M5、l=20、性能 4.8 级、表面不处理的开槽沉头螺钉:
螺钉 GB68-85-M5 × 20

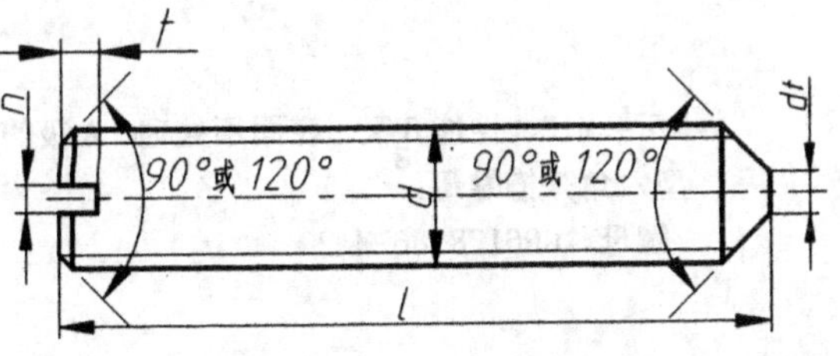

(c) GB71-85锥端紧定螺钉

标记示例:
d=M5、l=12、性能 14H 级、表面氧化的开槽锥端紧定螺钉:
螺钉 GB71-85-M5 × 12

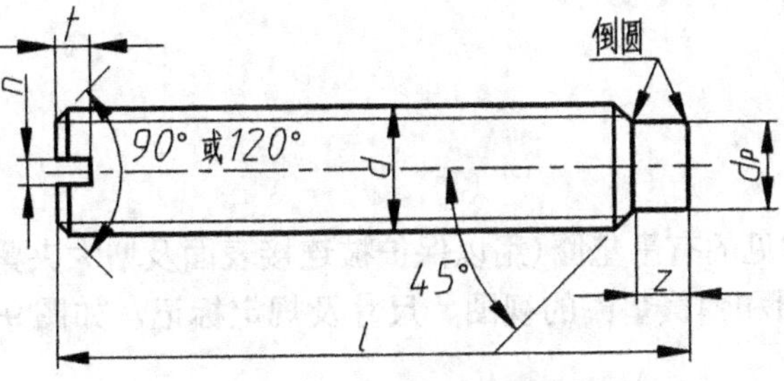

(d) GB75-85长圆柱端紧定螺钉

标记示例:
d=M 5、l=12、性能 14H 级、表面氧化的开槽长圆柱端紧定螺钉:
螺钉 GB75-85-M5 × 12

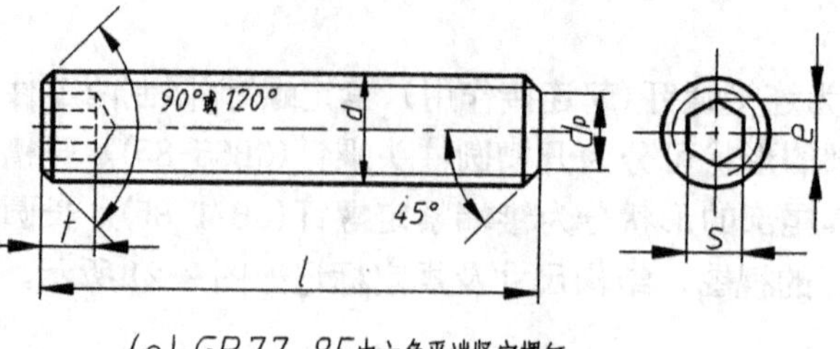

(e) GB77-85内六角平端紧定螺钉

标记示例：

d =M6、l=12、性能33H级、表面氧化的内六角平端紧定螺钉：

螺钉　GB77-85-M6×12

图9-21　常用螺钉

（四）螺母

螺母和螺栓、螺柱上的螺纹旋合，用以连接零件。螺母按其结构形状分为六角螺母、六角开槽螺母、方形螺母、圆螺母等。常见的六角螺母和六角槽形螺母的视图、尺寸及规定标记如图9-22所示。其主要尺寸见附表22。

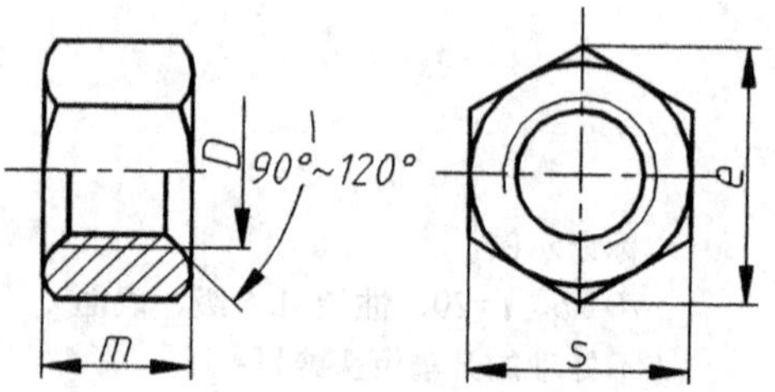

(a)GB6170　GB6171、GB6175 1型和2型六角螺母

标记示例：

1. D = M12、性能10级、表面不处理、A级的1型六角头螺母：

   螺母　GB6170-86-M12

2. $D\times P$ = M12×1.5、性能8级、表面不处理、A级的1型六角头螺母：

   螺母　GB6171-86-M12×1.5

3. D = M16、性能9级、表面不处理、A级的2型六角头螺母：

   螺母　GB6175-86-M16

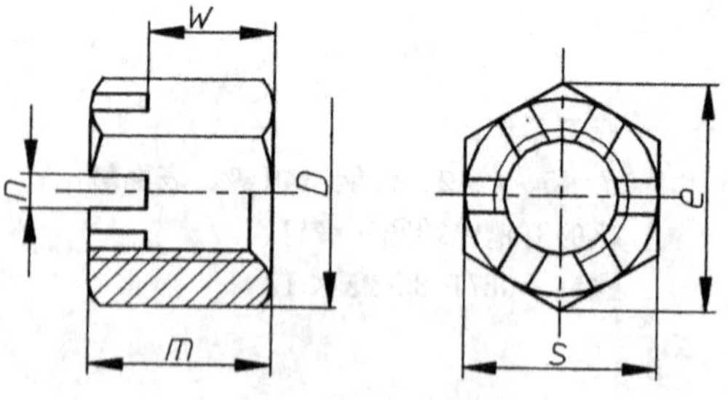

(b)GB6178六角开槽螺母

D = M12、性能8级、表面不处理、A级的1型六角开槽螺母：

螺母　GB6178-86-M12

图9-22　螺母

（五）垫圈

垫圈是不刻制螺纹的螺纹紧固件，常见的有平垫圈（用以保护被连接表面及增大夹紧接触面）、弹簧垫圈（用以防松）。平垫圈和弹簧垫圈的视图、尺寸及规定标记，如图9-23所示，主要尺寸见附表23。

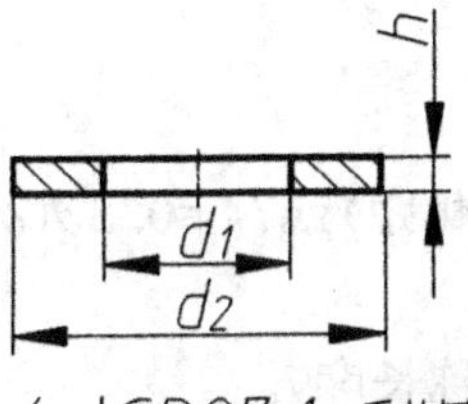

(a)GB97.1 平垫圈

标记示例：

d = 12、性能 140HV 级、表面不处理的平垫圈：

垫圈　GB97.1-85-8-140HV

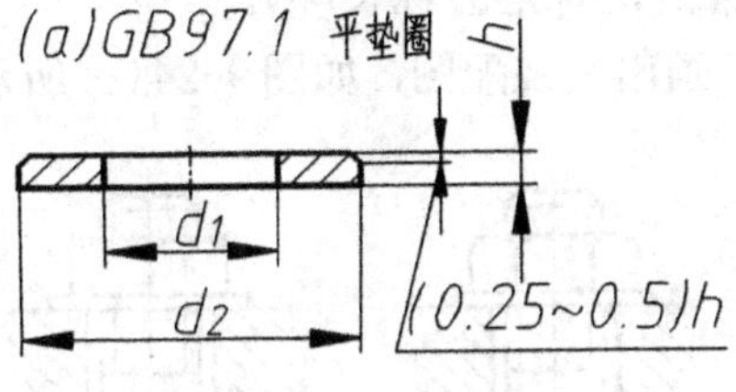

(b)GB97.2 倒角型平垫圈

标记示例：

d = 8、性能 140HV 级、表面不处理的平垫圈：

垫圈　GB97.2-85-8-140HV

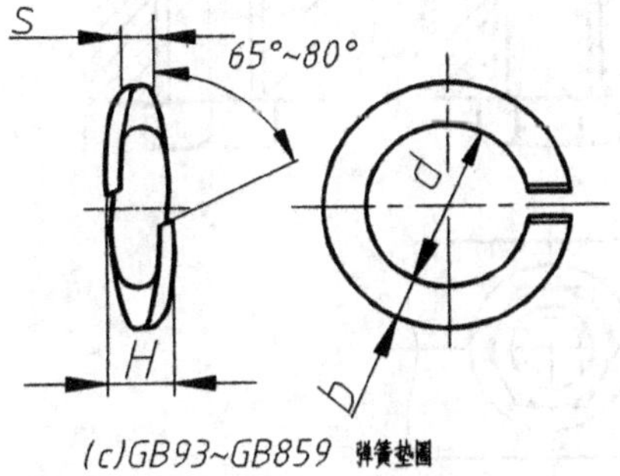

(c)GB93~GB859 弹簧垫圈

标记示例：

1. 规格 16、材料 65Mn、表面氧化的标准型弹簧垫圈：

   垫圈　GB93-87-16

2. 规格 16、材料 65Mn、表面氧化的轻型弹簧垫圈：

   垫圈　GB859-81-16

图 9-23　垫圈

二、螺纹紧固件的装配画法

螺纹紧固件的装配画法，应遵守下列规定：

1. 相邻两零件接触时，接触面只画一条粗实线；不接触时，应清楚地画出两条粗实线。

2. 在剖视图中，相邻两零件的剖面线方向相反，方向相同时可间隔不等或错开。

3. 剖视图中，当剖切平面通过螺纹紧固件(如螺栓、螺柱、螺钉、螺母及垫圈等)的基本轴线时，这些紧固件按不剖绘制。

(一)螺栓连接

用螺栓、垫圈和螺母把两个零件连接在一起，称为螺栓连接，如图 9-24(a)。装配前先在被连接的两个零件上加工出比螺栓螺纹直径稍大的通孔 d_h(其直径参照附表 17，也可取 $d_h \approx 1.1d$)，穿上螺栓、套上垫圈、旋紧螺母，即实现螺栓连接。螺栓连接一般适用在被连接的两个零件不太厚的情况下。

画螺栓装配图之前，必须从有关标准中查到螺栓、螺母、垫圈的有关尺寸，螺栓需通过计算并取标准公称长度(有效长度)l。

先计算公称长度 $l_计$，公式如下(参看图 9-24(b))：

$$l_计 = \delta_1 + \delta_2 + h + m + l_r$$

式中：δ_1、δ_2——被连接件的厚度(mm)；

h——垫圈的厚度(mm)；

m——螺母的厚度(mm)；

l_r——螺栓末端超出螺母的余留长度，一般取 $l_r=3P$(P为螺距)或 $l_r=0.3d$(d为螺纹大径)。

根据计算长度 $l_计$，查附表 18 取与计算长度相靠近的标准公称长度 l。

根据螺栓、螺母、垫圈的尺寸，选择适当比例，画出其装配图，如图 9-24(c)所示。

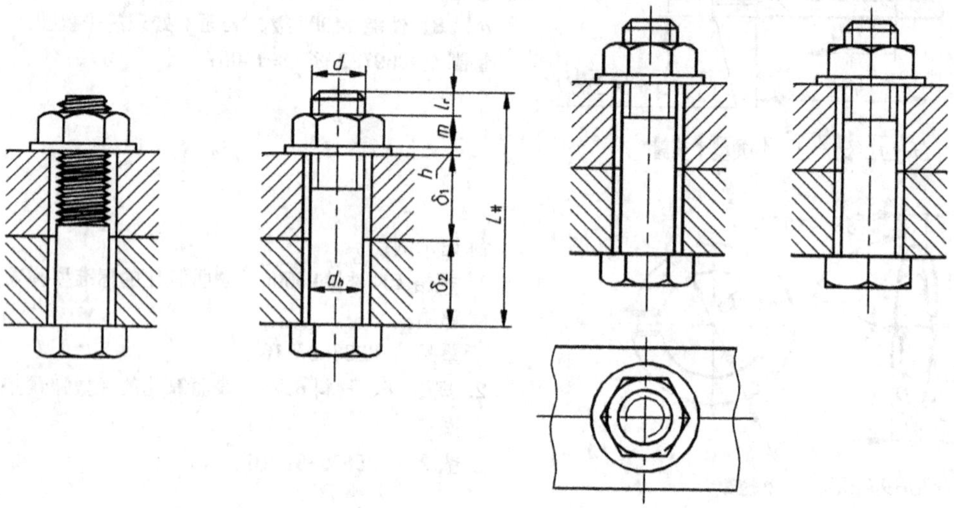

(a) (b) (c)

图 9-24 螺栓连接

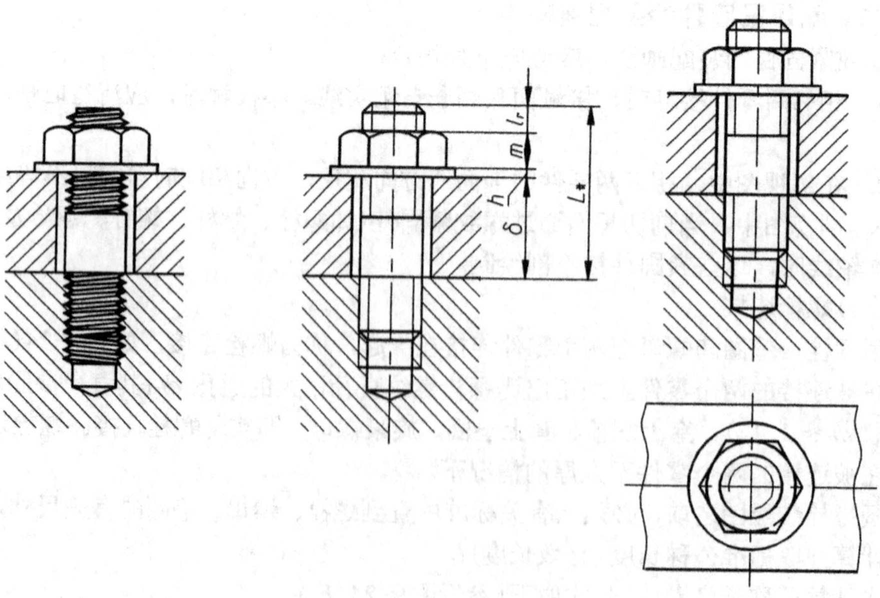

(a) (b) (c)

图 9-25 双头螺柱连接

（二）螺柱连接

用螺柱、垫圈、螺母把两个零件连接在一起，称为螺柱连接(图9-25(*a*))。装配时先将螺柱的拧入端旋进被连接件的螺孔内，然后套入钻有通孔的较薄零件，加上垫圈并旋上螺母即将两被连接件连在一起。螺柱连接一般用在被连接件之一较厚、受力较大且经常拆卸的地方。

螺柱公称长度l的确定方法与螺栓相似。当已知上面一个被连接件的厚度δ、垫圈厚度h、螺母厚度m之后，进行如下计算(参看图9-25(*b*)):

$l_{计} = \delta + h + m + l_r$ （其中l_r=3P或l_r =0.3d）

然后根据$l_{计}$查表取标准公称长度l(见附表19)。

画螺柱连接装配图时，规定螺柱拧入端的螺纹终止线应与螺孔下端面画在同一直线上，如图9-25(*c*)。

（三）螺钉连接

将螺钉穿过一个被连接件的通孔，再旋紧到另一个被连接件的螺孔内，称为螺钉连接，如图9-26所示。螺钉连接一般用在被连接件之一较厚、受力不大且不经常拆卸的场合。开槽圆柱头螺钉连接的装配画法如图9-26(*b*)所示。

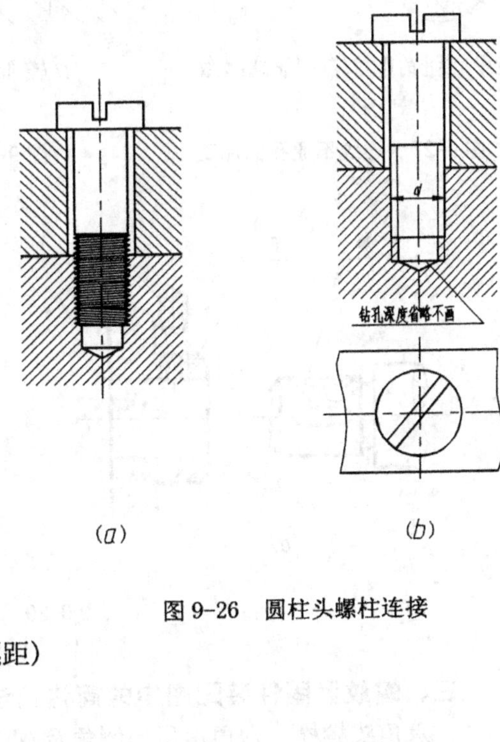

(*a*)　　(*b*)

图9-26　圆柱头螺柱连接

螺钉连接中公称长度l的计算和查表、通孔及螺孔有关尺寸的确定方法同螺栓、螺柱连接类似。

用螺柱、螺钉等连接两零件时，常在较厚的被连接件上加工出螺纹不通孔(图9-27)。螺纹不通孔各部分深度尺寸的确定和零件图上螺纹不通孔的画法和尺寸标注，如图9-28所示。

图中：H——为钻孔深度；

h——螺纹的有效深度；

a_1——肩距(由附录附表16确定或取a_1=0.5D(D为螺纹大径)；

b_m——计划旋入长度，与零件的材料有关(参照双头螺柱拧入端螺纹长度的确定方法)；

l_r——余量，一般取l_r =3P(P为螺距)或l_r =0.5D(D为螺纹大径)

计算公式如下，如图9-28(*a*)：

$H = h + a_1$

$h = b_m + l_r$

举例：在材料为铸铁的零件上加工M16的螺纹不通孔，试决定螺孔的螺纹深度h及钻孔深度H，并画出视图、标注尺寸。

解：零件材料为铸铁时，b_m =1.25d =20

由附表13或附表16，查得M16的粗牙普通螺纹的螺距P=2。

螺纹深度 $h = b_m + l_r = b_m + 3P = 20 + 6 = 26$(mm)

由附表 16 查得 $a_1 = 10$(a_1 取一般的)

则钻孔深 $H = h + a_1 = 26 + 10 = 36$(mm)

螺纹不通孔的视图和尺寸注写如图 9-28(*b*)所示，计算过程中用到的尺寸如 b_m、l_r、a_1 在图中均不应标注。

常见紧定螺钉的装配连接画法，如图 9-29 所示。

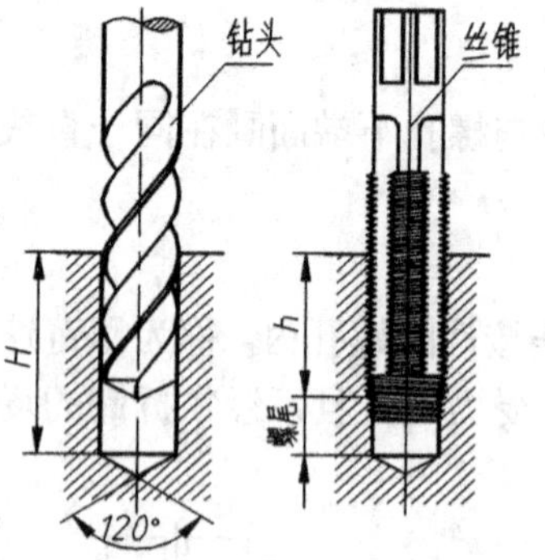

(*a*) 钻出的孔　(*b*) 攻出的内螺纹

图 9-27　螺纹不通孔的加工

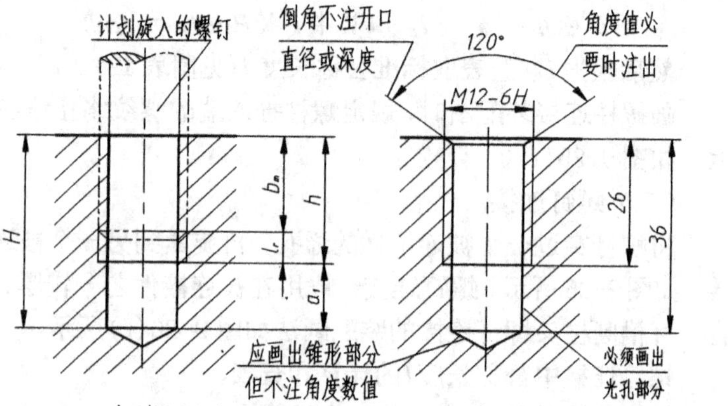

(*a*)螺孔深度的确定　(*b*)零件图上螺纹不通孔画法和尺寸注法

图 9-28　螺纹不通孔的画法

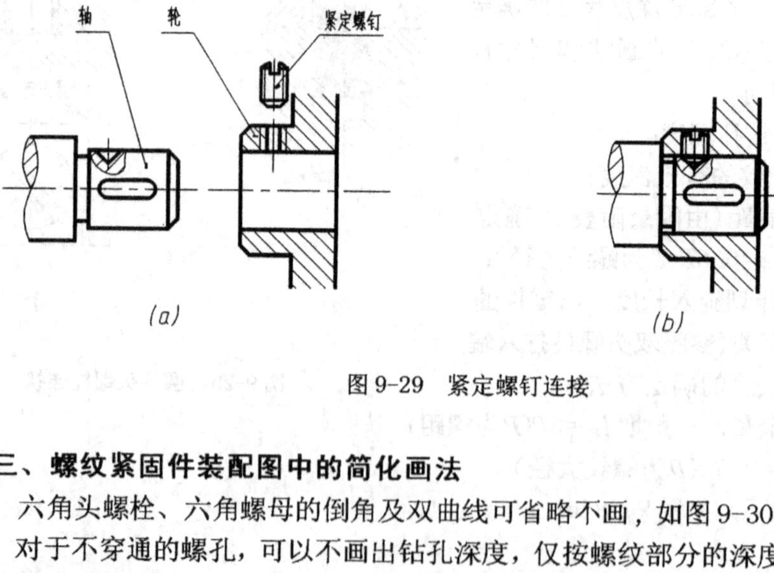

(*a*)　(*b*)

图 9-29　紧定螺钉连接

三、螺纹紧固件装配图中的简化画法

1. 六角头螺栓、六角螺母的倒角及双曲线可省略不画，如图 9-30。

2. 对于不穿通的螺孔，可以不画出钻孔深度，仅按螺纹部分的深度画出，如图 9-31(*b*)、图 9-30(*b*)。

3. 螺钉头部的一字槽按图 9-26(*b*)及 9-31(*a*)所示的方法绘制。

4. 圆柱头内六角螺钉按图 9-31(*b*)的方法绘制。

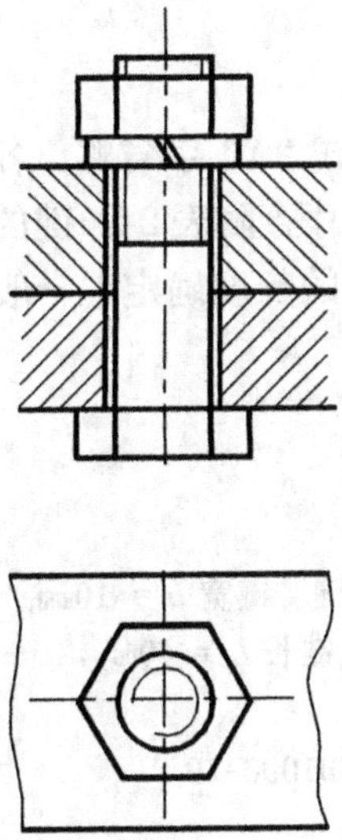

图 9-30　螺栓、螺栓连接及简化画法

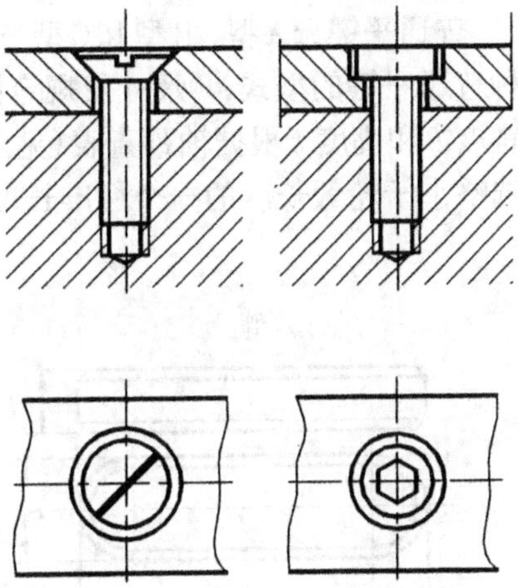

图 9-31　螺钉连接及简化画法

第三节　键联结与销连接

一、键联结

如图9-32所示，为了使轴和皮带轮装在一起共同转动，通常在轴和皮带轮孔的表面上分别加工出键槽，然后把键放入轴上的键槽内，再将带键的轴一起装入皮带轮孔中，称为键联结。

键联结多用来传递扭矩。键的种类很多，常用的键有普通平键、半圆键、钩头楔键(见图 9-33)和花键等。

键是标准件，它的结构、型式和尺寸都有规定，设计和画图时，可根据需要从附表24、附表25中查取。本节主要介绍普通平键及联结。

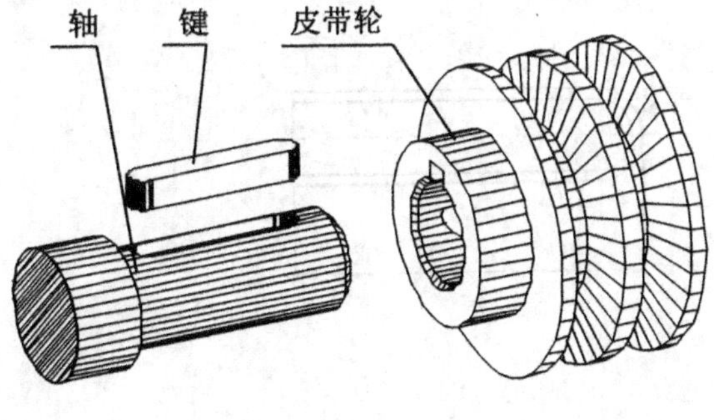

图 9-32　键联结

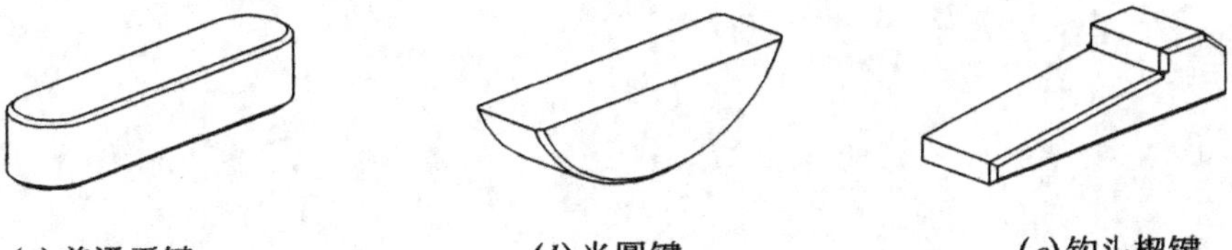

(a) 普通平键　　(b) 半圆键　　(c) 钩头楔键

图 9-33　常用的键

(一)普通平键的型式、尺寸及标记

普通平键分A型、B型和C型三种，其中A型用的最多，标记中型式“A”字省略。各种普通平键的型式、尺寸及规定标记如图9-34所示。普通平键的尺寸查附表24。键的宽度 b 和高度 h 根据轴颈查表(见附表24)选取，而长度 L 可参照轮毂的长度确定，一般选略小于轮毂长度的一个标准长度。

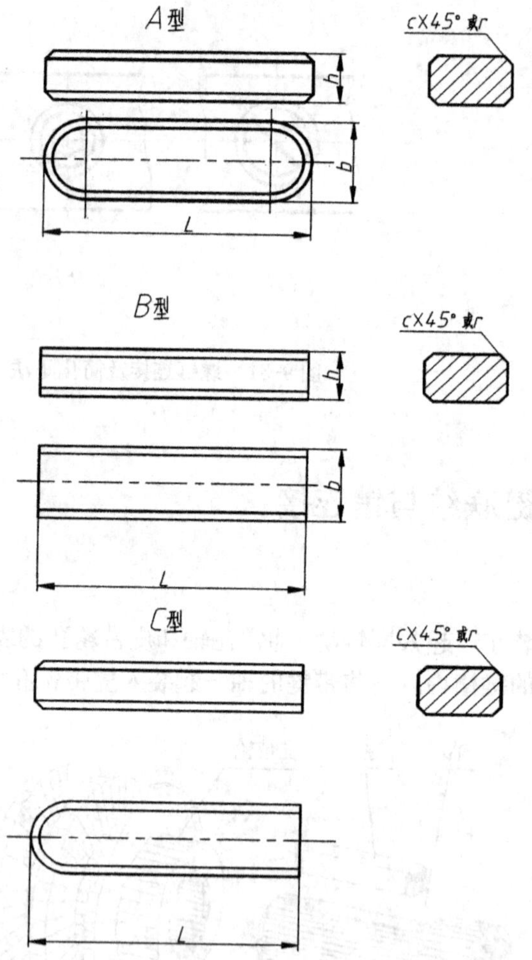

双圆头普通平键，键宽 b = 10mm，键高 h = 8mm，键长 L = 40mm
标记：
键 10 × 40 GB1096-79

平头普通平键，键宽 b = 12mm，键高 h = 8mm，键长 L = 32mm
标记：
键 B12 × 32 GB1096-79

单圆头普通平键，键宽 b=6mm，键高 h=6mm，键长 L=36mm
标记：
键 C6 × 36 GB1096-79

图9-34 普通平键型式、尺寸和标记

(二)普通平键的键槽

轴上的键槽一般用铣刀加工，如图 9-35(*a*)，轮毂上孔内键槽一般用插刀加工，如图 9-36(*a*)。轴上键槽的尺寸注法，如图 9-35(*b*)，轮毂孔内键槽的尺寸注法，如图 9-36(*b*)。键及键槽的尺寸可从附表 24 中选取。

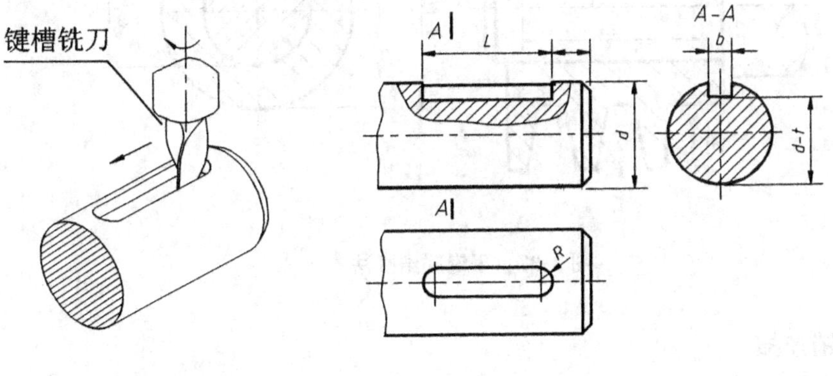

(*a*)用键槽铣刀铣键槽　　(*b*)尺寸注法

图 9-35　轴上的键槽

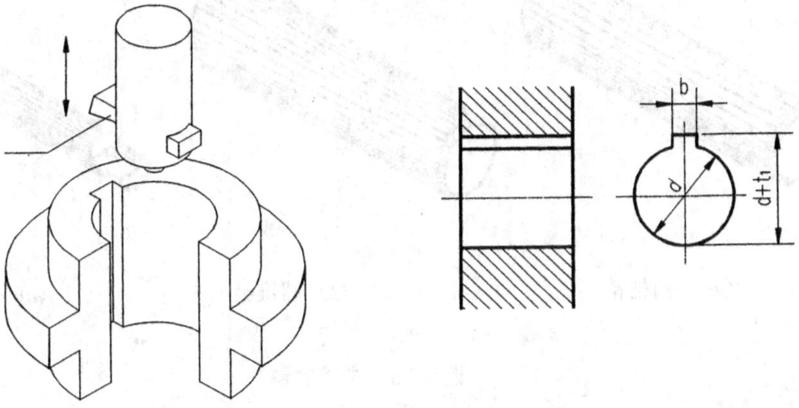

(*a*)用插刀插键槽　　(*b*)尺寸注法

图 9-36　孔内的键槽

(三) 普通平键装配图画法

普通平键的两侧面是工作面，因此，键与键槽沿宽度方向的公称尺寸相等，装配后两侧面接触，故应画成一条线；轮毂上键槽的顶面与键的顶面不接触，应画成两条线。为表示键的底面与轴上键槽底部接触的安装情况，轴上键槽部分常采用局部剖，如图 9-37 所示。

半圆键的尺寸、规定标记、键槽尺寸及其装配联结画法，参见附表 25。

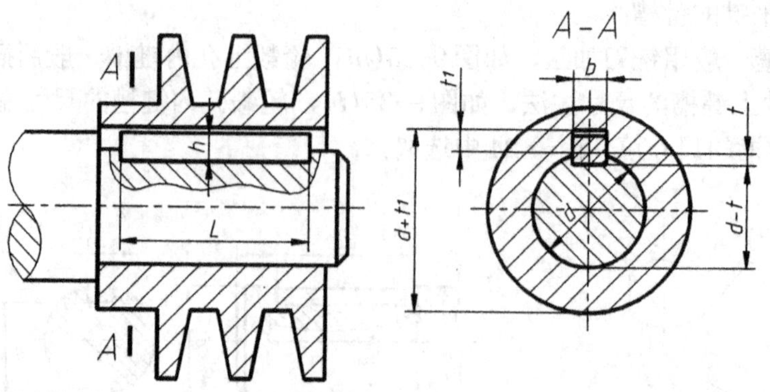

图 9-37　平键联结画法

二、销连接

销在机器中一般用作定位或连接(传递动力)作用。常用的销有圆柱销、圆锥销和开口销等(如图 9-38 所示)。它们的结构形状和尺寸均已标准化。

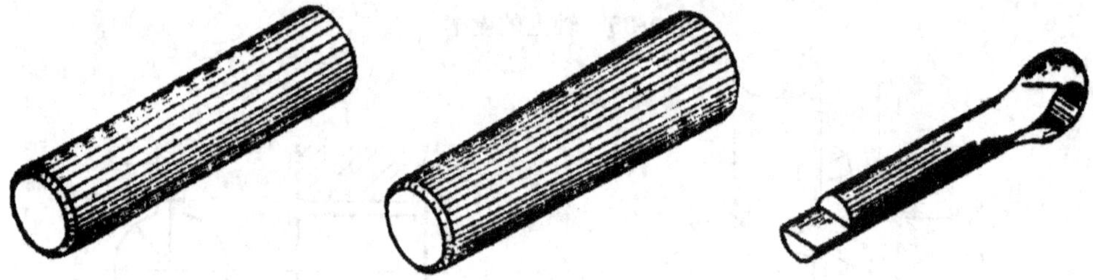

(*a*)　圆柱销　　(*b*)　圆锥销　　(*c*)开口销

图 9-38　常用的销

1. 圆柱销与圆锥销的视图、尺寸及规定标记如图 9-39 所示。圆柱销与圆锥销的尺寸分别在 GB119-86 和 GB117-86 中作了规定(见附表 26)。

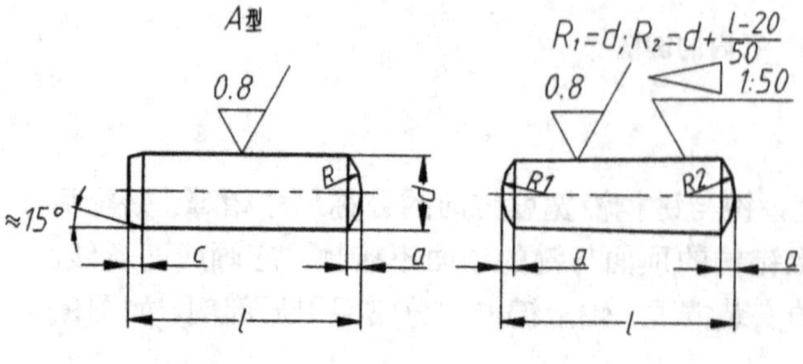

(*a*) 圆柱销　　(*b*)圆锥销

图 9-39　销

标记示例：

公称直径 d=8mm、长度 l=30mm，材料为 35 钢，热处理硬度 HRC28～38，表面氧化处理的 A 型圆柱销：

销　GB119-86　A8 × 30

公称直径 d=10mm、长度 l=60mm，材料为 35 钢，热处理硬度 HRC28～38，表面氧化处理的 A 型圆锥销：

销　GB 117-86　A10 × 60

2. 圆柱销与圆锥销的销孔加工、装配画法和尺寸注法如图 9-40 所示。

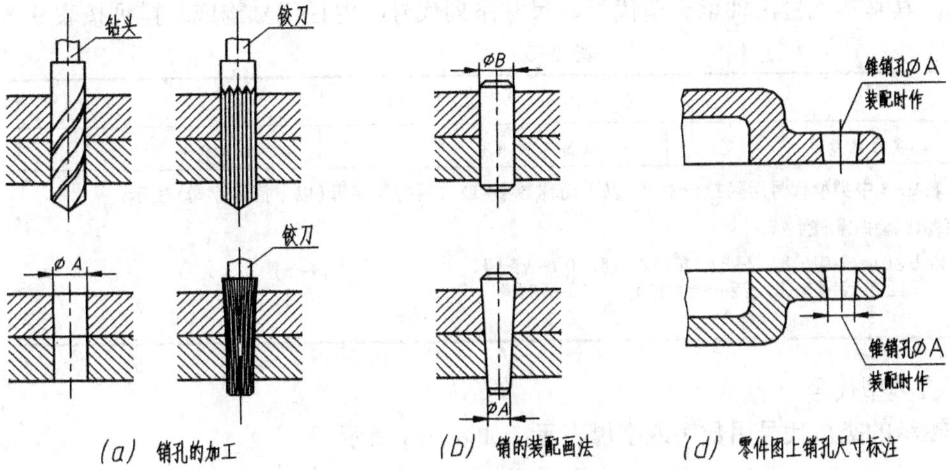

图 9-40　销孔加工及尺寸标注和销的装配画法

第四节　滚动轴承

机器中支承轴的零(部)件称为轴承。常见的轴承有滚动轴承和滑动轴承。由于滚动轴承具有摩擦阻力小、能承受轴向或径向负荷、结构紧凑及互换性好等优点，所以在机器中被广泛应用。

一、滚动轴承的结构及分类

滚动轴承一般由外圈、内圈、滚动体及隔离圈(保持架)四部分组成，如图 9-41 所示。

滚动轴承工作时，外圈装在机座或轴承座孔内，内圈装在轴颈上，内圈同轴一起转动。

滚动轴承的分类：按能承受载荷的方向分为向心轴承和推力轴承，按滚动体分为球轴承、滚子轴承。

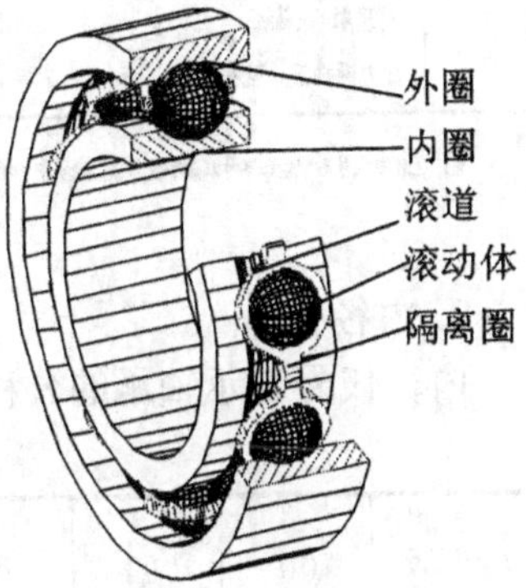

图 9-41　滚动轴承结构

二、滚动轴承的代号

滚动轴承的结构及尺寸系列已标准化，属于标准组件，国家标准 GB272-93 规定了滚动轴承的代号。 滚动轴承的代号由基本代号、前置代号和后置代号构成。其排列顺序如下：

前置代号	基本代号	后置代号

(一) 基本代号

基本代号表示轴承的基本类型、结构和尺寸，是轴承代号的基础。滚动轴承（滚针轴承除外）外形尺寸符合GB273.1、GB273.2、GB273.3、GB3882任一标准规定的外形尺寸，其基本代号由轴承类型代号、尺寸系列代号、内径代号构成。排列按表9-3。

表 9-3

基本代号		
类型代号	尺寸系列代号	内径代号

表9-3中类型代号用阿拉伯数字(以下简称数字)或大写拉丁字母(以下简称字母)表示，尺寸系列代号和内径代号用数字表示。

例：6204 6—类型代号，2—尺寸系列（02）代号，04—内径代号
N2210 N—类型代号，22—尺寸系列代号，10—内径代号

1. 类型代号

轴承的类型代号用数字或字母表示，如表9-4所示。

表 9-4

代号	轴承类型	代号	轴承类型
0	双列角接触球轴承	N	圆柱滚子轴承
1	调心球轴承		双列或多列用字母NN表示
2	调心滚子轴承和推力调心滚子轴承		
3	圆锥滚子轴承	U	外球面球轴承
4	双列深沟球轴承		
5	推力球轴承	QJ	四点接触球轴承
6	深沟球轴承		
7	角接触 球轴承		
8	推力圆柱滚子轴承		

注：在表中代号后或前加字母或数字表示该类轴承中的不同结构。

2. 内径代号

内径代号表示轴承的公称内径。20mm＜公称内径＜480mm时，内径代号按表9-5。

表 9-5

内径代号 \ 尺寸	00	01	02	03	04-96
公称内径	10	12	15	17	轴承公称内径=内径代号×5

注：轴承公称内径为22，28，32除外。

3. 尺寸系列代号

尺寸系列代号由轴承的宽（高）度系列代号和直径系列代号组成。向心轴承、推力轴承尺寸系列代号按表9-6。

（二）前置、后置代号

前置、后置代号是轴承在结构形状、尺寸、公差、技术要求等改变时，在基本代号左、右添加的补充代号，其排列按表9-7。

表 9-6

直径系列代号	向心轴承								推力轴承			
	宽度系列代号								高度系列代号			
	8	0	1	2	3	4	5	6	7	9	1	2
	尺寸系列代号											
7	-	-	17	-	37	-	-	-	-	-	-	-
8	-	08	18	28	38	48	58	68	-	-	-	-
9	-	09	19	29	39	49	59	69	-	-	-	-
0	-	00	10	20	30	40	50	60	70	90	10	-
1	-	01	11	21	31	41	51	61	71	91	11	-
2	82	02	12	22	32	42	52	62	72	92	12	22
3	83	03	13	23	33	-	-	-	73	93	13	23
4	-	04	-	24	-	-	-	-	74	94	14	24
5	-	-	-	-	-	-	-	-	-	95	-	-

表 9-7

轴承代号									
前置代号	基本代号	后置代号（组）							
		1	2	3	4	5	6	7	8
成套轴承分部件		内部结构	密封与防尘套圈变型	保持架及其材料	轴承材料	公差等级	游隙	配置	其他

注：当轴承在结构形状、尺寸、公差、技术要求等不改变时，前置和后置代号省略。

1. 前置代号　　前置代号用字母表示，代号及其含义见表9-8。

表 9-8

代号	含义	示例
L	可分离轴承的可分离内圈或外圈	LNU207 LN207
R	不带可分离内圈或外圈的轴承 （滚针轴承仅适用于NA型）	RNU207 RNA6904
K	滚子和保持架组件	K81107
WS	推力圆柱滚子轴承轴圈	WS81107
GS	推力圆柱滚子轴承座圈	GS81107

2. 后置代号　后置代号用字母或加数字表示。

后置代号包括：内部结构代号；密封、防尘与外部形状变化代号；保持架结构、材料改变及轴承材料改变代号；公差等级代号 游隙代号；配置代号及其他。详见GB/T272-93。

滚动轴承代号示例：

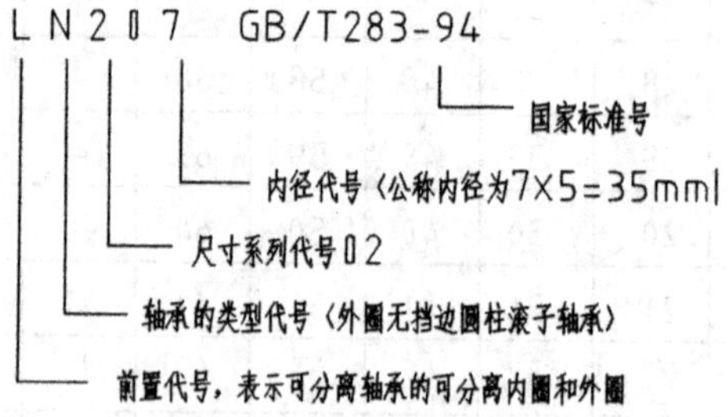

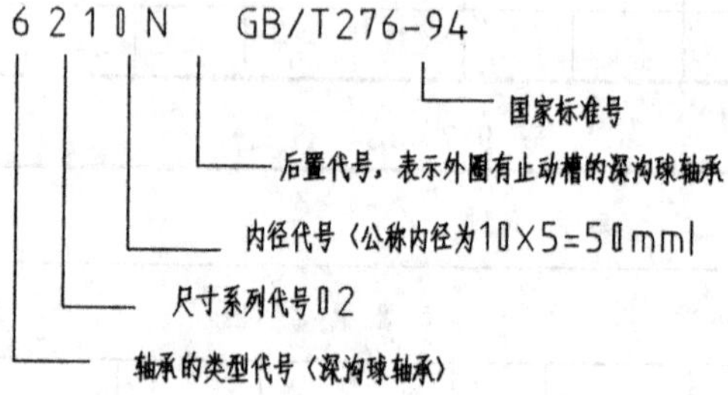

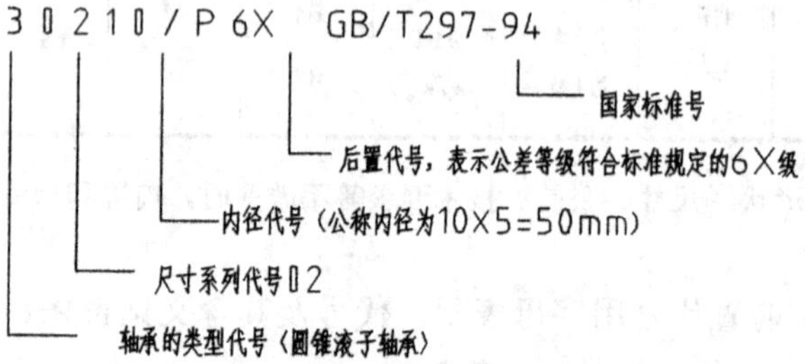

三、滚动轴承的画法

国家标准GB/T4459.7中规定了装配图中滚动轴承可采用通用画法、特征画法和规定画法，如表9-9所示。上述三种画法中的各种符号、矩形线框和轮廓线均用粗实线绘制。

各种画法的应用分述如下：

通用画法系指在剖视图中，当不需要确切地表示滚动轴承的外形轮廓、载荷特性、结构特征时，可用矩形线框及位于线框中央正立的十字形符号表示。十字形符号不应与矩形线框接触。

特征画法系指在剖视图中，如需要较形象地表示滚动轴承的结构特征时，可采用在矩形线框内画出其结构要素符号的方法表示。

规定画法系指在剖视图中为了较详细地表示滚动轴承的结构、安装方法。

深沟球轴承、圆柱滚子轴承、圆锥滚子轴承和推力球轴承的代号及尺寸，可分别从附表 27～30 中查出。

表 9-9

类型名称 标准号	基本尺寸	通用画法	特征画法	规定画法
深沟球轴承 GB/T276-94 (60000型)	D d B	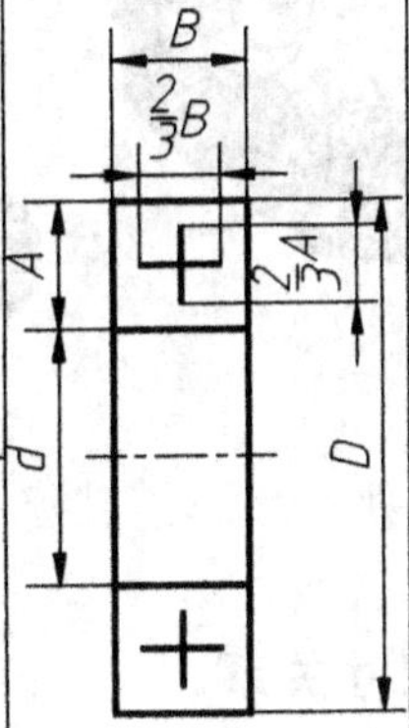	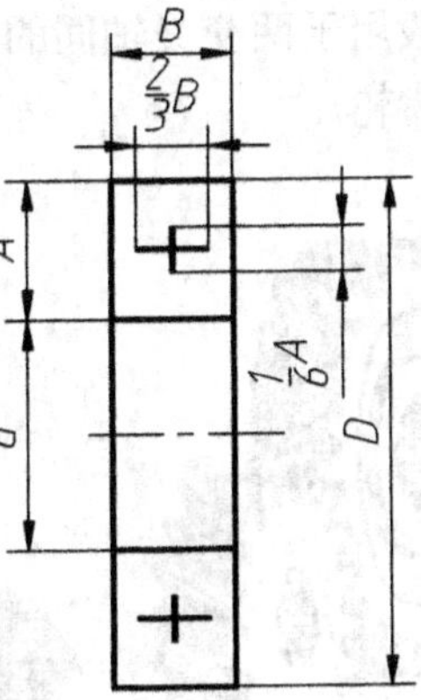	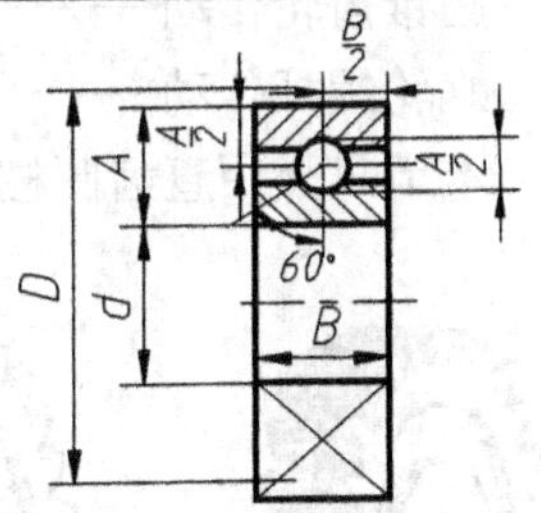
圆柱滚子轴承 GB/T283-94 (NU型)	D d B			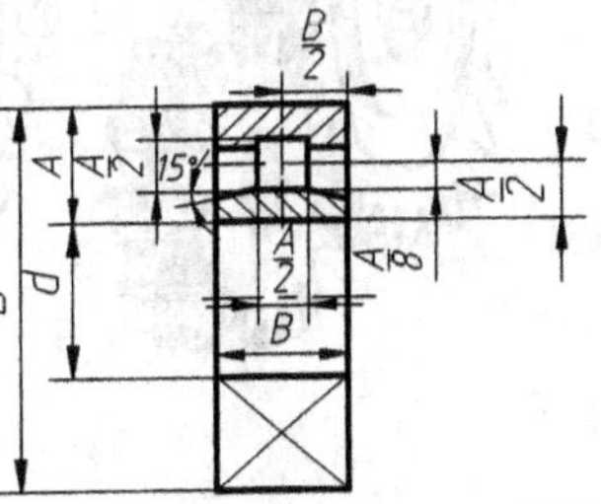
圆锥滚子轴承 GB/T297-94 (3000型)	D d B T C		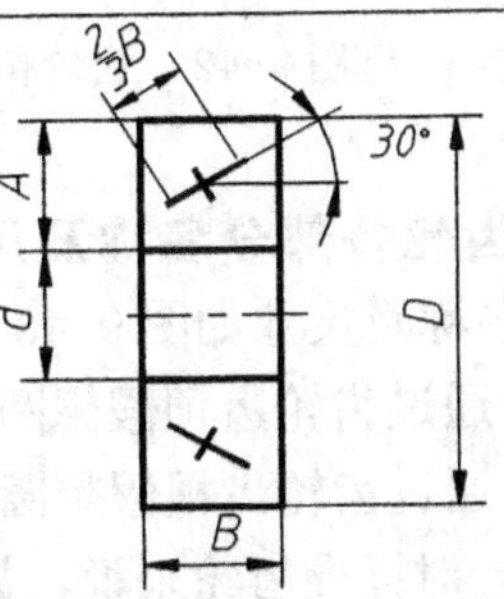	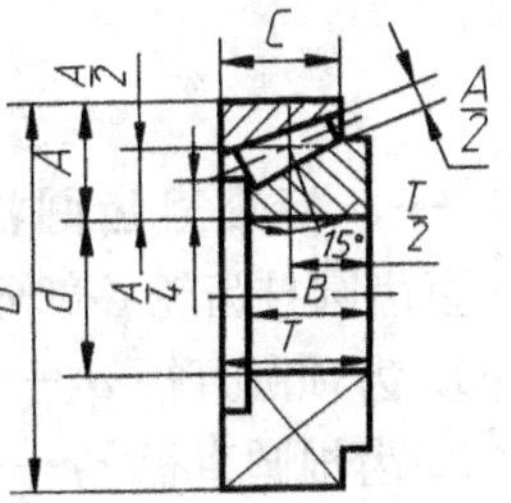
推力球轴承 GB/T301-95 (51000型)	D d T		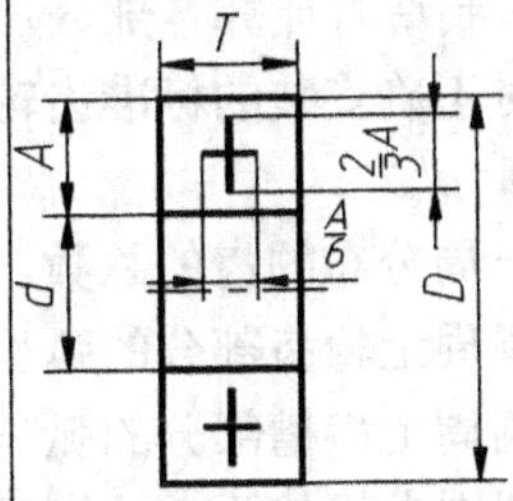	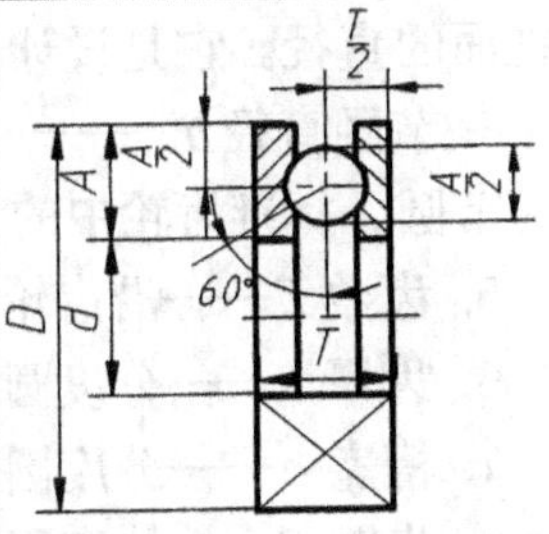

第五节　齿轮

机器上常用齿轮来传递动力或改变运动的速度和方向，常见的齿轮传动可分为如图9-42所示的三种：

圆柱齿轮传动——一般用于两平行轴间的传动；

圆锥齿轮传动——一般用于两相交轴间的传动；

蜗轮蜗杆传动——一般用于两交叉轴间的传动。

本节只介绍直齿圆柱齿轮。

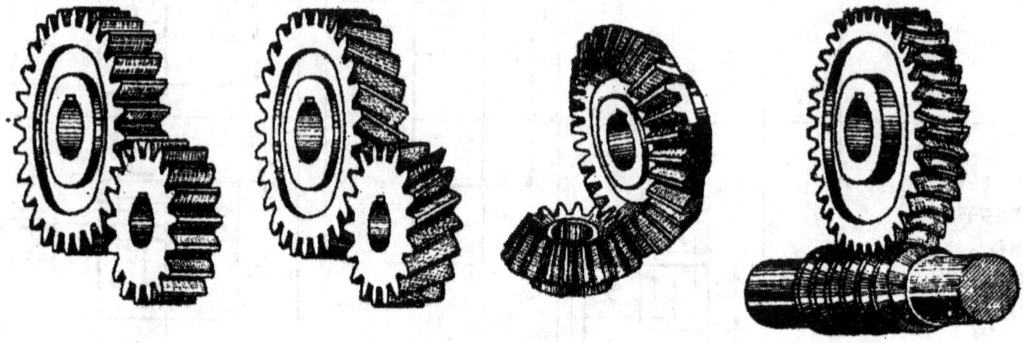

图9-42　齿轮传动

一、标准直齿圆柱齿轮各部分名称及尺寸关系。

直齿圆柱齿轮各部分名称及尺寸如图9-43所示。

1. 齿顶圆直径 d_a——通过齿轮齿顶假想圆柱面的直径。

2. 齿根圆直径 d_f——通过齿轮齿根假想圆柱面的直径。

3. 分度圆直径 d——一对标准齿轮来说，齿厚 S(弧长)与槽宽 e(弧长)相等时假想圆柱面的直径。它是设计、制造时计算各部分尺寸的重要数据。

4. 节圆直径 d'——一对正确安装的标准齿轮，它们的分度圆相切，这时的分度圆又称为节圆。标准齿轮中的 $d=d'$。

5. 齿数 Z——沿齿轮一周分布的齿的总数。

6. 齿厚 S——分度圆圆周上轮齿部分的弧长。

7. 槽宽 e——分度圆圆周上齿槽部分的弧长。

8. 齿距 P——分度圆圆周上相邻两个轮齿对应点间的弧长。对标准齿轮 $P=S+e$。

9. 模数 m——分度圆齿距 P除以圆周率 π所得的商，其单位为毫米。

由以上关系可知：

模数相同的两齿轮才能互相啮合。模数是计算齿轮各部分尺寸的一个基本参数，模数大的齿轮，其他尺寸也相应变大。由于不同模数的齿轮，需用相应的齿轮刀具加工，为了使设计和刀具系列化(减少刀具数量)，国家标准对模数规定了标准数值，见表9-10。

表 9-10　渐开线圆柱齿轮模数（GB1357-78）

第一系列	0.1, 0.12, 0.15, 0.2, 0.25, 0.3, 0.4, 0.5, 0.6, 0.8, 1, 1.25, 1.5, 2, 2.5, 3, 4, 5, 6, 8, 10, 12, 16, 20, 25, 32, 40, 50
第二系列	0.35, 0.7, 0.9, 1.75, 2.25, 2.75, (3.25), 3.5, (3.75), 4.5, 5.5, (6.5), 7, 9, (11), 14, 18, 22, 28, (30), 36, 45

注：本标准适用于渐开线圆柱齿轮，对斜齿轮是指法向模数。选取时优先采用第一系列，括号内的模数尽可能不用。表中单位是毫米。

10. 全齿高 h——齿顶圆和齿根圆之间的径向距离；全齿高又分为两部分即：

齿顶高 h_a——齿顶圆和分度圆之间的径向距离，标准齿轮 $h_a=m$；

齿根高 h_f——齿根圆和分度圆之间的径向距离，标准齿轮 $h_f=1.25m$。

11. 压力角(齿形角) α——两齿轮啮合时，过接触点 P 作齿廓曲线的公法线 MN，该线与两节圆公切线 CD 所夹的锐角即为压力角，如图 9-43 所示， 标准齿轮的压力角 $\alpha=20°$ 。

12. 中心距 a——两啮合齿轮轴心之间的距离。

13. 传动比 i——相啮合两齿轮的转速之比，齿轮的转速与齿数成反比，若以 n_1、n_2 表示两啮合齿数的转速时：

$$i=\frac{n_1}{n_2}=\frac{z_1}{z_2}$$

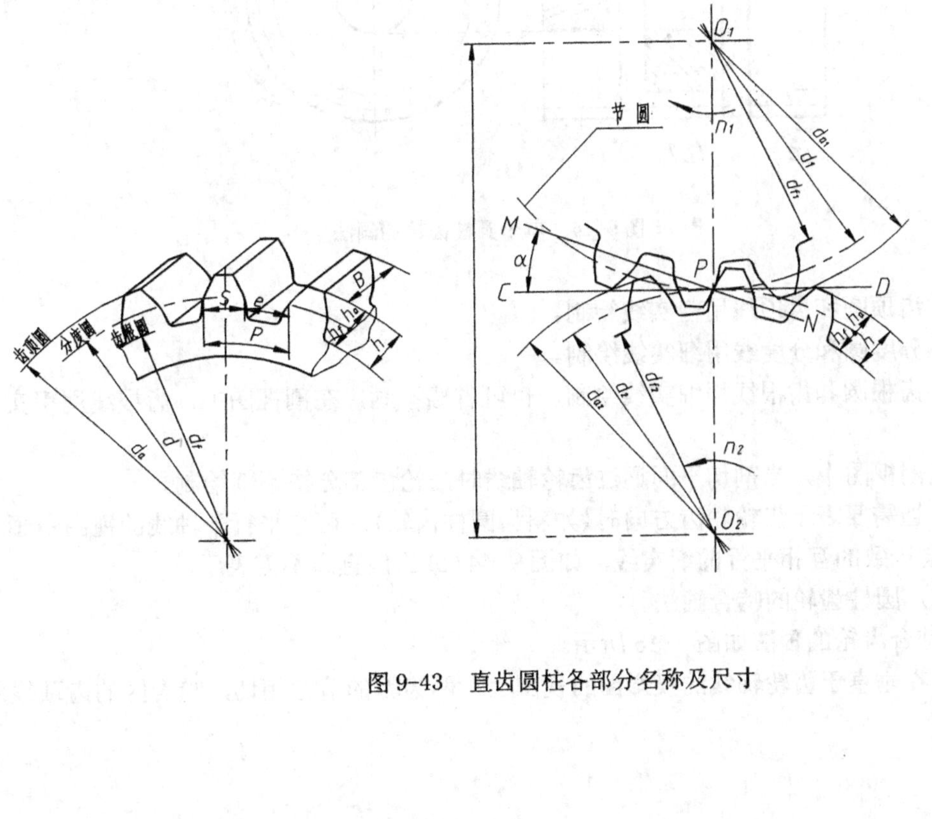

图 9-43　直齿圆柱各部分名称及尺寸

标准直齿圆柱齿轮各部分尺寸的计算公式见表 9-11。

表 9-11

名称	符号	计算公式
齿数、模数、压力角	z、m、α	
分度圆直径	d	
齿顶高	h	$h_a=1m$
齿根高	h	$h_f=1.25m$
齿顶圆直径	d	$d_a=d+2h_a=mz+2m=\|m+2\|$
齿根圆直径	d	$d_f=d-2h_f=mz-2.5m=m\|z-2.5\|$
齿距	p	$p=\pi m$
中心距	a	$a=\frac{d_1}{2}+\frac{d_2}{2}=\frac{m}{2}\|z_1+z_2\|$
传动比	i	$i=\frac{n_1}{n_2}=\frac{z_2}{z_1}$

二、直齿圆柱齿轮的规定画法

国家标准 GB4459·2-84《齿轮画法》中规定了齿轮的画法。

（一）单个齿轮的画法如图 9-44 所示。

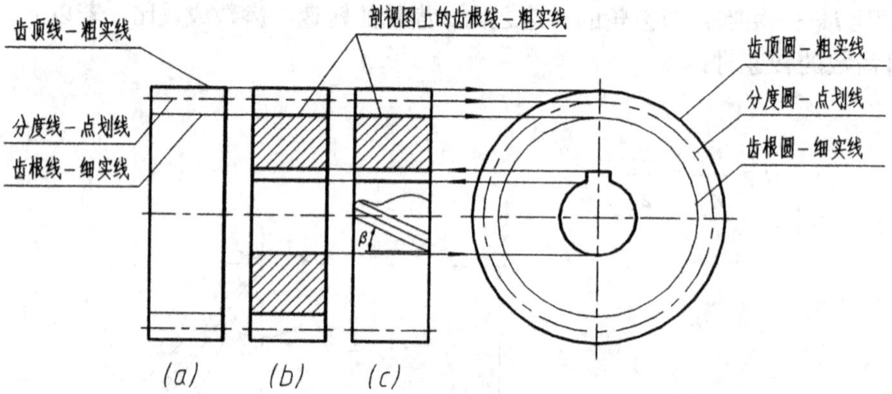

图 9-44　单个圆柱齿轮的画法

1. 齿顶圆和齿顶线用粗实线绘制。

2. 分度圆和分度线用细实线绘制。

3. 齿根圆和齿根线用细实线绘制，也可省略不画，在剖视图中，齿根线用粗实线绘制。

4. 剖视图中，当剖切平面通过齿轮轴线时，轮齿部分按不剖绘制。

5. 当需要表示齿轮轮齿方向时（如斜齿圆柱齿轮），可在平行于轴线的视图中画三条与齿向一致的互相平行的细实线，如图 9-44（*c*）。但直齿不需表示。

（二）圆柱齿轮的啮合画法

两啮合齿轮的画法如图 9-45 所示。

1. 在垂直于齿轮轴线的投影面的视图上，两齿轮的节圆相切，啮合区的齿顶线用粗实线绘制，如图 9-45(*a*)，也可省略不画，如图 9-45(*b*)。

2. 在平行于齿轮轴线的视图上，当剖切平面通过两啮合齿轮的轴线时，在啮合区内节圆线用细点划线绘制；一个齿轮的齿顶线和齿根线均画成粗实线；另一个齿轮的齿根线用粗实线绘制，而被遮住部分齿轮的齿顶线用虚线绘，见图 9-45(*b*)，也可省略不画。如不剖切，啮合区内的齿顶线、齿根线不必画，节线用粗实线画，如图 9-45(*a*)所示。

啮合区以外的其他部分，仍按零件图的表达方法及轮齿部分规定画法绘制。

当需要表示是斜齿或人字齿时，可用图 9-45(*a*)的方法绘制。

啮合区的放大图及投影关系，见图 9-46。

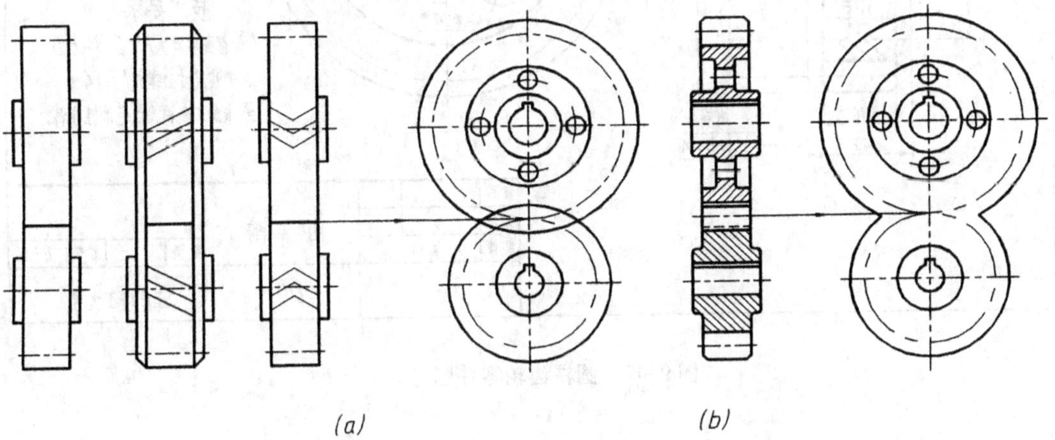

图 9-45　圆柱齿轮的啮合画法

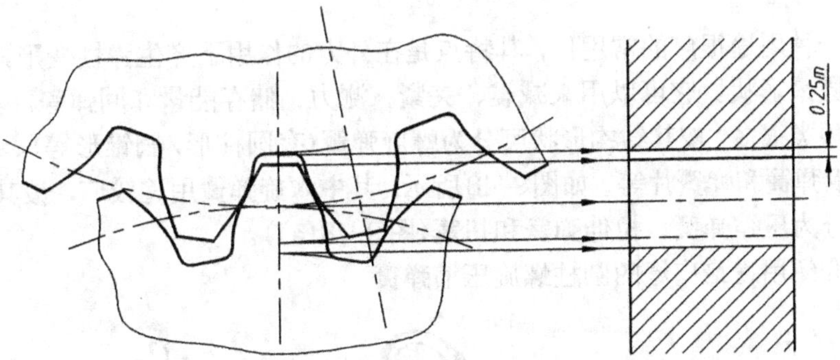

图 9-46　圆柱齿轮啮合区放大图

三、齿轮零件工作图示例

在齿轮的零件图中，应注出齿顶圆直径、分度圆直径和轮齿的宽度 *b*(如图 9-47 中的尺寸 30)，其余部分的尺寸按零件图的尺寸注法标注。对齿轮的模数、齿数、压力角等参数，应填入图中右上角的参数表格中，如图 9-47 所示。

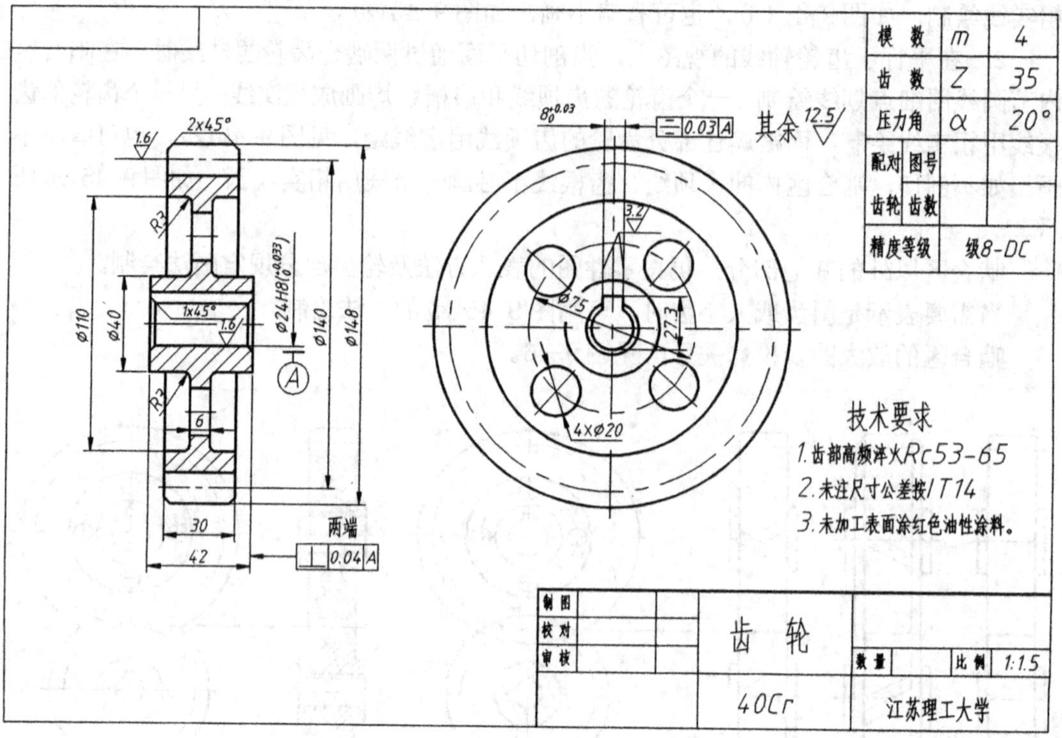

图 9-47　圆柱齿轮零件图

第六节　弹簧

弹簧是一种用途很广的常用件，其特点是在外力的作用下产生弹性变形，外力取消后又恢复到原来形状。它可以用来减震、夹紧、测力、储存能量和回弹等。

弹簧的种类很多，按其结构形状可分为螺旋弹簧(有圆柱形，圆锥形等)、蜗卷弹簧、碟形弹簧、板弹簧和弹簧片等，如图9-48所示。其中螺旋弹簧用途较广，按其工作时受力情况又可分为压缩弹簧、拉伸弹簧和扭簧(图 9-48(a))。

本节仅介绍用途最广泛的圆柱螺旋压缩弹簧。

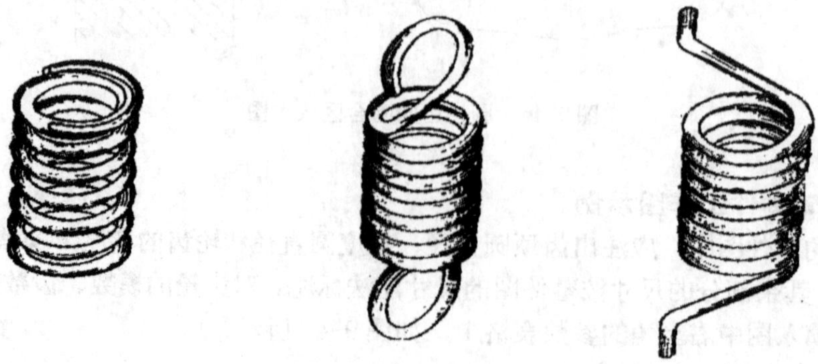

(*a*)

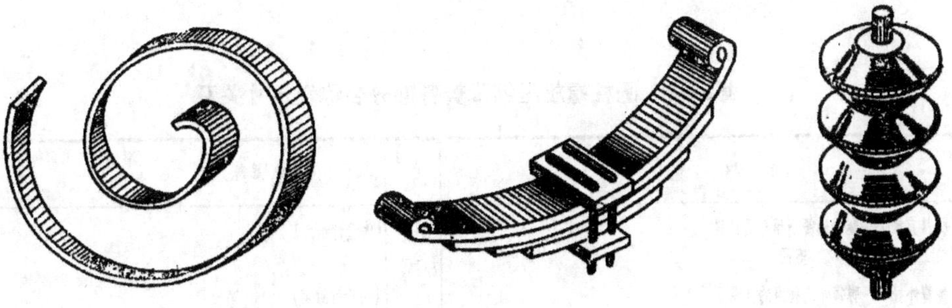

(*b*)

图 9-48　各种弹簧

一、圆柱螺旋压缩弹簧各部分的名称及尺寸关系

圆柱螺旋压缩弹簧各部分的名称及尺寸关系见图 9-49 及表 9-12。

圆柱螺旋压缩弹簧一般是用金属丝(如弹簧钢丝)按圆柱螺旋线绕制而成。为使其工作时受力均匀，要求弹簧的两平面与轴线垂直，因而制造时将两端并紧磨平一部分圈数，这些圈工作时变形很小，仅起支承作用，故称支承圈。中间节距相等的圈数参加工作，称为有效圈。另外，圆柱螺旋压缩弹簧按其旋向分为右旋和左旋。

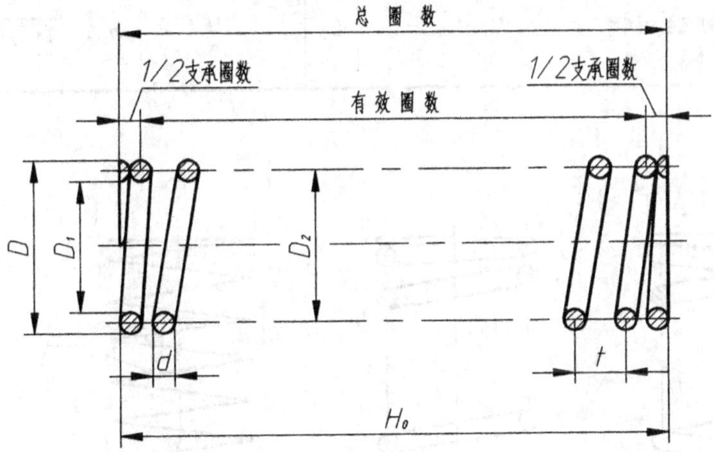

图 9-49　圆柱螺旋压缩弹簧各部分名称及尺寸

二、圆柱螺旋压缩弹簧的画法

(一) 单个圆柱螺旋压缩弹簧的画法

圆柱螺旋压缩弹簧视需要可以画成视图、剖视图和示意图，如图 9-50 所示。

由于圆柱螺旋压缩弹簧的真实投影比较复杂，为简化作图，国家标准(GB4459.4-84《弹簧画法》)对其画法作了如下规定：

1. 在平行于螺旋弹簧轴线的投影面的视图中，各圈的轮廓线应画成直线，以代替螺旋线。

表 9-12 圆柱螺旋压缩弹簧各部分名称及尺寸关系

序号	名 称	代号	计 算 公 式
1	材料直径——制造弹簧所用金属材料直径	d	(由设计给定)
2	弹簧外径——弹簧外圆柱面的直径	D	(由设计给定)
3	弹簧内径——弹簧内圆柱面的直径	D_1	(由设计给定)
4	弹簧中径——弹簧内、外圆柱面直径的平均值	D_2	$D_2=\frac{D+D_1}{2}$
5	节 距——弹簧两相邻有效圈轴向截面中心线间的距离	t	两端并紧磨平: $t=\frac{H_0-(n_2-0.5)d}{n}$ 两端并紧但不磨平: $t=\frac{H_0-(n_2+1)d}{n}$
6	有效圈数——弹簧参与弹性变形的圈数	n	(由设计给定)
7	支承圈数——弹簧两端并紧、磨平的圈数	n_2	$n_2=1.5\sim2.5$
8	总 圈数——弹簧沿轴线两端之间的螺旋圈数	n_1	$n_1=n+n_2$
9	自由高度——弹簧在没有承受负荷时的高度或长度	H_0	两端并紧磨平: $H_0=n\cdot t+(n_2-0.5)d$ 两端并紧但不磨平: $H_0=n\cdot t+(n_2+1)d$
10	螺旋升角——弹簧中径所确定的螺旋线升角	λ	$\lambda=\mathrm{tg}^{-1}\frac{t}{\pi D_2}$
11	展开长度——制造弹簧所用金属材料的长度	L	$L=\frac{n_1\pi D_2}{\cos\lambda}=n_1\sqrt{(\pi D_2)^2+(t)^2}$

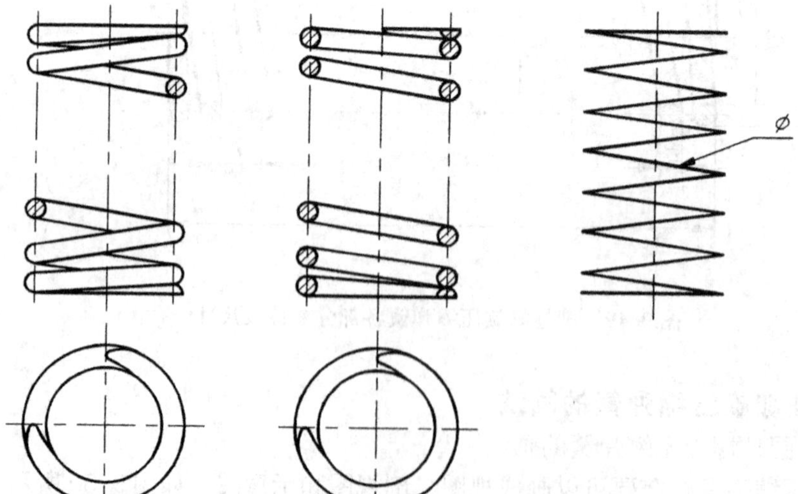

图 9-50 圆柱螺旋压缩弹簧的画法

2. 不论左旋或右旋的螺旋弹簧均可画成右旋，但左旋螺旋弹簧，不论画成左旋或右旋，一律要注出旋向“左”字。

3. 两端并紧、磨平的螺旋压缩弹簧，无论支承圈的圈数多少和贴紧情况如何，均按图 9-50 的形式绘制。必要时也允许按支承圈的实际情况绘制。

4. 有效圈数在四圈以上的螺旋弹簧中间部分可以省略。当中间部分省略后，允许适当缩短图形长度。

(二) 圆柱螺旋压缩弹簧在装配图中的画法

圆柱螺旋压缩弹簧在装配图中的画法如图 9-51 所示。

1. 被弹簧挡住的结构一般不画，未被挡住的部分应从弹簧的外轮廓线或从弹簧钢丝剖面的中心线画起，如图 9-51(*a*)。

2. 螺旋弹簧的金属材料直径(或厚度)在图样上小于或等于 2mm 时，可以采用示意画法，如图 9-51(*c*)；当弹簧被剖切时，其剖面可用涂黑表示，如图 9-51(*b*)。

3. 螺旋压缩弹簧在装配图中一般按工作状态绘制，其工作高度比自由高度小。当已知圆柱螺旋压缩弹簧的参数(弹簧外径 D、簧丝直径 d、节距 t、有效圈数 n 及支承圈 n_2)时，绘图步骤如图 9-52 所示。

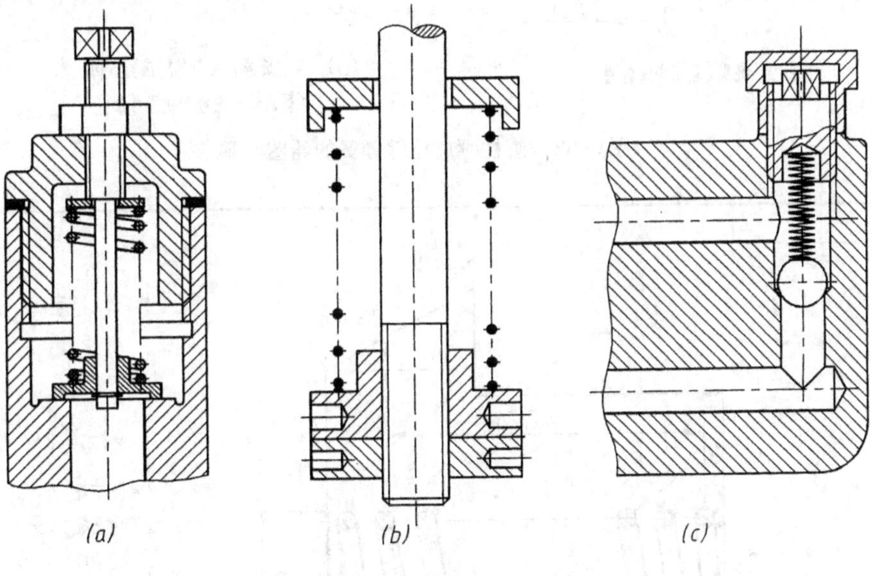

图 9-51　装配图中圆柱螺旋压缩弹簧的画法

三、圆柱螺旋压缩弹簧工作图示例

圆柱螺旋压缩弹簧的零件工作图如图 9-53 所示。弹簧的参数应直接注在图上，当某些参数(如有效圈数、总圈数 n_1、展开长度、旋向等)直接标注有困难时，可在技术要求中说明。若有必要，可用图解方式画出弹簧的机械性能曲线，螺旋压缩弹簧的性能曲线均画成直线，标注在主视图上方，如图 9-53 所示。

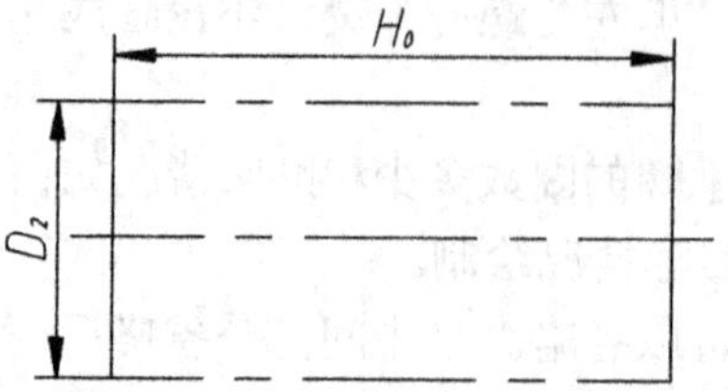

(a) 化n为整数，取$n_2=2.5$并计算出H_0，再以所求H_0和D_2作出矩形框

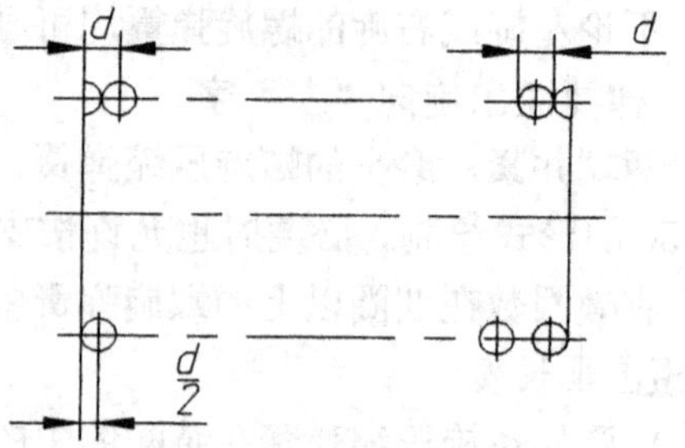

(b) 根据d画出两端支承圈

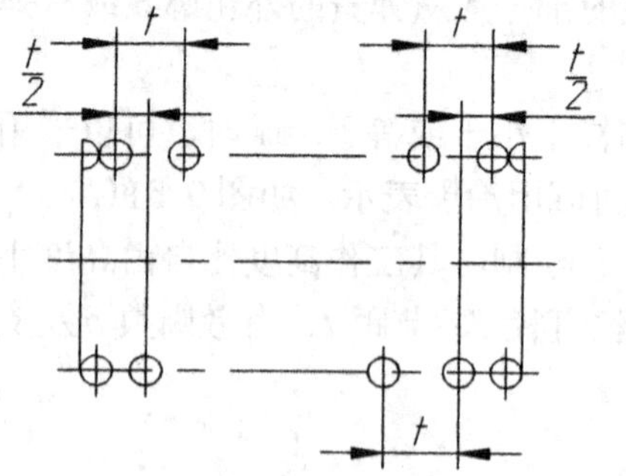

(c) 根据t画出中间各圈

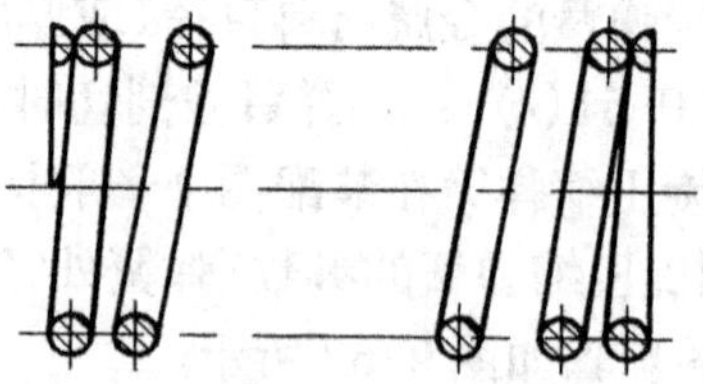

(d) 按右旋画直线与各对应圆相切，可画成外形图或剖视图并加深

图 9-52　圆柱螺旋压缩弹簧的绘图步骤

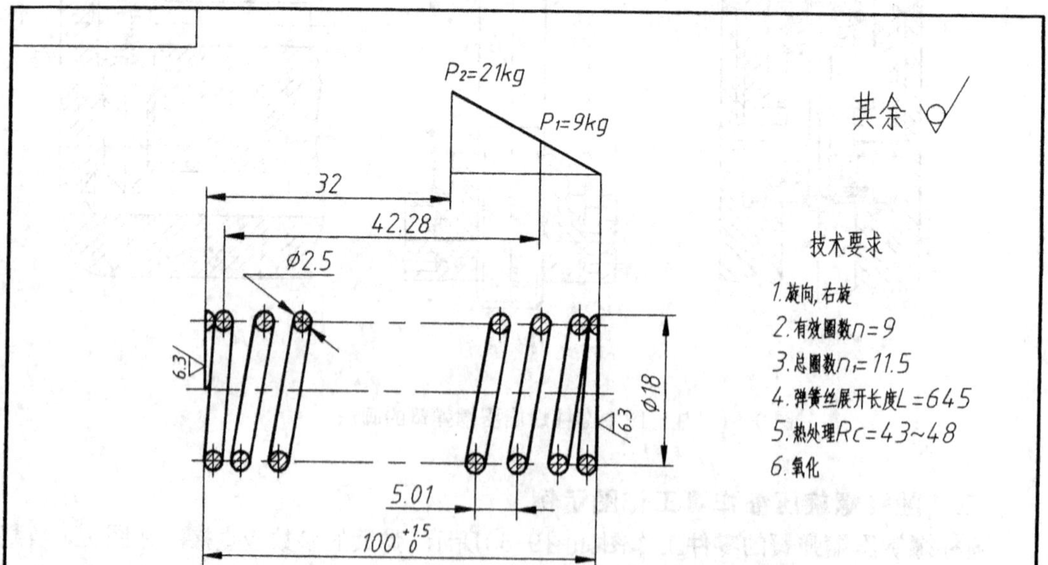

图 9-53　圆柱螺旋压缩弹簧工作图

第七节　焊接和焊接件图

一、焊接、焊缝画法、代号及标注

(一) 焊接

焊接是把需要连接的两金属零件在连接的地方局部加热并充填熔化金属(如焊条等)或用加压方法，使两个零件连接在一起的方法。焊接是一种不可拆连接，其优点是施工简单、连接可靠等。根据焊接原理，常用的焊接方法有熔焊(如气焊、电弧焊、电渣焊等)、压焊(如点焊、滚焊等)和钎焊等。

(二) 焊缝的规定画法

焊缝的接头型式，常见的有对接接头、T型接头、角接接头和搭接接头等，如图9-54所示。

焊件经焊接后所形成的结合部分称为焊缝。GB324-88和GB12212-90中对焊缝规定在图样上的表示法有两种，即图示法和符号法。

1. 图示法

在外形图上，对可见焊缝可用图9-55或图9-56焊缝的简化画法表示，对不可见焊缝可用图9-57表示。

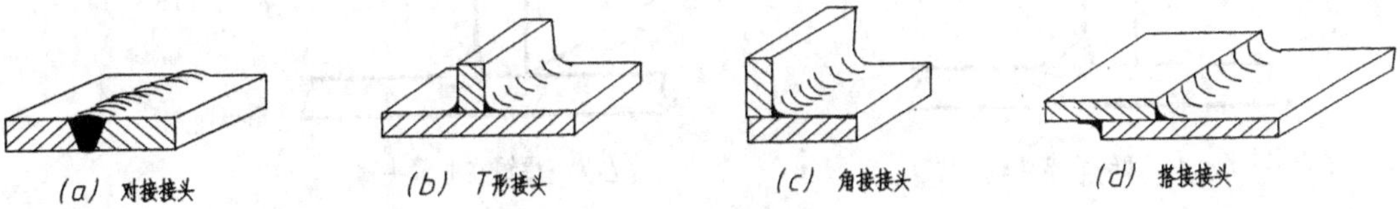

图9-54　焊接接头的型式

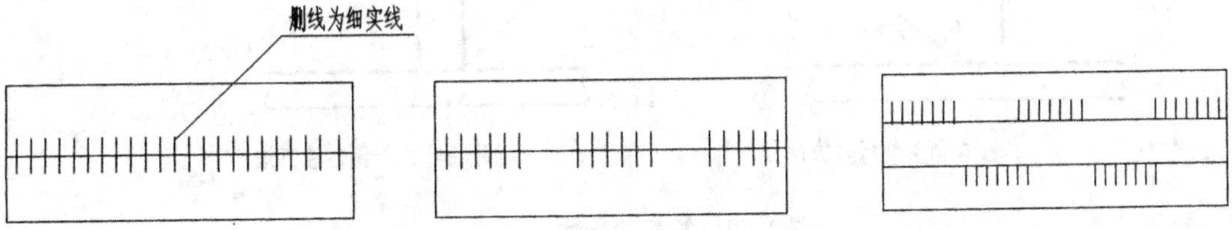

图9-55　焊缝表示法（一）

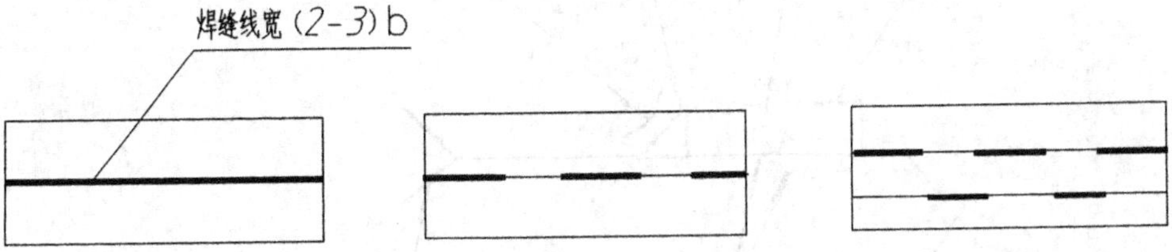

图9-56　焊缝表示法（二）

在剖视图或剖面图上，对焊缝金属的熔焊区，通常用涂黑表示，如图 9-57 所示。

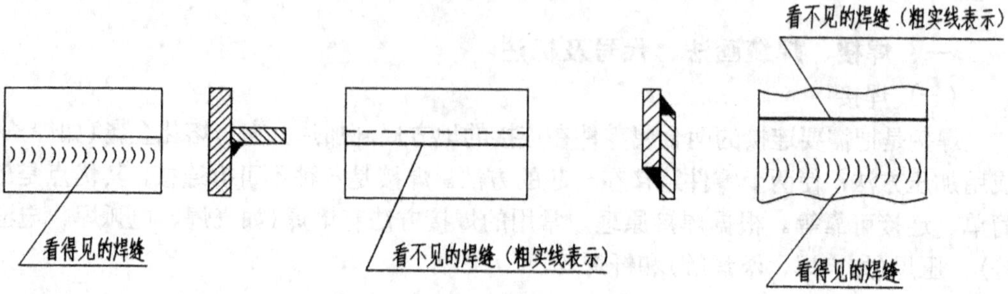

图 9-57　焊缝表示法（三）

2. 符号法

焊接图上只在焊缝处标注焊缝代号，如图 9-58 所示。标注时应注意，如果焊缝在接头的箭头侧，则将基本符号标在基准线的实线侧，如图 9-58(*c*) 所示；如果焊缝在接头的非箭头侧，则将基本符号标在基准线的虚线侧，如图 9-58(*d*) 所示。

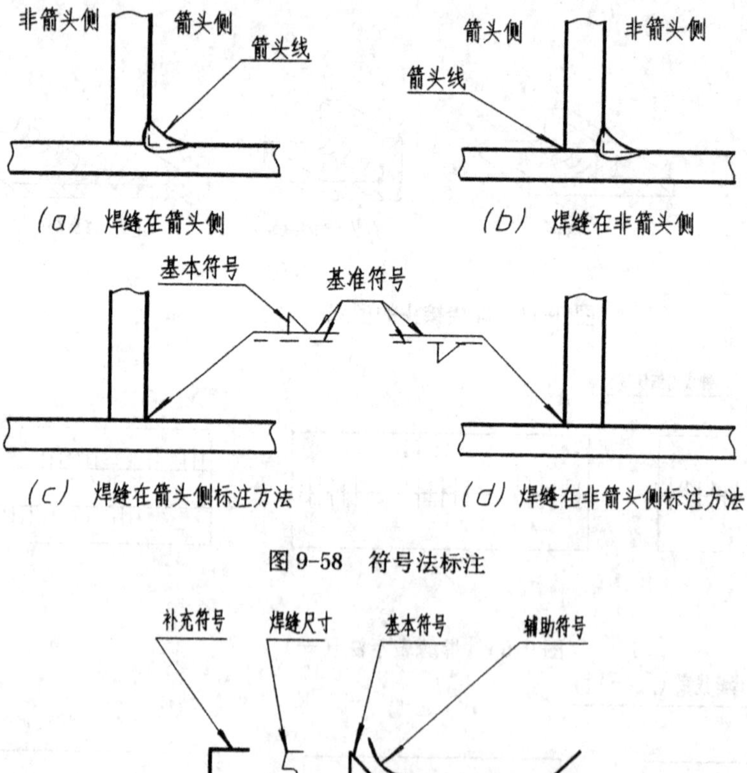

图 9-58　符号法标注

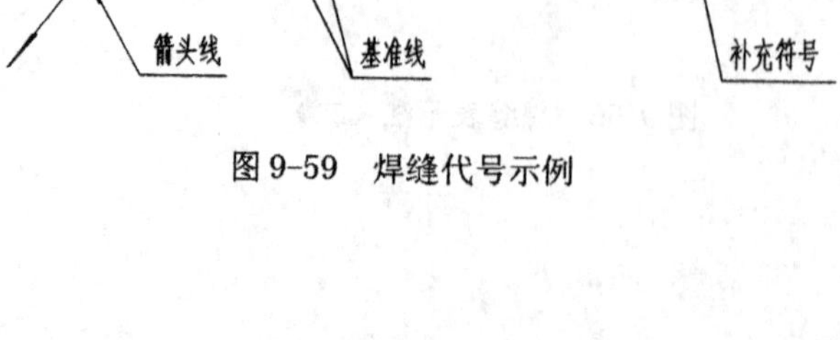

图 9-59　焊缝代号示例

(三)焊缝代号及标注

1. 焊缝代号

焊接图样中，焊缝的型式及尺寸等，用焊缝代号来说明。焊缝代号主要有基本符号、辅助符号、补充符号、箭头线、基准线和焊缝尺寸符号等组成(辅助符号有必要时才注出)，如图9-59所示。

(1)基本符号　基本符号是表示焊缝横截面形状的符号，采用近似于横剖面形状的符号表示。基本符号用粗实线绘制，常用焊缝的基本符号如表9-13所示。

表9-13　常见焊缝的基本符号

名称	示意图	符号	名称	示意图	符号
I形焊缝	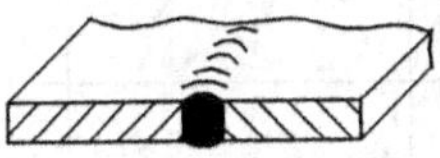		带钝边U形焊缝		
V形焊缝			带钝边J形焊缝		
带钝边V形焊缝			点焊缝	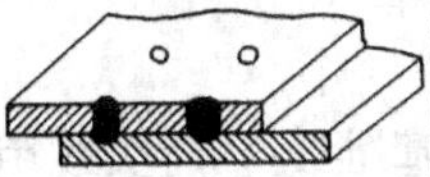	
带钝边单边V形焊缝			角焊缝	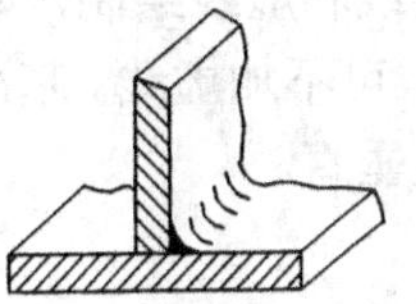	

(2)辅助符号　辅助符号是表示焊缝表面形状特征的符号(共3种)，用粗实线绘制，如表9-14所示。

表9-14　辅助符号

名称	平面符号	凹面符号	凸面符号
型式			
符号			
说明	表示焊缝表面平齐	表示焊缝表面凹陷	表示焊缝表面凸起

(3)补充符号　补充符号是为了补充说明焊缝的某些特征而采用的符号(共6种)，用粗实线绘制。常用的补充符号如表 9-15 所示。

表 9-15　补充符号

名称	平面符号	周围焊缝符号	现场符号	尾部符号	交错断续焊缝
型式	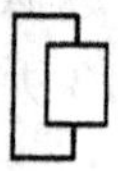			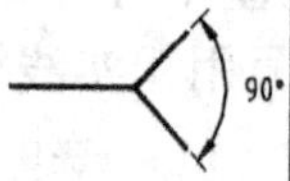	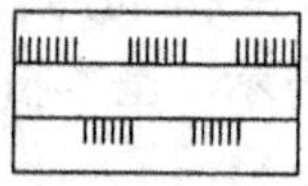
符号	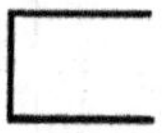		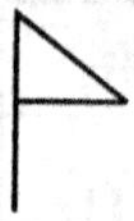	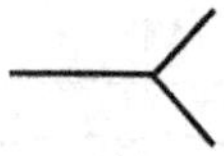	
说明	要求三面焊缝符号的开口方向与三面焊缝的实际方向画得基本一致	表示环绕工件周围焊接	表示在现场或工地上进行焊接	在尾部90°角内标注焊接方法及相同焊缝条数	表示焊缝由一组交错断续的相同焊缝段组成

(4)箭头线和基准线　箭头线用带箭头的细实线绘制，箭头指到焊缝；基准线用两条互相平行的细实线和虚线绘制，如图 9-59 所示。标对称焊缝及双面焊缝(在不致引起误解的情况下)时，可不加虚线。基准线一般与图样标题栏的长边平行，必要时，也可与图样标题栏的长边垂直。

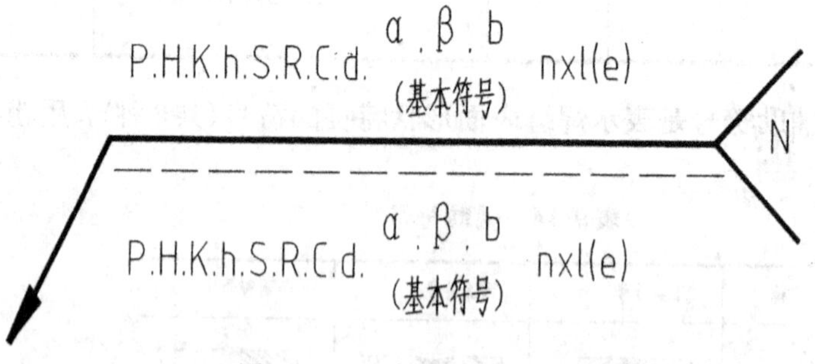

图 9-60　焊缝尺寸的标注位置

(5) 焊缝尺寸符号　表示焊缝尺寸的符号，如表 9-16 所示。焊缝尺寸符号及数据标注的原则(如图 9-60) ：

第一，在基本符号的左边标注焊缝横截面上的尺寸；

第三，在基本符号的右边标注焊缝长度方向的尺寸；

第三，坡口角度、根部间隙等尺寸，注在基本符号的上方或下方。相同焊缝数量符号标在尾部。

表 9-16 焊缝尺寸符号

符号	名称	示意图	符号	名称	示意图
δ	工件厚度	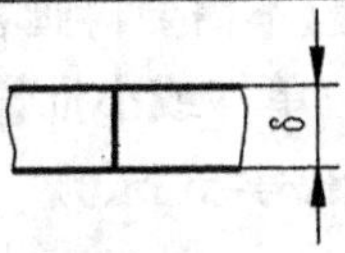	e	焊缝间距	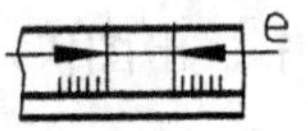
α	坡口角度	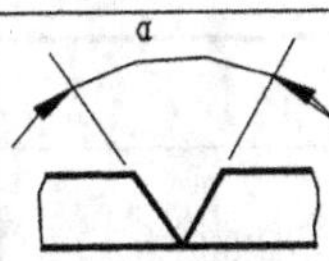	K	焊角尺寸	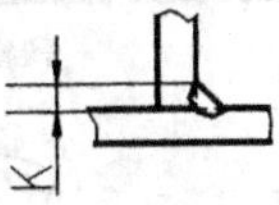
b	根部间隙	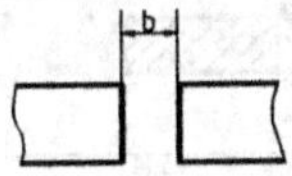	d	熔核直径	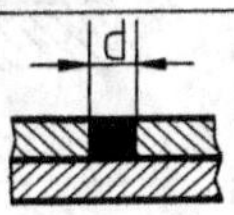
p	钝边	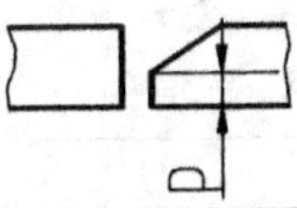	S	焊缝有效数量符号	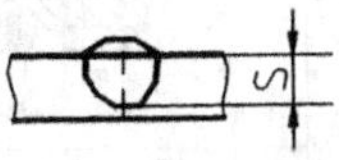
c	焊缝宽度	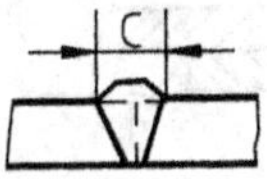	N	相同焊缝符号	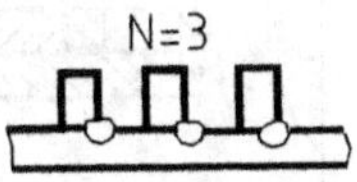
R	根部半径	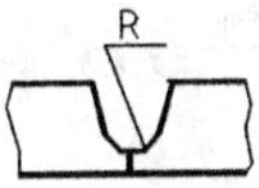	H	坡口深度	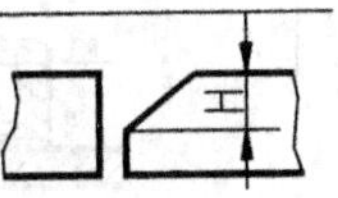
l	焊缝长度	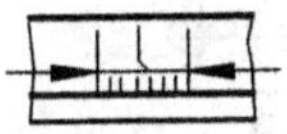	h	余高	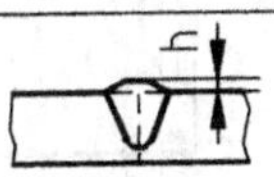
n	焊缝段数	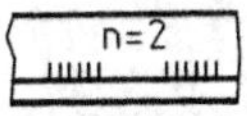	β	坡口面角度	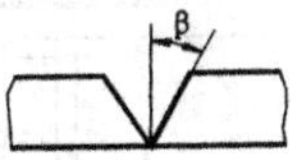

2. 常见焊缝代号标注

常见焊缝代号标注示例，如表 9-17 所示。

二、焊接件图

金属焊接件图是焊接施工中所使用的一种图样。根据图样中所表达的内容不同，焊接件图可分为两种。

(一) 分件式

分件式焊接件图，着重表达焊接件之间的相对位置及其尺寸、焊缝代号和焊接要求等。而每个零件另有零件图表示结构形状和尺寸等，如图 9-61 所示。分件式画法的优点是视图清晰、看图方便、突出焊接图的重点，适用大批量生产。

（二）整体式

整体式焊接图中，不仅表达焊接件之间的相对位置及其尺寸、焊缝代号和焊接要求，还应表达每个零件的形状、尺寸及加工要求等（不需要再画各零件图）。这种画法的优点表达集中、出图快，适用于焊接件结构简单、单件或小批量生产，如图 9-62 所示。

表 9-17 常见焊缝代号标注示例

接头型式	焊缝型式	标注方法	说 明
对接接头	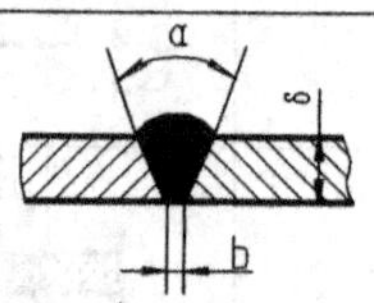	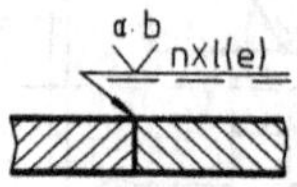	V形焊缝，拔口角度为α根部间隙为b，有n条焊缝焊缝长度为l，焊缝间距为e
搭接接头	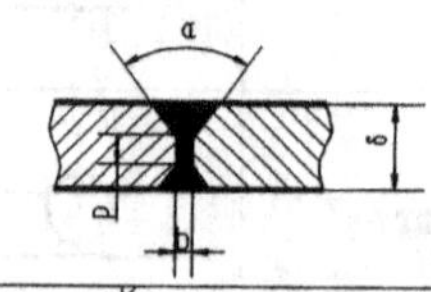	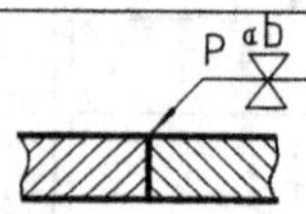	带钝边X形焊缝，钝边高度为P，拔口角度为α，根部间隙为b，焊架表面平齐
	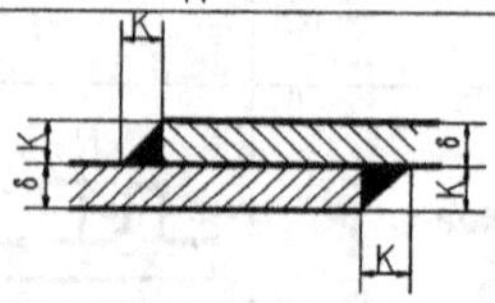	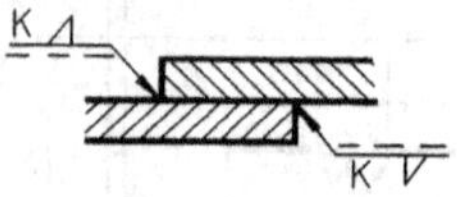	有上、下两条焊角高为 K的角焊缝
T型接头	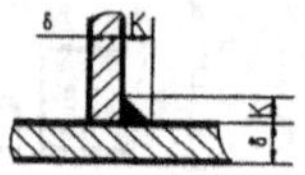	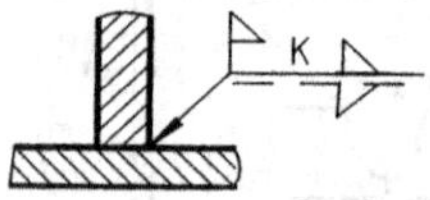	在现场装配时焊接，双面角焊缝，焊角高度为K
	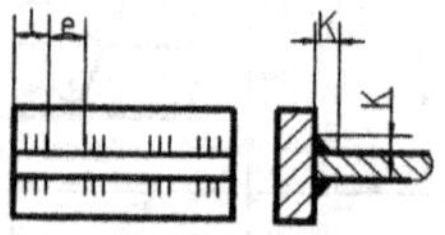	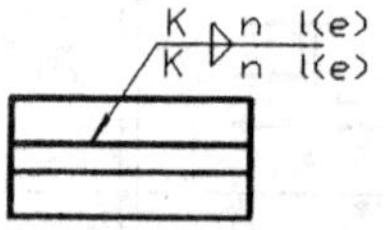	有n条双面断续链状角焊缝，l为焊缝的长度，e为焊缝的间隙，焊角高度为K
	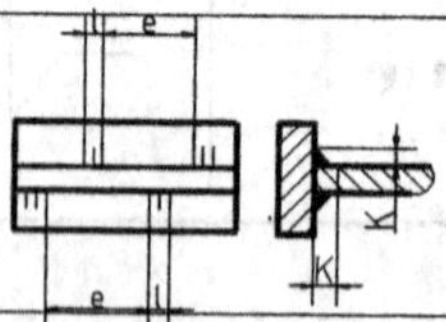	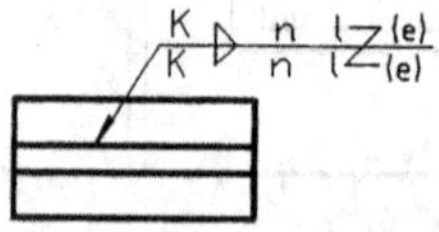	有n条交错角焊缝，l 为焊缝的长度，e为焊缝的间隙，焊角高度为K
L型接头	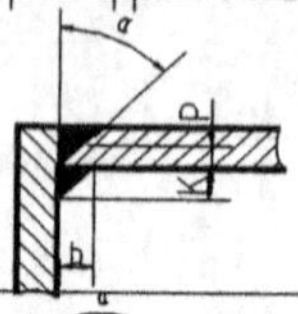	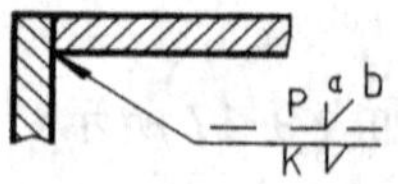	表示双面焊缝，上面为单边V形焊缝，下面为角焊缝
	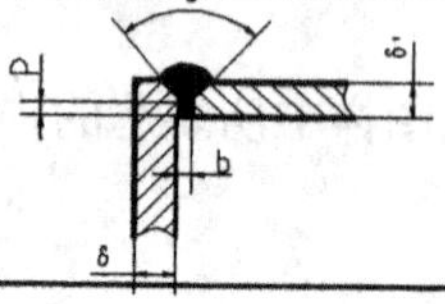	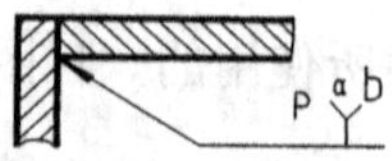	带钝边V形焊缝，拔口角度为α，钝边高度为P，根部间隙为b

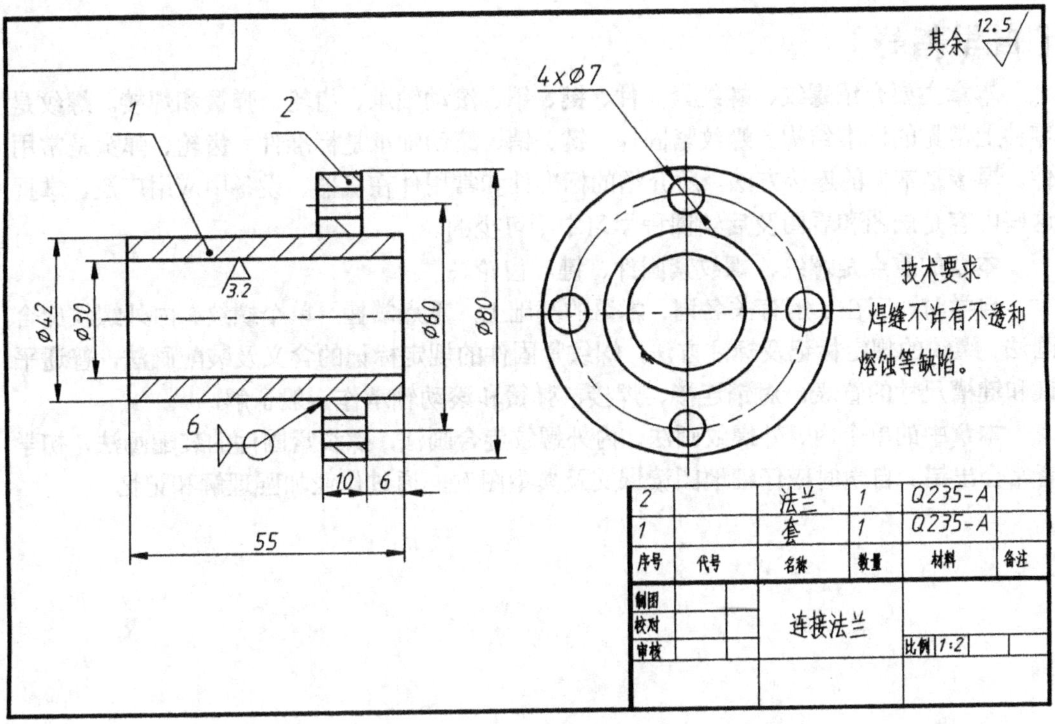

图 9-61　分体式

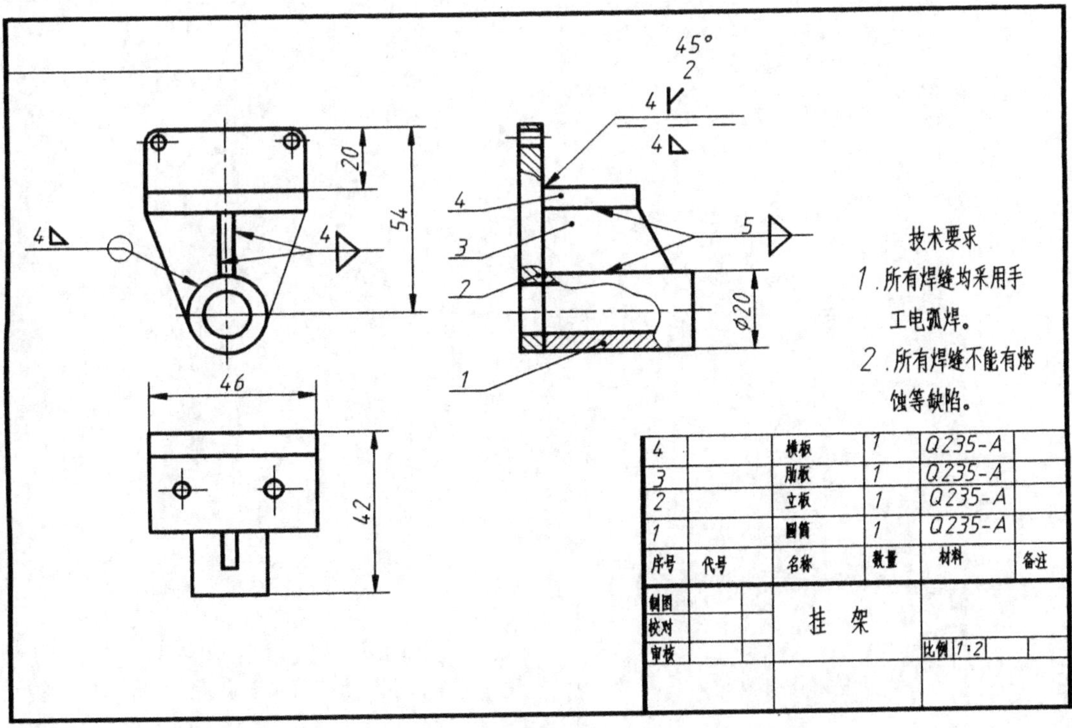

图 9-62　整体式

[自学指导]

本章主要介绍螺纹、螺纹紧固件、键、销、滚动轴承、齿轮、弹簧和焊接。螺纹是零件上常见的标准结构。螺纹紧固件、键、销、滚动轴承是标准件。齿轮、弹簧是常用件。焊接是常见的连接方法。所介绍的标准件和常用件在机器、设备中应用广泛，掌握这些内容是画图和看图及后续课程学习中不可少的。

本章的重点是螺纹、螺纹紧固件、键、齿轮。

自学时，应在了解有关名词、术语的基础上，重点掌握：单个螺纹、内外螺纹旋合画法，螺纹的规定标记及标注方法，螺纹紧固件的规定标记的含义及装配画法，普通平键和键槽尺寸的查表。对销连接、焊接、弹簧和滚动轴承作一般了解。

本章中的单个内、外螺纹画法，内外螺纹旋合画法，螺纹紧固件的装配画法，初学者常会出错，自学时应仔细地阅读课文及典型图例，通过作业加强理解和记忆。

[练习题]

9-1 说明螺纹标记的意义，逐项填入表内。

意义 / 标记	螺纹种类	公称直径	导程	螺距	线数	公差代号	旋向	旋合长度
M10-6H								
M10X1-5H-S								
M16X1.5-5g6g								
Tr32x12(P6)-7e								
G1								

9-2 在各图中标注出螺纹的标记。

(1) 细牙普通螺纹，大径 8，螺距 1，左旋，中径和顶径的公差带相同，外螺纹为 6f，内螺纹为 7H。

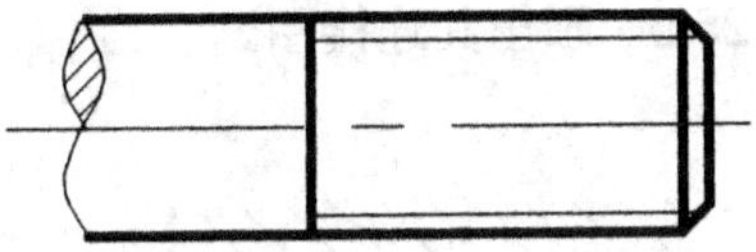

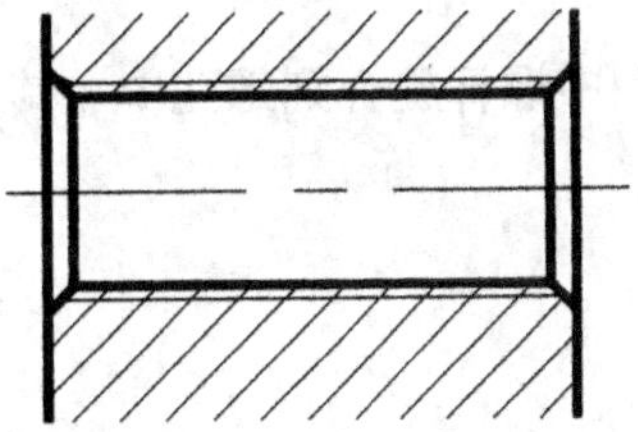

(2) 梯形螺纹的大径 12，螺距为 3，双线，左旋，中径公差带代号为 7e，中等旋合长度。

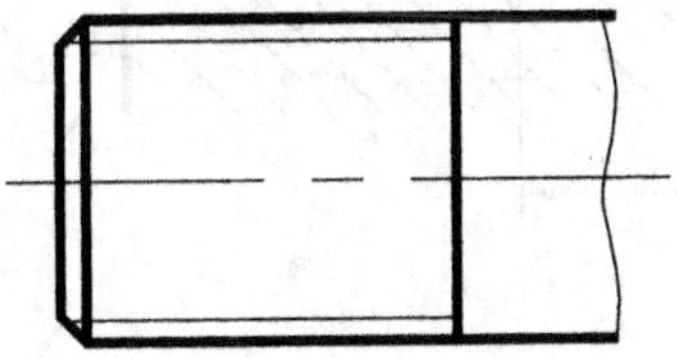

(3) 圆柱管螺纹，公称直径为 1。

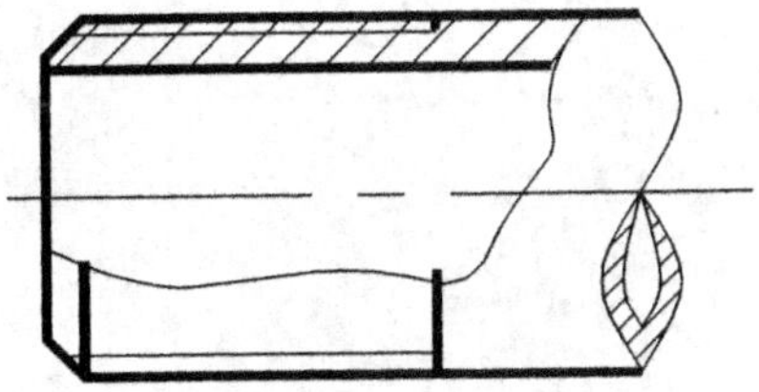

9-3 圈出下列各图中螺纹画法及标注的错误，在右边空白处画出正确的图样，并标注螺纹代号。

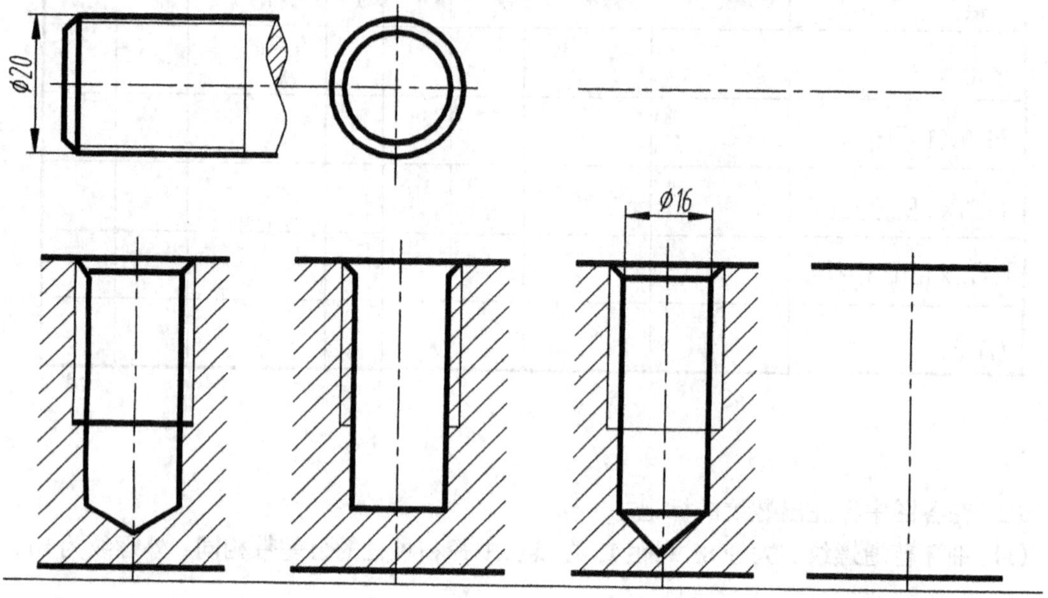

9-4 将下图中螺杆旋合到螺孔中，其旋合长度为25mm，画出其连接图。

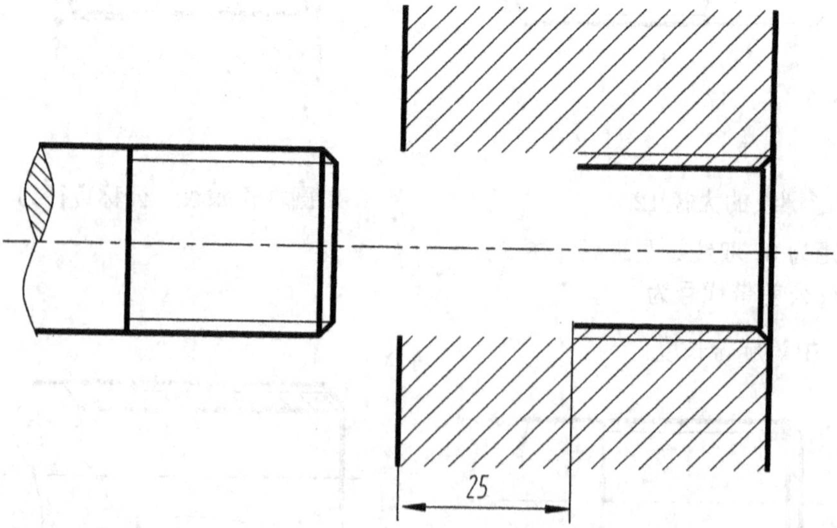

9-5 改正螺柱连接图中的错误，并把正确的答案画在下方指定位置上。

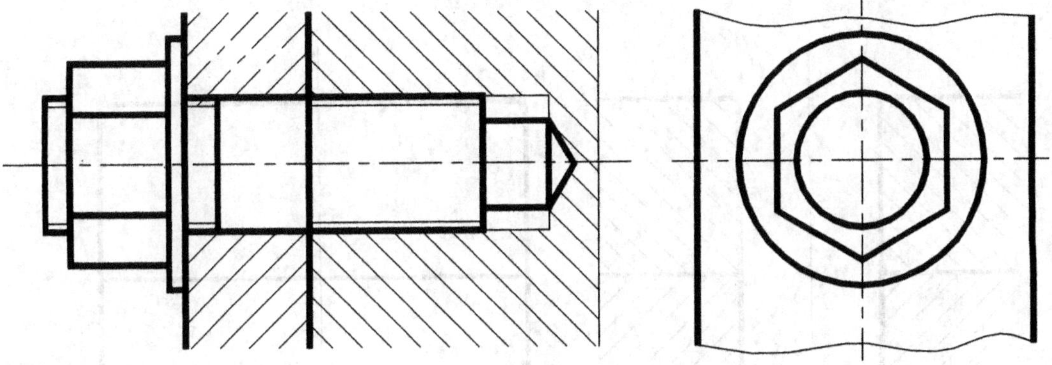

9-6 用简化画法画出螺钉连接的组件图，螺钉 GB65-85-M10 × 25 钻孔深 28。

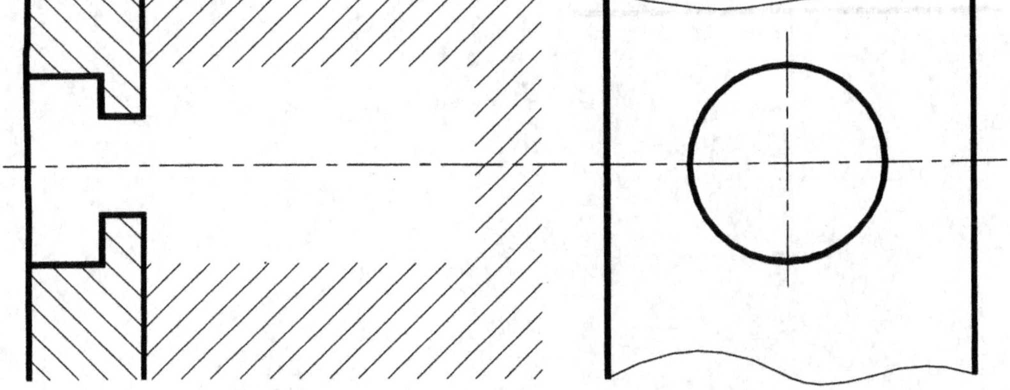

9-7 用简化画法画出螺栓连接的组件图(按 1:1 画)。

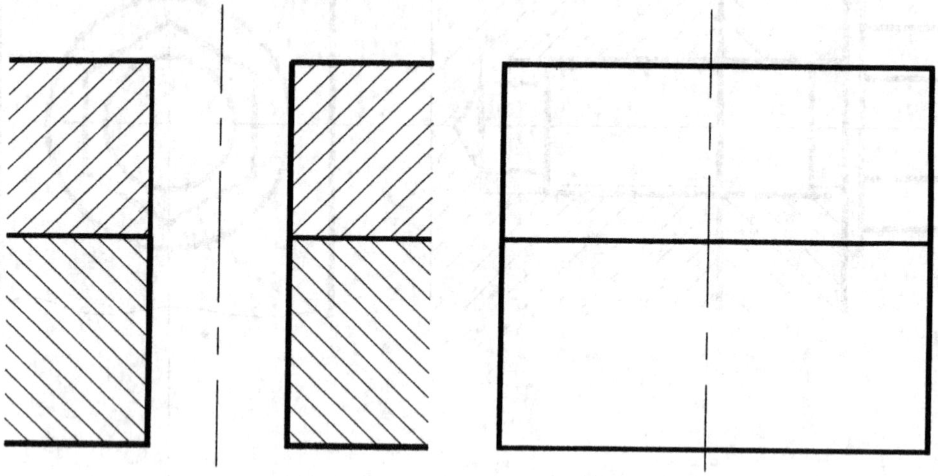

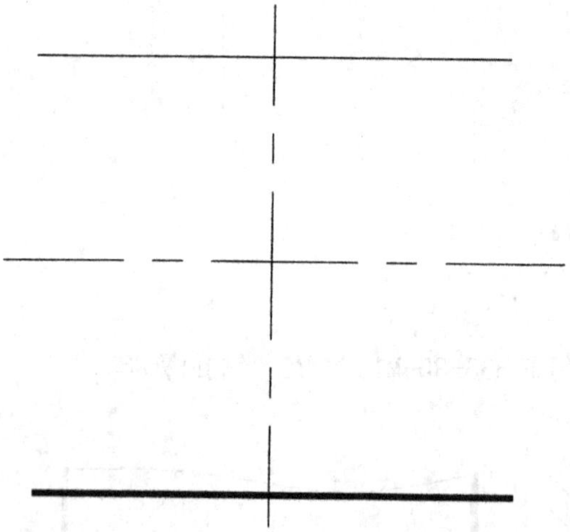

螺栓 GB5782-86-M16X80

螺母 GB6170-86-M16

垫圈 GB97.1-85-8-140HV

9-8 按 1:1 画出平板直齿圆柱齿轮图(主视图画成全剖视图)。齿轮参数:m=3, Z=24, 齿宽 25mm, 加工有平键槽的轴孔直径 D=24mm。

9-9 按 1:1 画出平板直齿圆柱齿轮的啮合图(主视图画成全剖视图，并标注中心距)。齿轮参数:m=3、z_1=6、z_2=24，齿宽 25mm，加工有平键槽的轴孔直径 D_1=20mm，D_2=24mm。

9-10 已知皮带轮和轴，用A型普通平键联结，轴孔直径为Φ 30mm，键的长度为40mm。

1. 查表确定键和键槽的尺寸，并注全其尺寸。

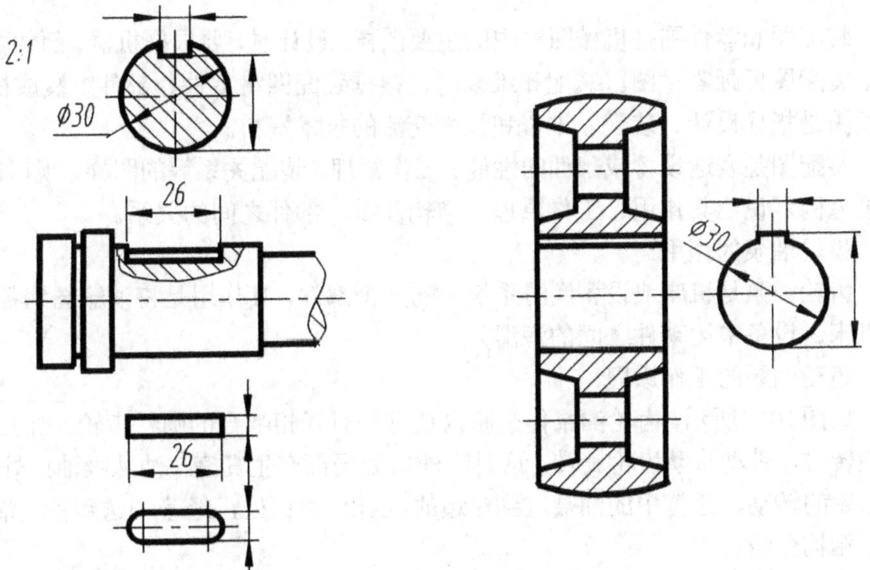

2. 用2:1画全皮带轮和轴的键联结图。

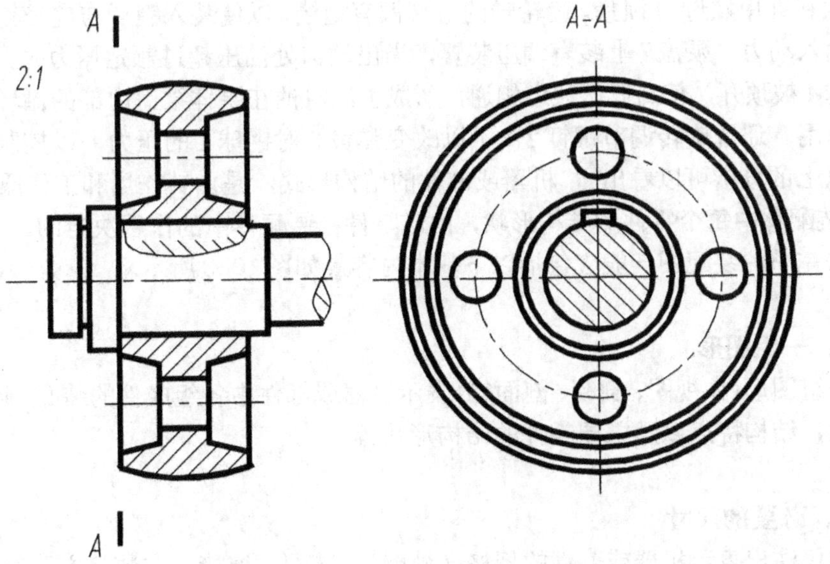

第十章　装配图

第一节　概述

装配图和零件图是机械图样中的主要图样。设计时，要根据机器、部件画出装配图，再由装配图拆画零件图。装配和维修时，根据装配图将零件、部件组装成机器。因此，装配图是指导设计、装配、维修和技术交流的技术资料。

装配图是表达设备或部件的性能、工作原理、装配关系等的图样。现以图10-1齿轮油泵为例，说明其作用、工作原理、结构及零、部件之间的关系。

齿轮油泵的作用：

齿轮油泵是机床或设备润滑系统中的一个部件，其作用是将油输送到各润滑点，实现机床、设备中运动件之间的润滑。

齿轮油泵的工作原理：

如图10-2所示，齿轮油泵体空腔内装有一对互相啮合的圆柱齿轮。当主动齿轮反时针旋转时，带动从动齿轮旋转，这时吸油口处局部产生真空，油从吸油口处吸入。随着两齿轮的转动，齿槽中的油被送到左边的压(出)油口处，经管子送到各润滑点。

结构分析：

如图10-1、图10-3所示，齿轮油泵的主要零件有齿轮油泵体、泵盖、齿轮轴、齿轮、从动轴、压盖等。泵体9做出空腔，以容纳一对齿轮，泵体9和泵盖7之间通过两个圆柱销13定位和四个螺栓14连接。泵体和泵盖上做有装轴的孔，以便支承齿轮轴8和从动轴6。从动齿轮5滑套在从动轴6上。为防止漏油，采用填料10和垫片15。压盖12压紧填料并用螺母11锁紧。齿轮轴的右端做有键槽，以便装入键后与皮带轮(或齿轮)连接，输入动力。泵盖7上装有调压装置，当出油口处油压超过额定压力时，弹簧3压紧的钢球4被顶开，使高低压通道相通，形成了润滑油在泵体泵盖内部的循环，从而起到稳压作用。通过旋转调节螺钉2，可以改变弹簧3对钢球4的压力，以控制油压。

从以上的分析可以看出，机器或部件的结构形式，是由其作用和工作原理等决定的；而装配体中每个零件的结构形状，由该零件在装配体中的作用决定的。

一张完整的装配图一般应包括以下基本内容，如图10-3所示。

一、一组图形

用一组图形(如视图、剖视、剖面等)表示机器或部件中各组成件的装配、连接关系、工作原理、结构特点以及主要零件的结构形状等。

二、必要的尺寸

图中仅注出表示机器或部件的规格（性能）、装配、连接、安装等方面的尺寸。

三、技术要求

用文字或代号在装配图中对机器或部件的性能、装配和调整、检验和试验、包装和运输、使用等方面说明要求。

四、零件编号、标题栏及明细表

为便于看图和生产管理，对装配图上的零(部)件进行编号，并按编号的顺序填写明细表。标题栏中填写机器或部件的名称、比例及有关人员的责任签名等。

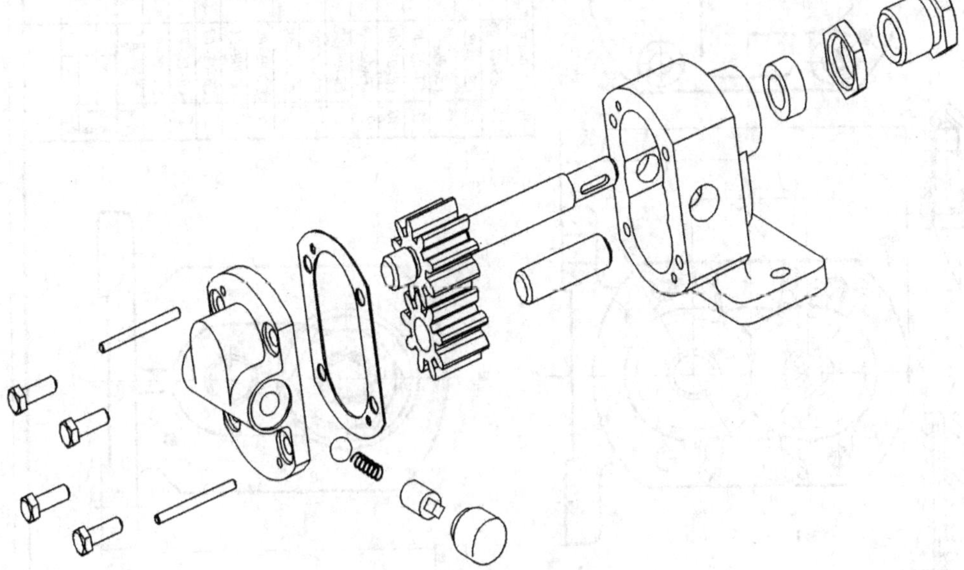

图 10-1　齿轮油泵分解立体图

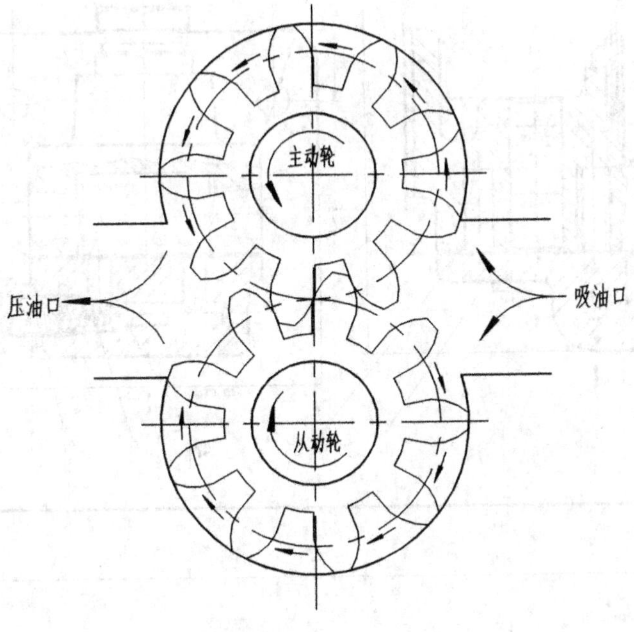

图 10-2　齿轮油泵工作原理图

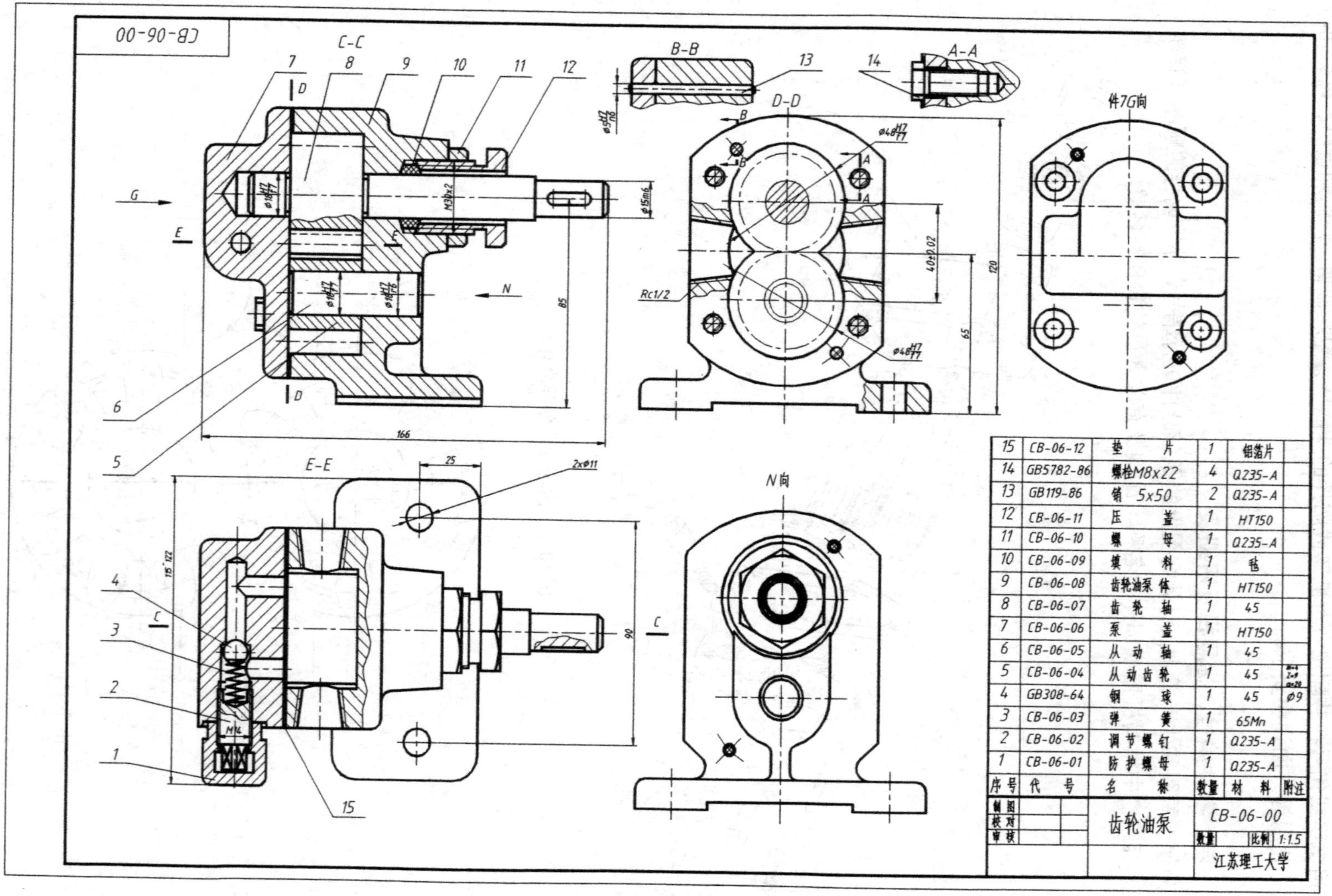

序号	代号	名称	数量	材料	附注
15	CB-06-12	垫片	1	铝箔片	
14	GB5782-86	螺栓M8x22	4	Q235-A	
13	GB119-86	销 5x50	2	Q235-A	
12	CB-06-11	压盖	1	HT150	
11	CB-06-10	螺母	1	Q235-A	
10	CB-06-09	填料	1	毡	
9	CB-06-08	齿轮油泵体	1	HT150	
8	CB-06-07	齿轮轴	1	45	
7	CB-06-06	泵盖	1	HT150	
6	CB-06-05	从动轴	1	45	
5	CB-06-04	从动齿轮	1	45	
4	GB308-64	钢球	1	45	⌀9
3	CB-06-03	弹簧	1	65Mn	
2	CB-06-02	调节螺钉	1	Q235-A	
1	CB-06-01	防护螺母	1	Q235-A	

制图 / 校对 / 审核	齿轮油泵	CB-06-00
		数量 / 比例 1:1.5
		江苏理工大学

图 10-3 齿轮油泵装配图

第二节　装配图的视图选择

装配图是表示设备或部件的图样，其表达重点是零件之间的装配关系及工作原理。因此，恰当地选择装配图的视图表达方案，对清楚而又确切地表达设备或部件的结构特点、装配连接关系和工作原理极为重要。在选择表达方案之前，应了解设备或部件的内、外结构、工作原理和装配情况，为正确选择表达方案提供必备条件。

现以铣刀头(图 10-4, 图 10-5)为例，讨论装配图的视图选择方法。

铣刀头是专用机床上的一个部件，装上刀盘后可用来铣削平面。该部件主要由座体、皮带轮、键、轴、端盖、轴承等组成。

为了进行铣削，电机发出的扭矩通过三角皮带(图上未画出)传到皮带轮 4 上，又通过键 5、轴 8、键 13，将动力传到刀盘上。而轴、皮带轮等需要轴承 7、座体 9 等支承件支承。两端的端盖 6 和调整环 10 用来调整轴承 7 的松紧并确定轴 8 的轴向位置，毡圈 12 起密封作用，防止轴承上的润滑油脂外流和防止灰尘杂物等侵入。螺钉 11 用来连接端盖和座体，挡圈 1、螺钉 2 用来确定皮带轮 4 的轴向位置并防止皮带轮沿轴向向外滑出，销 3 防止挡圈转动而使螺钉松动。挡圈 14、螺栓 15、垫圈 16 用来确定铣刀盘的位置。

一、主视图选择

(一) 主视图的投影方向

主视图的投影方向应能较多的表示出部件的工作原理、装配关系、连接方式并尽可能的兼顾主要零件的形状。

如图 10-4 中按投影方向 *A* 选择铣刀头的主视图投影方向，并将主视图取全剖视后，可以清楚地表示出挡圈 1、螺钉 2、销 3、皮带轮 4、键 5、端盖 6、轴承 7、轴 8、座体 9、调节环 10、螺钉 11、毡圈 12、键 13、挡圈 14 和螺栓 15、垫圈 16 及刀盘的装配位置和连接方式。另外，主要零件座体 9 的形状也表达的比较多。因此，选择 *A* 投影方向较好，如图 10-5 所示。

如选择投影方向 *B*(图 10-4) 作为主视图，仅能表示出销 3、螺钉 2、皮带轮 4 及座体 9 的装配位置，对其他零件的装配位置、连接关系、工作原理均未表示清楚，故不采用。

(二) 主视图的安放位置

主视图的安放位置应尽量符合机器或部件的工作位置，以便反映其工作和安装情况。另外对工作位置多变或斜置时，可按习惯位置安放。

图 10-4 所示铣刀头安装时是座体的底面朝下，用螺栓固定在铣床工作台上，故选择座体底面向下放置，如图 10-5 所示。

二、其他视图的选择

主视图确定之后，选择其他视图的原则是：适当地选择其他视图、剖视、剖面等，补充表达主视图中尚未表达清楚的工作原理、装配、连接关系及主要零件的形状等。

图 10-5 铣刀头装配图中，除主视图之外，选择了拆去挡圈、螺钉、销、皮带轮和键之后的左视图(并作局部剖)，目的是补充表达螺钉的分布规律及座体的形状等。另外又选择了座体的 *A* 向视图，补充表达座体的底面上的圆角及孔的结构。

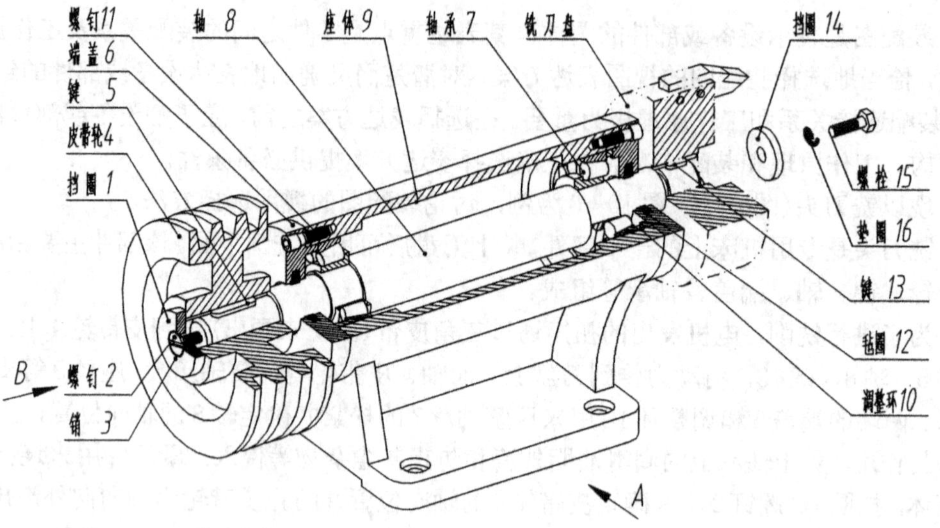

图 10-4　铣刀头立体图

第三节　装配图的表达方法

前面所讲的表达机件内、外结构形状的各种方法，如视图、剖视、剖面、局部放大图等，以及零件图的表达方法，完全适用于装配图。但由于零件图是表达一个零件，而装配图则是表达设备或部件，二者的要求不同，表达的重点也不相同。因此二者在表达方法上又有不同之处。国家标准GB4458.1-84机械制图《图样画法》中，对装配的画法作了规定，这些规定包括规定画法、特殊画法和简化画法等。

一、规定画法

装配图中的规定画法在第九章螺纹紧固件装配图的画法中已介绍过，为保持装配图表达方法的系统性，将上述内容复习、补充如下：

(1) 相邻两零件接触时(包括配合表面接触)，接触面只画一条粗实线。

(2) 在剖视图中，相邻两零件的剖面线方向相反；或方向相同间隔不等。

(3) 在剖视图中，对一些实心杆件(如实心轴、杆、球等)和一些标准件(如螺栓、螺柱、螺钉、螺母、垫圈、键、销等)，若剖切平面通过其轴线(或对称面)剖切时，这些零件以不剖绘制。

(4) 被弹簧、网状物挡住的部分，作不可见绘制。

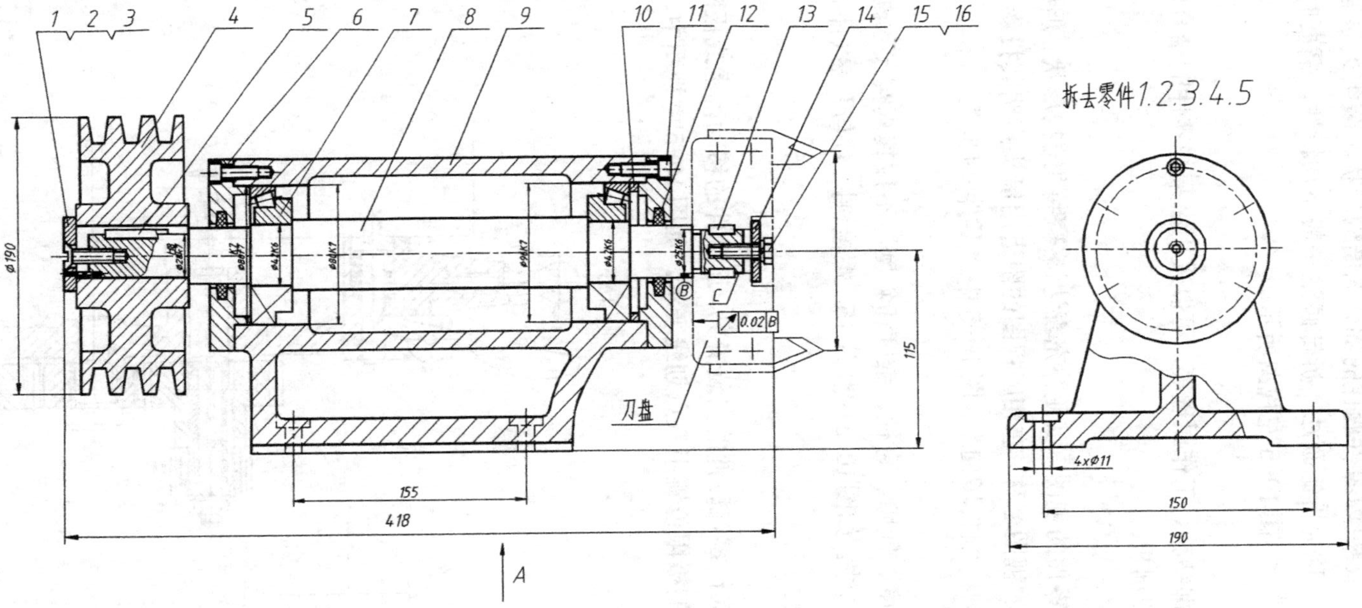

零件9A向

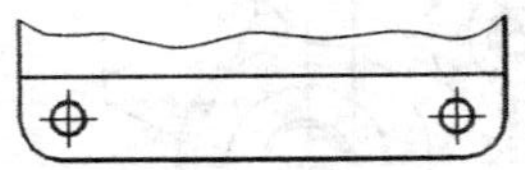

技术要求

1.装配后轴端的窜动不大于0.01;

2.装配后转动皮带轮时应灵活,无阻滞现象;

3.装配后件8(轴)的轴线对座体底面的平行度公差为100:0.04

序号	代号	名称	数量	材料	附注
16	GB93-87	垫圈6	1	65Mn	
15	GB5782-86	螺栓M6x20	1	Q235-A	
14		挡圈B32	1	35	
13	GB1096-79	键6x20	2	45	
12		毡圈	2	半粗羊毛毡	
11	GB70-85	螺钉M8x22	12	Q235-A	
10		调整环	1	35	
9		座体	1	HT200	
8		轴	1	45	
7	GB297-84	轴承7307	2		
6		端盖	2	HT200	
5	GB1096-79	键8x40	1	45	
4		皮带轮	1	HT150	
3	GB119-86	销3m6x12	1	35	
2	GB68-85	螺钉M6x8	1	Q235-A	
1	GB891-76	挡圈35	1	35	

制图		铣刀头	
校对			
审核			数量
			比例
			江苏理工大学

图 10-5　铣刀头装配图

二、特殊画法

(1) 拆卸画法

在装配图上，为了表达被某个(或某些)零件遮住的部分的结构形状、装配关系等，可假想将这些零件拆卸后绘制视图，称为拆卸画法。拆卸画法一般不加标注，需要时，可以在图的上方标注“拆去××等”，如图10-5左视图所示。

(2) 沿结合面剖切画法

在装配图上，为了表达部件内部结构、工作原理等，可以采用沿某些零件的结合面进行剖切后绘制，如图10-3的$D-D$剖视。

(3) 单独画出某个零件的视图

在装配图中可以单独画出某一零件的视图，以便补充表达该零件的结构形状。但必须在所画视图的上方标注出该零件的视图名称，在相应视图的附近用箭头指明其投影方向，并注上相同的字母，如图10-3中“件7G向”，图10-5中“零件9A向”。

(4) 夸大画法

在装配图中，对尺寸很小的厚度、间隙、直径、锥度和斜度，不按其真实尺寸画，而将其适当地夸大绘制，称为夸大画法。如图10-3中垫片15、螺栓(件14)与泵盖(件7)上通孔之间的间隙等采用夸大画法。

(5) 假想投影画法

在装配图中，为了表示部件与其他零(部)件的安装情况、运动件的移动范围或极限位置，可将其他零(部)件及运动件的极限位置用双点划线表示。如图10-5主视图中，

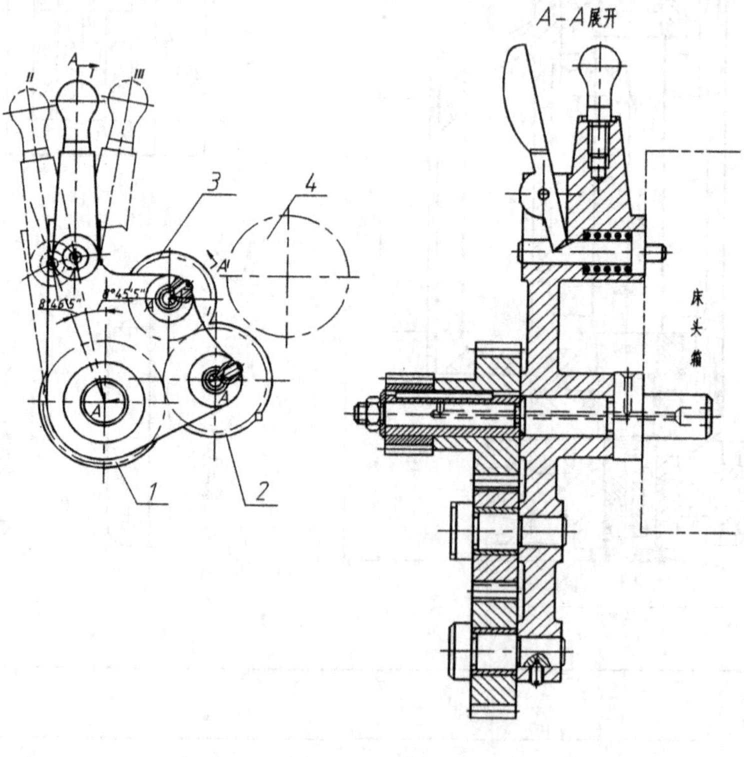

图10-6　三星齿轮传动机构的展开图

为了表示铣刀盘与轴8的安装情况，铣刀盘用双点划线表示。图10-6三星齿轮传动机构主视图中手柄的左右转动位置，用双点划线表示。

(6) 展开画法

为了清楚地表示传动系统的传递顺序和装配关系，避免各传动件的投影互相重叠而影响看图，将空间处于平行关系的几根传动轴依次剖切并按顺序展开，然后向投影面投影所得的剖视图，称为展开画法，如图 10-6 所示。

三、简化画法

(1) 省略重复投影。对于装配图中若干相同的零件(或零件组)，如螺栓、螺柱、螺钉、螺母等的投影，可仅详细地画出一处或几处，其余用点划线表示其中心位置，如图10-5左视图中的连接螺钉仅画出一个，其余五个用点划线表示它们的中心位置。这种画法不但提高绘图速度，而且使图形更加清晰。

(2) 装配图中，零件的工艺结构，如倒角、小圆角(铸造圆角除外)、退刀槽等，均可省略不画。

(3) 在装配图中，当剖切平面通过某些标准组合件，或该组合件已由其他图形表示清楚时，可以只画出其外形。如图 10-7 主视图中间上方的油杯。

(4) 在剖视图中，剖切平面后面的某些部分，在不影响看图的情况下，可以省略不画。

(5) 在装配图中，可以用细实线表示皮带；用点划线表示链条。

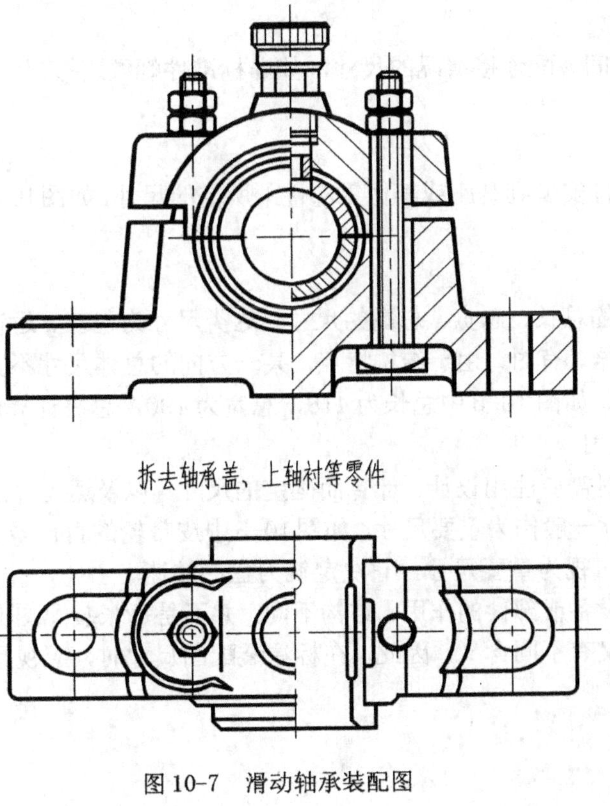

图 10-7　滑动轴承装配图

第四节　装配图的尺寸标注和技术要求

由于装配图是用来表示设备或部件的工作原理、装配关系的图样，因此装配图上的尺寸一般仅需注出与设备或部件的规格(性能)、装配、安装、外形等有关的尺寸。另外还应书写技术要求。

一、装配图的尺寸

(一) 性能(规格)尺寸

表示设备或部件的性能或规格的尺寸如图10-5中铣刀头轴线的中心高115mm，图10-3进出油孔的尺寸 $R_C1/2''$。

(二) 装配尺寸

表示设备或部件内部各组成部分之间装配及连接关系的尺寸。装配尺寸一般又可分为三种：

1. 配合尺寸

表示两零件之间配合性质的尺寸，如图10-5铣刀头装配图中 ϕ28H8/k7、ϕ80K7等。

2. 装配位置尺寸

表示设备或部件装配后有关组成件之间应达到的相对位置或间隙的尺寸，如图10-3中尺寸 40 ± 0.02。

3. 装配连接尺寸

表示各组成件之间装配连接情况的尺寸，如非标准件螺纹连接尺寸，如图10-3中 $M30\times2$，M14。

(三) 安装尺寸

表示将设备或部件安装到基座或其他零部件上所需的尺寸，如图10-5中的 $4\times\phi11$、150及155。

(四) 外形尺寸

表示设备或部件的总长、总宽、总高的尺寸。这类尺寸为包装、运输、安装所需的空间等提供必要的数据。有时，由于结构特点，某一方向的总体尺寸不宜直接注出，需从有关尺寸间接确定。如图10-5中总长为418，总宽为190，总高计算后得出210。

(五) 其他重要尺寸

在装配图中，有时需要注出设计、计算而确定的尺寸，以及运动件的活动范围、极限位置尺寸，这些尺寸一般作为重要尺寸，如图10-5中皮带轮的直径 ϕ190既可看作总体尺寸的一部分，又可视为重要尺寸，它决定铣刀盘的转速。

应当指出，由于设备或部件的作用、结构不同，并不是每张装配图上都具有这几类尺寸，有时同一尺寸又有不同含义，因此，在标注装配图尺寸时，应视具体情况和要求确定需要标注的尺寸。

二、装配图中的技术要求

（一）技术要求一般内容

1. 对设备、部件基本性能和质量方面的要求。如对阀、泵的流量和压力的规定等。

2. 装配过程中注意事项，装配方法和装配后应满足的要求。如装配时打弯、铆死、装配后应保证的间隙或过盈量等。

3. 检验和试验方面的要求。如试验项目、条件、方法等。

4. 其他有关要求。如表面修饰、使用、包装、运输等要求。

5. 技术要求中引用其他技术文件时，应注明引用文件的编号和名称。

（二）技术要求的书写

技术要求一般书写在明细栏的上方或左方空白处，技术要求不便用数字或代号在图上直接标注时，应用文字书写。技术要求不止一项时，应按顺序号书写，如 1，2，…。当技术要求引用其他技术文件时，应注明引用文件的名称和编号。

第五节　装配图中的序号、代号和明细栏

为便于看图、装配、图样管理和生产准备的需要，应对设备或部件装配图中各组成部分(零件或组件)进行编号，并绘制和填写各组成部分的序号、代号、名称、数量、材料等内容。

一、序号的编排和代号

（一）序号的编排和标注方法

1. 序号的编排

序号是设备或部件中各组成部分在装配图中按顺序编排的号码。国家标准对序号的编排规定如下：

(1) 装配图中所有的零件(或部件)都必须编写序号。

(2) 同一装配图中，相同的零件(或部件)一般只编一个序号，且只标注一次，如有必要，对装配图中重复出现的相同的零件(或部件)可以重复标注。

(3) 装配图中零件(或部件)的序号，应与明细栏中的序号一致。

(4) 序号可按顺时针或逆时针方向，依次水平或竖直排列整齐(图 10-5)，如在整张图上无法连续时，可在每个水平或竖直方向上顺序排列，如图 10-3 所示。

2. 序号的标注方法

(1) 序号指引线(细实线)：序号指引线应从所指零件的可见轮廓内引出，并在视图内画一小圆点，如图 10-8，当所指零件很薄剖面涂黑不宜画圆点时，可改画箭头。如图 10-8(*c*)所示。同时，指引线不能相交；当通过剖面区域时，不能和剖面线平行；如有必要，指引线可画成折线，但只可转折一次；一组紧固件及装配关系清楚的零件组，可以采用公共指引线(图 10-9)。

(2) 指引线的末端有三种形式：*a*. 画水平线(细实线)；*b*. 画圆(细实线)；*c*. 不画线(图 10-8)。

(3) 序号数字书写时应在指引线的水平线上方或圆内注写序号，其字高应比装配图中的尺寸数字的高度大一号或两号，如图10-8(*a*)；当在指引线末端附近注写序号时，应大两号，如图10-8(*b*)。

(4) 同一装配图中，序号末端的形式和序号的字高应一致。

(二) 代号

代号表示各组成件对部件从属关系的编号，如图10-3中序号为7的泵盖，其代号为CB -06-06。

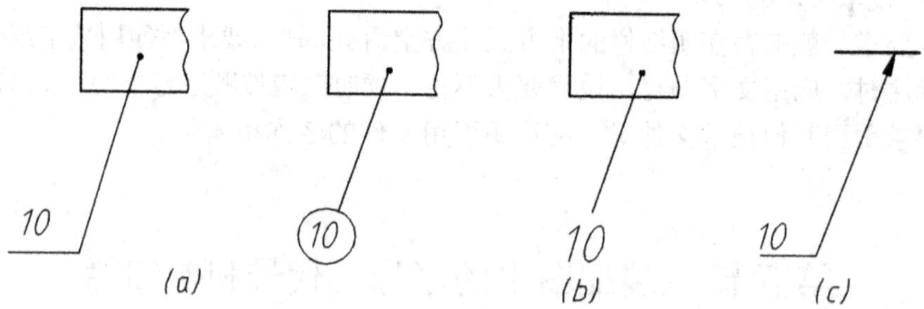

图10-8　序号的标注方法（一）

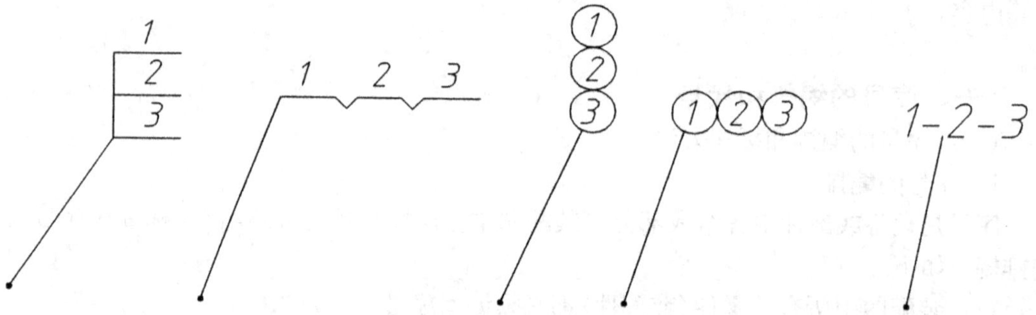

图10-9　序号的标注方法（二）

二、明细栏

(一) 明细栏的配置

明细栏一般放在标题栏上方，如地方不够时，也可分段放在标题栏左边空白处。必要时可作为装配图的续页按*A*4幅面单独画出。

(二) 明细栏的尺寸、格式和内容

明细栏的尺寸、格式和内容如图10-10所示。

(三) 明细栏中各项内容的书写方法

序号自下而上填写，并与图中的序号一致；代号栏填写图中相应组成部分的图样代号或标准号，如图10-5中序号2螺钉M6×8的代号为“GB68-85”；名称栏填写图中相应组成部分的名称，对标准件和外购件，除填名称外，还要填写上规格、型号，如螺钉M6×8，轴承206等；数量栏填写本设备或部件中该零、部件的个数；材料栏应填写有关标准中规定的材料的牌号，如“HT 150”表示灰铸铁，“45”表示45号钢等；备注栏填写需要说明的问题，如外购件、板材厚度、齿轮的齿数、模数、压力角。

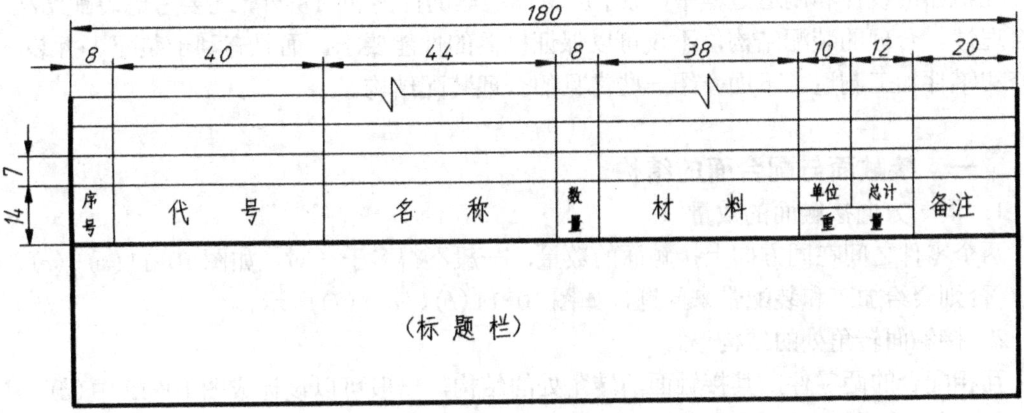

图 10-10 明细栏

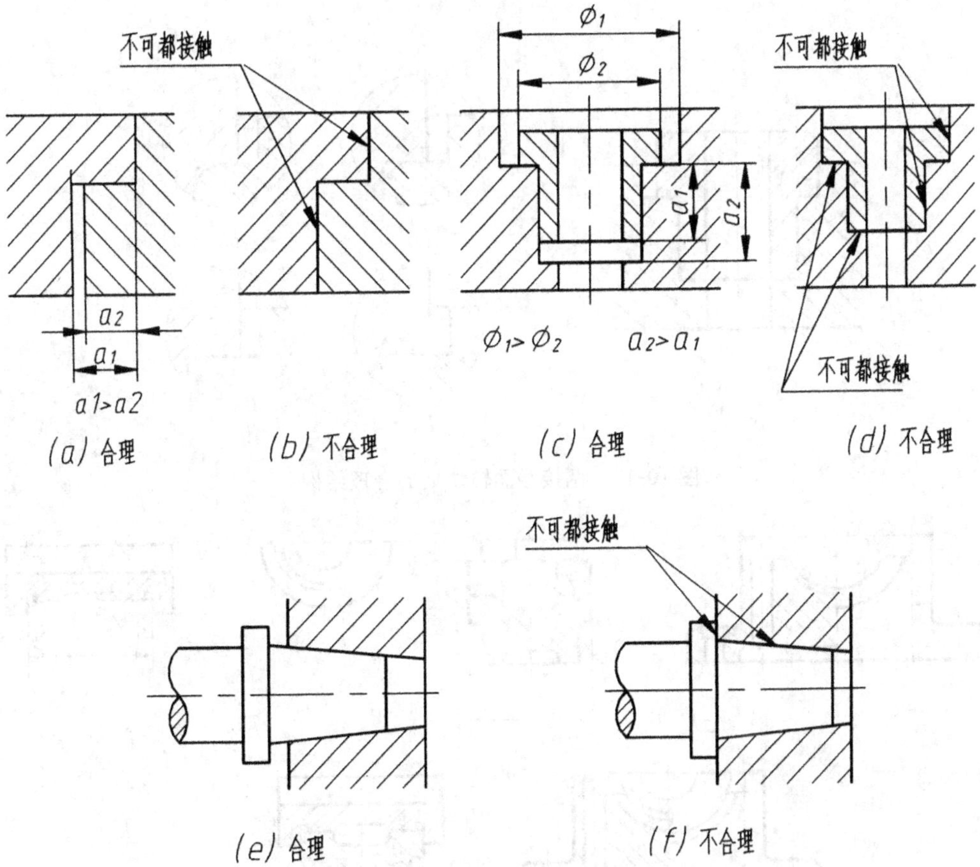

图 10-11 装配接触面的合理性

第六节　装配结构简介

在机器的设计和制造过程中，除了应保证机器的性能和质量外，还要考虑装配结构的合理性。合理的装配结构，不仅可以保证机器的性能要求，而且有利于装配、拆装、维修和零件加工制造。下面介绍一些常见的合理装配结构。

一、接触面与配合面的结构

1. 同一方向接触面的数量

两个零件之间在同方向上接触面的数量，一般不得多于一对，如图 10-11(*a*)、(*c*)、(*e*)，否则会给加工和装配带来问题，如图 10-11(*b*)、(*d*)、(*f*)所示。

2. 接触面转角处的结构形式

互相配合的两零件，其接触面的转角处的结构，一般可以设计成图 10-12 中(*a*)、(*b*)、(*c*)、(*d*)等形状，以保证两平面接触平稳可靠。

3. 在保证支撑平稳的情况下，应尽量减少接触面，这样不仅可以满足使用需要，而且可减少加工面，降低加工成本，如图 10-13 所示。

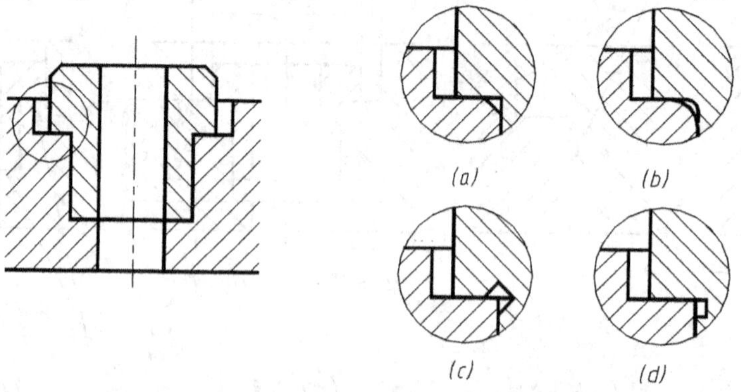

图 10-12　两接触面转角处的合理结构

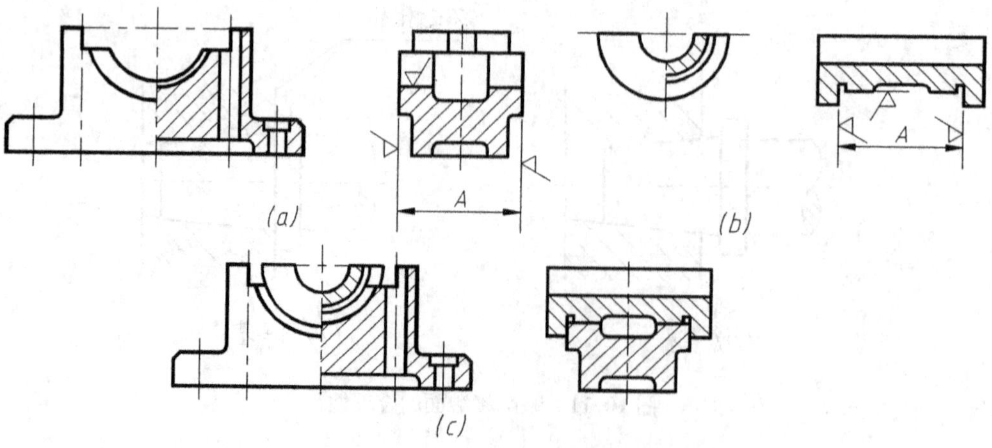

图 10-13　减少零件之间接触面的结构

二、便于装拆的合理结构

(一) 保证有足够的装拆空间

为便于装拆零件，应留出足够的装拆空间，如图 10-14 和图 10-15 所示。

(二) 拆装方便

机器上常用圆柱销或圆锥销定位，为了拆装销子方便，在可能的条件下，应将销孔做成通孔，如图 10-16 所示，图 10-16(*b*)为盲孔，拆卸不方便。

又如图 10-17，用螺钉轴向定位皮带轮时，当用图 10-17(*a*)结构时，装拆螺钉不方便，而且皮带轮上的螺孔不好加工，采用 10-17(*b*)图结构比较合理。

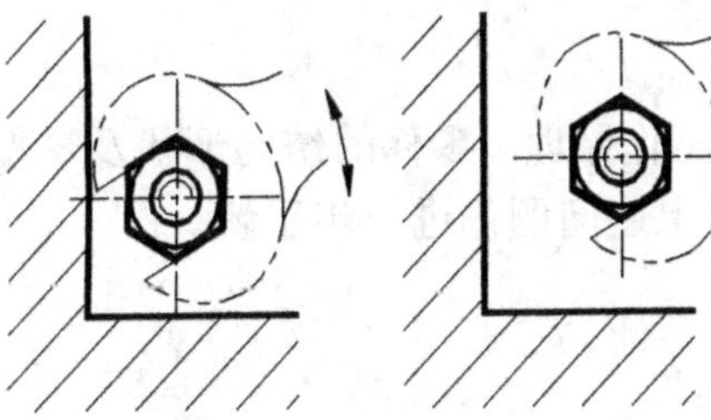

不合理　　合理

图 10-14　扳手的活动空间

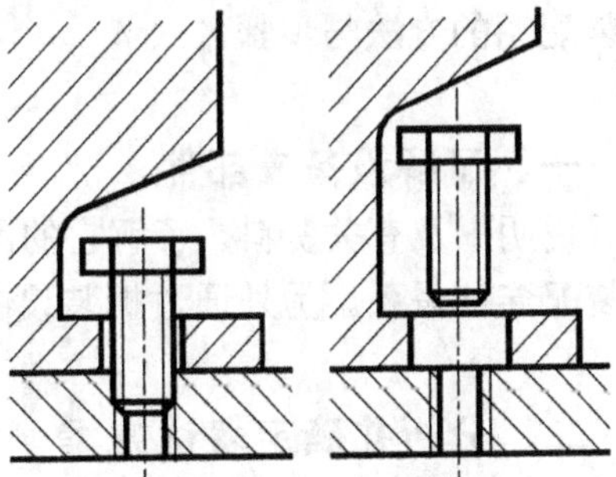

不合理　　合理

图 10-15　螺钉的装拆空间

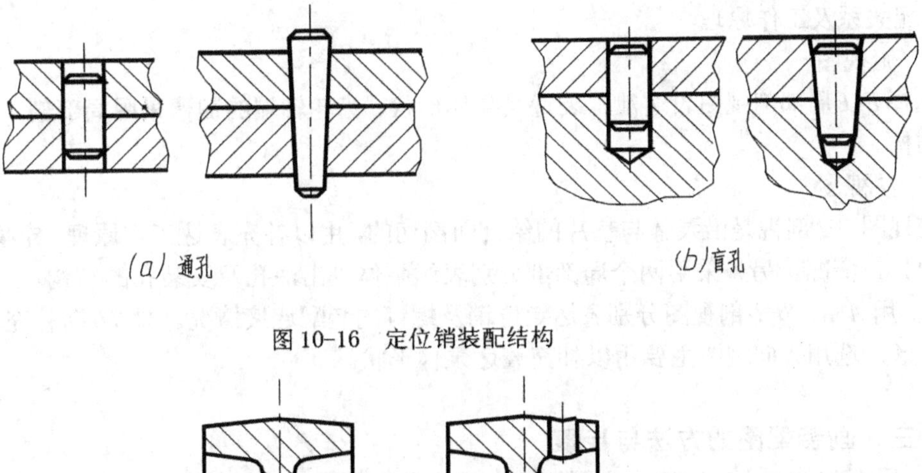

(*a*) 通孔　　(*b*)盲孔

图 10-16　定位销装配结构

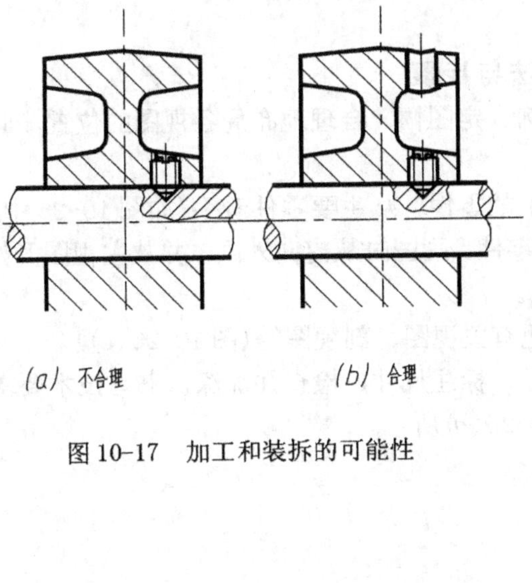

(*a*) 不合理　　(*b*) 合理

图 10-17　加工和装拆的可能性

第七节　装配图的画法

在设备或部件设计及测绘时，都要画装配图。第七章零件图一章中所讲的零件测绘是部件测绘中的一个环节。部件测绘一般的过程是：了解并拆装部件；画部件装配示意图(用简单线条、线框表示部件各组成部分)；测绘除标准件以外的全部零件草图；根据零件草图画部件装配图；由装配图拆画零件工作图。

本节主要介绍根据零件草图(或零件图)如图7-2、图7-37、图7-60及图10-18～25，拼画装配图的方法与步骤。

一、了解设备或部件

看说明书及有关资料，了解它的用途、性能、工作原理、零件的结构形状及零件之间的装配连接关系。另外通过拆装设备或部件，对上述问题作进一步了解。

二、分析并确定表达方案

以齿轮油泵(图10-1，图10-3)为例。

1. 主视图

根据装配图视图选择的原则，选择*C-C*全剖视图作为主视图，用以表达传动关系及泵盖7、垫片15、泵体9、齿轮轴8、填料10、螺母11、压盖12、从动轴6、从动齿轮5的装配关系及工作原理。

2. 俯视图

选择*E-E*局部剖视图表达泄压装置及泵体形状、齿轮轴端的键槽采用局部剖，表示键槽结构。

3. 左视图

左视图*D-D*剖视是沿泵体与垫片的结合面剖切的，用以补充表达工作原理、定位销、螺钉的分布情况。另外采用两个局部剖分别表达泵体进出油孔及安装孔的结构。

4. 用*A-A*、*B-B*剖视图分别表达定位销及螺钉的装配连接情况。件7*G*向补充表达泵盖外形，选用*N*向视图主要用以补充表达泵体形状。

三、画装配图的方法与步骤

1. 根据部件大小选比例、定图幅，合理地布局各视图的位置，画主要基准线，如图10-26(*a*)所示。

2. 依次画出装配干线上的零件。从主要零件着手(如图10-26中泵体)，按装配关系依次画出装配线上的其他零件。画图时从内向外画，并从主视图开始，有关视图配合起来画，如图10-26(*b*)所示。

3. 补画装配细节及其他有关视图、剖视图等(图10-26(*c*))。

4. 画剖面线，编排序号，标注尺寸，检查并加深，书写技术要求，填写标题栏及明细表，完成全图，如图10-26(*d*)所示。

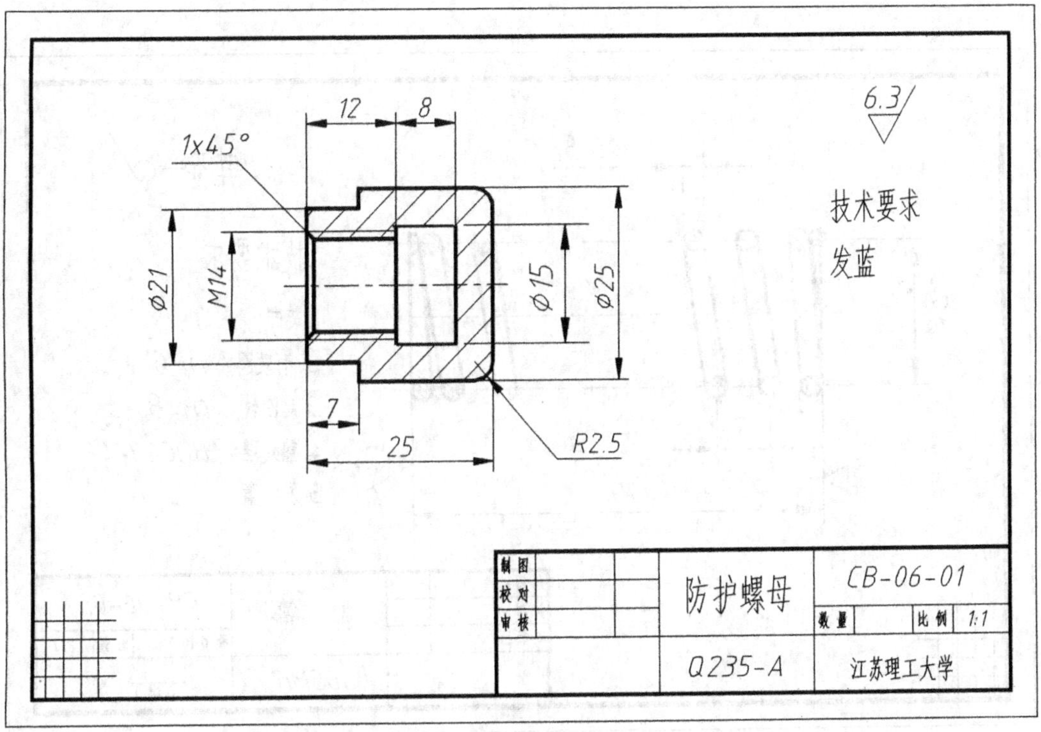

图 10-18　防护螺母

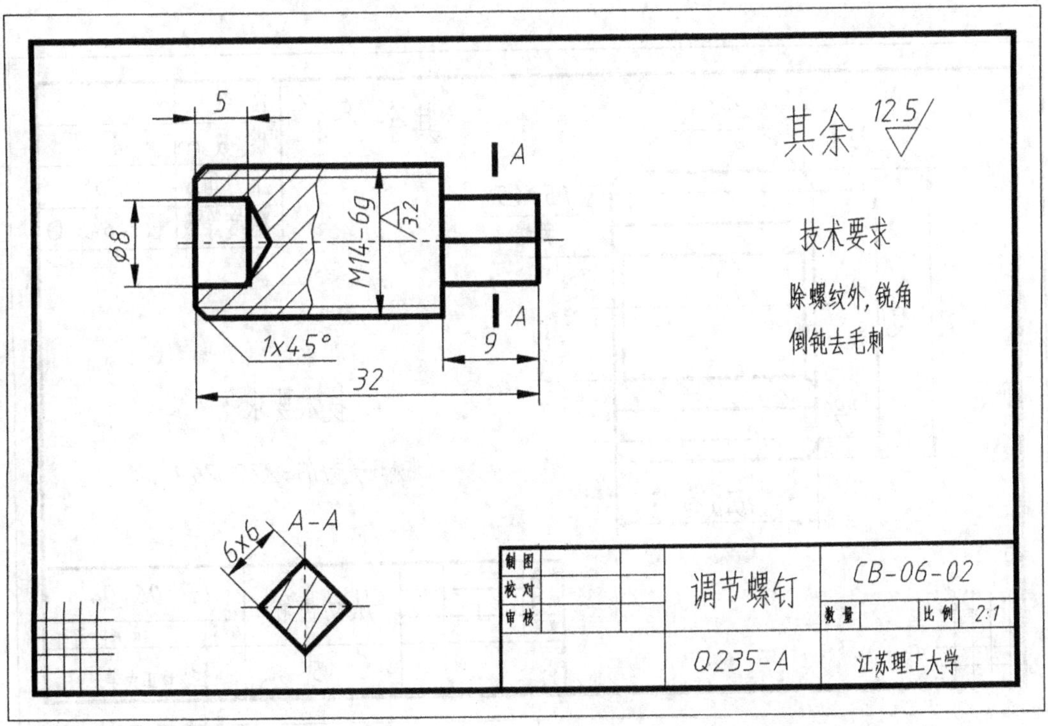

图 10-19　调节螺钉

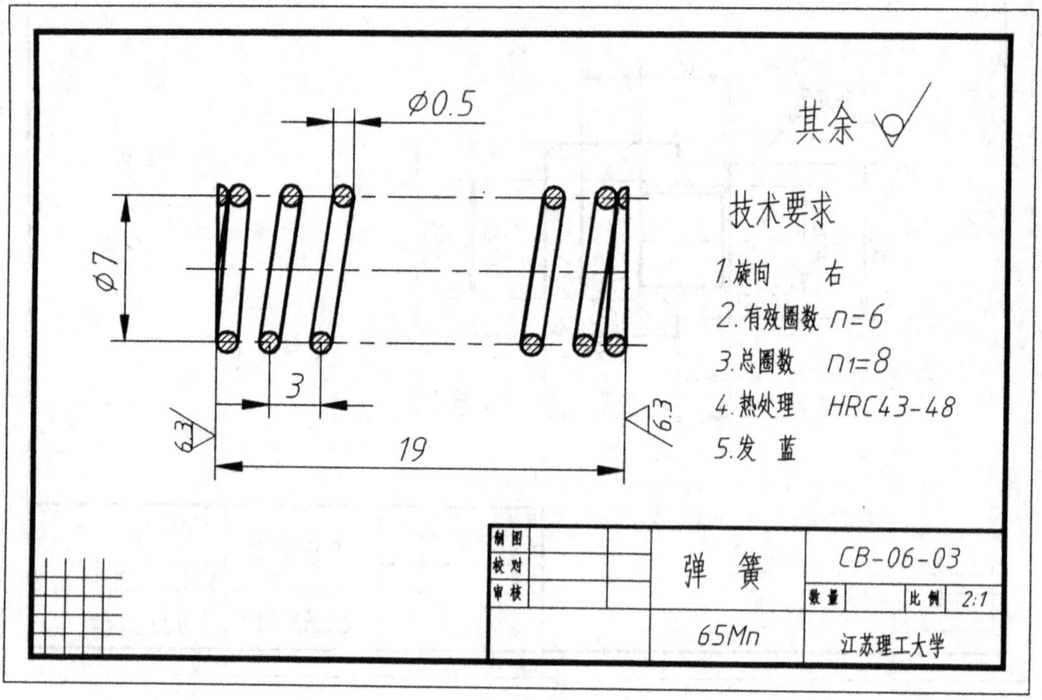

图 10-20 弹簧

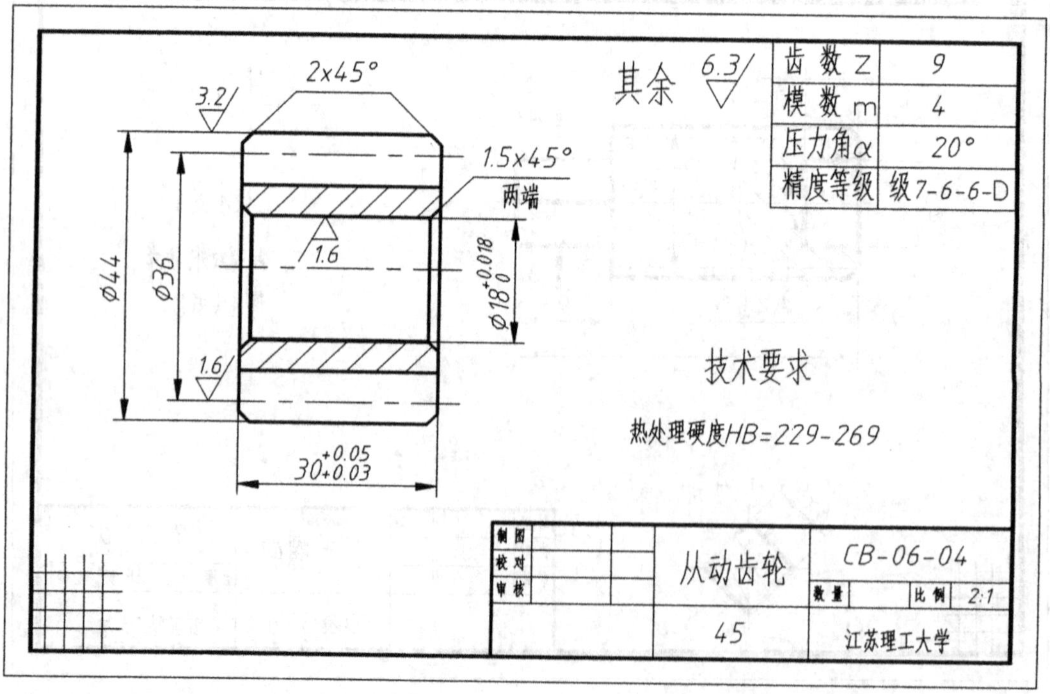

图 10-21 从动齿轮

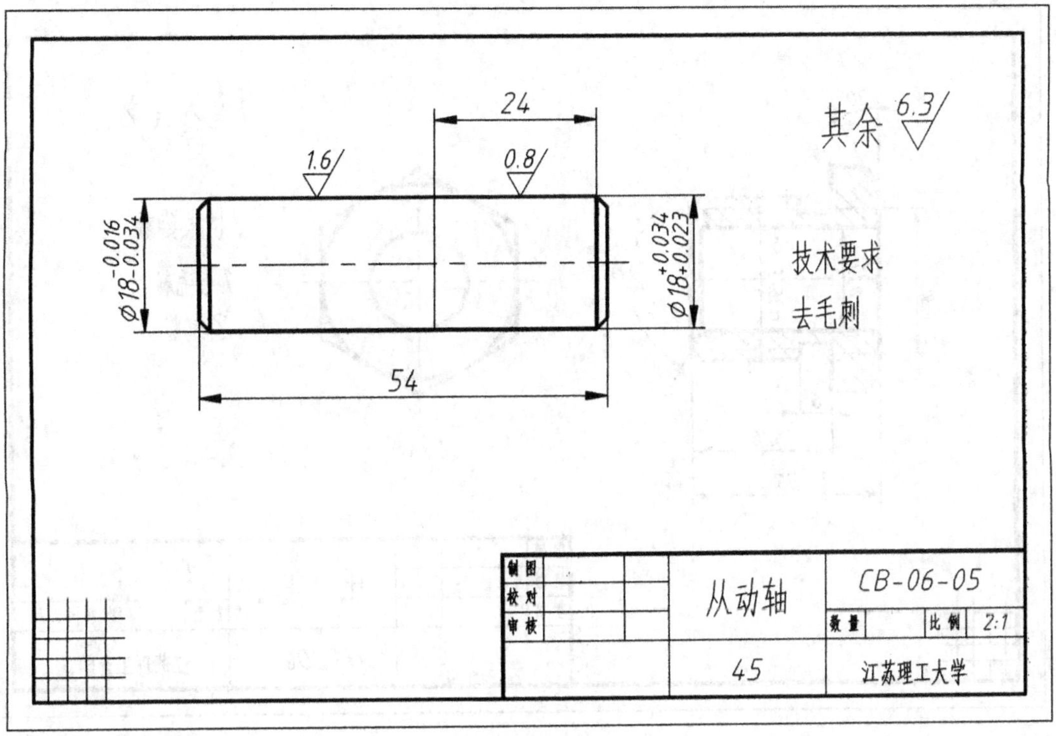

图 10-22　从动轴

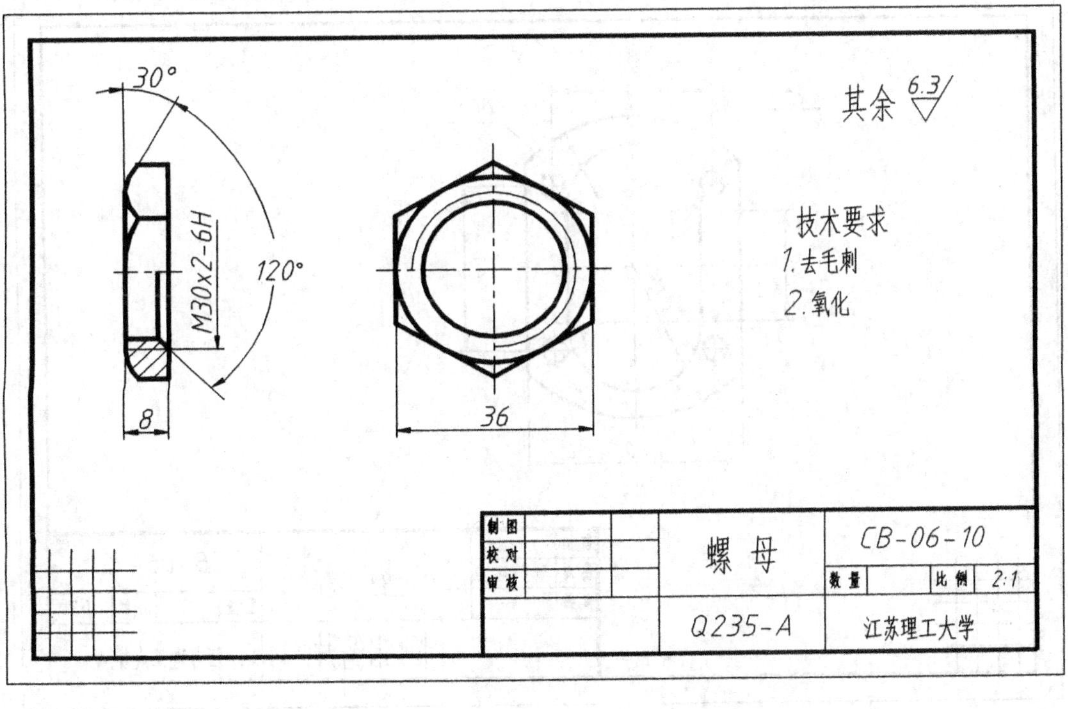

图 10-23　螺母

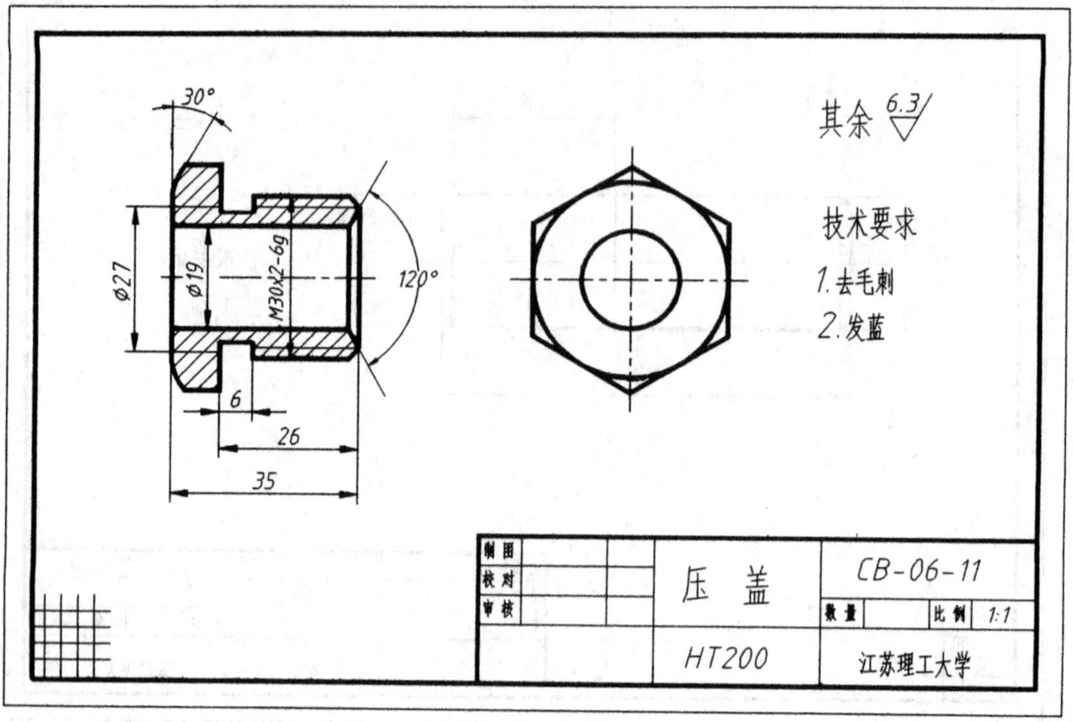

图 10-24　压盖

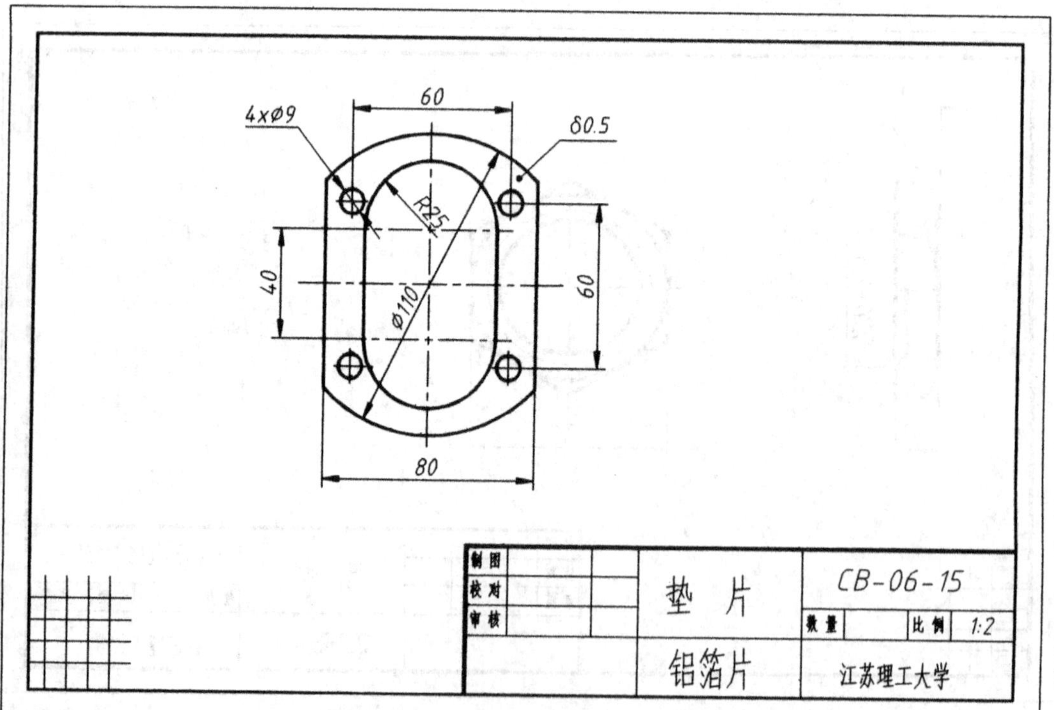

图 10-25　垫片

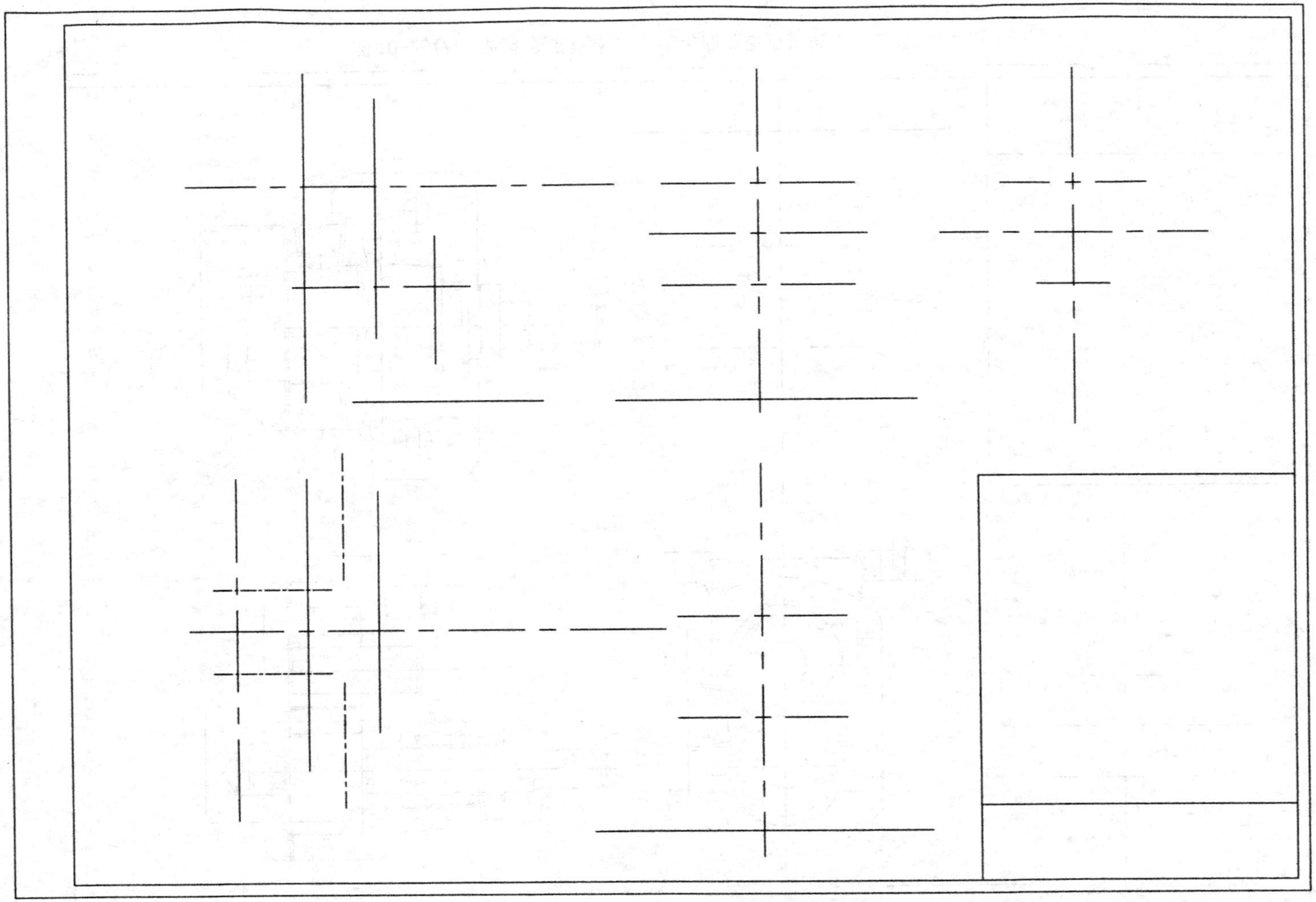

图 10-26(*a*) 定比例，选图幅，留出标题栏，明细表位置，布置各视图位置，画主要基准线

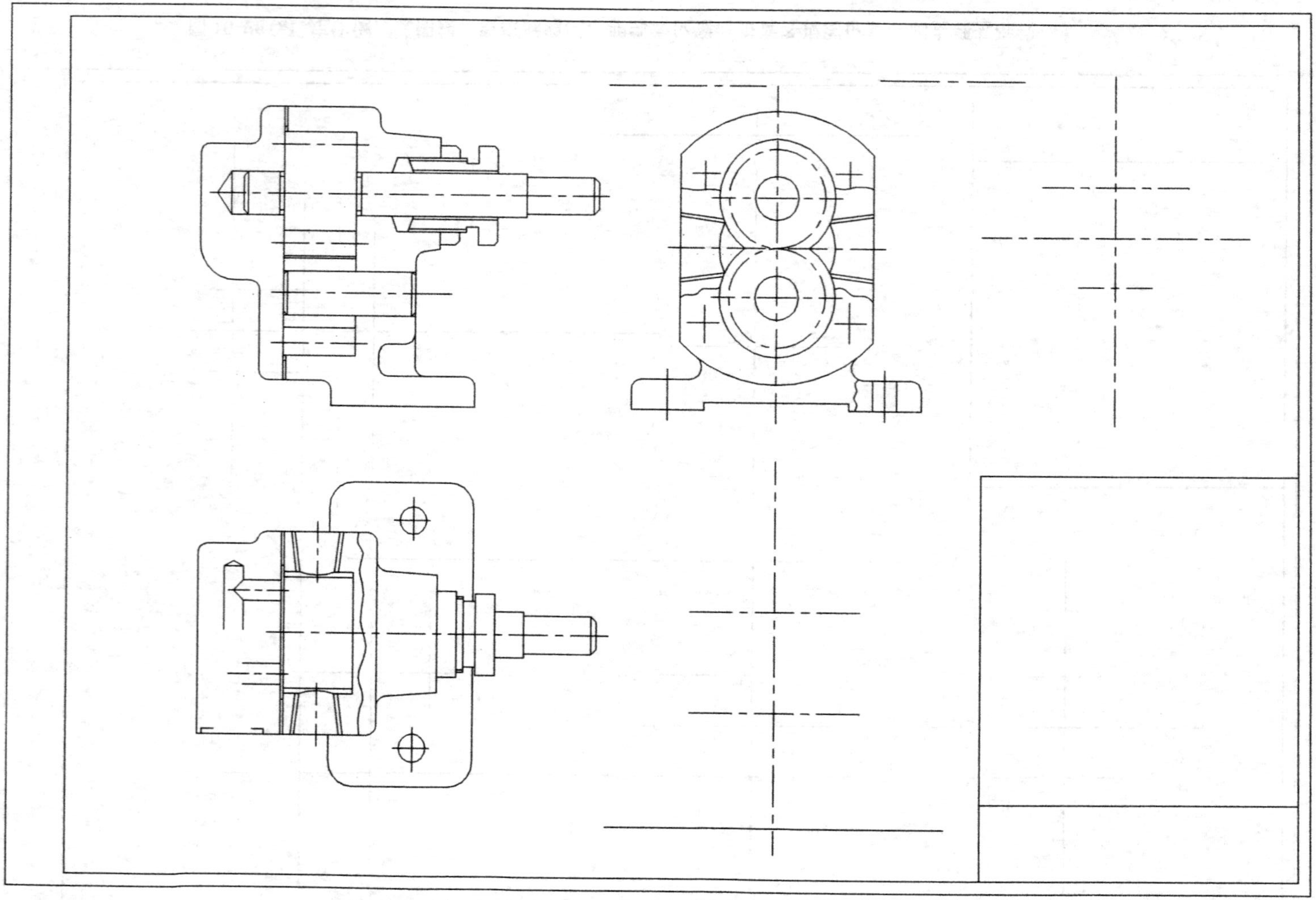

图 10-26(b)　画主要装配干线，由内向外逐步扩展

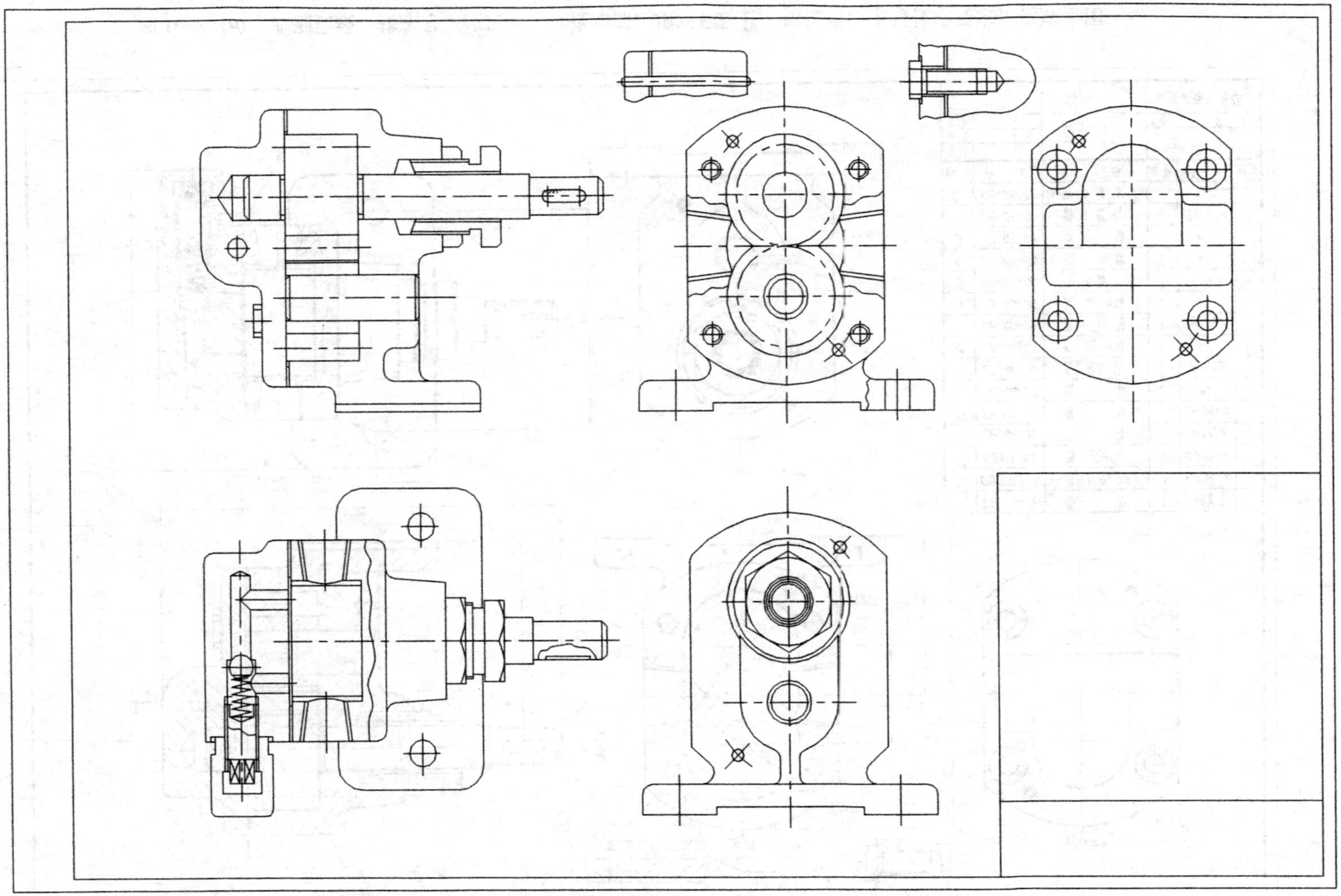

图 10-26(*c*)　画泄压部分装配线，补画装配细节及 *N* 向，件 7*G* 向视图

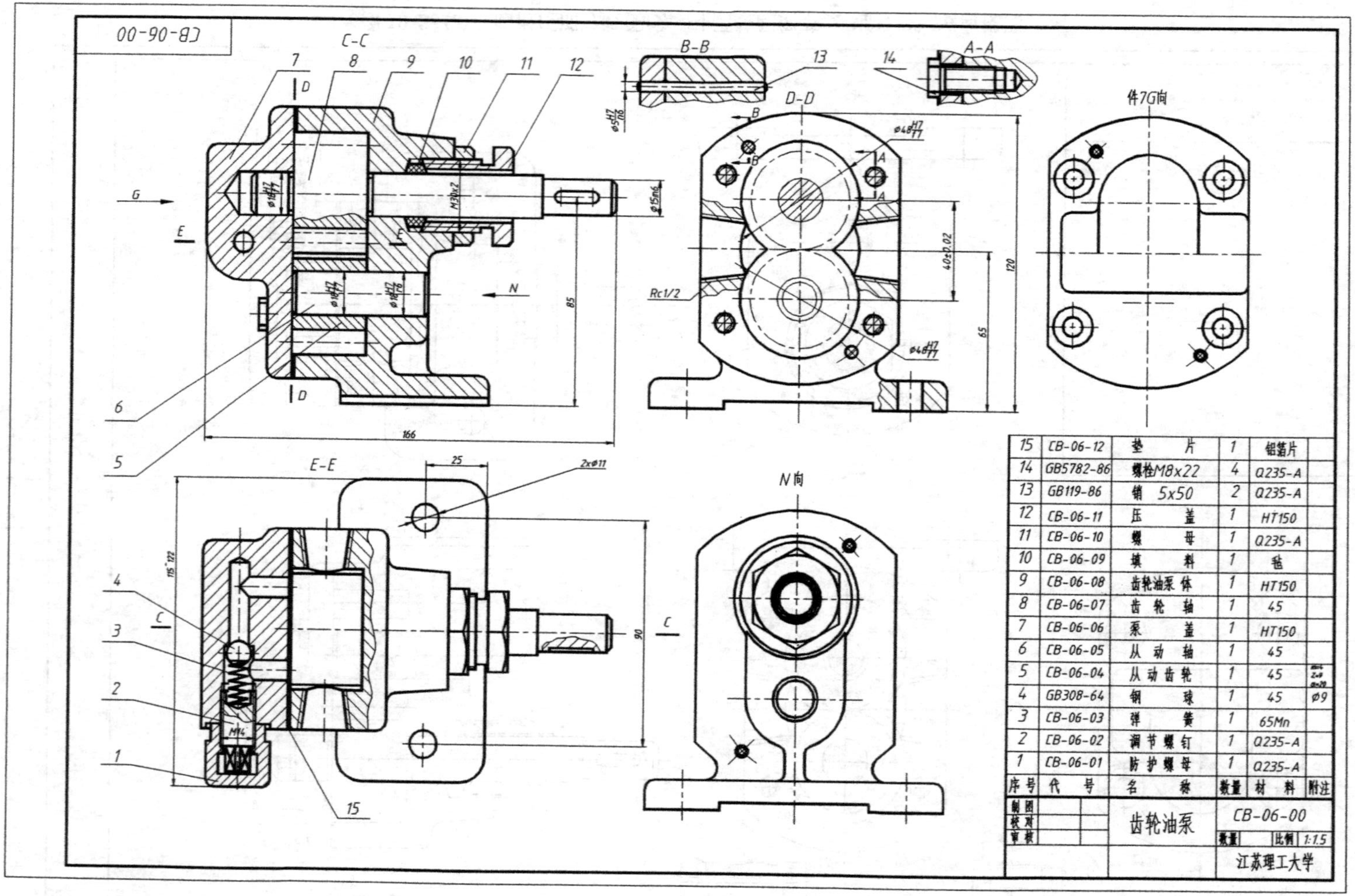

序号	代号	名称	数量	材料	附注
15	CB-06-12	垫片	1	铝箔片	
14	GB5782-86	螺栓M8×22	4	Q235-A	
13	GB119-86	销 5×50	2	Q235-A	
12	CB-06-11	压盖	1	HT150	
11	CB-06-10	螺母	1	Q235-A	
10	CB-06-09	填料	1	毡	
9	CB-06-08	齿轮油泵体	1	HT150	
8	CB-06-07	齿轮轴	1	45	
7	CB-06-06	泵盖	1	HT150	
6	CB-06-05	从动轴	1	45	
5	CB-06-04	从动齿轮	1	45	[illegible]
4	GB308-64	钢球	1	45	Ø9
3	CB-06-03	弹簧	1	65Mn	
2	CB-06-02	调节螺钉	1	Q235-A	
1	CB-06-01	防护螺母	1	Q235-A	

制图		齿轮油泵	CB-06-00
校对			数量 比例 1:1.5
审核			江苏理工大学

图 10-26(*d*) 画剖面线，排序号，注尺寸，检查加深，填写标题栏，明细表，书写技术要求，完成全图

第八节　看装配图的方法

在设计、制造、维修设备或部件，以及进行技术交流中，为熟悉设备或部件的性能、结构、工作原理等，需要阅读装配图。本节主要介绍看装配图的要求、方法和步骤，以及如何根据装配图拆画零件工作图。

一、看装配图的要求

(1) 了解部件的用途、性能和工作原理。

(2) 了解各零件间的装配关系(如装配位置、连接方法、配合种类等)。

(3) 了解各零件的作用及主要结构形状。

(4) 了解部件的拆装及安装。

(5) 从装配图中拆画零件工作图。

二、看装配图的方法和步骤

以图10-27回油阀为例。

看装配图的方法一般可分以下几步：

(一) 概括了解

(1) 阅读有关资料，如设备或部件说明书等，了解设备或部件的作用、结构、工作原理等。

(2) 从标题栏、明细表中了解设备或部件的名称、大小、零件的种类、数量、材料、各零件在装配中的位置等。

图10-27回油阀是装在柴油发动机供油管路中的一个部件，用以调整和稳定柴油工作压力。该部件有12种共22个零件，其中标准件有14个。

(二) 分析视图

分析该部件共有几个图、各图的名称、表达的内容。对剖视图应找出剖切平面位置。

回油阀共用五个图，主视图采用全剖视，表达部件的总体结构、工作原理和装配关系。俯视图采用沿垫片和阀体结合面剖切的半剖视，表达阀盖和阀体的结构及螺柱的分布情况。件1*A*向、件1*C*向及*B*-*B*用以表达阀体的结构(如光孔、螺孔的分布、泵体形状等)。

(三) 深入了解

1. 了解部件的工作原理和装配关系

这一步是整个看图过程的关键，结合视图分析详细研究部件的工作原理、装配关系及主要零件的结构。

回油阀在正常工作时，柴油从阀体(件1)的右端孔进入，从下端孔流出。当主油路获得过量的油，并超过允许压力时，阀门(件2)即被压力抬起，过量的油从阀体和阀门(件2)开启后的缝隙中经阀体左端的孔流出，再经管道回油箱。

阀门的启闭由弹簧(件7)控制，弹簧对阀门压力的大小由螺杆(件10)进行调节，螺

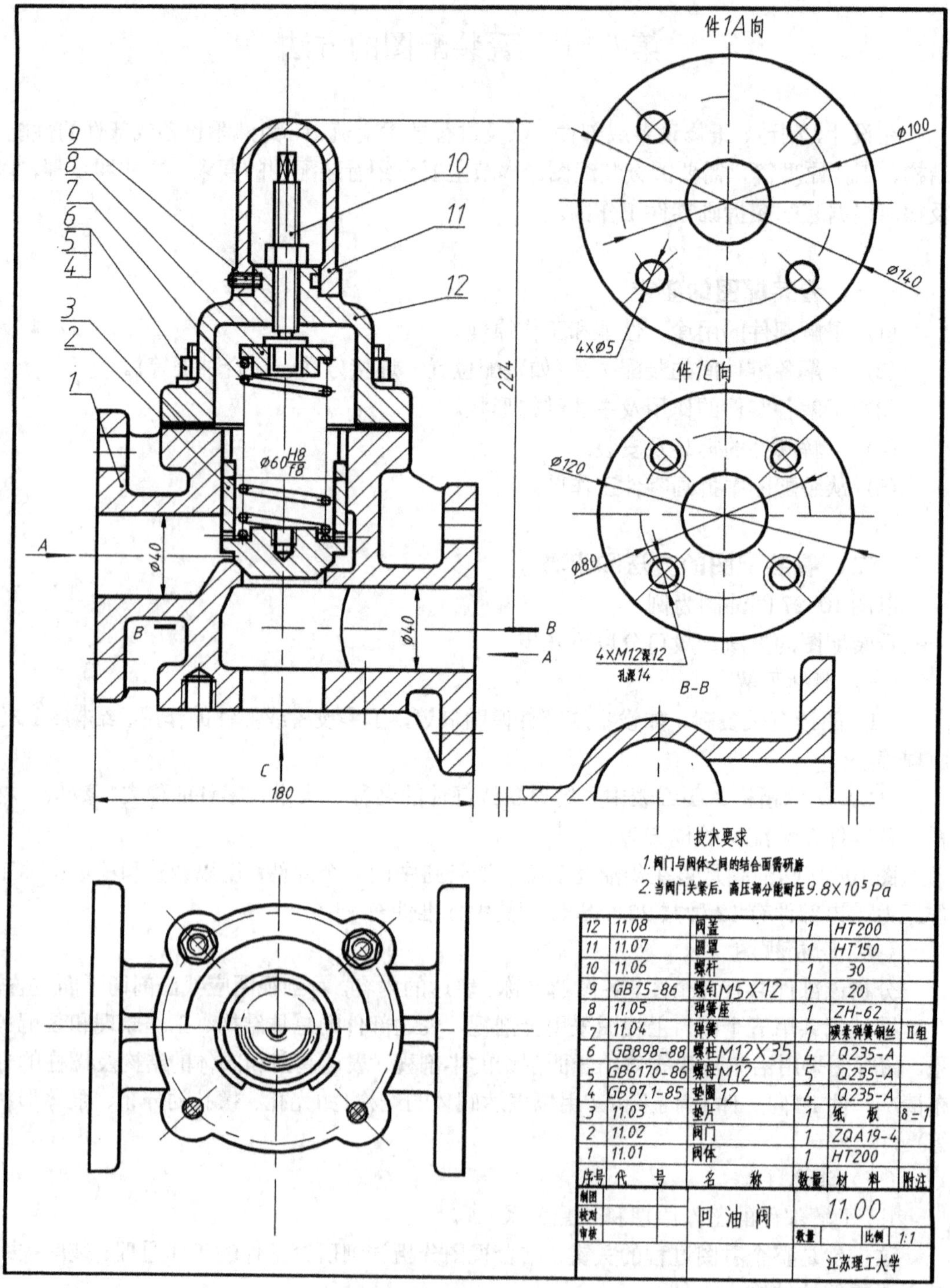

序号	代号	名称	数量	材料	附注
12	11.08	阀盖	1	HT200	
11	11.07	圆罩	1	HT150	
10	11.06	螺杆	1	30	
9	GB75-86	螺钉M5X12	1	20	
8	11.05	弹簧座	1	ZH-62	
7	11.04	弹簧	1	碳素弹簧钢丝	Ⅱ组
6	GB898-88	螺柱M12X35	4	Q235-A	
5	GB6170-86	螺母M12	5	Q235-A	
4	GB97.1-85	垫圈12	4	Q235-A	
3	11.03	垫片	1	纸板	δ=1
2	11.02	阀门	1	ZQA19-4	
1	11.01	阀体	1	HT200	

图10-27　回油阀

母加以锁紧。

圆罩(件11)和阀盖(件12)用螺钉(件9)连接，阀盖和阀体之间用螺柱连接。垫片(件3)起密封作用。

2. 分析并了解零件的作用、结构形状及连接情况现以阀体(件 1)为例进行分析。

阀体(件 1)是主体零件。为使柴油能进、出、回油，应做有左、右及下部三个孔；为使阀门关闭时密封可靠，应做有与阀门相配合的90° 锥面；中间上部孔(ϕ60H8)是阀门上、下的通道；上、下端面共八个螺孔分别用于与阀盖和管路的连接，左右端面八个光孔也是与管路连接用的。为了减少加工面及减小阀门上下移动时摩擦阻力，ϕ60H8孔内做有四个凹槽。

3. 了解装配图中的尺寸及技术要求

根据装配图中所注的尺寸，分析各个尺寸属于装配图中哪类尺寸。从装配图中的技术要求了解部件的性能、装配、使用、试验等要求。

回油阀图中尺寸 180、244、ϕ140 属于外形尺寸，ϕ40 是规格尺寸，$\phi 60\ \frac{H8}{f8}$ 是装配尺寸，4 × ϕ 15、ϕ 100、4 × M12 深 12 孔深 14、ϕ80 是安装尺寸等。

技术要求有两项，第一，说明阀门与阀体装配前需对结合面研磨，保证密封性；第二，压力试验的要求，即当阀门关紧后，高压部分能耐压 9.8×10^5Pa。

4. 了解部件的拆装顺序及安装

读者据图自行分析。

(四) 归纳总结

经过概括、深入了解之后，应围绕以下几个方面进行归纳总结：部件的工作原理；装配关系；各零件在部件中的作用、结构形状、连接方式；装配图上每一尺寸所属的尺寸种类；部件的拆装顺序及安装等。通过归纳总结，以便对部件有一个完整、明确的认识。应当指出，上述的各个步骤常常不是独立进行的，有时互相穿插，边了解、边分析、综合地进行。

三、由装配图拆画零件工作图

由装配图拆画零件工作图是一项细致的工作，它是在全面看懂装配图的基础上进行的。对于部件中的标准件(如螺栓、螺柱、螺钉、螺母、键、销、滚动轴承等)不必画零件图。而对一般零件和常用件(如齿轮、弹簧等)应画出它们的零件图。

画零件图的方法及零件图的内容已在第七章中讨论过。下面仅对拆画零件的方法作一叙述。现以从图 10-27 回油阀装配图中拆画阀体为例。

(一) 零件视图方案的选择

1. 主视图的选择

拆画零件图时，零件的主视图表达方案应根据零件本身的结构特点进行考虑，不可盲目照抄装配图中该零件主视图的表达方式，因为装配图的表达方案是从整个装配体来考虑的，无法满足每个零件的要求。如装配体中轴套类零件，在装配图中可能有各种装配位置，但画它们的零件图时，通常以轴线水平放置作为主视图，这样既符合加工位置，又便于看图。在多数情况下，壳体、箱体类零件(如泵体、阀体、减速箱体、底座等)主视图的选择常和装配图中一致。如图 10-29 中的阀体主视图的选择同装配图中一致。

2. 其他视图的选择

根据被拆画零件的结构，参照装配图中的表达方案，运用零件图视图的表达方法进行确定，如图 10-29 所示。

（二）零件在装配图中的范围及结构形状的确定

1. 零件范围的确定

利用投影关系及该零件的剖面线方向、间隔相同，确定被拆画零件的范围。

2. 零件的结构形状的确定

(1) 从剖面线画到何处，区分零件的实体、孔、槽等部分。

(2) 从装配图上表达该零件的有关视图中查找，确定其形状。

(3) 对装配图上省略的标准结构要素(如倒角、倒圆、退刀槽等)要查标准画出。

(4) 在装配图中零件的次要结构，不一定都表达完全，在拆画零件图时，应根据该零件的作用与要求，参照相邻零件的形状，自行设计。如图 10-27 中的垫片(件 3)，根据装配图中的一个视图，还不能完全确定其形状，俯视图可以考虑有图 10-28(*a*)、(*b*)两种形状。但考虑阀体、阀盖与垫片结合面的形状，应设计成图 10-28 中(*b*)的形状为宜。

（三）零件尺寸的确定

零件图中尺寸注法，已在第九章中讲过，这里主要说明从装配图上确定零件尺寸的方法。

(1) 抄注　装配图上已标注出的涉及被拆零件的尺寸，应直接抄注，不许改动，需注出尺寸偏差时，应查表，如图 17-25 中 $\phi40$、$\phi60H8(^{+0.04}_{0})$、180、$\phi120$、$\phi80$、4 × M12 深 12 孔深 14 等。

(2) 查找　零件上的某些尺寸数值(例如与螺纹紧固件连接的零件通孔直径、螺纹尺寸；与键、销连接的尺寸；标注结构要素的倒角、倒圆、退刀槽等)，应从明细表及有关标准中查得。

(3) 计算　如齿轮的分度圆、齿顶圆；弹簧的自由高度、展开长度等，应根据装配图中所提供的参数，通过计算确定。

(4) 量取并换算　对装配图中没有标注出的被拆画零件的其他尺寸，可用比例尺在图中直接量取，再按比例计算出数值并圆整。

（四）零件图上技术要求的确定

零件各表面的粗糙度、形位公差及其他技术要求，应根据零件的作用、要求等恰当地确定。

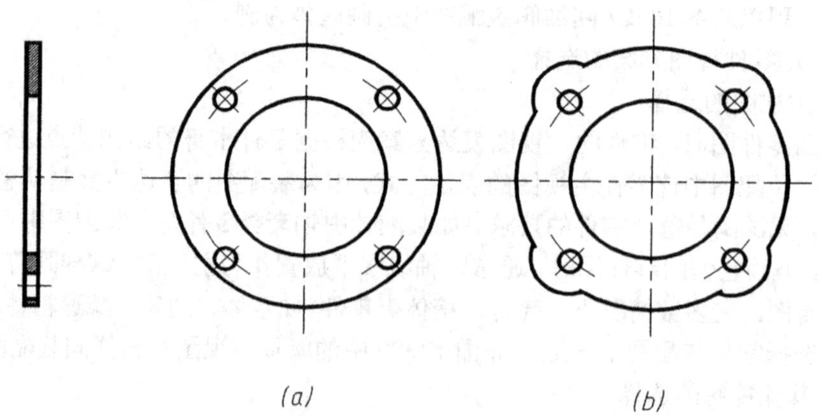

(*a*)　(*b*)

图 10-28　垫片形状

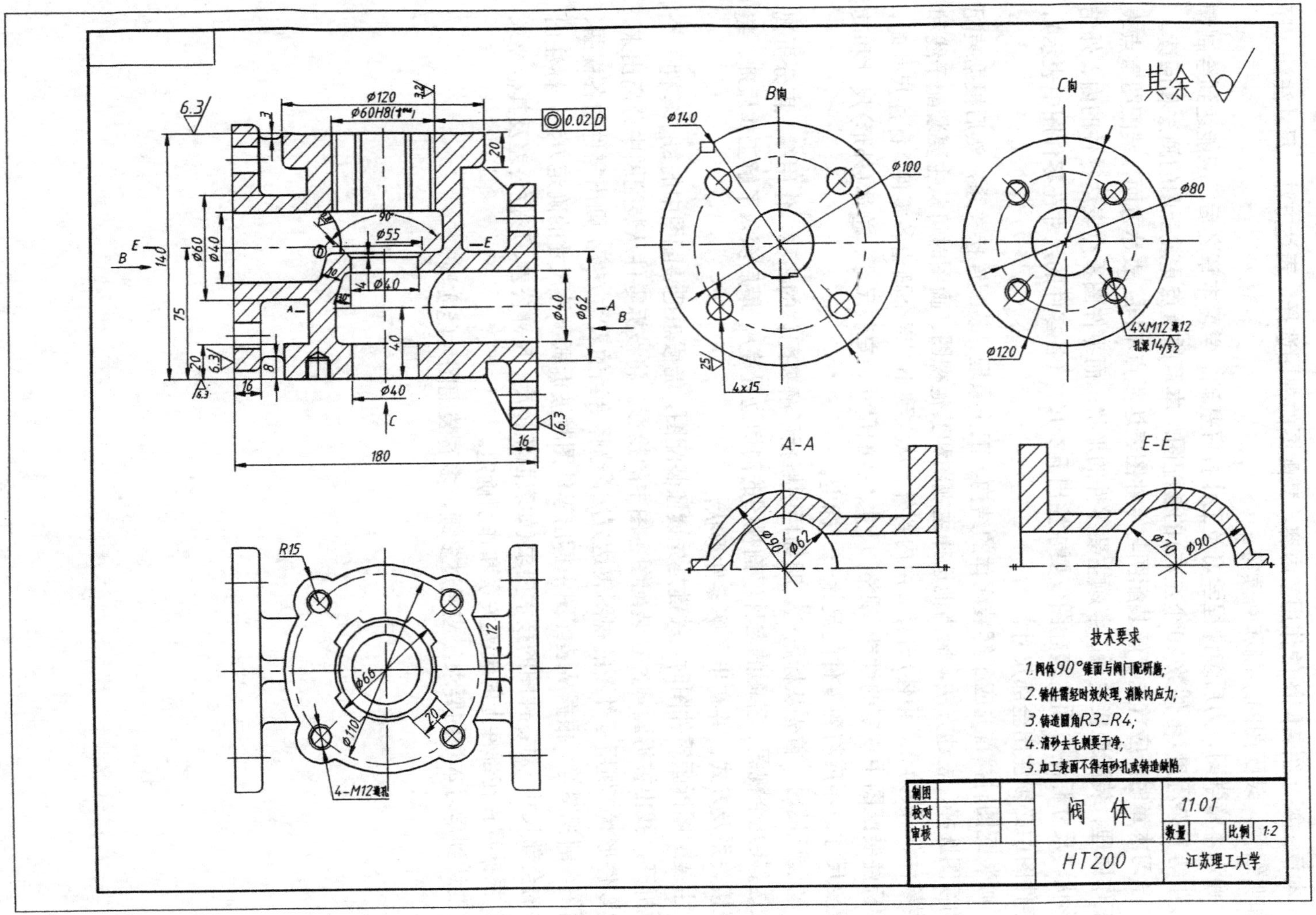
其余
B向
C向
A-A
E-E
技术要求
1.阀体90°锥面与阀门配研磨;
2.铸件需经时效处理,消除内应力;
3.铸造圆角R3-R4;
4.清砂去毛刺要干净;
5.加工表面不得有砂孔或铸造缺陷.
制图
校对
审核
阀体
11.01
数量
比例
1:2
HT200
江苏理工大学

图 10-29 阀体零件图

[自学指导]

本章主要介绍装配图的作用、内容，装配图的视图选择、表达方法、尺寸注法、序号和明细栏，装配图的绘制和阅读等。

通过本章学习，为后续课程学习及工作打好基础。学习本章之后，应能达到绘制和阅读中等复杂程度(零件数20个左右)的装配图。本章的重点是装配图的画法和阅读。

学习本章时，应首先了解装配图与零件图表达重点不同：表达方面，装配图重点表达工作原理、装配连接关系、兼顾主要零件的形状；而零件图重点表达零件的内、外结构形状。尺寸标注方面，装配图仅要求注出五类尺寸(各零件的尺寸在零件图中表示)，而零件图中必须注出全部尺寸。

画装配图时，首先应了解装配体的结构、工作原理、装配连接关系，然后根据装配图的视图选择、表达方法，恰当地选择主视图和其他视图。画图时可从主要装配干线和主要零件(一般为壳、箱体)开始，由内到外、从大到小，逐个画出各零件。标注尺寸时，只要标注装配图中规定的性能(规格)尺寸、装配尺寸、安装尺寸、总体(外形)尺寸和其他重要尺寸。不应将各零件的尺寸一一标上。

看装配图时，首先从标题栏、明细栏中概括了解装配体的名称、作用等，再分析视图表达(共几个视图、各图的名称、剖视图的剖切位置等)，最后深入了解工作原理、装配连接关系及方式，并初步了解零件形状。

由装配图拆画零件图时，关键是先读懂装配图，能假想把装配图中的每个零件一个个地拆开，找出被拆画零件在装配图各图中的投影，将被拆零件从装配图中分离出来，想出零件形状。利用零件图的视图表达方法，选择恰当的表达方案，画出零件的各视图、剖面图、剖视图等。根据从装配图中拆出零件图时被拆画零件尺寸的确定方法，标注出零件的全部尺寸。对零件图的技术要求(如表面粗糙度、尺寸公差、形位公差及其他要求等)，根据零件在部件上的装配关系和作用确定。

要达到学习本章的要求，应通过多画、多看装配图才能实现。

[练习题]

10-1(1) 拼千斤顶装配图。

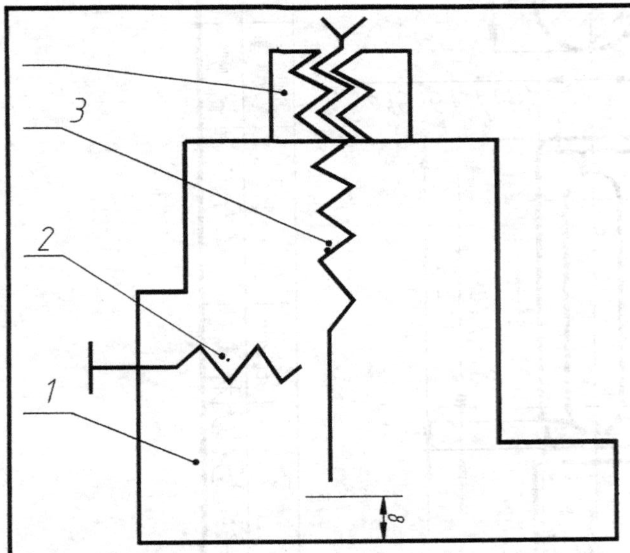

序号	代号	名称	数量	材料	附注
4	p-0504	调节螺母	1	35	
3	p-0503	丝杆	1	45	
2	p-0502	螺钉	1	Q235-A	
1	p-0501	底座	1	HT150	

制图		千斤顶	P-0400	
校对			数量	比例
审核			江苏理工大学	

拼千斤顶装配图作业说明

一.作用

千斤顶是一种装配工具,用以顶举重物进行装配或维修。

二.工作原理与结构

千斤顶利用调节螺母(件4)与丝杆(件3)间的螺纹传动使丝杆(件3)上升而顶举重物。(件2)拧入丝杆下方的长圆形槽内作丝杆圆周方向定位用(防止丝杆旋转)。

三.作业要求

根据示意图与零件图拼画装配图。

10-1(2) 拼千斤顶装配图。

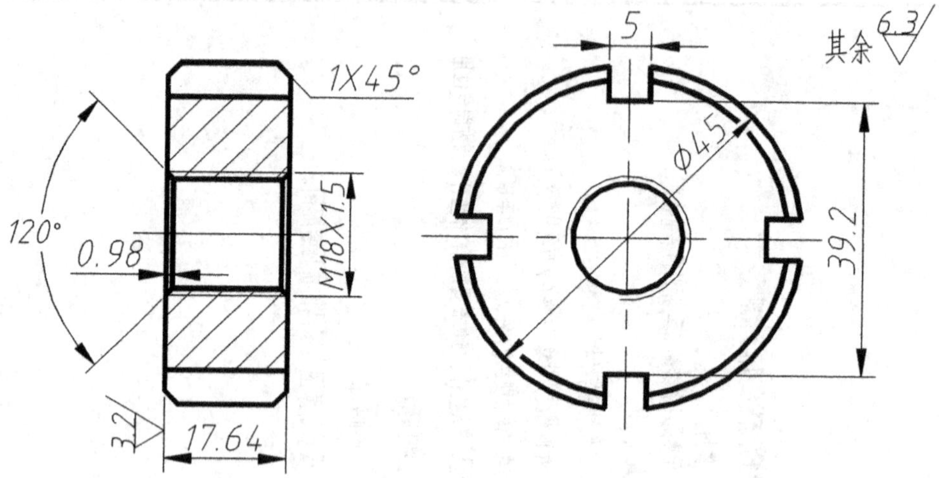

件号	4	名称	调节螺母	数量	1
代号	P-0504	材料	35	比例	

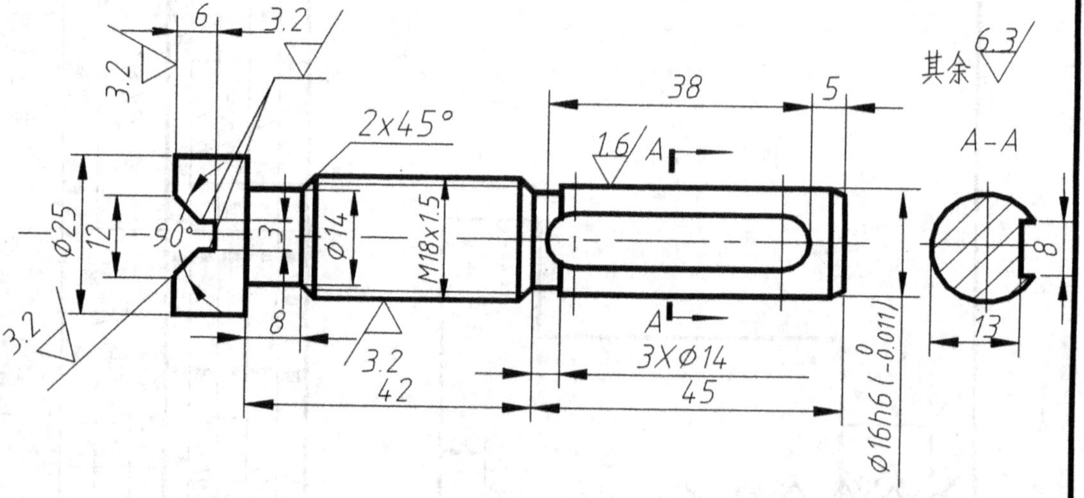

件号	3	名称	丝 杆	数量	1
代号	P-0503	材料	45	比例	

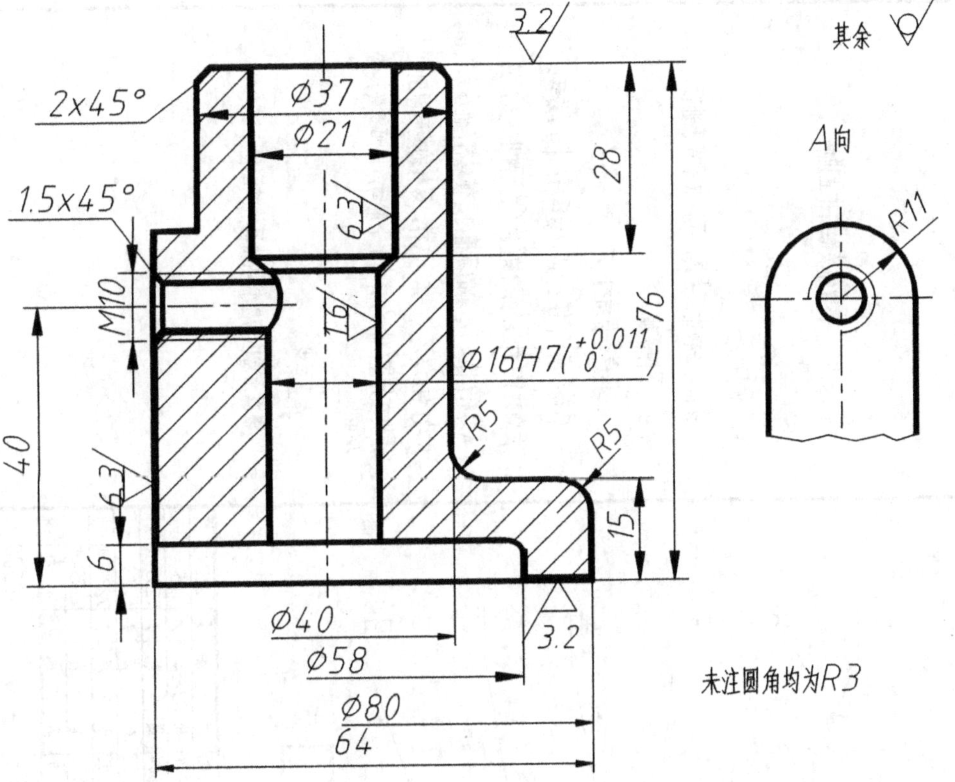

件号	1	名称	底座	数量	1
代号	P-0501	材料	HT150	比例	

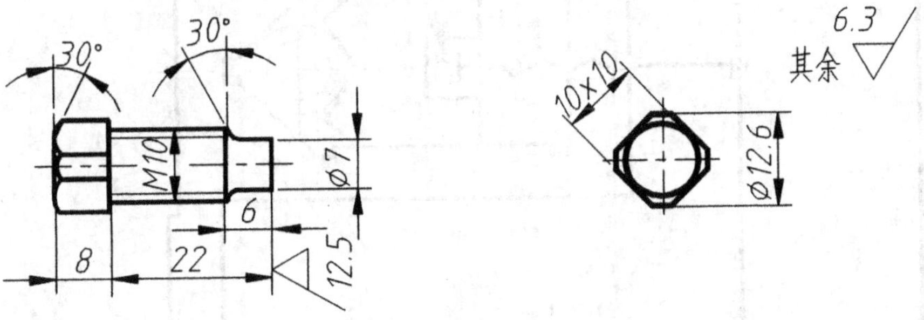

件号	2	名称	螺钉	数量	1
代号	P-0502	材料	Q235-A	比例	

10-2(1) 拼管钳装配图。

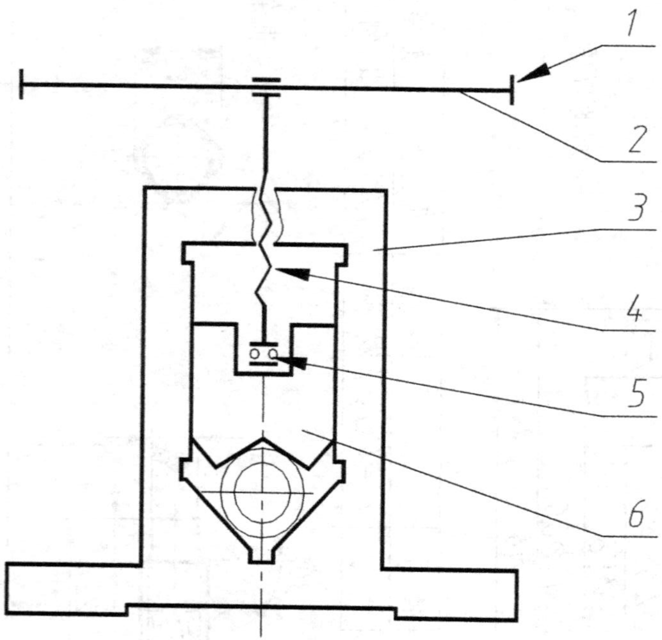

6	P-0505	滑块	1	ZL3	
5	GB119-86	销 B3×24	2	35	
4	P-0504	螺杆	1	Q235-A	
3	P-0503	钳座	1	ZL3	
2	P-0502	手柄杆	1	Q235-A	
1	P-0501	套圈	1	Q235-A	
序号	代号	名称	数量	材料	附注

制图		管钳	P-0500
校对			
审核			数量 比例

拼管钳装配图作业说明

一. 作用

管钳是一种钳工夹具，用以夹紧管子进行攻丝、下料等加工。

二. 工作原理与结构

转动手柄杆(件2)即带动螺杆(件4)旋转。两圆柱销(件5)由滑块(件6)上两孔穿入，嵌入螺杆(件4)小端的环槽内，使螺杆(件4)与滑块(件6)连成一体。这样，螺杆的旋转即能使滑块在钳座(件3)体内上下滑动，以起到夹具的作用。

三. 作业要求

根据示意图与零件图拼画成装配图。

10-2(2) 拼管钳装配图。

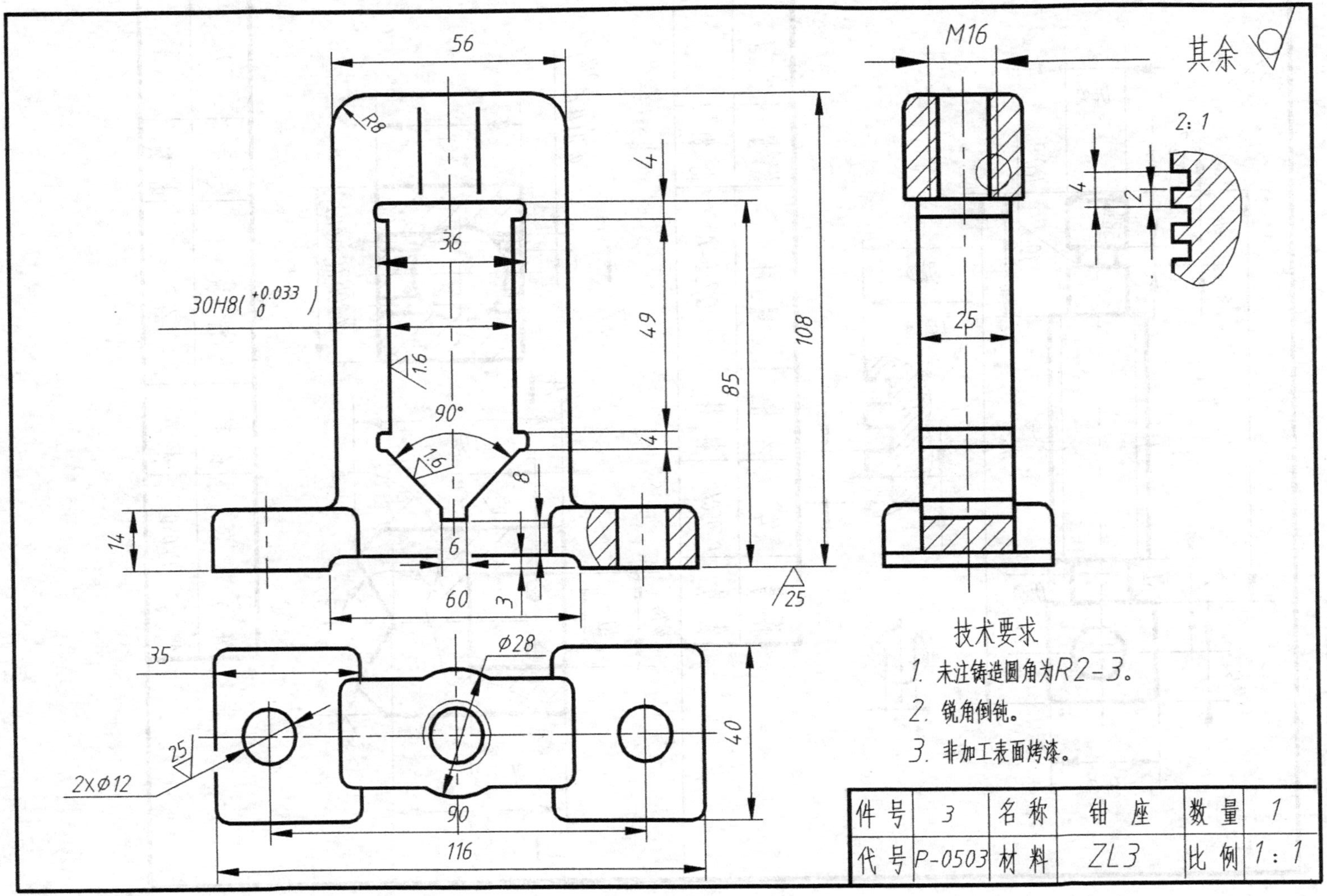

件号	3	名称	钳座	数量	1
代号	P-0503	材料	ZL3	比例	1:1

10-2(3) 拼管钳装配图。

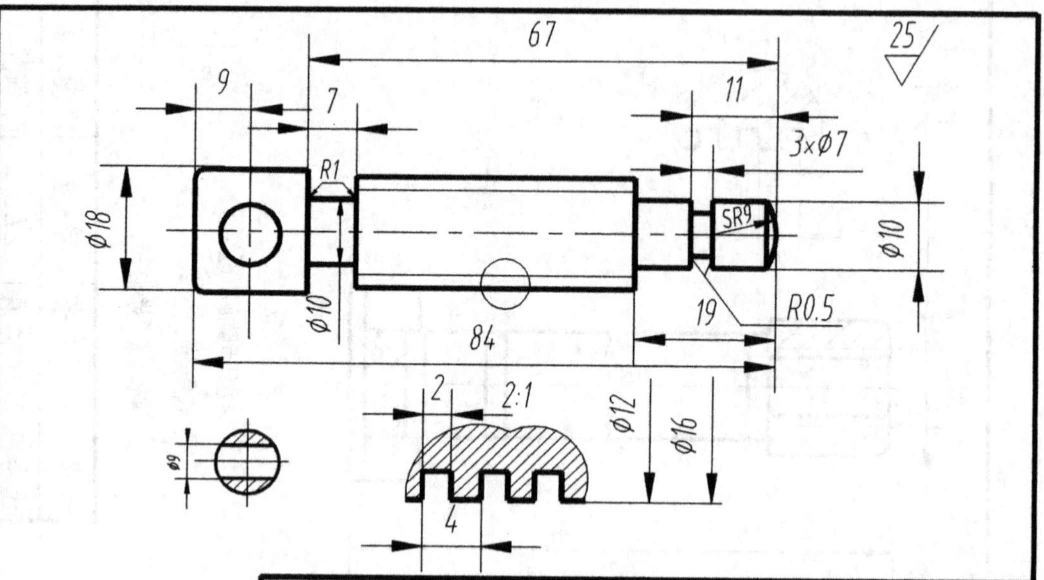

件号	4	名称	螺杆	数量	1
代号	P-0504	材料	Q235-A	比例	

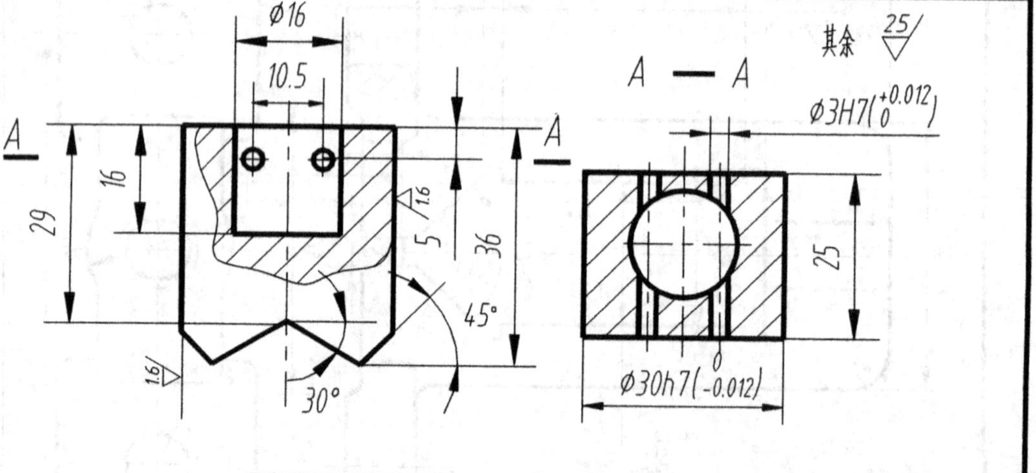

件号	6	名称	滑块	数量	1
代号	P-0505	材料	ZL3	比例	

10-2(4) 拼管钳装配图。

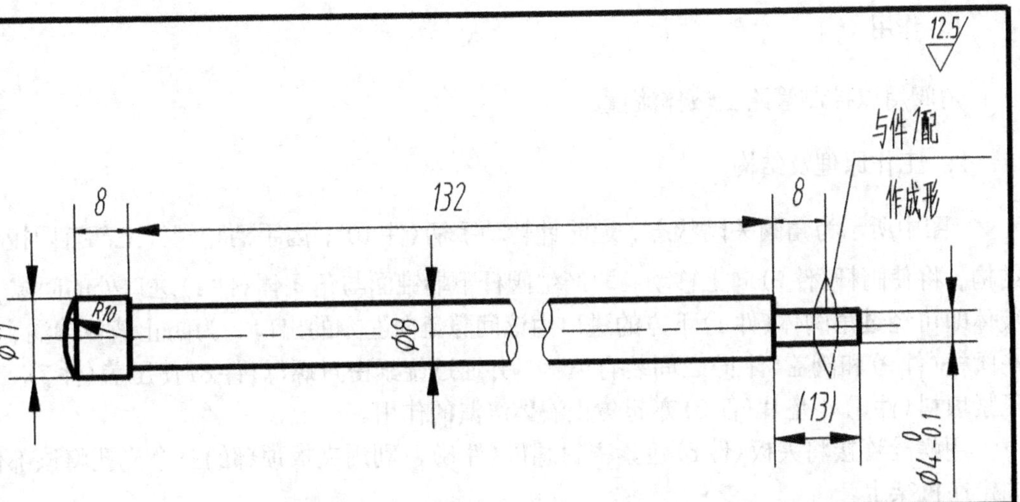

件 号	2	名 称	手柄杆	数 量	1
代 号	P-0502	材 料	Q235-A	比 例	1:1

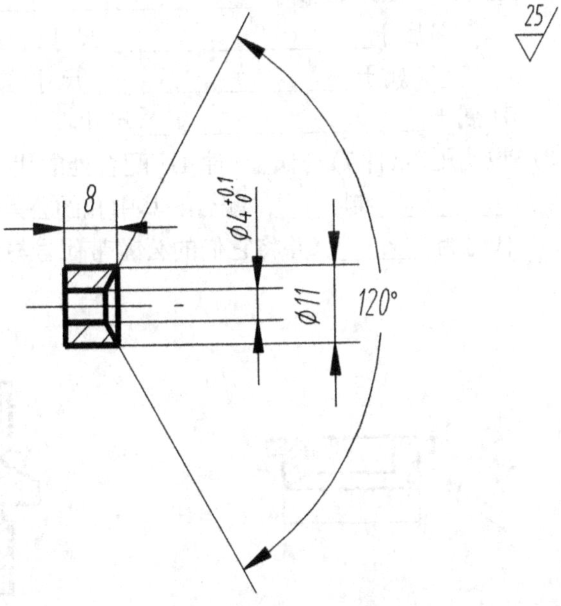

件 号	1	名 称	套 圈	数 量	1
代 号	P-0501	材 料	Q235-A	比 例	1:1

10-3（1） 读角阀装配图作业说明

1. 作用

角阀用以控制管路上液体流量。

2. 工作原理及结构

图中所示为角阀关闭状态，逆时针转动手柄(件10)，因手柄和阀杆上部有四棱柱结构，将使阀杆(件9)向上移动，即产生阀杆下端锥面与角阀体(件1)进口处的间隙，液体即可经过角阀体(件1)下方的进口由该间隙流向左方的出口。为防止液体渗漏，在阀杆(件9)和阀盖(件4)之间装有填料，并通过旋紧密封螺母(件8)使压盖(件7)、压紧填料(件6)、垫片(件3)亦起防止液体渗漏的作用。

用螺栓连接将夹板(件5)包紧密封螺母(件8)，利用夹板顶部的三个光孔将该部件固定在机架上。

3. 读懂装配图并回答下列问题

1) 当部件的上方有些渗漏时，可采取什么措施解决?

2) 图中Φ38 H9/h8属于 ____________________ 尺寸;

Φ104属于 ____________________ 尺寸;

Φ170属于 ____________________ 尺寸;

G1属于 ____________________ 尺寸。

3) 说明压盖(件7)与阀盖(件4) 配合处的代号Φ38 H9/h8的含义:基 __________ 制，______ 配合，其中孔的公差带代号为 ______，轴的公差带代号为 _______，并将它们的公差带代号与偏差值填入相关的零件图。

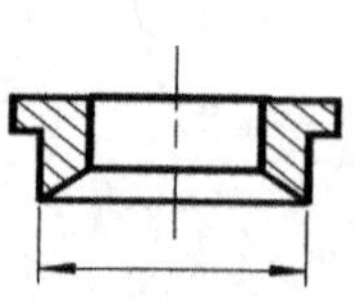

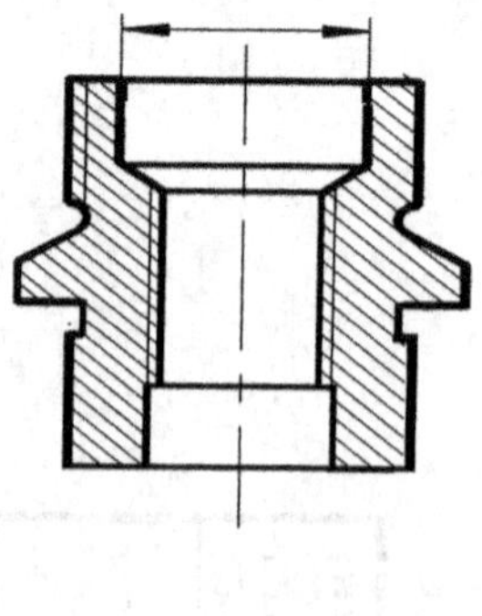

4) 包紧夹板(件5)用 ___________ 连接，各螺纹紧固件的规定标记分别为 ____________，______________。

4. 拆画件1角阀体零件工作图。

10-3(2) 读角阀装配图。

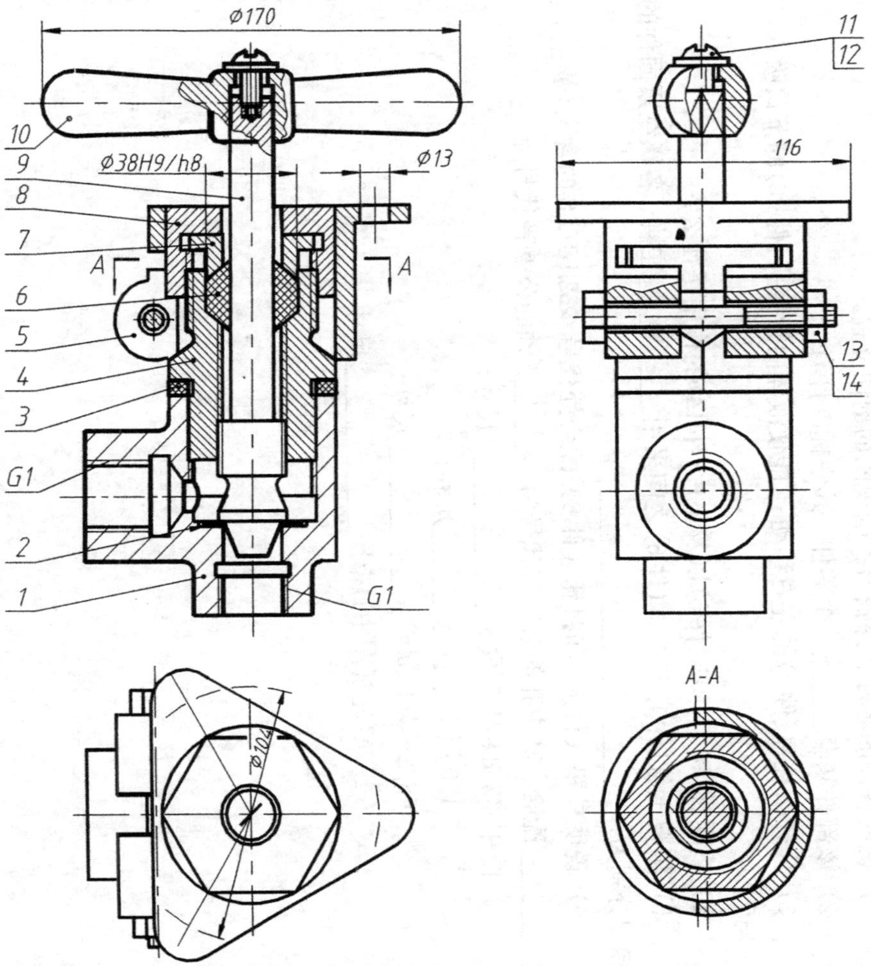

序号	代号	名称	数量	材料	备注
14	GB6170-86	螺母 M8	1	Q235-A	
13	GB5182-88	螺栓 M8X85	1	Q235-A	
12	GB97.1-85	垫圈 6-140HV	1	Q235-A	
11	GB67-76	螺钉 M6X18	1	Q235-A	
10	Z31-10	手柄	1	Q235-A	
9	Z31-09	阀杆	1	Q235-A	
8	Z31-08	密封螺母	1	45	
7	Z31-07	压盖	1	30	
6	Z31-06	填料	1	Q235-A	
5	Z31-05	夹板	1	30	
4	Z31-04	阀盖	1	45	
3	Z31-03	垫片	1	皮革	
2	Z31-02	阀座垫	1	45	
1	Z31-01	角阀体	1	45	

制图		角 阀	Z31-00	
校对			数量	比例
审核			江苏理工大学	

10-4(1) 读柱塞泵装配图

1. 作用

柱塞泵用以输送一定流量和压力的液体。

2. 工作原理及结构

当柱塞(件7)由左向右移动时，泵体(件6)内腔形成真空，阀瓣(件11)被打开，液体由管接头(件10)的下口流入泵体(件6)。当柱塞(件7)由右向左移动时，泵体内液体压力增加，使阀瓣(件12)上移打开，这时阀瓣(件11)向下压紧关闭，液体由管接头(件10)的前口压出，如此往复，输送一定压力的液体。

在衬套(件8)、柱塞(件7)与泵体(件6)之间装有填料(件5)，并用填料压盖(件1)借助两螺柱(件2)、螺母(件3)压紧填料，以防液体泄漏，垫圈(件9)也是为防漏而设置的。

3. 读懂装配图并回答下列问题

1) 说明各图的名称，并找出各剖视图的剖切位置。

2) 该部件共有 ________ 个零件，其中标准件有 ________ 个。

3) 为什么柱塞(件7)的左右移动，能使液体由管接头(件10)的下口吸入、前口压出?

4) 垫圈(件9)、填料(件5)以及垫片(件14)的作用是什么?

5) 填料压盖(件1)和泵体(件6)之间采用 __________ 连接，各螺纹紧固件的规定标记分别为 ____________________________。

6) 说明柱塞（件7）和衬套（件8）配合处代号 $\Phi 32H8/f8$ 的含义:基 ______ 制，__________ 配合，其中孔的公差带代号为 _______，轴的公差带代号为 _______。

7) 图中 $\Phi 36H8/k7$ 属于 ____________ 尺寸;

120 属于 ____________ 尺寸;

68, 2-$\phi 11$ 属于 ____________ 尺寸;

G 1/2A(左视图中)属于 ____________ 尺寸。

10-4(2) 读柱塞泵装配图。

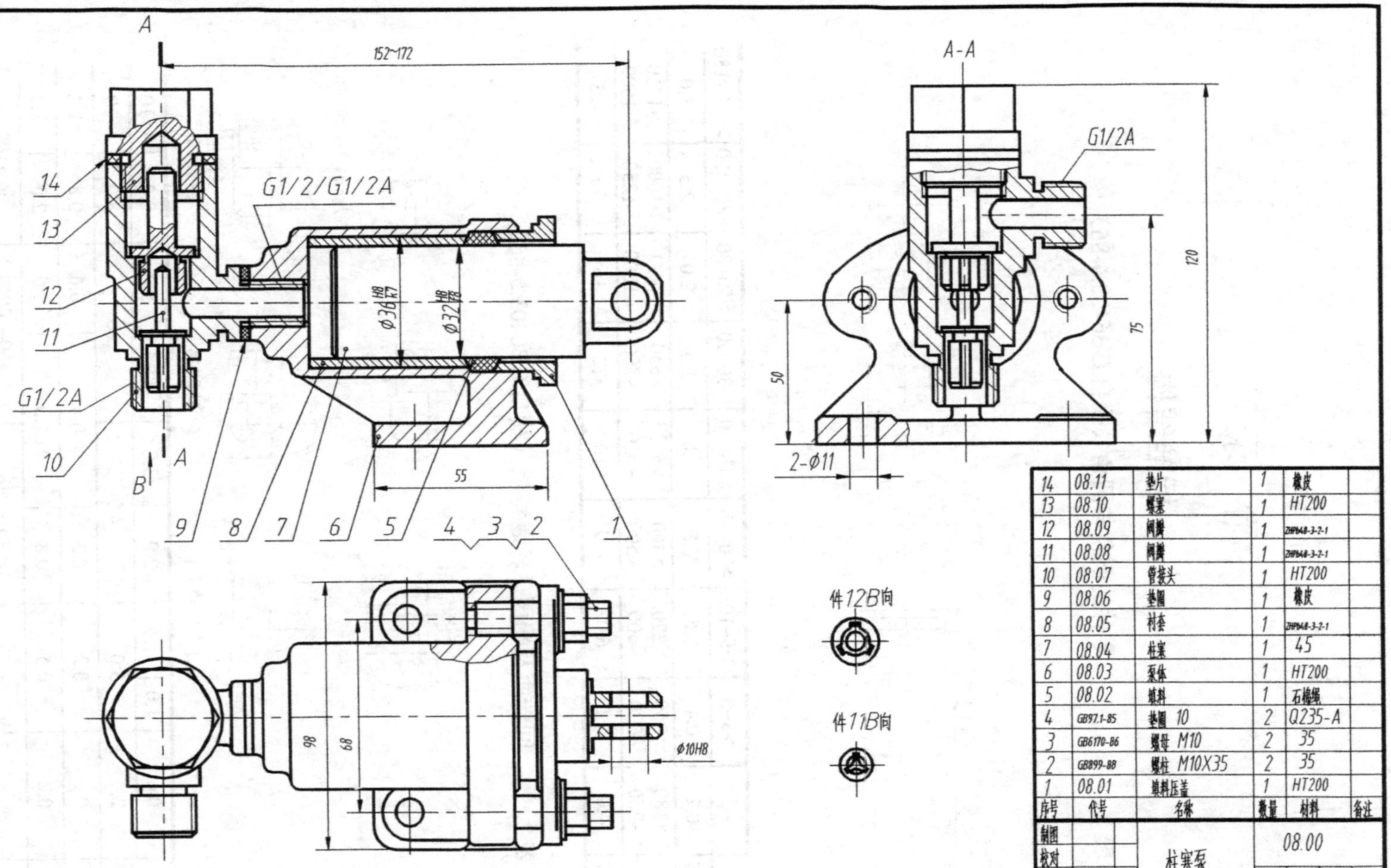

序号	代号	名称	数量	材料	备注
14	08.11	垫片	1	橡皮	
13	08.10	螺塞	1	HT200	
12	08.09	阀瓣	1	ZHPb48-3-2-1	
11	08.08	阀瓣	1	ZHPb48-3-2-1	
10	08.07	管接头	1	HT200	
9	08.06	垫圈	1	橡皮	
8	08.05	衬套	1	ZHPb48-3-2-1	
7	08.04	柱塞	1	45	
6	08.03	泵体	1	HT200	
5	08.02	填料	1	石棉绳	
4	GB97.1-85	垫圈 10	2	Q235-A	
3	GB6170-86	螺母 M10	2	35	
2	GB899-88	螺柱 M10X35	2	35	
1	08.01	填料压盖	1	HT200	

制图		柱塞泵	08.00	
校对			数量	比例 1:1.5
审核				
			江苏理工大学	

附　录

一、标准结构

附表 1　　　　零件的倒角与圆角（摘自 GB6403.4-86）

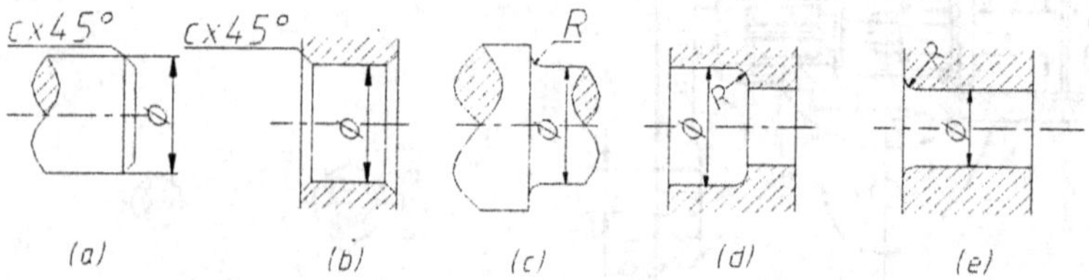

ϕ	~3	>3~6	>6~10	>10~18	>18~30	>30~50	>50~80	>80~120	>120~180
C 或 R	0.2	0.4	0.6	0.8	1.0	1.6	2.0	2.5	3.0
ϕ	>180 ~250	>250 ~320	>320 ~400	>400 ~500	>500 ~630	>630 ~800	>800 ~1000	>1000 ~1250	>1250 ~1600
C 或 R	4.0	5.0	6.0	8.0	10	12	16	20	25

附表 2　　回转面及端面砂轮越程槽（摘自 GB6403.5-86）

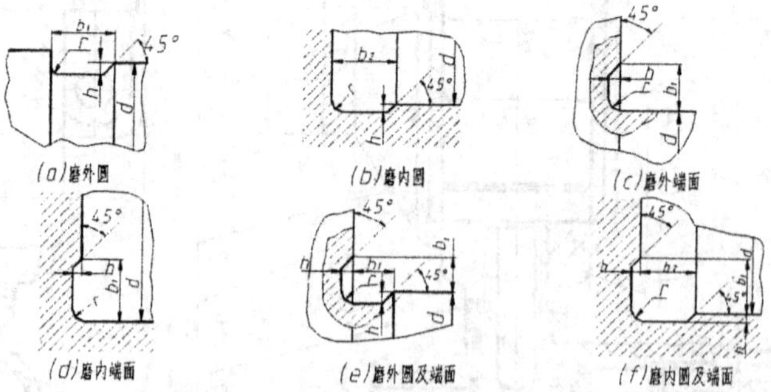

b_1	0.6	1.0	1.6	2.0	3.0	4.0	5.0	8.0	10
b_2	2.0	3.0		4.0		5.0		8.0	10
h	0.1	0.2		0.3	0.4		0.6	0.8	1.2
r	0.2	0.5		0.8	1.0		1.6	2.0	3.0
D	~10			>10~50		>50~100		>100	

注:磨削具有数个直径的工件时,可使用同一规格的越程槽,直径 d 大的零件允许选择小规格的越程槽。

二、公差与配合

附表 3　　标 准 公 差 数 值

基本尺寸 mm		公差等级																			
		IT01	IT0	IT1	IT2	IT3	IT4	IT5	IT6	IT7	IT8	IT9	IT10	IT11	IT12	IT13	IT14	IT15	IT16	IT17	IT18
大于	至	μm													mm						
—	3	0.3	0.5	0.8	1.2	2	3	4	6	10	14	25	40	60	0.10	0.14	0.25	0.40	0.60	1.0	1.4
3	6	0.4	0.6	1	1.5	2.5	4	5	8	12	18	30	48	75	0.12	0.18	0.30	0.48	0.75	1.2	1.8
6	10	0.4	0.6	1	1.5	2.5	4	6	9	15	22	36	58	90	0.15	0.22	0.36	0.58	0.90	1.5	2.2
10	18	0.5	0.8	1.2	2	3	5	8	11	18	27	43	70	110	0.18	0.27	0.43	0.70	1.10	1.8	2.7
18	30	0.6	1	1.5	2.5	4	6	9	13	21	33	52	84	130	0.21	0.33	0.52	0.84	1.30	2.1	3.3
30	50	0.6	1	1.5	2.5	4	7	11	16	25	39	62	100	160	0.25	0.39	0.62	1.00	1.60	2.5	3.9
50	80	0.8	1.2	2	3	5	8	13	19	30	46	74	120	190	0.30	0.46	0.74	1.20	1.90	3.0	4.6
80	120	1	1.5	2.5	4	6	10	15	22	35	54	87	140	220	0.35	0.54	0.87	1.40	2.20	3.5	5.4
120	180	1.2	2	3.5	5	8	12	18	25	40	63	100	160	250	0.40	0.63	1.00	1.60	2.50	4.0	6.3
180	250	2	3	4.5	7	10	14	20	29	46	72	115	185	290	0.46	0.72	1.15	1.85	2.90	4.6	7.2
250	315	2.5	4	6	8	12	16	23	32	52	81	130	210	320	0.52	0.81	1.30	2.10	3.20	5.2	8.1
315	400	3	5	7	9	13	18	25	36	57	89	140	230	360	0.57	0.89	1.40	2.30	3.60	5.7	8.9
400	500	4	6	8	10	15	20	27	40	63	97	155	250	400	0.63	0.97	1.55	2.50	4.00	6.3	9.7

注：基本尺寸小于 1mm 时，无 IT14 至 IT18。

附表4 轴的基本

基本偏差		上偏差（es）											
		a	b	c	cd	d	e	df	f	fg	g	h	js
基本尺寸 mm		公差											
大于	至	所有等级											
—	3	-270	-140	-60	-34	-20	-14	-10	-6	-4	-2	0	偏差=±IT/2
3	6	-270	-140	-70	-46	-30	-20	-14	-10	-6	-4	0	
6	10	-280	-150	-80	-56	-40	-25	-18	-13	-8	-5	0	
10	14	-290	-150	-95	—	-50	-32	—	-16	—	-6	0	
14	18												
18	24	-300	-160	-110	—	-65	-40	—	-20	—	-7	0	
24	30												
30	40	-310	-170	-120	—	-80	-50	—	-25	—	-9	0	
40	50	-320	-180	-130									
50	65	-340	-190	-140	—	-100	-60	—	-30	—	-10	0	
65	80	-360	-200	-150									
80	100	-380	-220	-170	—	-120	-72	—	-36	—	-12	0	
100	120	-410	-240	-180									
120	140	-460	-260	-200	—	-145	-85	—	-43	—	-14	0	
140	160	-520	-280	-210									
160	180	-580	-310	-230									
180	200	-660	-340	-240	—	-170	-100	—	-50	—	-15	0	
200	225	-740	-380	-260									
225	250	-820	-420	-280									
250	280	-920	-480	-300	—	-190	-110	—	-56	—	-17	0	
280	315	-1050	-540	-330									
315	355	-1200	-600	-360	—	-210	-125	—	-62	—	-18	0	
355	400	-1350	-680	-400									
400	450	-1500	-760	-440	—	-230	-135	—	-68	—	-20	0	
450	500	-1650	-840	-480									

注：基本尺寸大于500mm的偏差数值未列入。

偏差数值 单位：μm

下偏差（ei）																		
j			k		m	n	p	r	s	t	u	v	x	y	z	za	zb	zc
等级																		
5、6	7	8	4至7	≤8 >7	所有等级													
-2	-4	-6	0	0	+2	+4	+6	+10	+14	—	+18	—	+20	—	+26	+32	+40	+60
-2	-4	—	+1	0	+4	+8	+12	+15	+19	—	+23	—	+28	—	+35	+42	+50	+80
-2	-5	—	+1	0	+6	+10	+15	+19	+23	—	+28	—	+34	—	+42	+52	+67	+97
-3	-6	—	+1	0	+7	+12	+18	+23	+28	—	+33	—	+40	—	+50	+64	+90	+130
												+39	+45	—	+60	+77	+108	+150
-4	-8	—	+2	0	+8	+15	+22	+28	+35	—	+41	+47	+54	+63	+73	+98	+136	+188
										+41	+48	+55	+64	+75	+88	+118	+160	+218
-5	-10	—	+2	0	+9	+17	+26	+34	+43	+48	+60	+68	+80	+94	+112	+148	+200	+247
										+54	+70	+81	+97	+114	+136	+180	+242	+325
-7	-12	—	+2	0	+11	+20	+32	+41	+53	+66	+87	+102	+122	+144	+172	+226	+300	+405
								+43	+59	+75	+102	+120	+146	+174	+210	+274	+360	+480
-9	-15	—	+3	0	+13	+23	+37	+51	+71	+91	+124	+146	+178	+214	+258	+335	+445	+585
								+54	+79	+104	+144	+172	+210	+254	+310	+400	+525	+690
-11	-18	—	+3	0	+15	+27	+43	+63	+92	+122	+170	+202	+248	+300	+365	+470	+620	+800
								+65	+100	+134	+190	+228	+280	+340	+415	+535	+700	+900
								+68	+108	+146	+210	+252	+310	+380	+465	+600	+780	+1000
-13	-21	—	+4	0	+17	+31	+50	+77	+122	+166	+236	+284	+350	+425	+520	+670	+880	+1150
								+80	+130	+180	+258	+310	+385	+470	+575	+740	+960	+1250
								+84	+140	+196	+284	+340	+425	+520	+640	+820	+1050	+1350
-16	-26	—	+4	0	+20	+34	+56	+94	+158	+218	+315	+385	+475	+580	+710	+920	+1200	+1550
								+98	+170	+240	+350	+425	+525	+650	+790	+1000	+1300	+1700
-18	-28	—	+4	0	+21	+37	+62	+108	+190	+268	+390	+475	+590	+730	+900	+1150	+1500	+1900
								+114	+208	+294	+436	+530	+660	+820	+1000	+1300	+1650	+2100
-20	-32	—	+5	0	+23	+40	+68	+126	+232	+330	+490	+595	+740	+920	+1100	+1450	+1850	+2400
								+132	+252	+360	+540	+660	+820	+1000	+1250	+1600	+2100	+2600

附表5 孔的基本

基本偏差		下偏差（EI）												上						
		A	B	C	CD	D	E	EF	F	FG	G	H	Js	J			K		M	
基本尺寸 mm		公差																		
大于	至	所有等级												6	7	8	≤8	>8	≤8	>8
—	3	+270	+140	+60	+34	+20	+14	+10	+6	+4	+2	0	偏差=±IT/2	+2	+4	+6	0	0	-2	-2
3	6	+270	+140	+70	+46	+30	+20	+14	+10	+6	+4	0		+5	+6	+10	-1+Δ	—	-4+Δ	-4
6	10	+280	+150	+80	+56	+40	+25	+18	+13	+8	+5	0		+5	+8	+12	-1+Δ	—	-6+Δ	-6
10	14	+290	+150	+95	—	+50	+32	—	+16	—	+6	0		+6	+10	+15	-1+Δ	—	-7+Δ	-7
14	18																			
18	24	+300	+160	+110	—	+65	+40	—	+20	—	+7	0		+8	+12	+20	-2+Δ	—	-8+Δ	-8
24	30																			
30	40	+310	+170	+120	—	+80	+50	—	+25	—	+9	0		+10	+14	+24	-2+Δ	—	-9+Δ	-9
40	50	+320	+180	+130																
50	65	+340	+190	+140	—	+100	+60	—	+30	—	+10	0		+13	+18	+28	-2+Δ	—	-11+Δ	-11
65	80	+360	+200	+150																
80	100	+380	+220	+170	—	+120	+72	—	+36	—	+12	0		+16	+22	+34	-3+Δ	—	-13+Δ	-13
100	120	+410	+240	+180																
120	140	+460	+260	+200	—	+145	+85	—	+43	—	+14	0		+18	+26	+41	-3+Δ	—	-15+Δ	-15
140	160	+520	+280	+210																
160	180	+580	+310	+230																
180	200	+660	+340	+240	—	+170	+100	—	+50	—	+15	0		+22	+30	+47	-4+Δ	—	-17+Δ	-17
200	225	+740	+380	+260																
225	250	+820	+420	+280																
250	280	+920	+480	+300	—	+190	+110	—	+56	—	+17	0		+25	+36	+55	-4+Δ	—	-20+Δ	-20
280	315	+1050	+540	+330																
315	355	+1200	+600	+360	—	+210	+125	—	+62	—	+18	0		+28	+39	+60	-4+Δ	—	-21+Δ	-21
355	400	+1350	+680	+400																
400	450	+1500	+760	+440	—	+230	+135	—	+68	—	+20	0		+33	+43	+66	-5+Δ	—	-23+Δ	-23
450	500	+1650	+840	+480																

注：基本尺寸大于 500mm 的偏差数值未列入。

偏 差 数 值　　　　　　　　单位：μm

偏差（ES）															Δ					
N		P至ZC	P	R	S	T	U	V	X	Y	Z	ZA	ZB	ZC						
等级																				
≤8	>8	≤7	>7												3	4	5	6	7	8
-4	14	在大于7级的相应数值上增加一个Δ值	-6	-10	-14	—	-18	—	-20	—	-26	-32	-40	-60	0					
-8+Δ	0		-12	-15	-19	—	-23	—	-28	—	-35	-42	-50	-80	1	1.5	1	3	4	6
-10+Δ	0		-15	-19	-23	—	-28	—	-34	—	-42	-52	-67	-97	1	1.5	2	3	6	7
-12+Δ	0		-18	-23	-28	—	-33	—	-40	—	-50	-64	-90	-130	1	2	3	3	7	9
								-39	-45	—	-60	-77	-108	-150						
-15+Δ	0		-22	-28	-35	—	-41	-47	-54	-63	-73	-98	-136	-188	1.5	2	3	4	8	12
						-41	-48	-55	-64	-75	-88	-118	-160	-218						
-17+Δ	0		-26	-34	-43	-48	-60	-68	-80	-94	-112	-148	-200	-274	1.5	3	4	5	9	14
						-54	-70	-81	-97	-114	-136	-180	-242	-325						
-20+Δ	0		-32	-41	-53	-66	-87	-102	-122	-144	-172	-226	-300	-405	2	3	5	6	11	16
				-43	-59	-75	-102	-120	-146	-174	-210	-274	-360	-480						
-23+Δ	0		-37	-51	-71	-91	-124	-146	-178	-214	-258	-335	-445	-580	2	4	5	7	13	19
				-54	-79	-104	-144	-172	-210	-254	-310	-400	-525	-690						
-27+Δ	0		-43	-63	-92	-122	-170	-202	-248	-300	-365	-470	-620	-800	3	4	6	7	15	23
				-65	-100	-134	-190	-228	-280	-340	-415	-535	-700	-900						
				-68	-108	-146	-210	-252	-310	-380	-465	-600	-780	-1000						
-31+Δ	0		-50	-77	-122	-166	-236	-284	-350	-425	-520	-670	-880	-1150	3	4	6	9	17	26
				-80	-130	-180	-258	-310	-385	-470	-575	-740	-960	-1250						
				-84	-140	-196	-248	-340	-425	-520	-640	-820	-1050	-1350						
-34+Δ	0		-56	-94	-158	-218	-315	-385	-475	-580	-710	-920	-1200	-1550	4	4	7	9	20	29
				-98	-170	-240	-350	-425	-525	-650	-790	-1000	-1300	-1700						
-37+Δ	0		-62	-108	-190	-268	-390	-475	-590	-730	-900	-1150	-1500	-1900	4	5	7	11	21	32
				-114	-208	-294	-435	-530	-660	-820	-1000	-1300	-1600	-2100						
-40+Δ	0		-68	-126	-232	-330	-490	-595	-740	-920	-1100	-1450	-1850	-2400	5	5	7	13	23	34
				-132	-252	-360	-540	-660	-820	-1000	-1250	-1600	-2100	-2600						

附表 6

基孔制优先、常用配合

基准孔	轴																				
	a	b	c	d	e	f	g	h	js	k	m	n	p	r	s	t	u	v	x	y	z
	间隙配合								过渡配合			过盈配合									
H6						H6/f5	H6/g5	H6/h5	H6/js5	H6/k5	H6/m5	H6/n5	H6/p5	H6/r5	H6/s5	H6/t5					
H7						H7/f6	*H7/g6	*H7/h6	H7/js6	*H7/k6	H7/m6	*H7/n6	*H7/p6	H7/r6	*H7/s6	H7/t6	*H7/u6	H7/v6	H7/x6	H7/y6	H7/z6
H8					H8/e7	*H8/f7	H8/g7	*H8/h7	H8/js7	H8/k7	H8/m7	H8/n7	H8/p7	H8/r7	H8/s7	H8/t7	H8/u7				
				H8/d8	H8/c8	H8/f8		H8/h8													
H9			H9/c9	*H9/d9	H9/e9	H9/f9		*H9/h9													
H10			H10/c10	H10/d10				H10/h10													
H11	H11/a11	H11/b11	*H11/c11	H11/d11				*H11/h11													
H12		H12/b12						H12/h12													

注:① $\frac{H6}{n5}$、$\frac{*H7}{p6}$ 在基本尺寸小于或等于 3mm 和 $\frac{H8}{r7}$在小于或等于 100mm 时，为过渡配合。

②在左上角标注“*”的配合为优先配合。

附表 7

基轴制优先、常用配合

基准孔	A	B	C	D	E	F	G	H	Js	K	M	N	P	R	S	T	U	V	X	Y	Z
	轴																				
	间隙配合								过渡配合			过盈配合									
h5						F6/h5	G6/h5	H6/h5	Js6/h5	K6/h5	M6/h5	N6/h5	P6/h5	R6/h5	S6/h5	T6/h5					
h6						F7/h6	*G7/h6	*H7/h6	Js7/h6	*K7/h6	M7/h6	*N7/h6	*P7/h6	R7/h6	*S7/h6	T7/h6	*U7/h6				
h7					E8/h7	*F8/h7		H8/h7	Js8/h7	K8/h7	M8/h7	N8/h7									
h8				D8/h8	E8/h8	*F8/h8		*H8/h8													
h9				*D9/h9	E9/h9	F9/h9		*H9/h9													
h10				D11/h10				H10/h10													
h11	A11/h11	B11/h11	*C11/h11	D11/h11				*H11/h11													
h12		B12/h12						H12/h12													

注:在左上角标注“*”的配合为优先配合。

附表 8　　优先配合中轴的极限偏差　　单位:μm

基本尺寸		公差带												
		c	d	f	g	h				k	n	p	s	u
大于	至	11	9	7	6	6	7	9	11	6	6	6	6	6
—	3	-60 -120	-20 -45	-6 -16	-2 -8	0 -6	0 -10	0 -25	0 -60	+6 0	+10 +4	+12 +6	+20 +14	+24 +18
3	6	-70 -145	-30 -60	-10 -22	-4 -12	0 -8	0 -12	0 -30	0 -75	+9 +1	+16 +8	+20 +12	+27 +19	+31 +23
6	10	-80 -170	-40 -76	-13 -28	-5 -14	0 -9	0 -15	0 -36	0 -90	+10 +1	+19 +10	+24 +15	+32 +23	+37 +28
10	14	-95	-50	-16	-6	0	0	0	0	+12	+23	+29	+39	+44
14	18	-205	-93	-34	-17	-11	-18	-43	-110	+1	+12	+18	+28	+33
18	24	-110 -240	-65 -117	-20 -41	-7 -20	0 -13	0 -21	0 -52	0 -130	+15 +2	+28 +15	+35 +22	+48 +35	+54 +41
24	30													+61 +48
30	40	-120 -280	-80 -142	-25 -50	-9 -25	0 -16	0 -25	0 -62	0 -160	+18 +2	+33 +17	+42 +26	+59 +43	+76 +60
40	50	-130 -290												+86 +70
50	65	-140 -330	-100 -174	-30 -60	-10 -29	0 -19	0 -30	0 -74	0 -190	+21 +2	+39 +20	+51 +32	+72 +53	+106 +87
65	80	-150 -340											+78 +59	+121 +102
80	100	-170 -390	-120 -207	-36 -71	-12 -34	0 -22	0 -35	0 -87	0 -220	+25 +3	+45 +23	+59 +37	+93 +71	+146 +124
100	120	-180 -400											+101 +79	+166 +144
120	140	-200 -450	-145 -245	-43 -83	-14 -39	0 -25	0 -40	0 -100	0 -250	+28 +3	+52 +27	+68 +43	+117 +92	+195 +170
140	160	-210 -460											+125 +100	+215 +190
160	180	-230 -480											+133 +108	+235 +210
180	200	-240 -530	-170 -285	-50 -96	-15 -44	0 -29	0 -46	0 -115	0 -290	+33 +4	+60 +31	+79 +50	+151 +122	+265 +236
200	225	-260 -550											+159 +130	+287 +258
225	250	-280 -570											+169 +140	+313 +284
250	280	-300 -620	-190 -320	-56 -108	-17 -49	0 -32	0 -52	0 -130	0 -320	+36 +4	+66 +34	+88 +56	+190 +158	+347 +315
280	315	-330 -650											+202 +170	+382 +350
315	355	-360 -720	-210 -350	-62 -119	-18 -54	0 -36	0 -57	0 -140	0 -360	+40 +4	+73 +37	+98 +62	+226 +190	+426 +390
355	400	-400 -760											+244 +208	+471 +435
400	450	-440 -840	-230 -385	-68 -131	-20 -60	0 -40	0 -63	0 -155	0 -400	+45 +5	+80 +40	+108 +68	+272 +232	+530 +490
450	500	-480 -880											+292 +252	+580 +540

附表 9　优先配合中孔的极限偏差

单位:μm

基本尺寸 mm		公差带												
		C	D	F	G	H				K	N	P	S	U
大于	至	11	9	8	7	7	8	9	11	7	7	7	7	7
—	3	+120 +60	+45 +20	+20 +6	+12 +2	+10 0	+14 0	+25 0	+60 0	0 -10	-4 -14	-6 -16	-14 -24	-18 -28
3	6	+145 +70	+60 +30	+28 +10	+16 +4	+12 0	+18 0	+30 0	+75 0	+3 -9	-4 -16	-8 -20	-15 -27	-19 -31
6	10	+170 +80	+76 +40	+35 +13	+20 +5	+15 0	+22 0	+36 0	+90 0	+5 -10	-4 -19	-9 -24	-17 -32	-22 -37
10	14	+205 +95	+93 +50	+43 +16	+24 +6	+18 0	+27 0	+43 0	+110 0	+6 -12	-5 -23	-11 -29	-21 -39	-26 -44
14	18													
18	24	+240 +110	+117 +65	+53 +20	+28 +7	+21 0	+33 0	+52 0	+130 0	+6 -15	-7 -28	-14 -35	-21 -48	-33 -54
24	30													-40 -61
30	40	+280 +120	+142 +80	+64 +25	+34 +9	+25 0	+39 0	+62 0	+160 0	+7 -18	-8 -33	-17 -42	-34 -59	-51 -76
40	50	+290 +130												-61 -86
50	65	+330 +140	+174 +100	+76 +30	+40 +10	+30 0	+46 0	+74 0	+190 0	+9 -21	-9 -39	-21 -51	-42 -72	-76 -106
65	80	+340 +150											-48 -78	-91 -121
80	100	+390 +170	+207 +120	+90 +36	+47 +12	+35 0	+54 0	+87 0	+220 0	+10 -25	-10 -45	-24 -59	-58 -93	-111 -146
100	120	+400 +180											-66 -101	-131 -166
120	140	+450 +200	+245 +145	+106 +43	+54 +14	+40 0	+63 0	+100 0	+250 0	+12 -28	-12 -52	-28 -68	-77 -117	-155 -195
140	160	+460 +210											-85 -125	-175 -215
160	180	+480 +230											-93 -133	-195 -235
180	200	+530 +240	+285 +170	+122 +50	+61 +15	+46 0	+72 0	+115 0	+290 0	+13 -33	-14 -60	-33 -79	-105 -151	-219 -265
200	225	+550 +260											-113 -159	-241 -287
225	250	+570 +280											-123 -169	-267 -313
250	280	+620 +300	+320 +190	+137 +56	+69 +17	+52 0	+81 0	+130 0	+320 0	+16 -36	-15 -66	-36 -88	-138 -190	-295 -347
280	315	+650 +330											-150 -202	-330 -382
315	355	+720 +360	+350 +210	+151 +62	+75 +18	+57 0	+89 0	+140 0	+360 0	+17 -40	-16 -73	-41 -98	-169 -226	-369 -426
355	400	+760 +400											-187 -244	-414 -471
400	450	+840 +440	+385 +230	+165 +68	+83 +20	+63 0	+97 0	+155 0	+400 0	+18 -45	-17 -80	-45 -108	-209 -272	-467 -530
450	500	+880 +480											-229 -292	-517 -580

附表 10

未注公差尺寸的极限偏差(GB1804-79)

单位： μm

基本尺寸		公差带																					
大于	至	H 12	H 13	H 14	H 15	H 16	H 17	H 18	h 12	h 13	h 14	h 15	h 16	h 17	h 18	Js12（js12）	Js13（js13）	Js14（js14）	Js15（js15）	Js16（js16）	Js17（js17）	Js18（js18）
	3	+0.10 0	+0.14 0	+0.25 0	+0.40 0	+0.60 0	+1.0 0	+1.4 0	0 -0.10	0 -0.14	0 -0.25	0 -0.40	0 -0.60	0 -1.0	0 -1.4	±0.05	±0.07	±0.125	±0.20	±0.30	±0.5	±0.7
3	6	+0.12 0	+0.18 0	+0.30 0	+0.48 0	+0.75 0	+1.2 0	+1.8 0	0 -0.12	0 -0.18	0 -0.30	0 -0.48	0 -0.75	0 -1.2	0 -1.8	±0.06	±0.09	±0.15	±0.24	±0.375	±0.6	±0.9
6	10	+0.15 0	+0.22 0	+0.36 0	+0.58 0	+0.90 0	+1.5 0	+2.2 0	0 -0.15	0 -0.22	0 -0.36	0 -0.58	0 -0.90	0 -1.5	0 -2.2	±0.075	±0.11	±0.18	±0.29	±0.45	±0.75	±1.1
10	18	+0.18 0	+0.27 0	+0.43 0	+0.70 0	+1.10 0	+1.80 0	+2.70 0	0 -0.18	0 -0.27	0 -0.43	0 -0.70	0 -1.10	0 -1.8	0 -2.7	±0.09	±0.135	±0.215	±0.35	±0.55	±0.9	±1.35
18	30	+0.21 0	+0.33 0	+0.52 0	+0.84 0	+1.30 0	+2.1 0	+3.3 0	0 -0.21	0 -0.33	0 -0.52	0 -0.84	0 -1.30	0 -2.1	0 -3.3	±0.105	±0.165	±0.26	±0.42	±0.65	±1.05	±1.65
30	50	+0.25 0	+0.39 0	+0.62 0	+1.00 0	+1.60 0	+2.5 0	+3.9 0	0 -0.25	0 -0.39	0 -0.62	0 -1.00	0 -1.60	0 -2.5	0 -3.9	±0.125	±0.195	±0.31	±0.50	±0.80	±1.25	±1.95
50	80	+0.30 0	+0.46 0	+0.74 0	+1.20 0	+1.90 0	+3.0 0	+4.6 0	0 -0.30	0 -0.46	0 -0.74	0 -1.20	0 -1.90	0 -3.0	0 -4.6	±0.15	±0.23	±0.37	±0.60	±0.95	±1.5	±2.3
80	120	+0.35 0	+0.54 0	+0.87 0	+1.4 0	+2.2 0	+3.5 0	+5.4 0	0 -0.35	0 -0.54	0 -0.87	0 -1.40	0 -2.20	0 -3.5	0 -5.4	±0.175	±0.27	±0.435	±0.70	±1.10	±1.75	±2.7
120	180	+0.40 0	+0.63 0	+1.00 0	+1.60 0	+2.50 0	+4.00 0	+6.3 0	0 -0.40	0 -0.63	0 -1.00	0 -1.60	0 -2.50	0 -4.0	0 -6.3	±0.20	±0.315	±0.50	±0.80	±1.25	±2.0	±3.15
180	250	+0.46 0	+0.72 0	+1.15 0	+1.85 0	+2.90 0	+4.6 0	+7.2 0	0 -0.46	0 -0.72	0 -1.15	0 -1.85	0 -2.90	0 -4.6	0 -7.2	±0.23	±0.36	±0.575	±0.925	±1.45	±2.3	±3.6
250	315	+0.52 0	+0.81 0	+1.30 0	+2.10 0	+3.20 0	+5.2 0	+8.1 0	0 -0.52	0 -0.81	0 -1.30	0 -2.10	0 -3.20	0 -5.2	0 -8.1	±0.26	± 0.405	±0.65	±1.05	±1.60	±2.6	±4.05
315	400	+0.57 0	+0.89 0	+1.40 0	+2.30 0	+3.60 0	+5.7 0	+8.9 0	0 -0.57	0 -0.89	0 -1.40	0 -2.30	0 -3.60	0 -5.7	0 -8.9	±0.285	±0.445	±0.70	±1.15	±1.80	±2.85	±4.45
400	500	+0.63 0	+0.97 0	+1.55 0	+2.50 0	+4.00 0	+6.3 0	+9.7 0	0 -0.63	0 -0.97	0 -1.55	0 -2.50	0 -4.00	0 -6.3	0 -9.7	±0.315	±0.485	±0.775	±1.25	±2.00	±3.15	±4.85
500	630	+0.70 0	+1.10 0	+1.75 0	+2.80 0	+4.4 0	+7.0 0	+11.0 0	0 -0.70	0 -1.10	0 -1.75	0 -2.8	0 -4.4	0 -7.0	0 -11.0	±0.35	±0.55	±0.875	±1.4	±2.2	±3.5	±5.5
630	800	+0.80 0	+1.25 0	+2.00 0	+3.2 0	+5.0 0	+8.0 0	+12.5 0	0 -0.80	0 -1.25	0 -2.00	0 -3.2	0 -5.0	0 -8.0	0 -12.5	±0.40	±0.625	±1.00	±1.6	±2.5	±4.0	±6.25
800	1000	+0.90 0	+1.40 0	+2.30 0	+3.60 0	+5.6 0	+9.0 0	+14.0 0	0 -0.90	0 -1.40	0 -2.30	0 -3.6	0 -5.6	0 -9.0	0 -14.0	±0.45	±0.70	±1.15	±1.8	±2.8	±4.5	±7.0
1000	1250	+1.05 0	+1.65 0	+2.60 0	+4.2 0	+6.6 0	+10.5 0	+16.5 0	0 -1.05	0 -1.65	0 -2.60	0 -4.2	0 -6.6	0 -10.5	0 -16.5	±0.525	±0.825	±1.30	±2.1	±3.3	±5.25	±8.25
1250	1600	+1.25 0	+1.95 0	+3.10 0	+5.0 0	+7.8 0	+12.5 0	+19.5 0	0 -1.25	0 -1.95	0 -3.10	0 -5.0	0 -7.8	0 -12.5	0 -19.5	±0.625	±0.975	±1.55	±2.5	±3.9	±6.25	±9.75
1600	2000	+1.50 0	+2.30 0	+3.70 0	+6.0 0	+9.2 0	+15.0 0	+23.0 0	0 -1.50	0 -2.30	0 -3.70	0 -6.0	0 -9.2	0 -15.0	0 -23.0	±0.75	±1.15	±1.80	±3.0	±4.6	±7.5	±11.5
2000	2500	+1.75 0	+2.80 0	+4.40 0	+7.0 0	+11.0 0	+17.5 0	+28.0 0	0 -1.75	0 -2.80	0 -4.40	0 -7.0	0 -11.0	0 -17.5	0 -28.0	±0.875	±1.40	±2.20	±3.5	±5.5	±8.75	±14.0
2500	3150	+2.10 0	+3.30 0	+5.40 0	+8.6 0	+13.5 0	+21.0 0	+33.0 0	0 -2.10	0 -3.30	0 -5.40	0 -8.6	0 -13.5	0 -21.0	0 -33.0	±1.05	±1.65	±2.70	±4.3	±6.75	±10.5	±16.5

注：基本尺寸小于 1*mm* 时，*H*14 至 *H*18，*h*14 至 *h* 18 和 *Js* 14（*js* 14）至 *Js* 18（*js* 18）均不采用。

三、常用热处理及表面处理

附表 11　　常用热处理及表面处理名词解释

热处理方法	解　释	应　用
退　火 (焖　火)	将钢件加热到临界温度以上 30~50 ° C，保温一段时间，然后随炉冷却	用来消除铸件内应力和组织不均匀及晶粒粗大等现象，降低钢的硬度，以利切削
正　火	将钢件加热到临界温度以上，保温一段时间，然后在空气中冷却	用来处理中、低碳钢及渗碳机件，使其组织细化，减少内应力，改善切削性能
淬　火	将钢件加热到临界温度以上，保温一段时间，然后放入淬火剂（油、水等）中急剧冷却	用来提高钢件的硬度和耐磨性，但淬火后会使钢件变脆，所以淬火后应进行回火
回　火	将淬火后的钢件加热到低于淬火的温度，保温一段时间，然后在空气或油中冷却	用来消除淬火后的脆性和内应力，提高钢的塑性和韧性
调　质	淬火后进行高温（300~700°C）回火称为调质	用来提高钢的韧性和足够的硬度，并使内部组织稳定
表面淬火 渗碳淬火 氮　化	使钢件表面具有高的硬度和耐磨性，而芯部保持原有的强度和韧性	表面淬火用于处理齿轮的轮齿；渗碳用于低碳非淬火钢；氮化用于含铬钼或铝的特种钢
镀　锌	用电解的方法在钢件表面上镀一层锌	防止钢件锈蚀
镀　铬	用电解的方法在钢件表面上镀一层铬	提高表面硬度、耐磨性和防腐蚀能力
发　蓝 (发黑)	将钢件置于氧化剂内，在 135~145°C 下进行氧化。	防止机件腐蚀
涂　油 喷　漆	在工件表面上涂一层油或喷一层漆	美观，防锈蚀

注：不同的钢号，临界温度不同，一般为 710~750°C，个别合金钢 800°C 或 900°C。

四、材料

附表 12　　常用材料简介

名称	牌号	特性及用途举例
灰铸铁	HT150	属中等强度铸铁。用于一般铸件，如机床座、端盖、皮带轮等
	HT200	属高强度铸铁。用于较重要铸件，如机座、齿轮、机床、床身、飞轮、皮带轮、齿轮箱、泵体、轴承座等
普通碳素钢	Q235-A Q275	有较高的强度和硬度，延伸率也相当大，可焊接。用于键、低速轻载齿轮、拉杆、栓、泵圈等
优质碳素钢	15	塑性、韧性、焊接性、冲压性能均极良好，但强度低，一般用于螺钉、螺母、法兰盘等
	35	不经热处理可用于中等载荷零件，如拉杆、轴，经调质处理后适用于强度及韧性要求较高的零件，如传动轴等
	45	用于强度较高的零件，通常在调质或正火后使用，用于齿轮、机床主轴、花键轴、联轴器、丝杆等
	65Mn	强度高、淬透性好，易产生淬火裂纹，用于高强度、高耐磨、高弹性零件，如各种弹簧及经受摩擦的农机零件等
铸钢	ZG230-450	用于制造机座、箱体等
	ZG310-570	用于制造联轴器、汽缸、齿轮及重负荷的机架等
铬轴承钢	GCr15	用于负荷大，要求耐磨性高的零件，如滚动轴承的环、钢球、滚柱、航空上制造活塞门、轴、键、衬套等
铬钢	2Cr13	热处理后稳定性好，耐腐蚀，用于水阀阀体、阀门、水泵轴等
铸造铝青铜	ZCuAl9Mn2	加工性、耐磨性好，用于制造电器设备零件和在 250°C 以下工作的零件
铸造铅锑轴承合金	ZChPbSb15-5	耐磨性好，用于汽油发动机轴承，各种马力压缩机的外伸轴承，功率 100~250 千瓦的电动机、球磨机等
普通黄铜	H62	铜锌合金，用于制造散热器、垫圈、弹簧、各种网、螺钉等
铸造铝硅合金	ZL102	铸造性好，耐腐蚀，常用作压铸件、仪表壳等
	ZL104	用于高负荷的飞机发动机零件，如传动机匣、汽缸头等
铸造铝铜合金	ZL203	热强性好，铸造性差，抗蚀性低，用于在高温下工作，要求较高塑性的零件，中等负荷，形状简单的零件
油浸石棉盘根	YS450	用于回转轴、往复活塞或阀体上的密封材料
尼龙 66 尼龙 1010		运动噪音小，用作传动零件，如齿轮等
软钢板纸		用作密封垫片
耐油橡胶板	3001 3002	用作密封件，如垫片等

五、螺　纹

附表 13　　　　普通螺纹的基本尺寸（摘自 GB196-81）

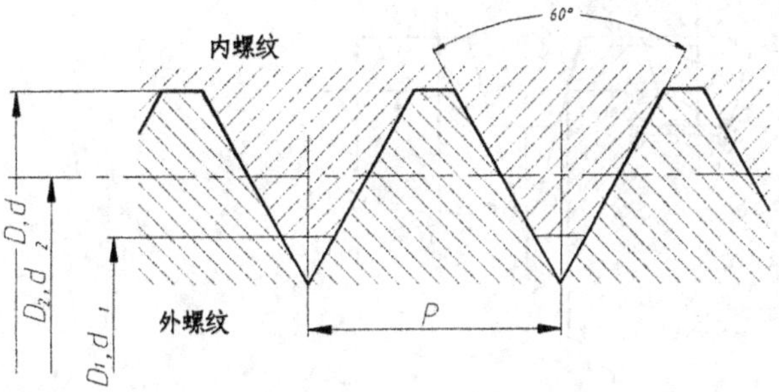

标记示例：

粗牙螺纹,直径 10mm,螺距 1.5mm,公差带代号 5g6g;M10-5g6g 。

细牙螺纹，直径 10mm，螺距 1mm,公差带代号 6H;M10×1-6H 。

单位：mm

公称直径 D 或 d	螺距 P		中径 D_2 或 d_2	小径 D_1 或 d_1	公称直径 D 或 d	螺距 P		中径 D_2 或 d_2	小径 D_1 或 d_1
	粗牙	细牙				粗牙	细牙		
3	0.5		2.675	2.495	16		(0.75)	15.513	15.188
		0.35	2.773	2.621			(0.5)	15.670	15.495
4	0.7		3.545	3.424	20	2.5		18.376	17.294
		0.5	3.675	3.459			2	18.701	17.835
5	0.8		4.480	4.134			1.5	19.026	18.376
		0.5	4.675	4.459			1	19.350	18.917
6	1		5.350	4.917			(0.75)	19.513	19.188
		0.75	5.513	5.188			(0.5)	19.675	19.495
		(0.5)	5.675	5.459	24	3		22.051	20.752
8	1.25		7.188	6.647			2	22.701	21.835
		1	7.350	6.917			1.5	23.026	22.376
		0.75	7.513	7.189			1	23.350	22.917
		(0.5)	7.675	7.458			(0.75)	23.513	23.188
10	1.5		9.026	8.376	30	3.5		27.727	26.211
		1.25	9.188	8.674			(3)	28.051	26.752
		1	9.350	8.917			2	28.701	27.835
		0.75	9.513	9.188			1.5	29.026	28.376
		(0.5)	9.675	9.459			1	29.350	28.917
12	1.75		10.863	10.106			(0.75)	29.513	29.188
		1.5	11.026	10.376	36	4		33.402	31.670
		1.25	11.188	10.647			3	34.051	32.752
		1	11.350	10.917			2	34.710	33.835
		(0.75)	11.513	11.188			1.5	35.026	34.376
		(0.5)	11.675	11.459			(1)	35.350	34.917
16	2		14.701	13.835	以下略				
		1.5	15.026	14.376					
		1	15.350	14.917					

注：1.表中仅选第一系列其中一部分。

2.括号内螺距尽可能不用。

附表 14　　梯形螺纹基本尺寸（摘自 GB5796.3-86）

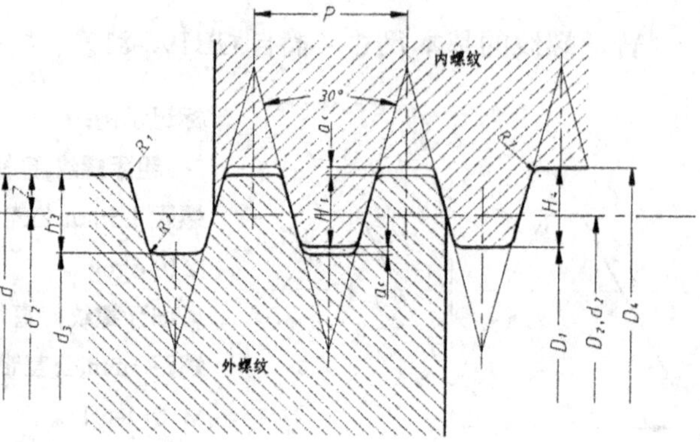

标记示例:

梯形螺纹，公称直径 16mm，螺距 4mm，右旋，中径公差带代号 8H，Tr16×4-8H。

梯形螺纹，公称直径 16mm，螺距 4mm，双线，左旋，中径公差带代号 8H，Tr16 ×8(P4)LH—8H 。

单位：mm

公称直径 d (第一系列)	螺距 P	中径 $d_2=D_2$	人径 D_4	小径		公称直径 d (第一系列)	螺距 P	中径 $d_2=D_2$	人径 D_4	小径	
				d_3	D_1					d_3	D_1
8	1.5	7.25	8.30	6.20	6.50	28	3	26.50	28.50	24.50	25.00
10	1.5	9.25	10.30	8.20	8.50		5	25.50	28.50	22.50	23.00
	2	9.00	10.50	7.50	8.00		8	24.00	29.00	19.00	20.00
12	2	11.00	12.50	9.50	10.00	32	3	30.50	32.50	28.50	29.00
	3	10.50	12.50	8.50	9.00		6	29.00	33.00	25.00	26.00
16	2	15.00	16.50	13.50	14.00		10	27.00	33.00	21.00	22.00
	4	14.00	16.50	11.50	12.00	36	3	34.50	36.50	32.50	33.00
20	2	19.00	20.50	17.50	18.00		6	33.00	37.00	29.00	30.00
	4	18.00	20.50	15.50	16.00		10	31.00	37.00	25.00	26.00
24	3	22.50	24.50	20.50	21.00	40	3	38.50	40.50	36.50	37.00
	5	21.50	24.50	18.50	19.00		7	36.50	41.00	32.00	33.00
	8	20.00	25.00	15.00	16.00		10	35.00	41.00	29.00	30.00

注：1.第二系列未列入。

2.优先采用第一系列。

附表 15 圆柱管螺纹(非螺纹密封的管螺纹) / 圆锥管螺纹(用螺纹密封的管螺纹) 基本尺寸(摘自 GB7307 / GB706-87)

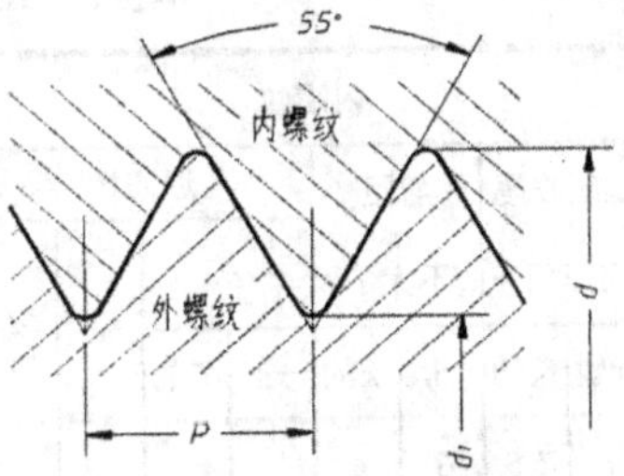

标记示例：

G $\frac{1}{2}$ (非螺纹密封的圆柱管螺纹)

Rc1 $\frac{1}{2}$ (圆锥内螺纹)

R1 $\frac{1}{2}$ -LH (圆锥外螺纹,左旋)

公称直径(英寸)	每英寸牙数	螺距	圆柱管螺纹的/圆锥管螺纹基面上的 基本直径			圆锥管螺纹	
			大径	中径	小径	基准长度	有效螺纹长度不小于
	n	P	$d=D$	$d_2=D_2$	$d_1=D_1$	L_1	L_2
1/4	19	1.337	13.157	12.301	11.445	6.0	9.7
3/8			16.662	15.806	14.950	6.4	10.1
1/2	14	1.814	20.955	19.793	18.631	8.2	13.2
3/4			26.441	25.279	24.117	9.5	14.5
1	11	2.309	33.249	31.770	30.291	10.4	16.8
1 $\frac{1}{4}$			41.910	40.431	38.952	12.7	19.1
1 $\frac{1}{2}$			47.803	46.324	44.845	12.7	19.1
2			59.614	58.135	56.656	15.9	23.4
2 $\frac{1}{2}$			75.184	73.705	72.226	17.5	26.7
2			87.884	86.405	84.926	20.6	29.8

注： 1. 圆锥管螺纹的锥度为 1:16。

2. 圆锥管螺纹的基面指垂直于螺纹轴线、具有基准直径的平面。对内螺纹是大端平面；对外螺纹是小端的距离等于基准长度 的平面，如下图所示。

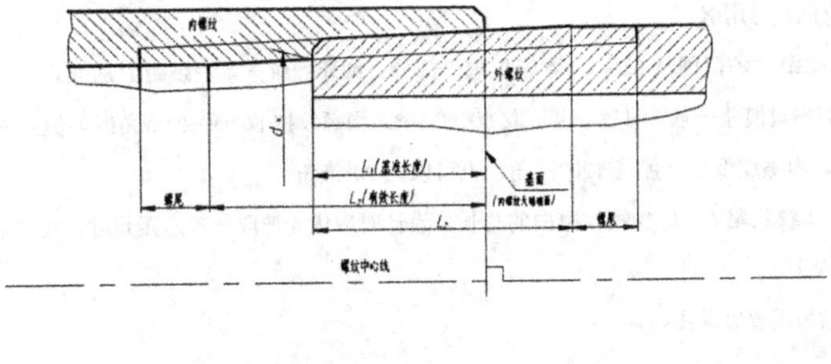

圆锥管螺纹的基面

附表 16 普通螺纹的螺纹收尾、肩距、退刀槽、倒角（摘自 GB3-97）

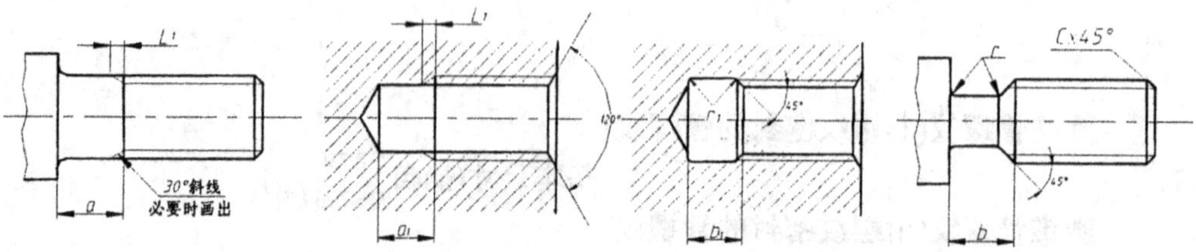

单位：mm

螺距 P	粗牙螺纹大径 d(D)	外螺纹 螺纹收尾 L* (不大于) 一般	短的	肩距 a (不大于) 一般	长的	短的	退刀槽 b 一般	窄的	r≈	d_3	倒角 c	内螺纹 螺纹收尾 L_1 (不大于) 一般	长的	肩距 a_1 (不大于) 一般	长的	退刀槽 b_1 一般	窄的	r_1≈	d_4
0.5	3	1.25	0.7	1.5	2	1	1.5	1	0.5P	d-0.8	0.5	1	1.5	3	4	2	1.5	0.5P	d+0.3
0.6	3.5	1.5	0.75	1.8	2.4	1.2	1.8			d-1		1.2	1.8	3.2	4.8				
0.7	4	1.75	0.9	2.1	2.8	1.4	2.1			d-1.1	0.6	1.4	2.1	3.5	5.6	3			
0.75	4.5	1.9	1	2.25	3	1.5	2.25			d-1.2		1.5	2.3	3.8	6		2		
0.8	5	2		2.4	3.2	1.6	2.4			d-1.3	0.8	1.6	2.4	4	6.4				
1	6；7	2.5	1.25	3	4	2	3	1.5		d-1.6	1	2	3	5	8	4	2.5		d+0.5
1.25	8	3.2	1.6	4	5	2.5	3.75			d-2	1.2	2.5	3.8	6	10	5	3		
1.5	10	3.8	1.9	4.5	6	3	4.5	2.5		d-2.3	1.5	3	4.5	7	12	6	4		
1.75	12	4.3	2.2	5.3	7	3.5	5.25			d-2.6	2	3.5	5.2	9	14	7			
2	14；16	5	2.5	6	8	4	6	3.5		d-3		4	6	10	16	8	5		
2.5	18；20；22	6.3	3.2	7.5	10	5	7.5			d-3.6	2.5	5	7.5	12	18	10	6		
3	24；27	7.5	3.8	9	12	6	9	4.5		d-4.4		6	9	14	22	12	7		
3.5	30；33	9	4.5	10.5	14	7	10.5			d-5	3	7	10.5	16	24	14	8		
4	36；39	10	5	12	16	8	12	5.5		d-5.7		8	12	18	26	16	9		

*GB5276-85 规定螺纹收尾代号用 X。

注：1.GB3-79 所规定的螺距 P 的范围从 0.2~6，本表仅选一部分。细牙螺纹按本表螺距 P 选取。

2.外螺纹倒角和退刀槽过渡角一般为 45°，也可取 60°或 30°。当螺纹按 60°或 30°倒角时，倒角深度约等于螺纹深度。内螺纹倒角一般是 120°锥角，也可以是 90°锥角。

3.肩距 a、a_1 分别是螺纹收尾 L、L_1 加螺纹空白的总长。设计时应优先选取一般肩距尺寸，短的肩距只在结构需要时采用。

4.窄的退刀槽只在结构需要时采用。

附表 17　　　　　　　　　　**通孔和沉孔**

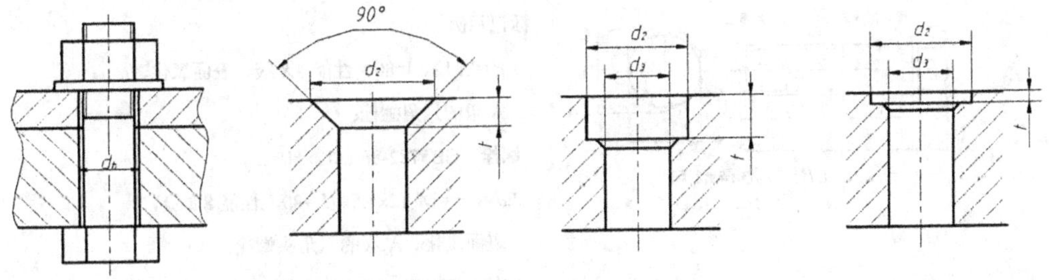

单位：mm

螺纹规格	通孔 d_h			沉孔							
	装配精度			沉头、半沉头螺钉用		开槽圆柱头螺钉用			六角头螺栓、螺母用		
d	精	中等	粗	d_2	$t\approx$	d_2	d_3	t	d_2	d_3	t
M 3	3.2	3.4	3.6	6.4	1.6	—		—	9		
M 4	4.3	4.5	4.8	9.6	2.7	8		3.2	10		
M 5	5.3	5.5	5.8	10.6	2.7	10		4	11		
M 6	6.4	6.6	7	12.8	3.3	11	—	4.7	13	—	
M 8	8.4	9	10	17.6	4.6	15		6	18		不作限制
M 10	10.5	11	12	20.3	5	18		7	22		
M 12	13	13.5	14.5	24.4	6	20	16	8	26	16	
M 16	17	17.5	18.5	32.4	7	26	20	10.5	33	20	
M 20	21	22	24	40.4	10	33	24	12.5	40	24	
M 24	25	26	28				—		48	28	

注：1. 通孔 d_h 也适用于螺柱。

2. 设计时 d_h 尺寸应优先选用中等装配精度。

3. 圆柱头用沉孔还有适用于内六方圆柱头螺钉的尺寸；沉头用沉孔还包括沉头自攻螺钉用及木螺钉用尺寸，本表均未选入。

六、螺纹紧固件

附表 18　　　　　　螺　　　栓

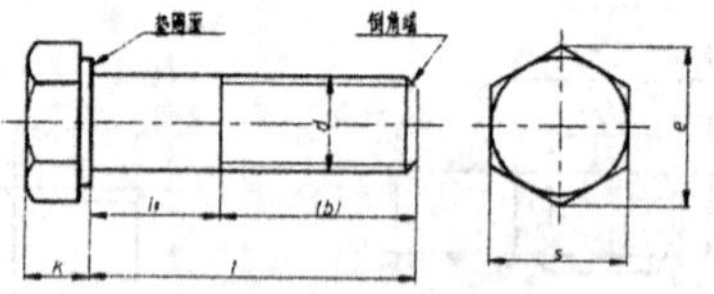

GB5782、GB5785粗牙与细牙螺栓

标记示例：

1.d =M 12、l=80、性能 8.8 级、表面氧化、A 级的六角螺栓：

螺栓　GB5782-86-M12×80

2.$d\times p$ =M 12×1.5、l =80、性能 8.8 级、表面氧化、A 级的六角头螺栓:

螺栓　GB5785-M12×1.5×80

单位：mm

螺纹规格		e_{min}		K	S	b (参考)		l	
粗牙 d	细牙 d×p	A	B			L≤12.5	12.5<l≤200	GB5782	GB5785
M 5	—	8.79	8.63	3.5	8	16	—	20~50	—
M 6	—	11.05	10.89	4	10	18		30~60	—
M 8	M8×1	14.38	14.20	5.3	13	22	28	35~80	
M 10	M10×1	17.77	17.59	6.4	16	26	32	40~100	
M 12	M12×1.5	20.03	19.85	7.5	18	30	36	45~120	
M 16	M16×1.5	26.75	26.17	10	24	38	44	55~160	
M 20	M20×2	33.53	32.95	12.5	30	46	52	65~200	
M 24	M24×2	39.98	39.55	15	36	54	60	80~240	
长度系列 l	10、12、16、20、25、30、35、40、45、50、(55)、60、(65)、70、80、90、100、110、120、130、140、150、160、180、200								

注：1. 尽可能不采用括号内的 l 值。

2. 标准杆 d_s≈螺纹大径，细杆 d_s≈螺纹中径。

3. b 参考值，当 d≤M 4、且 l>200 时，有另一组值，表中未列出。

附表 19　　　　　　　　螺　柱（摘自 GB897~900-88）

双头螺柱 b_m=1d（GB897-88）　　双头螺柱 b_m=1.25d（GB898-88）

双头螺柱 b_m=1.5d（GB899-88）　　双头螺柱 b_m=2d（GB900-88）

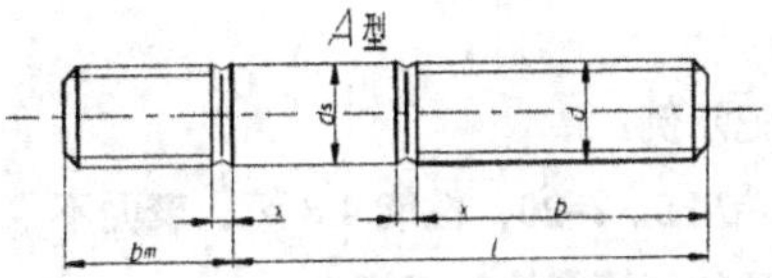

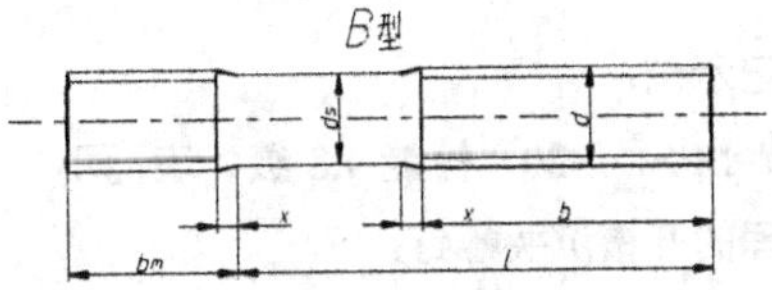

1. 两端均为粗牙普通螺纹，d = M 10、l =50、性能 4.8 级、表面不处理、B 型、b_m=1d 的双头螺柱:

   螺柱　GB897-88-M 10×50

2. 旋入机体端为粗牙普通螺纹、旋螺母端为 P=1 的细牙螺纹，d = M 10、l =50、性能 4.8 级、表面不处理、A 型、b_m=1.25d 的双头螺柱:

   螺柱　GB898-88-AM 10-M 10×l×50

单位：mm

螺纹规格 d	b_m（包括螺尾）				l/b（不包括螺尾）
	1d	1.25d	1.5d	2d	
M 5	5	6	8	10	16~22/10、25~50/16
M 6	6	8	10	12	22~20/10、25~30/14、32~75/18
M 8	8	10	12	16	20~22/12、25~30/16、32~90/22
M 10	10	12	15	20	25~28/14、30~38/16、40~120/26
M 12	12	15	18	24	25~30/16、32~40/20、45~120/30
M 16	16	20	24	32	30~38/20、40~55/30、60~120/38
M 20	20	25	30	40	35~40/25、45~65/35、80~120/54
M 24	24	30	36	48	
长度系列 l	16、(18)、20、(22)、25、28、30、(32)、35、(38)、40、45、50、(55)、60、(65)、70、(75)、80、(85)、90、(95)、100、110、120				

注：1. 全部产品等级均为 B 级。当 b-b_m≤5mm 时，旋螺母一端应制成倒圆端。

2. 允许采用细牙螺纹和过渡配合螺纹。

3. A 型 d_s≈螺纹大径，B 型 d_s≈螺纹中径。

4. 尽可能不采用括号内的 l 值。

附表 20　　　　　　开槽圆柱头螺钉　(摘自 GB65-85)

开槽沉头螺钉　　(摘自 GB68-85)

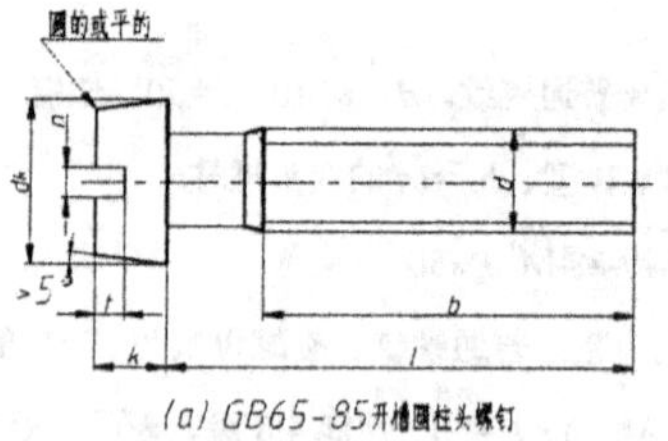

(a) GB65-85开槽圆柱头螺钉

标记示例：

d=M 5、l=20、性能 4.8 级、表面不处理的开槽圆柱头螺钉：

螺钉　GB65-85-M 5×20

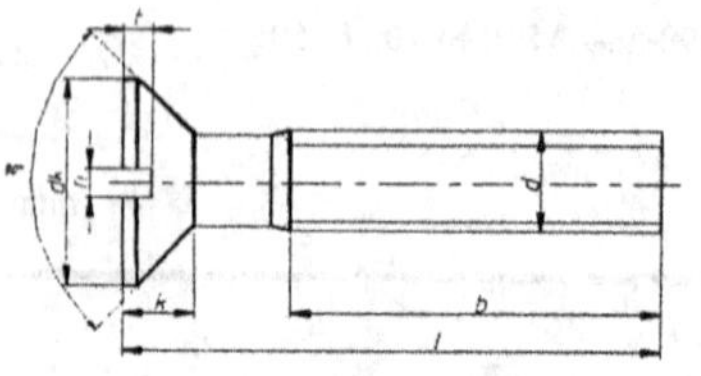

(b) GB65-85开槽沉头螺钉

标记示例：

d=M 5、l=20、性能 4.8 级、表面不处理的开槽沉头螺钉：

螺钉　GB68-85-M 5×20

单位：mm

螺纹规格 d	d_{kmax}		k_{max}		t_{min}		n		b_{min}	l
	GB65	GB68	GB65	GB68	GB65	GB68	GB65	GB68		
M 3	—	6.3	—	1.65	—	0.6	—	0.8	25	4~30
M 4	7	9.4	2.6	2.7	1.1	1	1.2	1.2	38	5~40
M 5	8.5	10.4	3.3	2.7	1.3	1.1	1.2	1.2		6~50
M 6	10	12.6	3.9	3.3	1.6	1.2	1.6	1.6		8~60
M 8	13	17.3	5	4.6	2	1.8	2	2		10~60
M 10	16	20	6	5	2.4	2	2.5	2.5		12~60
长度系列 l	4.5、6.8、10、12、(14)、16、20、25、30、35、40、45、50、(55)、60、(65)、70、(75)、80									

注：1. GB68-85 规定 d 从 M 1.6~M 10，当 l≤45 时制成全螺纹。

2. GB65-85 规定 d 从 M 4~M 10，当 l≤40 时制成全螺纹。

3. 无螺纹部分杆径 d_s≈中径或 d_s≈大径均可。

4. 尽可能不采用括号内的 l 值。

附表 21　　紧定螺钉

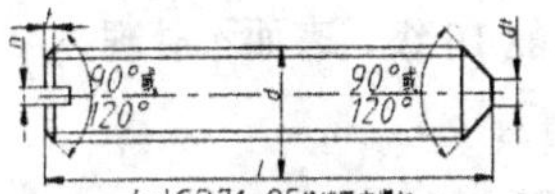

(a)GB71-85锥端紧定螺钉

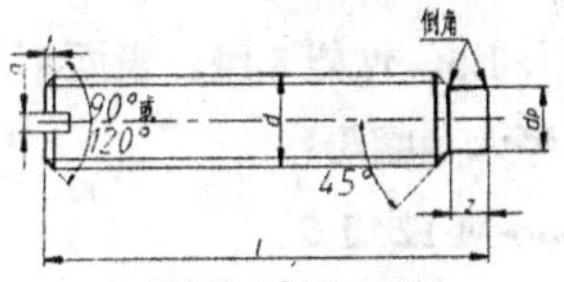

(b)GB75-85长圆柱端紧定螺钉

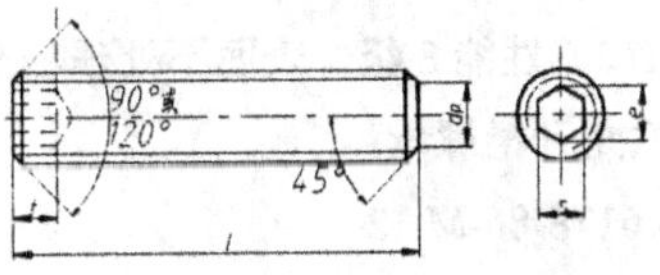

(c)GB77-85内六角平端紧定螺钉

标记示例:

d = M 5、l = 12、性能 14H 级、表面氧化的开槽锥端紧定螺钉：

螺钉　G B 71-85-M 5×12

标记示例:

d = M 5、l = 12、性能 14H 级、表面氧化的开槽长圆柱端紧定螺钉：

螺钉　GB 75-85-M 5×12

标记示例:

d = M 6、l = 12、性能 33H 级、表面氧化的内六角平端紧定螺钉：

螺钉　GB 77-85-M 6×12

单位：mm

螺纹规格 d	GB71、GB75		锥端 GB71		长圆柱端 GB75		内六角平端紧定螺钉 GB77			
	t_{min}	n	d_{tmax}	l		z_{min}	d_{pmax}	e_{min}	s	l
M 3	0.8	0.4	0.3	4~16	5~16	1.5	2	1.73	1.5	2~16
M 4	1.12	0.6	0.4	6~20		2	2.5	2.2	2	2.5~70
M 5	1.28	0.8	0.5	8~25		2.5	3.5	2.87	2.5	3~25
M 6	1.6	1	1.5	8~30		3	4	3.44	3	4~30
M 8	2	1.2	2	10~50		4	5.5	4.58	4	5~40
M 10	2.4	1.6	2.5	12~50		5	7	5.72	5	6~50
M 12	2.8	2	3	14~60		6	8.5	6.86	6	8~60
M 16	—						12	9.15	8	10~60
M 20							15	11.43	10	12~60
长度系列 l	2、2.5、3、4、5、6、8、10、12、(14)、16、20、25、30、35、40、45、50、(55)、60									

注：1. GB71-85 规定 d 从 M 1.2~M 12，GB75~85 规定 d 从 M 1.6~M 12，GB77~85 规定 d 从 M 1.6~M 24，三种紧定螺钉全部都是商品规格。

2. 三种紧定螺钉产品等级均为 A 级。

3. 尽可能不采用括号内的 l 值。

附表 22　　　　　　　　螺　　母

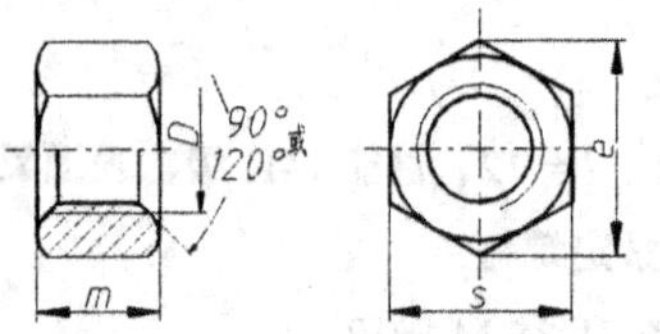

(a)GB6170、GB6171、GB6175 1型和2型六角螺母

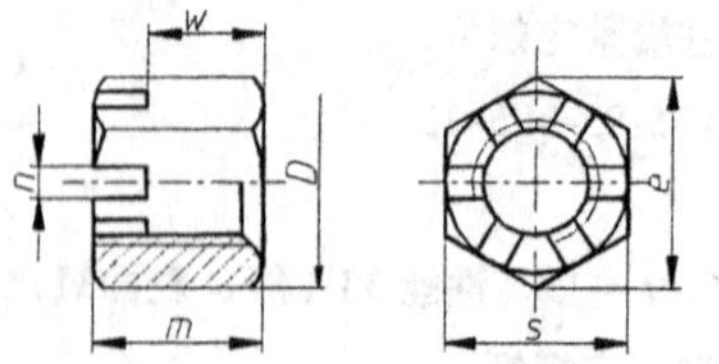

(b)GB6178六角开槽螺母

标记示例：

1. D = M 12、性能 10 级、表面不处理、A 级的 1 型六角螺母：

螺母　GB 6170-86-M 12

2. $D \times P$ =M 12 × 1.5、性能 8 级、表面不处理、A 级的 1 型六角螺母：

螺母　GB 6171-86-M 12 × 1.5

标记示例：

D = M12、性能 8 级、表面不处理、A 级的 1 型六角开槽螺母：

螺母　GB 6178-86-M 12

单位：mm

螺纹规格		GB6170、GB6171 GB6175、GB6178		GB6170、GB6171	GB6175	六角开槽螺母 GB6178		
粗牙	细牙			1 型	2 型			
D	$D \times P$	e_{min}	S_{max}	m_{max}		m_{max}	n	w_{max}
M5	—	8.79	8	4.7	5.1	6.7	1.4	4.7
M6		11.05	10	5.2	5.7	7.7	2	5.2
M8	M8×1	14.38	13	6.8	7.5	9.8	2.5	6.8
M10	M10×1	17.77	16	8.4	9.3	12.4	2.8	8.4
M12	M12×1.5	20.03	18	10.8	12	15.8	3.5	10.8
M16	M16×1.5	26.75	24	14.8	16.4	20.8	4.5	14.8
M20	M20×2	32.95	30	18	20.3	24	4.5	18
M24	M24×2	39.55	36	21.5	23.9	29.5	4.5	21.5

注：1. GB 6170 规定 D 从 M 1.6 到 M 64，其中 M 1.6～M 36 为商品规格，M 42 以上为通用规格，另有尽量不用规格如 M 14、M 18、M 22、M 27 等。

2. GB 6171 规定 $D \times P$ 从 M 8×1 到 M 64×4，其中 M 8×1～M 36×3 为商品规格，M 42×3 以上为通用规格，另有 M 14×1.5、M 18×1.5 等多种尽量不用规格；

3. GB 6175 规定 D 从 M 5～M 36，除 M 14 以外全部商品为商品规格。

4. GB 6178 规定 D 从 M 4～M 36，除 M 14 以外全部商品为商品规格；当 $D \geqslant 20$ 时，允许制成六棱柱上带圆柱形的六角皇冠螺母。

附表 23　　　　垫　　圈

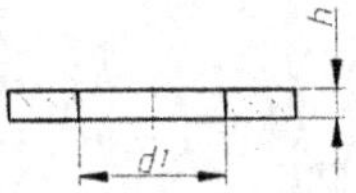

(a)GB97.1 平垫圈

标记示例:

d＝8、性能 140HV 级、表面不处理的平垫圈

垫圈　GB 97.1-85-8-140HV

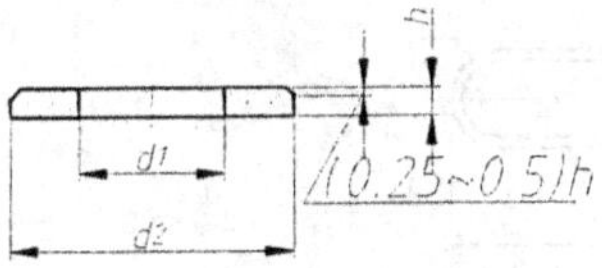

(b)GB97.2 倒角型平垫圈

标记示例:

d＝8、性能 140HV 级、表面不处理的平垫圈

垫圈　GB 97.2-85-8-140HV

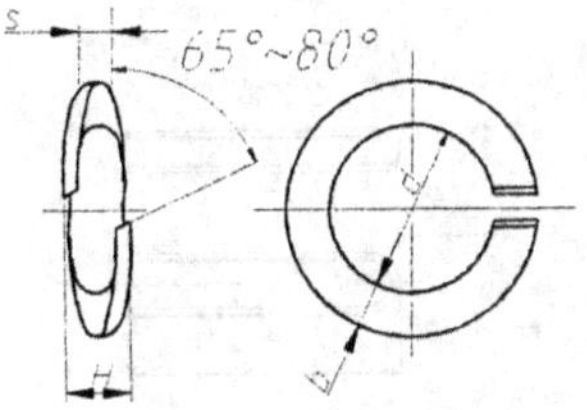

(c)GB93、GB859 弹簧垫圈

标记示例：

1. 规格 16、材料 65M n、表面氧化的标准型弹簧垫圈：

垫圈　GB 93-87-16

2. 规格 16、材料 65M n、表面氧化的轻型弹簧垫圈：

垫圈　GB 859-81-16

单位：mm

公称尺寸（螺纹规格）(*d*)	平垫圈 GB 97.1.2			弹簧垫圈					
	内径	外径	厚度	内径	标准型 *GB* 93		轻型 *GB* 859		
	d_1	d_2	h	d_{min}	$S(b)$	H_{max}	S	b	H_{max}
5	5.3	10	1	5.1	1.3	3.25	1.1	1.5	2.75
6	6.4	12	1.6	6.1	1.6	4	1.3	2	3.25
8	8.4	16	1.6	8.1	2.1	5.25	1.6	2.5	4
10	10.5	20	2	10.2	2.6	6.5	2	3	5
12	13	24	2.5	12.2	3.1	7.75	2.5	3.5	6.25
14	15	28	2.5	(14.2)	(3.6)	(9)	(3)	(4)	(7.5)
16	17	30	3	16.2	4.1	10.25	3.2	4.5	8
20	21	37	3	20.2	5	12.5	4	5.5	10
24	25	44	4	24.5	6	15	5	7	12.5

注：1. GB 97.1-85 规格为 1.6～36；GB 97.2-85 规格为 5～36。两种平垫圈全部是商品规格。

2.GB 93-87 规格为 2～48；GB 859～87 规格为 3～30，除部分尽量不用规格如 14、18…等以外，都是商品规格。

3. 括号内是尽量不采用规格。

七、键联结、销连接

附表 24　普通平键尺寸（摘自 GB1096-79）和键槽尺寸（摘自 GB1095-79）

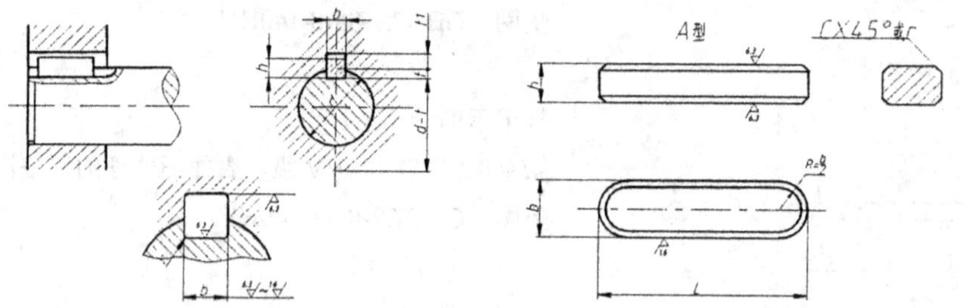

标记示例：

圆头普通平键（A 键），b=18mm,h=11mm,
L=100mm: 键 18×100　GB1096-79

方头普通平键（B 键），b=18mm,h=11mm,
L=100mm: 键 B 18×100　GB1096-79

单圆头普通平键（C 键），b=18mm,h=11mm,
L=100mm: 键 C 18×100　GB1096-79

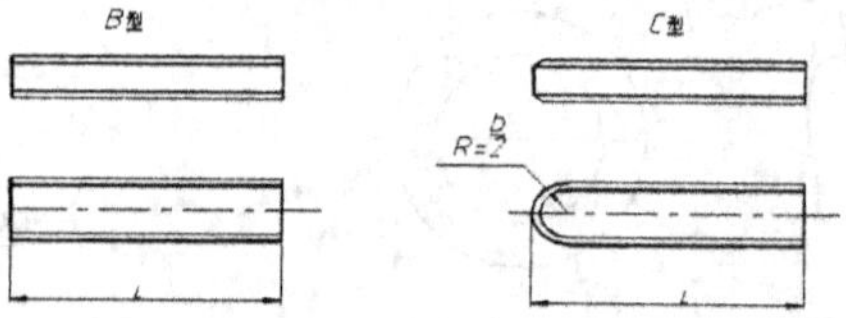

轴	键			键槽				
公称直径 d	公称尺寸 $b\times h$	长度（L）范围	c 或 r	宽度 b	深度		半径 r	
					轴 t	毂 t_1	最小	最人
自 6~8	2×2	6~20	0.16~0.25	2	1.2	1.0	0.08	0.16
>8~10	3×3	6~36		3	1.8	1.4		
>10~12	4×4	8~45		4	2.5	1.8		
>12~17	5×5	10~56	0.25~0.40	5	3.0	2.3	0.16	0.25
>17~22	6×6	14~70		6	3.5	2.8		
>22~30	8×7	18~90		8	4.0	3.3		
>30~38	10×8	22~110	0.40~0.60	10	5.0		0.25	0.40
>38~44	12×8	28~140		12				
>44~50	14×9	36~160		14	5.5	3.8		
>50~58	16×10	45~180		16	6.0	4.3		
>58~65	18×11	50~200		18	7.0	4.4		
>65~75	20×12	56~220	0.60~0.80	20	7.5	4.9	0.40	0.60
>75~85	22×14	63~250		22	9.0	5.4		
>85~95	25×14	70~280		25				
>95~110	28×16	80~320		28	10.0	6.4		
长度(L)系列	6、8、10、12、14、16、18、20、22、25、28、32、36、40、45、50、56、63、70、80、100、110、125、140、160、180、200、220、250、280、320							

注：1. 本标准公称直径 d 的范围从 6~500，长度 L 范围从 6~500，本表仅选一部分。

2.在工作图中，轴槽深用 t 或(d-t)标注，轮毂槽深用(d+t_1)标注。

附表25 半圆键尺寸（摘自GB1099-79）和键槽尺寸（摘自GB1098-79）

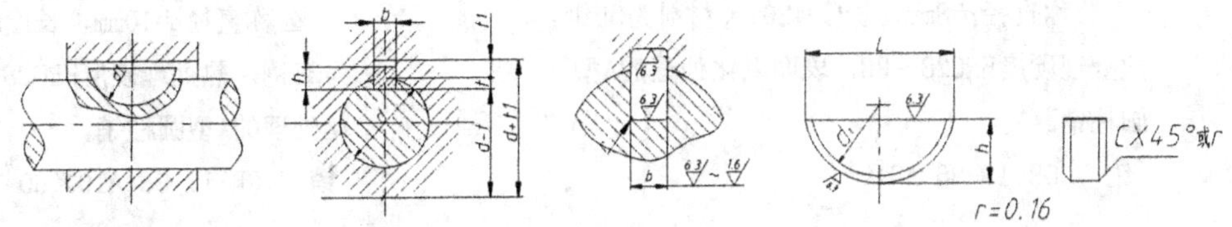

标记示例：

半圆键b=6mm，h=10mm，d1=25mm，L=24.5mm

键 6×25 GB1099-79

轴径 d		键				键槽				
键传递扭矩	键定位用	公称尺寸 $b\times h\times d_1$	$L\approx$	C 最小	C 最大	宽度 b	深度 轴 t	深度 毂 t_1	半径 r 最小	半径 r 最大
>5~6	>6~8	2×2.6×7	6.8	0.16	0.25	2	1.8	1	0.08	0.16
>6~7	>8~10	2×3.7×10	9.7				2.9			
>7~8	>10~12	2.5×3.7×10				2.5	2.7	1.2		
>8~10	>12~15	3×5×13	12.7			3	3.8	1.4		
>10~12	>15~18	3×6.5×16	15.7				5.3		0.16	0.25
>12~14	>18~20	4×6.5×16		0.25	0.40	4	5.0	1.8		
>14~16	>20~22	4×7.5×19	18.6				6			
>16~18	>22~25	5×6.5×16	15.7			5	4.5	2.3		
>18~20	>25~28	5×7.5×19	18.6				5.5			
>20~22	>28~32	5×9×22	21.6				7			
>22~25	>32~36	6×9×22				6	6.5	2.8		
>25~28	>36~40	6×10×25	24.5				7.5		0.25	0.40
>28~32	40	8×11×28	27.4	0.40	0.60	8	8	3.3		
>32~38	—	10×13×32	31.4			10	10			

注：1. 本标准公称直径用作传递扭矩时 d 从3~38，用作定位时，d 从3~40，本表仅选 一部分。

2. 在工作图中，轴槽深用 t 或(d-t)标注，轮毂槽深用($d+t_1$)标注。

附表 26　　圆柱销（摘自 GB119-86）和圆锥销（摘自 GB117-86）

标记示例：

公称直径d=8mm，长度l=30mm，材料为35钢，热处理硬度HRC28～38，表面氧化处理的A型圆柱销。

销　GB119-86 A8×30

标记示例：

公称直径d=10mm，长度l=30mm，材料为35钢，热处理硬度HRC28～38，表面氧化处理的A型圆柱销。

销　GB117-86 A10×60

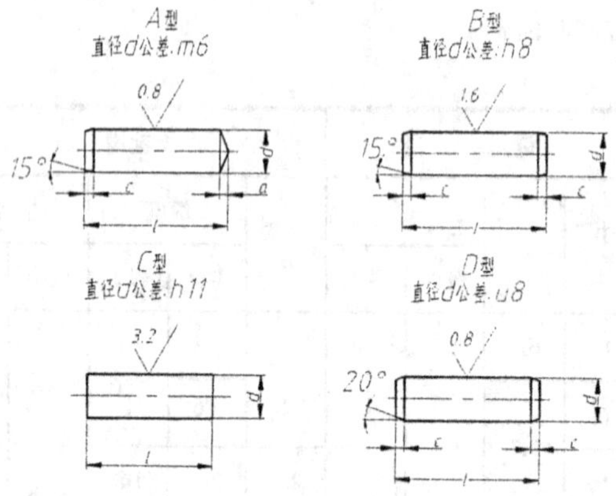

圆柱销

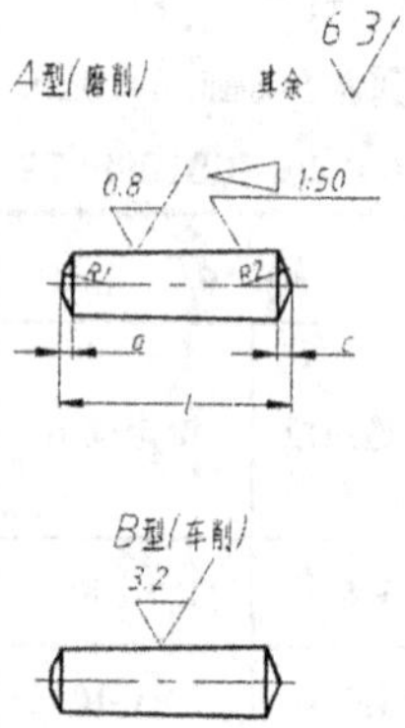

圆锥销

直径	倒角	圆角	长度（l）范围	
d	c	a	圆柱销	圆锥销
3	0.5	0.4	8~30	12~45
4	0.63	0.5	8~40	14~55
5	0.8	0.63	10~50	18~60
6	1.2	0.8	12~60	22~90
8	1.6	1	14~80	22~120
10	2	1.2	18~95	26~160
12	2.5	1.6	22~140	32~180
16	3	2	26~180	40~200
20	3.5	2.5	35~200	45~200
25	4	3	50~200	50~200
30	5	4	60~200	55~200
长度（l）系列	6、8、10、12、14、16、18、20、22、24、26、28、30、32、35、40、45、50、55、60、65、70、75、80、85、90、95、100、120、140、160、180、200			

注：1. 圆柱销是圆锥销公称直径 d 从 0.6~50、长度 7 从 2~200，本表仅选一部分。

2. 直径和长度除公称以外还有最大和最小。

附表 27　　深沟球轴承　（GB / T 276—94）(60000 型)

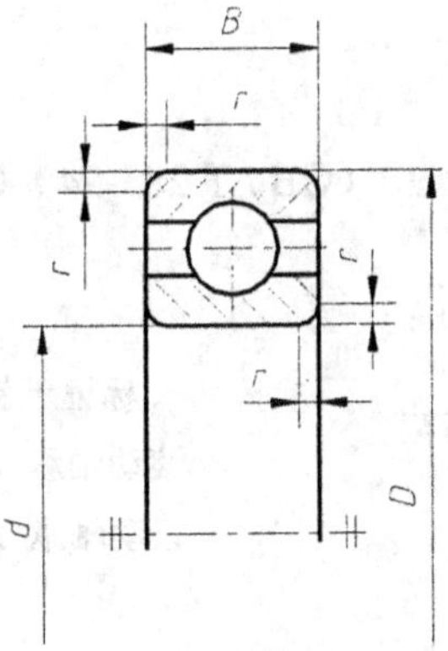

标记示例：

滚动轴承 6010　GB / T276-94

滚动轴承 6208　GB / T276-94

单位：mm

轴承代号	外形尺寸					轴承代号	外形尺寸				
	d	D	B	$r_{s\min}$	$r_{1s\min}$		d	D	B	$r_{s\min}$	$r_{1s\min}$
6000	10	26	8	0.3	-	6200	10	30	9	0.6	0.5
6001	12	28	8	0.3	-	6201	12	32	10	0.6	0.5
6002	15	32	9	0.3	0.3	6202	15	35	11	0.6	0.5
6003	17	35	10	0.3	0.3	6203	17	40	12	0.6	0.5
6004	20	42	12	0.6	0.5	6204	20	47	14	1	0.5
6005	25	47	12	0.6	0.5	6205	25	52	15	1	0.5
6006	30	55	13	1	0.5	6206	30	62	16	1	0.5
6007	35	62	14	1	0.5	6207	35	72	17	1.1	0.5
6008	40	68	15	1	0.5	6208	40	80	18	1.1	0.5
6009	45	75	16	1	0.5	6209	45	85	19	1.1	0.5
6010	50	80	16	1	0.5	6210	50	90	20	1.1	0.5
6011	55	90	18	1.1	0.5	6211	55	100	21	1.5	0.5
6012	60	95	18	1.1	0.5	6212	60	110	22	1.5	0.5
6013	65	100	18	1.1	0.5	6213	65	120	23	1.5	0.5
6014	70	110	20	1.1	0.5	6214	70	125	24	1.5	0.5
6015	75	115	20	1.1	0.5	6215	75	130	25	1.5	0.5
6016	80	125	22	1.1	0.5	6216	80	140	26	2	0.5
6017	85	130	22	1.1	0.5	6217	85	150	28	2	0.5
6018	90	140	24	1.5	0.5	6218	90	160	30	2	0.5
6019	95	145	24	1.5	0.5	6219	95	170	32	2.1	0.5
6020	100	150	24	1.5	0.5	6220	100	180	34	2.1	0.5

附表 28　　圆柱滚子轴承（外圈无挡边）（GB / T 283-94）（N 型）

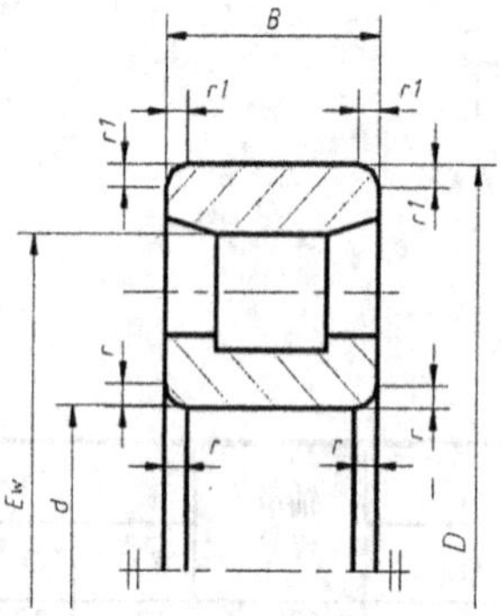

标记示例：

滚动轴承 N206E　GB / T 283-94

滚动轴承 Nu310E　GB / T 283-94

单位：mm

轴承代号		外形尺寸					
N 型	Nu 型	d	D	B	E_w	r_{smin}	r_{1smin}
N 202E	N u202E	15	35	11	30.3	0.6	0.3
N 203E	N u203E	17	40	12	35.1	0.6	0.3
N 204E	N u204E	20	47	14	41.5	1	0.6
N 205E	N u205E	25	52	15	46.5	1	0.6
N 206E	N u206E	30	62	16	55.5	1	0.6
N 207E	N u207E	35	72	17	64	1.1	0.6
N 208E	N u208E	40	80	18	71.5	1.1	1.1
N 209E	N u209E	45	85	19	76.5	1.1	1.1
N 210E	N u210E	50	90	20	81.5	1.1	1.1
N 304E	N u304E	20	52	15	45.4	1.1	0.6
N 305E	N u305E	25	62	17	54	1.1	1.1
N 306E	N u306E	30	72	19	62.5	1.1	1.1
N 307E	N u307E	35	80	21	70.2	1.5	1.1
N 308E	N u308E	40	90	23	80	1.5	1.5
N 309E	N u309E	45	100	25	88.5	1.5	1.5
N 310E	N u310E	50	110	27	97	2	2
N 311E	N u311E	55	120	29	106.5	2	2
N 312E	N u312E	60	130	31	115	2.1	2.1

附表 29　　圆锥滚子轴承（GB/T 297-94）(30000 型)

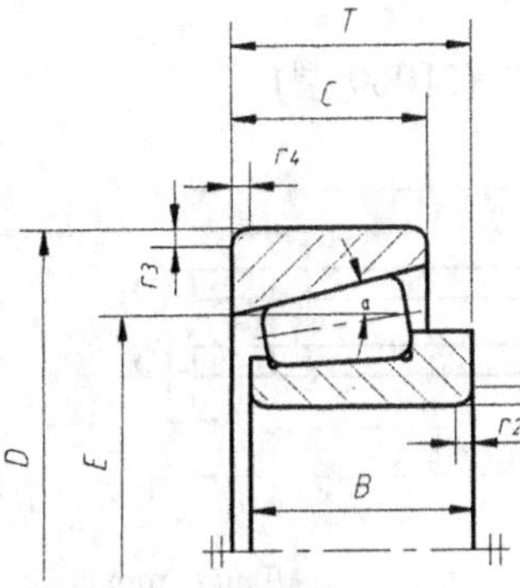

滚动轴承 30206　GB/T 297-94

滚动轴承 30310　GB/T 297-94

单位：mm

轴承代号	外形尺寸								
	d	D	T	B	r_{1smin} r_{2smin}	C	r_{3smin} r_{4smin}	a	E
30202	15	35	11.75	11	0.6	10	0.6	—	—
30203	17	40	13.25	12	1	11	1	12° 57′ 10″	31.408
30204	20	47	15.25	14	1	12	1	12° 57′ 10″	37.304
30205	25	52	16.25	15	1	13	1	14° 02′ 10″	41.135
30206	30	62	17.25	16	1	14	1	14° 02′ 10″	49.990
30232	32	65	18.25	17	1	15	1	14°	52.500
30207	35	72	18.25	17	1.5	15	1.5	14° 02′ 10″	58.844
30208	40	80	19.75	18	1.5	16	1.5	14° 02′ 10″	65.730
30209	45	85	20.75	19	1.5	16	1.5	15° 06′ 34″	70.440
30210	50	90	21.75	20	1.5	17	1.5	15° 38′ 32″	75.078
30211	55	100	22.75	21	2	18	1.5	15° 06′ 34″	84.197
30212	60	110	23.75	22	2	19	1.5	15° 06′ 34″	91.876
30213	65	120	24.75	23	2	20	1.5	15° 06′ 34″	101.934
30214	70	125	26.25	24	2	21	1.5	15° 38′ 32″	105.748
30215	75	130	27.25	25	2	22	1.5	16° 10′ 20″	110.408
30216	80	140	28.25	26	2.5	22	2	15° 38′ 32″	119.169
30217	85	150	30.5	28	2.5	24	2	15° 38′ 32″	126.685
30218	90	160	32.5	30	2.5	26	2	15° 38′ 32″	134.901
30219	95	170	34.5	32	3	27	2.5	15° 38′ 32″	143.385
30220	100	180	37	34	3	29	2.5	15° 38′ 32″	151.310
30309	45	100	27.25	25	2	22	1.5	12° 57′ 10″	81.780
30310	50	110	29.25	27	2.5	23	2	12° 57′ 10″	90.633
30311	55	120	31.5	29	2.5	25	2	12° 57′ 10″	99.146
30312	60	130	33.5	31	3	26	2.5	12° 57′ 10″	107.769
30313	65	140	36	33	3	28	2.5	12° 57′ 10″	116.846
30314	70	150	38	35	3	30	2.5	12° 57′ 10″	125.244
30315	75	160	40	37	3	31	2.5	12° 57′ 10″	134.097

附表 30　推力球轴承 (GB/T 301—95) (51000 型)

标记示例:

滚动轴承 51108 GB/T 301 — 95

滚动轴承 51206 GB/T 301 — 95

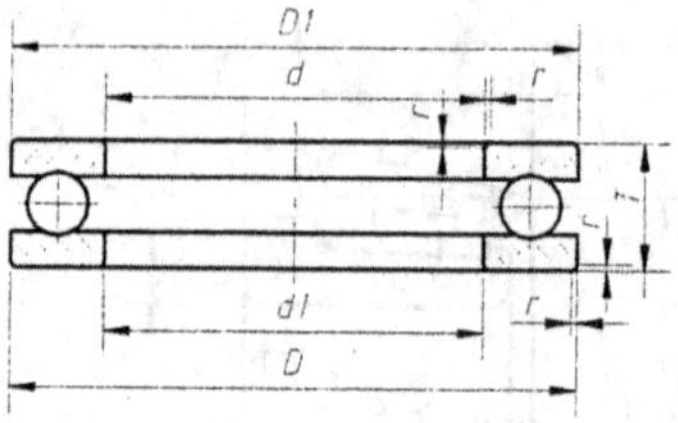

推力球轴承外形尺寸　　单位：mm

轴承代号	d	D	T	d_{1smin}	D_{1smax}	r_{smin}
51100	10	24	9	11	24	0.3
51101	12	26	9	13	26	0.3
51102	15	28	9	16	28	0.3
51103	17	30	9	18	30	0.3
51104	20	35	10	21	35	0.3
51105	25	42	11	26	42	0.6
51106	30	47	11	32	47	0.6
51107	35	52	12	37	52	0.6
51108	40	60	13	42	60	0.6
51109	45	65	14	47	65	0.6
51110	50	70	14	52	70	0.6
51111	55	78	16	57	78	0.6
51112	60	85	17	62	85	1
51113	65	90	18	67	90	1
51114	70	95	18	72	95	1
51115	75	100	19	77	100	1
51116	80	105	19	82	105	1
51117	85	110	19	87	110	1
51118	90	120	22	92	120	1
51120	100	135	25	102	135	1
51200	10	26	11	12	26	0.6
51201	12	28	11	14	28	0.6
51202	15	32	12	17	32	0.6
51203	17	35	12	19	35	0.6
51204	20	40	14	22	40	0.6
51205	25	47	15	27	47	0.6
51206	30	52	16	32	52	0.6
51207	35	62	18	37	62	1
51208	40	68	19	42	68	1
51209	45	73	20	47	73	1
51210	50	78	22	52	78	1
51211	55	90	25	57	90	1
51212	60	95	26	62	95	1
51213	65	100	27	67	100	1
51214	70	105	27	72	105	1

考试大纲

Ⅰ．课程性质与设置目的要求

《机械制图与公差》主要是培养自学应考者用正投法绘制机械工程图样的基本技能，了解和掌握机械零部件技术要求等基本知识而设置的一门技术基础课。

机械工程图样是工程界的共同语言，它是设计、制造、使用机器和进行技术交流的一种重要的技术资料。所以，从事机器设计、制造业的工程技术人员都必须学习和掌握它。《机械制图与公差》是一门实践性、应用性极强的课程，其目的是培养自学应考者具有绘制、阅读机械图样的能力。

设置本课程具体目的要求是：使自学应考者能运用正投影的基本原理和国家标准《机械制图》中的有关规定，在平面上表达机件的结构形状，用标注尺寸来表示机件结构形状的大小以及标注如公差配合、表面粗糙度、形位公差和其它一些技术要求等。正确地使用制图工具和仪器，掌握用仪器和徒手画图的方法和步骤。

Ⅱ．考核目标（考核知识点、考核要求）

第一章　制图的基本知识

一、考核知识点

（一）《机械制图》国家标准

（二）几何作图

（三）平面图形的尺寸分析与线段分析

二、考核要求

（一）掌握《机械制图》国家标准中有关图幅及格式、比例、字体、图线及尺寸标注中的有关规定。

（二）掌握常见的正多边形、椭圆等几何图形的画法。

（三）在平面图形绘制时，能熟练正确地进行尺寸和线段分析，确定平面图形的构成和图中线段的性质。

第二章　投影基础

一、考核知识点

（一）正投影法

（二）空间几何元素的表示法及其投影特性

（三）点与直线的相对位置

（四）立体表示法

（五）立体的截交与相贯

（六）螺旋线与正螺旋面的表示

二、考核要求

（一）明确正投影法的基本原理

（二）熟练掌握空间几何元素的表示法和投影特性

（三）掌握点与直线的相对位置判别，掌握图解一般位置直线段实长的直角三角形法和平面上取点、取线的几何条件及投影作图方法。

（四）熟练掌握立体的表示法，尤其是回转体的投影特性和立体表面上取点、取线的方法。

（五）能正确识别立体的形状以及平面与立体或两立体的相对位置，熟练掌握用表面取点法求解常见立体的截交与相贯的作图。

（六）掌握圆柱螺旋线和正螺旋面的形成规律和投影作图。

第三章 立体表面展开

一、考核知识点

（一）平面立体表面和可展回转体表面的展开

（二）组合立体表面的展开

二、考核要求

（一）掌握平面立体表面和可展回转体表面的展开。

（二）了解组合立体的分析、划分和分解展开。

第四章 组合体

一、考核知识点

（一）组合体视图的画法

（二）组合体的尺寸标注

（三）读组合体视图

二、考核要求

（一）熟练掌握画组合体视图的方法和步骤。

（二）熟练掌握按国家标准规定，完整、清晰地在视图上标注出组合体的尺寸。

（三）掌握读组合体视图的方法，并能熟练地根据组合体的两个已知视图补画出第三个视图或根据形体分析补画出视图中所缺的图线。

第五章 轴测图

一、考核知识点

（一） 轴测图基本知识

（二） 正等轴测图的画法

二、考核要求

（一） 了解轴测图的基本知识及正等轴测图的形成、轴向角、轴向变形系数，简化轴向变形系数等概念。

（二） 掌握正等轴测图的画法。

第六章 机件的表达方法

一、考核知识点

（一） 视图、剖视图和剖面图的画法

（二） 视图、剖视图和剖面图的标注方法

（三） 各种表达方法的综合运用

二、考核要求

（一） 熟练掌握视图、剖视图和剖面图的基本概念和画法，组合体各种表达方法的应用条件。

（二） 熟练掌握各种表达方法的标注方法和简化标注。

（三） 根据给定的组合体视图，选择恰当的表达方法，正确、完整、清晰地表达该形体。

第七章 零件图

一、考核知识点

（一） 零件的视图选择

（二） 零件图的尺寸标注

二、考核要求

（一） 对中等复杂程度的零件能恰当地选择表达方法，正确、完整、清晰地表达零件的内外结构形状。

（二） 能根据零件的作用、结构和形状选择合适的尺寸基准，并正确、完整、清晰地标注零件的尺寸。

（三） 结合第八章和第九章的内容能正确地进行零件图尺寸和技术要求的标注。

第八章 技术要求

一、考核知识点

（一） 技术要求的项目与概念

（二） 技术要求的标注

二、考核要求

（一）了解和掌握技术要求的项目（如尺寸公差、形位公差、表面粗糙度等）和基本概念，掌握相关图表的查表方法和有关技术要求的计算。

（二）在零件图上对技术要求能正确地进行注写和标注。

第九章 标准件、常用件和焊接

一、考核知识点

（一） 螺纹与螺纹紧固件

（二） 键、销、齿轮，滚动轴承和弹簧

（三） 焊接表示法

二、考核要求

（一） 熟练掌握内、外螺纹的画法及标记，螺纹的连接画法，螺纹紧固件的查表。

（二） 了解键、销、齿轮、滚动轴承和弹簧的画法以及相关图表的查表。

（三） 了解各种焊接符号的意义和标注。

第十章 装配图

一、考核知识点

（一） 装配图的表达方法

（二） 装配图的绘制

（三） 装配图的阅读

二、考核要求

（一）了解装配体的作用，确定装配图的表达方法。

（二）能根据零件图绘制中等复杂程度装配体的装配图，并能正确地进行尺寸标注及序号、明细栏、标题栏的填写。

（三）掌握阅读装配图的一般步骤和方法，从所给装配图能分析出装配体的工作原理、装配关系和主要零件的结构形状，并能从装配图中拆画出某一零件的零件图。

III．有关说明与实施的要求

为了使本大纲的规定在个人自学、社会助学和考试命题中得到贯彻和落实，兹对有关问题说明如下，并进而提出实施要求。

一、关于考核目标的说明

为使考试内容具体化和考试要求标准化，本大纲对各章规定了考核目标，使自学应考者能够进一步明确考试内容和要求，更有目的地系统学习教材；使社会助学者能够更全面地有针对性地分层次进行辅导；使考试命题能够更加明确命题范围，更准确地安排试题的知识能力层次和难易度。

本大纲在考核目标中，按照了解、掌握和熟练掌握三个层次规定其应达到的能力层次要求，三个能力层次是递进等级关系，各能力的含义是：

了解：能知道有关术语的概念、意义和一般方法。

掌握：在了解的基础上，能全面地把握基本概念，国家标准和基本方法。

熟练掌握：在了解和掌握的基础上，着重培养画图和看图的能力，并能把所学知识应用到生产实践中去。

二、关于自学教材

《机械制图与公差》考试，全省统一命题，其指定使用的教材是《机械制图与公差》，卢章平主编，东南大学出版社，1999 年 5 月出版。

模 拟 试 卷（附答案）

样卷（一）

1 根据轴测图按 1 : 1 画出三视图，不省略虚线，不注尺寸。(8 分)

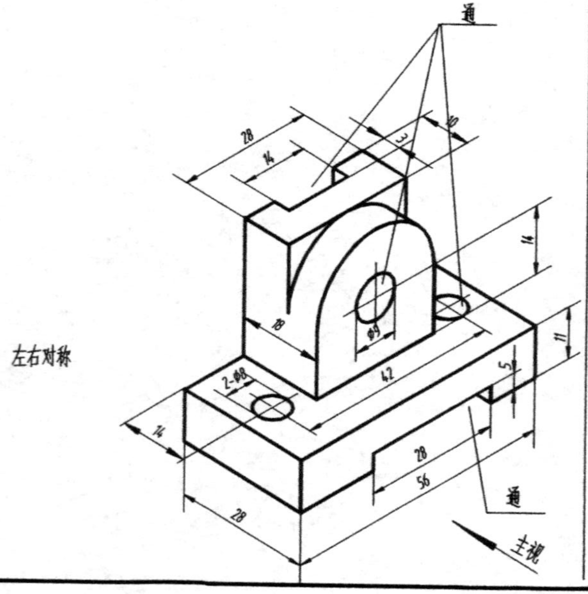

2 补全水平投影和侧面投影。(5 分)

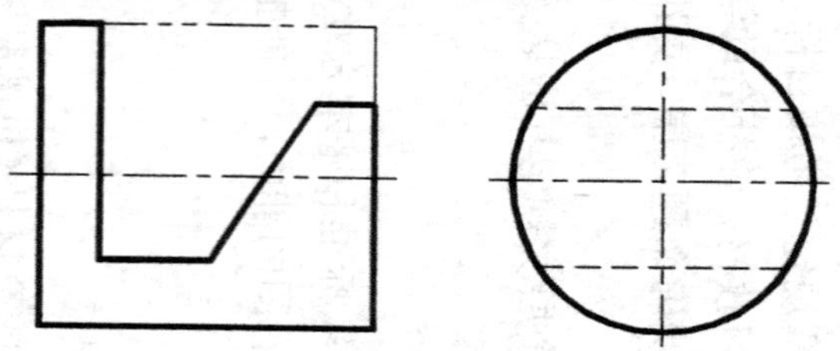

3 已知主、俯视图，补画左视图。(5 分)

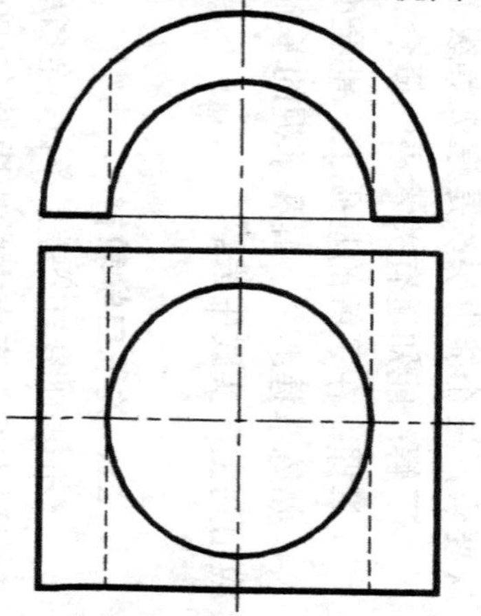

4 已知主、左视图，补画俯视图。(7 分)

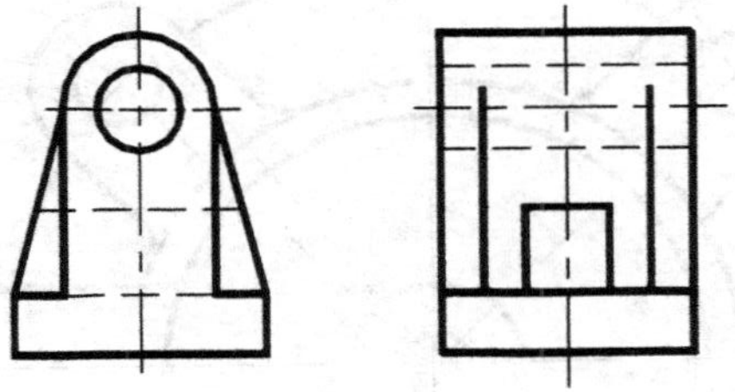

5 已知主、左视图，补画俯视图。(8 分)

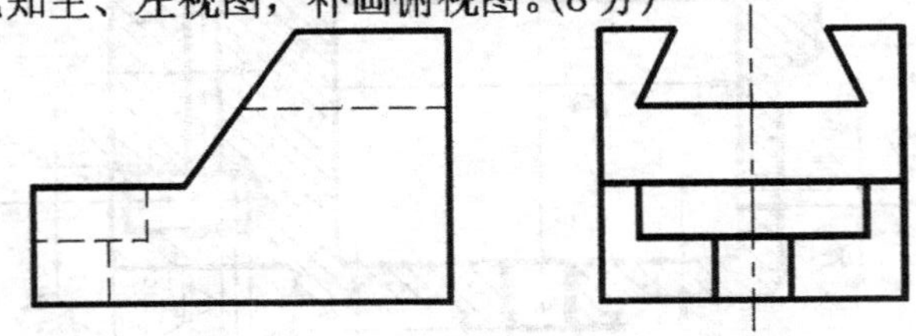

6 补画全剖视的左视图。(5 分)

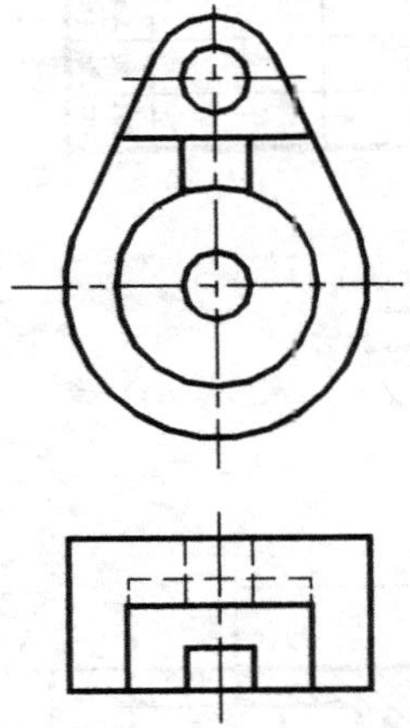

7 补全图中的漏线(虚线不画)与注写尺寸(尺寸数值从图中 1:1 量取，并取整)。(12 分)

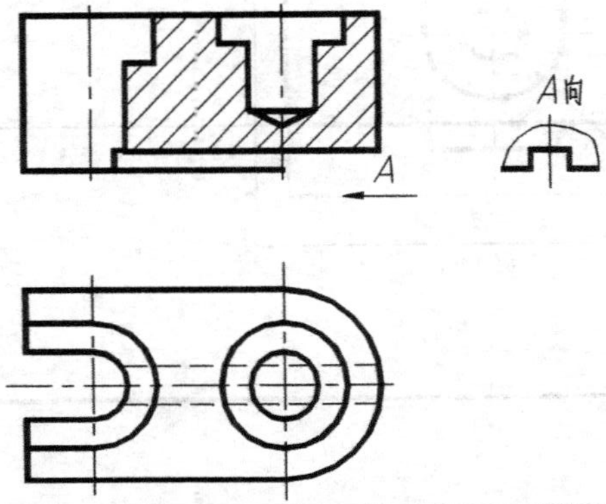

8a）读盖子零件图。

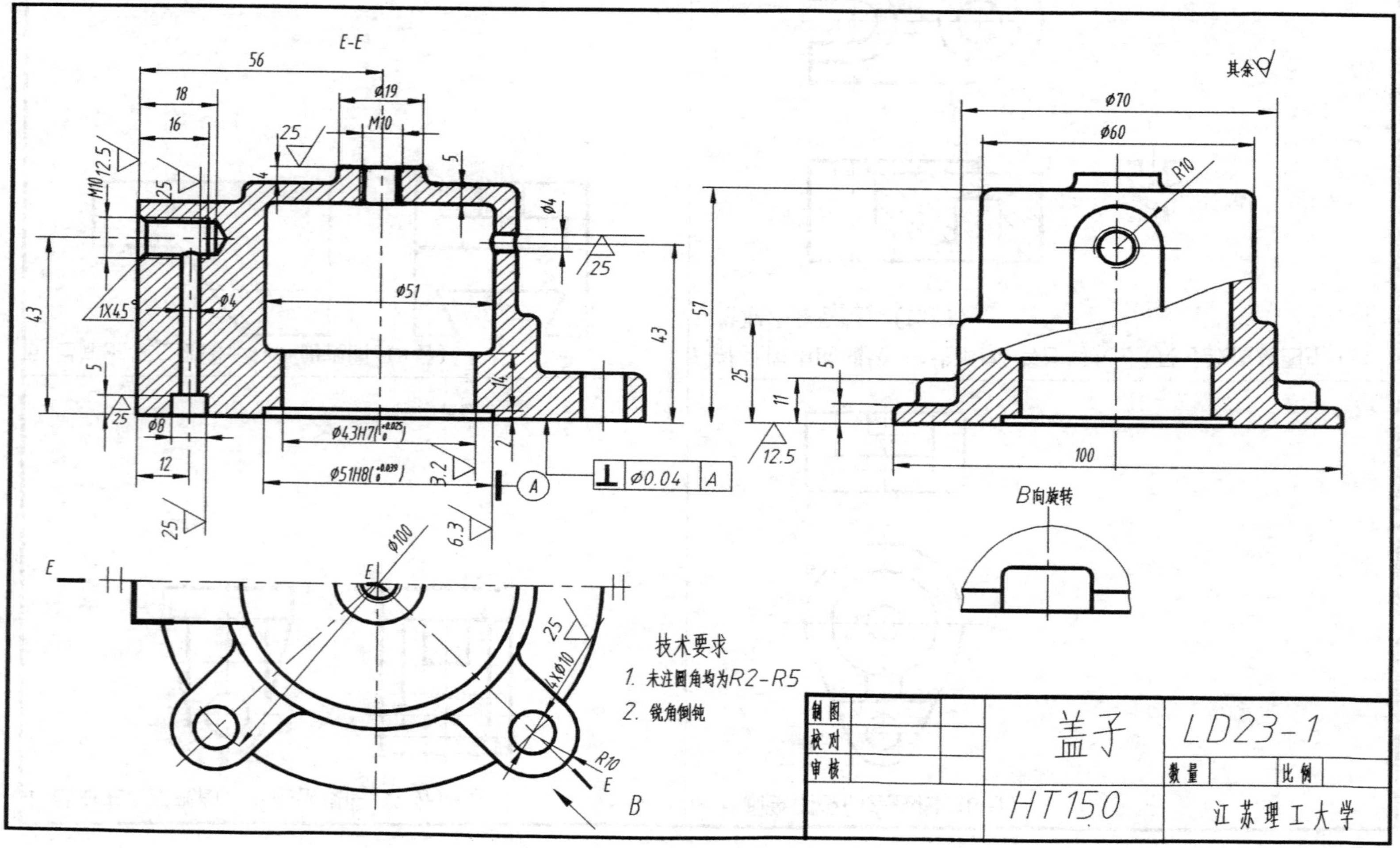
E-E
B向旋转
其余
技术要求
1. 未注圆角均为R2-R5
2. 锐角倒钝
制图
校对
审核
盖子
LD23-1
数量
比例
HT150
江苏理工大学

8b）读盖子零件图(15 分)

1）主视图属于 __ 剖视图，它是用 ____ 剖切平面剖切得到的。

2）底板上共有 __ 个供连接用的通孔，它们的定形尺寸是 _______，定位尺寸是 ____，表面粗糙度为 ______。

3）顶部螺纹代号 M10 表示螺纹的类型为 ______，大径为 ___，头数为 __，旋向为 __。

4）左部不通螺孔的螺纹深度为 ____，钻孔深度为 ____，定位尺寸为 ______。

5）该零件采用了 __ 种表面粗糙度代号，按粗糙度从小到大排列应为 __________。

6）试说明 $\phi51H8(^{+0.039}_{0})$ 的含义：基本尺寸为 ____，最大极限尺寸为 _____，最小极限尺寸为 _____，上偏差为 ______，下偏差为 ___，公差为 ______，公差带代号为 ___，其中基本偏差代号为 ___，其值为 ___，标准公差等级代号为 ___，其值为 ______。

7）若该尺寸后面加了 Ⓔ 即 $\phi51H8(^{+0.039}_{0})$ Ⓔ 说明该尺寸遵守 ______ 原则，最大实体尺寸为 ______，最小实体尺寸为 _____，当实际尺寸为最大实体尺寸时，形位公差为 _____，最大的形位公差为 _______。

8）若该尺寸后面加了 Ⓜ 即 $\phi51H8(^{+0.039}_{0})$ Ⓜ 并对轴线给出了直线度要求 —[— | 0.012]

说明该尺寸遵守 _______ 原则，直线度给定值为 _______，当实际尺寸为最大实体尺寸时，直线

度公差为 _____，当实际尺寸为时，直线度公差为 ______，最大直线度公差为 _____。

9）在指定位置绘制的公差带图。(按 500:1)

10）图中 —[⊥ | Ø0.04 | A] 表示形位公差类型为 _____，被测要素为 ___，基准要素为 _____，公差值为 _____。

11）HT150 是 ____ 材料的代号。

9a) 读截止阀装配图。

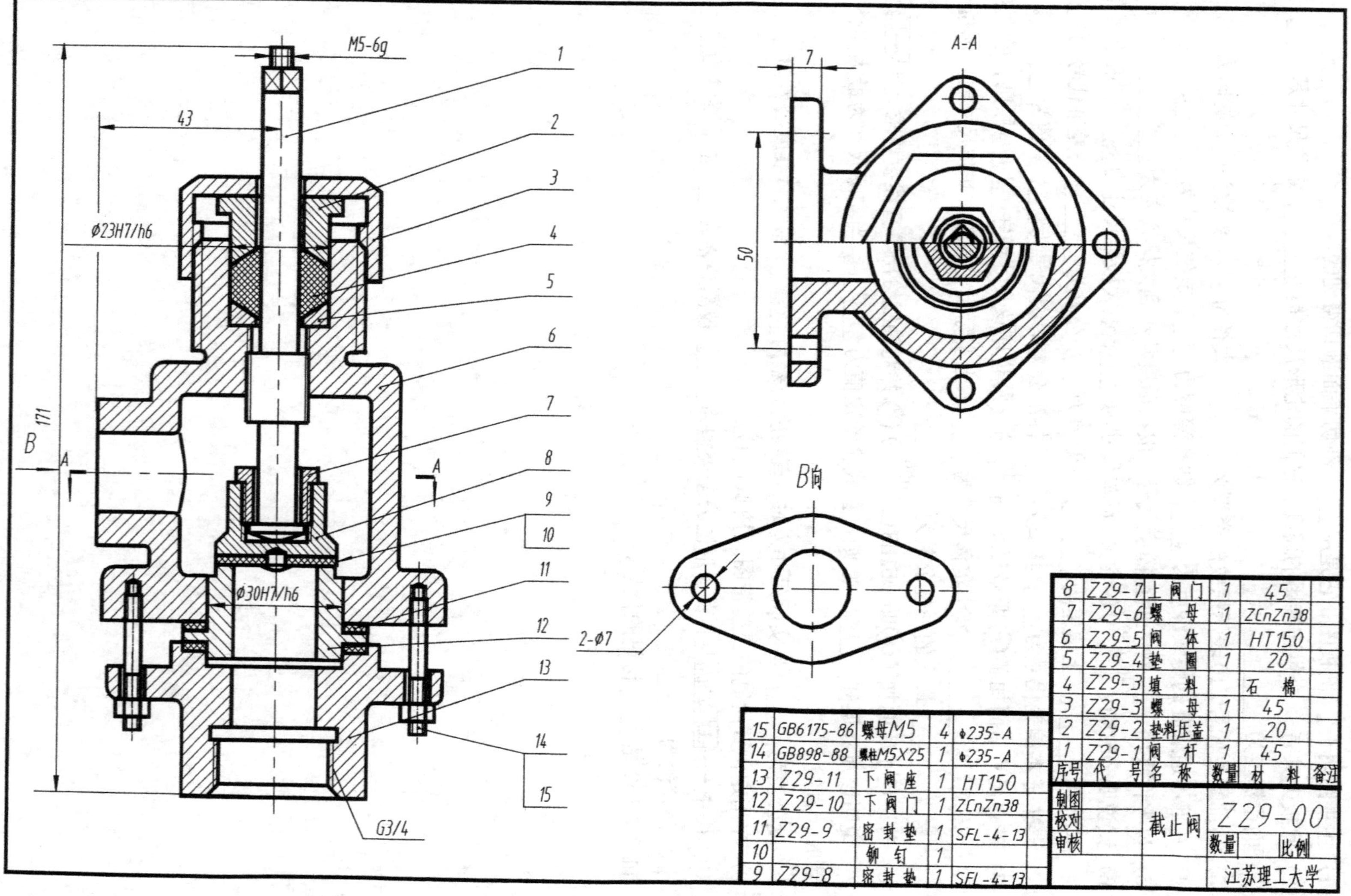

序号	代号	名称	数量	材料	备注
8	Z29-7	上阀门	1	45	
7	Z29-6	螺母	1	ZCnZn38	
6	Z29-5	阀体	1	HT150	
5	Z29-4	垫圈	1	20	
4	Z29-3	填料		石棉	
3	Z29-3	螺母	1	45	
2	Z29-2	垫料压盖	1	20	
1	Z29-1	阀杆	1	45	

15	GB6175-86	螺母M5	4	ɸ235-A
14	GB898-88	螺柱M5X25	1	ɸ235-A
13	Z29-11	下阀座	1	HT150
12	Z29-10	下阀门	1	ZCnZn38
11	Z29-9	密封垫	1	SFL-4-13
10		铆钉	1	
9	Z29-8	密封垫	1	SFL-4-13

制图		截止阀	Z29-00	
校对			数量	比例
审核			江苏理工大学	

9b) 读截止阀装配图独立作业题

一、回答下列读图问题：（15 分）

1 当阀杆(件 1)逆时针旋转时，上阀门(件 8)为何能开启？

答:____

____

____。

2 当上端液体有些泄漏，可采取什么措施？

答:____

____。

3 图中 171 属于________尺寸;

50 属于________尺寸;

G3/4 属于________尺寸;

23H7/H6 属于________尺寸。

4 说明填料压盖(件 2)与阀体(件 6)配合处代号 ϕ23H7/H6 的含义:基___制，_____配合，其中孔的公差带代号为____，轴的公差带代号为_______，并在零件图中注出相应的尺寸和偏差值。

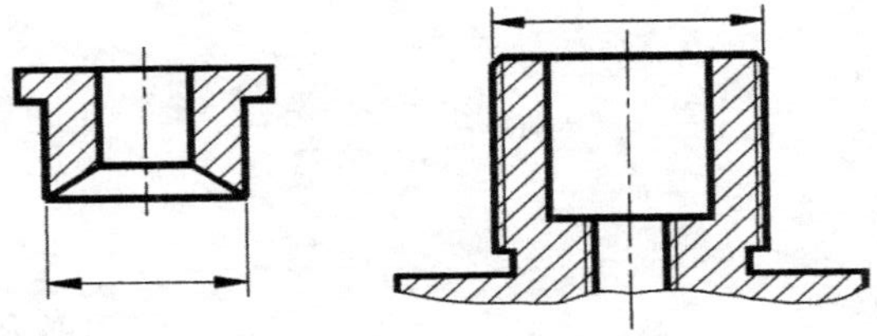

5 说明 ϕ23H7/H6 的最大间隙 X_{max} 为_____，最小间隙 X_{min} 为_____，平均间隙 X_{av} 为________，配合公差 T_f 为_____。

6 泵体(件 6)与阀座(件 13)采用了____连接，连接件规定标记分别为________________________，请根据规定标记查出画装配图时有关的结构尺寸，填入下图。

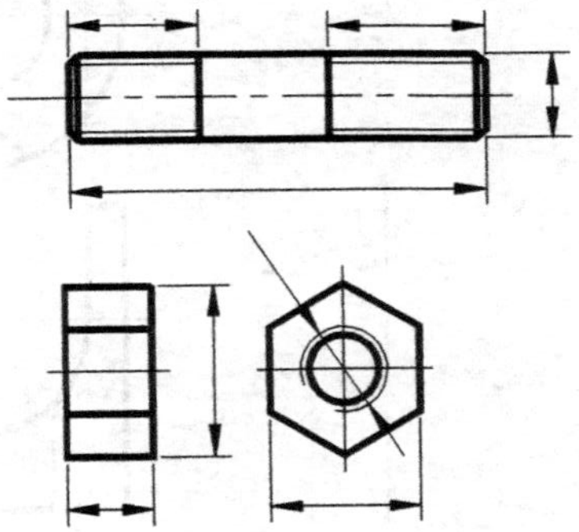

7 如果传动齿轮轴右端是普通平键；连接一齿轮，已知轴径为 ϕ23，试查出键连接装配画法的有关尺寸填入下图。

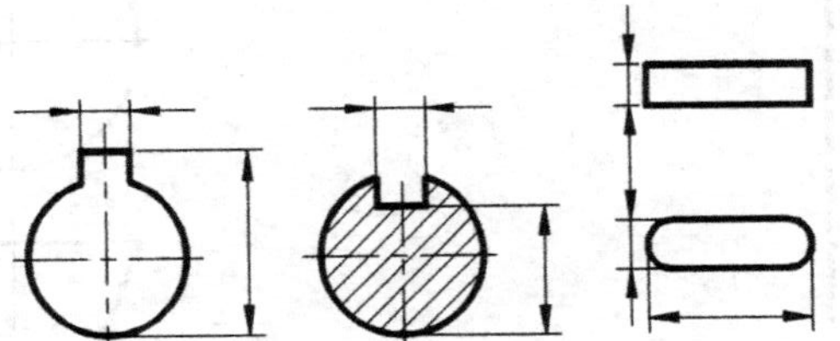

二、 拆画下阀座(件 13)的零件图。(10 分)

*1 允许用蒙图法描下零件图外轮廓。

*2 要在图中量取的尺寸允许只引出尺寸线。

*3 表面粗糙度代号允许不写参数值。

样卷（二）

1. 根据轴测图按 1:1 画出三视图，不省略虚线，不注尺寸。(8 分)

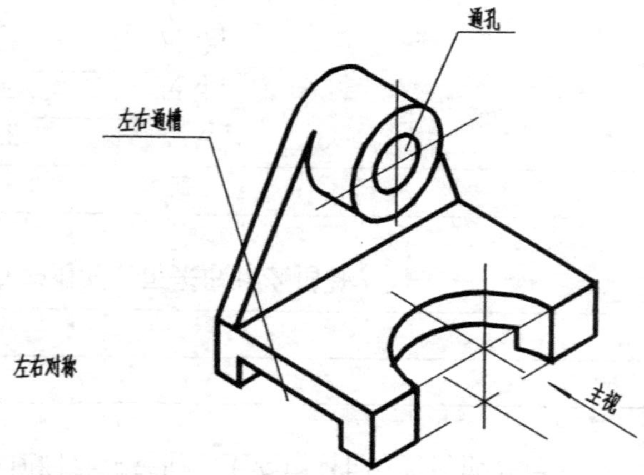

2 补全水平投影和侧面投影。(5 分)

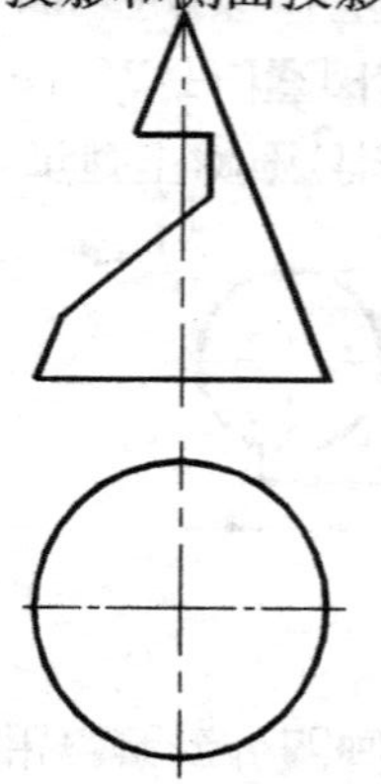

3 已知主、俯视图，补画左视图。(5 分)

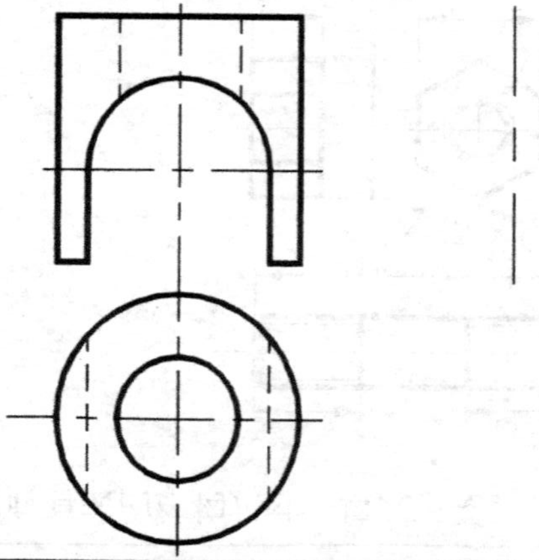

4 已知主、左视图，补画俯视图。(7 分)

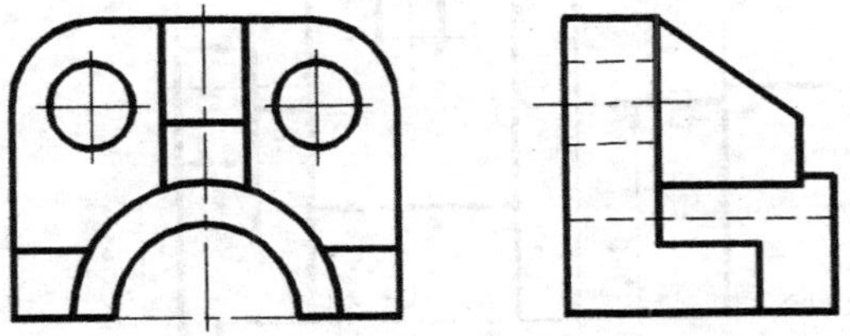

6 补画全剖视的主视图。(5 分)

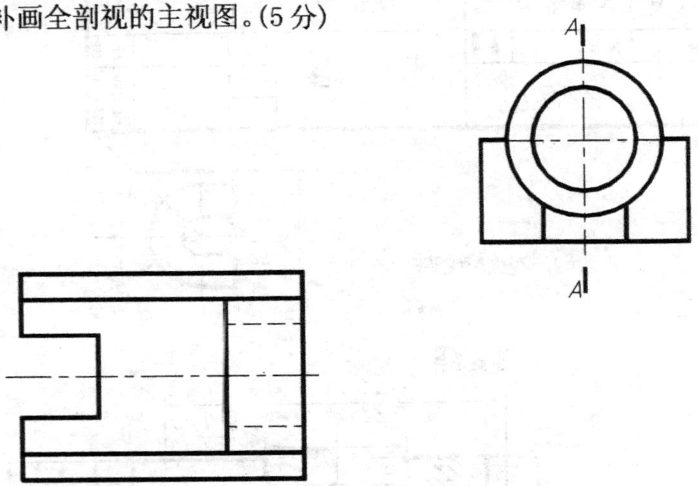

5 已知主、左视图，补画俯视图。(8 分)

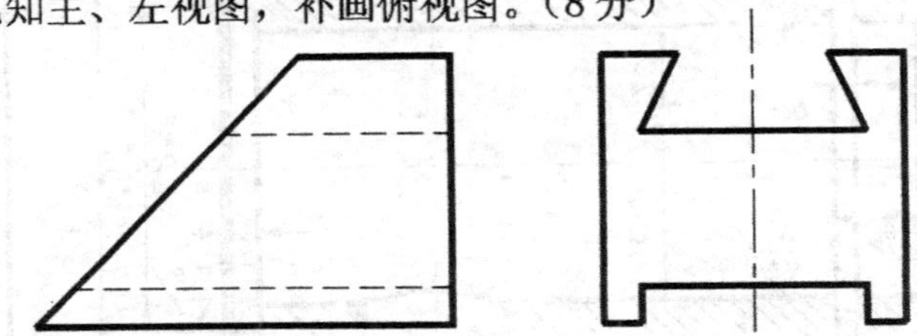

7 补全图中的漏线（虚线不画）与注写尺寸（尺寸数值从图中1:1 量取，并取整）。(12 分)

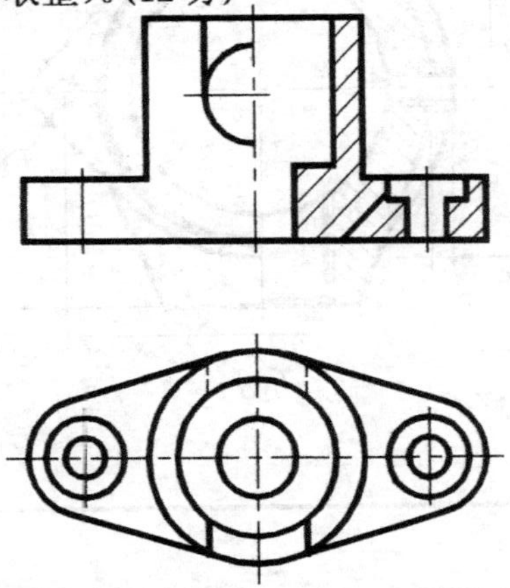

8a）读阀体零件图。

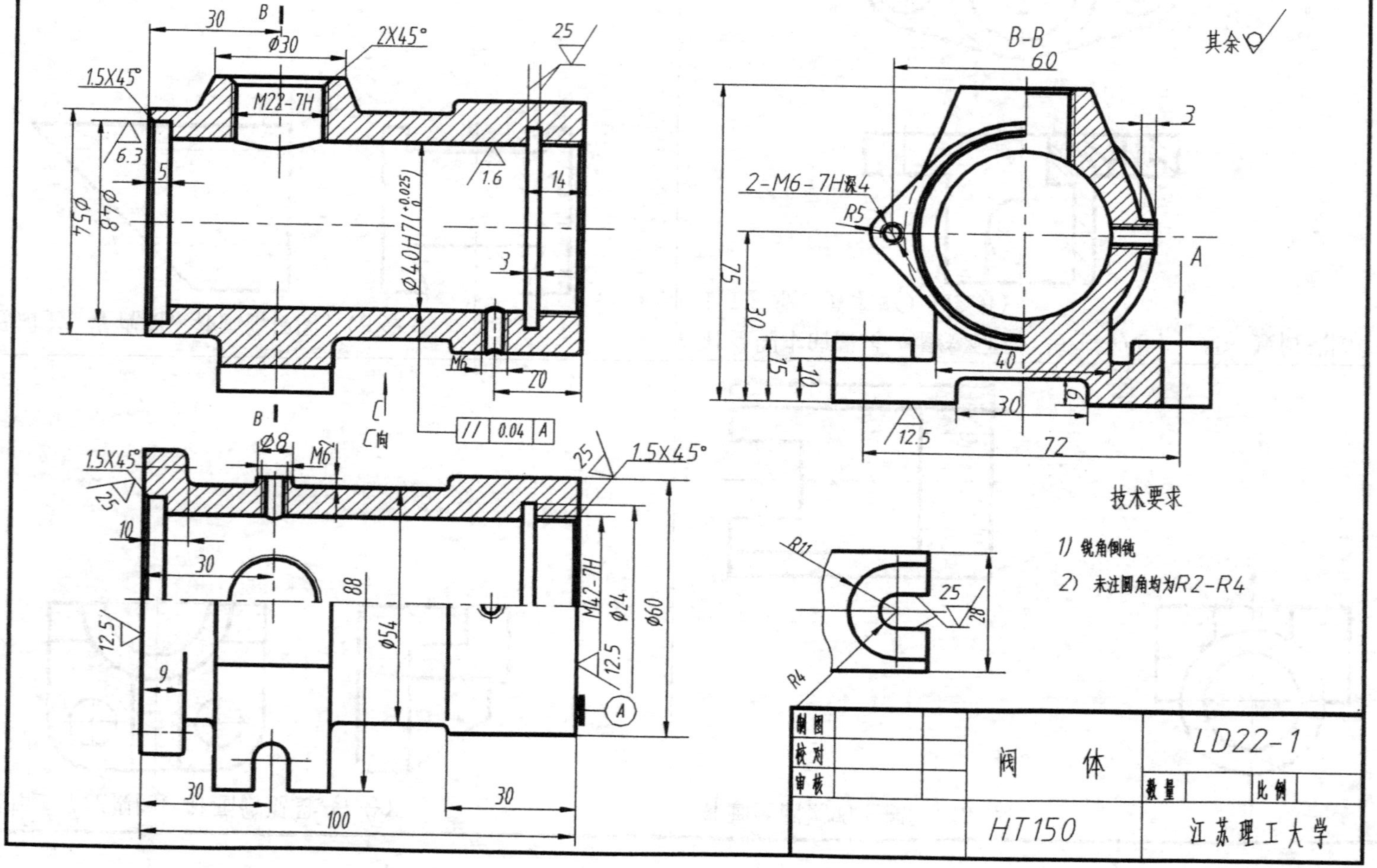
B-B
其余
技术要求
1) 锐角倒钝
2) 未注圆角均为R2-R4
2-M6-7H深4
M22-7H
M42-7H
Ø40H7(+0.025 0)
C向
阀 体
HT150
LD22-1
制图
校对
审核
数量
比例
江苏理工大学

8b）读阀体零件图。

1 主视图属于 ____ 剖视图，它是用 ____ 剖切平面剖切得到的。

2 底板上共有 ____ 个供连接用的通槽，它们的定形尺寸是 ______，定位尺寸是 ____，底面的表面粗糙度为 ______。

3 右部螺纹代号 M42-7H 表示螺纹的类型为 ______，大径为 ___，头数为 __，旋向为 __。

4 该零件具有凸台的螺孔共 ____ 个，它在零件的 ____ 方(上，下，左，右，前，后)。

5 该零件采用了 _____ 种表面粗糙度代号，按粗糙度从小到大排列应为 __________。

6 试说明 $\phi 40H7(^{+0.025}_{0})$ 的含义:基本尺寸为 __，最大极限尺寸为 ____，最小极限尺寸为 ____，上偏差为 ______，下偏差为 _____，公差为 _____，公差带代号为 _____，其中基本偏差代号为 _____，其值为 ______，标准公差等级代号为 _____，其值为 ______。

7 若该尺寸后面加了Ⓔ 即 $\phi 40H7(^{+0.025}_{0})$Ⓔ，说明该尺寸遵守 ______ 原则，最大实体尺寸为 _________，最小实体尺寸为 ____，当实际尺寸为最大实体尺寸时，形位公差为 ______，最大的形位公差为 ______。

8 若该尺寸后面加了Ⓜ 即 $\phi 40H7(^{+0.025}_{0})$Ⓜ，并对轴线给出了直线度要求 |—|0.012| 说明该尺寸遵守 _____ 原则，直线度给定值为 ___，当实际尺寸为最大实体尺寸时，直线度公差为 ____，当实际尺寸为 ϕ40.02 时，直线度公差为 ______，最大直线度公差为 _________。

9 在指定位置绘制 $\phi 40H7(^{+0.025}_{0})$ 的公差带图。(按 500:1)

10 图中 |⊥|Ø0.04|A| 表示形位公差类型为 __，被测要素为 _____，基准要素为 ___，公差值为 ____。

11 HT150 是 ____ 材料的代号。

公差带图　　　　　　　　主视图外形

9a）读溢流阀体装配图。

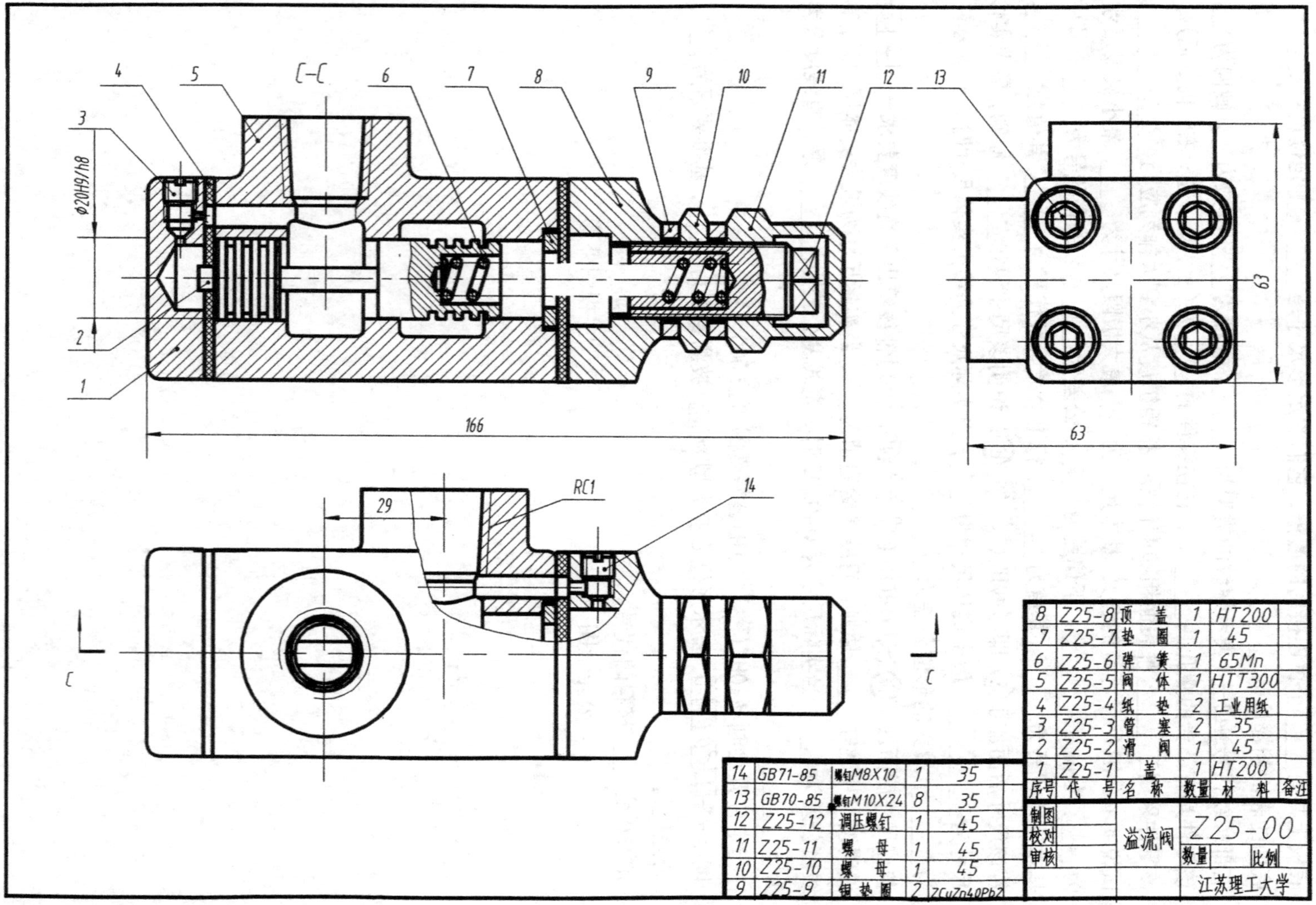

序号	代号	名称	数量	材料	备注
14	GB71-85	螺钉M8X10	1	35	
13	GB70-85	螺钉M10X24	8	35	
12	Z25-12	调压螺钉	1	45	
11	Z25-11	螺母	1	45	
10	Z25-10	螺母	1	45	
9	Z25-9	铜垫圈	2	ZCuZn40Pb2	
8	Z25-8	顶盖	1	HT200	
7	Z25-7	垫圈	1	45	
6	Z25-6	弹簧	1	65Mn	
5	Z25-5	阀体	1	HTT300	
4	Z25-4	纸垫	2	工业用纸	
3	Z25-3	管塞	2	35	
2	Z25-2	滑阀	1	45	
1	Z25-1	盖	1	HT200	

制图		溢流阀	Z25-00
校对			数量 比例
审核			江苏理工大学

9b）读溢流阀装配图独立作业题

用途：

保持液压系统的压力不超过规定的最高调整压力。

工作原理：

在正常工作时，滑阀（件2）把进出油口隔断，当液压系统中的压力超过规定的最高压力时，滑阀(件2)端的油压缩弹簧，推动滑阀向右移动，于是连通进出油口，油就溢回油池，此时压力恢复正常，滑阀依靠弹簧的弹力向左复位，转动调压螺钉(件12)，可调整弹簧的压力。

一、回答下列读图问题：（15分）

1 如何将液压系统的压力再调高一些？

答：____。

2 图中 166 属于________尺寸；

RC1 属于________尺寸；

29 属于________尺寸；

ϕ20H9/h8 属于________尺寸。

3 说明滑阀(件2)与阀体(件5)配合处代号 20H9/h8 的含义：

基___制，_____配合，其中孔的公差带代号为____，轴的公差带代号为______，并在零件图中注出相应的尺寸和偏差值。

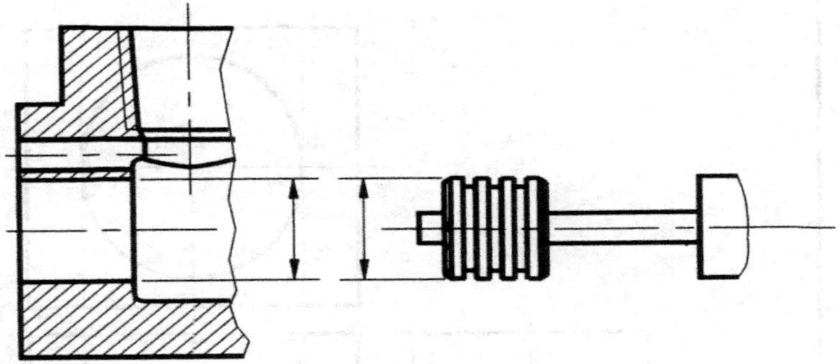

4 说明 ϕ20H9/h8 的最大间隙 X_{max} 为___，最小间隙 X_{min} 为__，平均间隙 X_{av} 为________，配合公差 T_f 为_____。

5 盖（件1）与阀体（件5）之间采用_____连接。

6 如果有一根轴，用普通平键连接一齿轮，已知轴径为 ϕ40 试查出键联结装配画法的有关尺寸填入下图：

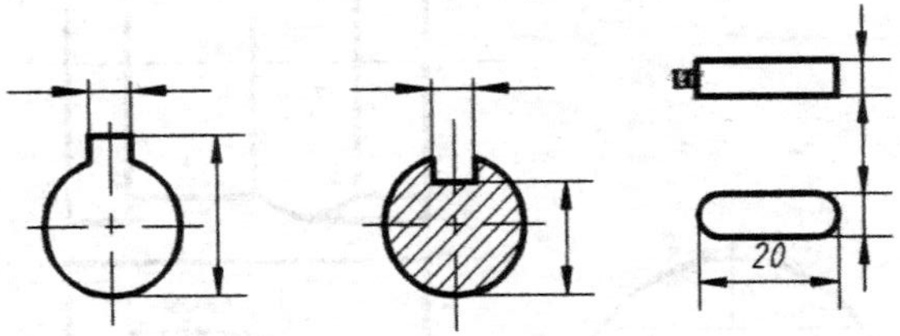

二、拆画盖（件1）的零件图。（10分）

样卷（一）答案

1 根据轴测图按 1 : 1 画出三视图，不省略虚线，不注尺寸。(8分)

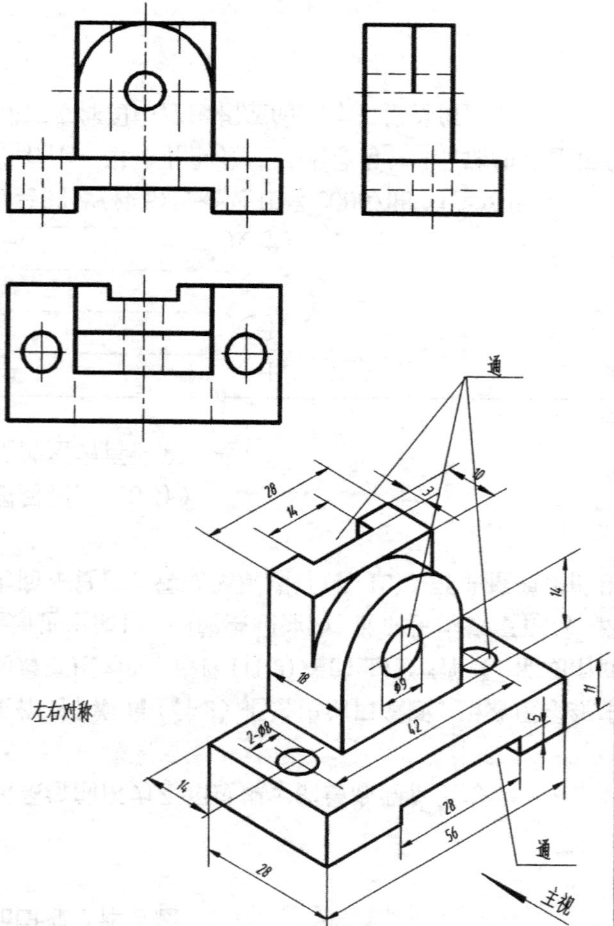

2 补全水平投影和侧面投影。(5分)

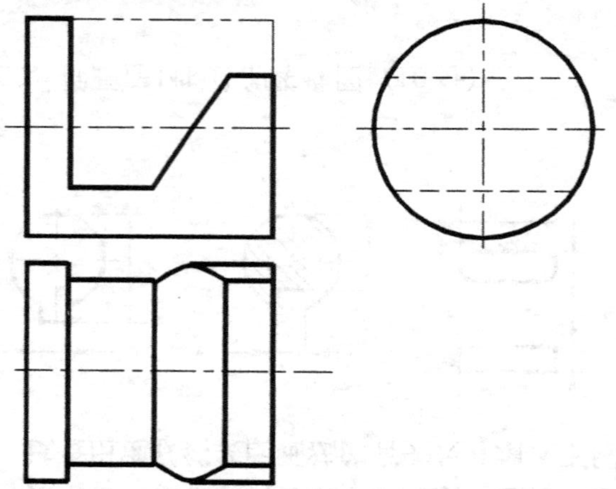

3 已知主、俯视图，补画左视图。(5分)

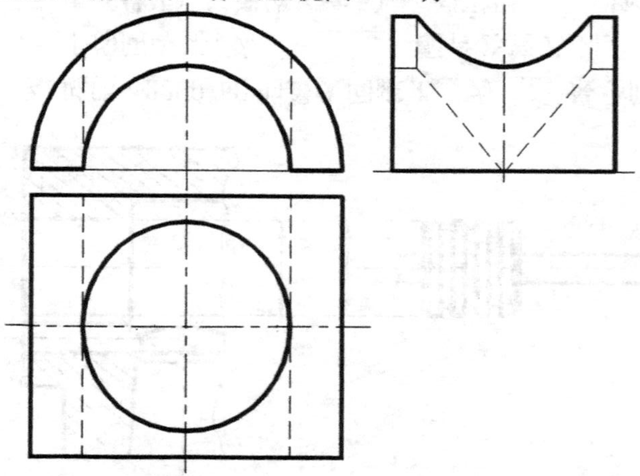

4 已知主、左视图，补画俯视图。(7 分)

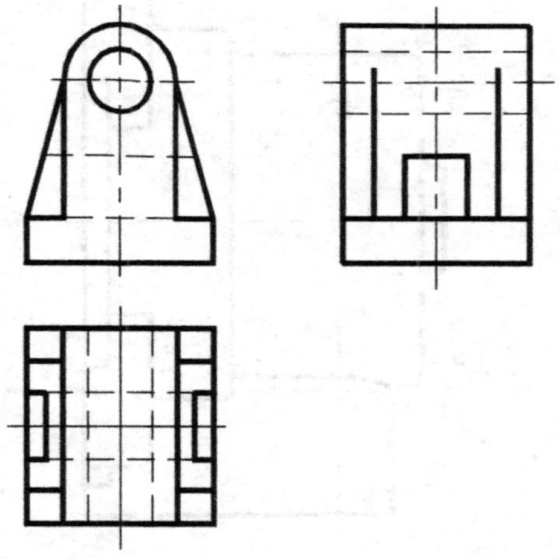

6 补画全剖视的左视图。(5 分)

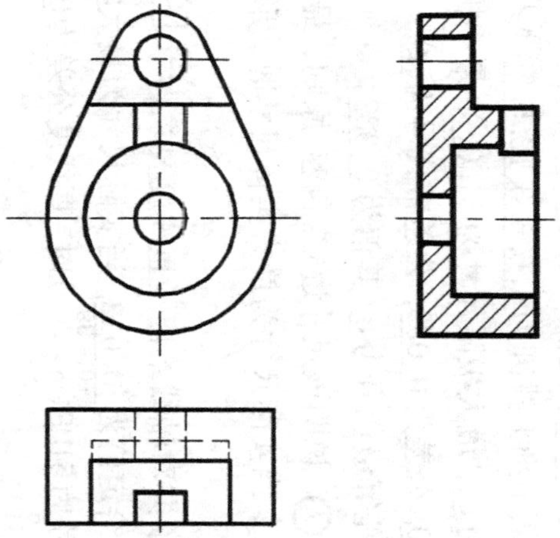

5 已知主、左视图，补画俯视图。(8 分)

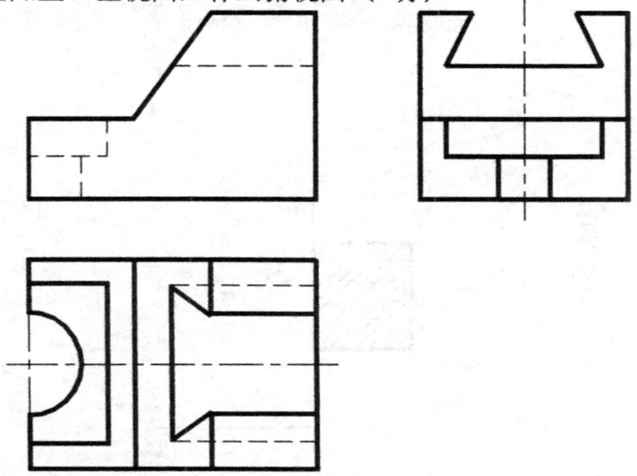

7 补全图中的漏线(虚线不画)与注写尺寸(尺寸数值从图中 1:1 量取，并取整)。(12 分)

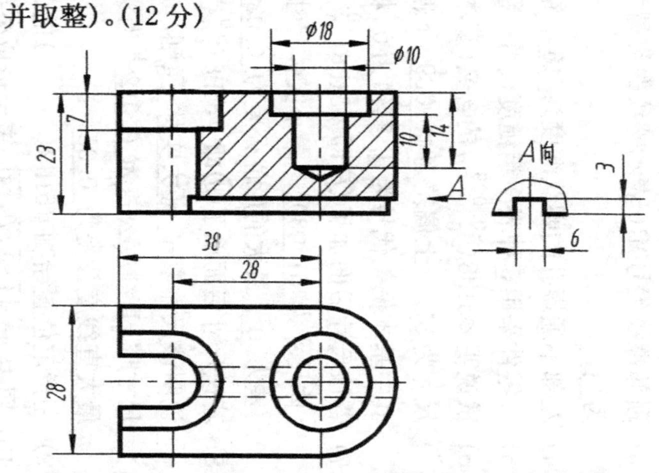

8a) 读盖子零件图(15 分)

1) 主视图属于 全 剖视图，它是用 相交 剖切平面剖切得到的。

2) 底板上共有 4 个供连接用的通孔，它们的定形尺寸是 4- φ10，定位尺寸是 φ100，表面粗糙度为 25 。

3) 顶部螺纹代号 M10 表示螺纹的类型为普通粗牙螺纹，大径为 10 ，头数为 1 ，旋向为 右 。

4) 左部不通螺孔的螺纹深度为 16 ，钻孔深度为 18 ，定位尺寸为 43 。

5) 该零件采用 5 种表面粗糙度代号，粗糙度从小到大排列为 1.6, 6.3, 12.5, 25 。

6) 试说明 φ51H8($^{+0.039}_{0}$)的含义：基本尺寸为 51，最大极限尺寸为 51.039，最小极限尺寸为 51， 上偏差为 +0.039，下偏差为 0，公差为 0.039，公差带代号为 H9，其中基本偏差代号为 H，其值为 0，标准公差等级代号为 8，其值为 0.039。

7) 若该尺寸后面加了 Ⓔ 即 φ51H8($^{+0.039}_{0}$) Ⓔ 说明该尺寸遵守 包容 原则，最大实体尺寸为 51.039 ，最小实体尺寸为 51 ，当实际尺寸为最大实体尺寸时，形位公差为 0 ，最大的形位公差为 0.039 。

8) 若该尺寸后面加了 Ⓜ 即 φ51H8($^{+0.039}_{0}$) Ⓜ 并对轴线给出了直线度要求，[— | 0.012] 说明该尺寸遵守 最大实体 原则，直线度给定值为 0.012，当实际尺寸为最大实体尺寸时，直线度公差为 0.012 ，当实际尺寸为 51H8($^{+0.039}_{0}$)时，直线度公差为 0.012 最大直线度公差为 0.051 。

9) 在指定位置绘制 φ51H8($^{+0.039}_{0}$)的公差带图。(按 500:1)

10) 图中 [⊥ | φ0.04 | A] 表示形位公差类型为 垂直度 ，被测要素为 底面 ，基准要素为 φ51H8 ，公差值为 0.04 。

11) HT150 是 铸铁 材料的代号。

公差带图

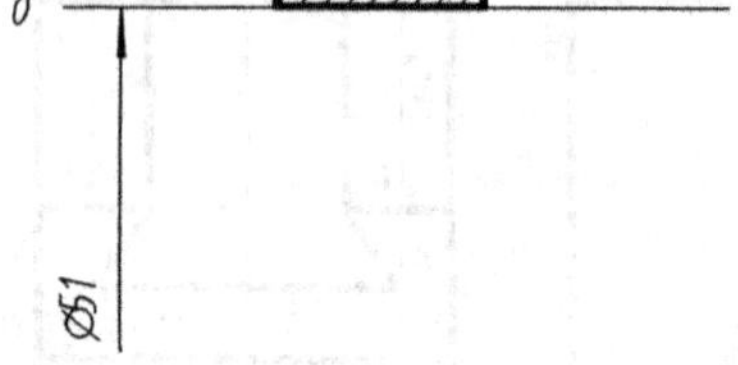

主视图外形

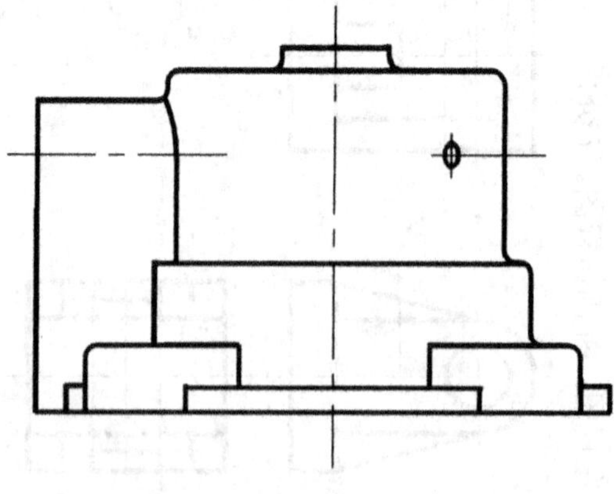

9b) 读截止阀装配图独立作业题

一、回答下列读图问题：（15 分）

1 当阀杆(件 1)逆时针旋转时，上阀门(件 8)为何能开启?

答：当逆时旋转时，则带动螺母（件 7）向上运动。由于上阀门（件 8）与螺母旋合为一体，故螺母向上运动并带动上阀门向上运动，即开启。

2 当上端液体有些泄漏，可采取什么措施?

答：可顺时针旋动螺母（件 3），将填料压盖（件 2）向下压填料，以解决泄漏现象。

3 图中 171 属于 外形 尺寸；

50 属于 安装 尺寸；

G3/4 属于 性能 尺寸；

23H7/H6 属于 装配 尺寸。

4 说明填料压盖(件 2)与阀体(件 6)配合处代号 ϕ23H7/h6 的含义：基 孔 制，间隙 配合，其中孔的公差带代号为 H7 ，轴的公差带代号为 h6 ，并在零件图中注写出相应的尺寸和偏差值。

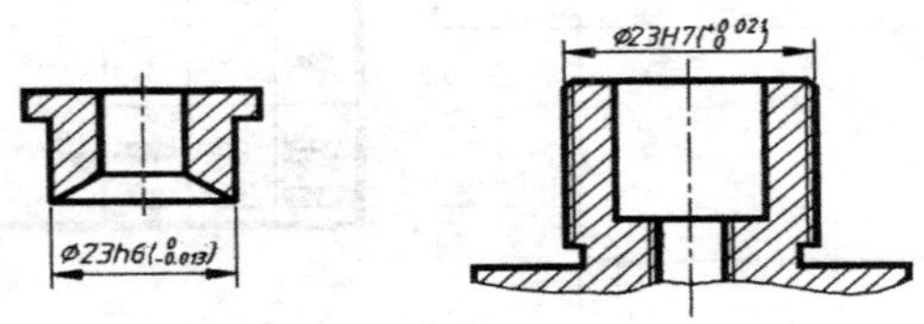

5 说明 ϕ23H7/H6 的最大间隙 X_{max} 为 0.034，最小间隙 X_{min} 为 0，平均间隙 X_{av} 为 0.017，配合公差 T_f 为 0.034。

6 泵体(件 6)与阀座(件 13)采用了 螺柱 连接，连接件规定标记分别为 螺母 GB6175-86-M5 螺柱 GB898-88-M5 × 25 ，请根据规定标记查出画装配图时有关的结构尺寸，填入下图。

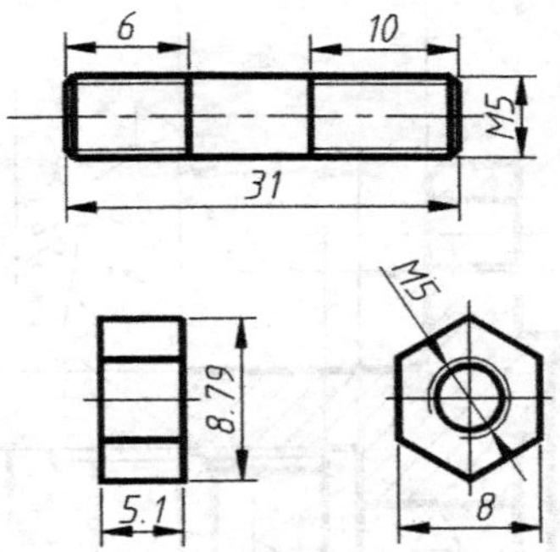

7 如果传动齿轮轴右端是普通平键；连接一齿轮，已知轴径为 ϕ23，试查出键连接装配画法的有关尺寸填入下图。

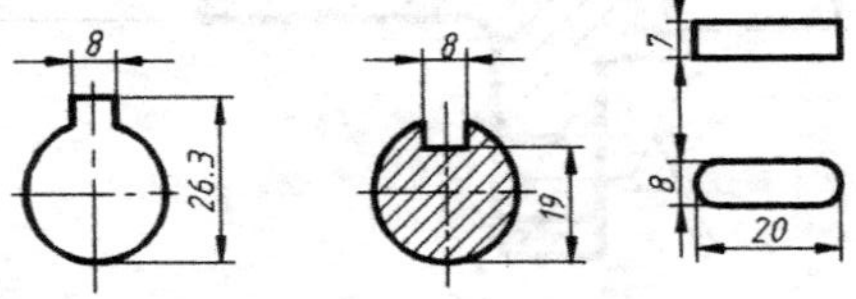

二、拆画下阀座（件3）的零件图。(10分)

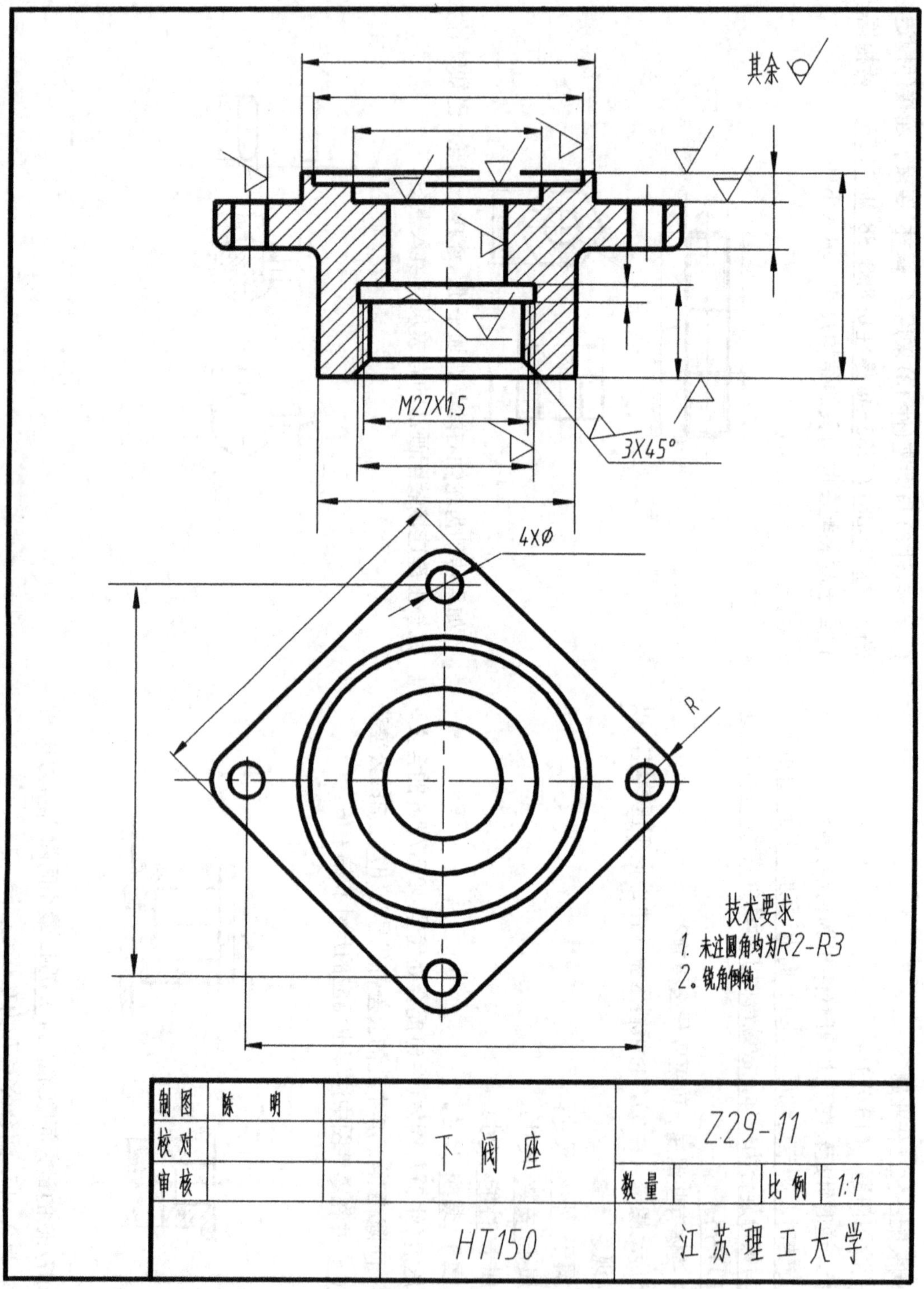

样卷（二）答案

1 根据轴测图按 1：1 画出三视图，不省略虚线，不注尺寸。(8 分)

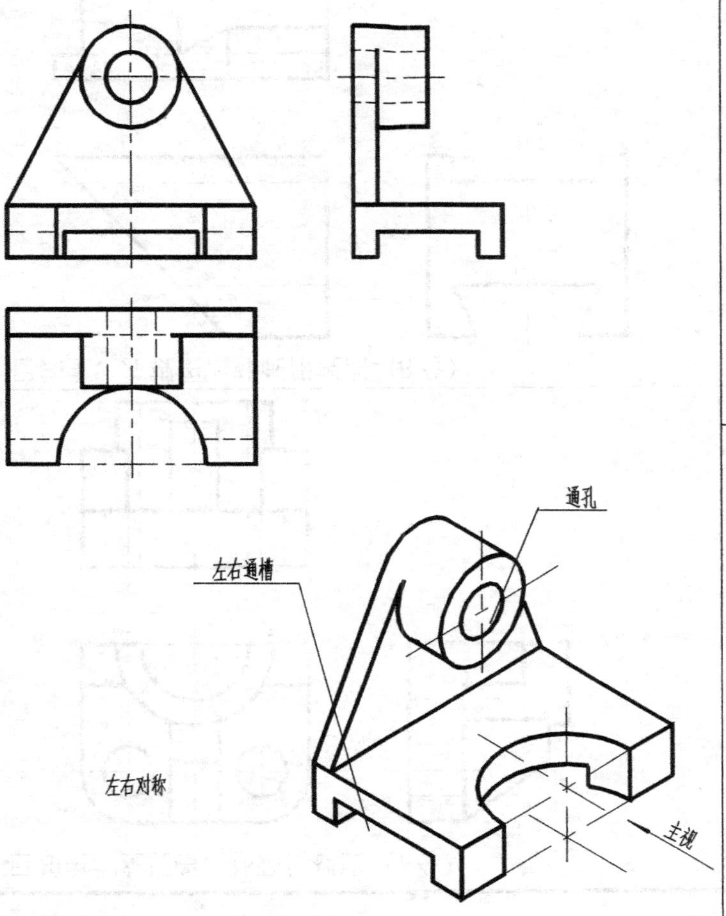

2 补全水平投影和侧面投影。(5 分)

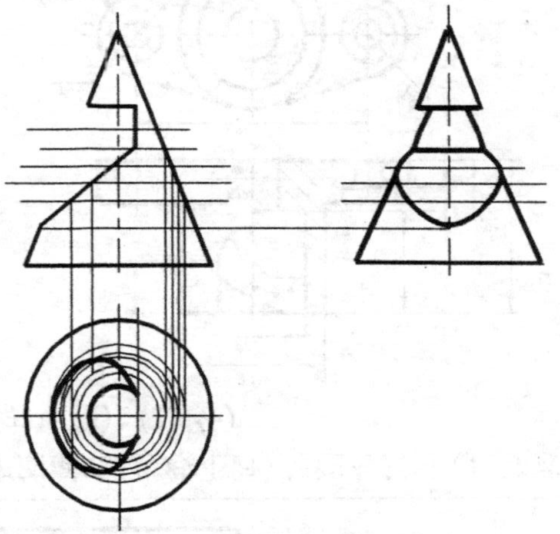

3 已知主、俯视图，补画左视图。(5 分)

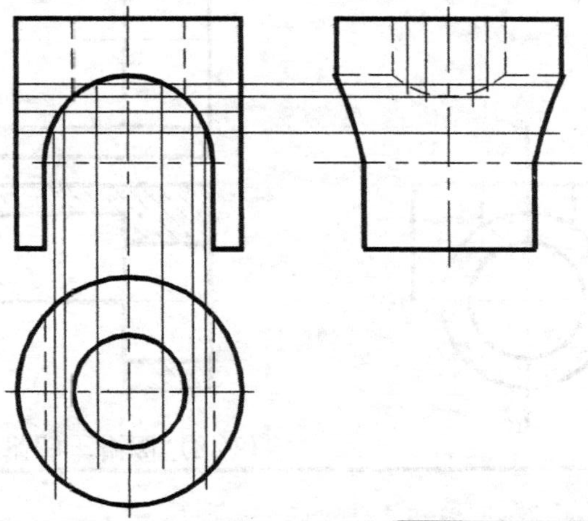

4 已知主、左视图，补画俯视图。(7 分)

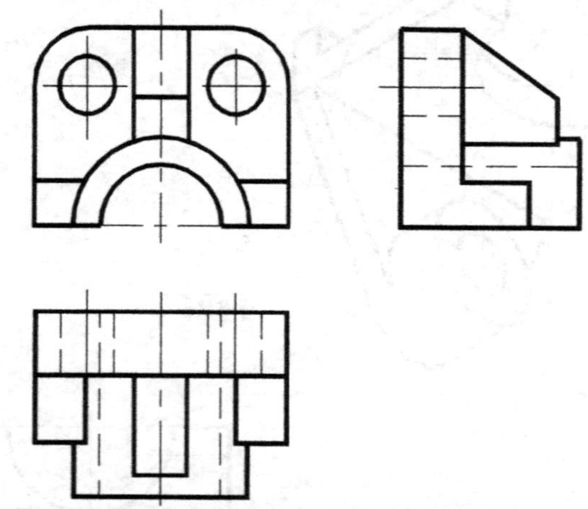

5 已知主、左视图，补画俯视图。(8 分)

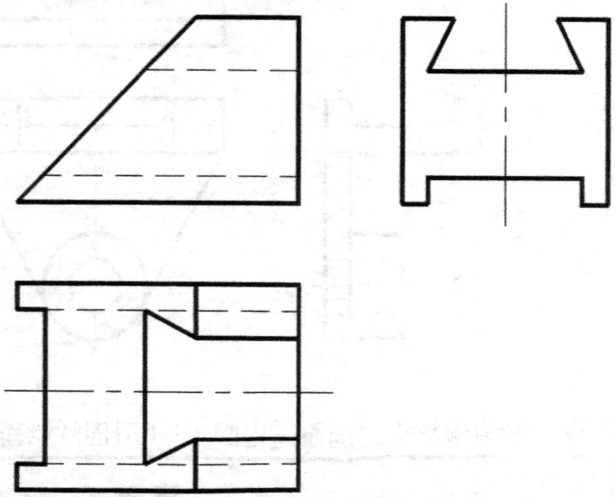

6 补画全剖视的主视图。(5 分)

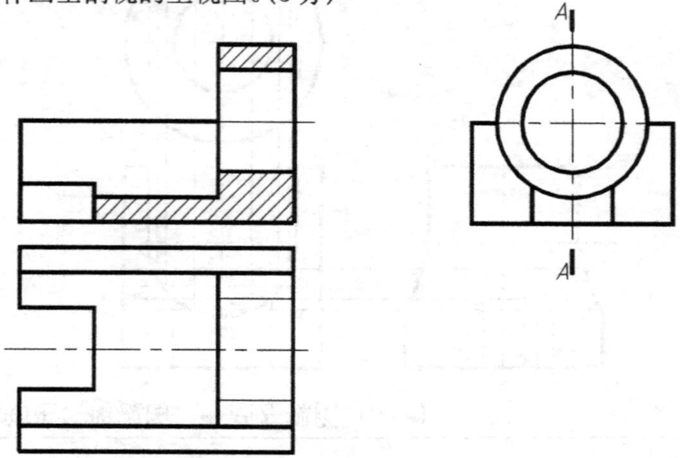

7 补全图中的漏线(虚线不画)与注写尺寸(尺寸数值从图中1:1 量取，并取整)。(12 分)

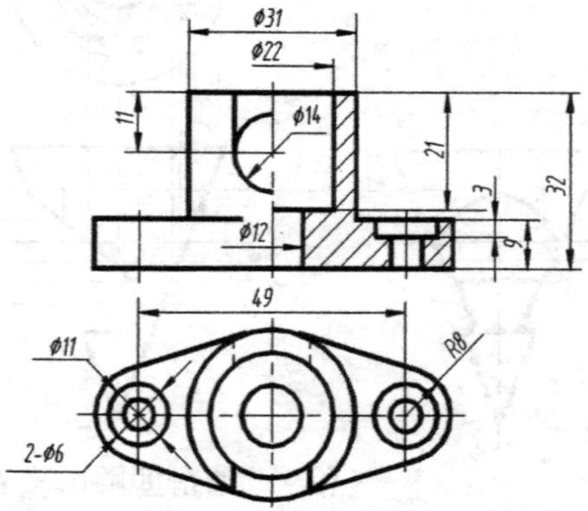

8b）读阀体零件图。

1 主视图属于<u> 全 </u>剖视图，它是用 单一 剖切平面剖切得到的。

2 底板上共有<u> 2 </u>个供连接用的通槽，它们的定形尺寸是<u>R11</u>，定位尺寸是<u> 72 </u>，底面的表面粗糙度为<u> 25 </u>。

3 右部螺纹代号 M42-7H 表示螺纹的类型为<u>普通粗牙螺纹</u>，大径为<u> 42 </u>，头数为<u> 1 </u>，旋向为<u> 右 </u>。

4 该零件具有凸台的螺孔共<u> 1 </u>个，它在零件的<u> 前 </u>方(上，下，左，右，前，后)。

5 该零件采用<u> 5 </u>种表面粗糙度代号，粗糙度从小到大为<u> 1.6,6.3,12.5,25 ∇ </u>。

6 试说明 $\phi40H7(^{+0.025}_{0})$ 的含义：基本尺寸为<u> 40 </u>，最大极限尺寸为<u> 40.025 </u>，最小极限尺寸为<u> 40 </u>，上偏差为<u> +0.025 </u>，下偏差为<u> 0 </u>，公差为<u> 0.025 </u>，公差带代号为<u> H7 </u>，其中基本偏差代号为<u> H </u>，其值为<u> 0 </u>，标准公差等级代号为<u> 7 </u>，其值为<u> 0.025 </u>。

7 若该尺寸后面加了Ⓔ 即 $\phi40H7(^{+0.025}_{0})$Ⓔ，说明该尺寸遵守<u> 包容 </u>原则，最大实体尺寸为<u> 40.025 </u>，最小实体尺寸为<u> 0 </u>，当实际尺寸为最大实体尺寸时，形位公差为<u> 0 </u>，最大的形位公差为<u> 0.025 </u>。

8 若该尺寸后面加了Ⓜ 即 $\phi40H7(^{+0.025}_{0})$Ⓜ，并对轴线给出了直线度要求 —|—|0.012| 说明该尺寸遵守<u> 最大实体 </u>原则，直线度给定值为<u> 0.012 </u>，当实际尺寸为最大实体尺寸时，直线度公差为<u> 0.012 </u>，当实际尺寸为 φ40.02 时，直线度公差为<u> 0.032 </u>，最大直线度公差为<u> 0.037 </u>。

9 在指定位置绘制 $\phi40H7(^{+0.025}_{0})$ 的公差带图。(按 500:1)

10 图中 —|⊥|φ0.04|A| 表示形位公差类型为<u> 垂直度 </u>，被测要素为<u> φ40H7 轴线 </u>，基准要素为<u> 右端面 </u>，公差值为<u> φ0.04 </u>。

11 HT150 是<u> 铸铁 </u>材料的代号。

公差带图

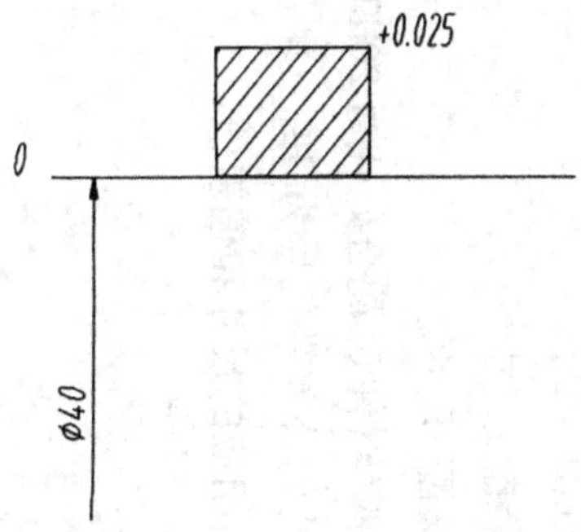

主视图外形

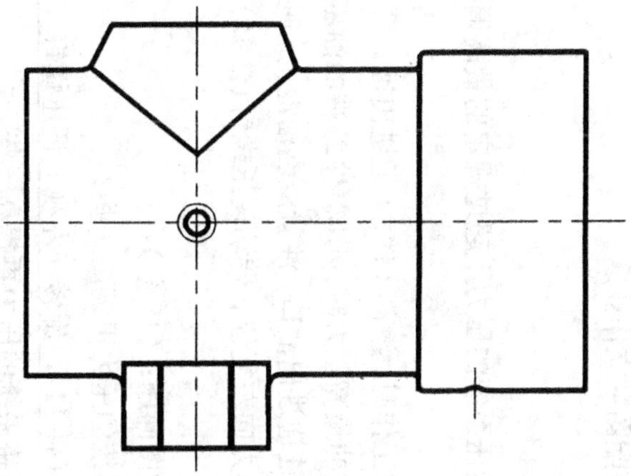

9b）读溢流阀装配图独立作业题

用途：

保持液压系统的压力不超过规定的最高调整压力。

工作原理：

在正常工作时，滑阀（件2）把进出油口隔断，当液压系统中的压力超过规定的最高压力时，滑阀(件2)端的油压缩弹簧，推动滑阀向右移动，于是连通进出油口，油就溢回油池，此时压力恢复正常，滑阀依靠弹簧的弹力向左复位，转动调压螺钉(件12)，可调整弹簧的压力。

一、回答下列读图问题：（15分）

1 如何将液压系统的压力再调高一些？

答：旋下螺母（件11），旋转（左视）调压螺钉（件12），使弹簧压缩一些，即可将系统的压力再提高一些。

2 图中　166　属于 外形 尺寸；

RC1　属于 性能 尺寸；

29　属于 装配 尺寸；

ϕ20H9/h8　属于 装配 尺寸。

3 说明滑阀(件2)与阀体(件5)配合处代号20H9/h8的含义：基 孔 制 间隙 配合，其中孔的公差带代号为 H9 ，轴的公差带代号为 h8 ，并在零件图中注出相应的尺寸和偏差值。

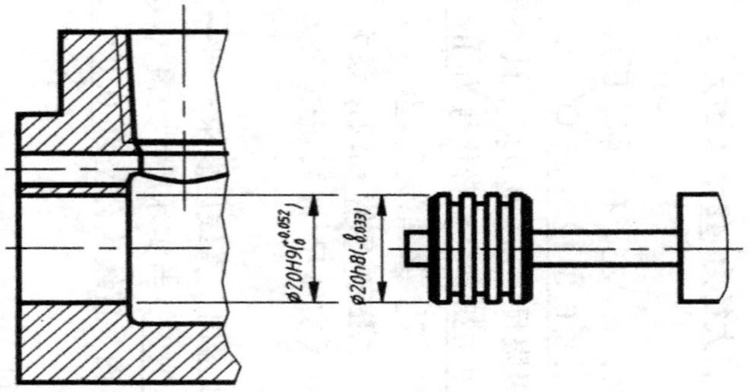

4 说明 ϕ20H9/h8 的最大间隙 X_{max} 为 0.085 ，最小间隙 X_{min} 为 0 ，平均间隙 X_{av} 为 0.045 ，配合公差 T_f 为 0.085 。

5 盖（件1）与阀体（件5）之间采用 螺钉 连接。

6 如果有一根轴，用普通平键连接一齿轮，已知轴径为 ϕ40 试查出键联结装配画法的有关尺寸填入下图：

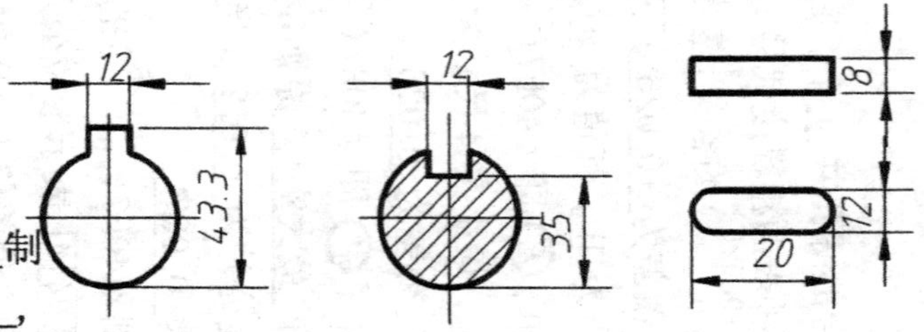

二、拆画盖(件 1)的零件图。(10 分)

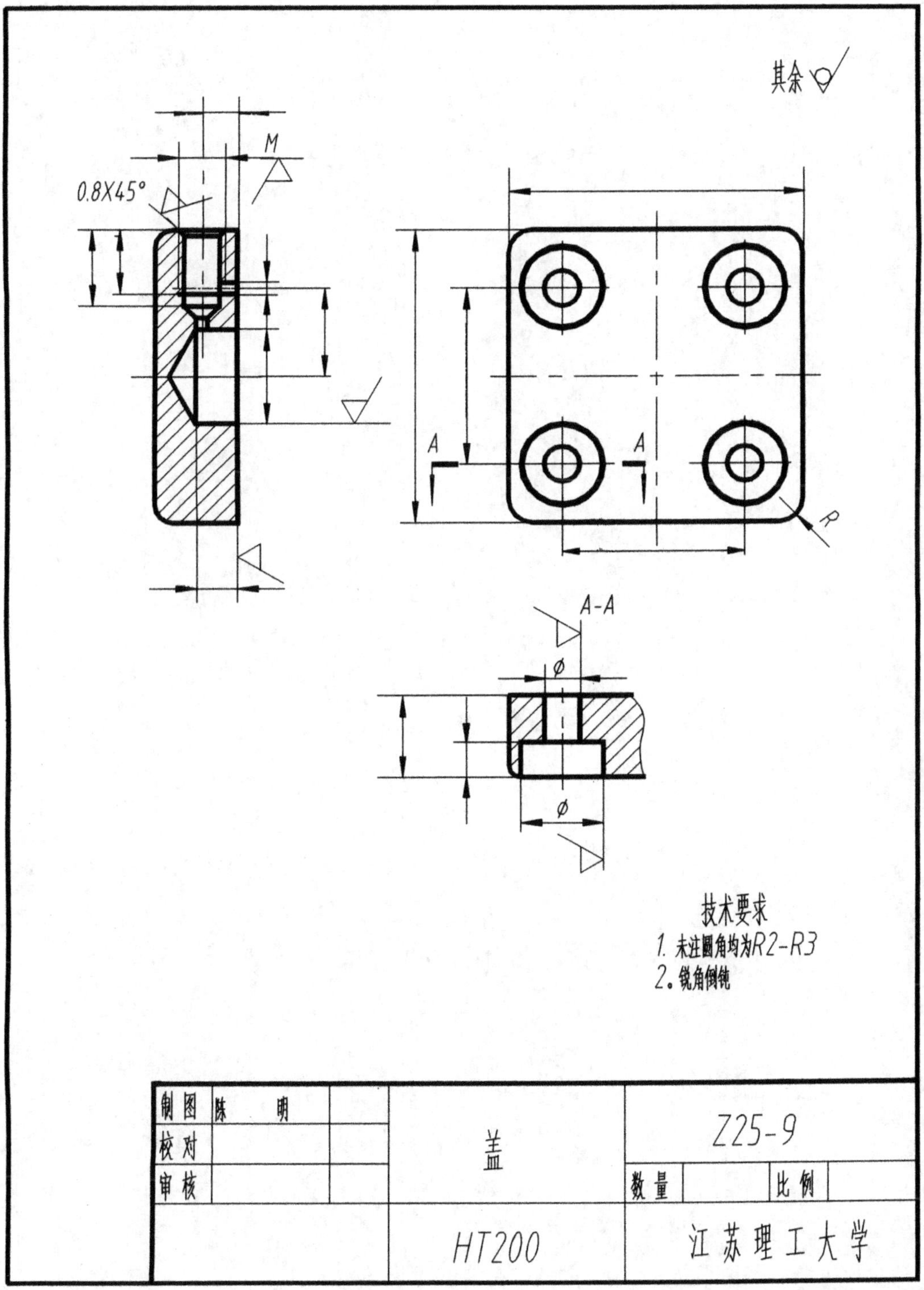